中 国 国 家 标 准 汇 编

2011 年修订-1

中国标准出版社　编

中国标准出版社

北　京

目　　录

ICS 23.020.30
J 74

中华人民共和国国家标准

GB 150.1—2011
部分代替 GB 150—1998

压力容器
第1部分:通用要求

Pressure vessels—
Part 1:General requirements

2011-11-21 发布　　2012-03-01 实施

中华人民共和国国家质量监督检验检疫总局
中国国家标准化管理委员会　发布

前　言

本标准的本部分全部技术内容为强制性。

本标准 GB 150《压力容器》分为以下四部分：

——第 1 部分：通用要求；

——第 2 部分：材料；

——第 3 部分：设计；

——第 4 部分：制造、检验和验收。

本部分为 GB 150 的第 1 部分：通用要求。本部分按照 GB/T 1.1—2009《标准化工作导则》给出的规则起草。

本部分代替 GB 150—1998《钢制压力容器》中的部分内容（第 1 章～第 3 章、附录 B、附录 C），与 GB 150—1998 相比，主要技术变化如下：

a）扩大了标准的适用范围。

——通过引用标准的方式，适用于金属材料制压力容器；

——规定了在满足本标准设计准则的前提下处理超标准范围的设计方法；

——规定了各种结构形式的容器所依据的标准。

b）修改了容器建造参与方的资格和职责要求。

——规定了设计文件的保存时间；

——增加了用户或委托方在设计阶段提供书面设计条件的职责；

——规定了检验机构的检验人员对验证性爆破试验见证和报告认可的职责。

c）修订了确定许用应力的安全系数。

——对抗拉强度的安全系数由 3.0 调整为 2.7；

——对碳钢和低合金钢屈服强度的安全系数由 1.6 调整为 1.5；

——对奥氏体不锈钢可以采用 $R_{p1.0}$ 确定许用应力。

d）增加了满足特种设备安全技术规范所规定的基本安全要求的符合性声明。

e）增加了采用标准规定之外的设计方法的实施细则。

f）增加了进行容器设计阶段风险评估的要求和实施细则。

g）增加了附录 A：标准的符合性声明及修订。

本部分由全国锅炉压力容器标准化技术委员会（SAC/TC 262）提出并归口。

本部分起草单位：中国特种设备检测研究院、国家质检总局特种设备安全监察局、浙江大学、合肥通用机械研究院、中国石化工程建设公司、华东理工大学、甘肃蓝科石化高新装备股份有限公司。

本部分主要起草人：寿比南、陈钢、郑津洋、陈学东、杨国义、谢铁军、李世玉、徐锋、王晓雷、李军、邱清宇、张延丰、吴全龙。

本部分所代替标准的历次版本发布情况为：

——GB 150—1989、GB 150—1998。

引　言

本标准是全国锅炉压力容器标准化技术委员会(以下简称“委员会”)负责制定和归口的压力容器大型通用技术标准之一,用以规范在中国境内建造或使用的压力容器设计、制造、检验和验收的相关技术要求。

本标准的技术条款包括了压力容器建造过程(即指设计、制造、检验和验收工作)中应遵循的强制性要求、特殊禁用规定以及推荐性条款,其中推荐性条款不是必须执行的部分。由于本标准没有必要、也不可能囊括适用范围内压力容器建造中的所有技术细节,因此,在满足法规所规定的基本安全要求的前提下,不应禁止本标准中没有特别提及的技术内容。本标准不能作为具体压力容器建造的技术手册,亦不能替代培训、工程经验和工程评价。工程评价是指由知识渊博、娴于规范应用的技术人员所做出针对具体产品的技术评价。但工程评价应符合本标准的相关技术要求,不得违反本标准中的强制性要求和禁用规定。

本标准不限制实际工程设计和建造中采用先进的技术方法,但工程技术人员采用先进的技术方法时应能做出可靠的判断,确保其满足本标准规定,特别是关于强制性的设计规定(如强度或稳定性设计公式等)。

本标准规定的技术方法和技术要求不涉及任何专利。但注意本标准的工程应用可能会涉及特定专利,本标准的发布机构不承担识别这些专利的责任。

本标准既不要求也不禁止设计人员使用计算机程序实现压力容器的分析或设计,但采用计算机程序进行分析或设计时,除应满足本标准要求外,还应确认:

1)　所采用程序中技术假定的合理性;

2)　所采用程序对设计内容的适应性;

3)　所采用程序输入参数及输出结果用于工程设计的正确性。

对于标准技术条款的询问应以书面形式向委员会秘书处提交,并有义务提供可能需要的资料。与标准条款没有直接关系或不能被理解的询问将视为技术咨询的范畴,委员会有权拒绝回答。

对于未经委员会书面授权或认可的其他机构对标准的宣贯或解释所产生的理解歧义和由此产生的任何后果,本委员会将不承担任何责任。

压力容器
第1部分：通用要求

1 范围

1.1 本标准规定了金属制压力容器（以下简称容器）的建造要求。本部分规定了金属制压力容器（以下简称容器）材料、设计、制造、检验和验收的通用要求。

1.2 本标准适用的设计压力

1.2.1 钢制容器不大于35 MPa。

1.2.2 其他金属材料制容器按相应引用标准确定。

1.3 本标准适用的设计温度范围

1.3.1 设计温度范围：−269 ℃～900 ℃。

1.3.2 钢制容器不得超过按GB 150.2中列入材料的允许使用温度范围。

1.3.3 其他金属材料制容器按本部分相应引用标准中列入的材料允许使用温度确定。

1.4 本标准适用的结构形式

1.4.1 本标准适用钢制容器的结构形式按本部分以及GB 150.2～150.4的相应规定。

1.4.2 本标准适用范围内的特定结构容器以及铝、钛、铜、镍及镍合金、锆制容器，其结构形式和适用范围还应满足下述标准的相应要求：

a) GB 151《管壳式换热器》；
b) GB 12337《钢制球形储罐》；
c) JB/T 4731《卧式容器》；
d) JB/T 4710《塔式容器》；
e) JB/T 4734《铝制焊接容器》；
f) JB/T 4745《钛制焊接容器》；
g) JB/T 4755《铜制焊接容器》；
h) JB/T 4756《镍及镍合金焊接容器》；
i) NB/T 47011《锆制压力容器》。

1.5 下列容器不在本标准的适用范围内：

a) 设计压力低于0.1 MPa且真空度低于0.02 MPa的容器；
b) 《移动式压力容器安全监察规程》管辖的容器；
c) 旋转或往复运动机械设备中自成整体或作为部件的受压器室（如泵壳、压缩机外壳、涡轮机外壳、液压缸等）；
d) 核能装置中存在中子辐射损伤失效风险的容器；
e) 直接火焰加热的容器；
f) 内直径（对非圆形截面，指截面内边界的最大几何尺寸，如：矩形为对角线，椭圆为长轴）小于150 mm的容器；
g) 搪玻璃容器和制冷空调行业中另有国家标准或行业标准的容器。

1.6 容器界定范围

1.6.1 容器与外部管道连接：

a) 焊接连接的第一道环向接头坡口端面；

b) 螺纹连接的第一个螺纹接头端面；

c) 法兰连接的第一个法兰密封面；

d) 专用连接件或管件连接的第一个密封面。

1.6.2 接管、人孔、手孔等的承压封头、平盖及其紧固件。

1.6.3 非受压元件与受压元件的连接焊缝。

1.6.4 直接连接在容器上的非受压元件如支座、裙座等。

1.6.5 容器的超压泄放装置(见附录B)。

2 规范性引用文件

下列文件对于本文件的应用是必不可少的。凡是注日期的引用文件，仅注日期的版本适用于本文件。凡是不注日期的引用文件，其最新版本(包括所有的修改单)适用于本文件。

GB 150.2 压力容器 第2部分:材料

GB 150.3—2011 压力容器 第3部分:设计

GB 150.4 压力容器 第4部分:制造、检验和验收

GB 151 管壳式换热器

GB 567(所有部分) 爆破片安全装置

GB/T 12241 安全阀 一般要求

GB 12337 钢制球形储罐

GB/T 26929 压力容器术语

JB/T 4710 钢制塔式容器

JB/T 4731 钢制卧式容器

JB 4732—1995 钢制压力容器——分析设计标准(2005年确认)

JB/T 4734 铝制焊接容器

JB/T 4745 钛制焊接容器

JB/T 4755 铜制压力容器

JB/T 4756 镍及镍合金制压力容器

NB/T 47002(所有部分) 压力容器用爆炸焊接复合板

NB/T 47011 锆制压力容器

TSG R0004 固定式压力容器安全技术监察规程

3 术语与符号

3.1 术语和定义

GB/T 26929中界定的以及下列术语和定义适用于本文件。

3.1.1

压力 pressure

垂直作用在容器单位表面积上的力。在本标准中，除注明者外，压力均指表压力。

3.1.2

工作压力 operating pressure

在正常工作情况下，容器顶部可能达到的最高压力。

3.1.3

设计压力 design pressure

设定的容器顶部的最高压力，与相应的设计温度一起作为容器的基本设计载荷条件，其值不低于工

作压力。

3.1.4

计算压力　calculation pressure

在相应设计温度下，用以确定元件厚度的压力，包括液柱静压力等附加载荷。

3.1.5

试验压力　test pressure

进行耐压试验或泄漏试验时，容器顶部的压力。

3.1.6

最高允许工作压力　maximum allowable working pressure (MAWP)

在指定的相应温度下，容器顶部所允许承受的最大压力。该压力是根据容器各受压元件的有效厚度，考虑了该元件承受的所有载荷而计算得到的，且取最小值。

注：当压力容器的设计文件没有给出最高允许工作压力时，则可以认为该容器的设计压力即是最高允许工作压力。

3.1.7

设计温度　design temperature

容器在正常工作情况下，设定的元件的金属温度(沿元件金属截面的温度平均值)。设计温度与设计压力一起作为设计载荷条件。

3.1.8

试验温度　test temperature

进行耐压试验或泄漏试验时，容器壳体的金属温度。

3.1.9

最低设计金属温度　minimum design metal temperature

设计时，容器在运行过程中预期的各种可能条件下各元件金属温度的最低值。

3.1.10

计算厚度　required thickness

按本标准相应公式计算得到的厚度。需要时，尚应计入其他载荷(见4.3.2)所需厚度。对于外压元件，系指满足稳定性要求的最小厚度。

3.1.11

设计厚度　design thickness

计算厚度与腐蚀裕量之和。

3.1.12

名义厚度　nominal thickness

设计厚度加上材料厚度负偏差后向上圆整至材料标准规格的厚度。

3.1.13

有效厚度　effective thickness

名义厚度减去腐蚀裕量和材料厚度负偏差。

3.1.14

最小成形厚度　minimum required fabrication thickness

受压元件成形后保证设计要求的最小厚度。

3.1.15

低温容器　low-temperature pressure vessel

设计温度低于－20 ℃的碳素钢、低合金钢、双相不锈钢和铁素体不锈钢制容器，以及设计温度低于－196 ℃的奥氏体不锈钢制容器。

3.2 符号

C——厚度附加量，mm；

C_1——材料厚度负偏差，按 4.3.6.1，mm；

C_2——腐蚀裕量，按 4.3.6.2，mm；

D_i——圆筒或球壳的内直径，mm；

E^t——材料在设计温度下的弹性模量，MPa；

p——设计压力，MPa；

p_T——试验压力最低值，MPa；

R_o——圆筒的外半径，mm；

R_m——材料标准抗拉强度下限值，MPa；

$R_{eL}(R_{p0.2}、R_{p1.0})$——材料标准室温屈服强度(或 0.2%、1.0%非比例延伸强度)，MPa；

$R_{eL}^t(R_{p0.2}^t、R_{p1.0}^t)$——材料在设计温度下的屈服强度(或 0.2%、1.0%非比例延伸强度)，MPa；

R_D^t——材料在设计温度下经 10 万小时断裂的持久强度的平均值，MPa；

R_n^t——材料在设计温度下经 10 万小时蠕变率为 1%的蠕变极限平均值，MPa；

σ_T——试验压力下受压元件的应力，MPa；

$[\sigma]$——容器元件材料在耐压试验温度下的许用应力，MPa；

$[\sigma]^t$——容器元件材料在设计温度下的许用应力，MPa；

$[\sigma]_1^t$——设计温度下基层材料的许用应力，MPa；

$[\sigma]_2^t$——设计温度下覆层材料的许用应力，MPa；

$[\sigma]_{cr}^t$——设计温度下圆筒许用轴向压缩应力，MPa；

δ_1——基层材料的名义厚度，mm；

δ_2——覆层材料的厚度，不计入腐蚀裕量，mm；

δ_e——圆筒或球壳的有效厚度，mm；

ϕ——焊接接头系数。

4 通用要求

4.1 通则

4.1.1 钢制容器的设计、制造、检验和验收除应符合本标准所有部分的规定外，还应遵守国家颁布的有关法律、法规和安全技术规范。

4.1.2 特定结构容器以及铝、钛、铜、镍及镍合金、锆制容器，其设计、制造、检验和验收除应符合 4.1.1 的规定外，还应满足下述标准的相应要求：

a) GB 151《管壳式换热器》；

b) GB 12337《钢制球形储罐》；

c) JB/T 4731《卧式容器》；

d) JB/T 4710《塔式容器》；

e) JB/T 4734《铝制焊接容器》；

f) JB/T 4745《钛制焊接容器》；

g) JB/T 4755《铜制焊接容器》；

h) JB/T 4756《镍及镍合金焊接容器》；

i) NB/T 47011《锆制压力容器》。

4.1.3 容器的设计、制造单位应建立健全的质量管理体系并有效运行。

4.1.4 《固定式压力容器安全技术监察规程》管辖范围内的压力容器设计和制造应接受特种设备安全监察机构的监察。

4.1.5 容器类别按《固定式压力容器安全技术监察规程》的规定确定。

4.1.6 对不能按 GB 150.3 确定结构尺寸的容器或受压元件，可以采用以下方法进行设计：

a) 验证性实验分析，如实验应力分析、验证性液压试验，具体要求按附录 C 的规定；
b) 利用可比的已投入使用的结构进行对比经验设计，具体要求按附录 D 的规定；
c) 采用包括有限元法在内的应力分析计算和评定，具体要求按附录 E 的规定。

4.2 资格与职责

4.2.1 资格

a) 《固定式压力容器安全技术监察规程》管辖范围内压力容器的设计单位应持有相应的特种设备设计许可证；
b) 《固定式压力容器安全技术监察规程》管辖范围内压力容器的制造单位应持有相应的特种设备制造许可证。

4.2.2 职责

4.2.2.1 用户或设计委托方的职责

容器的用户或设计委托方应当以正式书面形式向设计单位提出容器设计条件（UDS—User's Design Specification），其中至少包含以下内容：

a) 容器设计所依据的主要标准和规范；
b) 操作参数（包括工作压力、工作温度范围、液位高度、接管载荷等）；
c) 压力容器使用地及其自然条件（包括环境温度、抗震设防烈度、风和雪载荷等）；
d) 介质组分与特性；
e) 预期使用年限；
f) 几何参数和管口方位；
g) 设计需要的其他必要条件。

4.2.2.2 设计单位的职责

a) 设计单位应对设计文件的正确性和完整性负责；
b) 容器的设计文件至少应包括强度计算书、设计图样、制造技术条件、风险评估报告（相关法规或设计委托方要求时），必要时还应当包括安装与使用维修说明；
c) 《固定式压力容器安全技术监察规程》管辖范围内压力容器的设计总图应盖有特种设备设计许可印章；
d) 设计单位向容器用户出具的风险评估报告应符合附录 F 的要求；
e) 设计单位应在容器设计使用年限内保存全部容器设计文件。

4.2.2.3 制造单位的职责

a) 制造单位应按照设计文件的要求进行制造，如需要对原设计进行修改，应当取得原设计单位同意修改的书面文件，并且对改动部位作出详细记载；
b) 制造单位在容器制造前应制定完善的质量计划，其内容至少应包括容器或元件的制造工艺控制点、检验项目和合格指标；

c) 制造单位的检查部门在容器制造过程中和完工后，应按本标准、图样规定和质量计划的规定对容器进行各项检验和试验，出具相应报告，并对报告的正确性和完整性负责；

d) 制造单位在检验合格后，出具产品质量合格证；

e) 制造单位对其制造的每台容器产品应在容器设计使用年限内至少保存下列技术文件备查：

1) 质量计划；

2) 制造工艺图或制造工艺卡；

3) 产品质量证明文件；

4) 容器的焊接工艺和热处理工艺文件；

5) 标准中允许制造厂选择的检验、试验项目记录；

6) 容器制造过程中及完工后的检查、检验、试验记录；

7) 容器的原设计图和竣工图。

4.3 设计一般规定

4.3.1 容器设计单位(设计人员)应严格依据用户或设计委托方所提供的容器设计条件进行容器设计，应考虑容器在使用中可能出现的所有失效模式，提出防止失效的措施。容器受压元件的强度、刚度和稳定性计算按 GB 150.3 或规范性引用文件的规定。

对于有成功使用经验的承受循环载荷的容器，经设计单位技术负责人批准，可按本标准进行设计，并按 JB 4732 附录 C 补充疲劳分析和评定，同时满足其相关制造要求。

4.3.2 载荷

设计时应考虑以下载荷：

a) 内压、外压或最大压差；

b) 液柱静压力，当液柱静压力小于设计压力的 5%时，可忽略不计；

需要时，还应考虑下列载荷：

c) 容器的自重(包括内件和填料等)，以及正常工作条件下或耐压试验状态下内装介质的重力载荷；

d) 附属设备及隔热材料、衬里、管道、扶梯、平台等的重力载荷；

e) 风载荷、地震载荷、雪载荷；

f) 支座、底座圈、支耳及其他型式支承件的反作用力；

g) 连接管道和其他部件的作用力；

h) 温度梯度或热膨胀量不同引起的作用力；

i) 冲击载荷，包括压力急剧波动引起的冲击载荷、流体冲击引起的反力等；

j) 运输或吊装时的作用力。

4.3.3 确定设计压力或计算压力时，应考虑：

a) 容器上装有超压泄放装置时，应按附录 B 的规定确定设计压力；

b) 对于盛装液化气体的容器，如果具有可靠的保冷设施，在规定的装量系数范围内，设计压力应根据工作条件下容器内介质可能达到的最高温度确定；否则按相关法规确定；

c) 对于外压容器(例如真空容器、液下容器和埋地容器)，确定计算压力时应考虑在正常工作情况下可能出现的最大内外压力差；

d) 确定真空容器的壳体厚度时，设计压力按承受外压考虑；当装有安全控制装置(如真空泄放阀)时，设计压力取 1.25 倍最大内外压力差或 0.1 MPa 两者中的低值；当无安全控制装置时，取 0.1 MPa；

e) 由 2 个或 2 个以上压力室组成的容器，如夹套容器，应分别确定各压力室的设计压力；确定公用元件的计算压力时，应考虑相邻室之间的最大压力差。

4.3.4 设计温度的确定

a) 设计温度不得低于元件金属在工作状态可能达到的最高温度。对于0 ℃以下的金属温度，设计温度不得高于元件金属可能达到的最低温度。

b) 容器各部分在工作状态下的金属温度不同时，可分别设定每部分的设计温度。

c) 元件的金属温度通过以下方法确定：

1) 传热计算求得；

2) 在已使用的同类容器上测定；

3) 根据容器内部介质温度并结合外部条件确定。

d) 在确定最低设计金属温度时，应当充分考虑在运行过程中，大气环境低温条件对容器壳体金属温度的影响。大气环境低温条件系指历年来月平均最低气温(指当月各天的最低气温值之和除以当月天数)的最低值。

4.3.5 对有不同工况的容器，应按最苛刻的工况设计，必要时还需考虑不同工况的组合，并在图样或相应技术文件中注明各工况操作条件和设计条件下的压力和温度值。

4.3.6 厚度附加量

厚度附加量按式(1)确定：

$$C = C_1 + C_2 \qquad \cdots\cdots(1)$$

4.3.6.1 材料厚度负偏差

板材或管材的厚度负偏差按材料标准的规定。

4.3.6.2 腐蚀裕量

为防止容器受压元件由于腐蚀、机械磨损而导致厚度削弱减薄，应考虑腐蚀裕量，具体规定如下：

a) 对有均匀腐蚀或磨损的元件，应根据预期的容器设计使用年限和介质对金属材料的腐蚀速率(及磨蚀速率)确定腐蚀裕量；

b) 容器各元件受到的腐蚀程度不同时，可采用不同的腐蚀裕量；

c) 介质为压缩空气、水蒸气或水的碳素钢或低合金钢制容器，腐蚀裕量不小于1 mm。

4.3.7 壳体加工成形后不包括腐蚀裕量的最小厚度：

a) 碳素钢、低合金钢制容器，不小于3 mm；

b) 高合金钢制容器，一般应不小于2 mm。

4.3.8 容器元件的名义厚度和最小成形厚度一般应标注在设计图样上。

4.4 许用应力

4.4.1 本标准中材料的许用应力按GB 150.2和相应引用标准选取。按表1的规定确定钢材(螺栓材料除外)许用应力，按表2的规定确定钢制螺栓材料许用应力。

表1 钢材(螺栓材料除外)许用应力的取值

材料	许用应力/MPa 取下列各值中的最小值
碳素钢、低合金钢	$\frac{R_m}{2.7}$，$\frac{R_{eL}}{1.5}$，$\frac{R_{eL}^t}{1.5}$，$\frac{R_D^t}{1.5}$，$\frac{R_n^t}{1.0}$
高合金钢	$\frac{R_m}{2.7}$，$\frac{R_{eL}(R_{p0.2})}{1.5}$，$\frac{R_{eL}^t(R_{p0.2}^t)}{1.5}$，$\frac{R_D^t}{1.5}$，$\frac{R_n^t}{1.0}$
钛及钛合金	$\frac{R_m}{2.7}$，$\frac{R_{p0.2}}{1.5}$，$\frac{R_{p0.2}^t}{1.5}$，$\frac{R_D^t}{1.5}$，$\frac{R_n^t}{1.0}$

表 1（续）

材　　料	许用应力/MPa 取下列各值中的最小值
镍及镍合金	$\dfrac{R_m}{2.7}$，$\dfrac{R_{p0.2}}{1.5}$，$\dfrac{R^t_{p0.2}}{1.5}$，$\dfrac{R^t_D}{1.5}$，$\dfrac{R^t_n}{1.0}$
铝及铝合金	$\dfrac{R_m}{3.0}$，$\dfrac{R_{p0.2}}{1.5}$，$\dfrac{R^t_{p0.2}}{1.5}$
铜及铜合金	$\dfrac{R_m}{3.0}$，$\dfrac{R_{p0.2}}{1.5}$，$\dfrac{R^t_{p0.2}}{1.5}$

注 1：对奥氏体高合金钢制受压元件，当设计温度低于蠕变范围，且允许有微量的永久变形时，可适当提高许用应力至 $0.9R^t_{p0.2}$，但不超过 $R_{p0.2}/1.5$。此规定不适用于法兰或其他有微量永久变形就产生泄漏或故障的场合；

注 2：如果引用标准规定了 $R_{p1.0}$ 或 $R^t_{p1.0}$，则可以选用该值计算其许用应力；

注 3：根据设计使用年限选用 1.0×10^5 h、1.5×10^5 h、2.0×10^5 h 等持久强度极限值。

表 2　钢制螺栓材料许用应力的取值

材　　料	螺栓直径/mm	热处理状态	许用应力/MPa 取下列各值中的最小值	
碳素钢	≤M22	热轧、正火	$\dfrac{R^t_{eL}}{2.7}$	$\dfrac{R^t_D}{1.5}$
	M24～M48		$\dfrac{R^t_{eL}}{2.5}$	
低合金钢、马氏体高合金钢	≤M22	调质	$\dfrac{R^t_{eL}(R^t_{p0.2})}{3.5}$	
	M24～M48		$\dfrac{R^t_{eL}(R^t_{p0.2})}{3.0}$	
	≥M52		$\dfrac{R^t_{eL}(R^t_{p0.2})}{2.7}$	
奥氏体高合金钢	≤M22	固溶	$\dfrac{R^t_{eL}(R^t_{p0.2})}{1.6}$	
	M24～M48		$\dfrac{R^t_{eL}(R^t_{p0.2})}{1.5}$	

4.4.2　设计温度低于 20 ℃时，取 20 ℃时的许用应力。

4.4.3　复合钢板的许用应力

对于覆层与基层结合率达到 NB/T 47002 标准中 B2 级板以上的复合钢板，在设计计算中，如需计入覆层材料的强度时，其设计温度下的许用应力按式(2)确定：

$$[\sigma]^t=\frac{[\sigma]^t_1\delta_1+[\sigma]^t_2\delta_2}{\delta_1+\delta_2} \qquad \cdots\cdots(2)$$

4.4.4　当地震载荷或风载荷与 4.3.2 中其他载荷相组合时，允许元件的设计应力不超过许用应力的 1.2 倍，其组合要求按相应标准规定。

4.4.5　圆筒许用轴向压缩应力：

a)　根据圆筒外半径 R_o 和有效厚度 δ_e，按式(3)计算 A 值；

$$A = 0.094\delta_e / R_o \qquad \cdots\cdots (3)$$

b) 按圆筒材料选用相应的外压应力系数曲线图(GB 150.3 第 4 章),根据其温度线得到 B 值,在弹性范围内(图中的直线段或其左侧),可用式(4)计算 B 值;

$$B = 2AE^t/3 \qquad \cdots\cdots (4)$$

c) 许用轴向压缩应力$[\sigma]^t_{cr}$取 B 值,且不得大于$[\sigma]^t$。

4.5 焊接接头分类和焊接接头系数

4.5.1 焊接接头分类

4.5.1.1 容器受压元件之间的焊接接头分为 A、B、C、D 四类,如图 1 所示。

a) 圆筒部分(包括接管)和锥壳部分的纵向接头(多层包扎容器层板层纵向接头除外)、球形封头与圆筒连接的环向接头、各类凸形封头和平封头中的所有拼焊接头以及嵌入式的接管或凸缘与壳体对接连接的接头,均属 A 类焊接接头;

b) 壳体部分的环向接头、锥形封头小端与接管连接的接头、长颈法兰与壳体或接管连接的接头、平盖或管板与圆筒对接连接的接头以及接管间的对接环向接头,均属 B 类焊接接头,但已规定为 A 类的焊接接头除外;

c) 球冠形封头、平盖、管板与圆筒非对接连接的接头,法兰与壳体或接管连接的接头,内封头与圆筒的搭接接头以及多层包扎容器层板层纵向接头,均属 C 类焊接接头,但已规定为 A、B 类的焊接接头除外;

d) 接管(包括人孔圆筒)、凸缘、补强圈等与壳体连接的接头,均属 D 类焊接接头,但已规定为 A、B、C 类的焊接接头除外。

4.5.1.2 非受压元件与受压元件的连接接头为 E 类焊接接头,如图 1 所示。

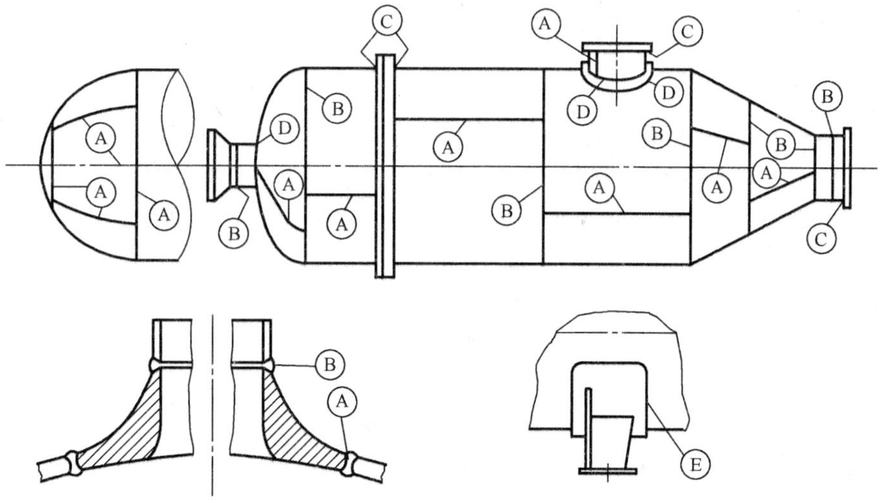

图 1 焊接接头分类

4.5.2 焊接接头系数

4.5.2.1 焊接接头系数 ϕ 应根据对接接头的焊缝形式及无损检测的长度比例确定。

4.5.2.2 钢制压力容器的焊接接头系数规定如下:

a) 双面焊对接接头和相当于双面焊的全焊透对接接头

1) 全部无损检测,取 $\phi=1.0$;

2) 局部无损检测,取 $\phi=0.85$。

b) 单面焊对接接头(沿焊缝根部全长有紧贴基本金属的垫板)

1) 全部无损检测,取 $\phi=0.9$;

2) 局部无损检测,取 $\phi=0.8$。

4.5.2.3 其他金属材料的焊接接头系数按相应引用标准的规定。

4.6 耐压试验

4.6.1 通用要求

4.6.1.1 耐压试验包括:液压试验、气压试验和气液组合试验。

4.6.1.2 容器制成后应经耐压试验,试验的种类、要求和试验压力值应在图样上注明。

4.6.1.3 耐压试验一般采用液压试验,试验液体应符合 GB 150.4 或相关标准的要求。

4.6.1.4 对于不适宜进行液压试验的容器,可采用气压试验或气液组合试验。进行气压试验或气液组合试验的容器应满足 GB 150.4 或相关标准的要求。

4.6.1.5 采用气液组合试验时,试验用液体和气体应分别满足 4.6.1.3 和 4.6.1.4 的要求,试验压力按气压试验的规定。

4.6.1.6 外压容器以内压进行耐压试验,试验压力按 4.6.2.3 的规定。

4.6.1.7 对于由 2 个或 2 个以上压力室组成的多腔容器,每个压力室的试验压力按其设计压力确定,各压力室分别进行耐压试验。

a) 校核公用元件在试验压力下的稳定性;

b) 如不能满足稳定性要求,则应先进行泄漏检查,合格后进行耐压试验。在进行耐压试验时,相邻压力室内应保持一定压力,以使整个试验过程(包括升压、保压和卸压)中的任一时刻,各压力室的压力差不超过允许压差,图样上应注明这一要求和允许压差值;

c) 如需提高某腔试验压力,应满足 4.6.3 的规定。

4.6.2 耐压试验压力

4.6.2.1 耐压试验压力的最低值按 4.6.2.2 和 4.6.2.3 的规定,并考虑:

a) 对于立式容器采用卧置进行液压试验时,试验压力应计入立置试验时的液柱静压力;

b) 工作条件下内装介质的液柱静压力大于液压试验的液柱静压力时,应适当考虑相应增加试验压力。

4.6.2.2 内压容器

a) 液压试验:

$$p_T = 1.25p\frac{[\sigma]}{[\sigma]^t} \qquad \cdots\cdots(5)$$

b) 气压试验或气液组合试验:

$$p_T = 1.1p\frac{[\sigma]}{[\sigma]^t} \qquad \cdots\cdots(6)$$

注 1:容器铭牌上规定有最高允许工作压力时,公式中应以最高允许工作压力代替设计压力 p;

注 2:容器各主要受压元件,如圆筒、封头、接管、设备法兰(或人手孔法兰)及其紧固件等所用材料不同时,应取各元件材料的 $[\sigma]/[\sigma]^t$ 比值中最小者;

注 3:$[\sigma]^t$ 不应低于材料受抗拉强度和屈服强度控制的许用应力最小值。

4.6.2.3 外压容器

a) 液压试验:

$$p_T = 1.25p \qquad \cdots\cdots(7)$$

b) 气压试验或气液组合试验:

$$p_T = 1.1p \quad \cdots\cdots (8)$$

4.6.3 耐压试验应力校核

如果采用大于4.6.2.2、4.6.2.3所规定的试验压力，在耐压试验前，应校核各受压元件在试验条件下的应力水平，例如对壳体元件应校核最大总体薄膜应力σ_T。

a) 液压试验时，$\sigma_T \leqslant 0.9 R_{eL}\phi$；

b) 气压试验或气液组合试验时，$\sigma_T \leqslant 0.8 R_{eL}\phi$。

式中：

R_{eL}——壳体材料在试验温度下的屈服强度(或0.2%非比例延伸强度)，MPa。

4.6.4 耐压试验的免除

不能按上述规定进行耐压试验的容器，设计单位应提出在确保容器安全运行的前提下免除耐压试验所应采取的安全措施，经设计单位技术负责人批准后在图样上注明。

4.7 泄漏试验

4.7.1 泄漏试验包括气密性试验以及氨检漏试验、卤素检漏试验和氦检漏试验等。

4.7.2 介质毒性程度为极度、高度危害或者不允许有微量泄漏的容器，应在耐压试验合格后进行泄漏试验。

注：介质毒性程度按《固定式压力容器安全技术监察规程》的相关规定确定。

4.7.3 设计单位应当提出容器泄漏试验的方法和技术要求。

4.7.4 需进行泄漏试验时，试验压力、试验介质和相应的检验要求应在图样上和设计文件中注明。

4.7.5 气密性试验压力等于设计压力。

4.8 焊接接头结构设计要求

4.8.1 对于钢制容器，焊接接头的结构设计参照GB 150.3—2011附录D的要求。

4.8.2 对于其他金属制容器，焊接接头的结构设计参照引用标准的要求。

4.9 超压泄放装置

本标准适用范围内的容器，在操作过程中有可能出现超压时，应按附录B的要求设置超压泄放装置。

附 录 A
（规范性附录）
标准的符合性声明及修订

A.1 本标准所有部分的制定遵循了国家颁布的压力容器安全法规所规定的基本安全要求，其设计准则、材料要求、制造检验技术要求和验收标准均符合《固定式压力容器安全技术监察规程》的相应规定。本标准所有部分均为协调标准，即按本标准所有部分要求建造的压力容器可以满足《固定式压力容器安全技术监察规程》的基本安全要求。

A.2 标准的修订采用提案审查制度。任何单位和个人均有权利对本标准的修订提出建议，修订建议应采用“表 A.1 标准提案/问询表”的方式提交全国锅炉压力容器标准化技术委员会（以下简称“委员会”）。委员会对收到的标准修订提案进行审查，根据审查结果，将采纳的技术内容纳入下一版标准。

表 A.1 标准提案/问询表 总第　　号

<table>
<tr><td colspan="2">□标 准 提 案　　□标 准 问 询</td><td>标准名称</td><td></td></tr>
<tr><td>单　位</td><td></td><td>姓　名</td><td></td></tr>
<tr><td>联系地址</td><td></td><td>邮政编码</td><td></td></tr>
<tr><td>电话/传真</td><td></td><td>电子信箱</td><td></td></tr>
<tr><td>标准条款</td><td colspan="3"></td></tr>
<tr><td colspan="4">提案/问询内容（可另附页）</td></tr>
<tr><td colspan="4"></td></tr>
<tr><td colspan="4">技术依据与相关资料（可另附页）</td></tr>
<tr><td colspan="4"></td></tr>
<tr><td colspan="4">附加说明：</td></tr>
<tr><td colspan="2">单位图章或提案（问询）人签字：</td><td colspan="2">提交日期：
年　月　日</td></tr>
</table>

全国锅炉压力容器标准化技术委员会
地址：北京市朝阳区和平街西苑 2 号楼 D 座三层　邮政编码：100013
电子邮箱：GB150@cscbpv.org

附 录 B
（规范性附录）
超压泄放装置

B.1 范围

B.1.1 容器在操作过程中可能出现超压时，应按本附录的要求配备超压泄放装置（以下简称“泄放装置”）。

B.1.2 本附录适用于容器上的泄放装置，包括安全阀、爆破片安全装置、安全阀与爆破片安全装置的组合装置。安装在容器连接管线上的泄放装置可参照本附录。

B.1.3 本附录不适用于操作过程中可能产生压力剧增，反应速度达到爆轰状态的容器。

注：爆轰（detonation）系指物质的燃烧速度极快，达到 1 000m/s 以上时，产生与通常的爆燃根本不同的现象。

B.2 定义

B.2.1 动作压力

本附录中指安全阀的整定压力或爆破片的设计爆破压力。

B.2.2 整定压力

安全阀在运行条件下开始开启的设定压力，是在阀门进口处测量的表压力。在该压力下，在规定的运行条件下由介质压力产生的使阀门开启的力同使阀瓣保持在阀座上的力相互平衡。

B.2.3 设计爆破压力

根据容器的工作条件和相应的安全技术规范设定的，在设计爆破温度下爆破片的爆破压力值。

B.2.4 标定爆破压力

标注在爆破片铭牌上的，在规定的设计（或许可试验）爆破温度下，同一批次爆破片抽样爆破试验时，实测爆破压力的算术平均值。

B.2.5 制造范围

一个批次爆破片标定爆破压力相对于设计爆破压力差值的允许分布范围。当爆破片取零制造范围时，标定爆破压力为设计爆破压力。

B.2.6 最低标定爆破压力

设计爆破压力与制造范围下偏差的代数和。

B.3 一般规定

B.3.1 容器装有泄放装置时，一般以容器的设计压力作为超压限度的起始压力。

设计图样及铭牌上标注有最高允许工作压力时，可用容器最高允许工作压力代替设计压力，以下同。

B.3.2 当容器上装有泄放装置时，泄放装置的动作压力与容器的超压限度应满足如下规定。

B.3.2.1 当容器上仅安装一个泄放装置时，泄放装置的动作压力应不大于设计压力，容器的超压限度应不大于设计压力的10%或20 kPa中的较大值。

B.3.2.2 当容器上安装多个泄放装置时，其中一个泄放装置的动作压力应不大于设计压力，其他泄放装置的动作压力可提高至设计压力的1.05倍；容器的超压限度应不大于设计压力的16%或30 kPa中的较大值。

B.3.2.3 当考虑容器在遇到火灾或接近不能预料的外来热源而可能酿成危险时，容器的超压限度应不大于设计压力的21%；如B.3.2.1或B.3.2.2中泄放装置不能满足这一超压限度要求时，应安装辅助的泄放装置，辅助泄放装置动作压力不大于设计压力的1.1倍。

B.3.3 有以下情况之一者，可看成是一个容器，只需在危险的空间（容器或管道上）设置一个泄放装置，但在计算泄放装置的泄放量时，应把容器间的连接管道包括在内：

a) 与压力源相连接、本身不产生压力的容器，且该容器的设计压力达到压力源的压力；

b) 多个压力容器的设计压力相同或稍有差异，容器之间采用口径足够大的管道连接，且中间无阀门隔断或虽采用截断阀但有足够措施确保在容器正常工作期间截断阀处于全开的位置并铅封。

B.3.4 容器内的压力若有可能小于大气压力，而该容器不能承受此负压条件时，应装设防负压的泄放装置。

B.3.5 换热器等压力容器，若高温介质有可能泄漏到低温介质而产生蒸气时，应在低温空间设置泄放装置。

B.3.6 当容器需要安装泄放装置且没有特殊要求时，应优先选用安全阀。

B.3.7 符合下列条件之一者，应采用爆破片安全装置：

a) 压力快速增长（如增加分子量的化学反应、化学爆炸、爆燃等）；

b) 对密封有较高要求；

c) 容器内物料会导致安全阀失效；

d) 安全阀不能适用的其他情况。

B.3.8 为了最大限度减少贵重介质、有毒介质或其他危害性介质通过安全阀向外泄漏，或为了防止来自泄放管线的腐蚀性气体进入安全阀内部，可以把安全阀与爆破片安全装置串联使用。

B.3.9 属于下列情况之一的容器，可设置一个或多个爆破片安全装置与安全阀并联使用：

a) 防止在异常工况下压力快速增长的；

b) 作为辅助泄放装置，考虑在有可能遇到火灾或接近不能预料的外来热源需要增加泄放面积的。

B.3.10 对盛装易爆介质或者毒性程度为极度、高度或者中度危害介质的容器，应在泄放装置的排出口装设导管，将泄放介质引至安全地点，并且进行妥善处理，不得直接排入大气。

B.4 安全阀

B.4.1 安全阀适用于清洁、不含固体颗粒、黏度低的介质。

B.4.2 安全阀不能单独用于压力快速增长的场合。

B.4.3 安全阀不宜单独用于阀座与阀瓣密封面可能被介质粘连或介质可能生成结晶体的场合，但可以将爆破片安全装置串联在安全阀入口侧组合使用。

B.4.4 安全阀的型式通常采用弹簧直接载荷式安全阀，阀型有全启式和微启式。全启式安全阀适用于泄放气体、蒸气及液化气介质，微启式安全阀一般适用于泄放液体介质。也可采用自激式非直接载荷安全阀，即先导式安全阀。

B.4.5 用于液体的安全阀公称通径至少为15 mm。

B.4.6 安全阀整定压力偏差不应超过±3%整定压力或±0.015 MPa的较大值。

B.4.7 装有安全阀时，容器的设计压力按以下步骤确定：

a) 根据容器的工作压力 p_w，确定安全阀的整定压力 p_z，一般取 $p_z=(1.05\sim1.1)p_w$；当 $p_z<0.18$ MPa 时，可适当提高 p_z 相对于 p_w 的比值；

b) 取容器的设计压力 p 等于或稍大于整定压力 p_z，即 $p\geqslant p_z$。

B.4.8 安全阀相关技术要求应符合 GB/T 12241。

B.5 爆破片安全装置

B.5.1 爆破片安全装置主要由爆破片和夹持器组成。常见的爆破片形式有正拱形、反拱形和平板形。

B.5.2 爆破片安全装置适用于压力快速增长的场合，也常用于保护安全阀的性能而与之串联使用。

B.5.3 爆破片安全装置不能单独用于排放介质毒性程度为极度、高度危害或易爆及液化石油气等场合，在这些场合可以和安全阀组合使用。

B.5.4 用于排放液体介质时，应选择适合于全液相的爆破片安全装置。

B.5.5 压力容器装有爆破片安全装置时，容器的设计压力按以下步骤确定。

a) 确定爆破片的最低标定爆破压力 p_{smin}　根据不同形式的拱形金属爆破片，推荐的 p_{smin} 值参见表 B.1；

表 B.1　最低标定爆破压力 p_{smin}

爆破片型式	载荷性质	p_{smin}/MPa
普通正拱型	静载荷	$\geqslant1.43p_w$
开缝正拱型	静载荷	$\geqslant1.25p_w$
正拱型	脉动载荷	$\geqslant1.7p_w$
反拱型	静载荷、脉动载荷	$\geqslant1.1p_w$

注：设计者若有成熟的经验或可靠数据，亦可不按表 B.1 的规定。

b) 选定爆破片的制造范围　爆破片的制造范围见表 B.2；

c) 计算爆破片的设计爆破压力 p_b　p_b 等于 p_{smin} 加上所选爆破片制造范围的下限（取绝对值）；

d) 确定容器的设计压力 p　p 不小于 p_b 加上所选爆破片制造范围的上限。

表 B.2　爆破片的制造范围

单位为 MPa

爆破片类别	设计爆破压力	全范围		1/2 范围		1/4 范围		0 范围	
		上限（正）	下限（负）	上限（正）	下限（负）	上限（正）	下限（负）	上限	下限
正拱形	>0.30～0.40	0.045	0.025	0.025	0.015	0.010	0.010	0	0
	>0.40～0.70	0.065	0.035	0.030	0.020	0.020	0.010	0	0
	>0.70～1.00	0.085	0.045	0.040	0.020	0.020	0.010	0	0
	>1.00～1.40	0.110	0.065	0.060	0.040	0.040	0.020	0	0
	>1.40～2.50	0.160	0.085	0.080	0.040	0.040	0.020	0	0
	>2.50～3.50	0.210	0.105	0.100	0.050	0.040	0.025	0	0
	>3.50	6%	3%	3%	1.5%	1.5%	0.8%	0	0
反拱形	≥0.1	0	10%	0	5%	—	—	0	0

注：对于正拱形爆破片，当设计爆破压力小于 0.3 MPa 时，可由制造单位和使用单位（或设计单位）协商商定一个双方都能接受的较大的制造范围。

B.5.6 爆破片安全装置的材料

B.5.6.1 爆破片材料不受 GB 150.2 中关于材料牌号的限制，爆破片材料应与介质相容，应根据使用条件与供应商或用户协商确定。爆破片常用材料及其最高适用温度见表 B.3。

表 B.3 爆破片的最高适用温度

爆破片材料	最高适用温度/℃
纯铝	100
纯银	120
纯镍	400
奥氏体不锈钢	400
镍铜合金(蒙乃尔)	430
镍铬合金(因康镍)	480
镍钼铬合金(哈氏合金)	480
石墨	200
注：当爆破片表面覆盖密封膜或保护膜时，应考虑该覆盖材料对最高适用温度的影响。	

B.5.6.2 用于腐蚀性介质或腐蚀性环境，且有可能导致提前失效的爆破片安全装置，可采用在爆破片表面进行电镀、喷涂或衬膜等防腐蚀措施。

B.5.6.3 夹持器常用材料有碳钢、奥氏体不锈钢、镍铜合金及镍铁铬合金等受压容器用材。材料性能应与介质相容。

B.5.7 爆破片安全装置的选用及相关技术要求应符合 GB 567 的规定。

B.6 安全阀与爆破片安全装置的组合装置

B.6.1 爆破片安全装置串联在安全阀入口侧时，爆破片爆破时不允许有碎片。爆破片安全装置与安全阀之间的腔体应设置压力表、排气口及报警指示器等。

B.6.2 爆破片安全装置串联在安全阀出口侧时，安全阀应采用特殊结构型式(如平衡式安全阀)以保证安全阀与爆破片安全装置之间出现累积背压时安全阀仍能在整定压力下开启。同时，爆破片安全装置与安全阀之间的腔体应设置排气口或排液口。

B.6.3 安全阀与爆破片安全装置串联组合时，单个泄放装置的动作压力及容器超压限度应符合 B.3.2.1 的要求。

B.6.4 安全阀与爆破片安全装置并联组合时，泄放装置的动作压力及容器的超压限度应满足 B.3.2.2 要求，其中安全阀的动作压力应不大于设计压力，爆破片的动作压力应不大于 1.05 倍设计压力。当考虑在有可能遇到火灾或接近不能预料的外来热源产生超压时，泄放装置的动作压力及容器的超压限度应满足 B.3.2.3 要求。

B.7 容器安全泄放量的计算

B.7.1 符号

A_r——容器受热面积，m^2；

半球形封头的卧式容器 $A_r=3.14D_oL$；

椭圆形封头的卧式容器 $A_r=3.14D_o(L+0.3D_o)$；

立式容器 $A_r=3.14D_oh_1$；

球形容器 $A_r=1.57D_o^2$或从地面起到 7.5m 高度以下所包括的外表面积，取两者中较大值；

D_o——容器外直径，m；

d——容器进料管内直径，mm；

F——系数，

容器置于地面以下用砂土覆盖时，$F=0.3$；

容器置于地面上时，$F=1.0$；

容器置于大于 10 L/(m^2 · min)喷淋装置下时，$F=0.6$；

H——输入热量，kJ/h；

h_1——容器最高液位，m；

L——容器总长，m；

q——在泄放压力下，液体的汽化潜热，kJ/kg；

v——容器进料管内的流速，m/s；

t——泄放压力下介质的饱和温度，℃；

W_s——容器的安全泄放量，kg/h；

δ——容器保温层厚度，m；

λ——常温下绝热材料的导热系数，kJ/(m · h · ℃)；

ρ——泄放条件(设定温度与设定压力)下的介质密度，kg/m^3。

B.7.2 盛装压缩气体或水蒸气的容器安全泄放量

a) 对压缩机贮气罐和蒸气罐等容器的安全泄放量，分别取该压缩机和蒸汽发生器在单位时间内的最大产气(汽)量；

b) 气体贮罐等的安全泄放量，按式(B.1)计算：

$$W_s=2.83\times10^{-3}\rho v d^2 \qquad \cdots\cdots(B.1)$$

B.7.3 换热设备等产生蒸汽时，安全泄放量按式(B.2)计算：

$$W_s=H/q \qquad \cdots\cdots(B.2)$$

B.7.4 盛装液化气体的容器安全泄放量

B.7.4.1 介质为易爆液化气体或位于有可能发生火灾环境下工作的非易爆液化气体的容器，分有、无绝热保温层计算其安全泄放量：

a) 无绝热保温层时，安全泄放量按式(B.3)计算：

$$W_s=\frac{2.55\times10^5FA_r^{0.82}}{q} \qquad \cdots\cdots(B.3)$$

b) 有完整的绝热保温层时(例如在火灾条件下，保温层不被破坏)，安全泄放量按式(B.4)计算：

$$W_s=\frac{2.61\times(650-t)\lambda A_r^{0.82}}{\delta q} \qquad \cdots\cdots(B.4)$$

B.7.4.2 介质为非易爆液化气体的容器，置于无火灾危险的环境下工作时，安全泄放量可根据有、无绝热保温层，分别参照式(B.3)或式(B.4)计算，取不低于计算值的 30%。

B.7.5 因化学反应使气体体积增大的容器，其安全泄放量应根据容器内化学反应可能生成的最大气量及反应时间来确定。

B.8 泄放装置泄放面积计算

B.8.1 适用范围

本节适用于单一相介质通过泄放装置时泄放面积的计算。当介质为液相,在排放时应不发生闪蒸。

B.8.2 符号

A ——安全阀或爆破片的最小泄放面积,mm^2;

C ——气体特性系数,可查表 B.4 或按下式求取:

$$C=520\sqrt{k\left(\frac{2}{k+1}\right)^{\frac{k+1}{k-1}}}$$

K ——泄放装置的泄放系数;

对于安全阀,K 取额定泄放系数(额定泄放系数通常由安全阀制造厂提供);

对于爆破片,K 为与爆破片装置入口管道形状有关的系数,可查表 B.5 确定,但同时应满足 a)~d)条件:

a) 直接向大气排放;

b) 爆破片安全装置离容器本体的距离不超过 8 倍管径;

c) 爆破片安全装置泄放管长度不超过 5 倍管径;

d) 爆破片安全装置上、下游接管的公称直径不小于爆破片安全装置的泄放口公称直径。

当入口管道形状不易确定或不满足 a)~d)时,可取 $K=0.62$;对于液体介质,取 0.62 或按有关安全技术规范的规定;

k——气体绝热指数,查表 B.6;

M ——气体的摩尔质量,kg/kmol;

p_o ——泄放装置出口侧压力(绝压),MPa;

p_f ——泄放装置的泄放压力(绝压),包括设计压力和超压限度两部分,MPa;

Δp ——泄放装置泄放时内、外侧的压力差,MPa;

R ——通用气体常数,J/(kmol·K),$R=8\ 314$;

Re ——雷诺数,$Re=0.313\ 4\dfrac{W}{\mu\sqrt{A}}$;

T_f ——泄放装置泄放温度,K;

W ——泄放装置泄放量,kg/h;

W_s ——容器的安全泄放量,kg/h;

Z ——气体的压缩系数,见图 B.1,对于空气 $Z=1.0$;

ζ ——液体动力黏度校正系数,见图 B.2,当液体的黏度不大于 20 ℃水的黏度时,取 $\zeta=1.0$;

μ ——液体动力黏度,Pa·s;

ρ ——泄放条件(设定温度与设定压力)下的介质密度,kg/m^3。

B.8.3 单个泄放装置泄放面积的计算

B.8.3.1 气体

a) 临界条件,即 $p_o/p_f\leqslant\left(\frac{2}{k+1}\right)^{\frac{k}{k-1}}$ 时,

$$A=13.16\frac{W_s}{CKp_f}\sqrt{\frac{ZT_f}{M}} \qquad \cdots\cdots(B.5)$$

b) 亚临界条件，即 $p_o/p_f > \left(\frac{2}{k+1}\right)^{\frac{k}{k-1}}$ 时，

$$A = 1.79 \times 10^{-2} \frac{W_s}{Kp_f\sqrt{\frac{k}{k-1}\left[\left(\frac{p_o}{p_f}\right)^{\frac{2}{k}} - \left(\frac{p_o}{p_f}\right)^{\frac{k+1}{k}}\right]}}\sqrt{\frac{ZT_f}{M}} \qquad \cdots\cdots(B.6)$$

B.8.3.2 饱和蒸汽

饱和蒸汽中蒸汽含量应不小于 98%，过热度不大于 11 ℃。

a) 当 $p_f \leqslant 10$ MPa 时

$$A = 0.19 \frac{W_s}{Kp_f} \qquad \cdots\cdots(B.7)$$

b) 当 10 MPa $< p_f \leqslant 22$ MPa 时

$$A = 0.19 \frac{W_s}{Kp_f}\left(\frac{33.2p_f - 1\,061}{27.6p_f - 1\,000}\right) \qquad \cdots\cdots(B.8)$$

B.8.3.3 液体

$$A = 0.196 \frac{W_s}{\zeta K\sqrt{\rho \Delta p}} \qquad \cdots\cdots(B.9)$$

对于黏滞性流体的泄放面积计算程序如下：

a) 假设为非黏滞性流体，取 $\zeta = 1.0$ 按式(B.9)计算出初始的泄放面积与相应的直径，并向上圆整到产品系列化规格最近的公称直径及相对应的泄放面积；

b) 根据 a)计算出的圆整后泄放面积按式(B.9)及 $\zeta = 1.0$ 计算泄放量 W；

c) 根据 b)计算出的泄放量 W 及 a)计算出的圆整后泄放面积按式 $Re = 0.313\,4\frac{W}{\mu\sqrt{A}}$ 计算雷诺数，由图 B.2 查得 ζ 值，并以查得的 ζ 值按式(B.9)重新计算泄放量 W；

d) 若 $W \geqslant W_s$，则该直径(面积)即为所求；若 $W < W_s$ 则采用大一档的产品公称直径相对应的泄放面积代替 a)计算出的圆整后泄放面积重复 b)～d)的计算，直至 $W \geqslant W_s$。

B.8.4 选用的安全泄放装置实际泄放面积应不小于按 B.8.3 计算的最小泄放面积 A。

表 B.4 气体特性系数 C

k	C	k	C	k	C	k	C
1.00	315	1.20	337	1.40	356	1.60	372
1.02	318	1.22	339	1.42	358	1.62	374
1.04	320	1.24	341	1.44	359	1.64	376
1.06	322	1.26	343	1.46	361	1.66	377
1.08	324	1.28	345	1.48	363	1.68	379
1.10	327	1.30	347	1.50	365	1.70	380
1.12	329	1.32	349	1.52	366	2.00	400
1.14	331	1.34	351	1.54	368	2.20	412
1.16	333	1.36	352	1.56	369	—	—
1.18	335	1.38	354	1.58	371	—	—

表 B.5　爆破片安全装置泄放系数

编号	接管示意图	接管形状	泄放系数　K
1	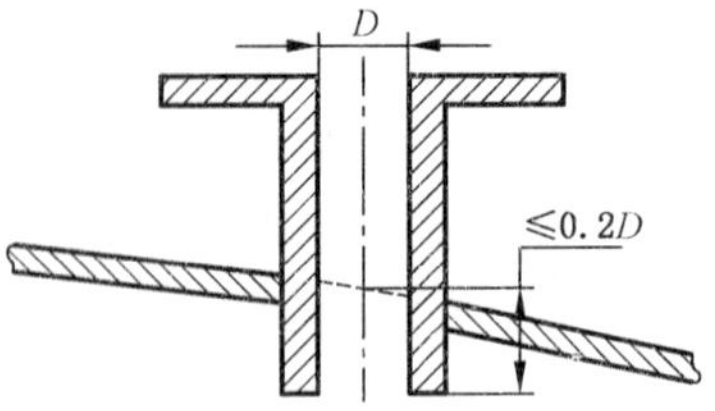	插入式接管	0.68
2	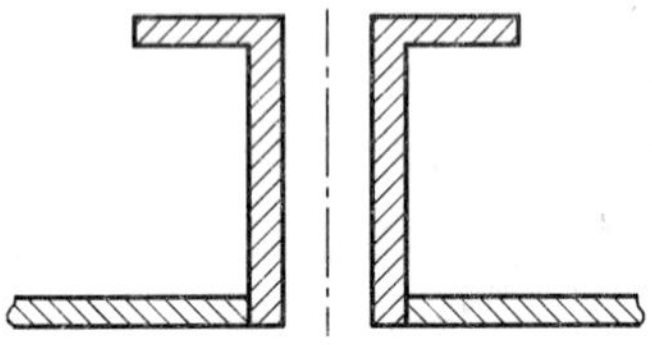	平齐式接管	0.73
3	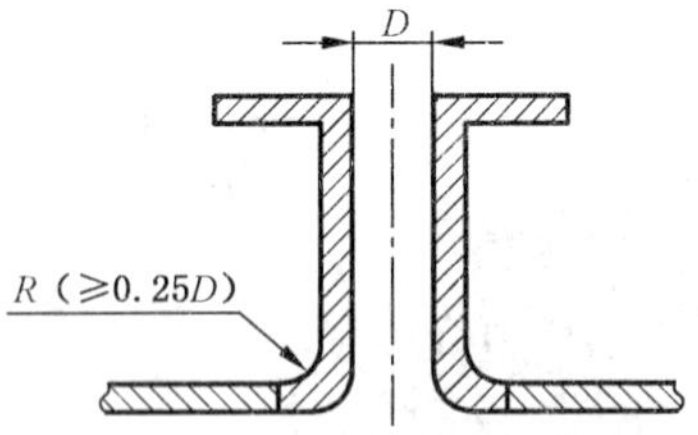	带过渡圆角接管	0.80

表 B.6　部分气体的性质

气体	分子式	摩尔质量 M kg/kmol	绝热指数 k (0.013 MPa,15℃时)	临界压力 P_c MPa(绝压)	临界温度 T_c K
空气	—	28.97	1.40	3.769	132.45
氮气	N_2	28.01	1.40	3.394	126.05
氧气	O_2	32.00	1.40	5.036	154.35
氢气	H_2	2.02	1.41	1.297	33.25
氯气	Cl_2	70.91	1.35	7.711	417.15
一氧化碳	CO	28.01	1.40	3.546	134.15
二氧化碳	CO_2	44.01	1.30	7.397	304.25
氨	NH_3	17.03	1.31	11.298	405.55
氯化氢	HCl	36.46	1.41	8.268	324.55
硫化氢	H_2S	34.08	1.32	9.008	373.55
一氧化二氮	N_2O	44.01	1.30	7.265	309.65
二氧化硫	SO_2	64.06	1.29	7.873	430.35
甲烷	CH_4	16.04	1.31	4.641	190.65
乙炔	C_2H_2	26.02	1.26	6.282	309.15
乙烯	C_2H_4	28.05	1.25	5.157	282.85
乙烷	C_2H_6	30.05	1.22	4.945	305.25
丙烯	C_3H_6	42.08	1.15	4.560	365.45
丙烷	C_3H_8	44.10	1.13	4.357	368.75
正丁烷	C_4H_{10}	58.12	1.11	3.648	426.15
异丁烷	$CH(CH_3)_3$	58.12	1.11	3.749	407.15

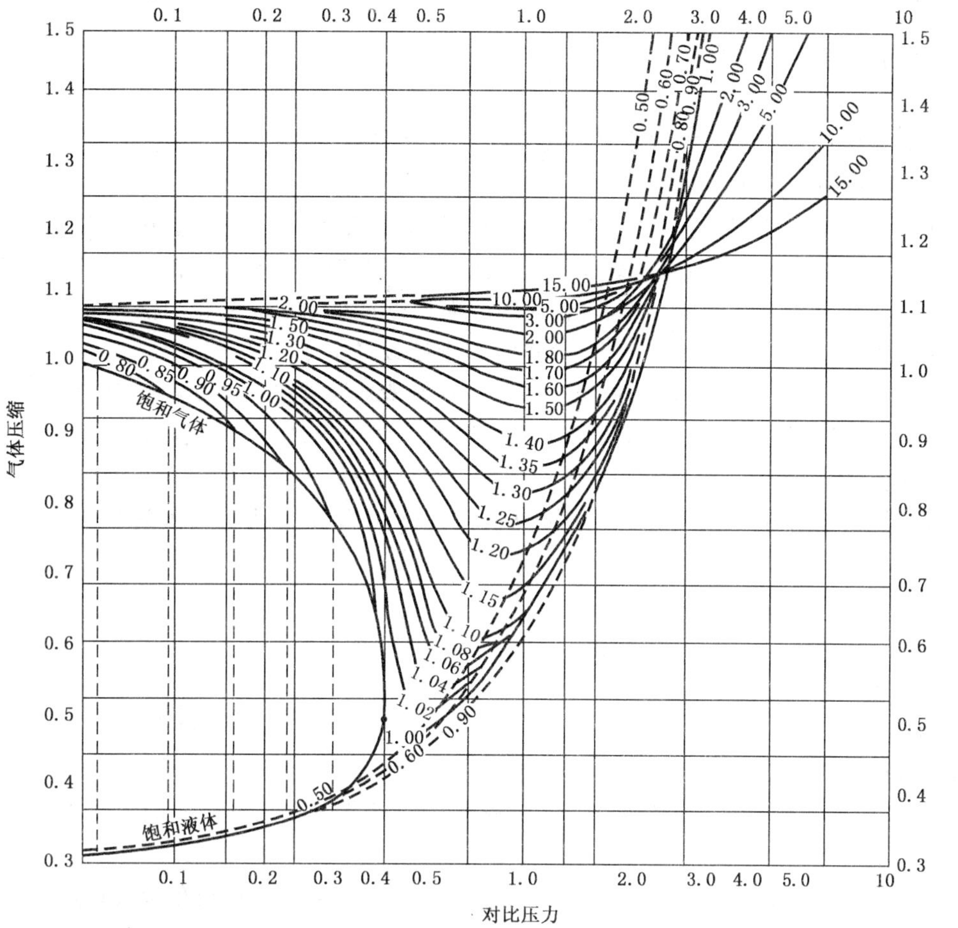

对比温度 $T_r = \dfrac{介质的泄放温度(K)}{介质的临界温度(K)}$；　　对比压力 $p_r = \dfrac{介质的泄放压力(MPa)}{介质的临界压力(MPa)}$(绝压)

图 B.1　气体压缩系数

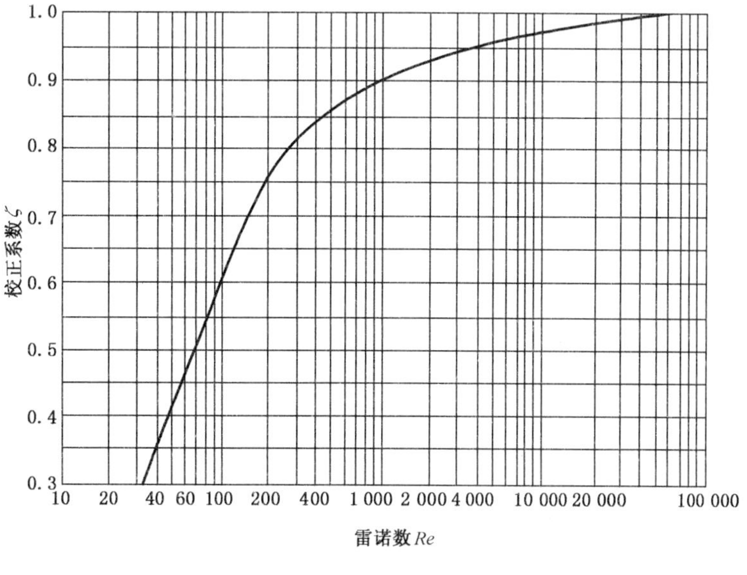

图 B.2　液体动力黏度校正系数 ζ

B.9 泄放装置的设置

B.9.1 泄放装置应设置在容器本体或其连接管线上容易安装、检查、维护的部位。安全阀的阀体应在容器或管线顶部并垂直向上。

B.9.2 泄放装置应设置在靠近容器压力源的位置。若用于气体介质，应设置在气相空间（包括液体上方的气相空间）或与该空间相连通的管线上；若用于液体介质，应设置在正常液面以下。

B.9.3 容器和泄放装置之间的所有管道、管件的截面积应不小于泄放装置的泄放面积，其接管应尽可能短而直，以免产生过大的压力损失。若一个连接口上装设 2 个或者 2 个以上的泄放装置（不包括备用安全阀）时，则该连接口入口的截面积，应当至少等于这些泄放装置进口截面积的总和。

B.9.4 容器与泄放装置之间一般不宜设置中间截断阀。对于连续操作的容器，可在容器与泄放装置之间设置截断阀专供检修用。容器在正常工作期间，截断阀应处于全开的位置并铅封。

B.9.5 泄放装置的支撑结构应有足够的强度（或刚度），以保证能承受该泄放装置泄放时所产生的反力。

B.10 泄放管

B.10.1 泄放管应尽可能设计成垂直方向，其口径应不小于泄放装置的出口直径。若多个泄放装置采用泄放总管时，总管的截面积应不小于各泄放装置泄放口截面积总和。

B.10.2 当泄放管中可能有易爆介质排放时，应根据相应规范要求采取装设阻火器等措施，以防止回火的危险。

B.10.3 在泄放管的适当部位开设排泄孔，用以防止雨、雪及冷凝液等积聚在泄放管内。

B.10.4 在安装爆破片安全装置的泄放管线时，其中心线应与爆破片安全装置的中心线对齐，以避免爆破片受力不均。

附 录 C
（规范性附录）
以验证性爆破试验确定容器设计压力

C.1 总则

C.1.1 本附录规定了采用验证性爆破试验确定容器设计压力的基本要求。

C.1.2 本附录适用于无法按照 GB 150.3 进行结构设计计算的压力容器或受压元件。凡能够按 GB 150.3 要求准确确定其计算厚度的受压元件，其结构强度设计应满足 GB 150.3 的要求，不得采用本附录的方法。

C.1.3 容器与试验容器（或元件与试验元件）应满足以下要求：

a） 相同的设计结构和形状；

b） 相同的材料，即对应的材料标准、牌号、热处理状态应一致；

c） 相同的名义厚度和结构尺寸。对于截面尺寸相同的结构，其长度不能大于验证试验件；

d） 相同的热处理要求；

e） 制造偏差应符合 GB 150.4 的要求。

C.1.4 如果容器中仅部分受压元件的最高允许工作压力采用验证性爆破试验确定，则容器的设计压力应根据所有受压元件的要求确定。

C.1.5 本附录不得用于盛装介质毒性程度为极度或高度危害的容器的设计。

C.2 管理与职责

C.2.1 验证性爆破试验的试验件应由该容器或受压元件的制造单位完成，试验可由该容器或受压元件的制造单位或委托第三方实施。

C.2.2 验证性爆破试验的实施过程应充分考虑试验人员和场地的安全，试验程序和试验场地安全防护措施应经实施试验的单位技术负责人批准。

C.2.3 参照容器耐压试验的监督检验要求，整个试验过程应当接受检验机构人员见证，验证性爆破试验报告应经检验机构人员签字认可。

C.2.4 技术评审

C.2.4.1 以验证性爆破试验确定容器设计压力或受压元件最高允许工作压力的技术文件应按《固定式压力容器安全技术监察规程》1.9 条进行技术评审。

C.2.4.2 技术文件要求

C.2.4.2.1 试验件设计和制造文件，至少应包含以下内容：

a） 试验件的结构设计图样；

b） 材料质量证明文件；

c） 制造过程工艺文件；

d） 检验记录；

e） 其他相关文件。

C.2.4.2.2 验证性爆破试验报告，至少应包含以下内容：

a） 试验、测试设备；

b） 试验程序；

c） 试验过程记录；

d） 试验结论。

C.3 试验要求

C.3.1 验证性爆破试验一般以水作为试验介质，试验介质和温度应符合 GB 150.4 的规定。

C.3.2 试验容器在进行验证性爆破试验前，耐压试验压力不得超过预期设计压力的 1.25 倍。

C.3.3 验证性爆破试验的加压应缓慢进行，首先逐渐加压至预期设计压力的 0.5 倍，保压观察后以 1/10 预期设计压力的增量逐步加压至预期设计压力，进行不少于 10 min 的保压观察后继续以 1/10 预期设计压力的增量加压至爆破或设定的停止点。

C.3.4 验证性爆破试验可选择适当的压力作为停止点，只要采用该停止点压力计算得到的设计压力满足预期的设计压力要求即可。

C.4 设计压力的确定

C.4.1 试验温度下最高允许工作压力

a） 按 C.4.4 确定 R_{mave} 时，按式(C.1)计算试验温度下的最高允许工作压力 p''，否则按式(C.2)计算：

$$p''=\frac{p_b R_m \phi}{4R_{mave}} \quad \cdots\cdots(C.1)$$

$$p''=\frac{p_b R_m \phi}{4R_{mh}} \quad \cdots\cdots(C.2)$$

式中：

p'' ——试验温度下的最高允许工作压力，单位为兆帕(MPa)；

p_b ——爆破试验压力或试验停止点压力，单位为兆帕(MPa)；

ϕ ——焊接接头系数；

R_m ——材料标准抗拉强度下限值，单位为兆帕(MPa)；

R_{mave} ——室温下试样的平均抗拉强度，单位为兆帕(MPa)，按 C.4.4 确定；

R_{mh} ——材料标准抗拉强度上限值，单位为兆帕(MPa)。

b） 考虑腐蚀裕量后试验温度下的最高允许工作压力 p' 按式(C.3)确定：

$$p'=p''\frac{(t-C_2)^n}{t^n} \quad \cdots\cdots(C.3)$$

式中：

p' ——考虑腐蚀裕量后试验温度下的最高允许工作压力，单位为兆帕(MPa)；

t ——强度最薄弱处的材料厚度，单位为毫米(mm)；

C_2 ——腐蚀裕量，单位为毫米(mm)；

n ——结构形状系数。对于圆筒、球壳、半顶角 $\alpha \leqslant 60°$ 的锥壳等，以及弯曲应力不大于 2/3 总应力的受压元件时，$n=1$；对于平面或近似平面，如平盖板、法兰或半顶角 $\alpha > 60°$ 的锥体等，以及弯曲应力大于 2/3 总应力的受压元件时，$n=2$。

C.4.2 设计温度下的最高允许工作压力

设计温度下的最高允许工作压力 p_{max} 按式(C.4)计算：

$$p_{max}=p'\frac{[\sigma]^t}{[\sigma]} \quad \cdots\cdots(C.4)$$

式中：

p_{max}——设计温度下的最高允许工作压力，单位为兆帕(MPa)；

$[\sigma]^t$——材料设计温度下的许用应力，单位为兆帕(MPa)；

$[\sigma]$——材料试验温度下的许用应力，单位为兆帕(MPa)。

C.4.3 采用 C.4.1～C.4.2 得到的最高允许工作压力作为确定容器设计压力 p 的依据。

C.4.4 试样的平均抗拉强度 R_{mave} 确定

C.4.4.1 试样应从与试验容器相同的材料上用机械方法截取。

C.4.4.2 取 3 个试样抗拉强度的平均值作为平均抗拉强度。

附 录 D
（规范性附录）
对比经验设计方法

D.1 总则

D.1.1 本附录规定了采用对比经验设计的基本要求。

D.1.2 本附录适用于容器的对比经验设计，对比经验设计容器与参照容器应具有相同或相近结构和设计条件。

D.1.3 同时满足以下要求的容器可采用本附录规定的对比经验设计方法：

a) 不能按 GB 150.3 进行设计的压力容器；

b) 材料标准抗拉强度下限值小于 540 MPa；

c) 盛装介质毒性程度为中度危害及以下的容器。

D.1.4 设计单位应取得用户提供的参照容器安全使用的证明文件和设计文件。

D.1.5 采用本方法设计应按《固定式压力容器安全技术监察规程》1.9 条通过技术评审。

D.2 使用经验要求

D.2.1 参照容器应为已投入实际生产运行的容器，其安全运行期限不得少于 5 年。

D.2.2 参照容器的实际运行条件不得低于其设计条件的 80%。

D.3 设计条件

D.3.1 与参照容器结构相同、介质相同。

D.3.2 设计温度不得高于参照容器的设计温度；对于设计温度低于 0 ℃的容器，容器设计温度不得低于参照容器的设计温度。

D.3.3 设计压力不得高于参照容器的设计压力。

D.4 结构

D.4.1 对比经验设计容器应与参照容器具有相同或相似的结构，主要结构尺寸的结构相似比应在 0.85～1.15 之间。

D.4.2 在保证对比经验设计容器使用功能前提下，应考虑结构优化，减小总体结构不连续和局部结构不连续所引起的二次应力和峰值应力的影响。

D.5 材料

D.5.1 对比经验设计容器的材料设计温度下的力学性能不得低于参照容器材料的相应要求。

D.5.2 对比经验设计容器的材料耐腐蚀性能不得低于参照容器材料的相应要求。

D.6 设计

D.6.1 容器的对比经验设计应满足以上要求，其结构尺寸可按结构相似原则确定。

D.6.2 设计单位应提供设计说明书。

D.6.3 对于按JB 4732—1995的3.10.2和3.10.3要求需进行疲劳分析的容器，根据本附录的要求进行对比经验设计时，设计说明书中还应补充容器的疲劳分析内容。

附 录 E
（规范性附录）
局部结构应力分析和评定

E.1 总则

E.1.1 本附录规定了容器局部结构采用应力分析方法（容器总体按 GB 150 设计）作为设计依据的基本要求。

E.1.2 本附录仅适用于按 GB 150.3 无法进行设计计算的容器局部结构。

E.2 设计管理

E.2.1 按本附录进行容器局部结构应力分析的设计单位和设计者一般不要求具备分析设计资格。

E.2.2 设计单位应对局部结构分析的正确性负责，分析报告应作为对应局部结构的强度计算书。

E.3 强度评定要求

E.3.1 应力分类及应力分析结果的评定方法应符合 JB 4732 的规定。

E.3.2 材料的设计应力强度按 GB 150.2 对应材料的许用应力确定。

E.4 局部结构的制造、检验和验收要求应满足 JB 4732 的相应规定。

附 录 F
（规范性附录）
风险评估报告

F.1 总则

F.1.1 本附录规定了风险评估报告的基本要求。

F.1.2 容器设计者应根据相关法规或设计委托方要求编制针对容器预期使用状况的风险评估报告。

F.1.3 设计者应充分考虑容器在各种工况条件下可能产生的失效模式，在材料选择、结构设计、制造检验要求等方面提出安全措施，防止可能发生的失效。

F.1.4 设计者应向容器用户提供制定容器事故应急预案所需要的信息。

F.2 制定原则和程序

F.2.1 设计阶段风险评估主要针对危害识别和风险控制。

F.2.2 设计阶段风险评估按以下程序进行：

a） 根据用户设计条件和其他设计输入信息，确定容器的各种使用工况；

b） 根据各使用工况的介质、操作条件、环境因素进行危害识别，确定可能发生的危害及其后果；

c） 针对所有危害和相应的失效模式，说明应采取的安全防护措施和依据；

d） 对于可能发生的失效模式，给出制定事故应急预案所需要的信息；

e） 形成完整的风险评估报告。

F.3 风险评估报告内容

风险评估报告应至少包括：

a） 压力容器的基本设计参数：压力、温度、材料、介质性质和外载荷等；

b） 操作工况条件的描述；

c） 所有操作、设计条件下可能发生的危害，如：爆炸、泄漏、破损、变形等；

d） 对于标准已经有规定的失效模式，说明采用标准的条款；

e） 对于标准没有规定的失效模式，说明设计中载荷、安全系数和相应计算方法的选取依据；

f） 对介质少量泄漏、大量涌出和爆炸状况下如何处置的措施；

g） 根据周围人员的可能伤及情况，规定合适的人员防护设备和措施；

h） 风险评估报告应具有与设计图纸一致的签署。

ICS 23.020.30
J 74

中华人民共和国国家标准

GB 150.2—2011
部分代替 GB 150—1998

压力容器 第2部分:材料

Pressure vessels—Part 2:Materials

2011-11-21 发布 2012-03-01 实施

中华人民共和国国家质量监督检验检疫总局
中国国家标准化管理委员会 发布

前　言

本标准的本部分中附录B、附录C为推荐性的，其余为强制性。

本标准GB 150《压力容器》分为四个部分：

——第1部分：通用要求；

——第2部分：材料；

——第3部分：设计；

——第4部分：制造、检验和验收。

本部分为GB 150的第2部分：材料。本部分按照GB/T 1.1—2009《标准化工作导则》给出的规则起草。

本部分代替GB 150—1998的材料部分（第4章、附录A、附录F和附录H）。

本部分依据GB 150—1998实施以来我国压力容器用钢的技术进展成果，并按照TSG R0004—2009《固定式压力容器安全技术监察规程》的相关规定进行了修订。与GB 150—1998相比，主要变动内容如下：

——第2章引用文件中的钢材标准全部进行了更新。复合板增加了镍-钢、钛-钢和铜-钢3个标准（NB/T 47002.2、NB/T 47002.3和NB/T 47002.4）。不锈钢无缝钢管增加了奥氏体-铁素体型钢管标准（GB/T 21833）。不锈钢焊接钢管增加了锅炉和热交换器用奥氏体不锈钢管标准（GB/T 24593）和奥氏体-铁素体型钢管标准（GB/T 21832）。不锈钢棒增加了冷加工钢棒标准（GB/T 4226）。

——第3章总则中碳素钢和低合金钢钢材（钢板、钢管和钢锻件）的冲击功最低值按TSG R0004的规定提高了指标。

——按TSG R0004所规定的安全系数重新确定了钢板、钢管和钢锻件的许用应力。

——第4章钢板中增加了7个低合金钢钢板（12Cr1MoVR、12Cr2Mo1VR、12MnNiVR、15MnNiNbDR、07MnNiMoDR、08Ni3DR和06Ni9DR），6个高合金钢钢板（S11972、S30409、S31008、S39042、S22253和S22053）。

——第4章钢板中提高了碳素钢和低合金钢钢板的超声检测要求，将钢板的使用温度下限作了详细规定。

——第5章钢管中增加了2个低合金钢钢管（09MnNiD和08Cr2AlMo），2个奥氏体型高合金钢无缝钢管（1Cr19Ni9和0Cr25Ni20），4个奥氏体-铁素体型高合金钢无缝钢管（S21953、S22253、S22053和S25073），高合金钢焊接钢管列入5个奥氏体型钢号（S30408、S30403、S31608、S31603和S32168）和3个奥氏体-铁素体型钢号（S21953、S22253、S22053）。

——第5章钢管中列入了用钢棒加工的接管，并做出了相关规定。

——第6章钢锻件中增加了4个低合金钢钢锻件（20MnNiMo、12Cr2Mo1V、12Cr3Mo1V和08Ni3D），4个奥氏体型高合金钢钢锻件（S30409、S31008、S31703和S39042），2个奥氏体-铁素体型高合金钢钢锻件（S22253和S22053）。

——第7章螺柱（含螺栓）用钢棒中调整了35CrMoA和40CrNiMoA低温用螺柱的最低冲击试验温度，提高了30CrMoA、35CrMoA和40CrNiMoA螺柱的低温冲击功指标，增加了S31008高温用高合金钢螺柱和应变强化处理的S30408低温用高合金钢螺柱。

——附录A中增加了4个低合金钢钢板（12Cr2Mo1VR、15MnNiNbDR、08Ni3DR和06Ni9DR）的技术要求，以及2个低合金钢钢管（09MnNiD和08Cr2AlMo）的技术要求。

——附录 B 中列入了新增钢号的相关性能数据参考值。

——附录 C 中列出了高合金钢统一数字代号和牌号的对照表。

——附录 D 中列出了 Q235 系列钢板的使用规定。

本部分由全国锅炉压力容器标准化技术委员会(SAC/TC 262)提出并归口。

本部分起草单位:合肥通用机械研究院、中国通用机械工程总公司、中国特种设备检测研究院、合肥市质量技术监督局、中国石化工程建设公司、国家质检总局特种设备安全监察局、江苏省特种设备安全监督检验研究院。

本部分主要起草人:秦晓钟、章小浒、张勇、杨国义、顾先山、段瑞、常彦衍、缪春生、尹立军。

本部分所代替标准的历次版本发布情况为:

——GB 150—1989、GB 150—1998。

压力容器　第2部分：材料

1　范围

GB 150 的本部分规定了压力容器受压元件用钢材允许使用的钢号及其标准，钢材的附加技术要求，钢材的使用范围（温度和压力）和许用应力。

本部分适用于设计温度 −253 ℃～800 ℃、设计压力不大于 35 MPa 的压力容器。

本部分不适用的范围为：GB 150.1 规定的不适用范围；制冷、造纸行业的容器，搪玻璃容器和简单压力容器；TSG R0004 中 1.4 条所规定的范围。

2　规范性引用文件

下列文件对于本文件的应用是必不可少的。凡是注日期的引用文件，仅注日期的版本适用于本文件。凡是不注日期的引用文件，其最新版本（包括所有的修改单）适用于本文件。

GB 150.1—2011　压力容器　第1部分：通用要求

GB 150.3—2011　压力容器　第3部分：设计

GB/T 228　金属材料　室温拉伸试验方法

GB/T 229　金属材料　夏比摆锤冲击试验方法

GB/T 699　优质碳素结构钢

GB 713　锅炉和压力容器用钢板

GB/T 1220　不锈钢棒

GB/T 1221　耐热钢棒

GB/T 3077　合金结构钢

GB 3531　低温压力容器用低合金钢钢板

GB/T 4226　不锈钢冷加工钢棒

GB/T 4334　金属和合金的腐蚀　不锈钢晶间腐蚀试验方法

GB 5310　高压锅炉用无缝钢管

GB 6479—2000　高压化肥设备用无缝钢管

GB/T 6803　铁素体钢的无塑性转变温度落锤试验方法

GB/T 7735　钢管涡流探伤检验方法

GB/T 8163　输送流体用无缝钢管

GB 9948　石油裂化用无缝钢管

GB/T 12771　流体输送用不锈钢焊接钢管

GB 13296　锅炉、热交换器用不锈钢无缝钢管

GB/T 14976　流体输送用不锈钢无缝钢管

GB 19189　压力容器用调质高强度钢板

GB/T 20878　不锈钢和耐热钢　牌号及化学成分

GB/T 21832　奥氏体-铁素体型双相不锈钢焊接钢管

GB/T 21833　奥氏体-铁素体型双相不锈钢无缝钢管

GB 24511　承压设备用不锈钢钢板及钢带

GB/T 24593　锅炉和热交换器用奥氏体不锈钢焊接钢管

NB/T 47002.1　压力容器用爆炸焊接复合板　第1部分:不锈钢-钢复合板

NB/T 47002.2　压力容器用爆炸焊接复合板　第2部分:镍-钢复合板

NB/T 47002.3　压力容器用爆炸焊接复合板　第3部分:钛-钢复合板

NB/T 47002.4　压力容器用爆炸焊接复合板　第4部分:铜-钢复合板

NB/T 47008　承压设备用碳素钢和合金钢锻件

NB/T 47009　低温承压设备用低合金钢锻件

NB/T 47010　承压设备用不锈钢和耐热钢锻件

JB/T 4730.3　承压设备无损检测　第3部分:超声检测

JB/T 4756　镍及镍合金制压力容器

TSG R0004　固定式压力容器安全技术监察规程

ISO 9328-2:2004　承压设备用钢板及钢带　供货技术条件　第2部分:规定高温性能的非合金钢和合金钢(Steel flat products for pressure purposes—Technical delivery conditions—Part 2:Non-alloy and alloy steels with specified elevated temperature properties)

3　总则

3.1　本标准对压力容器受压元件所采用的钢板、钢管、钢锻件和螺柱(含螺栓)用钢材做出了相关规定。

与受压元件相焊接的非受压元件用钢应是焊接性良好的钢材。

3.2　采用本标准未列入钢号的钢材时,除奥氏体型钢材外均应符合附录A的有关规定。允许采用已列入国家标准中的奥氏体型钢材,但其技术要求(如磷、硫含量,强度指标)不应低于本标准所列入相应钢材标准中化学成分相近钢号的规定。

3.3　压力容器受压元件用钢应附有钢材生产单位的钢材质量证明书原件,容器制造单位应按质量证明书对钢材进行验收。如无钢材生产单位的钢材质量证明书原件时,则应按TSG R0004中2.1的规定。对符合TSG R0004中2.11所规定的情况,压力容器制造单位应对钢材进行复验。

3.4　选择压力容器受压元件用钢时应考虑容器的使用条件(如设计温度、设计压力、介质特性和操作特点等)、材料的性能(力学性能、工艺性能、化学性能和物理性能)、容器的制造工艺以及经济合理性。

3.5　压力容器受压元件用钢应当是氧气转炉或者电炉冶炼的镇静钢。对标准抗拉强度下限值大于或者等于540 MPa的低合金钢钢板和奥氏体-铁素体型不锈钢钢板,以及用于使用温度低于−20 ℃的低温钢板和低温钢锻件,还应当采用炉外精炼工艺。

3.6　压力容器受压元件用钢材的使用温度上限

3.6.1　钢材的使用温度上限(相应受压元件的最高设计温度)为本标准各许用应力表中各钢号许用应力所对应的最高温度。如在工艺过程中,钢材需短时在高于使用温度上限操作时,由设计文件规定。许用应力表中粗线右侧的许用应力系由钢材10万小时的高温持久强度极限所确定。

3.6.2　碳素钢和碳锰钢钢材在高于425 ℃温度下长期使用时,应考虑钢中碳化物相的石墨化倾向。

3.6.3　奥氏体型钢材的使用温度高于525 ℃时,钢中含碳量应不小于0.04%。

3.7　压力容器受压元件用钢材的使用温度下限

3.7.1　钢材(奥氏体型钢材除外)的使用温度下限(相应受压元件的最低设计温度)按第4章至第7章相关条文的规定。

3.7.2　奥氏体型钢材的使用温度高于或等于−196 ℃时,可免做冲击试验。低于−196 ℃～−253 ℃,

由设计文件规定冲击试验要求。

3.7.3 对用于低温低应力工况的钢材，其使用温度下限按 GB 150.3—2011 附录 E 的规定。

3.8 碳素钢和低合金钢钢材的冲击试验要求

3.8.1 碳素钢和低合金钢钢材（钢板、钢管、钢锻件及其焊接接头）的冲击功最低值按表 1 的规定。

表 1 碳素钢和低合金钢钢材的冲击功最低值

钢材标准抗拉强度下限值 R_m/MPa	3 个标准试样冲击功平均值 KV_2/J
≤450	≥20
>450～510	≥24
>510～570	≥31
>570～630	≥34
>630～690	≥38
注：对 R_m 随厚度增大而降低的钢材，按该钢材最小厚度范围的 R_m 确定冲击功指标。	

3.8.2 夏比 V 型缺口冲击试样的取样部位和试样方向应符合相应钢材标准的规定。冲击试验每组取 3 个标准试样，允许 1 个试样的冲击功数值低于表 1 的规定值，但不得低于表 1 规定值的 70%。当钢材尺寸无法制备标准试样时，则应依次制备宽度为 7.5 mm 或 5 mm 的小尺寸冲击试样，其冲击功指标分别为标准试样冲击功指标的 75%或 50%。

3.8.3 钢板的冲击试验要求分别按 GB 713、GB 3531 和 GB 19189 的规定。如需提高冲击功指标，应在设计文件中注明。对 Q245R、Q345R 和 13MnNiMoR 钢板，如需规定进行－20 ℃冲击试验时，应在设计文件中注明。

3.8.4 钢管的冲击试验要求按第 5 章相关条文的规定。

3.8.5 钢锻件的冲击试验要求分别按 NB/T 47008 和 NB/T 47009 的规定。如需提高冲击功指标，应在设计文件中注明。对 20、16Mn 和 20MnMo 钢锻件，如需规定进行－20 ℃冲击试验时，应在设计文件中注明。

3.8.6 低合金钢螺柱的冲击试验要求按 7.1.3 和 7.1.4 的规定。

3.9 根据设计文件要求，钢材可按 GB/T 4334 进行晶间腐蚀试验，也可按有关标准进行应力腐蚀试验、点腐蚀试验，具体试验方法和合格指标在设计文件中规定。

3.10 对钢材有特殊技术要求时（如特殊冶炼方法、严格的化学成分、较高的冲击功指标、附加保证高温屈服强度、提高无损检测合格等级、增加力学性能检验率等），应在设计文件中规定。

3.11 对已列入本标准的标准抗拉强度下限值大于或等于 540 MPa 的和用于压力容器设计温度低于－40 ℃的低合金钢钢板，如钢板制造单位无该钢板在压力容器中的应用业绩，则钢板制造单位仍应按 TSG R0004 的规定通过技术评审。

3.12 钢材的高温屈服强度、持久强度极限、弹性模量和平均线膨胀系数参考值参见附录 B。

3.13 高合金钢钢号近似对照参见附录 C。

3.14 压力容器制造或现场组焊单位对受压元件用钢材的代用，应事先取得原设计单位的书面批准，并在竣工图上做详细记录。

3.15 本标准中各钢材的许用应力按 GB 150.1 的原则确定，各钢材许用应力表中中间温度的许用应力可用内插法求得。

4 钢板

4.1 碳素钢和低合金钢钢板

4.1.1 钢板的标准、使用状态及许用应力按表2的规定。

4.1.2 表2中所有用连铸坯轧制的钢板，压缩比应不小于3。

4.1.3 对容器制造过程中需进行正火、正火加回火或调质热处理的碳素钢和低合金钢钢板，钢板制造单位的交货状态可不同于表2中的使用状态。钢板制造单位出厂检验和容器制造单位复验钢板力学性能时，应从热处理的样坯上取样进行试验。样坯厚度为钢板厚度，样坯长度和宽度均不小于3倍钢板厚度。试样的轴线应位于离样坯表面1/4厚度处，试样所处的位置离样坯各个侧面的距离应不小于样坯厚度，但拉伸试样的头部(或夹持部位)不受此限制。

4.1.4 下列碳素钢和低合金钢钢板，应在正火状态下使用：

a) 用于多层容器内筒的Q245R和Q345R；

b) 用于壳体的厚度大于36 mm的Q245R和Q345R；

c) 用于其他受压元件(法兰、管板、平盖等)的厚度大于50 mm的Q245R和Q345R。

表 2 碳素钢和低合金钢钢板许用应力

钢号	钢板标准	使用状态	厚度 mm	室温强度指标 R_m MPa	室温强度指标 R_{eL} MPa	在下列温度(℃)下的许用应力/MPa ≤20	100	150	200	250	300	350	400	425	450	475	500	525	550	575	600	注
Q245R	GB 713	热轧,控轧,正火	3～16	400	245	148	147	140	131	117	108	98	91	85	61	41						
			>16～36	400	235	148	140	133	124	111	102	93	86	84	61	41						
			>36～60	400	225	148	133	127	119	107	98	89	82	80	61	41						
			>60～100	390	205	137	123	117	109	98	90	82	75	73	61	41						
			>100～150	380	185	123	112	107	100	90	80	73	70	67	61	41						
Q345R	GB 713	热轧,控轧,正火	3～16	510	345	189	189	189	183	167	153	143	125	93	66	43						
			>16～36	500	325	185	185	183	170	157	143	133	125	93	66	43						
			>36～60	490	315	181	181	173	160	147	133	123	117	93	66	43						
			>60～100	490	305	181	181	167	150	137	123	117	110	93	66	43						
			>100～150	480	285	178	173	160	147	133	120	113	107	93	66	43						
			>150～200	470	265	174	163	153	143	130	117	110	103	93	66	43						
Q370R	GB 713	正火	10～16	530	370	196	196	196	196	190	180	170										
			>16～36	530	360	196	196	196	193	183	173	163										
			>36～60	520	340	193	193	193	180	170	160	150										
18MnMoNbR	GB 713	正火加回火	30～60	570	400	211	211	211	211	211	211	211	207	195	177	117						
			>60～100	570	390	211	211	211	211	211	211	211	203	192	177	117						
13MnNiMoR	GB 713	正火加回火	30～100	570	390	211	211	211	211	211	211	211	203									
			>100～150	570	380	211	211	211	211	211	211	211	200									

表 2（续）

钢号	钢板标准	使用状态	厚度 mm	室温强度指标 R_m MPa	室温强度指标 R_{eL} MPa	在下列温度(℃)下的许用应力/MPa ≤20	100	150	200	250	300	350	400	425	450	475	500	525	550	575	600	注
15CrMoR	GB 713	正火加回火	6～60	450	295	167	167	167	160	150	140	133	126	122	119	117	88	58	37			
			>60～100	450	275	167	167	157	147	140	131	124	117	114	111	109	88	58	37			
			>100～150	440	255	163	157	147	140	133	123	117	110	107	104	102	88	58	37			
14Cr1MoR	GB 713	正火加回火	6～100	520	310	193	187	180	170	163	153	147	140	135	130	123	80	54	33			
			>100～150	510	300	189	180	173	163	157	147	140	133	130	127	121	80	54	33			
12Cr2Mo1R	GB 713	正火加回火	6～150	520	310	193	187	180	173	170	167	163	160	157	147	119	89	61	46	37		
12Cr1MoVR	GB 713	正火加回火	6～60	440	245	163	150	140	133	127	117	111	105	103	100	98	95	82	59	41		
			>60～100	430	235	157	147	140	133	127	117	111	105	103	100	98	95	82	59	41		
12Cr2Mo1VR	—	正火加回火	30～120	590	415	219	219	219	219	219	219	219	219	219	193	163	134	104	72			1
16MnDR	GB 3531	正火，正火加回火	6～16	490	315	181	181	180	167	153	140	130										
			>16～36	470	295	174	174	167	157	143	130	120										
			>36～60	460	285	170	170	160	150	137	123	117										
			>60～100	450	275	167	167	157	147	133	120	113										
			>100～120	440	265	163	163	153	143	130	117	110										
15MnNiDR	GB 3531	正火，正火加回火	6～16	490	325	181	181	181	173													
			>16～36	480	315	178	178	178	167													
			>36～60	470	305	174	174	173	160													

表 2（续）

钢号	钢板标准	使用状态	厚度 mm	室温强度指标 R_m MPa	室温强度指标 R_{eL} MPa	在下列温度(℃)下的许用应力/MPa ≤20	100	150	200	250	300	350	400	425	450	475	500	525	550	575	600	注
15MnNiNbDR	—	正火，正火加回火	10～16	530	370	196	196	196	196													1
			>16～36	530	360	196	196	196	193													
			>36～60	520	350	193	193	193	187													
09MnNiDR	GB 3531	正火，正火加回火	6～16	440	300	163	163	163	160	153	147	137										
			>16～36	430	280	159	159	157	150	143	137	127										
			>36～60	430	270	159	159	150	143	137	130	120										
			>60～120	420	260	156	156	147	140	133	127	117										
08Ni3DR	—	正火，正火加回火，调质	6～60	490	320	181	181															1
			>60～100	480	300	178	178															
06Ni9DR	—	调质	6～30	680	560	252	252															1
			>30～40	680	550	252	252															
07MnMoVR	GB 19189	调质	10～60	610	490	226	226	226	226													
07MnNiVDR	GB 19189	调质	10～60	610	490	226	226	226	226													
07MnNiMoDR	GB 19189	调质	10～50	610	490	226	226	226	226													
12MnNiVR	GB 19189	调质	10～60	610	490	226	226	226	226													

注 1：该钢板的技术要求见附录 A。

4.1.5 下列碳素钢和低合金钢钢板，应每张热处理钢板（热处理后钢板被切割成数张时仍按 1 张考虑）进行拉伸和 V 型缺口冲击试验：

a) 调质热处理钢板；

b) 多层容器的内筒钢板；

c) 壳体厚度大于 60 mm 的钢板。

4.1.6 根据设计文件要求，对厚度大于 36 mm 的调质状态使用的钢板和厚度大于 80 mm 的正火或正火加回火状态使用的钢板，可增加一组在钢板厚度 1/2 处取样的冲击试验，其冲击功指标在设计文件中规定。

4.1.7 根据设计文件要求，对厚度大于 36 mm 的标准抗拉强度下限值大于或等于 540 MPa 的钢板和用于设计温度低于－40 ℃的钢板，可附加进行落锤试验。试验按 GB/T 6803 进行，采用 P-2 型试样，无塑性转变（NDT）温度的合格指标在设计文件中规定。

4.1.8 壳体用钢板（不包括多层容器的层板）应按表 3 的规定逐张进行超声检测，钢板超声检测方法和质量等级按 JB/T 4730.3 的规定。

4.1.9 公称容积大于或等于 50 m^3 的球形储罐，其球壳板厚度不宜大于 50 mm。

4.1.10 用于设计温度高于 200 ℃的 Q370R 钢板，以及用于设计温度高于 300 ℃的 18MnMoNbR、13MnNiMoR 和 12Cr2Mo1VR 钢板，应在设计文件中要求钢板按批进行设计温度下的高温拉伸试验，其屈服强度值参见附录 B。

4.1.11 受压元件用钢板，其使用温度下限按表 4 的规定，表 4 中 Q245R 和 Q345R 钢板的使用状态还应符合 4.1.4 的规定。对厚度大于 100 mm 的壳体用钢板及其焊接接头，应规定较严格的冲击试验要求，设计单位可选用下列方法：

a) 冲击试验温度按最低设计温度，但冲击功指标高于表 1 的规定；

b) 冲击试验温度低于最低设计温度，冲击功指标按表 1 的规定。

表 3 壳体用钢板超声检测要求

钢号	钢板厚度 mm	容器使用条件	质量等级
Q245R Q345R	＞30～36	—	不低于Ⅲ级
	＞36	—	不低于Ⅱ级
Q370R Mn-Mo 系 Cr-Mo 系 Cr-Mo-V 系	＞25	—	不低于Ⅱ级
16MnDR Ni 系低温钢 （调质状态除外）	＞20	—	不低于Ⅱ级
调质状态 使用的钢号	＞16	—	Ⅰ级
多层容器 内筒钢板	≥12	—	Ⅰ级
—	≥12	介质毒性程度为极度或高度危害； 在湿 H_2S 环境中使用； 设计压力大于或等于 10 MPa	不低于Ⅱ级

表 4 钢板的使用温度下限

钢 号	钢板厚度 mm	使用状态	冲击试验要求	使用温度下限 ℃
中常温用钢板				
Q245R	<6	热轧、控轧、正火	免做冲击	−20
	6～12		0 ℃冲击	−20
	>12～16			−10
	>16～150			0
	>12～20	热轧、控轧	−20 ℃冲击 （协议）	−20
	>12～150	正火		−20
Q345R	<6	热轧、控轧、正火	免做冲击	−20
	6～20		0 ℃冲击	−20
	>20～25			−10
	>25～200			0
	>20～30	热轧、控轧	−20 ℃冲击 （协议）	−20
	>20～200	正火		−20
Q370R	10～60	正火	−20 ℃冲击	−20
18MnMoNbR	30～100	正火加回火	0 ℃冲击	0
			−10 ℃冲击 （协议）	−10
13MnNiMoR	30～150	正火加回火	0 ℃冲击	0
			−20 ℃冲击 （协议）	−20
07MnMoVR	10～60	调质	−20 ℃冲击	−20
12MnNiVR	10～60	调质	−20 ℃冲击	−20
低温用钢板				
16MnDR	6～60	正火， 正火加回火	−40 ℃冲击	−40
	>60～120		−30 ℃冲击	−30
15MnNiDR	6～60	正火，正火加回火	−45 ℃冲击	−45
15MnNiNbDR	10～60	正火，正火加回火	−50 ℃冲击	−50
09MnNiDR	6～120	正火，正火加回火	−70 ℃冲击	−70
08Ni3DR	6～100	正火，正火加回火， 调质	−100 ℃冲击	−100
06Ni9DR	6～40 （6～12）	调质（或两次 正火加回火）	−196 ℃冲击	−196
07MnNiVDR	10～60	调质	−40 ℃冲击	−40
07MnNiMoDR	10～50	调质	−50 ℃冲击	−50

4.1.12 允许使用 ISO 9328-2 中的 P265GH 和 P355GH 钢板，其使用状态、厚度和使用温度范围、以及许用应力分别按 Q245R 和 Q345R 钢板的相应规定。当钢板按 4.1.11 的规定需进行 −20 ℃冲击试验时，P265GH 和 P355GH 钢板的冲击功指标（3 个标准试样冲击功的平均值）应分别提高到 31 J 和 34 J。

4.1.13 Q235 系列钢板（Q235B 和 Q235C）的使用规定见附录 D。

4.2 高合金钢钢板

4.2.1 钢板的标准、厚度范围及许用应力按表 5 的规定。

4.2.2 表 5 中的所有钢板均应由经炉外精炼的钢轧制而成。用连铸坯轧制的钢板其压缩比应不小于 3。

4.2.3 钢板的交货状态应按 GB 24511 的相应规定。铁素体型（S1××××）钢板以退火状态交货，奥氏体-铁素体型（S2××××）钢板和奥氏体型（S3××××）钢板以固溶热处理状态交货。

4.2.4 GB 24511 标准中热轧厚钢板、热轧钢板及钢带的厚度允许偏差分为普通精度和较高精度两个等级，压力容器一般采用普通精度，如需采用较高精度（代号 PT）时，应在设计文件中规定。

4.2.5 GB 24511 标准中钢板的表面加工类型，热轧产品分为 1E 级（热轧、热处理、机械除氧化皮）和 1D 级（热轧、热处理、酸洗），冷轧产品分为 2D 级（冷轧、热处理、酸洗或除鳞）和 2B 级（冷轧、热处理、酸洗或除鳞、光亮加工），设计文件中应规定表面加工类型。压力容器中热轧产品一般采用 1D 级，冷轧产品一般采用 2B 级。

4.2.6 受压元件用钢板，使用温度下限按下列规定：

a) 铁素体型钢板为 0 ℃；

b) 奥氏体-铁素体型钢板为 −20 ℃；

c) 奥氏体型钢板按 3.7.2 规定。

4.2.7 设计文件可按 GB 24511 标准提出对奥氏体型钢板附加检验 $R_{p1.0}$ 的要求，并用标准规定值按 GB 150.1—2011 中 4.4 确定钢板的许用应力。

表 5 高合金钢钢板许用应力

钢号	钢板标准	厚度 mm	在下列温度(℃)下的许用应力/MPa																						注
			≤20	100	150	200	250	300	350	400	450	500	525	550	575	600	625	650	675	700	725	750	775	800	
S11306	GB 24511	1.5～25	137	126	123	120	119	117	112	109															
S11348	GB 24511	1.5～25	113	104	101	100	99	97	95	90															
S11972	GB 24511	1.5～8	154	154	149	142	136	131	125																
S21953	GB 24511	1.5～80	233	233	223	217	210	203																	
S22253	GB 24511	1.5～80	230	230	230	230	223	217																	
S22053	GB 24511	1.5～80	230	230	230	230	223	217																	
S30408	GB 24511	1.5～80	137	137	137	130	122	114	111	107	103	100	98	91	79	64	52	42	32	27					1
			137	114	103	96	90	85	82	79	76	74	73	71	67	62	52	42	32	27					
S30403	GB 24511	1.5～80	120	120	118	110	103	98	94	91	88														1
			120	98	87	81	76	73	69	67	65														
S30409	GB 24511	1.5～80	137	137	137	130	122	114	111	107	103	100	98	91	79	64	52	42	32	27					1
			137	114	103	96	90	85	82	79	76	74	73	71	67	62	52	42	32	27					
S31008	GB 24511	1.5～80	137	137	137	137	134	130	125	122	119	115	113	105	84	61	43	31	23	19	15	12	10	8	1
			137	121	111	105	99	96	93	90	88	85	84	83	81	61	43	31	23	19	15	12	10	8	
S31608	GB 24511	1.5～80	137	137	137	134	125	118	113	111	109	107	106	105	96	81	65	50	38	30					1
			137	117	107	99	93	87	84	82	81	79	78	78	76	73	65	50	38	30					

表 5（续）

钢号	钢板标准	厚度 mm	在下列温度(℃)下的许用应力/MPa																						注
			≤20	100	150	200	250	300	350	400	450	500	525	550	575	600	625	650	675	700	725	750	775	800	
S31603	GB 24511	1.5～80	120	120	117	108	100	95	90	86	84														1
			120	98	87	80	74	70	67	64	62														
S31668	GB 24511	1.5～80	137	137	137	134	125	118	113	111	109	107													1
			137	117	107	99	93	87	84	82	81	79													
S31708	GB 24511	1.5～80	137	137	137	134	125	118	113	111	109	107	106	105	96	81	65	50	38	30					1
			137	117	107	99	93	87	84	82	81	79	78	78	76	73	65	50	38	30					
S31703	GB 24511	1.5～80	137	137	137	134	125	118	113	111	109														1
			137	117	107	99	93	87	84	82	81														
S32168	GB 24511	1.5～80	137	137	137	130	122	114	111	108	105	103	101	83	58	44	33	25	18	13					1
			137	114	103	96	90	85	82	80	78	76	75	74	58	44	33	25	18	13					
S39042	GB 24511	1.5～80	147	147	147	147	144	131	122																1
			147	137	127	117	107	97	90																

注 1：该行许用应力仅适用于允许产生微量永久变形之元件，对于法兰或其他有微量永久变形就引起泄漏或故障的场合不能采用。

4.3 复合钢板

4.3.1 不锈钢-钢复合板

a) 不锈钢-钢复合板的技术要求应符合 NB/T 47002.1 的规定。对不计入强度计算的奥氏体型不锈钢覆材，可选用 GB 24511 以外的国家标准中的钢号，该覆材钢号的技术要求(如磷、硫含量，强度指标等)允许低于 GB 24511 相应钢号的规定；

b) 复合板的未结合率不应大于 5%，设计文件中应规定复合板的级别；

c) 不锈钢-钢复合板的使用温度范围应同时符合本标准对基材和覆材使用温度范围的规定；

d) 设计文件也可选用其他复合钢板标准，但其技术要求和使用温度范围应符合 a)～c)的规定，其中复合界面的结合剪切强度应不小于 210 MPa。

4.3.2 镍-钢复合板

a) 镍-钢复合板的技术要求应符合 NB/T 47002.2 的规定；

b) 复合板的未结合率不应大于 5%，设计文件中应规定复合板的级别；

c) 镍-钢复合板的使用温度范围应同时符合基材和覆材使用温度范围的规定，其中基材的使用温度范围应符合本标准的规定，覆材的使用温度范围应符合 JB/T 4756 的规定；

d) 设计文件也可选用其他复合钢板标准，但其技术要求和使用温度范围应符合 a)～c)的规定，其中复合界面的结合剪切强度应不小于 210 MPa。

4.3.3 钛-钢复合板

a) 钛-钢复合板的技术要求应符合 NB/T 47002.3 的规定；

b) 复合板的未结合率不应大于 5%，设计文件中应规定复合板的级别；

c) 钛-钢复合板的使用温度下限按本标准对基材的规定，使用温度上限为 350 ℃；

d) 设计文件也可选用其他复合钢板标准，但其技术要求和使用温度范围应符合 a)～c)的规定，其中复合界面的结合剪切强度应不小于 140 MPa。

4.3.4 铜-钢复合板

a) 铜-钢复合板的技术要求应符合 NB/T 47002.4 的规定；

b) 复合板的未结合率不应大于 5%，设计文件中应规定复合板的级别；

c) 铜-钢复合板的使用温度下限按本标准对基材的规定，使用温度上限为 200 ℃；

d) 设计文件也可选用其他复合钢板标准，但其技术要求和使用温度范围应符合 a)～c)的规定，其中复合界面的结合剪切强度应不小于 100 MPa。

5 钢管

5.1 碳素钢和低合金钢钢管

5.1.1 钢管的标准、使用状态及许用应力按表 6 的规定。对壁厚大于 30 mm 的钢管和使用温度低于 −20 ℃的钢管，表中的正火不允许用终轧温度符合正火温度的热轧来代替。

5.1.2 表 6 中用于设计温度低于 −40 ℃的钢管用钢均应经炉外精炼。

表 6 碳素钢和低合金钢钢管许用应力

钢号	钢管标准	使用状态	壁厚 mm	室温强度指标 R_m MPa	室温强度指标 R_{eL} MPa	在下列温度(℃)下的许用应力/MPa ≤20	100	150	200	250	300	350	400	425	450	475	500	525	550	575	600	注
10	GB/T 8163	热轧	≤10	335	205	124	121	115	108	98	89	82	75	70	61	41						
20	GB/T 8163	热轧	≤10	410	245	152	147	140	131	117	108	98	88	83	61	41						
Q345D	GB/T 8163	正火	≤10	470	345	174	174	174	174	167	153	143	125	93	66	43						
10	GB 9948	正火	≤16	335	205	124	121	115	108	98	89	82	75	70	61	41						
			>16～30	335	195	124	117	111	105	95	85	79	73	67	61	41						
20	GB 9948	正火	≤16	410	245	152	147	140	131	117	108	98	88	83	61	41						
			>16～30	410	235	152	140	133	124	111	102	93	83	78	61	41						
20	GB 6479	正火	≤16	410	245	152	147	140	131	117	108	98	88	83	61	41						
			>16～40	410	235	152	140	133	124	111	102	93	83	78	61	41						
16Mn	GB 6479	正火	≤16	490	320	181	181	180	167	153	140	130	123	93	66	43						
			>16～40	490	310	181	181	173	160	147	133	123	117	93	66	43						
12CrMo	GB 9948	正火加回火	≤16	410	205	137	121	115	108	101	95	88	82	80	79	77	74	50				
			>16～30	410	195	130	117	111	105	98	91	85	79	77	75	74	72	50				
15CrMo	GB 9948	正火加回火	≤16	440	235	157	140	131	124	117	108	101	95	93	91	90	88	58	37			
			>16～30	440	225	150	133	124	117	111	103	97	91	89	87	86	85	58	37			
			>30～50	440	215	143	127	117	111	105	97	92	87	85	84	83	81	58	37			
12Cr2Mo1	—	正火加回火	≤30	450	280	167	167	163	157	153	150	147	143	140	137	119	89	61	46	37		1
1Cr5Mo	GB 9948	退火	≤16	390	195	130	117	111	108	105	101	98	95	93	91	83	62	46	35	26	18	
			>16～30	390	185	123	111	105	101	98	95	91	88	86	85	82	62	46	35	26	18	
12Cr1MoVG	GB 5310	正火加回火	≤30	470	255	170	153	143	133	127	117	111	105	103	100	98	95	82	59	41		
09MnD	—	正火	≤8	420	270	156	156	150	143	130	120	110										1
09MnNiD	—	正火	≤8	440	280	163	163	157	150	143	137	127										1
08Cr2AlMo	—	正火加回火	≤8	400	250	148	148	140	130	123	117											1
09CrCuSb	—	正火	≤8	390	245	144	144	137	127													1

注 1：该钢管的技术要求见附录 A。

5.1.3 GB/T 8163 中 10、20 钢和 Q345D 钢管的使用规定如下：

a） 不得用于换热管；

b） 设计压力不大于 4.0 MPa；

c） 10、20 和 Q345D 钢管的使用温度下限相应为－10 ℃、0 ℃和－20 ℃；

d） 钢管壁厚不大于 10 mm；

e） 不得用于毒性程度为极度或高度危害的介质。

5.1.4 GB 9948 中各钢号钢管的使用规定如下：

a） 换热管应选用冷拔或冷轧钢管，钢管的尺寸精度应选用高级精度；

b） 外径不小于 70 mm，且壁厚不小于 6.5 mm 的 10 和 20 钢管，应分别进行－20 ℃和 0 ℃的冲击试验，3 个纵向标准试样的冲击功平均值应不小于 31 J。1 个试样的最低值以及小尺寸试样的冲击功指标按 3.8.2 的规定。10 和 20 钢管的使用温度下限分别为－20 ℃和 0 ℃。

5.1.5 GB 6479 中各钢号钢管的使用规定如下：

a） 钢中含硫量应不大于 0.020%；

b） 换热管应选用冷拔或冷轧钢管，钢管尺寸精度应选用高级精度；

c） 外径不小于 70 mm，且壁厚不小于 6.5 mm 的 20 和 16Mn 钢管，应分别进行 0 ℃和－20 ℃的冲击试验，3 个纵向标准试样的冲击功平均值应分别不小于 31 J 和 34 J。1 个试样的最低值以及小尺寸试样的冲击功指标按 3.8.2 的规定。20 和 16Mn 钢管的使用温度下限分别为 0 ℃和－20 ℃。

5.1.6 GB 5310 中的 12Cr1MoVG 钢管用作换热管时，应选用冷拔或冷轧钢管。

5.1.7 使用温度低于－20 ℃的钢管，其钢号、使用状态和冲击试验温度（即钢管的使用温度下限）按表 7的规定。表中 16Mn 钢的化学成分应符合 P≤0.025%、S≤0.012%的规定，外径不小于 70 mm，且壁厚不小于 6.5 mm 的钢管进行－40 ℃的冲击试验，3 个纵向标准试样的冲击功平均值应不小于 34 J。1 个试样的最低值以及小尺寸试样的冲击功指标按 3.8.2 的规定。09MnD 和 09MnNiD 钢管的相关规定见附录 A。

5.1.8 允许选用 GB/T 699 中直径不大于 50 mm 的 10 钢和 20 钢钢棒制造接管，其使用规定如下：

a） 接管壁厚不大于 8 mm，且应经正火热处理后使用；

b） 10 钢和 20 钢接管的许用应力可选用表 6 中 GB 9948 相应钢号和壁厚的许用应力；

c） 10 钢和 20 钢接管的使用温度下限相应为－10 ℃和 0 ℃；当 10 钢接管的 P≤0.030%、S≤0.020%时，其使用温度下限为－20 ℃；

d） 接管免做冲击试验。硬度（或拉伸）试验和无损检测要求在设计文件中规定。

表 7 低温用钢管的使用温度下限

钢号	钢管标准	使用状态	壁厚/mm	冲击试验温度/℃
16Mn	GB 6479	正火	≤40	－40
09MnD	附录 A	正火	≤8	－50
09MnNiD	附录 A	正火	≤8	－70

5.2 高合金钢钢管

5.2.1 钢管的标准、壁厚范围及许用应力按表 8 的规定。钢管的交货状态应按表 8 中相应钢管标准的规定。表 8 中 GB 13296 和 GB/T 14976 钢号中的统一数字代号系按 GB/T 20878 的规定。

5.2.2 GB/T 14976 中的钢管不得用于换热管。

5.2.3 GB/T 21833 中的钢管如用于换热管时，应选用冷拔或冷轧钢管，钢管的尺寸精度应选用高级精度。

5.2.4 GB/T 12771 中的Ⅰ类～Ⅳ类钢管允许使用，但不得用于换热管，图样上应注明所选用的钢管类别。Ⅰ类钢管的许用应力可选用 GB/T 14976 中相应钢号无缝钢管的许用应力。Ⅲ类和Ⅳ类钢管使用规定如下：

a) 设计压力小于 10.0 MPa；

b) 不得用于毒性程度为极度或高度危害的介质。

5.2.5 GB/T 24593 中的钢管使用规定如下：

a) 钢管应逐根进行涡流检测，对比样管人工缺陷应符合 GB/T 7735 中验收等级 B 的规定；

b) 设计压力小于 10.0 MPa；

c) 不得用于毒性程度为极度或高度危害的介质。

5.2.6 GB/T 21832 中的Ⅰ类和Ⅱ类钢管允许使用，但不得用于换热管。图样应上注明所选用的钢管类别。Ⅰ类钢管的许用应力可选用 GB/T 21833 中相应钢号无缝钢管的许用应力。

5.2.7 GB/T 21832 中的Ⅵ类钢管仅用于换热管。图样上应注明钢管类别(Ⅵ类)。钢管的外径允许偏差应按高级精度交货。该类钢管的使用规定如下：

a) 钢管应逐根进行涡流检测，对比样管人工缺陷应符合 GB/T 7735 中验收等级 B 的规定；

b) 设计压力小于 10.0 MPa；

c) 不得用于毒性程度为极度或高度危害介质。

5.2.8 钢管的使用温度下限应按下列规定：

a) GB/T 21832 和 GB/T 21833 各钢号钢管为－20℃；

b) GB 13296、GB/T 14976、GB/T 12771 和 GB/T 24593 各钢号钢管按 3.7.2 的规定。

5.2.9 允许选用 GB/T 1220 中直径不大于 50 mm 的 S30408、S30403、S32168、S31608、S31603、S31703 和 S31008 钢棒制造接管。

a) 接管壁厚不大于 8 mm，且应在固溶(或稳定化)处理状态下使用；

b) 各钢号钢管的许用应力可选用表 8 中 GB/T 14976 相应钢号的许用应力；

c) 各钢号接管的使用温度下限按 3.7.2 的规定；

d) 接管的硬度(或拉伸)试验和无损检测要求在设计文件中规定。

表 8　高合金钢钢管许用应力

钢号	钢管标准	壁厚 mm	在下列温度(℃)下的许用应力/MPa																						注
			≤20	100	150	200	250	300	350	400	450	500	525	550	575	600	625	650	675	700	725	750	775	800	
0Cr18Ni9 (S30408)	GB 13296	≤14	137	137	137	130	122	114	111	107	103	100	98	91	79	64	52	42	32	27					1
			137	114	103	96	90	85	82	79	76	74	73	71	67	62	52	42	32	27					
0Cr18Ni9 (S30408)	GB/T 14976	≤28	137	137	137	130	122	114	111	107	103	100	98	91	79	64	52	42	32	27					1
			137	114	103	96	90	85	82	79	76	74	73	71	67	62	52	42	32	27					
00Cr19Ni10 (S30403)	GB 13296	≤14	117	117	117	110	103	98	94	91	88														1
			117	97	87	81	76	73	69	67	65														
00Cr19Ni10 (S30403)	GB/T 14976	≤28	117	117	117	110	103	98	94	91	88														1
			117	97	87	81	76	73	69	67	65														
0Cr18Ni10Ti (S32168)	GB 13296	≤14	137	137	137	130	122	114	111	108	105	103	101	83	58	44	33	25	18	13					1
			137	114	103	96	90	85	82	80	78	76	75	74	58	44	33	25	18	13					
0Cr18Ni10Ti (S32168)	GB/T 14976	≤28	137	137	137	130	122	114	111	108	105	103	101	83	58	44	33	25	18	13					1
			137	114	103	96	90	85	82	80	78	76	75	74	58	44	33	25	18	13					
0Cr17Ni12Mo2 (S31608)	GB 13296	≤14	137	137	137	134	125	118	113	111	109	107	106	105	96	81	65	50	38	30					1
			137	117	107	99	93	87	84	82	81	79	78	78	76	73	65	50	38	30					
0Cr17Ni12Mo2 (S31608)	GB/T 14976	≤28	137	137	137	134	125	118	113	111	109	107	106	105	96	81	65	50	38	30					1
			137	117	107	99	93	87	84	82	81	79	78	78	76	73	65	50	38	30					
00Cr17Ni14Mo2 (S31603)	GB/T 13296	≤14	117	117	117	108	100	95	90	86	84														
			117	97	87	80	74	70	67	64	62														
00Cr17Ni14Mo2 (S31603)	GB/T 14976	≤28	117	117	117	108	100	95	90	86	84														1
			117	97	87	80	74	70	67	64	62														
0Cr18Ni12Mo2Ti (S31668)	GB 13296	≤14	137	137	137	134	125	118	113	111	109	107													1
			137	117	107	99	93	87	84	82	81	79													

表 8（续）

钢号	钢管标准	壁厚 mm	在下列温度(℃)下的许用应力/MPa																						注
			≤20	100	150	200	250	300	350	400	450	500	525	550	575	600	625	650	675	700	725	750	775	800	
0Cr18Ni12Mo2Ti (S31668)	GB/T 14976	≤28	137	137	137	134	125	118	113	111	109	107													1
			137	117	107	99	93	87	84	82	81	79													
0Cr19Ni13Mo3 (S31708)	GB 13296	≤14	137	137	137	134	125	118	113	111	109	107	106	105	96	81	65	50	38	30					1
			137	117	107	99	93	87	84	82	81	79	78	78	76	73	65	50	38	30					
0Cr19Ni13Mo3 (S31708)	GB/T 14976	≤28	137	137	137	134	125	118	113	111	109	107	106	105	96	81	65	50	38	30					1
			137	117	107	99	93	87	84	82	81	79	78	78	76	73	65	50	38	30					
00Cr19Ni13Mo3 (S31703)	GB 13296	≤14	117	117	117	117	117	117	113	111	109														1
			117	117	107	99	93	87	84	82	81														
00Cr19Ni13Mo3 (S31703)	GB/T 14976	≤28	117	117	117	117	117	117	113	111	109														1
			117	117	107	99	93	87	84	82	81														
0Cr25Ni20 (S31008)	GB 13296	≤14	137	137	137	137	134	130	125	122	119	115	113	105	84	61	43	31	23	19	15	12	10	8	1
			137	121	111	105	99	96	93	90	88	85	84	83	81	61	43	31	23	19	15	12	10	8	
0Cr25Ni20 (S31008)	GB/T 14976	≤28	137	137	137	137	134	130	125	122	119	115	113	105	84	61	43	31	23	19	15	12	10	8	1
			137	121	111	105	99	96	93	90	88	85	84	83	81	61	43	31	23	19	15	12	10	8	
1Cr19Ni9 (S30409)	GB 13296	≤14	137	137	137	130	122	114	111	107	103	100	98	91	79	64	52	42	32	27					1
			137	114	103	96	90	85	82	79	76	74	73	71	67	62	52	42	32	27					
S21953	GB/T 21833	≤12	233	233	223	217	210	203																	
S22253	GB/T 21833	≤12	230	230	230	230	223	217																	
S22053	GB/T 21833	≤12	243	243	243	243	240	233																	
S25073	GB/T 21833	≤12	296	296	296	280	267	257																	
S30408	GB/T 12771	≤28	116	116	116	111	104	97	94	91	88	85	83	77	67	54	44	36	27	23					1,2
			116	97	88	82	77	72	70	67	65	63	62	60	57	53	44	36	27	23					2

表 8（续）

钢号	钢管标准	壁厚 mm	在下列温度(℃)下的许用应力/MPa																	注
			≤20	100	150	200	250	300	350	400	450	500	525	550	575	600	625	650	675	700	725	750	775	800	
S30403	GB/T 12771	≤28	99	99	99	94	88	83	80	77	75														1,2
			99	82	74	69	65	62	59	57	55														2
S31608	GB/T 12771	≤28	116	116	116	114	106	100	96	94	93	91	90	89	82	69	55	43	32	26					1,2
			116	99	91	84	79	74	71	70	69	67	66	66	65	62	55	43	32	26					2
S31603	GB/T 12771	≤28	99	99	99	92	85	81	77	73	71														1,2
			99	82	74	68	63	60	57	54	53														2
S32168	GB/T 12771	≤28	116	116	116	111	104	97	94	92	89	88	86	71	49	37	28	21	15	11					1,2
			116	97	88	82	77	72	70	68	66	65	64	63	49	37	28	21	15	11					2
S30408	GB/T 24593	≤4	116	116	116	111	104	97	94	91	88	85	83	77	67	54	44	36	27	23					1,2
			116	97	88	82	77	72	70	67	65	63	62	60	57	53	44	36	27	23					2
S30403	GB/T 24593	≤4	99	99	99	94	88	83	80	77	75														1,2
			99	82	74	69	65	62	59	57	55														2
S31608	GB/T 24593	≤4	116	116	116	114	106	100	96	94	93	91	90	89	82	69	55	43	32	26					1,2
			116	99	91	84	79	74	71	70	69	67	66	66	65	62	55	43	32	26					2
S31603	GB/T 24593	≤4	99	99	99	92	85	81	77	73	71														1,2
			99	82	74	68	63	60	57	54	53														2
S32168	GB/T 24593	≤4	116	116	116	111	104	97	94	92	89	88	86	71	49	37	28	21	15	11					1,2
			116	97	88	82	77	72	70	68	66	65	64	63	49	37	28	21	15	11					2
S21953	GB/T 21832	≤20	198	198	190	185	179	173																	2
S22253	GB/T 21832	≤20	196	196	196	196	190	185																	2
S22053	GB/T 21832	≤20	207	207	207	207	204	198																	2

注 1：该行许用应力仅适用于允许产生微量永久变形之元件，对于法兰或其他有微量永久变形就引起泄漏或故障的场合不能采用。

注 2：该行许用应力已乘焊接接头系数 0.85。

6 钢锻件

6.1 碳素钢和低合金钢钢锻件

6.1.1 钢锻件的标准、使用状态及许用应力按表9的规定。

6.1.2 20MnNiMo、12Cr2Mo1V和12Cr3Mo1V钢锻件以及NB/T 47009中所有低温用钢锻件，均应由经炉外精炼的钢锻制而成。

6.1.3 钢锻件的级别由设计文件规定，并应在图样上注明(在钢号后附上级别符号，如16MnⅡ、09MnNiDⅢ)。下列钢锻件应选用Ⅲ级或Ⅳ级：

a) 用作容器筒体和封头的筒形、环形、碗形锻件；

b) 公称厚度大于300 mm的低合金钢锻件；

c) 标准抗拉强度下限值等于或大于540 MPa且公称厚度大于200 mm的低合金钢锻件；

d) 使用温度低于−20 ℃且公称厚度大于200 mm的低温用钢锻件。

6.1.4 用于设计温度高于300 ℃的20MnMoNb、20MnNiMo、12Cr2Mo1V和12Cr3Mo1V Ⅲ级或Ⅳ级钢锻件，设计文件中应规定钢锻件按批(Ⅲ级)或逐件(Ⅳ级)进行设计温度下的高温拉伸试验，其屈服强度值参见附录B。

6.1.5 用于抗回火脆化要求的12Cr2Mo1、12Cr2Mo1V和12Cr3Mo1V钢锻件，技术文件中应注明其化学成分和力学性能的特殊要求。

6.1.6 钢锻件的使用温度下限按表10的规定。

表 9　碳素钢和低合金钢钢锻件许用应力

钢号	钢锻件标准	使用状态	公称厚度 mm	室温强度指标 R_m MPa	室温强度指标 R_{eL} MPa	在下列温度(℃)下的许用应力/MPa ≤20	100	150	200	250	300	350	400	425	450	475	500	525	550	575	600	注
20	NB/T 47008	正火、正火加回火	≤100	410	235	152	140	133	124	111	102	93	86	84	61	41						
			>100～200	400	225	148	133	127	119	107	98	89	82	80	61	41						
			>200～300	380	205	137	123	117	109	98	90	82	75	73	61	41						
35	NB/T 47008	正火、正火加回火	≤100	510	265	177	157	150	137	124	115	105	98	85	61	41						1
			>100～300	490	245	163	150	143	133	121	111	101	95	85	61	41						
16Mn	NB/T 47008	正火、正火加回火，调质	≤100	480	305	178	178	167	150	137	123	117	110	93	66	43						
			>100～200	470	295	174	174	163	147	133	120	113	107	93	66	43						
			>200～300	450	275	167	167	157	143	130	117	110	103	93	66	43						
20MnMo	NB/T 47008	调质	≤300	530	370	196	196	196	196	196	190	183	173	167	131	84	49					
			>300～500	510	350	189	189	189	189	187	180	173	163	157	131	84	49					
			>500～700	490	330	181	181	181	181	180	173	167	157	150	131	84	49					
20MnMoNb	NB/T 47008	调质	≤300	620	470	230	230	230	230	230	230	230	230	230	177	117						
			>300～500	610	460	226	226	226	226	226	226	226	226	226	177	117						
20MnNiMo	NB/T 47008	调质	≤500	620	450	230	230	230	230	230	230	230	230									
35CrMo	NB/T 47008	调质	≤300	620	440	230	230	230	230	230	230	223	213	197	150	111	79	50				1
			>300～500	610	430	226	226	226	226	226	226	223	213	197	150	111	79	50				
15CrMo	NB/T 47008	正火加回火，调质	≤300	480	280	178	170	160	150	143	133	127	120	117	113	110	88	58	37			
			>300～500	470	270	174	163	153	143	137	127	120	113	110	107	103	88	58	37			
14Cr1Mo	NB/T 47008	正火加回火，调质	≤300	490	290	181	180	170	160	153	147	140	133	130	127	122	80	54	33			
			>300～500	480	280	178	173	163	153	147	140	133	127	123	120	117	80	54	33			

表 9（续）

钢号	钢锻件标准	使用状态	公称厚度 mm	室温强度指标 R_m MPa	室温强度指标 R_{eL} MPa	≤20	100	150	200	250	300	350	400	425	450	475	500	525	550	575	600	注
12Cr2Mo1	NB/T 47008	正火加回火，调质	≤300	510	310	189	187	180	173	170	167	163	160	157	147	119	89	61	46	37		
			>300～500	500	300	185	183	177	170	167	163	160	157	153	147	119	89	61	46	37		
12Cr1MoV	NB/T 47008	正火加回火，调质	≤300	470	280	174	170	160	153	147	140	133	127	123	120	117	113	82	59	41		
			>300～500	460	270	170	163	153	147	140	133	127	120	117	113	110	107	82	59	41		
12Cr2Mo1V	NB/T 47008	正火加回火，调质	≤300	590	420	219	219	219	219	219	219	219	219	219	193	163	134	104	72			
			>300～500	580	410	215	215	215	215	215	215	215	215	215	193	163	134	104	72			
12Cr3Mo1V	NB/T 47008	正火加回火，调质	≤300	590	420	219	219	219	219	219	219	219	219	219	193							
			>300～500	580	410	215	215	215	215	215	215	215	215	215	193							
1Cr5Mo	NB/T 47008	正火加回火，调质	≤500	590	390	219	219	219	219	217	213	210	190	136	107	83	62	46	35	26	18	
16MnD	NB/T 47009	调质	≤100	480	305	178	178	167	150	137	123	117										
			>100～200	470	295	174	174	163	147	133	120	113										
			>200～300	450	275	167	167	157	143	130	117	110										
20MnMoD	NB/T 47009	调质	≤300	530	370	196	196	196	196	196	190	183										
			>300～500	510	350	189	189	189	189	187	180	173										
			>500～700	490	330	181	181	181	181	180	173	167										
08MnNiMoVD	NB/T 47009	调质	≤300	600	480	222	222	222	222													
10Ni3MoVD	NB/T 47009	调质	≤300	600	480	222	222	222	222													
09MnNiD	NB/T 47009	调质	≤200	440	280	163	163	157	150	143	137	127										
			>200～300	430	270	159	159	150	143	137	130	120										
08Ni3D	NB/T 47009	调质	≤300	460	260	170																

注：在下列温度（℃）下的许用应力/MPa（列 ≤20 至 600）。

注 1：该钢锻件不得用于焊接结构。

表 10 钢锻件的使用温度下限

钢号	公称厚度 mm	冲击试验要求	使用温度下限 ℃
中常温用钢锻件			
20	≤300	0 ℃冲击	0
		−20 ℃冲击	−20
35	≤100	20 ℃冲击	0
	>100～300		20
16Mn	≤300	0 ℃冲击	0
		−20 ℃冲击	−20
20MnMo	≤700	0 ℃冲击	0
		−20 ℃冲击	−20
20MnMoNb	≤500	0 ℃冲击	0
20MnNiMo	≤500	−20 ℃冲击	−20
35CrMo	≤500	0 ℃冲击	−20
低温用钢锻件			
16MnD	≤100	−45 ℃冲击	−45
	>100～300	−40 ℃冲击	−40
20MnMoD	≤300	−40 ℃冲击	−40
	>300～700	−30 ℃冲击	−30
08MnNiMoVD	≤300	−40 ℃冲击	−40
10Ni3MoVD	≤300	−50 ℃冲击	−50
09MnNiD	≤300	−70 ℃冲击	−70
08Ni3D	≤300	−100 ℃冲击	−100
注：20、16Mn 和 20MnMo 钢锻件如进行−20 ℃冲击试验，应在设计文件中注明。			

6.2 高合金钢钢锻件

6.2.1 钢锻件的标准、公称厚度范围及许用应力按表 11 的规定。钢锻件的交货状态应按NB/T 47010 的规定。

6.2.2 高合金钢钢锻件均应由经炉外精炼的钢锻制而成。

6.2.3 钢锻件的级别由设计文件规定，并应在图样上注明(在钢号后附上级别符号，如 S30408Ⅱ)。用作容器筒体和封头的筒形、环形、碗形锻件应选用Ⅲ级或Ⅳ级。

6.2.4 钢锻件的使用温度下限应按下列规定：

a) 铁素体型 S11306 钢锻件为 0 ℃；

b) 奥氏体-铁素体型 S21953、S22253 和 S22053 钢锻件为−20 ℃；

c) 奥氏体型钢锻件按 3.7.2 的规定。

表 11　高合金钢钢锻件许用应力

钢号	钢锻件标准	公称厚度 mm	在下列温度(℃)下的许用应力/MPa																						注
			≤20	100	150	200	250	300	350	400	450	500	525	550	575	600	625	650	675	700	725	750	775	800	
S11306	NB/T 47010	≤150	137	126	123	120	119	117	112	109															
S30408	NB/T 47010	≤300	137	137	137	130	122	114	111	107	103	100	98	91	79	64	52	42	32	27					1
			137	114	103	96	90	85	82	79	76	74	73	71	67	62	52	42	32	27					
S30403	NB/T 47010	≤300	117	117	117	110	103	98	94	91	88														1
			117	98	87	81	76	73	69	67	65														
S30409	NB/T 47010	≤300	137	137	137	130	122	114	111	107	103	100	98	91	79	64	52	42	32	27					1
			137	114	103	96	90	85	82	79	76	74	73	71	67	62	52	42	32	27					
S31008	NB/T 47010	≤300	137	137	137	137	134	130	125	122	119	115	113	105	84	61	43	31	23	19	15	12	10	8	1
			137	121	111	105	99	96	93	90	88	85	84	83	81	61	43	31	23	19	15	12	10	8	
S31608	NB/T 47010	≤300	137	137	137	134	125	118	113	111	109	107	106	105	96	81	65	50	38	30					1
			137	117	107	99	93	87	84	82	81	79	78	78	76	73	65	50	38	30					
S31603	NB/T 47010	≤300	117	117	117	108	100	95	90	86	84														1
			117	98	87	80	74	70	67	64	62														
S31668	NB/T 47010	≤300	137	137	137	134	125	118	113	111	109	107													1
			137	117	107	99	93	87	84	82	81	79													
S31703	NB/T 47010	≤300	130	130	130	130	125	118	113	111	109														1
			130	117	107	99	93	87	84	82	81														
S32168	NB/T 47010	≤300	137	137	137	130	122	114	111	108	105	103	101	83	58	44	33	25	18	13					1
			137	114	103	96	90	85	82	80	78	76	75	74	58	44	33	25	18	13					
S39042	NB/T 47010	≤300	147	147	147	147	144	131	122																1
			147	137	127	117	107	97	90																
S21953	NB/T 47010	≤150	219	210	200	193	187	180																	
S22253	NB/T 47010	≤150	230	230	230	230	223	217																	
S22053	NB/T 47010	≤150	230	230	230	230	223	217																	

注：该行许用应力仅适用于允许产生微量永久变形之元件，对于法兰或其他有微量永久变形就引起泄漏或故障的场合不能采用。

7 螺柱(含螺栓)和螺母用钢棒

7.1 碳素钢和低合金钢钢棒

7.1.1 钢棒的标准、螺柱的使用状态及许用应力按表 12 的规定。

7.1.2 碳素钢螺柱用毛坯应进行正火热处理,低合金钢螺柱用毛坯按表 13 的规定进行调质热处理。

7.1.3 碳素钢和低合金钢螺柱用毛坯经热处理后进行力学性能试验,具体要求如下:

a) 同一钢号、同一冶炼炉号、同一断面尺寸、同一热处理制度、同期制造的螺柱毛坯组成一批,每批抽取一件毛坯进行试验。

b) 试样取样方向为纵向。直径不大于 40 mm 的毛坯,试样的纵轴应位于毛坯中心;直径大于 40 mm 的毛坯,试样的纵轴应位于毛坯半径的 1/2 处。试样距毛坯端部的距离不应小于毛坯的半径,但拉伸试样的头部(或夹持部分)不受此限制。

c) 碳素钢螺柱毛坯每件取一个拉伸试样。低合金钢螺柱毛坯每件取 1 个拉伸试样、3 个冲击试样。拉伸试验方法按 GB/T 228 的规定,拉伸试样采用 R4 号(d=10 mm,L_0=50 mm)试样。冲击试验方法按 GB/T 229 的规定,冲击试样采用标准尺寸 V 型缺口试样。

d) 碳素钢螺柱毛坯拉伸试验结果中,抗拉强度和屈服强度应符合表 12 的规定,断后伸长率指标为:20 钢 $A\geqslant 25\%$,35 钢 $A\geqslant 20\%$。低合金钢螺柱毛坯的拉伸和冲击试验结果应符合表 13 的规定,表中冲击功的规定值系 3 个试样试验结果的平均值,允许有 1 个试样的试验结果小于规定值,但不得小于规定值的 70%。

e) 拉伸试验结果不合格时,应从同一毛坯上再取 2 个拉伸试样进行复验,测定全部 3 项性能。试验结果中只要有 1 个数据不合格,则该批毛坯判为不合格。

f) 冲击试验结果不合格时,应从同一毛坯上再取 3 个冲击试样进行复验。前后两组 6 个试样的冲击功平均值不得小于表 13 的规定,允许有 2 个试样的冲击功小于规定值,但其中小于规定值 70% 的只允许有 1 个。否则该批毛坯判为不合格。

g) 被判为不合格的整批毛坯可按 7.1.2 的规定重新热处理,然后按上述程序重新取样进行试验。

表 12　碳素钢和低合金钢螺柱许用应力

钢号	钢棒标准	使用状态	螺柱规格 mm	室温强度指标		在下列温度下(℃)下的许用应力/MPa																
				R_m MPa	R_{eL} MPa	≤20	100	150	200	250	300	350	400	425	450	475	500	525	550	575	600
20	GB/T 699	正火	≤M22	410	245	91	81	78	73	65	60	54									
			M24～M27	400	235	94	84	80	74	67	61	56									
35	GB/T 699	正火	≤M22	530	315	117	105	98	91	82	74	69									
			M24～M27	510	295	118	106	100	92	84	76	70									
40MnB	GB/T 3077	调质	≤M22	805	685	196	176	171	165	162	154	143	126								
			M24～M36	765	635	212	189	183	180	176	167	154	137								
40MnVB	GB/T 3077	调质	≤M22	835	735	210	190	185	179	176	168	157	140								
			M24～M36	805	685	228	206	199	196	193	183	170	154								
40Cr	GB/T 3077	调质	≤M22	805	685	196	176	171	165	162	157	148	134								
			M24～M36	765	635	212	189	183	180	176	170	160	147								
30CrMoA	GB/T 3077	调质	≤M22	700	550	157	141	137	134	131	129	124	116	111	107	103	79				
			M24～M48	660	500	167	150	145	142	140	137	132	123	118	113	108	79				
			M52～M56	660	500	185	167	161	157	156	152	146	137	131	126	111	79				
35CrMoA	GB/T 3077	调质	≤M22	835	735	210	190	185	179	176	174	165	154	147	140	111	79				
			M24～M48	805	685	228	206	199	196	193	189	180	170	162	150	111	79				
			M52～M80	805	685	254	229	221	218	214	210	200	189	180	150	111	79				
			M85～M105	735	590	219	196	189	185	181	178	171	160	153	145	111	79				
35CrMoVA	GB/T 3077	调质	M52～M105	835	735	272	247	240	232	229	225	218	207	201							
			M110～M140	785	665	246	221	214	210	207	203	196	189	183							

表 12（续）

钢号	钢棒标准	使用状态	螺柱规格 mm	室温强度指标		在下列温度下(℃)下的许用应力/MPa															
				R_m MPa	R_{eL} MPa	≤20	100	150	200	250	300	350	400	425	450	475	500	525	550	575	600
25Cr2MoVA	GB/T 3077	调质	≤M22	835	735	210	190	185	179	176	174	168	160	156	151	141	131	72	39		
			M24～M48	835	735	245	222	216	209	206	203	196	186	181	176	168	131	72	39		
			M52～M105	805	685	254	229	221	218	214	210	203	196	191	185	176	131	72	39		
			M110～M140	735	590	219	196	189	185	181	178	174	167	164	160	153	131	72	39		
40CrNiMoA	GB/T 3077	调质	M52～M140	930	825	306	291	281	274	267	257	244									
S45110 (1Cr5Mo)	GB/T 1221	调质	≤M22	590	390	111	101	97	94	92	91	90	87	84	81	77	62	46	35	26	18
			M24～M48	590	390	130	118	113	109	108	106	105	101	98	95	83	62	46	35	26	18

注：括号中为旧钢号。

表 13 低合金钢螺柱的力学性能

钢号	调质回火温度 ℃	规格 mm	R_m MPa	$R_{eL}(R_{p0.2})$ MPa	A %	0 ℃ KV_2 J
40MnB	≥550	≤M22	≥805	≥685	≥14	≥41
		M24～M36	≥765	≥635		
40MnVB	≥550	≤M22	≥835	≥735	≥13	≥41
		M24～M36	≥805	≥685		
40Cr	≥550	≤M22	≥805	≥685	≥14	≥41
		M24～M36	≥765	≥635		
30CrMoA	≥600	≤M22	≥700	≥550	≥16	≥60
		M24～M56	≥660	≥500		
35CrMoA	≥560	≤M22	≥835	≥735	≥14	≥54
		M24～M80	≥805	≥685		
		M85～M105	≥735	≥590		≥47
35CrMoVA	≥600	M52～M105	≥835	≥735	≥13	≥47
		M110～M140	≥785	≥665		
25Cr2MoVA	≥620	≤M48	≥835	≥735	≥14	≥47
		M52～M105	≥805	≥685		
		M110～M140	≥735	≥590		
40CrNiMoA	≥520	M52～140	≥930	≥825	≥13	≥60
S45110(1Cr5Mo)	≥650	≤M48	≥590	≥390	≥18	≥47
注：括号中为旧钢号。						

7.1.4 碳素钢和低合金钢螺柱的使用温度下限及相关技术要求应按下列规定：

a) 20 钢螺柱为－20 ℃；35、40MnB、40MnVB 和 40Cr 钢螺柱为 0 ℃；其他钢号螺柱为－20 ℃。

b) 30CrMoA、35CrMoA 和 40CrNiMoA 钢螺柱使用温度低于－20 ℃时，应进行使用温度下的低温冲击试验，此时表 13 中的冲击试验温度由 0 ℃改为使用温度，低温冲击功指标按表 14 的规定。

c) 使用温度低于－40 ℃～－70 ℃的 30CrMoA 和 35CrMoA 螺柱用钢，其化学成分（熔炼分析）中磷、硫含量应为 P≤0.020%、S≤0.010%；40CrNiMoA 螺柱用钢和使用温度低于－70 ℃～－100 ℃的 30CrMoA 螺柱用钢，其化学成分（熔炼分析）中磷、硫含量应为 P≤0.015%、S≤0.008%。

表 14 低温用螺柱的冲击功

钢　号	螺柱规格/mm	最低冲击试验温度/℃	KV_2/J
30CrMoA	≤M56	－100	≥41
35CrMoA	≤M56	－70	≥41
40CrNiMoA	M52～M64	－50	≥47

7.1.5 与螺柱用钢组合使用的螺母用钢可按表15选取，也可选用有使用经验的其他螺母用钢。调质状态使用的螺母用钢，其回火温度应高于组合使用的螺柱用钢的回火温度。

表15 碳素钢和低合金钢螺母用钢

螺柱钢号	螺母用钢			
	钢号	钢材标准	使用状态	使用温度范围 ℃
20	10、15	GB/T 699	正火	−20～350
35	20、25	GB/T 699	正火	0～350
40MnB	40Mn、45	GB/T 699	正火	0～400
40MnVB	40Mn、45	GB/T 699	正火	0～400
40Cr	40Mn、45	GB/T 699	正火	0～400
30CrMoA	40Mn、45	GB/T 699	正火	−10～400
	30CrMoA	GB/T 3077	调质	−100～500
35CrMoA	40Mn、45	GB/T 699	正火	−10～400
	30CrMoA、35CrMoA	GB/T 3077	调质	−70～500
35CrMoVA	35CrMoA、35CrMoVA	GB/T 3077	调质	−20～425
25Cr2MoVA	30CrMoA、35CrMoA	GB/T 3077	调质	−20～500
	25Cr2MoVA	GB/T 3077	调质	−20～550
40CrNiMoA	35CrMoA、40CrNiMoA	GB/T 3077	调质	−50～350
S45110(1Cr5Mo)	S45110(1Cr5Mo)	GB/T 1221	调质	−20～600
注：括号中为旧钢号。				

7.2 高合金钢钢棒

7.2.1 钢棒的标准，螺柱的使用状态及许用应力按表16的规定。

7.2.2 各钢号螺柱用毛坯应进行拉伸试验，试验要求和结果应符合GB/T 1220的规定。

7.2.3 高合金钢螺柱的使用温度下限按下列规定：

a) S42020钢螺柱为0℃；

b) 奥氏体钢螺柱的使用温度按3.7.2的规定。

7.2.4 与螺柱用钢组合使用的螺母用钢可按表17选取，也可选用有使用经验的其他螺母用钢。调质状态使用的螺母用钢，其回火温度应高于组合使用的螺柱用钢的回火温度。

表 16　高合金钢螺柱许用应力

钢号	钢棒标准	使用状态	螺柱规格 mm	室温强度指标		在下列温度(℃)下的许用应力/MPa															
				R_m MPa	$R_{p0.2}$ MPa	≤20	100	150	200	250	300	350	400	450	500	550	600	650	700	750	800
S42020 (2Cr13)	GB/T 1220	调质	≤M22	640	440	126	117	111	106	103	100	97	91								
			M24～M27	640	440	147	137	130	123	120	117	113	107								
S30408	GB/T 1220	固溶	≤M22	520	205	128	107	97	90	84	79	77	74	71	69	66	58	42	27		
			M24～M48	520	205	137	114	103	96	90	85	82	79	76	74	71	62	42	27		
S31008	GB/T 1220	固溶	≤M22	520	205	128	113	104	98	93	90	87	84	83	80	78	61	31	19	12	8
			M24～M48	520	205	137	121	111	105	99	96	93	90	88	85	83	61	31	19	12	8
S31608	GB/T 1220	固溶	≤M22	520	205	128	109	101	93	87	82	79	77	76	75	73	68	50	30		
			M24～M48	520	205	137	117	107	99	93	87	84	82	81	79	78	73	50	30		
S32168	GB/T 1220	固溶	≤M22	520	205	128	107	97	90	84	79	77	75	73	71	69	44	25	13		
			M24～M48	520	205	137	114	103	96	90	85	82	80	78	76	74	44	25	13		

注：括号中为旧钢号。

表 17　高合金钢螺母用钢

螺柱钢号	螺母用钢			
	钢号	钢材标准	使用状态	使用温度范围/℃
S42020	S42020	GB/T 1220	调质	0～400
S30408	S30408	GB/T 1220	固溶	−253～700
S31008	S31008	GB/T 1220	固溶	−253～800
S31608	S31608	GB/T 1220	固溶	−253～700
S32168	S32168	GB/T 1220	固溶	−253～700

7.2.5　固溶处理后经应变强化处理的 S30408 螺柱用钢棒应按 GB/T 4226 选用。同一冶炼炉号、同一断面尺寸、同一固溶处理制度、同一应变强化工艺的螺柱毛坯组成一批，每批抽取一件毛坯进行试验。每件毛坯上取一个拉伸试样，3 个冲击试样（当需要时）。试样取样方向为纵向，试样的纵轴应尽量靠近螺柱毛坯半径的 1/2 处。螺柱毛坯的力学性能应符合下列规定：

a）螺柱毛坯的拉伸性能和螺柱的许用应力按表 18 的规定；

表 18　应变强化处理的螺柱用钢

钢号	螺柱规格 mm	R_m MPa	$R_{p0.2}$ MPa	A %	≤50 ℃的许用应力 MPa
S30408	≤M22	≥800	≥600	≥13	171
	M24～M27	≥750	≥510	≥15	170

b）使用温度低于−100 ℃时，螺柱毛坯应进行使用温度下的低温冲击试验，低温冲击功指标 KV_2 ≥41 J；

c）拉伸和冲击试验的其他要求参照 7.1.3 的规定。

附 录 A
（规范性附录）
材料的补充规定

A.1 总则

A.1.1 本附录作为标准正文的补充，对选用下列钢材提出了要求：

a) 已列入本标准但尚未列入材料标准（国家标准或行业标准）的钢材。

b) 未列入本标准的钢材。

A.1.2 选用钢材除应符合本附录的规定外，尚应符合本标准的有关规定。

A.1.3 选用未列入本标准的钢材，钢材制造单位在试用前应按 TSG R0004 的规定通过技术评审。

A.1.4 选用境外牌号的钢材，应按 TSG R0004 的规定。

A.2 低合金钢钢板

A.2.1 12Cr2Mo1VR 钢板的技术要求如下：

a) 钢的化学成分（熔炼分析）按表 A.1 的规定。

表 A.1

化学成分/%						
C	Si	Mn	P	S	Cr	Mo
0.11～0.15	≤0.10	0.30～0.60	≤0.010	≤0.005	2.00～2.50	0.90～1.10
化学成分/%						
V	Cu	Ni	Nb	Ti	B	Ca
0.25～0.35	≤0.20	≤0.25	≤0.07	≤0.030	≤0.002 0	≤0.015

b) 钢板的成品化学分析允许偏差：P+0.003%，S+0.002%，其他元素按 GB/T 222 中表 2 的规定或按供需双方协议。

c) 钢板以正火（允许水冷加速冷却）加回火热处理状态交货，回火温度不低于 675 ℃。

d) 钢板应逐热处理张进行力学性能试验，其结果按表 A.2 的规定。

表 A.2

公称厚度 mm	拉伸试验（横向）			冲击试验（横向）	
	R_m MPa	R_{eL} MPa	A %	试验温度 ℃	KV_2 J
30～120	590～760	≥415	≥17	−20	≥60

e) 根据需方要求，钢板可进行弯曲试验，弯心直径为 3 倍试样厚度，弯曲角度为 180°。弯曲试验后，试样弯曲外表面无肉眼可见裂纹。

f) 钢板在化学成分和力学性能等方面的特殊要求由供需双方协议。

g) 本条未规定事项均按 GB 713 的相关规定。

A.2.2 15MnNiNbDR 钢板的技术要求如下：

a) 钢的化学成分(熔炼分析)按表 A.3 的规定。

表 A.3

化学成分/%						
C	Si	Mn	P	S	Ni	Nb
≤0.18	0.15～0.50	1.20～1.60	≤0.020	≤0.010	0.30～0.70	0.015～0.040

b) 钢板以正火或正火加回火热处理状态交货。

c) 钢板的力学性能试验结果按表 A.4 的规定。

表 A.4

公称厚度 mm	拉伸试验(横向)			冲击试验(横向)	
	R_m MPa	R_{eL} MPa	A %	试验温度 ℃	KV_2 J
10～16	530～630	≥370			
＞16～36	530～630	≥360	≥20	−50	≥60
＞36～60	520～620	≥350			

d) 根据需方要求，钢板可进行弯曲试验，弯心直径为 3 倍试样厚度，弯曲角度为 180°。弯曲试验后，试样弯曲外表面无肉眼可见裂纹。

e) 本条未规定事项均按 GB 3531 的相关规定。

A.2.3 08Ni3DR 钢板的技术要求如下：

a) 钢的化学成分(熔炼分析)按表 A.5 的规定。

表 A.5

化学成分/%							
C	Si	Mn	P	S	Ni	Mo	V
≤0.10	0.15～0.35	0.30～0.80	≤0.015	≤0.010	3.25～3.70	≤0.12	≤0.05

b) 钢板以正火、正火(允许水冷加速冷却)加回火、离线淬火加回火热处理状态交货，回火温度不低于 600 ℃。

c) 钢板的力学性能试验结果按表 A.6 的规定。以正火(水冷加速冷却)加回火和离线淬火加回火状态交货的钢板，应逐热处理张进行力学性能试验。

表 A.6

公称厚度 mm	拉伸试验(横向)			冲击试验(横向)	
	R_m MPa	R_{eL} MPa	A %	试验温度 ℃	KV_2 J
6～60	490～620	≥320	≥21	−100	≥47
＞60～100	480～610	≥300			

d) 根据需方要求，钢板可进行弯曲试验，弯心直径为3倍试样厚度，弯曲角度为180°。弯曲试验后，试样弯曲外表面无肉眼可见裂纹。

e) 本条未规定事项均按GB 3531的相关规定。

A.2.4 06Ni9DR钢板的技术要求如下：

a) 钢的化学成分(熔炼分析)按表A.7的规定。

表A.7

化学成分/%							
C	Si	Mn	P	S	Ni	Mo	V
≤0.08	≤0.35	0.30～0.80	≤0.008	≤0.004	8.50～10.00	≤0.10	≤0.01
注：Cr+Cu+Mo≤0.50%							

b) 钢板的成品化学成分允许偏差：P+0.003%，S+0.002%，其他元素按GB/T 222中表2的规定。

c) 钢板以离线淬火加回火的调质热处理状态交货，对厚度不大于12 mm的钢板也可两次正火加回火状态交货。钢板的回火温度不低于540 ℃。

d) 钢板应逐热处理张进行力学性能试验，其结果按表A.8的规定。

表A.8

公称厚度 mm	拉伸试验(横向)			冲击试验(横向)	
	R_m MPa	R_{eL} MPa	A %	试验温度 ℃	KV_2 J
6～30	680～820	≥560	≥18	−196	≥100
>30～40		≥550			

e) 根据需方要求，钢板可进行弯曲试验，弯心直径为3倍试样厚度，弯曲角度为180°。弯曲试验后，试样弯曲外表面无肉眼可见裂纹。

f) 本条未规定事项均按GB 3531的相关规定。

A.3 低合金钢钢管

A.3.1 12Cr2Mo1钢管的技术要求如下：

a) 钢的化学成分(熔炼分析)按表A.9的规定。

表A.9

化学成分/%						
C	Si	Mn	P	S	Cr	Mo
0.08～0.15	≤0.50	0.40～0.60	≤0.025	≤0.015	2.00～2.50	0.90～1.10

b) 钢管以正火加回火热处理状态交货，回火温度不低于700 ℃。

c) 钢管的力学性能按表A.10的规定。

表 A.10

公称壁厚 mm	拉伸试验(纵向)			冲击试验(纵向)	
	R_m MPa	R_{eL} MPa	A %	试验温度 ℃	KV_2 J
≤30	450～600	≥280	≥22	20	≥40

d) 本条未规定事项均按 GB 9948 的相关规定。

A.3.2 09MnD 钢管的技术要求如下：

a) 钢的化学成分(熔炼分析)按表 A.11 的规定。

表 A.11

化学成分/%					
C	Si	Mn	P	S	Als
≤0.12	0.15～0.35	1.15～1.50	≤0.020	≤0.010	≥0.015

b) 钢管以正火热处理状态交货。

c) 钢管的力学性能按表 A.12 的规定。冲击试样取自管坯,纵向试样,正火热处理。

表 A.12

公称壁厚 mm	拉伸试验(纵向)			冲击试验(纵向)	
	R_m MPa	R_{eL} MPa	A %	试验温度 ℃	KV_2 J
≤8	420～560	≥270	≥25	−50	≥47

d) 本条未规定事项均按 GB 9948 的相关规定。

A.3.3 09MnNiD 钢管的技术要求如下：

a) 钢的化学成分(熔炼分析)按表 A.13 的规定。

表 A.13

化学成分/%							
C	Si	Mn	P	S	Ni	Nb	Als
≤0.12	0.15～0.50	1.20～1.60	≤0.020	≤0.010	0.30～0.80	≤0.04	≥0.015

b) 钢管以正火热处理状态交货。

c) 钢管的力学性能按表 A.14 的规定。冲击试样取自管坯,纵向试样,正火热处理。

表 A.14

公称壁厚 mm	拉伸试验(纵向)			冲击试验(纵向)	
	R_m MPa	R_{eL} MPa	A %	试验温度 ℃	KV_2 J
≤8	440～580	≥280	≥24	−70	≥47

d) 本条未规定事项均按 GB 9948 的相关规定。

A.3.4 08Cr2AlMo 钢管的技术要求如下:

a) 钢的化学成分(熔炼分析)按表 A.15 的规定。

表 A.15

化学成分/%							
C	Si	Mn	P	S	Cr	Al	Mo
0.05～0.10	0.15～0.40	0.20～0.50	≤0.025	≤0.015	2.00～2.50	0.30～0.70	0.30～0.40

b) 钢管以正火加回火热处理状态交货,回火温度不低于 680 ℃。

c) 钢管的力学性能按表 A.16 的规定。

表 A.16

公称壁厚 mm	拉伸试验(纵向)		
	R_m MPa	R_{eL} MPa	A %
≤8	400～540	≥250	≥25

d) 本条未规定的事项均按 GB 9948 的相关规定。

A.3.5 09CrCuSb 钢管的技术要求如下:

a) 钢的化学成分(熔炼分析)按表 A.17 的规定。

表 A.17

化学成分/%							
C	Si	Mn	P	S	Cr	Cu	Sb
≤0.12	0.20～0.40	0.35～0.65	≤0.030	≤0.020	0.70～1.10	0.25～0.45	0.04～0.10

b) 钢管以正火热处理状态交货。

c) 钢管的力学性能按表 A.18 的规定。

表 A.18

公称壁厚 mm	拉伸试验(纵向)		
	R_m MPa	R_{eL} MPa	A %
≤8	390～550	≥245	≥25

d) 钢管应进行耐腐蚀性能试验，每批在 2 根钢管上各取 1 个试样，每个试样为长 10 mm 的管段。在质量分数为 50%的 H_2SO_4 溶液中，70 ℃±2 ℃的恒温条件下浸泡 24 h。2 个试样腐蚀速率的平均值不大于 80 g/m^2×h 或 140 g/m^2×h，具体指标在订货合同中注明。

e) 本条未规定事项均按 GB 9948 的相关规定。

附 录 B
（资料性附录）
钢材高温性能参考值

表 B.1 碳素钢和低合金钢钢板高温屈服强度

钢 号	板厚 mm	在下列温度(℃)下的 $R_{p0.2}(R_{eL})$/MPa									
		20	100	150	200	250	300	350	400	450	500
Q245R	3～16	245	220	210	196	176	162	147	137	127	
	＞16～36	235	210	200	186	167	153	139	129	121	
	＞36～60	225	200	191	178	161	147	133	123	116	
	＞60～100	205	184	176	164	147	135	123	113	106	
	＞100～150	185	168	160	150	135	120	110	105	95	
Q345R	3～16	345	315	295	275	250	230	215	200	190	
	＞16～36	325	295	275	255	235	215	200	190	180	
	＞36～60	315	285	260	240	220	200	185	175	165	
	＞60～100	305	275	250	225	205	185	175	165	155	
	＞100～150	285	260	240	220	200	180	170	160	150	
	＞150～200	265	245	230	215	195	175	165	155	145	
Q370R	10～16	370	340	320	300	285	270	255	240		
	＞16～36	360	330	310	290	275	260	245	230		
	＞36～60	340	310	290	270	255	240	225	210		
18MnMoNbR	30～60	400	375	365	360	355	350	340	310	275	
	＞60～100	390	370	360	355	350	345	335	305	270	
13MnNiMoR	30～100	390	370	360	355	350	345	335	305		
	＞100～150	380	360	350	345	340	335	325	300		
15Cr1MoR	6～60	295	270	255	240	225	210	200	189	179	174
	＞60～100	275	250	235	220	210	196	186	176	167	162
	＞100～150	255	235	220	210	199	185	175	165	156	150
14Cr1MoR	6～100	310	280	270	255	245	230	220	210	195	176
	＞100～150	300	270	260	245	235	220	210	200	190	172
12Cr2Mo1R	6～150	310	280	270	260	255	250	245	240	230	215
12Cr1MoVR	6～60	245	225	210	200	190	176	167	157	150	142
	＞60～100	235	220	210	200	190	176	167	157	150	142
12Cr2Mo1VR	30～120	415	395	380	370	365	360	355	350	340	325
16MnDR	6～16	315	290	270	250	230	210	195			
	＞16～36	295	270	250	235	215	195	180			

表 B.1（续）

钢号	板厚 mm	在下列温度(℃)下的 $R_{p0.2}(R_{eL})$/MPa									
		20	100	150	200	250	300	350	400	450	500
16MnDR	>36～60	285	260	240	225	205	185	175			
	>60～100	275	250	235	220	200	180	170			
	>100～120	265	245	230	215	195	175	165			
15MnNiDR	6～16	325	300	280	260						
	>16～36	315	290	270	250						
	>36～60	305	280	260	240						
15MnNiNbDR	10～16	370	340	320	300						
	>16～36	360	330	310	290						
	>36～50	350	320	300	280						
09MnNiDR	6～16	300	275	255	240	230	220	205			
	>16～36	280	255	235	225	215	205	190			
	>36～60	270	245	225	215	205	195	180			
	>60～120	260	240	220	210	200	190	175			
07MnMoVR	12～60	490	465	450	435						
07MnNiVDR	12～60	490	465	450	435						
07MnNiMoDR	12～50	490	465	450	435						
12MnNiVR	12～60	490	465	450	435						

表 B.2 高合金钢钢板高温屈服强度

钢号	板厚 mm	在下列温度(℃)下的 $R_{p0.2}$/MPa										
		20	100	150	200	250	300	350	400	450	500	550
S11306	≤25	205	189	184	180	178	175	168	163			
S11348	≤25	170	156	152	150	149	146	142	135			
S11972	≤8	275	238	223	213	204	196	187	178			
S30408	≤80	205	171	155	144	135	127	123	119	114	111	106
S30403	≤80	180	147	131	122	114	109	104	101	98		
S30409	≤80	205	171	155	144	135	127	123	119	114	111	106
S31008	≤80	205	181	167	157	149	144	139	135	132	128	124
S31608	≤80	205	175	161	149	139	131	126	123	121	119	117
S31603	≤80	180	147	130	120	111	105	100	96	93		
S31668	≤80	205	175	161	149	139	131	126	123	121	119	117
S31708	≤80	205	175	161	149	139	131	126	123	121	119	117

表 B.2（续）

钢号	板厚 mm	在下列温度(℃)下的 $R_{p0.2}$/MPa										
		20	100	150	200	250	300	350	400	450	500	550
S31703	≤80	205	175	161	149	139	131	126	123	121		
S32168	≤80	205	171	155	144	135	127	123	120	117	114	111
S39042	≤80	220	205	190	175	160	145	135				
S21953	≤80	440	355	335	325	315	305					
S22253	≤80	450	395	370	350	335	325					
S22053	≤80	450	395	370	350	335	325					

表 B.3 碳素钢和低合金钢钢管高温屈服强度

钢　号	壁厚 mm	在下列温度(℃)下的 $R_{p0.2}(R_{eL})$/MPa									
		20	100	150	200	250	300	350	400	450	500
10	≤16	205	181	172	162	147	133	123	113	98	
	＞16～30	195	176	167	157	142	128	118	108	93	
20	≤16	245	220	210	196	176	162	147	132	117	
	＞16～40	235	210	200	186	167	153	139	124	110	
16Mn	≤16	320	290	270	250	230	210	195	185	175	
	＞16～40	310	280	260	240	220	200	185	175	165	
12CrMo	≤16	205	181	172	162	152	142	132	123	118	113
	＞16～30	195	176	167	157	147	137	127	118	113	108
15CrMo	≤16	235	210	196	186	176	162	152	142	137	132
	＞16～30	225	200	186	176	167	154	145	136	131	127
	＞30～50	215	190	176	167	158	146	138	130	126	122
12Cr2Mo1	≤30	280	255	245	235	230	225	220	215	205	194
1Cr5Mo	≤16	195	176	167	162	157	152	147	142	137	127
	＞16～30	185	167	157	152	147	142	137	132	127	118
12Cr1MoVG	≤30	255	230	215	200	190	176	167	157	150	142
08Cr2AlMo	≤8	250	225	210	195	185	175				
09CrCuSb	≤8	245	220	205	190						

表 B.4 高合金钢钢管高温屈服强度

序号	钢 号	在下列温度(℃)下的 $R_{p0.2}$/MPa										
		20	100	150	200	250	300	350	400	450	500	550
1	0Cr18Ni9	205	171	155	144	135	127	123	119	114	111	106
2	00Cr19Ni10	175	145	131	122	114	109	104	101	98		
3	0Cr18Ni10Ti	205	171	155	144	135	127	123	120	117	114	111
4	0Cr17Ni12Mo2	205	175	161	149	139	131	126	123	121	119	117
5	00Cr17Ni14Mo2	175	145	130	120	111	105	100	96	93		
6	0Cr18Ni12Mo2Ti	205	175	161	149	139	131	126	123	121	119	117
7	0Cr19Ni13Mo3	205	175	161	149	139	131	126	123	121	119	117
8	00Cr19Ni13Mo3	175	175	161	149	139	131	126	123	121		
9	0Cr25Ni20	205	181	167	157	149	144	139	135	132	128	124
10	1Cr19Ni9	205	171	155	144	135	127	123	119	114	111	106
11	S21953	440	355	335	325	315	305					
12	S22253	450	395	370	350	335	325					
13	S22053	485	425	400	375	360	350					
14	S25073	550	480	445	420	400	385					
15	S30408	210	174	156	144	135	127	123	119	114	111	106
16	S30403	180	147	131	122	114	109	104	101	98		
17	S31608	210	178	162	149	139	131	126	123	121	119	117
18	S31603	180	147	130	120	111	105	100	96	93		
19	S32168	210	174	156	144	135	127	123	120	117	114	111

注：序号 1～9 为 GB 13296 和 GB/T 14976 的参考值，序号 10 为 GB 9948 和 GB 13296 的参考值，序号 11～14 为 GB/T 21833 的参考值，序号 15～19 为 GB/T 12771 的参考值。

表 B.5 碳素钢和低合金钢锻件高温屈服强度

钢 号	公称厚度 mm	在下列温度(℃)下的 $R_{p0.2}$(R_{eL})/MPa									
		20	100	150	200	250	300	350	400	450	500
20	≤100	235	210	200	186	167	153	139	129	121	
	>100～200	225	200	191	178	161	147	133	123	116	
	>200～300	205	184	176	164	147	135	123	113	106	
35	≤100	265	235	225	205	186	172	157	147	137	
	>100～300	245	225	215	200	181	167	152	142	132	
16Mn	≤100	305	275	250	225	205	185	175	165	155	
	>100～200	295	265	245	220	200	180	170	160	150	
	>200～300	275	250	235	215	195	175	165	155	145	

表 B.5（续）

钢号	公称厚度 mm	在下列温度(℃)下的 $R_{p0.2}(R_{eL})$/MPa									
		20	100	150	200	250	300	350	400	450	500
20MnMo	≤300	370	340	320	305	295	285	275	260	240	
	>300～500	350	325	305	290	280	270	260	245	225	
	>500～700	330	310	295	280	270	260	250	235	215	
20MnMoNb	≤300	470	435	420	405	395	385	370	355	335	
	>300～500	460	430	415	405	395	385	370	355	335	
20MnNiMo	≤500	450	420	405	395	385	380	370	355	335	
35CrMo	≤300	440	400	380	370	360	350	335	320	295	
	>300～500	430	395	380	370	360	350	335	320	295	
15CrMo	≤300	280	255	240	225	215	200	190	180	170	160
	>300～500	270	245	230	215	205	190	180	170	160	150
14Cr1Mo	≤300	290	270	255	240	230	220	210	200	190	175
	>300～500	280	260	245	230	220	210	200	190	180	170
12Cr2Mo1	≤300	310	280	270	260	255	250	245	240	230	215
	>300～500	300	275	265	255	250	245	240	235	225	215
12Cr1MoV	≤300	280	255	240	230	220	210	200	190	180	170
	>300～500	270	245	230	220	210	200	190	180	170	160
12Cr2Mo1V	≤300	420	395	380	370	365	360	355	350	340	325
	>300～500	410	390	375	365	360	355	350	345	335	320
12Cr3Mo1V	≤300	420	395	380	370	365	360	355	350	340	325
	>300～500	410	390	375	365	360	355	350	345	335	320
1Cr5Mo	≤500	390	355	340	330	325	320	315	305	285	255
16MnD	≤100	305	275	250	225	205	185	175			
	>100～200	295	265	245	220	200	180	170			
	>200～300	275	250	235	215	195	175	165			
20MnMoD	≤300	370	340	320	305	295	285	275			
	>300～500	350	325	305	290	280	270	260			
	>500～700	330	310	295	280	270	260	250			
08MnNiMoVD	≤300	480	455	440	425						
10Ni3MoVD	≤300	480	455	440	425						
09MnNiD	≤200	280	255	235	225	215	205	190			
	>200～300	270	245	225	215	205	190	180			
08Ni3D	≤300	260									

表 B.6 高合金钢锻件高温度屈服强度

钢 号	公称厚度 mm	在下列温度(℃)下的 $R_{p0.2}$/MPa										
		20	100	150	200	250	300	350	400	450	500	550
S11306	≤150	205	189	184	180	178	175	168	163			
S30408	≤300	205	171	155	144	135	127	123	119	114	111	106
S30403	≤300	175	147	131	122	114	109	104	101	98		
S30409	≤300	205	171	155	144	135	127	123	119	114	111	106
S31008	≤300	205	181	167	157	149	144	139	135	132	128	124
S31608	≤300	205	175	161	149	139	131	126	123	121	119	117
S31603	≤300	175	147	130	120	111	105	100	96	93		
S31668	≤300	205	175	161	149	139	131	126	123	121	119	117
S31703	≤300	195	175	161	149	139	131	126	123	121		
S32168	≤300	205	171	155	144	135	127	123	120	117	114	111
S39042	≤300	220	205	190	175	160	145	135				
S21953	≤150	390	315	300	290	280	270					
S22253	≤150	450	395	370	350	335	325					
S22053	≤150	450	395	370	350	335	325					

表 B.7 碳素钢和低合金钢螺柱高温屈服强度

钢 号	螺栓规格 mm	在下列温度(℃)下的 $R_{p0.2}$(R_{eL})/MPa									
		20	100	150	200	250	300	350	400	450	500
20	≤M22	245	220	210	196	176	162	147			
	M24～M27	235	210	200	186	167	153	139			
35	≤M22	315	285	265	245	220	200	186			
	M24～M27	295	265	250	230	210	191	176			
40MnB	≤M22	685	620	600	580	570	540	500	440		
	M24～M36	635	570	550	540	530	500	460	410		
40MnVB	≤M22	735	665	645	625	615	590	550	490		
	M24～M36	685	615	600	585	575	550	510	460		
40Cr	≤M22	685	620	600	580	570	550	520	470		
	M24～M36	635	570	550	540	530	510	480	440		
30CrMoA	≤M22	550	495	480	470	460	450	435	405	375	
	M24～M56	500	450	435	425	420	410	395	370	340	
35CrMoA	≤M22	735	665	645	625	615	605	580	540	490	
	M24～M80	685	620	600	585	575	565	540	510	460	
	M85～M105	590	530	510	500	490	480	460	430	390	

表 B.7（续）

钢　　号	螺栓规格 mm	在下列温度(℃)下的 $R_{p0.2}$(R_{eL})/MPa									
		20	100	150	200	250	300	350	400	450	500
35CrMoVA	M52～M105	735	665	645	625	615	605	590	560	530	
	M110～M140	665	600	580	570	560	550	535	510	480	
25Cr2MoVA	≤M48	735	665	645	625	615	605	590	560	530	480
	M52～M105	685	620	600	590	580	570	555	530	500	450
	M110～M140	590	530	510	500	490	480	470	450	430	390
40CrNiMoA	M52～M140	825	785	760	740	720	695	660			
S45110(1Cr5Mo)	≤M48	390	355	340	330	325	320	315	305	285	255

表 B.8　高合金钢螺柱高温屈服强度

钢号	螺柱规格 mm	在下列温度(℃)下的 $R_{p0.2}$/MPa										
		20	100	150	200	250	300	350	400	450	500	550
S42020	≤M27	400	410	390	370	360	350	340	320			
S30408	≤M48	205	171	155	144	135	127	123	119	114	111	106
S31008	≤M48	205	181	167	157	149	144	139	135	132	128	124
S31608	≤M48	205	175	161	149	139	131	126	123	121	119	117
S32168	≤M48	205	171	155	144	135	127	123	120	117	114	111

表 B.9　碳素钢和低合金钢钢板高温持久强度极限平均值

钢　　号	在下列温度(℃)下的 10 万 h R_D/MPa								
	400	425	450	475	500	525	550	575	600
Q245R	170	127	91	61					
Q345R	187	140	99	64					
18MnMoNbR			265	176					
15CrMoR				201	132	87	56		
14Cr1MoR				185	120	81	49		
12Cr2Mo1R			221	179	133	91	69	56	
12Cr1MoVR					170	123	88	62	
12Cr2Mo1VR			290	244	201	156	108		

表 B.10 碳素钢和低合金钢钢管高温持久强度极限平均值

钢号	在下列温度(℃)下的 10 万 h R_D/MPa								
	400	425	450	475	500	525	550	575	600
10	170	127	91	61					
20	170	127	91	61					
16Mn	187	140	99	64					
12CrMo					111	75			
15CrMo				201	132	87	56		
12Cr2Mo1			221	179	133	91	69	56	
1Cr5Mo			160	125	93	69	53	39	27
12Cr1MoVG					170	123	88	62	

表 B.11 碳素钢和低合金钢钢锻件高温持久强度极限平均值

钢号	在下列温度(℃)下的 10 万 h R_D/MPa								
	400	425	450	475	500	525	550	575	600
20	170	127	91	61					
35	170	127	91	61					
16Mn	187	140	99	64					
20MnMo			196	126	74				
20MnMoNb			265	176					
35CrMo			225	167	118	75			
15CrMo				201	132	87	56		
14Cr1Mo				185	120	81	49		
12Cr2Mo1			221	179	133	91	69	56	
12Cr1MoV					170	123	88	62	
12Cr2Mo1V			290	244	201	156	108		
1Cr5Mo			160	125	93	69	53	39	27

表 B.12 低合金钢螺柱高温持久强度极限平均值

钢号	在下列温度(℃)下的 10 万 h R_D/MPa								
	400	425	450	475	500	525	550	575	600
30CrMoA			225	167	118				
35CrMoA			225	167	118				
25Cr2MoVA					196	108	59		
S45110(1Cr5Mo)			160	125	93	69	53	39	27

表 B.13 钢材弹性模量

钢类	在下列温度下(℃)下的弹性模量 $E/10^3$ MPa																
	−196	−100	−40	20	100	150	200	250	300	350	400	450	500	550	600	650	700
碳素钢、碳锰钢			205	201	197	194	191	188	183	178	170	160	149				
锰钼钢、镍钢	214	209	205	200	196	193	190	187	183	178	170	160	149				
铬(0.5%～2%)钼(0.2%～0.5%)钢			208	204	200	197	193	190	186	183	179	174	169	164			
铬(2.25%～3%)钼(1.0%)钢			215	210	206	202	199	196	192	188	184	180	175	169	162		
铬(5%～9%)钼(0.5%～1.0%)钢			218	213	208	205	201	198	195	191	187	183	179	174	168	161	
铬钢(12%～17%)			206	201	195	192	189	186	182	178	173	166	157	145	131		
奥氏体钢(Cr18Ni8～Cr25Ni20)	209	203	199	195	189	186	183	179	176	172	169	165	160	156	151	146	140
奥氏体-铁素体钢(Cr18Ni5～Cr25Ni7)				200	194	190	186	183	180								

表 B.14 钢材平均线膨胀系数

钢类	在下列温度(℃)与20℃之间的平均线膨胀系数 $\alpha/(10^{-6}$ mm/mm·℃)																	
	−196	−100	−50	0	50	100	150	200	250	300	350	400	450	500	550	600	650	700
碳素钢、碳锰钢、锰钼钢、低铬钼钢		9.89	10.39	10.76	11.12	11.53	11.88	12.25	12.56	12.90	13.24	13.58	13.93	14.22	14.42	14.62		
中铬钼钢(Cr5Mo～Cr9Mo)			9.77	10.16	10.52	10.91	11.15	11.39	11.66	11.90	12.15	12.38	12.63	12.86	13.05	13.18		
高铬钢(Cr12～Cr17)			8.95	9.29	9.59	9.94	10.20	10.45	10.67	10.96	11.19	11.41	11.61	11.81	11.97	12.11		
奥氏体钢(Cr18Ni8～Cr19Ni14)	14.67	15.45	15.97	16.28	16.54	16.84	17.06	17.25	17.42	17.61	17.79	17.99	18.19	18.34	18.58	18.71	18.87	18.97
奥氏体钢(Cr25Ni20)						15.84	15.98	16.05	16.06	16.07	16.11	16.13	16.17	16.33	16.56	16.66	16.91	17.14
奥氏体-铁素体钢(Cr18Ni5～Cr25Ni7)						13.10	13.40	13.70	13.90	14.10								

附　录　C
（资料性附录）
高合金钢钢号近似对照

表 C.1　高合金钢钢板的钢号近似对照

序号	GB 24511—2009		GB/T 4237—1992	ASME(2007)SA240		EN10028-7:2007	
	统一数字代号	新牌号	旧牌号	UNS 代号	型号	数字代号	牌号
1	S11306	06Cr13	0Cr13	S41008	410S	—	—
2	S11348	06Cr13A1	0Cr13A1	S40500	405	—	—
3	S11972	019Cr19Mo2NbTi	00Cr18Mo2	S44400	444	1.452 1	X2CrMoTi18-2
4	S30408	06Cr19Ni10	0Cr18Ni9	S30400	304	1.430 1	X5CrNi18-10
5	S30403	022Cr19Ni10	00Cr19Ni10	S30403	304L	1.430 6	X2CrNi19-11
6	S30409	07Cr19Ni10	—	S30409	304H	1.494 8	X6CrNi18-10
7	S31008	06Cr25Ni20	0Cr25Ni20	S31008	310S	1.495 1	X6CrNi25-20
8	S31608	06Cr17Ni12Mo2	0Cr17Ni12Mo2	S31600	316	1.440 1	X5CrNiMo17-12-2
9	S31603	022Cr17Ni12Mo2	00Cr17Ni14Mo2	S31603	316L	1.440 4	X2CrNiMo17-12-2
10	S31668	06Cr17Ni12Mo2Ti	0Cr18Ni12Mo2Ti	S31635	316Ti	1.457 1	X6CrNiMoTi17-12-2
11	S31708	06Cr19Ni13Mo3	0Cr19Ni13Mo3	S31700	317	—	—
12	S31703	022Cr19Ni13Mo3	00Cr19Ni13Mo3	S31703	317L	1.443 8	X2CrNiMo18-15-4
13	S32168	06Cr18Ni11Ti	0Cr18Ni10Ti	S32100	321	1.454 1	X6CrNiTi18-10
14	S39042	015Cr21Ni26Mo5Cu2	—	N08904	904L	1.453 9	X1NiCrMoCu25-20-5
15	S21953	022Cr19Ni5Mo3Si2N	00Cr18Ni5Mo3Si2	—	—	—	—
16	S22253	022Cr22Ni5Mo3N	—	S31803	—	1.446 2	X2CrNiMoN22-5-3
17	S22053	022Cr23Ni5Mo3N	—	S32205	2205	—	—

表 C.2 高合金钢焊接管的钢号近似对照

序号	GB/T 12771—2008		GB/T 12771—2000	ASME(2007)SA312	
	统一数字代号	新牌号	旧牌号	UNS 代号	型号
1	S30408	06Cr19Ni10	0Cr18Ni9	S30400	TP304
2	S30403	022Cr19Ni10	00Cr19Ni10	S30403	TP304L
3	S31608	06Cr17Ni12Mo2	0Cr17Ni12Mo2	S31600	TP316
4	S31603	022Cr17Ni12Mo2	00Cr17Ni14Mo2	S31603	TP316L
5	S32168	06Cr18Ni11Ti	0Cr18Ni10Ti	S32100	TP321

表 C.3 双相钢无缝管的钢号近似对照

序号	GB/T 21833—2008		GB/T 14976—2002	ASME(2007)SA789 SA790	
	统一数字代号	新牌号	旧牌号	UNS 代号	型号
1	S21953	022Cr19Ni5Mo3Si2N	00Cr18Ni5Mo3Si2	S31500	—
2	S22253	022Cr22Ni5Mo3N	—	S31803	—
3	S22053	022Cr23Ni5Mo3N	—	S32205	—
4	S25073	022Cr25Ni7Mo4N	—	S32750	—

表 C.4 高合金钢钢锻件的钢号近似对照

序号	NB/T 47010—2010	NB/T 47010—2010	ASME(2007)SA182	ASME(2007)SA336
1	S11306	0Cr13	—	—
2	S30408	0Cr18Ni9	S30400(F304)	F304
3	S30403	00Cr19Ni10	S30403(F304L)	F304L
4	S30409	—	S30409(F304H)	F304H
5	S31008	—	S31009(F310H)	F310H
6	S31608	0Cr17Ni12Mo2	S31600(F316)	F316
7	S31603	00Cr17Ni14Mo2	S31603(F316L)	F316L
8	S31668	0Cr18Ni12Mo2Ti	—	—
9	S31703	—	S31703(F317L)	—
10	S32168	0Cr18Ni10Ti	S32100(F321)	F321
11	S39042	—	N08904(F904L)	—
12	S21953	00Cr18Ni5Mo3Si2	—	—
13	S22253	—	S31803(F51)	—
14	S22053	—	S32205(F60)	—

附 录 D
（规范性附录）
Q235 系列钢板的使用规定

D.1 GB/T 3274—2007《碳素结构钢和低合金结构钢热轧厚钢板和钢带》中的 Q235B 和 Q235C 钢板使用规定如下：

a) 钢的化学成分(熔炼分析)应符合 GB/T 700—2006《碳素结构钢》的规定，但钢板质量证明书中的磷、硫含量应符合 P≤0.035%、S≤0.035%的要求。

b) 厚度等于或大于 6 mm 的钢板应进行冲击试验，试验结果应符合 GB/T 700 的规定。对用于使用温度低于 20 ℃至 0 ℃、厚度等于或大于 6 mm 的 Q235C 钢板，容器制造单位应附加进行横向试样的 0 ℃冲击试验，3 个标准冲击试样的冲击功平均值 KV_2≥27 J，1 个试样的冲击功最低值以及小尺寸冲击试样的冲击功数值按 GB/T 700 的相应规定。

c) 钢板应进行冷弯试验，冷弯合格标准按 GB/T 700 的规定。

d) 容器的设计压力小于 1.6 MPa。

e) 钢板的使用温度：Q235B 钢板为 20 ℃～300 ℃；Q235C 钢板为 0 ℃～300 ℃。

f) 用于容器壳体的钢板厚度：Q235B 和 Q235C 不大于 16 mm。用于其他受压元件的钢板厚度：Q235B 不大于 30 mm，Q235C 不大于 40 mm。

g) 不得用于毒性程度为极度或高度危害的介质。

D.2 钢板的许用应力按表 D.1 的规定。

表 D.1

钢号	厚度 mm	在下列温度(℃)下的许用应力/MPa					
		≤20	100	150	200	250	300
Q235B	3～16	116	113	108	99	88	81
	>16～30	116	108	102	94	82	75
Q235C	3～16	123	120	114	105	94	86
	>16～40	123	114	108	100	87	79
注：Q235B 所列许用应力已乘质量系数 0.85，Q235C 所列许用应力已乘质量系数 0.90。							

D.3 钢板的厚度负偏差按 GB/T 3274 的相应规定。

ICS 23.020.30
J 74

中华人民共和国国家标准

GB 150.3—2011
部分代替 GB 150—1998

压力容器　第3部分:设计

Pressure vessels—Part 3:Design

2011-11-21 发布　　2012-03-01 实施

中华人民共和国国家质量监督检验检疫总局
中国国家标准化管理委员会　发布

前　言

本标准的本部分附录C、附录D为推荐性的，其余为强制性的。

本标准GB 150《压力容器》分为以下四个部分：

——第1部分：通用要求；

——第2部分：材料；

——第3部分：设计；

——第4部分：制造、检验和验收。

本部分为GB 150《压力容器》的第3部分：设计。本部分按照GB/T 1.1—2009《标准化工作导则》给出的规则起草。

本部分在GB 150—1998第5章至第9章、附录C、附录D、附录G和附录J的基础上，结合压力容器基本受压元件设计的实际需要及相关标准修订提案，同时为满足《固定式压力容器安全技术监察规程》的要求，进行修订编制。与GB 150—1998相比，主要变化如下：

——对应于原GB 150—1998第5章：内压圆筒和内压球壳，本部分第3章增加了按外径进行壁厚设计计算的相应公式。

——对应于原GB 150—1998第6章：外压圆筒与外压球壳，本部分第4章主要变化内容为：

a） 修订了外压曲线图，增加了对应于高强度材料的外压曲线；

b） 增加了相对应的应力系数B曲线图选用表；

c） 加强圈的结构设计作了部分修改。

——对应于原GB 150—1998第7章：封头，本部分第5章中主要变化内容为：

a） 增加了偏心锥壳、低压折边平封头、带筋平封头和拉撑结构的设计计算方法；

b） 调整了部分平盖的结构特征系数K；

c） 增加了适用于平封头与筒体全焊透连接结构的塑性分析设计方法；

d） 增加了$\delta/R<0.002$时，球冠形封头与锥壳的设计方法。

——对应于原GB 150—1998第8章：开孔和开孔补强，本部分第6章对开孔和开孔补强设计计算方法内容进行了扩充，引入了筒体径向接管的整体补强设计方法，开孔率适用范围可达0.9。

——对应于原GB 150—1998第9章：法兰，本部分第7章中主要内容变化为：

a） 增加了整体法兰和按整体法兰计算的任意法兰的刚度校核计算要求：

b） 增加了波齿垫片设计选用参数。

——将GB 150—1998附录C“低温压力容器”中与设计相关的内容调整为本部分的附录E。

——将GB 150—1998附录D、附录G和附录J内容纳入本部分的附录A、附录C和附录D。

主要调整或变化内容为：

a） 增加附录B“钢带错绕筒体设计”；

b） 附录C扩大了双锥密封的适用范围；

c） 附录D焊接结构根据实际情况进行了整理和补充。

本部分由全国锅炉压力容器标准化技术委员会(SAC/TC 262)提出并归口。

本部分起草单位：中国特种设备检测研究院、中国石化工程建设公司、清华大学、浙江大学、浙江工业大学、中国石化集团上海工程有限公司、中国石油寰球工程公司。

本部分主要起草人：寿比南、杨国义、李世玉、薛明德、徐锋、郑津洋、高增梁、桑如苞、秦叔经、叶日新、冯清晓、谢铁军、陈朝晖、陈志伟、陈冰冰、张迎恺、朱国栋。

本部分所代替标准的历次版本发布情况为：

——GB 150—1989、GB 150—1998。

压力容器　第3部分：设计

1 范围

GB 150.3规定了压力容器基本受压元件的设计要求。

本部分适用于内压圆筒和内压球壳、外压圆筒和外压球壳、封头、开孔和开孔补强以及法兰的设计计算。

本部分给出了非圆形截面容器(规范性附录A)、钢带错绕筒体(规范性附录B)、常用密封结构(资料性附录C)和焊接接头结构(资料性附录D)的基本设计要求。

本部分还给出了关于低温压力容器的基本设计要求(规范性附录E)。

2 规范性引用文件

下列文件对于本文件的应用是必不可少的。凡是注日期的引用文件,仅注日期的版本适用于本文件。凡是不注日期的引用文件,其最新版本(包括所有的修改单)适用于本文件。

GB 150.1—2011　压力容器　第1部分:通用要求

GB 150.2　压力容器　第2部分:材料

GB 150.4　压力容器　第4部分:制造、检验和验收

GB/T 985.1　气焊、焊条电弧焊、气体保护焊和高能束焊的推荐坡口

GB/T 985.2　埋弧焊的推荐坡口

JB/T 4700　压力容器法兰与技术条件

JB/T 4701　甲型平焊法兰

JB/T 4702　乙型平焊法兰

JB/T 4703　长颈对焊法兰

JB/T 4704　非金属软垫片

JB/T 4705　缠绕垫片

JB/T 4706　金属包垫片

JB/T 4707　等长双头螺柱

JB/T 4736　补强圈

3 内压圆筒和内压球壳

3.1　本章计算公式适用于单层、多层包扎、套合圆筒和球壳的计算。钢带错绕筒体设计计算按附录B进行。

3.2　术语、定义和符号

3.2.1　GB 150.1中的术语和定义适用于本部分。

3.2.2　符号

C——厚度附加量(按GB 150.1),mm;对多层包扎圆筒和套合圆筒只考虑内筒的C值;

D_i——圆筒或球壳的内直径,mm;

D_o——圆筒或球壳的外直径($D_o = D_i + 2\delta_n$),mm;

p_c——计算压力，MPa；

$[p_w]$——圆筒或球壳的最大允许工作压力，MPa；

δ——圆筒或球壳的计算厚度，mm；

δ_e——圆筒或球壳的有效厚度，mm；

δ_i——多层包扎圆筒内筒或套合圆筒内筒的名义厚度，mm；

δ_n——圆筒或球壳的名义厚度，mm；

δ_o——多层包扎圆筒层板层和套合圆筒套合层总厚度，mm；

σ^t——设计温度下圆筒或球壳的计算应力，MPa；

$[\sigma]^t$——设计温度下圆筒或球壳材料的许用应力(按 GB 150.2)，MPa；

$[\sigma_i]^t$——设计温度下多层包扎圆筒内筒或套合圆筒内筒材料的许用应力(按 GB 150.2)，MPa；

$[\sigma_o]^t$——设计温度下多层包扎圆筒层板层或套合圆筒套合层材料的许用应力，MPa；

ϕ——焊接接头系数；

ϕ_i——多层包扎圆筒和套合圆筒内筒的焊接接头系数；

ϕ_o——多层包扎圆筒层板层和套合圆筒套合层的焊接接头系数。

3.3 圆筒计算

本节公式的适用范围为 $p_c \leqslant 0.4[\sigma]^t\phi$。设计温度下圆筒的计算厚度按式(3-1)或式(3-2)计算：

$$\delta = \frac{p_c D_i}{2[\sigma]^t\phi - p_c} \qquad \cdots\cdots(3\text{-}1)$$

$$\delta = \frac{p_c D_o}{2[\sigma]^t\phi + p_c} \qquad \cdots\cdots(3\text{-}2)$$

圆筒的计算应力按式(3-3)或式(3-4)计算：

$$\sigma^t = \frac{p_c(D_i + \delta_e)}{2\delta_e} \qquad \cdots\cdots(3\text{-}3)$$

$$\sigma^t = \frac{p_c(D_o - \delta_e)}{2\delta_e} \qquad \cdots\cdots(3\text{-}4)$$

σ^t 值应小于或等于$[\sigma]^t\phi$。

多层包扎圆筒及套合圆筒的$[\sigma]^t\phi$ 值按式(3-5)计算：

$$[\sigma]^t\phi = \frac{\delta_i}{\delta_n}[\sigma_i]^t\phi_i + \frac{\delta_o}{\delta_n}[\sigma_o]^t\phi_o \qquad \cdots\cdots(3\text{-}5)$$

公式中 $\phi_i = 1.0$，$\phi_o = 0.95$。

设计温度下圆筒的最大允许工作压力按式(3-6)或式(3-7)计算：

$$[p_w] = \frac{2\delta_e[\sigma]^t\phi}{D_i + \delta_e} \qquad \cdots\cdots(3\text{-}6)$$

$$[p_w] = \frac{2\delta_e[\sigma]^t\phi}{D_o - \delta_e} \qquad \cdots\cdots(3\text{-}7)$$

3.4 球壳计算

本节公式的适用范围为 $P_c \leqslant 0.6[\sigma]^t\phi$。设计温度下球壳的计算厚度按式(3-8)或式(3-9)计算：

$$\delta = \frac{p_c D_i}{4[\sigma]^t\phi - p_c} \qquad \cdots\cdots(3\text{-}8)$$

$$\delta = \frac{p_c D_o}{4[\sigma]^t\phi + p_c} \qquad \cdots\cdots(3\text{-}9)$$

球壳的计算应力按式(3-10)或(3-11)计算：

$$\sigma^t = \frac{p_c(D_i + \delta_e)}{4\delta_e} \qquad \cdots\cdots(3\text{-}10)$$

$$\sigma^t = \frac{p_c(D_o - \delta_e)}{4\delta_e} \qquad \cdots\cdots(3\text{-}11)$$

σ^t 值应小于或等于$[\sigma]^t\phi$。

设计温度下球壳的最大允许工作压力按式(3-12)或式(3-13)计算：

$$[p_w]=\frac{4\delta_e[\sigma]^t\phi}{D_i+\delta_e} \quad\cdots\cdots(3\text{-}12)$$

$$[p_w]=\frac{4\delta_e[\sigma]^t\phi}{D_o-\delta_e} \quad\cdots\cdots(3\text{-}13)$$

4 外压圆筒和外压球壳

4.1 本章规定适用于外压圆筒(包括管子)和外压球壳的设计。

4.2 术语、定义和符号

4.2.1 GB 150.1 中的术语和定义适用于本章。

4.2.2 符号

A——外压应变系数；

A_s——加强圈的横截面积，mm^2；

B——外压应力系数，MPa；

C——厚度附加量(按 GB 150.1)，mm；

D_i——圆筒内直径，mm；

D_o——圆筒外直径($D_o=D_i+2\delta_n$)，mm；

E^t——设计温度下材料的弹性模量，MPa；

h_i——封头曲面深度，mm；

I——加强圈与圆筒组合段所需惯性矩，mm^4；

I_s——加强圈与圆筒起加强作用的有效段的组合截面对通过与圆筒轴线平行的该截面形心轴的惯性矩，mm^4；

L——圆筒计算长度，应取圆筒两相邻支撑线之间的距离(见图 4-1)，mm；

p_c——计算外压力(按 GB 150.1 的通用要求)，MPa；

$[p]$——许用外压力，MPa；

R_o——球壳外半径，mm；

δ_n——圆筒或球壳的名义厚度，mm；

δ_e——圆筒或球壳的有效厚度，mm；

$[\sigma]^t$——圆筒或管子材料在设计温度下的许用应力(按 GB 150.2 材料)，MPa；

$R_{eL}(R_{p0.2})$——圆筒或管子材料标准在室温下的屈服强度(或 0.2%非比例延伸强度)，MPa；

$R_{eL}^t(R_{p0.2}^t)$——圆筒或管子材料在设计温度下的屈服强度(或 0.2%非比例延伸强度)，MPa。

4.3 外压圆筒的稳定性校核

4.3.1 计算长度的确定

圆筒计算长度，应取圆筒上两相邻支撑线之间的距离，见图 4-1。其中应满足：图 a-2)和图 c-2)中锥壳或折边段的有效厚度不得小于相连接圆筒的有效厚度；图 b)、e)和 f)中锥壳与圆筒的连接处的惯性矩，按 5.6.6 的规定；计算时应采用图示的 L、各段直径和相应的厚度。

a) 如图 4-1a)所示，当圆筒部分没有加强圈(或可作为加强的构件)时，取圆筒的总长度加上每个凸形封头曲面深度的 1/3；

b) 如图 4-1c)所示，当圆筒部分有加强圈(或可作为加强的构件)时，取相邻加强圈中心线间的最大距离；

c) 如图 4-1d)所示，取圆筒第一个加强圈中心线与凸形封头切线间的距离加凸形封头曲面深度的 1/3；

d) 如图 4-1b)、e)、f)所示，当圆筒与锥壳相连接，若连接处可作为支撑线时，取此连接处与相邻支撑线之间的最大距离；图 4-1f)中的 L_X 系指锥壳段的轴向长度，其外压计算长度取当量长度 L_e 见 5.6.6；

e) 如图 4-1g)所示，对带夹套的圆筒，则取承受外压的圆筒长度；若带有凸形封头，还应加上封头曲面深度的 1/3；若有加强圈(或可作为加强的构件)时，则按图 4-1c)、d)计算。

注：支撑线系指该处的截面有足够的惯性矩，以确保外压作用下该处不出现失稳现象。

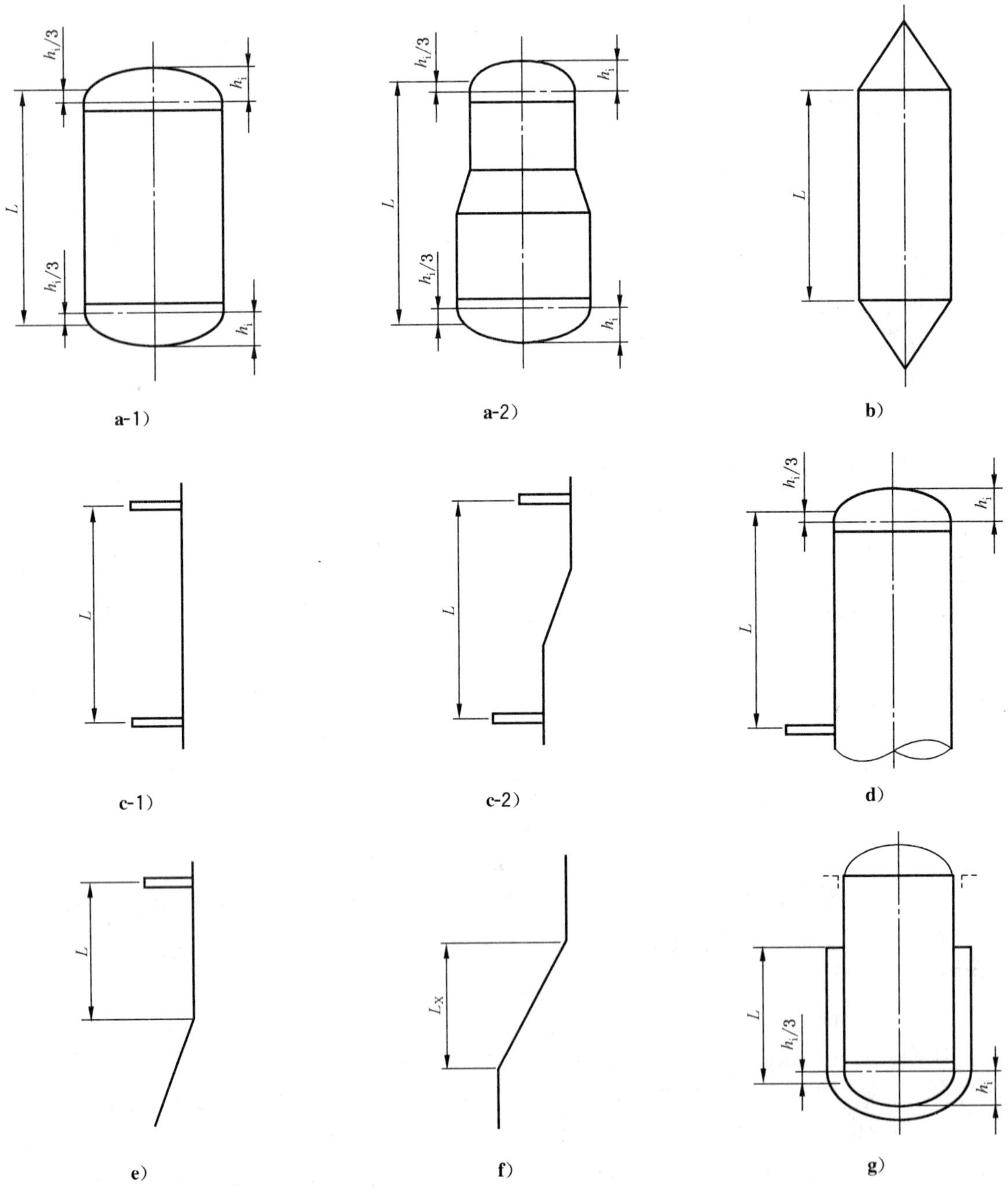

图 4-1 外压圆筒的计算长度

4.3.2 $D_o/\delta_e \geqslant 20$ 的圆筒

4.3.2.1 确定外压应变系数 A

a) 根据 L/D_o 和 D_o/δ_e 由图 4-2 或表 4-2 查取外压应变系数 A 值(遇中间值用内插法);

b) 若 L/D_o 值大于 50,则用 $L/D_o=50$ 查图;若 L/D_o 值小于 0.05,则用 $L/D_o=0.05$ 查图。

4.3.2.2 确定外压应力系数 B

a) 按所用材料,查表 4-1 确定对应的外压应力系数 B 曲线图(图 4-3～图 4-11),由 A 值查取 B 值(遇中间值用内插法);

b) 若 A 值超出设计温度曲线的最大值,则取对应温度曲线右端点的纵坐标值为 B 值;

c) 若 A 值小于设计温度曲线的最小值,则按式(4-1)计算 B 值:

$$B=\frac{2AE^t}{3} \qquad \cdots\cdots(4\text{-}1)$$

表 4-1 外压应力系数 *B* 曲线图选用表

序 号	钢 号	$R_{eL}(R_{p0.2})$/MPa	设计温度范围/℃	适用 B 曲线图
1	10	205	≤475	图 4-3
2	20	245	≤475	图 4-5
3	Q245R	245	≤475	图 4-5
4	Q345R,Q345D	345	≤475	图 4-4
5	Q370R	370	≤150 150～350	图 4-6 图 4-5
6	12CrMo	205	≤475	图 4-3
7	12Cr1MoVG 12Cr1MoVR	225	≤475	图 4-5
8	15CrMo	235	≤475	图 4-5
9	15CrMoR	295	≤150 150～400	图 4-6 图 4-5
10	1Cr5Mo	195	≤475	图 4-3
11	09MnD	270	≤150	图 4-6
12	09MnNiD	280	≤150	图 4-6
13	08Cr2AlMo	250	≤300	图 4-5
14	09CrCuSb	245	≤200	图 4-5
15	18MnMoNbR	390	≤150 150～475	图 4-6 图 4-5
16	13MnNiMoR	390	≤150 150～400	图 4-6 图 4-5
17	14Cr1MoR	300	≤150 150～475	图 4-6 图 4-5
18	12Cr2Mo1	280	≤150 150～475	图 4-6 图 4-5
19	12Cr2Mo1R	310	≤150 150～475	图 4-6 图 4-5

表 4-1（续）

序　号	钢　　号	$R_{eL}(R_{p0.2})$/MPa	设计温度范围/℃	适用 B 曲线图
20	12Cr2Mo1VR	415	≤150 150～475	图 4-6 图 4-5
21	16Mn,16MnDR	315	≤150 150～350	图 4-6 图 4-5
22	15MnNiDR	325	≤150 150～200	图 4-6 图 4-5
23	15MnNiNbDR	370	≤150 150～200	图 4-6 图 4-5
24	09MnNiDR	300	≤150 150～350	图 4-6 图 4-5
25	08Ni3DR	320	≤100	图 4-6
26	06Ni9DR	575	≤100	图 4-7
27	07MnMoVR	490	≤200	图 4-7
28	07MnNiVDR	490	≤200	图 4-7
29	12MnNiVR	490	≤200	图 4-7
30	07MnNiMoDR	490	≤200	图 4-7
31	S11348	170	≤400	图 4-3
32	S11306	205	≤400	图 4-5
33	S11972	275	≤350	图 4-5
34	S30403 00Cr19Ni10	180	≤425	图 4-10
35	S30408 0Cr18Ni9	205	≤650	图 4-8
36	S30409	205	≤650	图 4-8
37	S31608 0Cr17Ni12Mo2	205	≤650	图 4-9
38	S31603 00Cr17Ni14Mo2	180	≤425	图 4-11
39	S31668 0Cr18Ni12Mo2Ti	205	≤450	图 4-9
40	S31008 0Cr25Ni20	205	≤650	图 4-9
41	S31708 0Cr19Ni13Mo3	205	≤650	图 4-9
42	S31703 00Cr19Ni13Mo3	205	≤425	图 4-11
43	S32168 0Cr18Ni10Ti	205	≤650	图 4-9
44	S39042	220	≤650	图 4-9

表 4-1（续）

序　号	钢　　号	$R_{eL}(R_{p0.2})$/MPa	设计温度范围/℃	适用 B 曲线图
45	S21953	440	≤300	图 4-12
46	S22253	450	≤300	图 4-12
47	S22053	450	≤300	图 4-12
48	S25073	550	≤300	图 4-12
49	1Cr19Ni9	205	≤650	图 4-8

4.3.2.3　确定许用外压力[p]

根据 B 值，按式(4-2)计算许用外压力[p]：

$$[p]=\frac{B}{D_o/\delta_e} \qquad \cdots\cdots(4\text{-}2)$$

计算得到的[p]应大于或等于 p_c，否则须调整设计参数，重复上述计算，直到满足设计要求。

4.3.3　$D_o/\delta_e<20$ 的圆筒

4.3.3.1　确定外压应变系数 A

a)　对 $D_o/\delta_e\geqslant4.0$ 的圆筒，用与 4.3.2.1 相同的步骤得到系数 A 值；

b)　对 $D_o/\delta_e<4.0$ 的圆筒，按式(4-3)计算系数 A 值：

$$A=\frac{1.1}{(D_o/\delta_e)^2} \qquad \cdots\cdots(4\text{-}3)$$

系数 $A>0.1$ 时，取 $A=0.1$。

4.3.3.2　确定外压应力系数 B

用与 4.3.2.2 相同的步骤得到系数 B 值。

4.3.3.3　确定许用外压力[p]

按式(4-4)计算许用外压力[p]值：

$$[p]=\min\left\{\left(\frac{2.25}{D_o/\delta_e}-0.0625\right)B,\quad \frac{2\sigma_0}{D_o/\delta_e}\left(1-\frac{1}{D_o/\delta_e}\right)\right\} \qquad \cdots\cdots(4\text{-}4)$$

式中，σ_0 应力，取以下两值中的较小值：

$\sigma_0=2[\sigma]^t$

$\sigma_0=0.9R_{eL}^t$ 或 $0.9R_{p0.2}^t$

计算得到的[p]应大于或等于 p_c，否则须调整设计参数，重复上述计算，直到满足设计要求。

4.4　外压球壳的计算

4.4.1　确定外压应变系数 A

根据 R_o/δ_e，用式(4-5)计算系数 A 值：

$$A=\frac{0.125}{(R_o/\delta_e)} \qquad \cdots\cdots(4\text{-}5)$$

4.4.2　确定外压应力系数 B

a)　按所用材料，查表 4-1 确定对应的外压应力系数 B 曲线图，由 A 值查取 B 值（遇中间值用内插法）；

b)　若 A 值超出设计温度曲线的最大值，则取对应温度曲线右端点的纵坐标值为 B 值；

c)　若 A 值小于设计温度曲线的最小值，则按式(4-1)计算 B 值。

4.4.3　确定许用外压力[p]

根据 B 值，按式(4-6)计算许用外压力[p]值：

$$[p]=\frac{B}{(R_o/\delta_e)} \qquad \cdots\cdots(4\text{-}6)$$

计算得到的[p]应大于或等于 p_c，否则须调整设计参数，重复上述计算，直到满足设计要求。

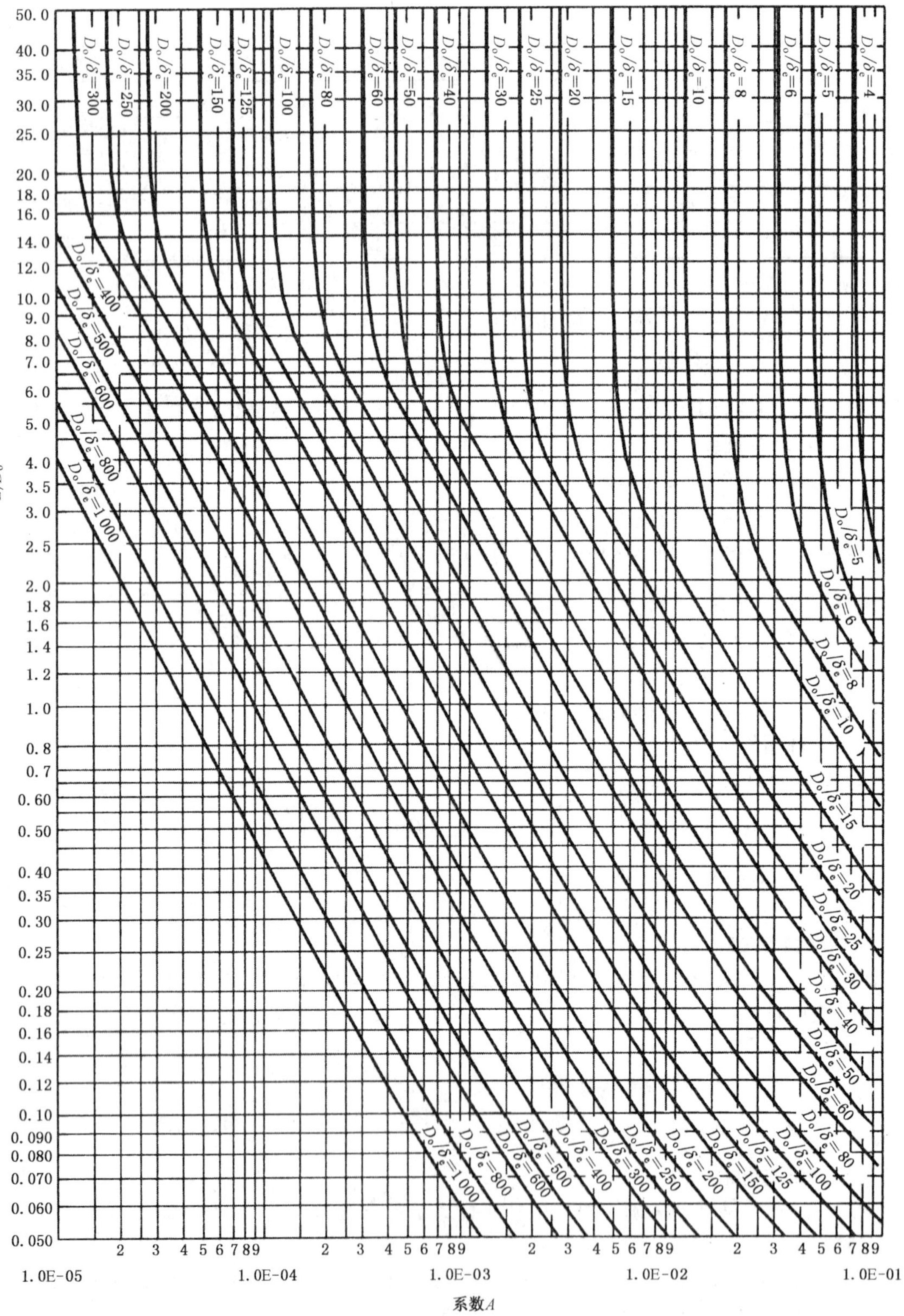

图 4-2 外压应变系数 A 曲线

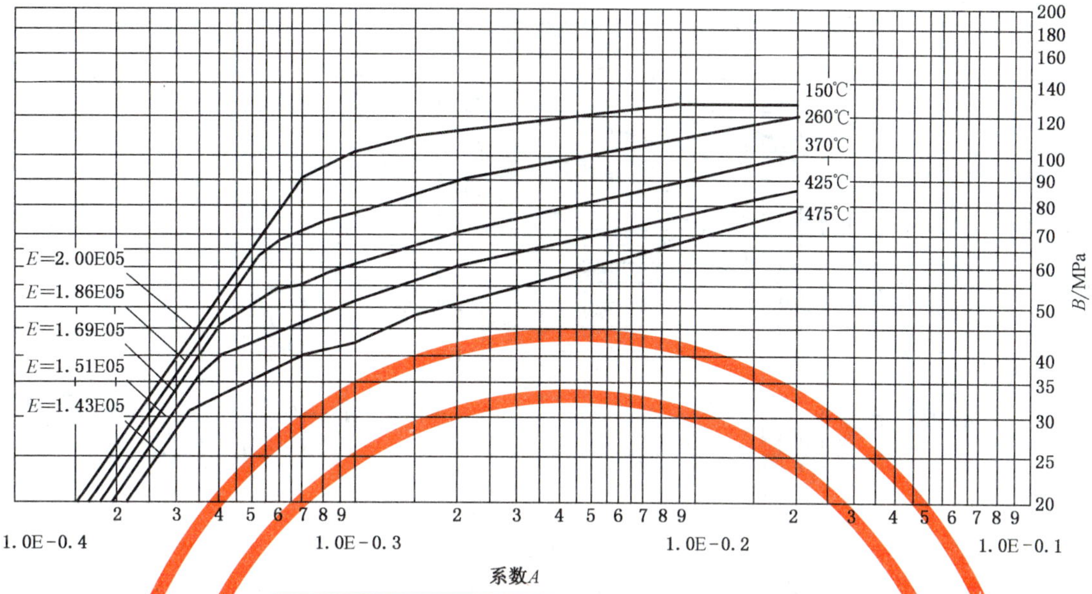

注：用于屈服强度 R_{eL}<207 MPa 的碳素钢和 S11348 钢等。

图 4-3　外压应力系数 ***B*** 曲线

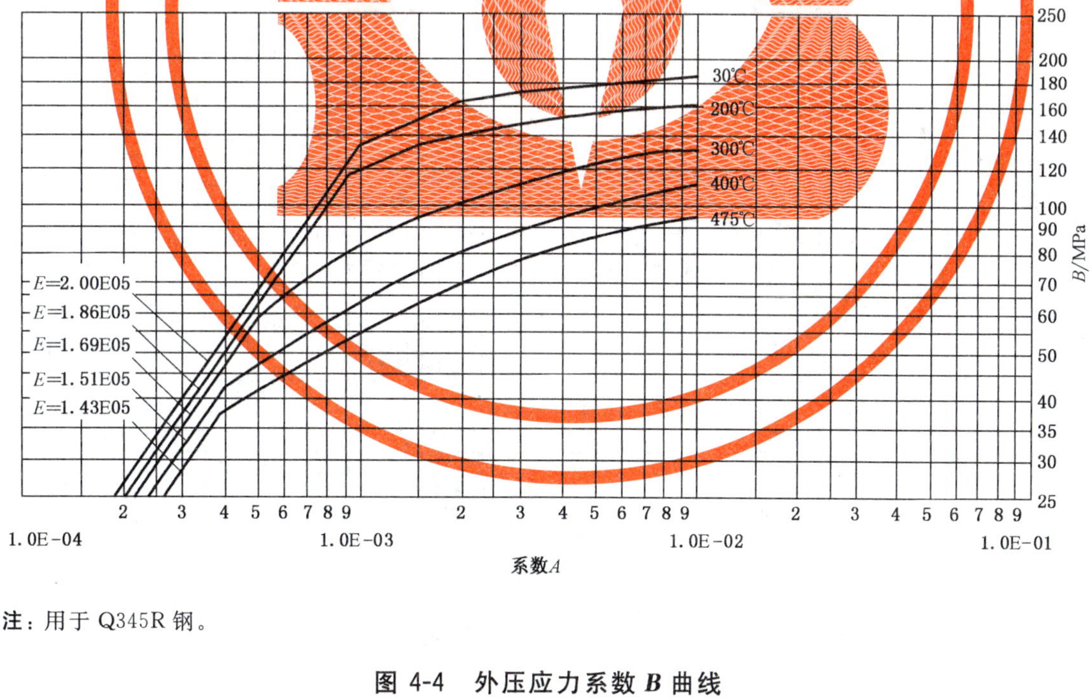

注：用于 Q345R 钢。

图 4-4　外压应力系数 ***B*** 曲线

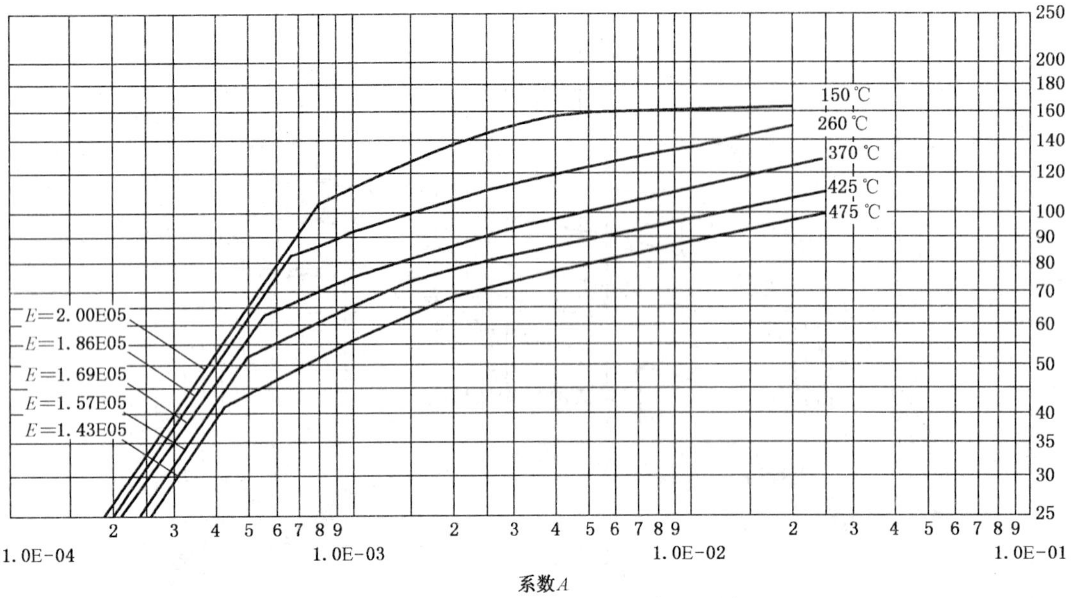

注：用于除图 4-4 注明的材料外，材料的屈服强度 R_{eL}>207 MPa 的碳钢、低合金钢和 S11306 钢等。

图 4-5　外压应力系数 *B* 曲线

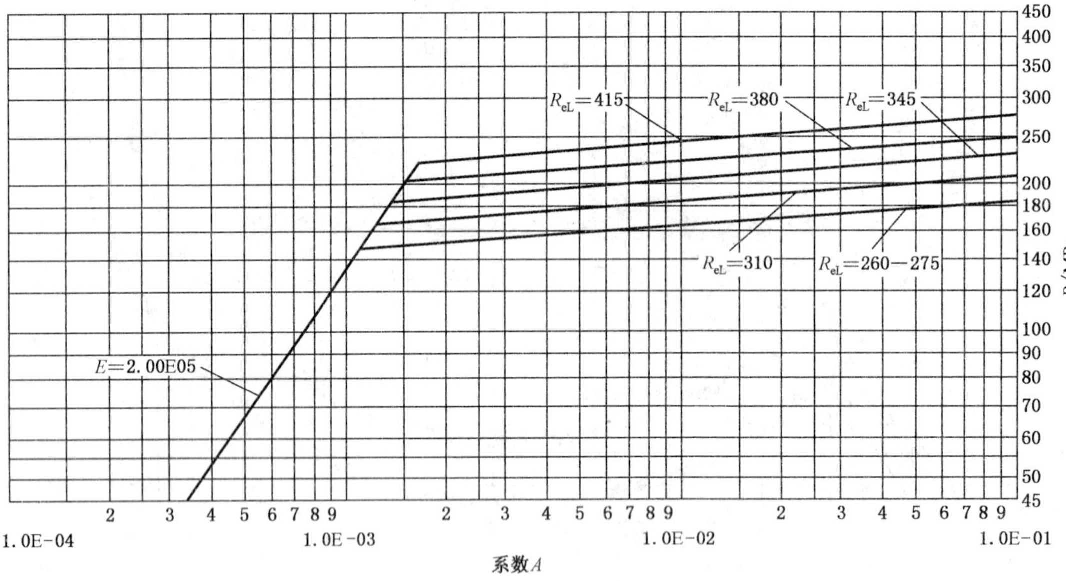

注：用于除图 4-4 注明的材料外，材料的屈服强度 R_{eL}>260 MPa 的碳钢、低合金钢等。

图 4-6　外压应力系数 *B* 曲线

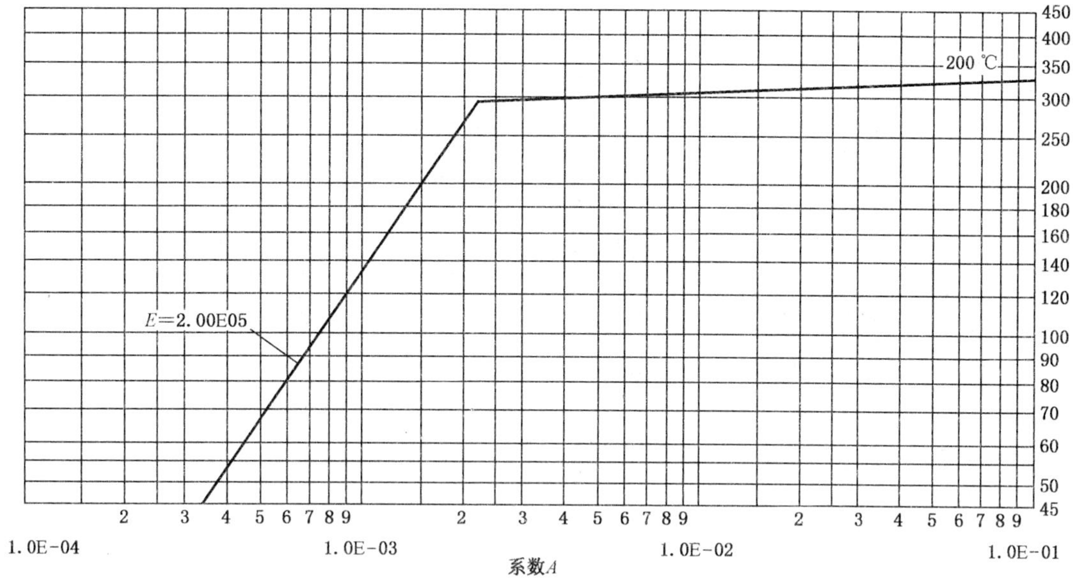

注：用于 07MnMoVR 钢等。

图 4-7 外压应力系数 *B* 曲线

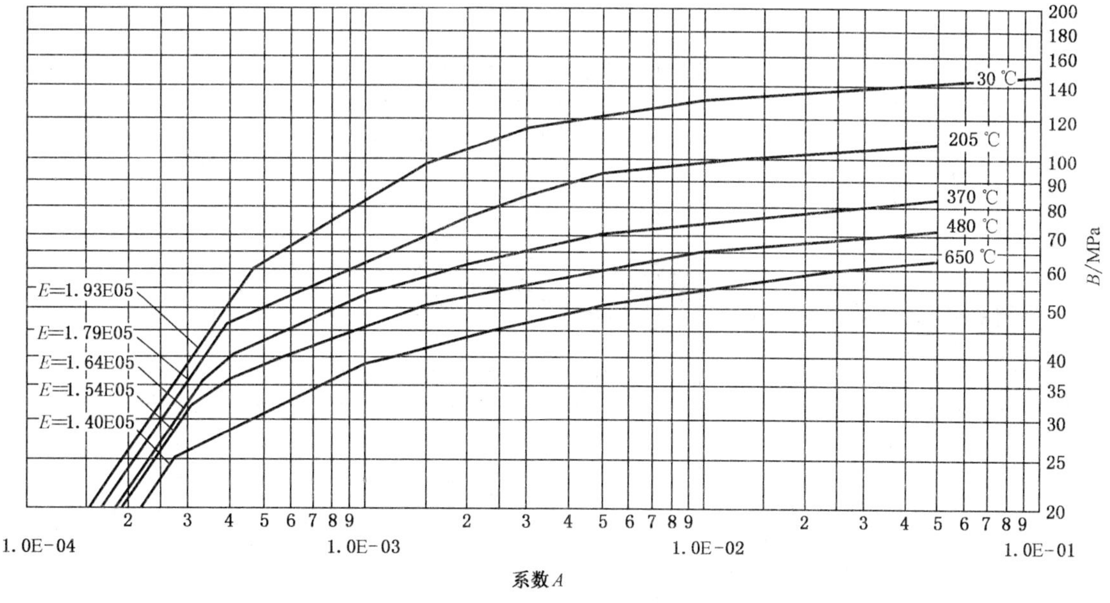

注：用于 S30408 钢等。

图 4-8 外压应力系数 *B* 曲线

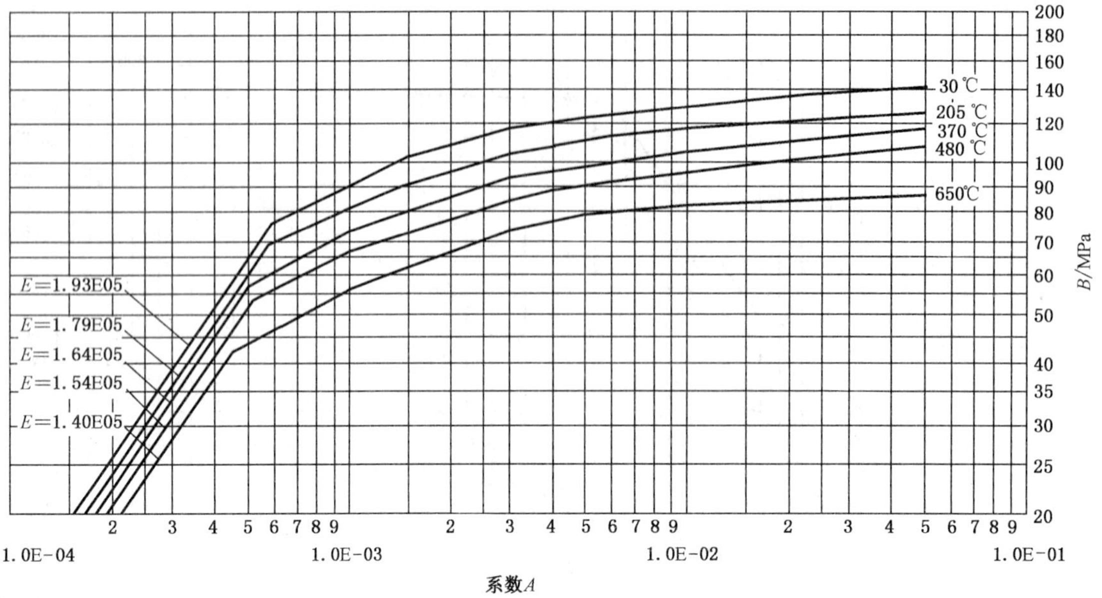

注：用于 S31608 钢等。

图 4-9 外压应力系数 ***B*** 曲线

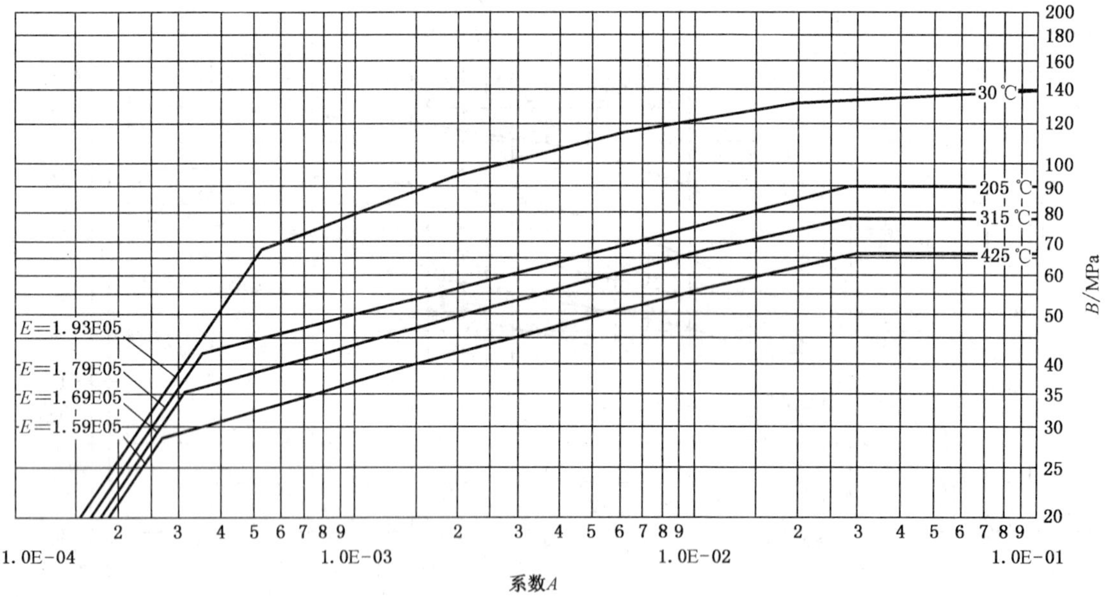

注：用于 S30403 钢等。

图 4-10 外压应力系数 ***B*** 曲线

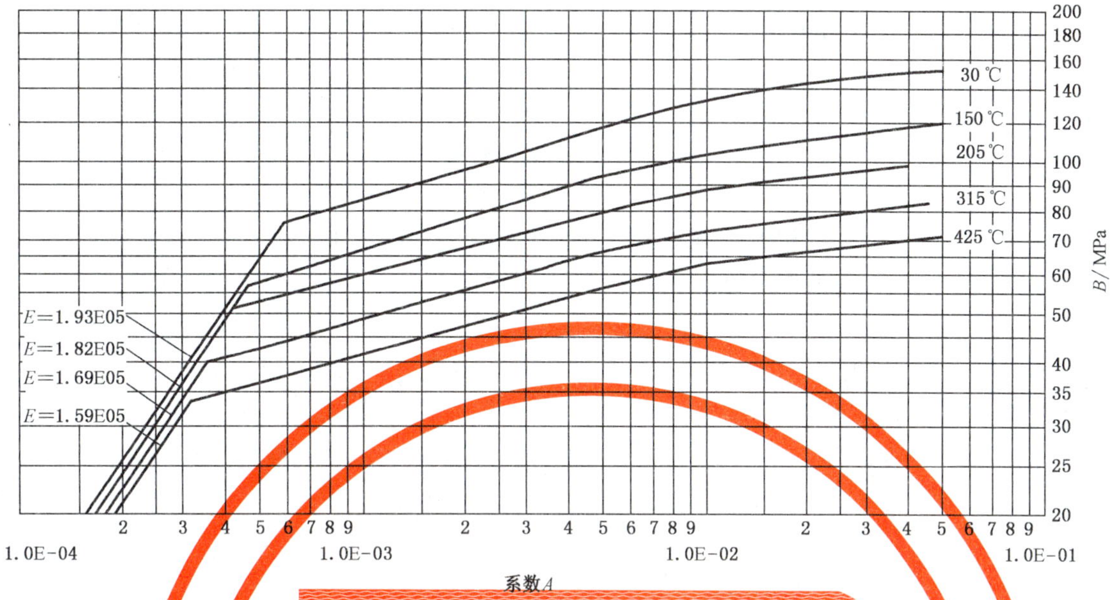

注：用于 S31603 钢等。

图 4-11 外压应力系数 *B* 曲线

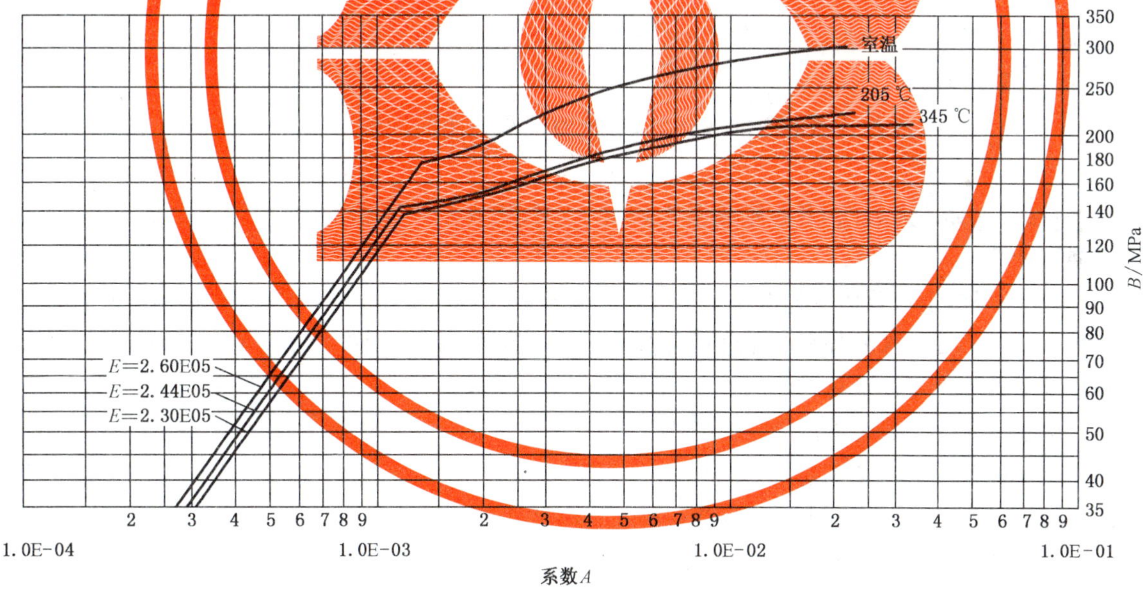

注：用于 S21953 钢等。

图 4-12 外压应力系数 *B* 曲线

4.5 外压圆筒加强圈的设计

4.5.1 加强圈的计算

4.5.1.1 惯性矩计算

选定加强圈材料与截面尺寸，计算其横截面积 A_s 和加强圈与圆筒有效段组合截面的惯性矩 I_s，圆筒有效段系指在加强圈中心线两侧有效宽度各为 $0.55\sqrt{D_o\delta_e}$ 的壳体。

若加强圈中心线两侧圆筒有效宽度与相邻加强圈的圆筒有效宽度相重叠，则该圆筒的有效宽度中相重叠部分每侧按一半计算。

4.5.1.2 确定外压应力系数 B

按式(4-7)计算 B 值：

$$B=\frac{p_c D_o}{\delta_e+(A_s/L_s)} \quad \cdots\cdots(4\text{-}7)$$

式中：

L_s——从加强圈中心线到相邻两侧加强圈中心线距离之和的一半，若与凸形封头相邻，在长度中还应计入封头曲面深度的1/3，mm。

4.5.1.3 确定外压应变系数 A

a) 按所用材料，查表4-1确定对应的外压应力系数 B 曲线图，由 B 值查取 A 值(遇中间值用内插法)；

b) 若 B 值超出设计温度曲线的最大值，则取对应温度曲线右端点的横坐标值为 A 值；

c) 若 B 值小于设计温度曲线的最小值，则按式(4-8)计算 A 值：

$$A=\frac{3B}{2E^t} \quad \cdots\cdots(4\text{-}8)$$

4.5.1.4 确定所需的惯性矩 I

按式(4-9)计算加强圈与圆筒组合段所需的惯性矩 I 值：

$$I=\frac{D_o^2 L_s(\delta_e+A_s/L_s)}{10.9}A \quad \cdots\cdots(4\text{-}9)$$

I_s 应大于或等于 I，否则选用较大惯性矩的加强圈，重复上述步骤，直到 I_s 大于且接近 I 为止。

4.5.2 加强圈的设置

4.5.2.1 加强圈可设置在容器的内部或外部，应整圈围绕在圆筒的圆周上。加强圈两端的接合形式应按图4-13中 A、B 所示。

4.5.2.2 容器内部的加强圈，若布置成图4-13中 C、D、E 或 F 所示的结构时，则应取具有最小惯性矩的截面进行计算。

4.5.2.3 在加强圈上需要留出如图4-13中 D、E 及 F 所示的间隙时，则不应超过图4-14规定的弧长，否则须将容器内部和外部的加强圈相邻两部分之间接合起来，采用如图4-13中 C 所示的结构。但若能同时满足以下条件者可以除外：

a) 每圈只允许一处无支撑的壳体弧长；

b) 无支撑的壳体弧长不超过90°圆周；

c) 相邻两加强圈的不受支撑的圆筒弧长相互交错180°；

d) 圆筒计算长度 L 应取下列数值中的较大者：

——相间隔加强圈之间的最大距离；

——从封头切线至第二个加强圈中心的距离再加上1/3封头曲面深度。

4.5.2.4 容器内部的构件如塔盘等，若设计成起加强作用时，也可作加强圈用。

4.5.2.5 加强圈与圆筒之间可采用连续或间断的焊接，当加强圈设置在容器外面时，加强圈每侧间断焊接的总长，应不少于圆筒外圆周长的1/2，当设置在容器里面时，应不少于圆筒内圆周长的1/3。焊脚尺寸不得小于相焊件中较薄件的厚度。

间断焊缝的布置与间距可参照图4-15所示的型式，间断焊缝可以相互错开或并排布置。最大间隙 t，对外加强圈为 $8\delta_n$，对内加强圈为 $12\delta_n$。

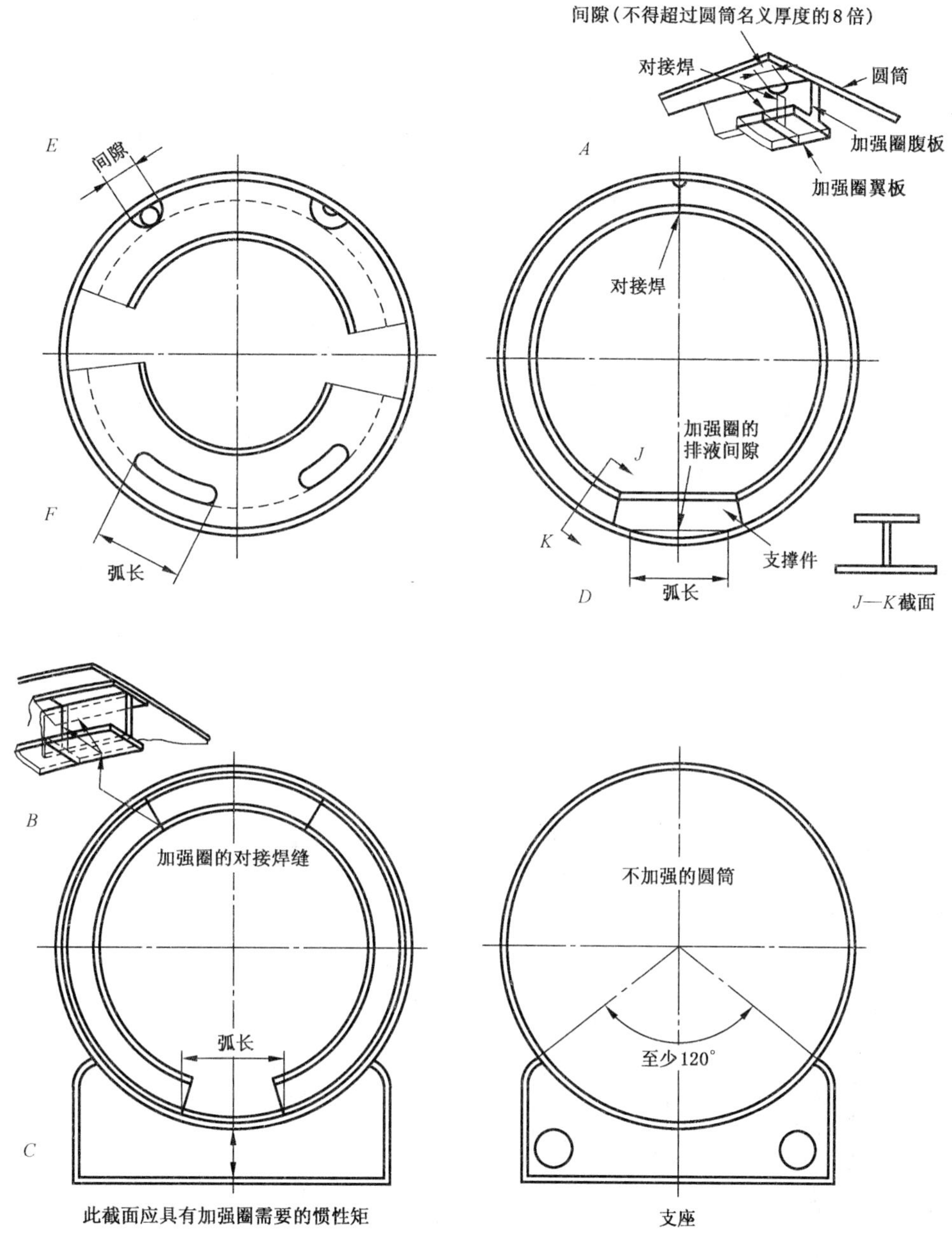

图 4-13 外压容器加强圈的各种布置图

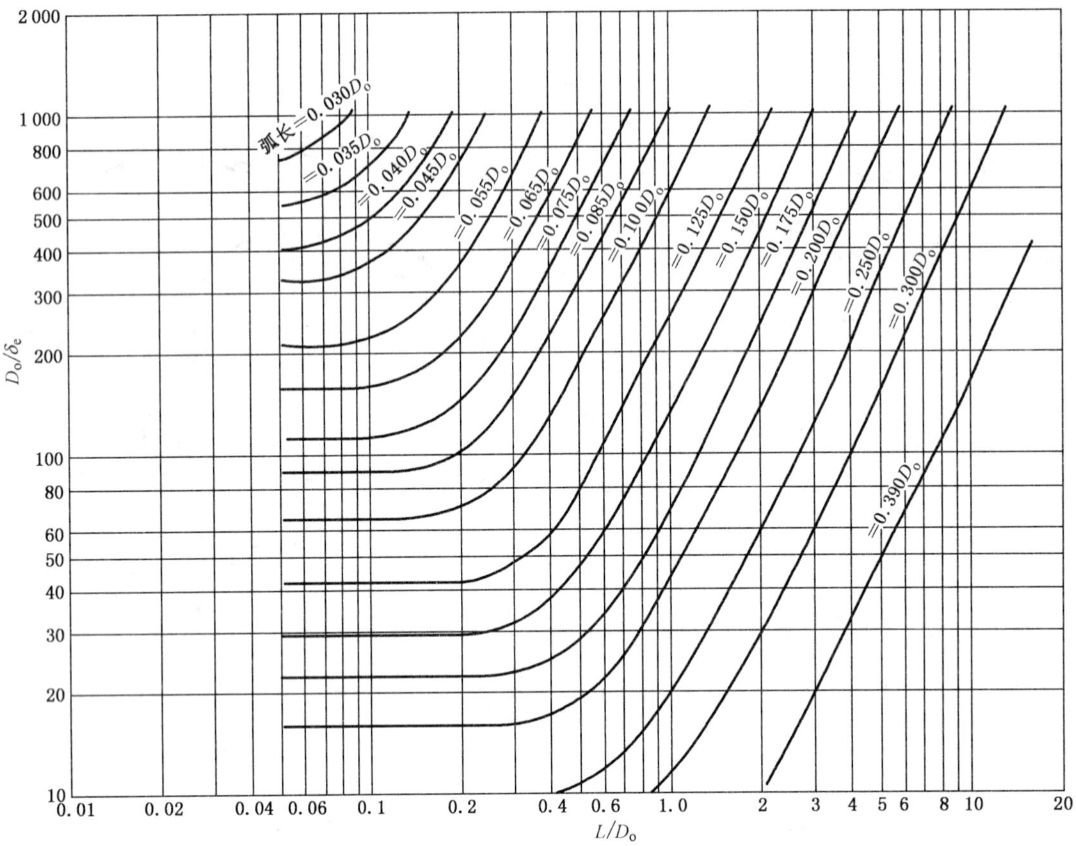

图 4-14 圆筒上加强圈允许的间断弧长值

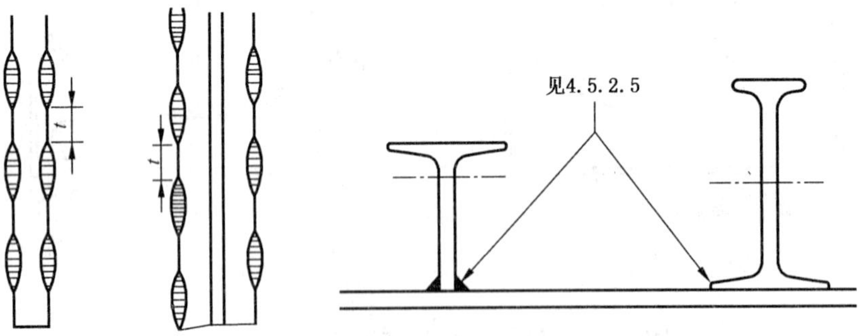

图 4-15 加强圈与圆筒的连接

表 4-2 图 4-2 的曲线数据表

D_o/δ_e	L/D_o	A 值	D_o/δ_e	L/D_o	A 值	D_o/δ_e	L/D_o	A 值
4	2.2	9.59E-02	8	1	6.60	15	5	5.34
	2.6	8.84		1.6	3.72		6	5.16
	3	8.39		2	2.85		10	4.97
	4	7.83		2.4	2.42		40	4.90
	5	7.59		3	2.12		50	4.90
	7	7.39		4	1.92	20	0.24	9.82E-02
	10	7.29		5	1.84		0.4	4.77
	30	7.20		7	1.79		0.6	2.86
	50	7.20		10	1.76		0.8	2.03
5	1.4	9.29E-02		20	1.74		1	1.56
	1.6	8.02		50	1.74		1.2	1.27
	2	6.58	10	0.56	9.64E-02		2	7.13E-03
	2.4	5.86		0.7	7.20		3	4.46
	3	5.32		1	4.63		3.4	3.88
	4	4.94		1.2	3.71		4	3.42
	5	4.78		2	2.01		5	3.08
	7	4.65		2.4	1.65		7	2.87
	10	4.59		3	1.39		10	2.80
	30	4.54		4	1.24		40	2.75
	50	4.53		5	1.18		50	2.75
6	1.2	8.37E-02		7	1.14	25	0.2	8.77E-02
	1.6	5.84		10	1.12		0.3	4.84
	2	4.69		16	1.11		0.5	2.50
	2.4	4.11		50	1.11		0.8	1.43
	3	3.69	15	0.34	9.68E-02		1	1.11
	4	3.41		0.4	7.70		1.2	9.02E-03
	5	3.29		0.6	4.53		2	5.08
	7	3.20		1	2.44		3	3.23
	10	3.16		1.2	1.97		3.4	2.78
	30	3.12		2	1.09		4	2.35
	50	3.12		2.4	8.90E-03		4.4	2.19
8	0.74	9.68E-02		3	6.91		5	2.04
	0.8	8.75		4	5.73		6	1.91

表 4-2（续）

D_o/δ_e	L/D_o	A 值
25	7	1.86
	10	1.80
	30	1.76
	50	1.76
30	0.16	9.04E-02
	2	6.35
	0.3	3.57
	0.4	2.46
	0.6	1.50
	0.8	1.08
	1	8.38E-03
	1.2	6.83
	2	3.88
	3	2.46
	4	1.77
	4.4	1.61
	5	1.47
	6	1.36
	7	1.30
	10	1.25
	30	1.22
	50	1.22
40	0.12	8.64E-02
	0.2	3.85
	0.3	2.22
	0.4	1.55
	0.6	9.58E-03
	0.8	6.91
	1	5.39
	1.2	4.41
	2	2.52
	4	1.17
	5	9.12E-04
	6	8.04
	7	7.56
	8	7.31
	10	7.08
	16	6.92
	40	6.88
	50	6.88
50	0.088	9.30E-02
	0.1	7.82
	0.2	2.63
	0.3	1.54
	0.4	1.08
	0.6	6.77E-03
	0.8	4.90
	1	3.84
	2	1.71
	4	8.42E-04
	5	6.52
	6	5.48
	7	5.02
	8	4.78
	10	4.58
	12	4.49
	16	4.44
	40	4.40
	50	4.40
60	0.074	9.54E-02
	0.1	5.56
	0.14	3.23
	0.2	1.93
	0.4	8.12E-03
	0.6	5.10
	0.8	3.71
	1	2.91
	2	1.38
	3	8.86E-04
	4	6.45
	6	4.09
	7	3.64
	8	3.41
	10	3.22
	14	3.10
	40	3.06
	50	3.06
80	0.054	9.90E-02
	0.07	6.08
	0.09	3.91
	0.1	3.28
	0.14	1.96
	0.2	1.20
	0.24	9.50E-03
	0.4	5.16
	0.6	3.28
	0.8	2.39
	1	1.88
	2	8.95E-04
	4	4.24
	6.6	2.41
	8	2.05
	10	1.86
	14	1.76
	30	1.72
	50	1.72
100	0.05	7.41E-02
	0.07	3.98
	0.1	2.20
	0.14	1.33
	0.2	8.31E-03
	0.4	3.64
	0.5	2.83
	0.8	1.70
	1	1.34
	2	6.41E-04
	4	3.05
	6	1.95
	8	1.42
	10	1.24
	14	1.14
	25	1.10
	50	1.10
125	0.05	4.80E-02
	0.06	3.44
	0.08	2.10
	0.1	1.48
	0.14	9.17E-03
	0.2	5.78
	0.4	2.57
	0.6	1.65
	0.8	1.21
	1	9.55E-04
	2	4.59
	4	2.20
	6	1.41
	9	9.04E-05
	10	8.37
	12	7.70
	14	7.40
	20	7.13
	40	7.04
	50	7.04
150	0.05	3.38E-02
	0.06	2.44
	0.08	1.51
	0.1	1.08
	0.12	8.33E-03
	0.16	5.69
	0.2	4.31
	0.4	1.94

表 4-2（续）

D_o/δ_e	L/D_o	A 值
150	0.6	1.25
	1	7.26E-05
	2	3.49
	4	1.68
	6	1.08
	8	7.87E-05
	10	6.19
	12	5.53
	16	5.10
	20	4.98
	40	4.89
	50	4.89
200	0.05	1.96E-02
	0.06	1.43
	0.08	9.09E-03
	0.1	6.59
	0.14	4.21
	0.2	2.72
	0.3	1.71
	0.5	9.76E-04
	0.8	5.92
	1	4.69
	2	2.27
	4	1.10
	6	7.11E-05
	8	5.20
	10	4.03
	12	3.38
	14	3.09
	16	2.95
	20	2.83
	40	2.75
	50	2.75
250	0.05	1.29E-02
	0.06	9.55E-03
	0.08	6.17
	0.1	4.52
	0.14	2.93
	0.2	1.91
	0.4	8.81E-04
	0.6	5.72
	0.8	4.22
	1	3.35
	2	1.63
	4	7.89E-05
	6	5.13
	8	3.77
250	10	2.93
	12	2.38
	14	2.10
	16	1.96
	20	1.84
	40	1.76
	50	1.76
300	0.05	9.23E-03
	0.06	6.90
	0.08	4.52
	0.1	3.34
	0.12	2.64
	0.2	1.43
	0.4	6.66E-04
	0.6	4.33
	0.8	3.21
	1	2.54
	2	1.24
	4	6.02E-05
	6	3.93
	8	2.87
	10	2.25
	14	1.56
	16	1.42
	20	1.30
	40	1.23
	50	1.22
400	0.05	5.49E-03
	0.06	4.17
	0.08	2.78
	0.1	2.08
	0.12	1.66
	0.16	1.18
	0.2	9.14E-04
	0.4	4.29
	0.6	2.80
	0.8	2.07
	1	1.65
	2	8.08E-05
	4	3.93
	6	2.57
	8	1.89
	10	1.48
	14	1.02
	16	8.82E-06
500	0.05	3.70E-03
	0.06	2.84
500	0.08	1.92
	0.1	1.45
	0.12	1.16
	0.16	8.30E-04
	0.2	6.45
	0.4	3.05
	0.6	1.99
	0.8	1.48
	1	1.18
	2	5.79E-05
	4	2.82
	6	1.85
	8	1.37
	10	1.07
	12	8.80E-06
600	0.05	2.70E-03
	0.06	2.08
	0.08	1.42
	0.1	1.08
	0.12	8.68E-04
	0.16	6.24
	0.2	4.86
	0.4	2.31
	0.6	1.51
	0.8	1.12
	1	8.94E-05
	2	4.39
	4	2.16
	6	1.41
	8	1.04
	8.4	9.88E-06
800	0.05	1.65E-03
	0.06	1.29
	0.08	8.92E-04
	0.1	6.82
	0.12	5.51
	0.16	3.98
	0.2	3.12
	0.4	1.49
	0.6	9.80E-05
	0.8	7.28
	1	5.80
	2	2.86
	4	1.40
	5	1.12
	5.6	9.92E-06
1 000	0.05	1.13E-03

表 4-2（续）

D_o/δ_e	L/D_o	A 值	D_o/δ_e	L/D_o	A 值	D_o/δ_e	L/D_o	A 值
1 000	0.06	8.91E-04	1 000	0.16	2.82	1 000	1	4.14
	0.07	7.33		0.2	2.21		2	2.04
	0.09	5.41		0.4	1.06		4	1.01
	0.12	3.88		0.7	5.96E-05		4.2	9.57E-06

表 4-3　图 4-3 的曲线数据表

温度/℃	A 值	B 值/MPa	温度/℃	A 值	B 值/MPa	温度/℃	A 值	B 值/MPa
150	1.00E-05	1.33	260	2.00E-02	120	425	5.00	42.7
	6.20E-04	82.7		1.00E-01	120		6.00	45.3
	7.00	92.0	370	1.00E-05	1.14		7.00	47.0
	8.00	96.0		4.09E-04	46.7		1.00E-03	52.0
	9.00	100		5.00	50.7		1.50	56.0
	1.00E-03	103		6.00	54.7		2.00	60.0
	1.50	111		7.00	56.0		2.00E-02	86.0
	2.00	113		8.00	58.7		1.00E-01	86.0
	9.00	128		9.00	60.0	475	1.00E-05	0.956
	1.00E-01	128		1.00E-03	61.3		3.25E-04	31.0
260	1.00E-05	1.24		1.50	66.7		5.00	36.0
	5.08E-04	62.7		2.00	70.7		7.00	40.0
	6.00	68.0		2.00E-02	101		1.00E-03	42.7
	8.00	74.7		1.00E-01	105		1.50	48.0
	1.00E-03	77.3	425	1.00E-05	1.05		2.50	53.3
	1.50	85.3		3.54E-04	37.3		2.00E-02	78.0
	2.50	93.3		4.00	40.0		1.00E-01	78.0

表 4-4　图 4-4 的曲线数据表

温度/℃	A 值	B 值/MPa	温度/℃	A 值	B 值/MPa	温度/℃	A 值	B 值/MPa
30	1.00E-05	1.33	300	1.00E-03	82.4	400	5.00	99.2
	1.00E-03	133		1.50	94.4		7.00	106
	1.50	151		2.00	101		8.00	108
	2.00	163		3.00	111		1.00E-02	110
	3.00	171		4.00	117	475	1.00E-05	0.977
	1.00E-02	183		5.00	122		3.90E-04	37.2
200	1.00E-05	1.24		8.00	129		5.00	41.3
	9.30E-04	115		1.00E-02	130		6.00	44.3
	1.00E-03	118	400	1.00E-05	1.05		7.00	47.1
	1.50	132		4.00E-04	42.1		8.00	49.4
	2.00	138		5.00	46.8		9.00	51.8
	2.50	142		6.00	51.2		1.00E-03	54.1
	3.00	146		7.00	54.4		1.50	62.9
	4.00	151		8.00	57.2		2.00	68.6
	1.00E-02	161		9.00	60.0		3.00	77.0
300	1.00E-05	1.17		1.00E-03	62.8		4.00	82.6
	5.00E-04	58.7		1.50	73.2		5.00	86.3
	6.00	65.6		2.00	80.0		6.00	88.7
	7.00	71.2		3.00	88.8		8.00	92.6
	8.00	75.7		4.00	95.2		1.00E-02	94.7

表 4-5 图 4-5 的曲线数据表

温度/℃	*A* 值	*B* 值/MPa	温度/℃	*A* 值	*B* 值/MPa	温度/℃	*A* 值	*B* 值/MPa
150	1.00E-05	1.33	260	3.00	114	425	1.00E-03	65.3
	7.65E-04	101		8.00	132		1.50	73.3
	8.00	105		1.00E-02	135		2.00	77.3
	9.00	109		1.50	143		3.00	82.7
	1.00E-03	113		2.00	149		3.00E-02	113
	2.00	137		2.72	156		1.00E-01	113
	3.00	149		1.00E-01	156	475	1.00E-05	0.956
	4.00	156	370	1.00E-05	1.39		4.27E-04	41.3
	5.00	159		5.59E-04	62.7		1.00E-03	56.0
	2.50E-02	164		1.00E-03	74.7		1.50	62.7
	1.00E-01	164		3.00	93.3		2.00	68.0
260	1.00E-05	1.24		1.00E-02	112		3.00	73.3
	6.63E-04	82.2		2.50	128		8.00	85.3
	9.00	89.0		1.00E-01	128		3.00E-02	102
	1.00E-03	93.3	425	1.00E-05	1.05		1.00E-01	102
	2.50	111		5.00E-04	52.0			

表 4-6 图 4-6 的曲线数据表

屈服强度 MPa	*A* 值	*B* 值 MPa	屈服强度 MPa	*A* 值	*B* 值 MPa	屈服强度 MPa	*A* 值	*B* 值 MPa
415 MPa	4.00E-05	5.33	380 MPa	1.00E-01	248	310 MPa	1.24	165
	1.00E-03	133	345 MPa	4.00E-05	5.33		1.00E-01	207
	1.66	220		1.00E-03	133	260-275 MPa	4.00E-05	5.33
	1.00E-01	276		1.38	184		1.00E-03	133
380 MPa	4.00E-05	5.33		1.00E-01	229		1.10	147
	1.00E-03	133	310 MPa	4.00E-05	5.33		1.00E-01	184
	1.52	207		1.00E-03	133			

表 4-7 图 4-7 的曲线数据表

A 值	*B* 值/MPa	*A* 值	*B* 值/MPa	*A* 值	*B* 值/MPa
4.00E-04	53.3	1.00E-03	133	3.00E-02	303
6.00	80.0	2.00	266	6.00	313
8.00	106	2.20	293	1.00E-01	327

表 4-8　图 4-8 的曲线数据表

温度/℃	A 值	B 值/MPa	温度/℃	A 值	B 值/MPa	温度/℃	A 值	B 值/MPa
30	1.00E-05	1.29	370	1.00E-05	1.07	480	1.50E-03	50.7
	4.63E-04	60.0		3.34E-04	36.0		3.00	56.0
	1.50E-03	97.3		4.00	40.0		1.00E-02	65.3
	2.00	105		5.00	42.7		2.00	68.0
	3.00	115		6.00	45.3		7.00	73.3
	1.00E-02	131		1.00E-03	53.3		1.00E-01	73.3
	1.00E-01	147		2.00	61.3	650	1.00E-05	0.933
205	1.00E-05	1.20		5.00	70.7		2.78E-04	25.3
	3.86E-04	46.4		6.00	72.0		1.00E-03	38.7
	2.00E-03	76.0		1.00E-02	74.7		2.00	44.0
	3.00	84.0		5.00	82.7		5.00	50.7
	4.00	89.3		1.00E-01	82.7		1.00E-02	54.7
	5.00	93.3	480	1.00E-05	1.07		2.00	58.7
	1.00E-02	98.7		3.09E-04	32.0		5.00	62.7
	5.00	107		4.00	36.0		1.00E-01	62.7
	1.00E-01	107		5.00	38.7			

表 4-9　图 4-9 的曲线数据表

温度/℃	A 值	B 值/MPa	温度/℃	A 值	B 值/MPa	温度/℃	A 值	B 值/MPa
30	1.00E-05	1.29	205	3.00	104	480	6.00	56.0
	5.88E-04	75.7		4.00	108		1.00E-03	66.7
	1.50E-03	103		5.00	111		3.00	84.0
	2.00	109		6.00	113		4.00	88.0
	2.50	113		1.00E-02	117		1.00E-02	96.0
	3.00	117		5.00	126		5.00	108
	4.00	120		1.00E-01	126		1.00E-01	108
	5.00	123	370	1.00E-05	1.07	650	1.00E-05	0.933
	7.00	128		5.07E-04	57.3		4.50E-04	42.0
	1.00E-02	129		1.00E-03	73.3		1.00E-03	56.0
	2.00	136		3.00	93.3		2.00	66.7
	7.00	144		4.00	96.0		3.00	73.3
	1.00E-01	144		1.00E-02	105		4.00	76.0
205	1.00E-05	1.20		5.00	117		5.00	78.7
	5.75E-04	68.6		6.00	120		1.00E-02	82.3
	1.00E-03	81.3		1.00E-01	120		7.00	87.1
	1.50	90.7		1.00E-05	1.07			
	2.00	96.0	480	5.19E-04	53.3			

表 4-10　图 4-10 的曲线数据表

温度/℃	A 值	B 值/MPa	温度/℃	A 值	B 值/MPa	温度/℃	A 值	B 值/MPa
30	1.00E-05	1.29	205	1.00E-03	50.1	315	1.00E-01	77.7
	5.24E-04	67.4		1.00E-02	74.9	425	1.00E-05	1.06
	2.00E-03	94.7		2.83	89.6		2.70E-04	28.6
	6.00	115		1.00E-01	89.6		1.50E-03	40.0
	2.00E-02	132	315	1.00E-05	1.13		1.00E-02	56.0
	1.00E-01	140		3.13E-04	35.3		1.00E-01	66.2
205	1.00E-05	1.20		1.00E-03	44.0			
	3.52E-04	42.0		1.00E-02	66.7			

表 4-11　图 4-11 的曲线数据表

温度/℃	A 值	B 值/MPa	温度/℃	A 值	B 值/MPa	温度/℃	A 值	B 值/MPa
30	1.00E-05	1.29	150	1.00E-02	103	315	5.00E-03	66.2
	5.87E-04	75.5		5.00	119		1.00E-02	72.6
	7.00E-03	124		1.00E-01	119		4.56	82.7
	1.00E-02	132	205	1.00E-05	1.2		1.00E-01	86.7
	2.00	143		4.02E-04	50.7	425	1.00E-05	1.06
	5.00	152		7.00E-03	84.0		3.06E-04	33.5
	1.00E-01	152		1.00E-02	88.0		5.00E-03	56.0
150	1.00E-05	1.20		4.00	98.7		1.00E-02	62.7
	4.46E-04	56.5		1.00E-01	98.7		5.00	70.8
	5.00E-03	93.3	315	1.00E-05	1.13		1.00E-01	70.8
	6.00	96.0		3.55E-04	40.0			

表 4-12　图 4-12 的曲线数据表

温度/℃	A 值	B 值/MPa	温度/℃	A 值	B 值/MPa	温度/℃	A 值	B 值/MPa
室温	1.41E-04	18.4	205	1.51E-04	8.4	345	1.60E-04	18.4
	1.34E-03	175		1.17E-03	142		1.20E-03	138
	1.50	177		1.50	145		1.50	143
	2.00	189		2.00	152		2.00	149
	2.50	207		2.50	161		2.50	156
	3.00	219		3.00	168		3.00	164
	4.00	239		4.00	179		4.00	175
	6.00	260		6.00	193		6.00	187
	1.00E-02	280		1.00E-02	207		1.00E-02	201
	1.50	289		1.50	214		1.50	207
	2.10	300		2.30	221		3.40	210

5　封头

5.1　范围

本章规定了受内压或外压的凸形封头、平盖、锥形封头(含偏心锥壳)、变径段、紧缩口以及内压元件的拉撑结构设计方法。其中，凸形封头包括椭圆形封头、碟形封头、球冠形封头（见图 5-1、图 5-2、图 5-3）和半球形封头。

半球形封头按第 3 章或第 4 章计算。

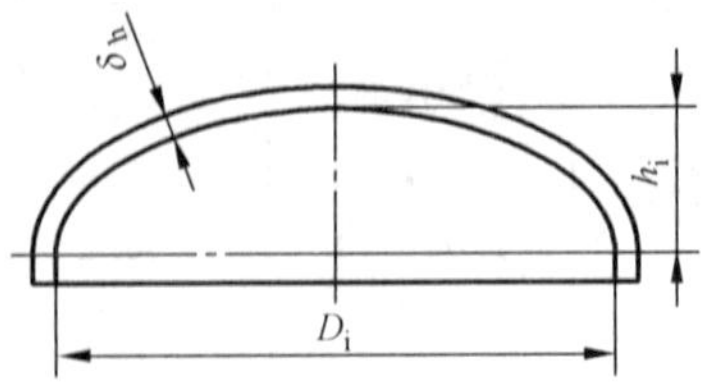

图 5-1　椭圆形封头

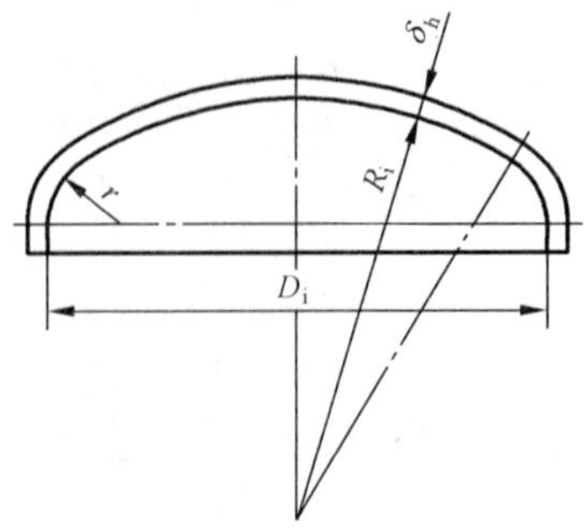

图 5-2　碟形封头

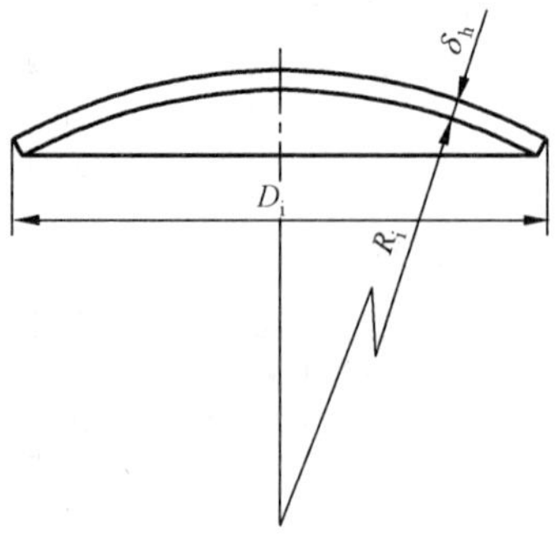

图 5-3　球冠形封头

5.2　术语、定义和符号

5.2.1　GB 150.1 中界定的术语和定义适用于本章。

5.2.2　符号

D_i——封头内径或与其连接的圆筒内直径，mm；

D_o——封头外径或与其连接的圆筒外直径，mm；

h_i——凸形封头内曲面深度，mm；

p_c——计算压力，MPa；

$[p_w]$——封头的最大允许工作压力，MPa；

δ——与封头连接的圆筒计算厚度，mm；

δ_e——与封头连接的圆筒有效厚度，mm；

δ_{eh}——凸形封头有效厚度，mm；

δ_h——凸形封头计算厚度，mm；

δ_n——与封头连接的圆筒名义厚度，mm；

δ_{nh}——凸形封头名义厚度，mm；

δ_r——与封头和圆筒连接的加强段或过渡段计算厚度，mm：

$[\sigma]^t$——设计温度下封头材料的许用应力（按 GB 150.2），MPa；

ϕ——焊接接头系数（按 GB 150.1）。

5.3　椭圆形封头

5.3.1　椭圆形封头一般采用长短轴比值为 2 的标准型。

5.3.2　受内压（凹面受压）椭圆形封头

封头计算厚度按式（5-1）或式（5-2）计算：

$$\delta_h=\frac{Kp_cD_i}{2[\sigma]^t\phi-0.5p_c} \qquad \cdots\cdots(5\text{-}1)$$

$$\delta_h=\frac{Kp_cD_o}{2[\sigma]^t\phi+(2K-0.5)p_c} \qquad \cdots\cdots(5\text{-}2)$$

式中：

K——椭圆形封头形状系数，$K=\frac{1}{6}\left[2+\left(\frac{D_i}{2h_i}\right)^2\right]$，其值见表 5-1。

表 5-1 系数 K 值

$\frac{D_i}{2h_i}$	2.6	2.5	2.4	2.3	2.2	2.1	2.0	1.9	1.8
K	1.46	1.37	1.29	1.21	1.14	1.07	1.00	0.93	0.87
$\frac{D_i}{2h_i}$	1.7	1.6	1.5	1.4	1.3	1.2	1.1	1.0	
K	0.81	0.76	0.71	0.66	0.61	0.57	0.53	0.50	

$D_i/2h_i \leqslant 2$ 的椭圆形封头的有效厚度应不小于封头内直径的 0.15%，$D_i/2h_i > 2$ 的椭圆形封头的有效厚度应不小于封头内直径的 0.30%。但当确定封头厚度时已考虑了内压下的弹性失稳问题，可不受此限制。

椭圆形封头的最大允许工作压力按式(5-3)计算：

$$[p_w] = \frac{2[\sigma]^t \phi \delta_{eh}}{KD_i + 0.5\delta_{eh}} \quad \cdots\cdots(5\text{-}3)$$

5.3.3 受外压(凸面受压)椭圆形封头

凸面受压椭圆形封头的厚度计算应采用本部分第 4 章外压球壳设计方法，其中 R_o 为椭圆形封头的当量球壳外半径，$R_o = K_1 D_o$。

K_1——由椭圆形长短轴比值决定的系数，见表 5-2。

表 5-2 系数 K_1 值

$\frac{D_o}{2h_o}$	2.6	2.4	2.2	2.0	1.8	1.6	1.4	1.2	1.0
K_1	1.18	1.08	0.99	0.90	0.81	0.73	0.65	0.57	0.50
注 1：中间值用内插法求得； 注 2：$K_1 = 0.9$ 为标准椭圆形封头； 注 3：$h_o = h_i + \delta_{nh}$。									

5.4 碟形封头

5.4.1 碟形封头球面部分的内半径应不大于封头的内直径，通常取 0.9 倍的封头内直径。封头转角内半径应不小于封头内直径的 10%，且不得小于 3 倍的名义厚度 δ_{nh}。

5.4.2 受内压(凹面受压)碟形封头

封头计算厚度按式(5-4)或式(5-5)计算：

$$\delta_h = \frac{Mp_c R_i}{2[\sigma]^t \phi - 0.5p_c} \quad \cdots\cdots(5\text{-}4)$$

$$\delta_h = \frac{Mp_c R_o}{2[\sigma]^t \phi + (M-0.5)p_c} \quad \cdots\cdots(5\text{-}5)$$

式中：

R_i——碟形封头球面部分内半径，mm；

R_o——碟形封头球面部分外半径，$R_o = R_i + \delta_{nh}$，mm；

M——碟形封头形状系数，$M = \frac{1}{4}\left(3 + \sqrt{\frac{R_i}{r}}\right)$，其值见表 5-3；

r——碟形封头过渡段转角内半径，mm。

表 5-3 系数 *M* 值

$\frac{R_i}{r}$	1.0	1.25	1.50	1.75	2.0	2.25	2.50	2.75
M	1.00	1.03	1.06	1.08	1.10	1.13	1.15	1.17
$\frac{R_i}{r}$	3.0	3.25	3.50	4.0	4.5	5.0	5.5	6.0
M	1.18	1.20	1.22	1.25	1.28	1.31	1.34	1.36
$\frac{R_i}{r}$	6.5	7.0	7.5	8.0	8.5	9.0	9.5	10.0
M	1.39	1.41	1.44	1.46	1.48	1.50	1.52	1.54

对于 $R_i/r \leqslant 5.5$ 的碟形封头，其有效厚度应不小于封头内直径的 0.15%，其他碟形封头的有效厚度应不小于封头内直径的 0.30%。但当确定封头厚度时已考虑了内压下的弹性失稳问题，可不受此限制。

碟形封头的最大允许工作压力按式(5-6)计算：

$$[p_w]=\frac{2[\sigma]^t\phi\delta_{eh}}{MR_i+0.5\delta_{eh}} \qquad (5\text{-}6)$$

5.4.3 受外压(凸面受压)碟形封头

凸面受压碟形封头的厚度计算应采用本部分第 4 章外压球壳设计方法，其中 R_o 为碟形封头球面部分外半径。

5.5 球冠形封头

5.5.1 球冠形封头可用作端封头，也可用作容器中两独立受压室的中间封头，如采用加强段结构，其形式如图 5-4 所示。

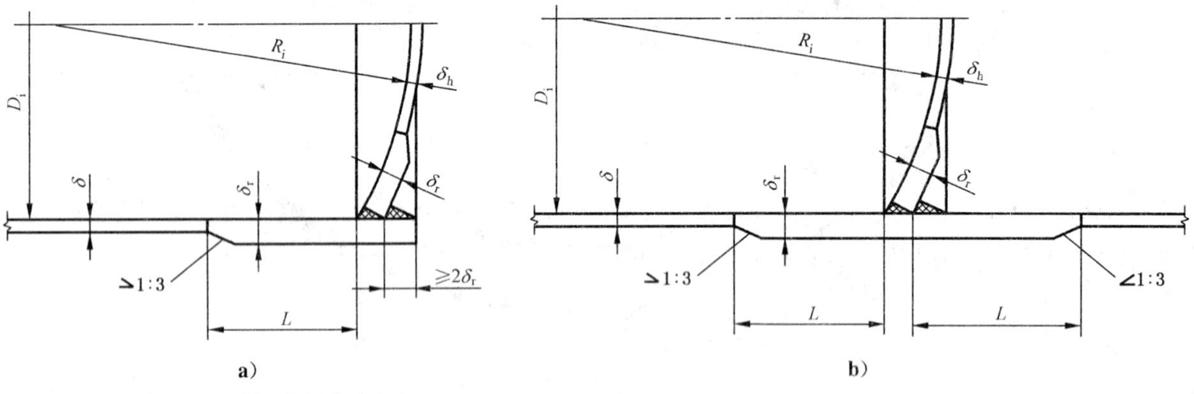

注 1：图中 R_i——球冠形封头内半径，mm；

注 2：封头与圆筒连接的 T 形接头为全焊透结构。

图 5-4 球冠形封头

5.5.2 球冠形封头的计算厚度

受内压(凹面受压)球冠形封头的计算厚度 δ_h 按第 3 章内压球壳计算；受外压(凸面受压)球冠形封头的计算厚度 δ_h 按第 4 章外压球壳计算。对于中间封头，应考虑封头两侧最苛刻的压力组合工况。如能保证在任何情况下封头两侧的压力同时作用，可以按封头两侧的压力差进行计算。

5.5.3 球冠形端封头加强段厚度

封头加强段的计算厚度按式(5-7)计算：

$$\delta_r = Q\delta \quad \cdots\cdots(5\text{-}7)$$

式中：

δ——圆筒的计算厚度，按式(3-1)计算；

Q——系数，由图 5-5 查取。

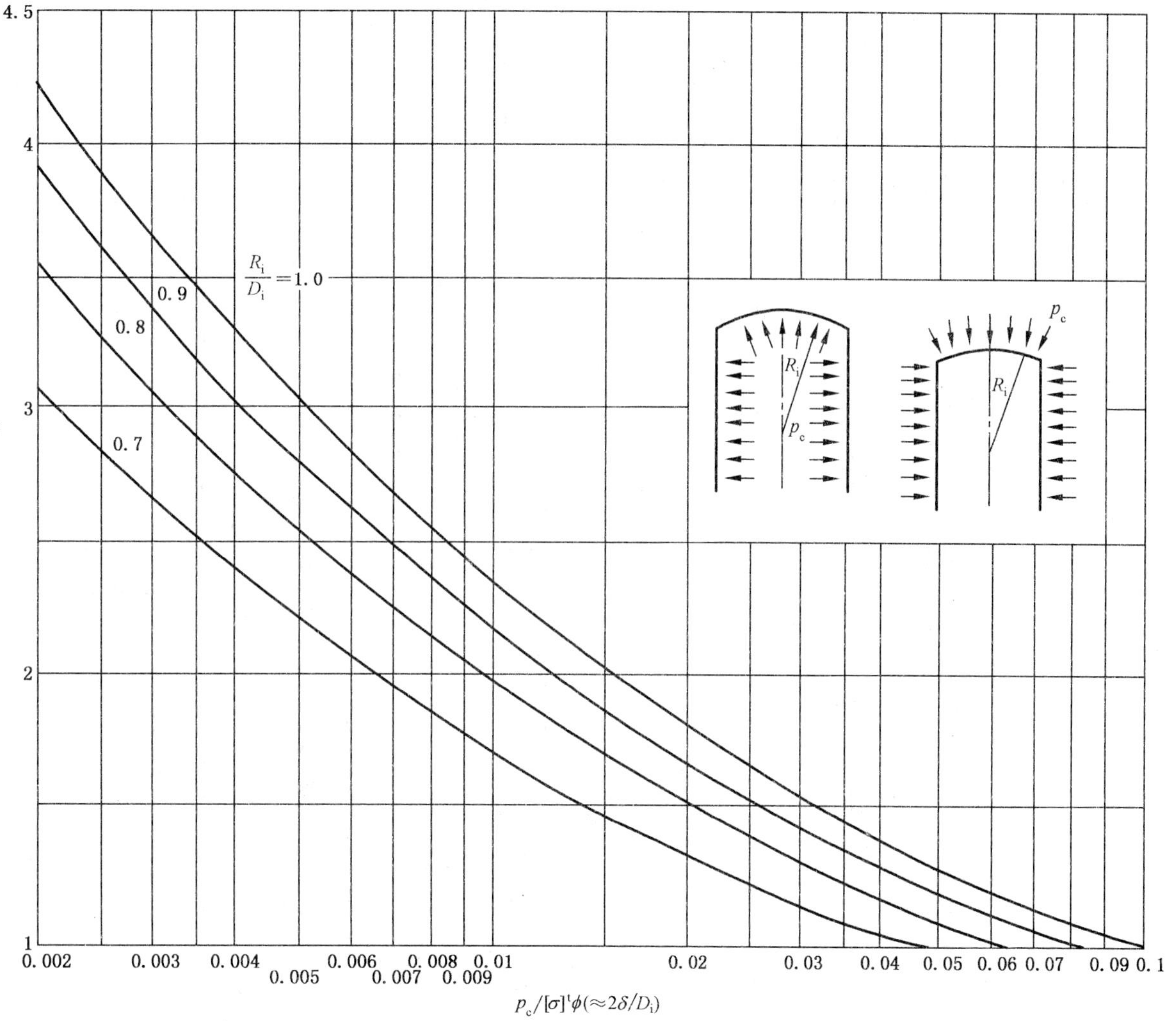

图 5-5　球冠形端封头 Q 值图

凸面受压时，封头加强段的厚度应同时不小于按 5.5.2(即按第 4 章外压球壳计算)确定的球壳厚度。

当 $2\delta/D_i<0.002$ 时，加强段厚度按 5.5.5 计算。

要求与封头连接的圆筒端部厚度不得小于球冠形封头加强段厚度，否则应在圆筒端部设置加强段过渡连接。圆筒加强段计算厚度一般取封头加强段计算厚度，封头加强段长度和圆筒加强段长度均应不小于$\sqrt{2D_i\delta_r}$。

5.5.4　球冠形中间封头加强段厚度

球冠形中间封头加强段厚度的计算应考虑封头两侧最苛刻的压力组合工况，按式(5-7)确定。如果凹面侧受压，Q 值由图 5-6 查取。如果凸面侧受压，Q 值由图 5-7 查取，此外还应不小于按 5.5.2(即按

第 4 章外压球壳计算)确定的球壳厚度。

当 $2\delta/D_i<0.002$ 时,加强段厚度按 5.5.5 计算。

要求与封头连接处的圆筒厚度不得小于球冠形封头加强段厚度,否则应设置圆筒加强段过渡连接。如图 5-4 所示。圆筒加强段计算厚度一般取等于封头加强段计算厚度,封头加强段长度和两侧圆筒加强段长度均应不小于$\sqrt{2D_i\delta_r}$。

5.5.5 $2\delta/D_i<0.002$ 时加强段厚度计算

对于需要加强的球冠形端封头与球冠形中间封头,当按照式(3-1)计算得到的 δ,使得 $2\delta/D_i<0.002$ 时,按以下步骤计算加强段厚度:

a) 取 $\delta=0.001D_i$;

b) 由 $p_c/([\sigma]^t\phi)=0.002$ 分别查图 5-5(或图 5-6、图 5-7)得到 Q 值;

c) 将 a)、b)得到的 δ、Q 代入式(5-7)(即 $\delta_r=Q\delta$)计算加强段厚度。

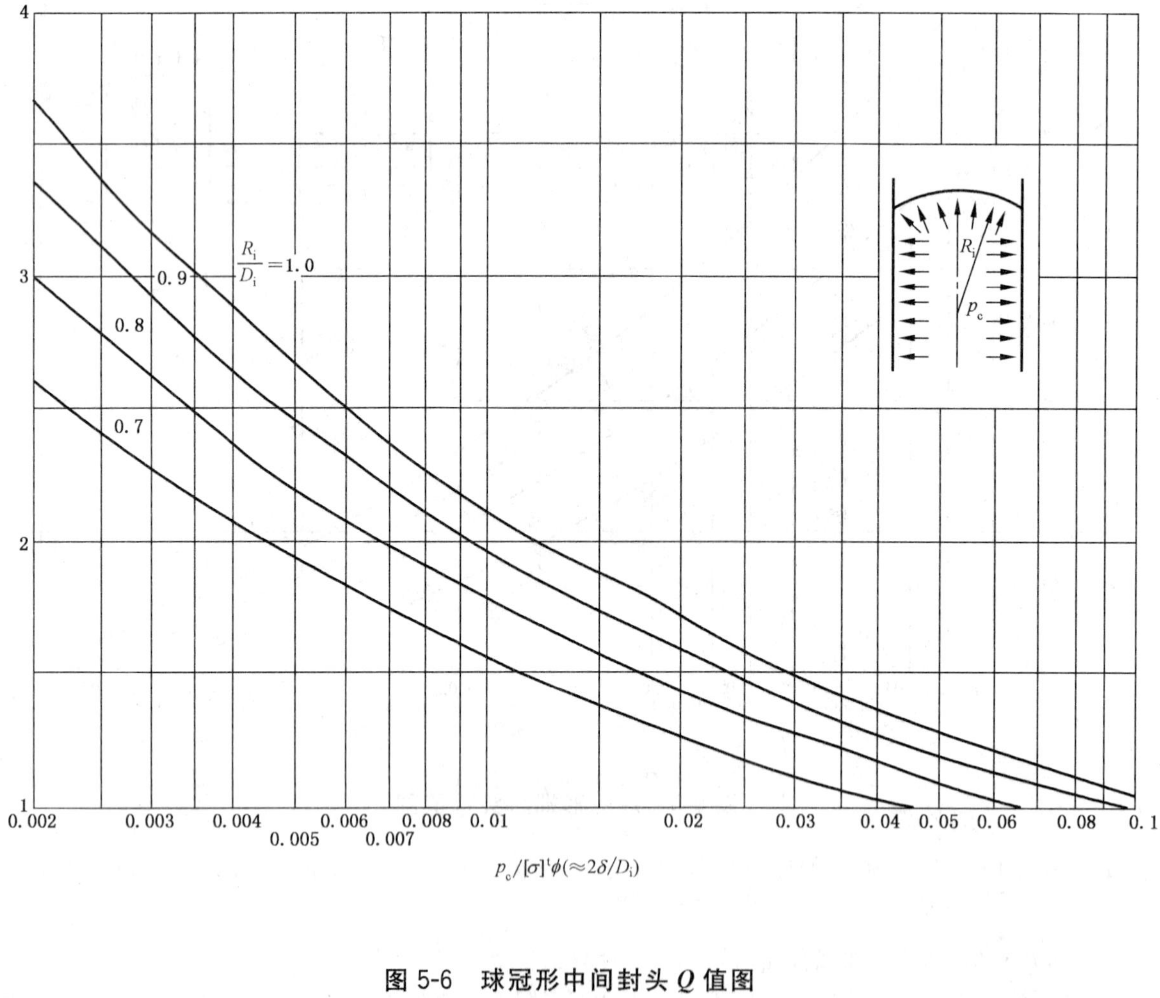

图 5-6 球冠形中间封头 Q 值图

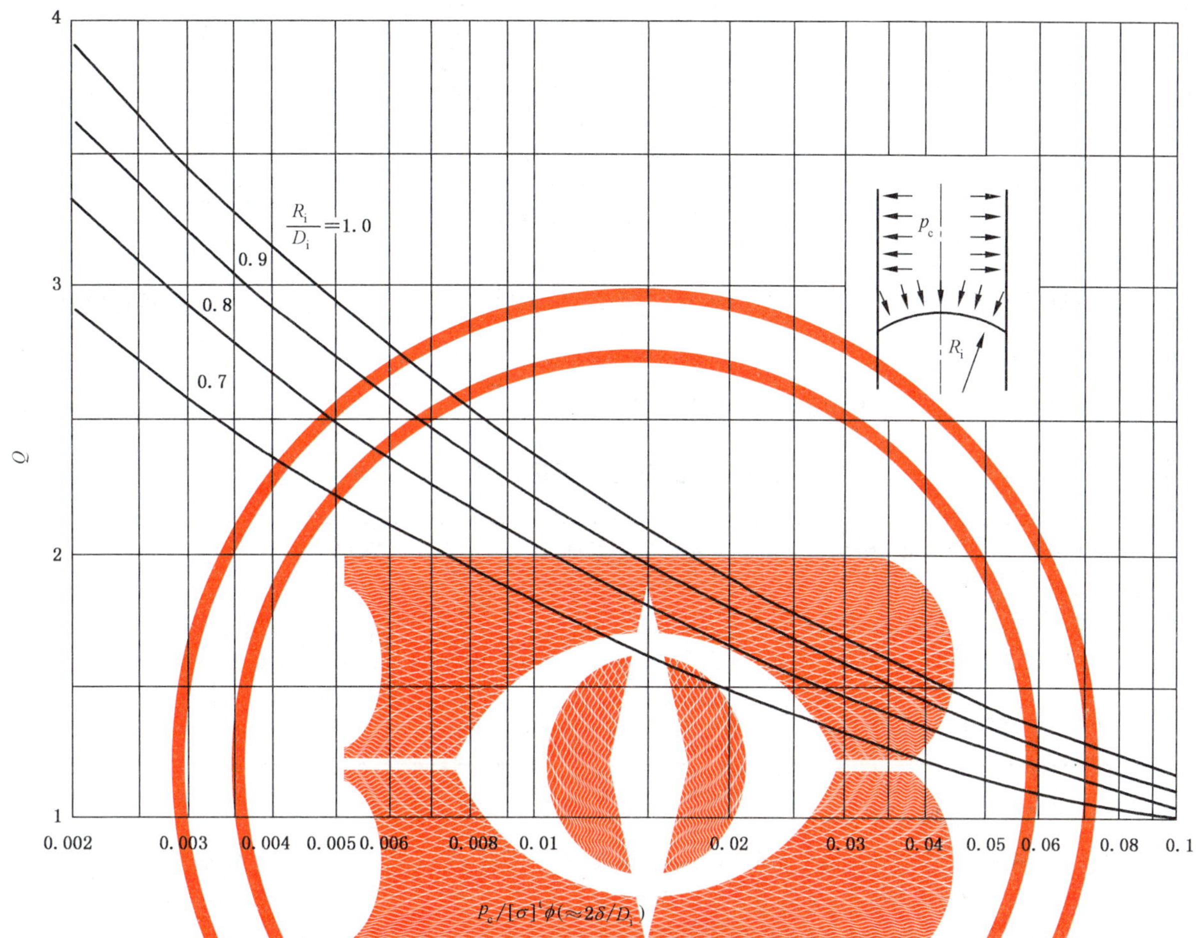

图 5-7　球冠形中间封头 Q 值图

5.6　锥形封头

5.6.1　一般要求

5.6.1.1　本节规定仅适用于锥壳半顶角 $\alpha \leqslant 60°$ 的轴对称无折边或折边锥形封头，锥形封头可以有以下几种形式：

a)　单一厚度的锥壳，见图 5-8；

b)　同一半顶角不同厚度的多段锥壳的组合；

c)　大端或小端带有折边(圆环壳)和直边段(圆筒壳)的锥壳，见图 5-9、图 5-10；

d)　大端或小端带有加强段的无折边锥壳，见图 5-12、图 5-14。

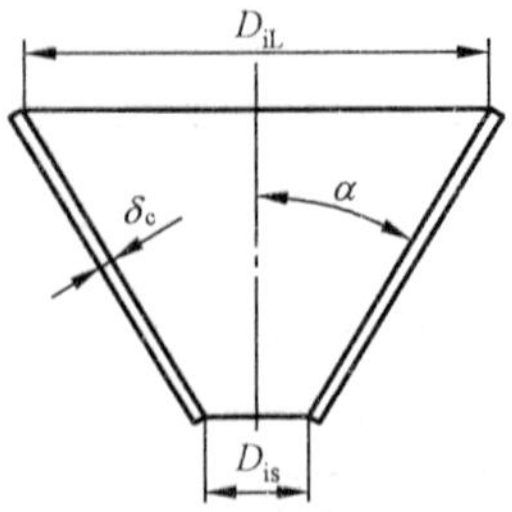

图 5-8 无折边锥壳

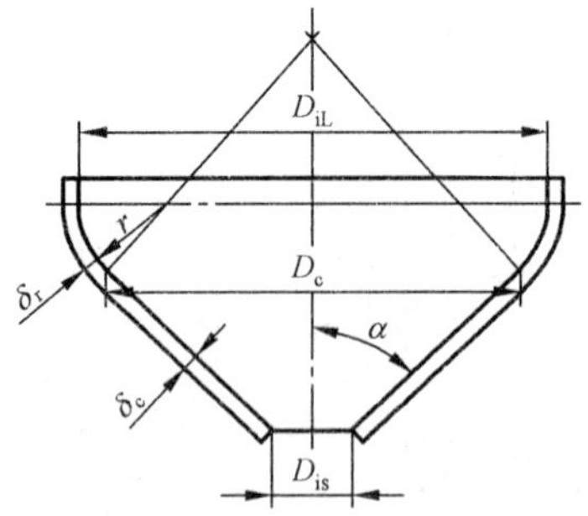

图 5-9 大端折边锥壳

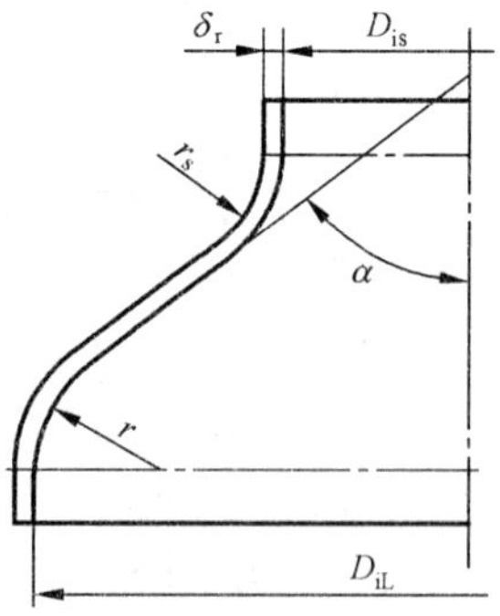

图 5-10 两端折边锥壳

5.6.1.2 结构要求

锥形封头的结构设计要求按表 5-4：

表 5-4 锥形封头折边设置要求

<table>
<tr><td>锥封头半顶角 α</td><td>≤30°</td><td>≤45°</td><td>≤60°</td><td>>60°</td></tr>
<tr><td>锥壳大端</td><td>允许无折边</td><td colspan="2">应有折边
($r \geqslant 10\% D_{iL}$且$\geqslant 3\delta_r$)</td><td rowspan="2">按平盖
(或应力分析)</td></tr>
<tr><td>锥壳小端</td><td colspan="2">允许无折边</td><td>应有折边
($r_s \geqslant 5\% D_{is}$且$\geqslant 3\delta_r$)</td></tr>
</table>

5.6.1.3 锥形封头的厚度

当锥壳大端或大、小端同时具有加强段或过渡段时，应按 5.6.3、5.6.4、5.6.5 分别确定锥形封头各部分厚度。若考虑只由一种厚度组成时，则应取上述各部分厚度中的最大值作为锥形封头的厚度。

在任何情况下，过渡段或加强段的厚度不得小于与其连接的锥壳厚度并不小于圆筒内直径的 0.3%。

对于承受外压的锥形封头应首先满足该设计条件下的强度要求。

5.6.1.4 锥壳与圆筒的连接应采用全焊透结构。

5.6.2 符号

A——外压计算应变系数；

A_{eL}——外压计算时，锥壳大端与圆筒连接处的有效加强截面积，mm^2；

A_{es}——外压计算时，锥壳小端与圆筒连接处的有效加强截面积，mm^2；

A_{rL}——锥壳大端需要加强的截面积，mm^2；

A_{rs}——锥壳小端需要加强的截面积，mm^2；

A_s——加强圈横截面积，mm^2；

A_T——圆筒、锥壳和加强圈的当量截面积，大端为 A_{TL} 见式(5-26)，小端为 A_{Ts} 见式(5-31)，mm^2；

B——外压计算应力系数，MPa；

C——厚度附加量(按 GB 150.1)，mm；

D_c——锥壳计算内直径，mm；

D_i——圆筒内直径，mm；

D_{iL}——锥壳大端直边段内直径，mm；

D_{is}——锥壳小端直边段内直径，mm；

D_L——外压计算时，所考虑锥壳段大端外直径（见图 5-16），mm；

D_{oL}——锥壳大端直边段外直径，mm；

D_{os}——锥壳小端直边段外直径，mm；

D_s——外压计算时，所考虑锥壳段小端外直径（见图 5-16），mm；

E_c、E_r、E_s——材料在设计温度下的弹性模量，下标 c、r、s 分别表示锥壳、加强圈及圆筒，MPa；

f_1——除压力载荷外，由外载荷在锥壳大端产生的单位圆周长度上轴向力，N/mm；

f_2——除压力载荷外，由外载荷在锥壳小端产生的单位圆周长度上轴向力，N/mm；

I——圆筒-锥壳或加强圈-圆筒-锥壳组合段所需的惯性矩，mm^4；

I_s——圆筒-锥壳或加强圈-圆筒-锥壳组合段有效横截面对平行于壳体轴线的形心轴的惯性矩，mm^4；

k——系数，见式（5-13）；

L_c——沿锥壳表面度量的锥壳上两加强圈之间的长度，mm；

L_e——锥壳当量长度，mm；

L_L——与锥壳大端相连圆筒的计算长度，mm；

L_{sm}——与锥壳小端相连圆筒的计算长度，mm；

L_x——锥壳段轴向长度（见图 5-16），mm；

Q_L——$\frac{1}{4}p_cD_L$ 和 f_1 的代数和，N/mm；

Q_s——$\frac{1}{4}p_cD_s$ 和 f_2 的代数和，N/mm；

R——圆筒中面半径，mm；

R_L——锥壳大端直边段中面半径，mm；

R_{oL}——锥壳大端直边段外半径，mm；

R_{os}——锥壳小端直边段外半径，mm；

R_s——锥壳小端直边段中面半径，mm；

r——折边锥壳大端过渡段转角半径（见图 5-10），mm；

r_s——折边锥壳小端过渡段转角半径（见图 5-10），mm；

α——锥壳半顶角，（°）；

Δ——锥壳端部与圆筒连接处需要加强的指数值，当 $\Delta \geqslant \alpha$ 时，该连接处不需要加强（见表 5-5，表 5-8），（°）；

δ_c——锥壳计算厚度，mm；

δ_{ec}——锥壳当量有效厚度，mm；

δ_{nc}——锥壳名义厚度，mm；

$[\sigma]_c^t$——设计温度下锥壳所用材料的许用应力（按 GB 150.2），MPa；

$[\sigma]_r^t$——设计温度下加强圈所用材料的许用应力（按 GB 150.2），MPa；

$[\sigma]_s^t$——设计温度下圆筒所用材料的许用应力（按 GB 150.2），MPa；

ϕ——焊接接头系数（按 GB 150.1）。

5.6.3 受内压锥壳厚度

锥壳的计算厚度按式（5-8）计算：

$$\delta_c = \frac{p_c D_c}{2[\sigma]_c^t \phi - p_c} \cdot \frac{1}{\cos\alpha} \qquad \cdots\cdots (5\text{-}8)$$

当锥壳由同一半顶角的几个不同厚度的锥壳段组成时，式中 D_c 分别为各锥壳段大端内直径。

5.6.4 受内压无折边锥壳

5.6.4.1 受内压无折边锥壳大端厚度

无折边锥壳大端与圆筒连接时，应按以下步骤确定连接处锥壳大端的厚度：

按图 5-11 确定是否需要在连接处进行加强；

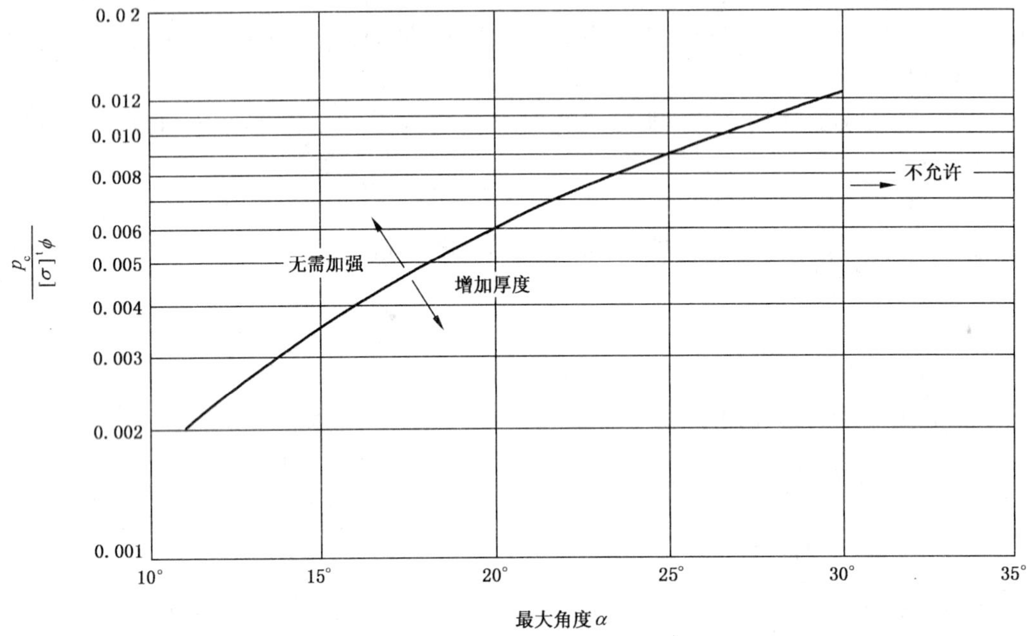

注：曲线系按最大等效应力(主要为轴向弯曲应力)绘制，控制值为 $3[\sigma]^t$。

图 5-11 确定锥壳大端连接处的加强图

无需加强时，锥壳大端厚度按式(5-8)计算；

需要增加厚度予以加强时，应在锥壳与圆筒之间设置加强段，锥壳加强段与圆筒加强段应具有相同的厚度 δ_r，步骤如下：

a) 按照式(3-1)计算与锥壳相连接的圆筒厚度 δ，该式中的 D_i 取锥壳大端内直径 D_{iL}；

b) 按式(5-9)计算：

$$\delta_r = Q_1 \delta \qquad \cdots\cdots(5\text{-}9)$$

式中：

Q_1——大端应力增值系数，由图 5-12 查取。

当 $\delta/R_L < 0.002$ 时，按 5.6.4.3 确定加强段厚度。

在任何情况下，加强段的厚度不得小于相连接的锥壳厚度。锥壳加强段的长度 L_1 应不小于 $\sqrt{\frac{2D_{iL}\delta_r}{\cos\alpha}}$；圆筒加强段的长度 L 应不小于 $\sqrt{2D_{iL}\delta_r}$。

5.6.4.2 受内压无折边锥壳小端厚度

无折边锥壳小端与圆筒连接时，应按以下步骤确定连接处锥壳小端的厚度：

按图 5-13 确定是否需要在连接处进行加强；

无需加强时，锥壳小端厚度按式(5-8)计算；

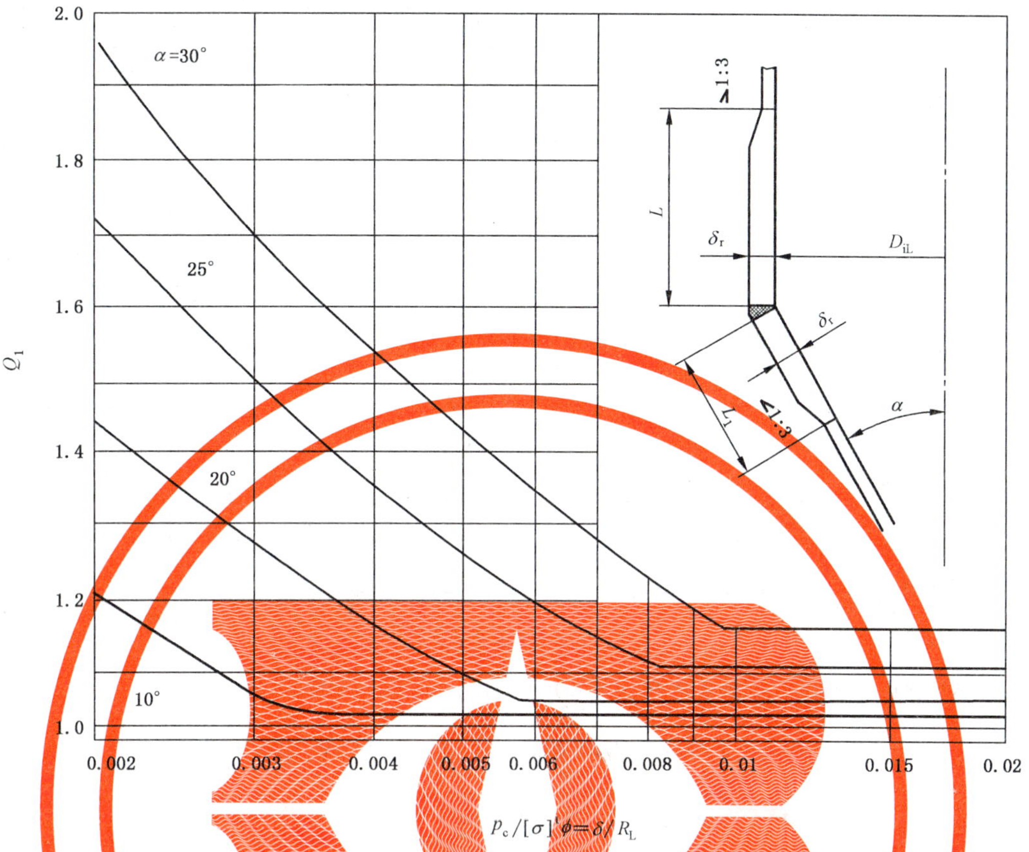

注：曲线系按最大等效应力绘制，控制值为 $3[\sigma]^t$。

图 5-12 锥壳大端连接处的 Q_1 值图

需要增加厚度予以加强时，则应在锥壳与圆筒之间设置加强段，锥壳加强段与圆筒加强段应具有相同的厚度 δ_r，步骤如下：

a） 按照式(3-1)计算与锥壳相连接的圆筒厚度 δ，该式中的 D_i 取锥壳小端内直径 D_{is}；

b） 按式(5-10)计算：

$$\delta_r = Q_2\delta \quad \cdots\cdots (5\text{-}10)$$

式中：

Q_2——小端应力增值系数，由图 5-14 查取。

当 $\delta/R_s<0.002$ 时，按 5.6.4.3 确定加强段厚度。

在任何情况下，加强段的厚度不得小于相连接的锥壳厚度。锥壳加强段的长度 L_1 应不小于 $\sqrt{\frac{2D_{is}\delta_r}{\cos\alpha}}$；圆筒加强段的长度 L 应不小于 $\sqrt{2D_{is}\delta_r}$。

5.6.4.3 当 $\delta/R<0.002$ 时，无折边锥壳加强段的计算。

对于需要加强的无折边锥壳，当 $\delta/R_L<0.002$ 或 $\delta/R_s<0.002$ 时，在计算无折边锥壳加强段时，应按式(5-11)或(5-12)分别计算大端或小端加强段厚度：

$$\delta_r = 0.001Q_1D_{iL} \quad \cdots\cdots (5\text{-}11)$$

$$\delta_r = 0.001Q_2D_{is} \quad \cdots\cdots (5\text{-}12)$$

上两式中的 Q_1 与 Q_2 由 $p_c/[\sigma]^t\phi=0.002$ 分别查图 5-12 与图 5-14 得到。

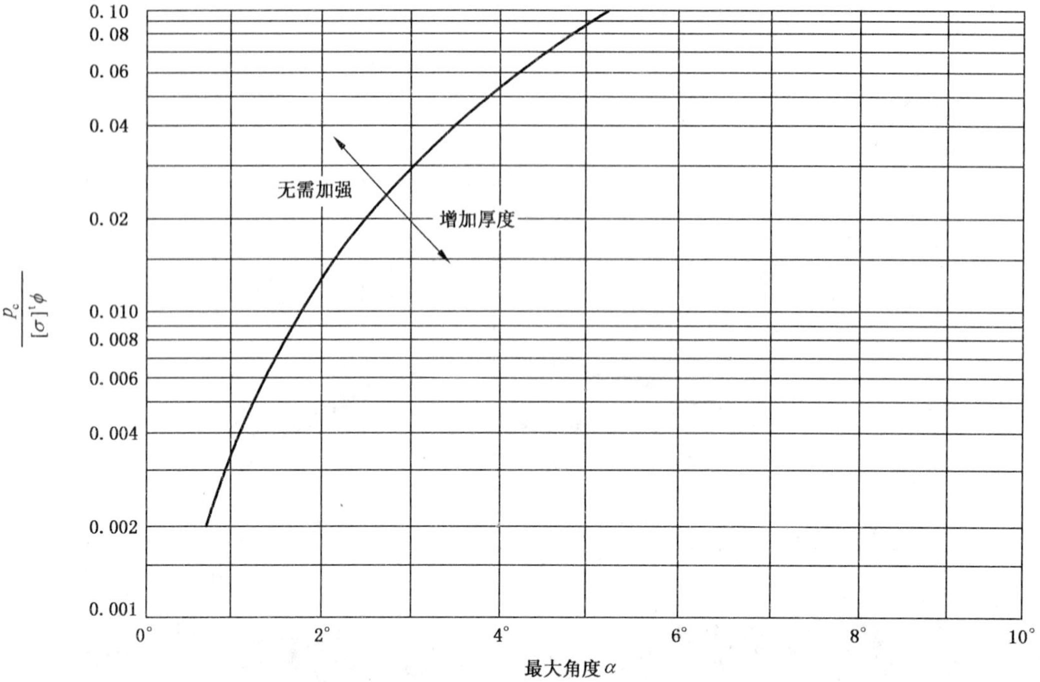

注：曲线系按连接处的等效局部薄膜应力(由平均环向拉应力和平均经向压应力计算所得)绘制，控制值为1.1$[\sigma]^t$。

图 5-13　确定锥壳小端连接处的加强图

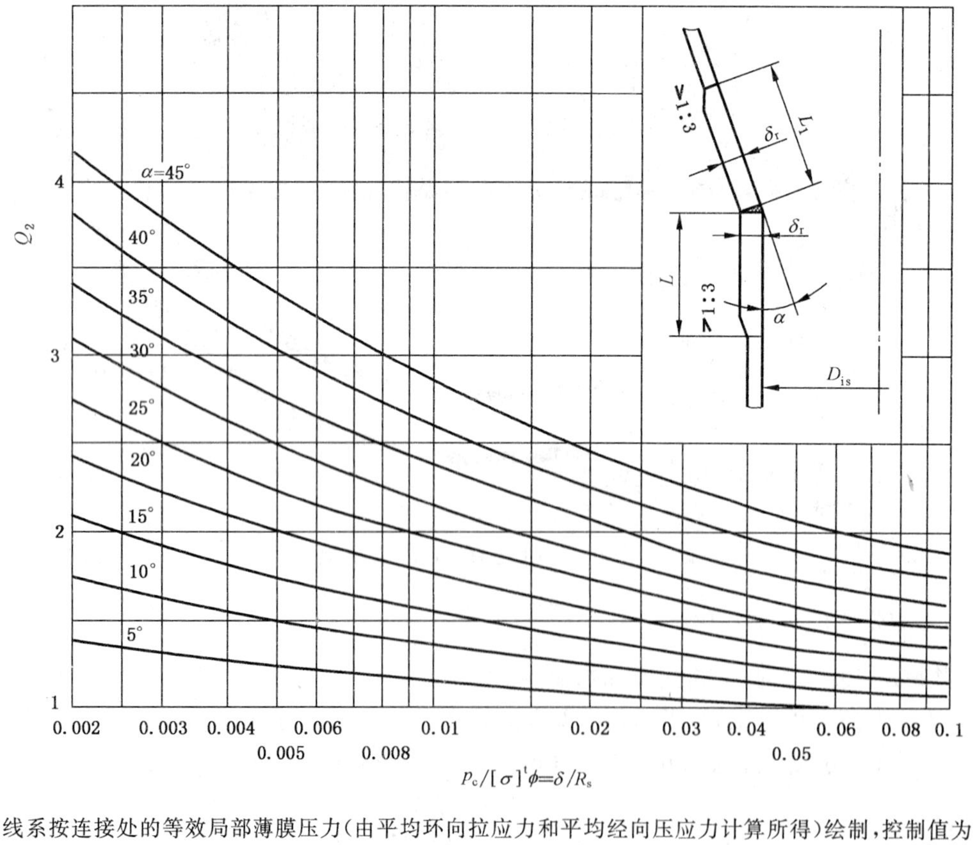

注：曲线系按连接处的等效局部薄膜压力(由平均环向拉应力和平均经向压应力计算所得)绘制，控制值为 1.1$[\sigma]^t$。

图 5-14　锥壳小端连接处的 Q_2 值图

5.6.4.4 在内压和轴向载荷共同作用下无折边锥壳与圆筒连接处的加强设计

本节计算方法适用于半顶角 $\alpha \leqslant 30°$ 的无折边锥壳、在内压与其他轴向载荷(如偏心重量、风载荷、地震载荷等)共同作用时,与圆筒连接处的结构应力校核计算。

在进行锥壳与圆筒连接处的加强结构设计时,首先应分别满足按 5.6.3、5.6.4.1~5.6.4.3 计算的锥壳厚度。考虑加强圈、锥壳、圆筒间材料不同对加强计算的影响,引入系数 k,见式(5-13)。

$$k=\begin{cases}1 & \text{不需要增加加强面积时} \\ y/([\sigma]_r^t E_r)\ \text{且不小于}\ 1 & \text{需要增加加强面积时}\end{cases} \quad \cdots\cdots\cdots\cdots\cdots\cdots\ (5\text{-}13)$$

式中:

y——锥壳与圆筒连接系数,

加强圈设置在圆筒上:$y=[\sigma]_s^t E_s$;

加强圈设置在锥壳上:$y=[\sigma]_c^t E_c$。

本节内压加强设计仅适用于 Q_L、Q_s 为拉伸载荷的情况(即二者为正值);同时,f_1、f_2 为轴向拉伸时取正值,反之取负值。

5.6.4.4.1 锥壳大端与圆筒连接处的加强设计

用 $p_c/[\sigma]_s^t\phi$ 的比值从表 5-5 查得 Δ 值,若 Δ 值小于锥壳半顶角 α 时,应进行加强设计(中间值用内插法)。

需要的加强面积最小值按式(5-14)确定。

$$A_{rL}=\frac{kQ_L D_{iL}\tan\alpha}{2[\sigma]_s^t\phi}\left(1-\frac{\Delta}{\alpha}\right) \quad \cdots\cdots\cdots\cdots\cdots\cdots\cdots\cdots\ (5\text{-}14)$$

式中,$\phi=1.0$。

锥壳大端与圆筒连接处的有效加强截面积可按式(5-15)计算,如设置加强圈,还应计入加强圈截面积。

$$A_{eL}=0.71(\delta_n-\delta-C)\sqrt{D_{iL}\delta_n}+0.71(\delta_{nc}-\delta_c-C)\sqrt{\frac{D_{iL}\delta_{nc}}{\cos\alpha}} \quad \cdots\cdots\ (5\text{-}15)$$

校核条件:$A_{eL}\geqslant A_{rL}$。

表 5-5 $\alpha \leqslant 30°$ 锥壳端部与圆筒连接处 Δ 值

大端	$p_c/[\sigma]_s^t\phi$	0.002	0.003	0.004	0.005	0.006	0.007	0.008	0.009
	Δ/(°)	11	13.5	16	18	19.5	21.5	23	24.5
	$p_c/[\sigma]_s^t\phi$	0.010	0.012	0.013					
	Δ/(°)	26	29	30					
小端	$p_c/[\sigma]_s^t\phi$	0.002	0.005	0.010	0.02	0.04	0.08	0.1	0.125
	Δ/(°)	4	6	9	12.5	17.5	24	27	30
注:对于更大的 $p_c/[\sigma]_s^t\phi$ 值,取 $\Delta=30°$。									

锥壳与圆筒上所有能用于加强的截面都应在距锥壳与圆筒连接处为 $\sqrt{D_{iL}\delta_n/2}$ 的范围之内,并且要求加强面积的形心应在距连接处 $0.25\sqrt{D_{iL}\delta_n/2}$ 的范围之内。

5.6.4.4.2 锥壳小端与圆筒连接处的加强设计

用 $p_c/[\sigma]_s^t\phi$ 的比值从表 5-5 查得 Δ 值,若 Δ 值小于锥壳半顶角 α 时,应进行加强设计(中间值用内插法)。

需要的加强面积最小值按式(5-16)计算:

$$A_{rs}=\frac{kQ_sD_{is}\tan\alpha}{2[\sigma]_s^t\phi}\left(1-\frac{\Delta}{\alpha}\right) \quad\cdots\cdots\cdots\cdots(5\text{-}16)$$

锥壳小端与圆筒连接处的有效加强截面积可按式(5-17)计算，如设置加强圈，还应计入加强圈截面积。

$$A_{es}=0.55(\delta_n-\delta-C)\sqrt{D_{is}\delta_n}+0.55(\delta_{nc}-\delta_c-C)\sqrt{\frac{D_{is}\delta_{nc}}{\cos\alpha}} \quad\cdots\cdots\cdots\cdots(5\text{-}17)$$

校核条件：$A_{es}\geqslant A_{rs}$。

锥壳及圆筒上所有能用于加强的面积都应在距锥壳与圆筒连接处为$\sqrt{D_{is}\delta_n/2}$的范围之内，并且要求加强截面积的形心在距连接处$0.25\sqrt{D_{is}\delta_n/2}$的范围内。

5.6.5 受内压折边锥壳

5.6.5.1 受内压折边锥壳大端厚度

折边锥壳大端厚度按式(5-18)、式(5-19)计算，取其较大值：

a) 过渡段厚度：

$$\delta_r=\frac{Kp_cD_{iL}}{2[\sigma]_c^t\phi-0.5p_c} \quad\cdots\cdots\cdots\cdots(5\text{-}18)$$

式中：

K——系数，见表5-6。

表 5-6 系数 *K* 值

α	r/D_{iL}					
	0.10	0.15	0.20	0.30	0.40	0.50
10°	0.664 4	0.611 1	0.578 9	0.540 3	0.516 8	0.500 0
20°	0.695 6	0.635 7	0.598 6	0.552 2	0.522 3	
30°	0.754 4	0.681 9	0.635 7	0.574 9	0.532 9	
35°	0.798 0	0.716 1	0.662 9	0.591 4	0.540 7	
40°	0.854 7	0.760 4	0.698 1	0.612 7	0.550 6	
45°	0.925 3	0.818 1	0.744 0	0.640 2	0.563 5	
50°	1.027 0	0.894 4	0.804 5	0.676 5	0.580 4	
55°	1.160 8	0.998 0	0.885 9	0.724 9	0.602 8	
60°	1.350 0	1.143 3	1.000 0	0.792 3	0.633 7	
注：中间值用内插法。						

b) 与过渡段相接处的锥壳厚度：

$$\delta_r=\frac{fp_cD_{iL}}{[\sigma]_c^t\phi-0.5p_c} \quad\cdots\cdots\cdots\cdots(5\text{-}19)$$

式中：

f——系数，$f=\dfrac{1-\dfrac{2r}{D_{iL}}(1-\cos\alpha)}{2\cos\alpha}$，其值见表5-7。

表 5-7　系数 f 值

α	r/D_{iL}					
	0.10	0.15	0.20	0.30	0.40	0.50
10°	0.506 2	0.505 5	0.504 7	0.503 2	0.501 7	0.500 0
20°	0.525 7	0.522 5	0.519 3	0.512 8	0.506 4	
30°	0.561 9	0.554 2	0.546 5	0.531 0	0.515 5	
35°	0.588 3	0.577 3	0.566 3	0.544 2	0.522 1	
40°	0.622 2	0.606 9	0.591 6	0.561 1	0.530 5	
45°	0.665 7	0.645 0	0.624 3	0.582 8	0.541 4	
50°	0.722 3	0.694 5	0.666 8	0.611 2	0.555 6	
55°	0.797 3	0.760 2	0.723 0	0.648 6	0.574 3	
60°	0.900 0	0.850 0	0.800 0	0.700 0	0.600 0	

注：中间值用内插法。

5.6.5.2　受内压折边锥壳小端厚度

当锥壳半顶角 $\alpha \leqslant 45°$时，如需采用折边，其小端过渡段厚度按式(5-10)计算，式中 Q_2 值由图 5-14 查取。

当锥壳半顶角 $\alpha > 45°$时，小端过渡段厚度仍按式(5-10)计算，但式中 Q_2 值由图 5-15 查取。

与过渡段相接的锥壳和圆筒的加强段厚度应与过渡段厚度相同。锥壳加强段的长度 L_1 应不小于 $\sqrt{D_{is}\delta_r/\cos\alpha}$；圆筒加强段的长度 L 应不小于 $\sqrt{D_{is}\delta_r}$。

5.6.6　受外压锥壳

5.6.6.1　锥壳承受外压作用时，锥壳的计算长度取当量长度 L_e，其计算如下：

a）无折边锥壳或锥壳上相邻两加强圈之间锥壳段[见图 5-16a)和 b)]的当量长度按式(5-20)计算：

$$L_e = \frac{L_x}{2}\left(1 + \frac{D_s}{D_L}\right) \quad \cdots\cdots (5\text{-}20)$$

b）大端折边锥壳[见图 5-16c)]的当量长度按式(5-21)计算：

$$L_e = (r + \delta_r)\sin\alpha + \frac{L_x}{2}\left(1 + \frac{D_s}{D_L}\right) \quad \cdots\cdots (5\text{-}21)$$

c）小端折边锥壳[见图 5-16d)]的当量长度按式(5-22)计算：

$$L_e = r_s\frac{D_s}{D_L}\sin\alpha + \frac{L_x}{2}\left(1 + \frac{D_s}{D_L}\right) \quad \cdots\cdots (5\text{-}22)$$

d）折边锥壳[见图 5-16e)]的当量长度按式(5-23)计算：

$$L_e = (r + \delta_r)\sin\alpha + r_s\frac{D_s}{D_L}\sin\alpha + \frac{L_x}{2}\left(1 + \frac{D_s}{D_L}\right) \quad \cdots\cdots (5\text{-}23)$$

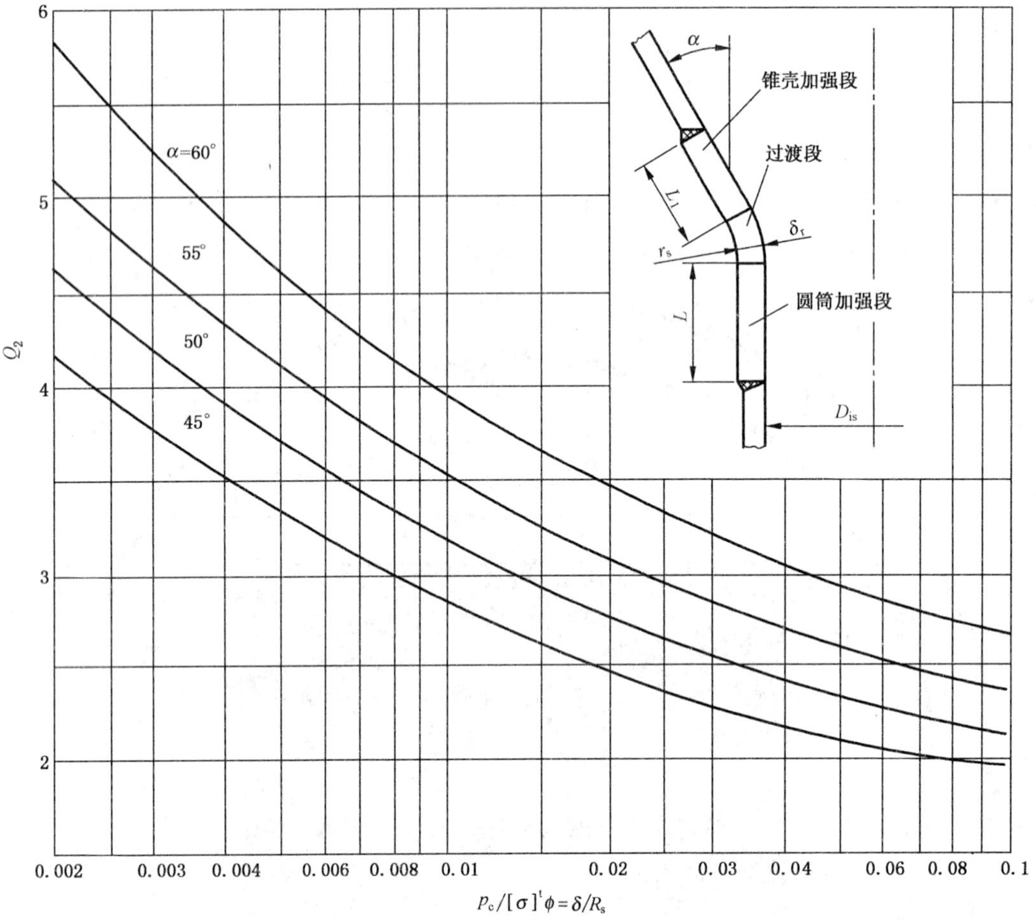

注：曲线系按连接处的等效局部薄膜应力(由平均环向拉应力和平均径向压应力计算所得)绘制，控制值为1.1$[\sigma]^t$。

图 5-15　锥壳小端带过渡段连接的 Q_2 值图

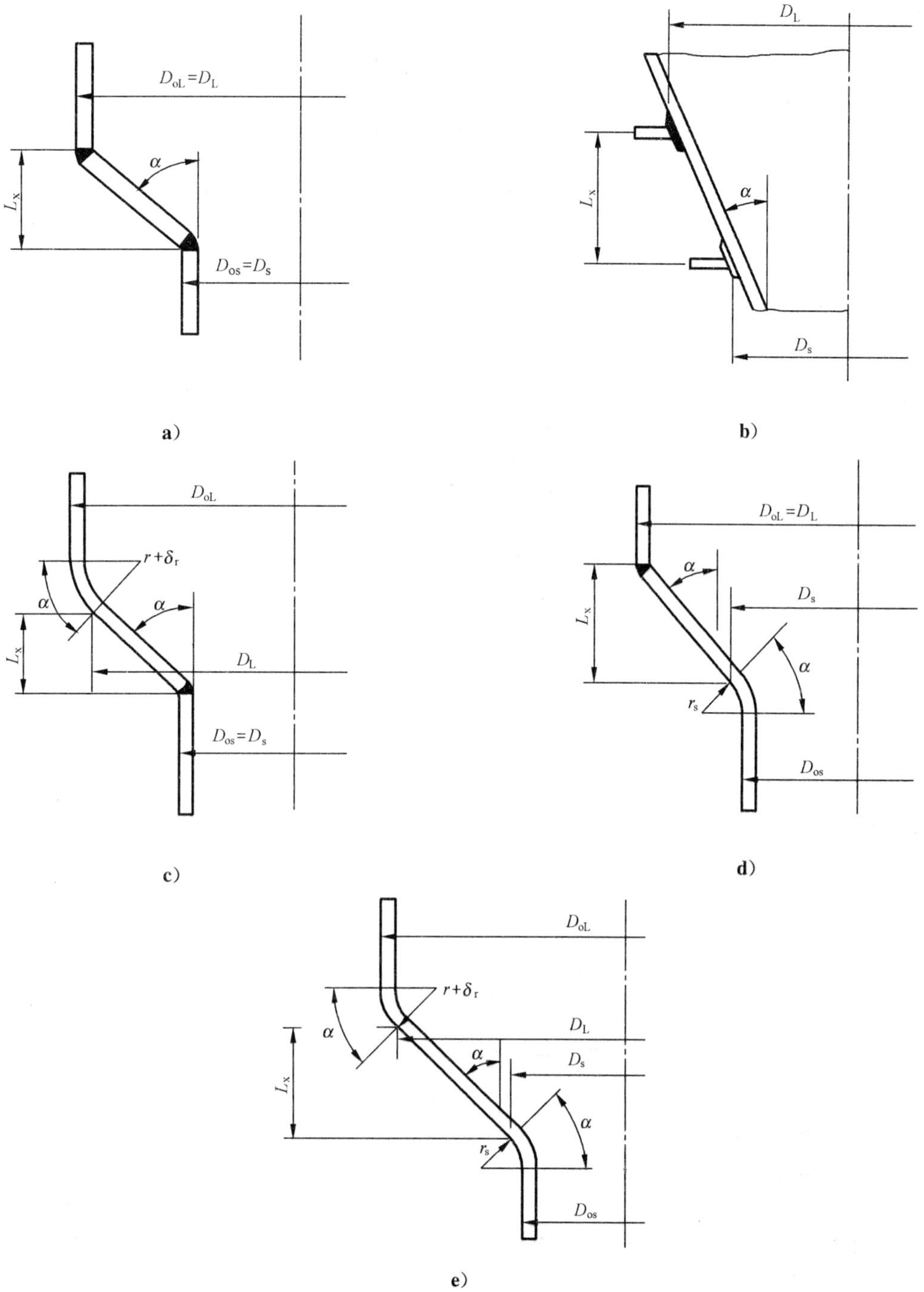

图 5-16 锥壳的当量长度

5.6.6.2 外压锥壳的计算

锥壳(见图 5-16)承受外压,所需的有效厚度按下述方法和步骤确定:

a) 假设锥壳的名义厚度 δ_{nc};

b) 计算 $\delta_{ec}=(\delta_{nc}-C)\cos\alpha$;

c) 按 4.3 的规定进行外压校核计算,并以 L_e/D_L 代替 L/D_o,D_L/δ_{ec}代替 D_o/δ_e;

d) 在外压锥壳计算中,设计外压力 p_c 取正值;外压加强计算方法仅适用于 Q_L、Q_s 为压缩载荷的情况(即二者为正值);f_1,f_2 为轴向压缩载荷时,取正值,反之取负值。

5.6.6.3 锥壳与圆筒连接处的外压加强设计一般要求

半顶角 $\alpha \leqslant 60°$ 的锥壳承受外压，其与圆筒连接处的结构应按 5.6.6.4 和 5.6.6.5 进行计算，以确定是否需要加强。

锥壳与圆筒连接处加强材料一般与壳体材料相同，若加强材料许用应力小于壳体材料许用应力，则加强面积应按壳体材料与加强材料许用应力之比增加。若加强材料许用应力大于壳体材料许用应力，则所需加强面积不得减少。

加强圈的设置应满足 4.5.2 的规定。

5.6.6.4 锥壳大端与圆筒连接处的加强设计

5.6.6.4.1 无折边锥壳大端与圆筒连接处加强面积校核

用 $p_c/[\sigma]_s^t\phi$ 的比值从表 5-8 查 Δ 值，若 Δ 值小于锥壳半顶角 α 时，应进行加强设计(中间值用内插法)。

需要的加强面积最小值按式(5-24)计算：

$$A_{rL}=\frac{kQ_L D_{oL}\tan\alpha}{2[\sigma]_s^t\phi}\left[1-\frac{1}{4}\left(\frac{p_c D_{oL}-2Q_L}{2Q_L}\right)\frac{\Delta}{\alpha}\right] \quad\cdots\cdots(5\text{-}24)$$

式中：

k——系数，同式(5-13)。

锥壳大端与圆筒连接处的有效加强截面积可按式(5-25)计算，如设置加强圈，还应计入加强圈截面积。

$$A_{eL}=0.55(\delta_n-C)\sqrt{D_{oL}\delta_n}+0.55(\delta_{nc}-C)\sqrt{\frac{D_{oL}\delta_{nc}}{\cos\alpha}} \quad\cdots\cdots(5\text{-}25)$$

校核条件：$A_{eL}\geqslant A_{rL}$。

表 5-8 $\alpha\leqslant 60°$锥壳大端与圆筒连接处 Δ 值

$p_c/[\sigma]_s^t\phi$	0	0.002	0.005	0.01	0.02	0.04	0.08
Δ/(°)	0	5	7	10	15	21	29
$p_c/[\sigma]_s^t\phi$	0.10	0.125	0.15	0.20	0.25	0.30	0.35
Δ/(°)	33	37	40	47	52	57	60
注：$p_c/[\sigma]_s^t\phi>0.35$ 时取 $\Delta=60°$。							

锥壳与圆筒上所有能用于加强的截面都应在距锥壳与圆筒连接处为$\sqrt{D_L\delta_n/2}$的范围之内，并且要求加强面积的形心应在距连接处 $0.25\sqrt{D_L\delta_n/2}$ 的范围之内。

5.6.6.4.2 锥壳大端与圆筒连接处作为支撑线的判定

a) 当锥壳大端与圆筒连接处不作为支撑线时，应按图 4-1 c-2)所示确定外压计算长度；否则按图 4-1 b)、e)、f)确定；

b) 选取锥壳大端与圆筒连接处的加强结构，确定与锥壳连接的外压圆筒计算长度 L_L(见图 5-17)；

c) 按以下步骤计算锥壳大端与圆筒连接处惯性矩：

1) 确定外压应力系数 B

由锥壳大端与圆筒连接处的当量截面积 A_{TL}，按式(5-26)计算系数 B 值：

$$B=\frac{F_L D_L}{A_{TL}} \quad\cdots\cdots(5\text{-}26)$$

式中：

$$A_{TL}=\frac{1}{2}L_L(\delta_n-C)+\frac{1}{2}L_c(\delta_{nc}-C)+A_s$$

$$L_c=\sqrt{L_x^2-\frac{(D_L-D_s)^2}{4}}$$

$$F_L=p_cM+f_1\tan\alpha$$

$$M=-\frac{D_L\tan\alpha}{4}+\frac{L_L}{2}+\frac{D_L^2-D_s^2}{6D_L\tan\alpha}$$

2） 确定外压应变系数 A

按所用材料，查表 4-1 确定对应的外压应力系数 B 曲线图，由 B 值查取 A 值；若 B 值超出设计温度下曲线的最大值，则取对应温度曲线右端点的横坐标值为 A 值；若 B 值小于设计温度曲线的最小值，则按式(5-27)计算 A 值：

$$A=1.5B/E_r \qquad (5\text{-}27)$$

3） 确定所需的惯性矩 I

按式(5-28)计算锥壳-圆筒或锥壳-加强圈-圆筒组合截面所需的惯性矩 I 值：

$$I=\frac{AD_L^2A_{TL}}{10.9} \qquad (5\text{-}28)$$

d） 计算锥壳大端与筒体连接处组合结构的有效惯性矩 I_s，应满足 $I_s \geq I$；否则应选取更大惯性矩的组合加强结构重新计算 I_s 直至满足要求。

有效惯性矩 I_s 的计算应计入圆筒与锥壳连接线两侧各为 $0.55\sqrt{D_{oL}\delta_n}$ 的壳体，若两侧壳体有效宽度与相邻加强圈的壳体有效宽度相重叠，则重叠部分每侧各按一半计算。

图 5-17 计算长度示意图

5.6.6.5 锥壳小端与圆筒连接处的加强设计

5.6.6.5.1 无折边锥壳小端与圆筒连接处加强面积校核

需要的加强面积最小值按式(5-29)计算：

$$A_{rs}=\frac{kQ_sD_{os}\tan\alpha}{2[\sigma]_s^t\phi} \qquad (5\text{-}29)$$

式中，$\phi=1.0$。

锥壳小端与圆筒连接处的有效加强截面积可按式(5-30)计算，如设置加强圈，还应计入加强圈截面积。

$$A_{es}=0.55(\delta_n-\delta-C)\sqrt{D_{os}\delta_n}+0.55(\delta_{nc}-\delta_c-C)\sqrt{\frac{D_{os}\delta_{nc}}{\cos\alpha}} \qquad (5\text{-}30)$$

校核条件：$A_{es} \geq A_{rs}$。

锥壳及圆筒上所有能用于加强的面积都应在距锥壳与圆筒连接处为$\sqrt{D_s\delta_n/2}$的范围之内，并且要求加强截面积的形心在距连接处 $0.25\sqrt{D_s\delta_n/2}$的范围内。

5.6.6.5.2 锥壳小端与圆筒连接处作为支撑线的判定

a) 当锥壳小端与圆筒连接处不作为支撑线时，应按图 4-1 c-2)所示确定外压计算长度；否则按图 4-1 b)、e)、f)确定。

b) 选取锥壳小端与圆筒连接处的加强结构，确定与锥壳连接的外压圆筒计算长度 L_{sm}（见图 5-17）。

c) 按以下步骤计算锥壳小端与圆筒连接处惯性矩：

1) 确定外压应力系数 B

由锥壳小端与圆筒连接处的当量截面积 A_{Ts}，按式(5-31)计算系数 B 值：

$$B=\frac{F_sD_s}{A_{Ts}} \qquad \cdots\cdots (5\text{-}31)$$

式中：

$$A_{Ts}=\frac{1}{2}L_{sm}(\delta_n-C)+\frac{1}{2}L_c(\delta_{nc}-C)+A_s$$

$$F_s=p_cN+f_2\tan\alpha$$

$$N=\frac{D_s\tan\alpha}{4}+\frac{L_{sm}}{2}+\frac{D_L^2-D_s^2}{12D_s\tan\alpha}$$

2) 确定外压应变系数 A

按所用材料，查表 4-1 确定对应的外压应力系数 B 曲线图，由 B 值查取 A 值；若 B 值超出设计温度下曲线的最大值，则取对应温度曲线右端点的横坐标值为 A 值；若 B 值小于设计温度曲线的最小值，则按式(5-27)计算 A 值；

3) 确定所需的惯性矩 I

按式(5-32)计算锥壳-圆筒或锥壳-加强圈-圆筒组合截面所需的惯性矩 I 值：

$$I=\frac{AD_s^2A_{Ts}}{10.9} \qquad \cdots\cdots (5\text{-}32)$$

d) 计算锥壳小端与筒体连接处组合结构的有效惯性矩 I_s，应满足 $I_s \geq I$；否则应选取更大惯性矩的组合加强结构重新计算 I_s 直至满足要求。

有效惯性矩 I_s 的计算可计入圆筒与锥壳连接线两侧各为 $0.55\sqrt{D_{os}\delta_n}$ 的壳体，若两侧壳体有效宽度与相邻加强圈的壳体有效宽度相重叠，则重叠部分每侧各按一半计算。

5.6.6.6 锥壳与圆筒相连的外压计算框图见图 5-18。

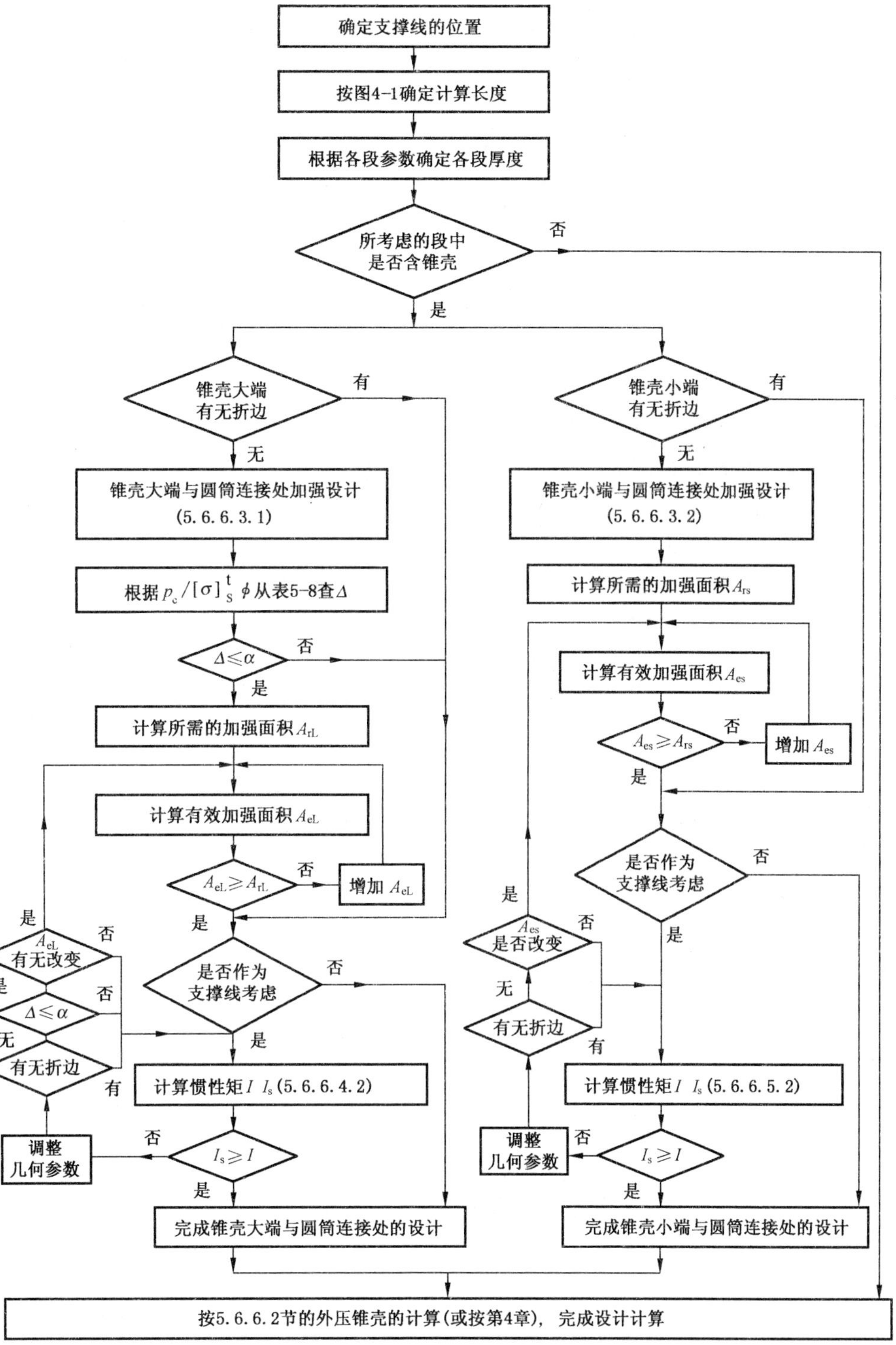

图 5-18　锥壳与圆筒连接处外压计算框图

5.7　偏心锥壳

5.7.1　本节适用于连接具有平行轴线两圆筒的非轴对称偏心锥壳(见图 5-19)，同时满足以下要求：

a)　两筒体轴线间距 L 应不大于两筒体内直径差值的 1/2；

b)　对内压情况偏心锥壳与筒体间夹角大值 $\alpha_1\leqslant30°$，对于外压情况 $\alpha_1\leqslant60°$；

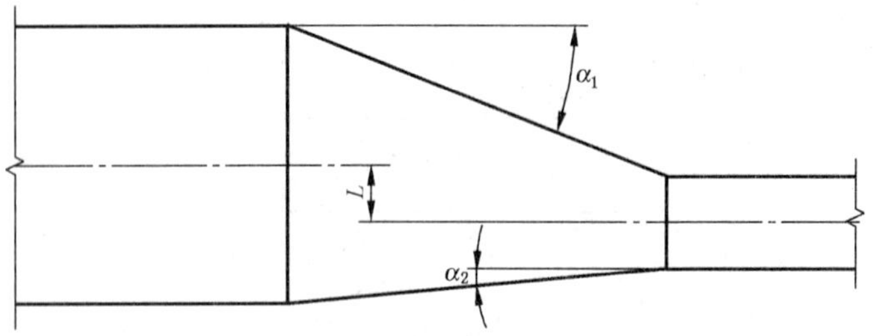

图 5-19 偏心锥壳

5.7.2 受内压偏心锥壳厚度计算

a) 锥壳半顶角 α 取偏心锥壳与筒体间夹角 α_1、α_2 的大值；

b) 按 5.6.3 要求确定偏心锥壳厚度；

c) 按 5.6.4.1 要求确定偏心锥壳大端厚度；

d) 按 5.6.4.2 要求确定偏心锥壳小端厚度；

e) 取上述 b)、c)、d)的大值作为偏心锥壳的厚度。

5.7.3 受外压偏心锥壳厚度计算

受外压偏心锥壳的厚度确定、与圆筒连接处的外压加强设计参照 5.6.6，锥壳半顶角 α 分别取 α_1、α_2 进行设计，分别满足二者的要求并取大值作为偏心锥壳的厚度。

5.8 变径段

5.8.1 以折边锥壳或无折边锥壳作为变径段时，应按 5.6 的相应规定进行变径段设计。

5.8.2 当变径段为反向曲线的形式时，见图 5-20，则应按 5.6 的相应规定分别确定各部分厚度，取较大值作为变径段厚度。

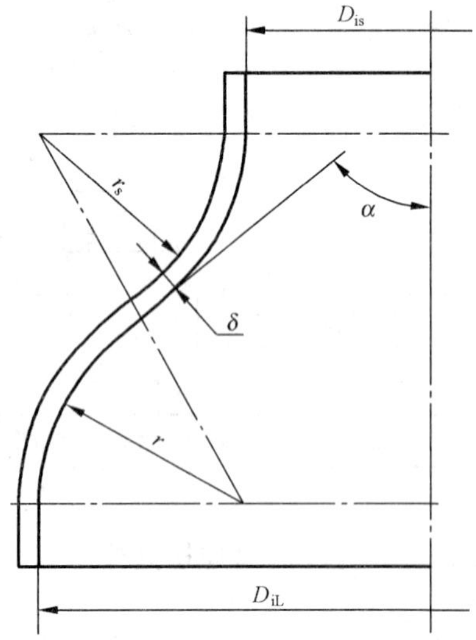

图 5-20 反向曲线变径段

5.9 平盖

5.9.1 本节计算公式适用于受内压或外压的无孔或有孔但已被加强的平盖设计。平盖的几何形状包括:圆形、椭圆形、长圆形、矩形及正方形。平盖与圆筒连接型式及其结构见表 5-9、表 5-10。其中表5-10 对应的设计方法是基于塑性分析导出的,适用于封头与筒体全焊透连接结构。

5.9.2 符号

a——非圆形平盖的短轴长度,mm;

b——非圆形平盖的长轴长度,mm;

D_c——平盖计算直径,mm;

K——结构特征系数;

L——非圆形平盖螺栓中心连线周长,mm;

r——平盖过渡区圆弧半径,mm;

L_G——螺栓中心至垫片压紧力作用中心线的径向距离(见表 5-9 中简图),mm;

W——预紧状态时或操作状态时的螺栓设计载荷(按第 7 章),N;

Z——非圆形平盖的形状系数;

δ_p——平盖计算厚度,mm;

δ_{ep}——平盖有效厚度,mm;

$[\sigma]^t$——设计温度下平盖材料的许用应力(按 GB 150.2 的规定),MPa。

5.9.3 圆形平盖厚度

平盖的厚度,按式(5-33)计算:

$$\delta_p = D_c\sqrt{\frac{Kp_c}{[\sigma]^t\phi}} \quad\cdots\cdots\cdots\cdots\cdots\cdots (5\text{-}33)$$

对于表 5-9 中序号 9、10 所示平盖,应分别取其操作状态及预紧状态的 K 值代入式(5-33)进行计算,取较大值。对预紧状态,$[\sigma]^t$ 取常温的许用应力。

对于表 5-10 中序号 11、12、13、14 所示平盖宜采用锻件加工制造。如采用轧制板材直接加工制造,则应提出抗层状撕裂性能的附加要求。

表 5-9 平盖系数 K 选择表

固定方法	序号	简　图	结构特征系数 K	备　注
与圆筒一体或对焊	1	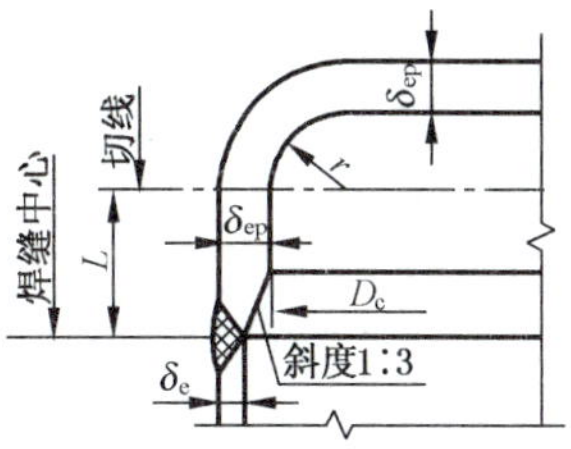	0.145	仅适用于圆形平盖 $p_c \leqslant 0.6$ MPa $L \geqslant 1.1\sqrt{D_i\delta_e}$ $r \geqslant 3\delta_{ep}$

表 5-9（续）

固定方法	序号	简　　图	结构特征系数 K	备　　注
角焊缝或组合焊缝连接	2	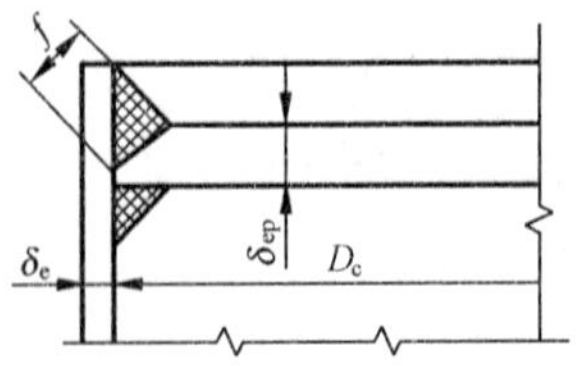	圆形平盖 $0.44m$（$m=\delta/\delta_e$），且不小于 0.3； 非圆形平盖 0.44	$f \geqslant 1.4\delta_e$
	3	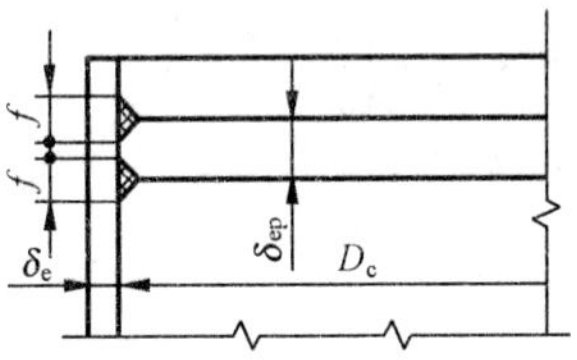	圆形平盖：$0.44m$（$m=\delta/\delta_e$），且不小于 0.3 非圆形平盖：0.44	$f \geqslant \delta_e$
	4	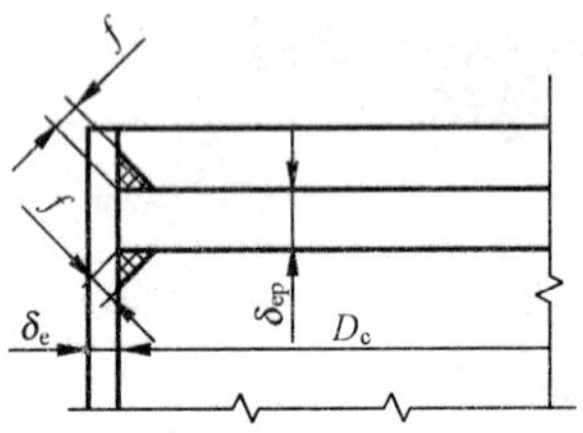	圆形平盖：$0.5m$（$m=\delta/\delta_e$），且不小于 0.3 非圆形平盖：0.5	$f \geqslant 0.7\delta_e$
	5	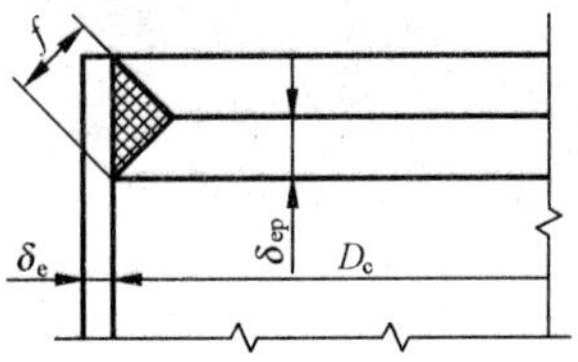		$f \geqslant 1.4\delta_e$
锁底对接焊缝	6	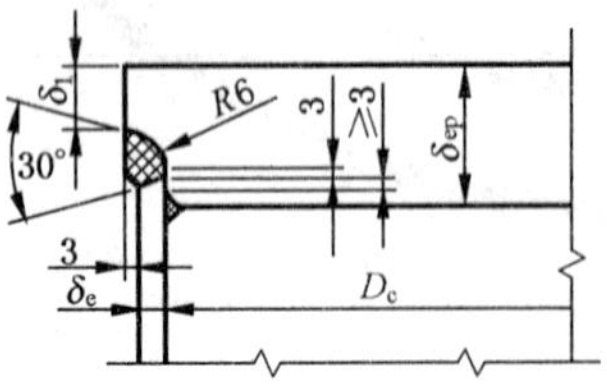	$0.44m$（$m=\delta/\delta_e$），且不小于 0.3	仅适用于圆形平盖，且 $\delta_1 \geqslant \delta_e + 3$ mm
	7	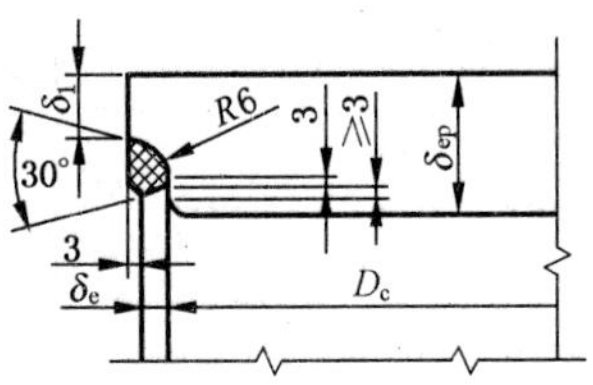	0.5	

表 5-9（续）

固定方法	序号	简　图	结构特征系数 K	备　注
螺栓连接	8	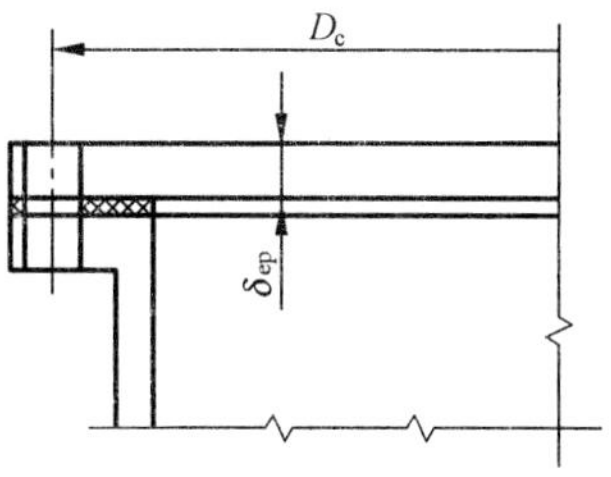	圆形平盖或非圆形平盖 0.25	
	9	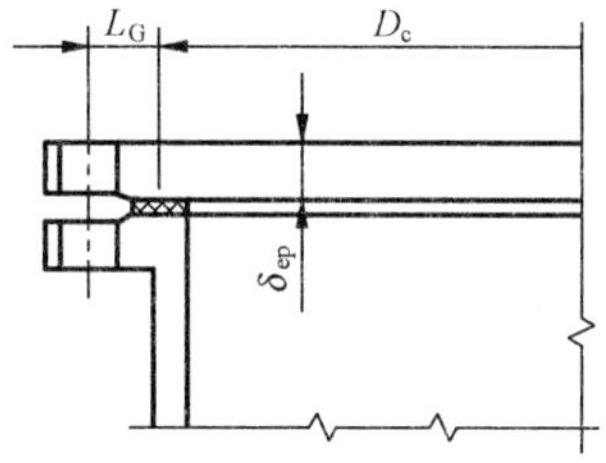	圆形平盖： 操作时，$0.3+\frac{1.78WL_G}{p_c D_c^3}$ 预紧时，$\frac{1.78WL_G}{p_c D_c^3}$ 非圆形平盖： 操作时，$0.3Z+\frac{6WL_G}{p_c L\alpha^2}$ 预紧时，$\frac{6WL_G}{p_c L\alpha^2}$	
	10	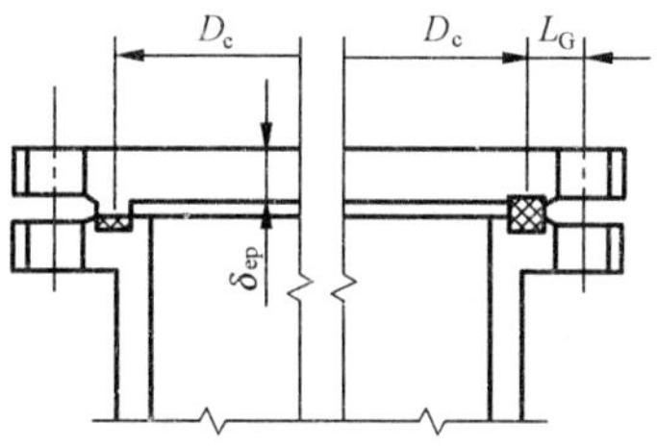		

表 5-10　平盖系数 *K* 选择表

序号	简　图	结构参数要求	系数 K
11	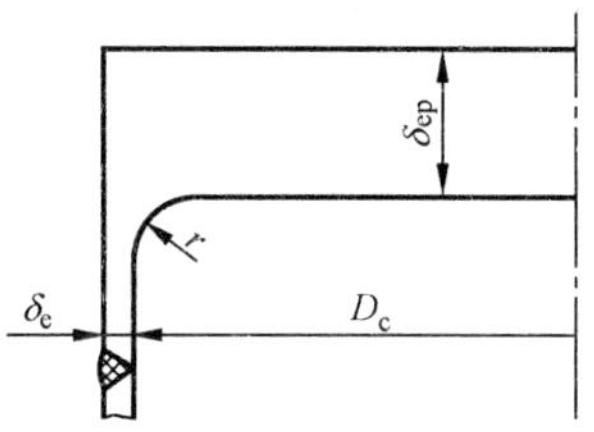	$\delta_e \leqslant 38$ mm 时，$r \geqslant 10$ mm； $\delta_e > 38$ mm 时，$r \geqslant 0.25\delta_e$，且不超过 20 mm	查图 5-21
12	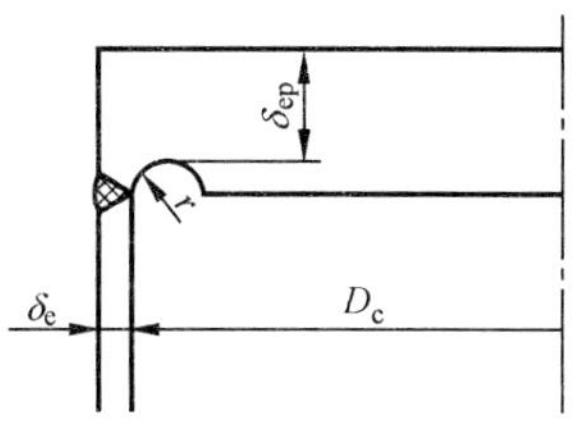		

表 5-10（续）

序号	简　　图	结构参数要求	系数 K
13	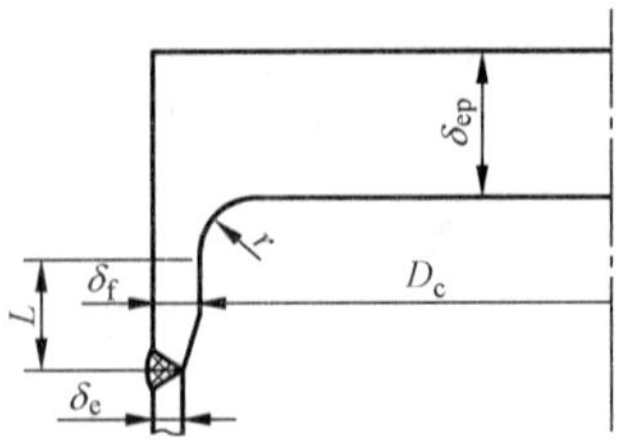	$r \geqslant 3\delta_f$ $L \geqslant 2\sqrt{D_c\delta_e}$ **注**：查图 5-21 时，以 δ_f 作为与平盖相连接的圆筒有效厚度 δ_e。	查图 5-21
14	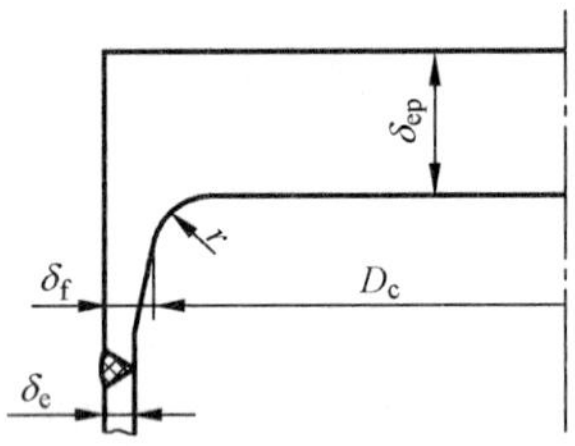	$\delta_f \geqslant 2\delta_e$ $r \geqslant 3\delta_f$	
15	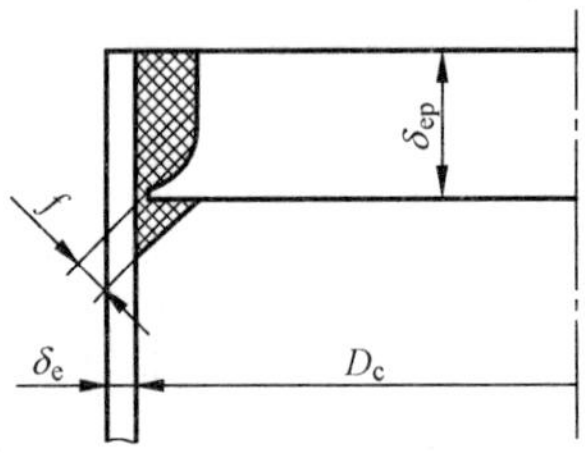		
16	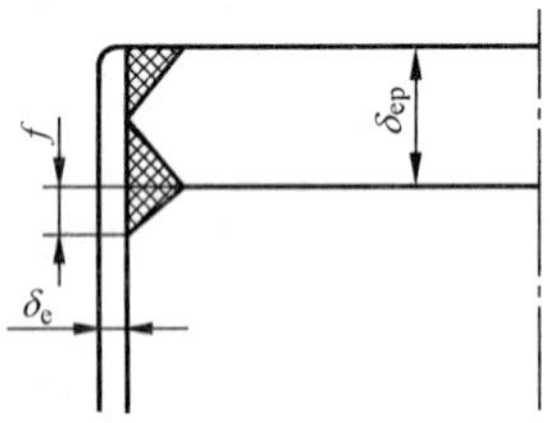	要求全截面熔透接头 $f \geqslant \delta_e$	查图 5-22
17	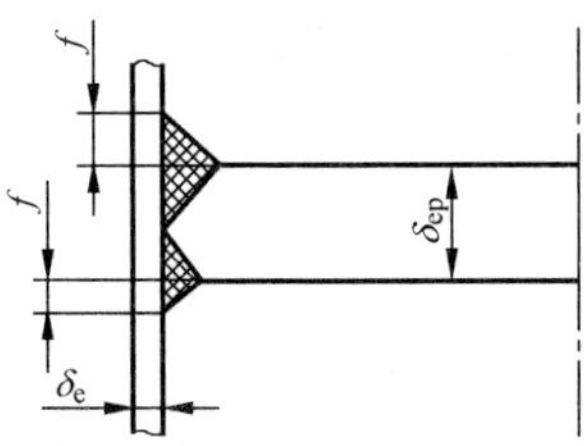		

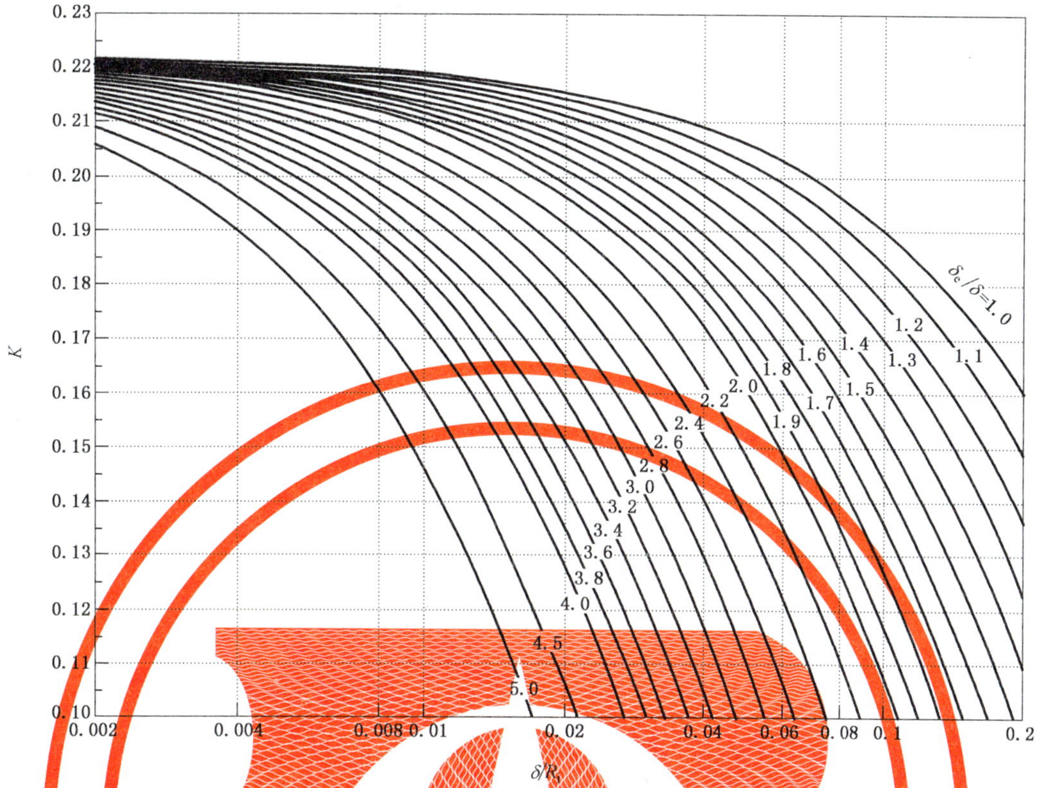

图 5-21　平封头结构特征系数

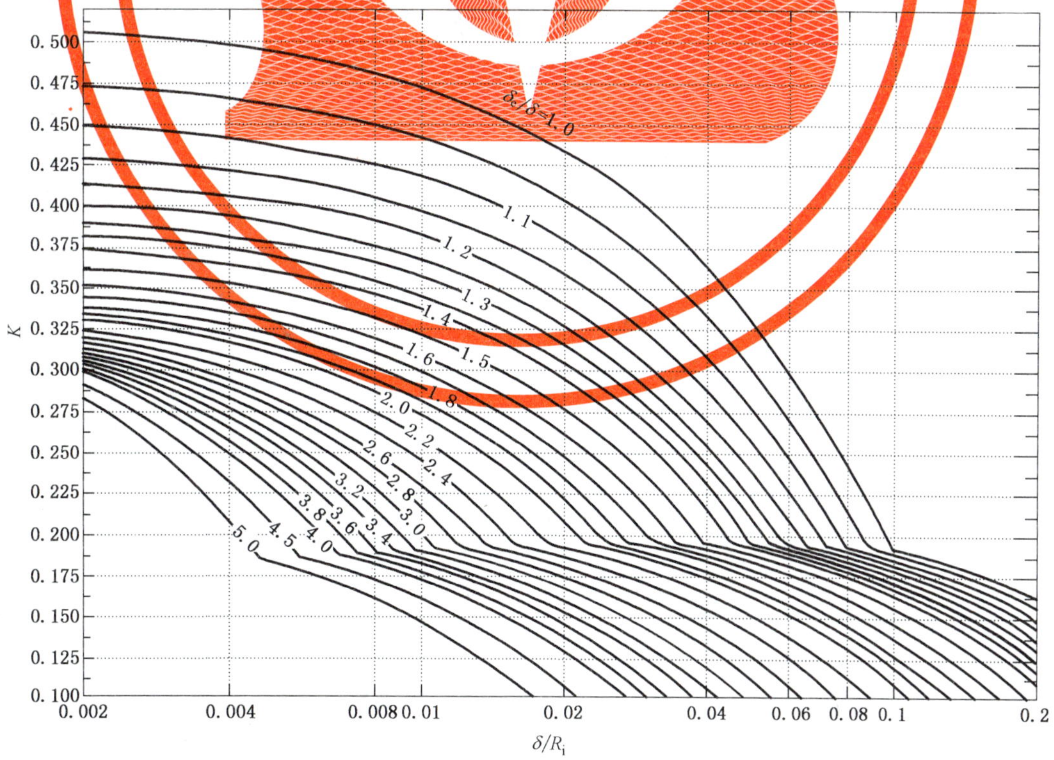

图 5-22　平封头结构特征系数

5.9.4 非圆形平盖厚度

a) 对于表 5-9 中序号 2、3、4、5、8 所示平盖，按式(5-34)计算：

$$\delta_p = a\sqrt{\frac{KZp_c}{[\sigma]^t\phi}} \quad \cdots\cdots(5\text{-}34)$$

式中，$Z=3.4-2.4a/b$，且 $Z\leqslant2.5$。

b) 对于表 5-9 中序号 9、10 所示平盖，按式(5-35)计算：

$$\delta_p = a\sqrt{\frac{Kp_c}{[\sigma]^t\phi}} \quad \cdots\cdots(5\text{-}35)$$

注：当预紧时$[\sigma]^t$ 取常温的许用应力。

5.9.5 加筋圆形平盖厚度

对于如图 5-23 所示的加筋平盖厚度按式(5-36)计算，且平盖厚度值不小于 6 mm。

$$\delta_p = 0.55d\sqrt{\frac{p_c}{[\sigma]^t\phi}} \quad \cdots\cdots(5\text{-}36)$$

式中，当量直径 d 取图 5-23 所示 d_1 和 d_2 中较大者。

$$d_1 \approx \frac{\sin(180°/n)}{1+\sin(180°/n)}D_c \quad \cdots\cdots(5\text{-}37)$$

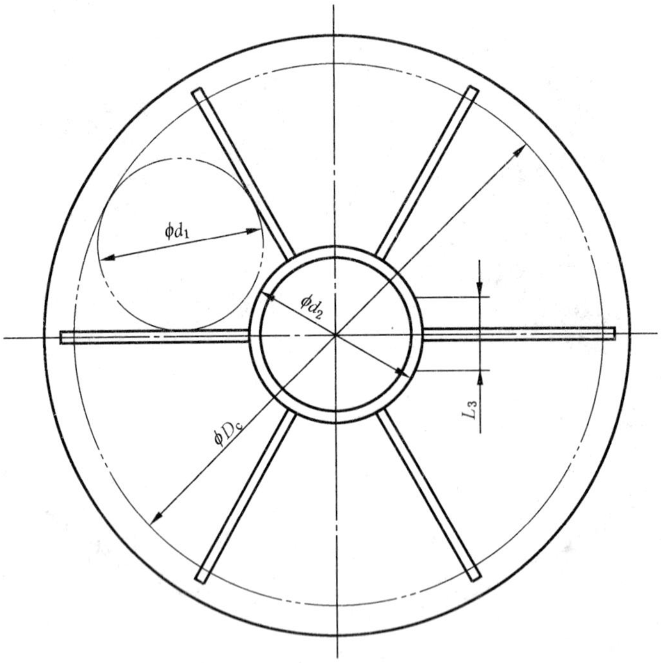

注：图中筋板数 $n\geqslant6$；$d_1\approx d_2$；L_3 取相邻径向筋板间的最小间距。

图 5-23 加筋平盖结构示意图

筋板与平盖之间应采用双面焊；

如采用矩形截面筋板，其高厚比一般为 5～8，且筋板与平盖组合截面(平盖有效宽度见图 5-23 中 L_3)抗弯模量 W 应满足式(5-38)：

$$W \geqslant 0.08\frac{p_cD_c^3}{n[\sigma]_r^t} \quad \cdots\cdots(5\text{-}38)$$

式中，$[\sigma]_r^t$ 为筋板材料设计温度下的许用应力，MPa。

平盖中心加强圆环截面的抗弯模量不小于加强筋板的截面抗弯模量。

5.10 锻制紧缩口封头

5.10.1 范围及一般要求

紧缩口封头的结构形式见图 5-24，直边段的厚度按式(3-1)计算，但其有效厚度不得小于与之对接的圆筒有效厚度；直边段长度 l 一般应不小于 50 mm。其余尺寸可按结构要求确定。此形式封头可按图 5-25 所示范围及内容进行强度校核。

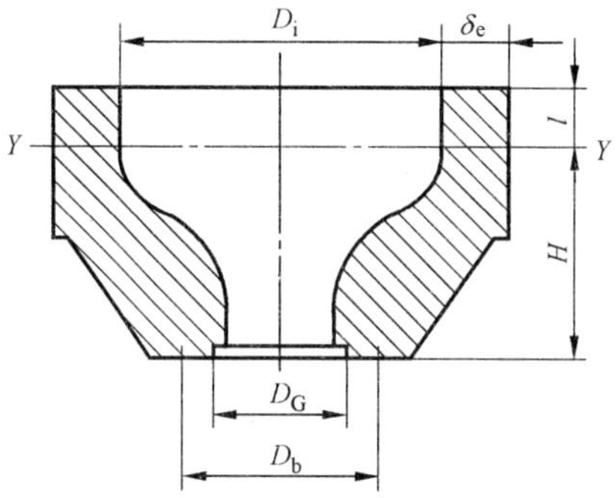

图 5-24 带直边的紧缩口封头

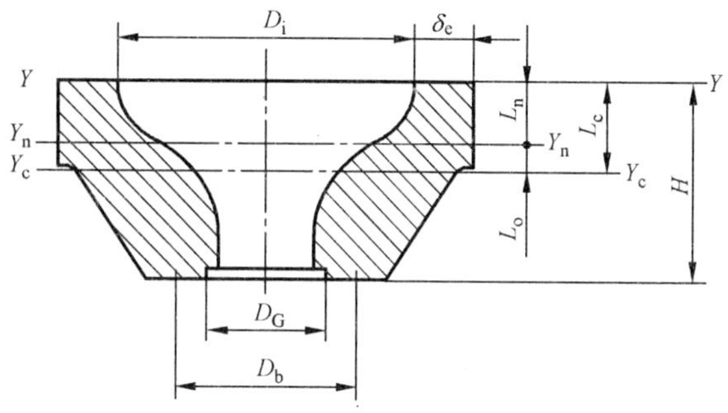

图 5-25 不带直边的紧缩口封头

5.10.2 符号

A——轴线一侧纵向截面的面积，mm^2；

$A=\sum A_i$

A_i——轴线一侧纵向截面各分区的面积，mm^2；

A_n——内腔纵向截面的面积，mm^2；

A_{ni}——内腔纵向截面各分区的面积，mm^2；

b ——垫片有效密封宽度(见第 7 章)，mm；

D_b——螺栓孔中心圆直径，mm；

D_G——垫片压紧力作用中心圆直径，mm；

D_i——封头内直径，mm；

F——流体静压总轴向力，N；

F_D——作用于法兰内径截面上的流体静压轴向力，N；

F_p——需要的最小垫片压紧力，N；

H——不包括直边段的封头高度，mm；

I——纵向截面的惯性矩，mm^4；

I_i——轴线一侧纵向截面各分区的惯性矩，mm^4；

l ——封头直边高度，mm；

M ——作用于纵向截面的弯矩，N·mm；

m ——垫片系数(见表 7-2)；

p_c——计算压力(见 GB 150.1)，MPa；

r ——封头的内腔圆弧半径，mm；

L_c——纵向截面的形心离 Y-Y 轴的距离，mm；

L_{ci}——纵向截面各分区的形心离 Y-Y 轴的距离，mm；

L_i——轴线一侧纵向截面各分区形心离纵向截面中性轴 Yc-Yc 的距离，mm；

L_n——内腔纵向截面的形心离 Y-Y 轴的距离，mm；

L_o——纵向截面中性轴 Yc-Yc 与内腔纵向截面中性轴 Yn-Yn 之间的距离，mm；

W——轴线一侧纵向截面对 Y-Y 轴的静矩，mm^3；

$$W = \sum L_{ci} A_i$$

Z——纵向截面的截面系数，mm^3；

δ_e——封头与圆筒连接处的有效厚度，mm；

σ_m——纵向截面的弯曲应力，MPa；

$[\sigma]^t$——材料在设计温度下的许用应力(见 GB 150.2)，MPa。

5.10.3 弯矩计算

作用于纵向截面的弯矩按式(5-39)计算：

$$M = \frac{1}{6.28}\left[\left(\delta_e + \frac{1}{3}D_i\right)F_D - \left(D_b - \frac{2}{3}D_G\right)F - (D_b - D_G)F_p\right] - p_c A_n L_o \quad \cdots\cdots (5\text{-}39)$$

式中：

$F_D = 0.785 D_1^2 p_c$

$F = 0.785 D_G^2 p_c$

$F_p = 6.28 D_G b m p_c$

$L_o = L_c - L_n$

$A_n = \sum A_{ni}$

5.10.4 截面系数计算

a) 当 $L_c \geqslant \frac{H}{2}$ 时，纵向截面的截面系数按式(5-40)计算：

$$Z = \frac{I}{L_c} \quad \cdots\cdots (5\text{-}40)$$

b) 当 $L_c < \frac{H}{2}$ 时，纵向截面的截面系数按式(5-41)计算：

$$Z = \frac{I}{H - L_c} \quad \cdots\cdots (5\text{-}41)$$

式中：

$I = 2[\sum I_i + \sum (L_i^2 A_i)]$

$L_c = \frac{W}{A}$

几种常用截面的特性见表 5-11。

5.10.5 弯曲应力校核计算

弯曲应力的校核按式(5-42)进行：

$$\sigma_m = \frac{M}{Z} \leqslant 0.8[\sigma]^t \quad \cdots\cdots (5\text{-}42)$$

表 5-11 几种截面的特性

截　　面	截面面积 A_i	由中性轴至截面最外端距离 S	惯性矩 I_i
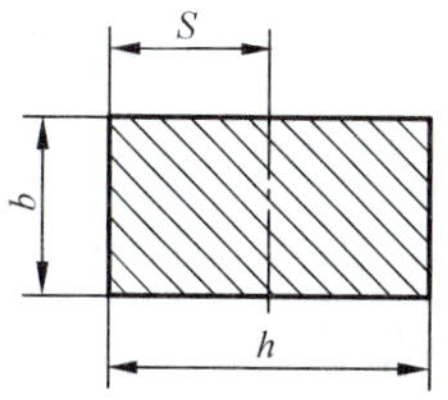	bh	$\frac{h}{2}$	$\frac{bh^3}{12}$
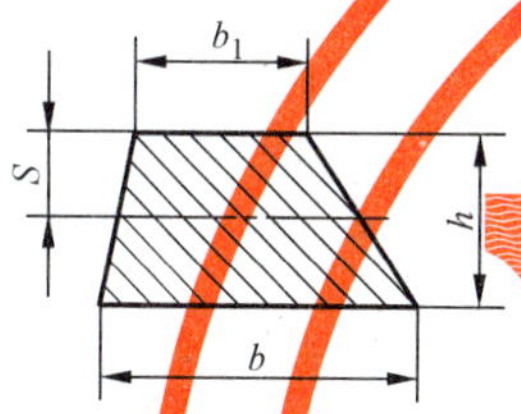	$\frac{(b_1+b)h}{2}$	$\frac{(b_1+2b)h}{3(b_1+b)}$	$\frac{(b_1^2+4b_1b+b^2)h^3}{36(b_1+b)}$
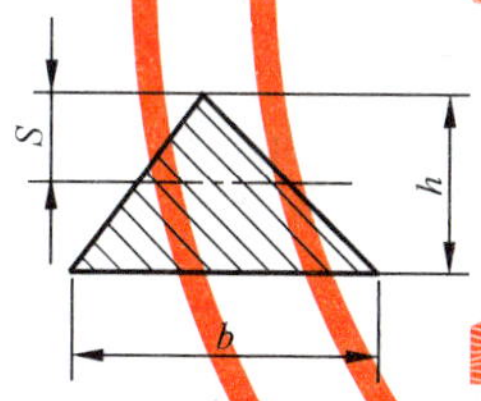	$\frac{bh}{2}$	$\frac{2h}{3}$	$\frac{bh^3}{36}$
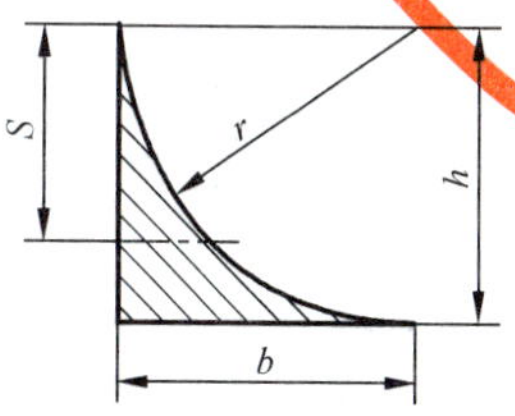	$(b=h=r)$ $0.214\,6r^2$	$(b=h=r)$ $0.776\,7r$	$(b=h=r)$ $0.007\,5r^4$
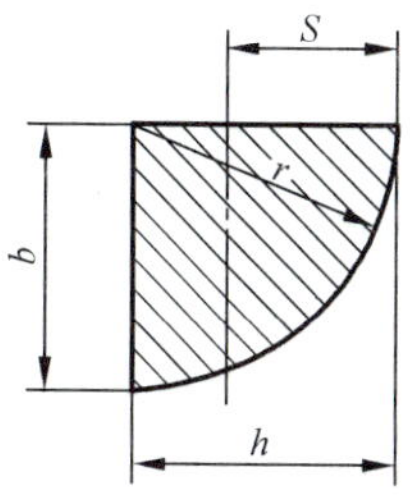	$(b=h=r)$ $\frac{\pi r^2}{4}$	$(b=h=r)$ $0.575\,4r$	$(b=h=r)$ $0.055\,2r^4$

5.11 带法兰的凸形封头

5.11.1 适用范围

本节适用于带法兰凸形封头的设计，封头形式如图 5-26 所示。

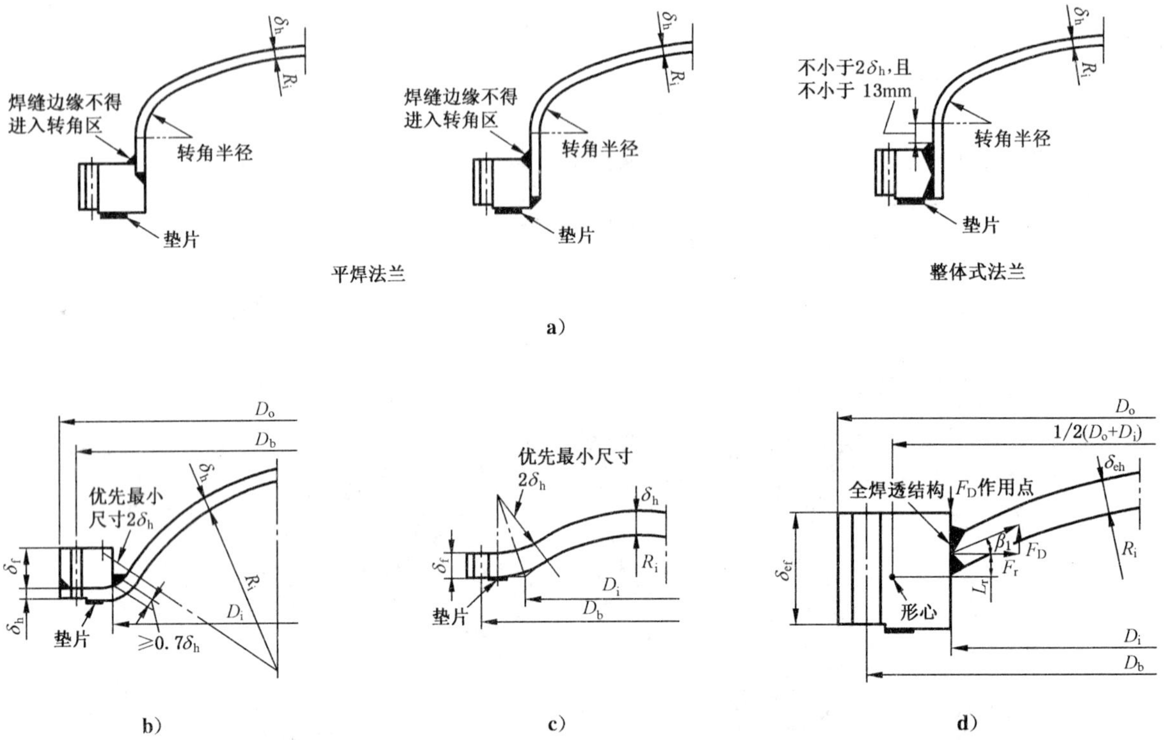

图 5-26 带法兰凸形封头

5.11.2 符号

D_o ——法兰外直径，mm；

D_b ——螺栓中心圆直径，mm；

D_G ——垫片压紧力作用中心圆直径，mm；

D_i ——法兰内直径，mm；

F_D ——封头压力载荷引起的作用在法兰环内直径上的轴向分力（$F_D=0.785D_i^2 p_c$），N；

F_r ——封头压力载荷引起的作用在法兰环内直径上的径向分力（见表 5-12），N；

M_o ——总力矩，N·mm；

R_i ——封头球面部分内半径，mm；

L_D ——F_D 对螺栓中心的力臂，mm；

L_r ——F_r 对法兰环截面形心的力臂，mm；

β_1 ——封头边缘处球壳中面切线与法兰环直径的夹角（见表 5-12），(°)；

δ_{ef} ——法兰有效厚度，mm；

δ_f ——法兰计算厚度，mm；

δ_{eh} ——封头有效厚度，mm；

δ_h ——封头计算厚度，mm；

δ_{nh} ——封头名义厚度,mm。

5.11.3 受内压带法兰凸形封头

除以下另有规定外,对凹面受压封头总力矩 M_o 见 7.5.3。

5.11.3.1 图 5-26a)所示封头结构的计算

封头计算厚度 δ_h 按 5.3.2 或 5.4.2 计算;法兰设计按第 7 章进行。

5.11.3.2 图 5-26b)所示封头结构的计算

a) 封头计算厚度按式(5-43)计算:

$$\delta_h = \frac{5p_c R_i}{6[\sigma]^t} \quad \cdots\cdots (5\text{-}43)$$

b) 法兰计算厚度 δ_f 按式(5-44)或式(5-45)计算:

对于窄面法兰

$$\delta_f = \sqrt{\frac{M_o}{[\sigma]_f^t D_i}\left(\frac{D_o + D_i}{D_o - D_i}\right)} \quad \cdots\cdots (5\text{-}44)$$

式中:M_o 按 7.5.3 计算。

对于宽面法兰

$$\delta_f = 0.6\sqrt{\frac{p_c}{[\sigma]_f^t}\left[\frac{D_i(D_o + D_i)(D_b - D_i)}{D_o - D_i}\right]} \quad \cdots\cdots (5\text{-}45)$$

5.11.3.3 图 5-26c)所示封头结构的计算

a) 封头计算厚度按式(5-43)计算;

b) 圆形螺栓孔窄面法兰计算厚度按式(5-46)分操作和预紧两种状态计算,且取较大值:

$$\delta_f = Q + \sqrt{\frac{1.875M_o(D_b + D_i)}{[\sigma]_f^t D_i(7D_b - 5D_i)}} \quad \cdots\cdots (5\text{-}46)$$

操作状态 Q 按式(5-47)计算,M_o 取 M_p 按式(7-14)计算;

$$Q = \frac{p_c R_i}{4[\sigma]_f^t}\left(\frac{D_b + D_i}{7D_b - 5D_i}\right) \quad \cdots\cdots (5\text{-}47)$$

预紧状态 $Q=0$,M_0 取 $M_a[\sigma]_f^t/[\sigma]_f$,其中 M_a 按式(7-11)计算;

c) 槽形螺栓孔窄面法兰计算厚度按式(5-48)分操作和预紧两种状态计算,且取较大值:

$$\delta_f = Q + \sqrt{\frac{1.875M_o(D_b + D_i)}{[\sigma]_f^t D_i(3D_b - D_i)}} \quad \cdots\cdots (5\text{-}48)$$

操作状态 Q 按式(5-49)计算,M_o 取 M_p 按式(7-14)计算;

$$Q = \frac{p_c R_i}{4[\sigma]_f^t}\left(\frac{D_b + D_i}{3D_b - D_i}\right) \quad \cdots\cdots (5\text{-}49)$$

预紧状态 $Q=0$,M_o 取 $M_a[\sigma]_f^t/[\sigma]_f$,其中 M_a 按式(7-11)计算;

d) 圆形螺栓孔宽面法兰计算厚度按式(5-50)计算:

$$\delta_f = Q + \sqrt{Q^2 + \frac{3D_i Q(D_b - D_i)}{R_i}} \quad \cdots\cdots (5\text{-}50)$$

式中:Q 值按式(5-47)计算;

e) 开槽螺栓孔宽面法兰计算厚度,按式(5-50)计算,其中 Q 值按式(5-49)计算;

f) 在任何情况下,要求法兰厚度不得小于封头厚度。

5.11.3.4 图 5-26d)所示的封头结构的计算

a) 封头厚度按式(5-43)计算；

b) 法兰应力按表 5-12 校核。

5.11.4 受外压(凸面受压)的带法兰凸形封头

a) 封头厚度按 4.4 计算；

b) 除另有规定外，总力矩 M_o 按 7.5.4 确定；对图 5-26 d)所示封头结构的法兰力矩计算中 $M_p = F_D(L_D - L_G) + F_T(L_T - L_G) - F_r L_r$；式中 L_r 的计算同表 5-12。

c) 图 5-26 所示各种形式，除图 5-26 a)的法兰按第 7 章计算外，其他的法兰厚度分别按式(5-44)、式(5-45)、式(5-46)、式(5-48)及式(5-50)计算。

表 5-12 受内压带法兰无折边球面封头的法兰计算表

设计条件			垫片及螺栓计算			
计算压力 $p_c=$ MPa			垫片	材料	$N=$ mm	$y=$ MPa
设计温度 $t=$ ℃				外径×内径×厚度	$b=$ mm	$m=$
法兰	材料		假设法兰有效厚度 $\delta_{ef}=$ mm		封头有效厚度 $\delta_{eh}=$ mm	
	许用应力	$[\sigma]_f=$ MPa	$F=0.785D_G^2 p_c=$ N		$F_p=6.28D_G b m p_c=$ N	
		$[\sigma]_f^t=$ MPa	$W_a=3.14bD_G y=$ N		$F+F_p=$ N	
螺栓	材料		螺栓直径 $d_B=$ mm		螺栓数量 $n=$ 个	
	许用应力	$[\sigma]_b=$ MPa	$A_{m1}=(F+F_p)/[\sigma]_b^t=$ mm²		$A_{m2}=W_a/[\sigma]_b=$ mm²	
		$[\sigma]_b^t=$ MPa	$A_m=\max\{A_{m1},A_{m2}\}=$ mm²		$A_b=$ mm²	
$\beta_1=\arcsin\dfrac{0.5D_i}{R_i+0.5\delta_{eh}}=$ (°)			$W=0.5(A_m+A_b)[\sigma]_b=$ N		假设 $l=$ mm(l 见图)	
预紧情况	法兰受力		力臂		力矩	
	$F_G=W=$ N		$L_G=0.5(D_b-D_G)=$ mm		$M_a=F_G L_G=$ N·mm	
操作情况	$F_D=0.785D_i^2 p_c=$ N		$L_D=0.5(D_b-D_i)=$ mm		$M_D=F_D L_D=$ N·mm	
	$F_G=F_p=$ N		$L_G=0.5(D_b-D_G)=$ mm		$M_G=F_G L_G=$ N·mm	
	$F_r=F-F_D=$ N		$L_T=0.5(L_D+L_G)=$ mm		$M_T=F_T L_T=$ N·mm	
	$F_r=F_D\cot\beta_1=$ N		$L_r=\dfrac{\delta_{ef}}{2}-\dfrac{\delta_{eh}}{2\cos\beta_1}-l=$ mm		$M_r=F_r L_r=$ N·mm	
	操作情况下法兰总力矩 $M_p=M_D+M_G+M_T-M_r=$ N·mm					
$J_a=\dfrac{M_a}{[\sigma]_f D_i}\left[\dfrac{D_o+D_i}{D_o-D_i}\right]=$ mm²			$J_p=\dfrac{M_p}{[\sigma]_f^t D_i}\left[\dfrac{D_o+D_i}{D_o-D_i}\right]=$ mm²		$L=\dfrac{p_c D_i\sqrt{4R_i^2-D_i^2}}{8[\sigma]_f^t(D_o-D_i)}=$ mm	

表 5-12（续）

设 计 条 件	垫片及螺栓计算
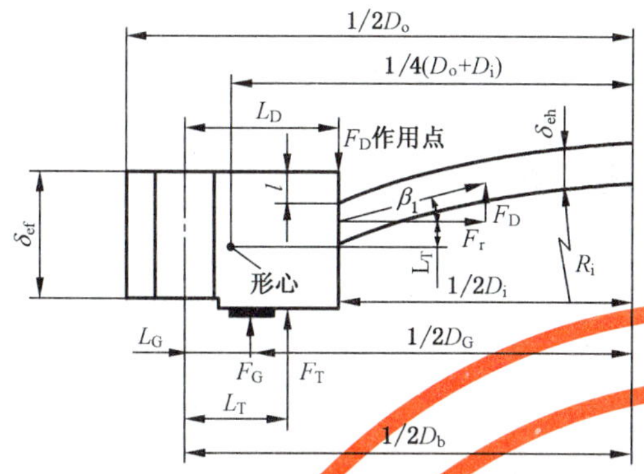	**法兰厚度** 假设的法兰有效厚度 $\delta_{ef} \geqslant \max\{\delta_{fa}, \delta_{fp}\}$ 且 $\delta_{ef} \geqslant 2\delta_{eh}$，否则应重新假设 δ_{ef}，直至满足要求。 $\delta_{fa} = \sqrt{J_a} =$ mm $\delta_{fp} = L + \sqrt{J_p + L^2} =$ mm
注：表中符号及其值的取法凡未列入本节的符号说明者均按第 7 章。	

5.12 拉撑结构

5.12.1 范围

本节适用于以棒材、管材或板材支撑(以下简称"拉撑")的凸型封头、平封头(平板)及筒体的设计。拉撑结构包括焊接与非焊接两种结构。常用结构型式如表 5-13。

5.12.2 符号

a ——单根拉撑所需截面面积，mm^2；
d ——拉杆直径，mm；
d_c——拉撑杆间当量圆直径，mm；
K——系数，按表 5-13 由拉撑的连接方法选取；
L——拉撑的间距，mm；
W——单根拉撑所受轴向载荷，N；
δ_p——平板计算厚度，mm；
δ_{ep}——平板名义厚度，mm；
$[\sigma]_g^t$——设计温度下拉撑材料的许用应力，MPa；
$[\sigma]_p^t$——设计温度下被支撑板材料的许用应力，MPa。

5.12.3 受拉撑的板厚计算

计算厚度按式(5-51)计算：

$$\delta_p = L\sqrt{\frac{p_c}{[\sigma]_p^t K}} \quad \cdots\cdots (5\text{-}51)$$

对于带夹套容器进行拉撑设计时，夹套及容器的壁厚还需考虑相应的内外压计算要求。
对非焊接拉撑连接的平封头，其厚度不得小于 8 mm。

5.12.3.1 规则拉撑布置的 L,K 取值

如图 5-27 所示，规则布置拉撑时，拉撑的间距 L，取水平方向、垂直方向、斜向间距 L_1、L_2、L_3 三者的最大值。拉撑常数 K 按表 5-13 取值。

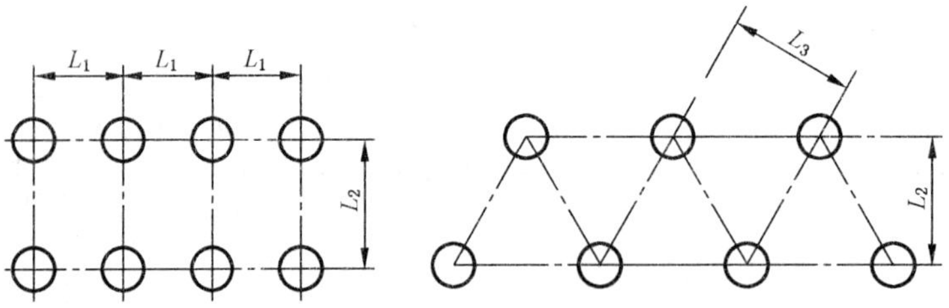

图 5-27　规则的拉撑布置

表 5-13　典型拉撑结构型式及参数

序号	结构型式	K	适用条件
1	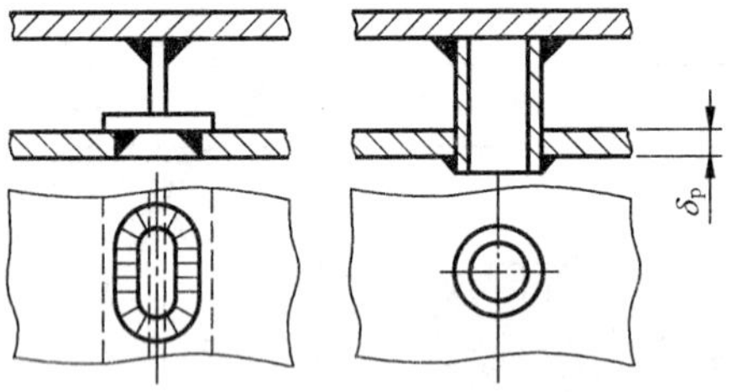	2.2	夹套设计压力 $p\leqslant 1.6$ MPa； 夹套板厚≤12 mm； 角焊缝根部完全熔合，焊脚尺寸不小于夹套壁厚
2	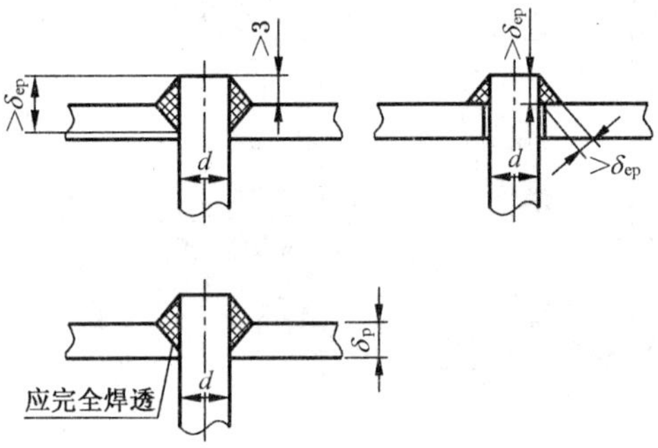	2.2	适用于焊接棒状或板状拉撑，且板厚 $\delta_p\leqslant 30$ mm；角焊缝的轴向受剪面积不小于拉杆横截面积的 1.4 倍
3	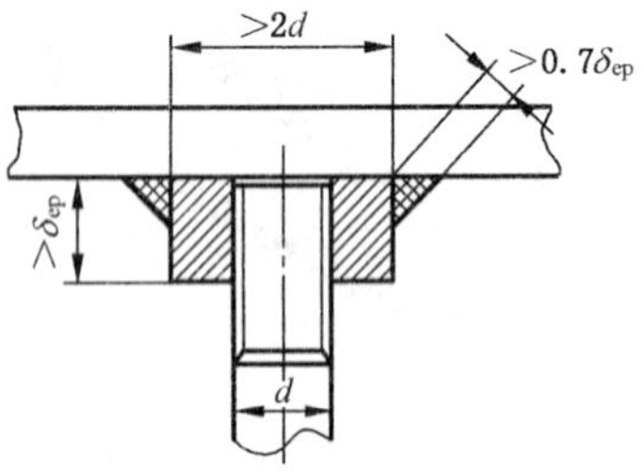	2.0	角焊缝的轴向受剪面积不小于拉杆横截面积的 1.4 倍
4	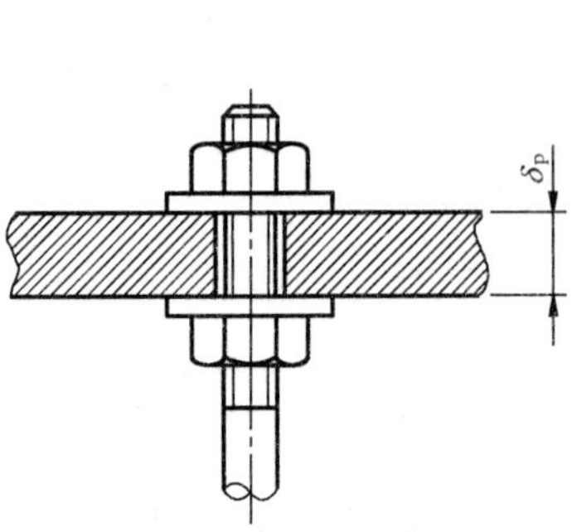	3.2	可在壁板、垫圈、螺母、拉杆的接触面之间加装密封材料或涂料。适用于可能出现渗漏的低压场合。 贯穿平封头的螺纹结构拉撑，平封头内外侧均有螺母和垫圈，垫圈厚度不小于 6 mm。垫圈外径不小于螺栓直径的 2.5 倍
		2.8	内外均有螺母，但仅外侧有垫圈（其余条件同上）

5.12.3.2 **不规则拉撑布置的 L,K 取值**

如图 5-28 所示,不规则的拉撑布置时,L、K 分别按照下列方法求取:

a) 取通过任意 3 个相邻支撑点的最大当量圆(其内部无拉撑)直径为 d_c,则支撑的间距 $L=d_c/\sqrt{2}$;

b) 系数 K 按表 5-14 选取,支撑点类型按最大当量圆通过的支撑结构确定;一个当量圆具有不同支撑点类型时,K 取平均值。

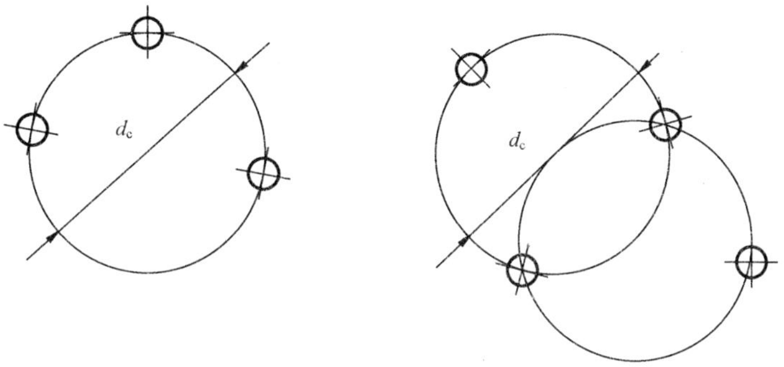

图 5-28 不规则支撑设置

表 5-14 与支撑点类型相关的系数 K

支撑点类型	K
支撑点在封头圆弧过渡的起点	3.2
管板外周的固定线	3.2
管排中心线	2.0
管状支撑	2.6
其他支点	按表 5-13

5.12.4 **拉撑的支承截荷 W**

a) 无孔板的支承载荷:拉杆与其相邻的所有支撑中心连线的垂直平分线所围成的面积为该拉杆的支撑面积,其上承受的计算压力载荷为该拉杆所承受的支承载荷;

b) 多孔板的支撑载荷:由一根支撑管(杆)的支撑面积减去该面积内的管孔总面积,其上承受的计算压力载荷为该管状拉撑所承受的支承载荷。

5.12.5 **单根拉撑所需截面面积**

$$a=\frac{1.1W}{[\sigma]_g^t} \qquad (5\text{-}52)$$

5.12.6 **拉撑的设置**

a) 采用角接接头设置斜拉撑时,焊接接头的焊缝截面面积,以及平行于筒体轴线方向测得的角接接头焊缝截面面积不得小于拉撑所需最小截面面积的 1.4 倍。

选择斜拉撑结构，封头凹面内不得采用角接接头。

b) 拉撑间距一般不大于 30 倍拉杆直径。

5.13 焊接结构

封头与筒体的焊接结构除满足前述要求外，不允许采用如图 5-29 所示结构：

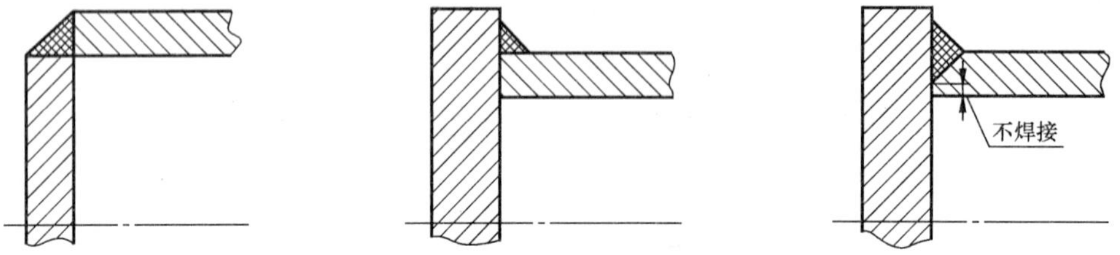

图 5-29 不允许采用的焊接结构

6 开孔与开孔补强

6.1 范围及一般要求

本章规定适用于容器本体的开孔及其补强计算，包括等面积法和分析法。

6.1.1 等面积法适用范围

等面积法适用于压力作用下壳体和平封头上的圆形、椭圆形或长圆形开孔。当在壳体上开椭圆形或长圆形孔时，孔的长径与短径之比应不大于 2.0。本方法的适用范围：

a) 当圆筒内径 $D_i \leqslant 1\,500$ mm 时，开孔最大直径 $d_{op} \leqslant D_i/2$，且 $d_{op} \leqslant 520$ mm；当圆筒内径 $D_i >$ 1 500 mm时，开孔最大直径 $d_{op} \leqslant D_i/3$，且 $d_{op} \leqslant 1\,000$ mm；

b) 凸形封头或球壳开孔的最大允许直径 $d_{op} \leqslant D_i/2$；

c) 锥形封头开孔的最大直径 $d_{op} \leqslant D_i/3$，D_i 为开孔中心处的锥壳内直径。

注： 开孔最大直径 d_{op} 对椭圆形或长圆形开孔指长轴尺寸。

6.1.2 分析法适用范围

本方法是根据弹性薄壳理论得到的应力分析法，用于内压作用下具有径向接管圆筒的开孔补强设计，其适用范围如下：

$d \leqslant 0.9D$ 且 $\max[0.5, d/D] \leqslant \delta_{et}/\delta_e \leqslant 2$

本方法与等面积法适用的开孔率范围比较见图 6-1。

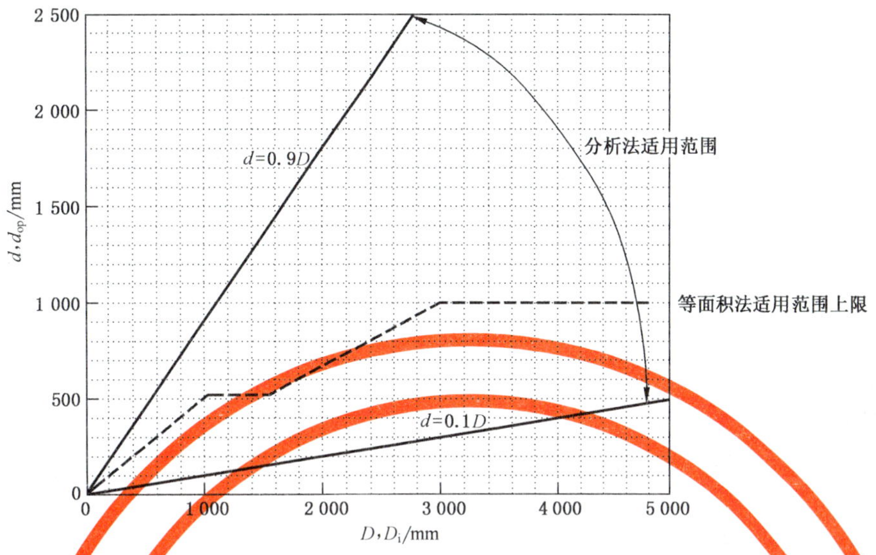

图 6-1 圆筒开孔补强分析法与等面积法适用范围

6.1.3 不另行补强的最大开孔直径

壳体开孔满足下述全部要求时,可不另行补强:

a) 设计压力 $p \leqslant 2.5$ MPa;

b) 两相邻开孔中心的间距(对曲面间距以弧长计算)应不小于两孔直径之和;对于 3 个或以上相邻开孔,任意两孔中心的间距(对曲面间距以弧长计算)应不小于该两孔直径之和的 2.5 倍;

c) 接管外径小于或等于 89 mm;

d) 接管壁厚满足表 6-1 要求,表中接管壁厚的腐蚀裕量为 1 mm,需要加大腐蚀裕量时,应相应增加壁厚;

e) 开孔不得位于 A、B 类焊接接头上;

f) 钢材的标准抗拉强度下限值 $R_m \geqslant 540$ MPa 时,接管与壳体的连接宜采用全焊透的结构型式。

表 6-1

单位为毫米

接管外径	25	32	38	45	48	57	65	76	89
接管壁厚	≥3.5			≥4.0		≥5.0		≥6.0	

6.1.4 开孔附近的焊接接头

容器上的开孔宜避开容器焊接接头。当开孔通过或邻近容器焊接接头时,则应保证在开孔中心的 $2d_{op}$ 范围内的接头不存在有任何超标缺陷。

6.2 术语、定义和符号

6.2.1 GB 150.1 通用要求中界定的术语和定义适用于本章。

6.2.2 符号

A——开孔削弱所需要的补强截面积,mm^2;

B——补强有效宽度,mm;

C——厚度附加量(按 GB 150.1 规定),mm;

C_s——圆筒厚度附加量,mm;

C_t——接管厚度附加量,mm;

D——圆筒中面直径,mm;

D_i——圆筒内直径,mm;

D_o——平盖直径,mm;

d_{op}——开孔直径,mm;

d——接管中面直径,mm;

d_o——接管外直径,mm;

f_r——强度削弱系数;

g——接管补强系数;

h——圆筒补强系数;

h_1——外伸接管有效补强高度,mm;

h_2——内伸接管有效补强高度,mm;

K——等效总应力集中系数;

K_m——等效薄膜应力集中系数;

$n_{Ⅱ}$——等效薄膜应力校核系数;

$n_{Ⅳ}$——等效总应力校核系数;

p——设计压力,MPa;

p_c——计算压力(按第 3 章),MPa;

R——圆筒中面半径,mm;

R_i——球壳或半球形封头内半径,椭圆形封头当量球面或碟形封头球面内半径,mm;

R_m——钢材标准抗拉强度下限值,MPa;

R_{eL}——钢材标准屈服强度,MPa;

r——接管中面半径,mm;

S_1——管孔的轴向节距,mm;

S_2——孔带的单位长度(见图 6-6、图 6-7),mm;

S_3——管孔的对角向节距,mm;

$S_{Ⅱ}$——等效薄膜应力,MPa;

$S_{Ⅳ}$——等效总应力,MPa;

δ——壳体开孔处的计算厚度,mm;

δ_e——壳体开孔处的有效厚度,mm;

δ_{et}——接管有效厚度,mm;

δ_n——壳体开孔处的名义厚度,mm;

δ_{nt}——接管名义厚度,mm;

δ_p——平盖计算厚度,mm;

δ_t——接管计算厚度,mm;

ϕ——焊接接头系数(按 GB 150.1 规定);

ν_1——轴向排孔削弱系数;

ν_2——当量轴向排孔削弱系数;

ν_3——对角向排孔削弱系数;

θ——两相邻开孔中心线与壳体轴线之夹角,(°);

ρ——开孔率,$\rho=d/D$;

$[\sigma]^t$——设计温度下壳体材料的许用应力(按第 GB 150.2 规定),MPa;
$[\sigma]_t^t$——设计温度下接管材料的许用应力(按第 GB 150.2 规定),MPa。

6.3 单个开孔补强的等面积法

6.3.1 单个开孔的适用范围

在等面积法的适用范围(见 6.1.1)内,满足下列条件的多个开孔均按单个开孔分别设计:

a) 壳体上两个开孔中心间距(对曲面间距以弧长计算)不小于该两孔直径之和;

b) 平封头(平板)上有多个开孔,任意两开孔直径之和不超过封头直径的 0.5 倍,任意两相邻开孔中心的间距不小于两孔直径之和。

6.3.2 补强结构型式与补强件材料

6.3.2.1 补强圈补强

补强圈与接管、壳体的焊接结构参见附录 D 和 JB/T 4736。采用该结构补强时,应符合下列规定:

a) 低合金钢的标准抗拉强度下限值 $R_m<540$ MPa;

b) 补强圈厚度小于或等于 $1.5\delta_n$;

c) 壳体名义厚度 $\delta_n\leqslant38$ mm。

若条件许可,推荐以厚壁接管代替补强圈进行补强,其 δ_{nt}/δ_n 宜控制在 0.5~2。

6.3.2.2 整体补强

增加壳体的厚度,或用全截面焊透的结构型式将厚壁接管或整体补强锻件与壳体相焊。结构可参见附录 D。

6.3.2.3 补强件材料

补强材料宜与壳体材料相同。若补强材料许用应力小于壳体材料许用应力,则补强面积应按壳体材料与补强材料许用应力之比而增加。若补强材料许用应力大于壳体材料许用应力,则所需补强面积不得减少。

对于接管材料与壳体材料不同时,引入强度削弱系数 $f_r=[\sigma]_t^t/[\sigma]^t$,表示设计温度下接管材料与壳体材料许用应力的比值,当 $f_r>1.0$ 时,取 $f_r=1.0$。

6.3.3 壳体开孔补强

6.3.3.1 开孔补强的计算截面选取

所需的最小补强面积应在下列规定的截面上求取:对于圆筒或锥壳开孔,该截面通过开孔中心点与筒体轴线;对于凸形封头或球壳开孔,该截面通过封头开孔中心点,沿开孔最大尺寸方向,且垂直于壳体表面。

对于圆形开孔 d_{op} 取接管内直径加 2 倍厚度附加量,对于椭圆形或长圆形 d_{op} 取所考虑截面上的尺寸(弦长)加 2 倍厚度附加量。

6.3.3.2 内压容器

壳体开孔所需补强面积按式(6-1)计算:

$$A=d_{op}\delta+2\delta\delta_{et}(1-f_r) \qquad \cdots\cdots (6-1)$$

式中:

对安放式接管取 $f_r=1.0$。

δ——计算厚度，mm。按下述方法确定：

a) 对于圆筒或球壳开孔，为开孔处的壳体计算厚度；

b) 对于锥壳（或锥形封头）开孔，由式(5-8)计算，式中 D_c 取开孔中心处锥壳内直径；

c) 若开孔位于椭圆形封头中心 80%直径范围内，δ 按式(6-2)计算，否则按式(5-1)计算。

$$\delta=\frac{p_c K_1 D_i}{2[\sigma]^t\phi-0.5p_c} \quad \cdots\cdots (6\text{-}2)$$

式中：

K_1——椭圆形长短轴比值决定的系数，由表 5-2 查得；

d) 若开孔位于碟形封头球面部分内，δ 按式(6-3)计算，否则按式(5-4)计算。

$$\delta=\frac{p_c R_i}{2[\sigma]^t\phi-0.5p_c} \quad \cdots\cdots (6\text{-}3)$$

6.3.3.3 外压容器

壳体开孔所需补强面积按式(6-4)计算：

$$A=0.5[d_{op}\delta+2\delta\delta_{et}(1-f_r)] \quad \cdots\cdots (6\text{-}4)$$

式中：

对安放式接管取 $f_r=1.0$；

δ——按外压计算确定的开孔处壳体的计算厚度，mm。

6.3.3.4 容器存在内压与外压两种设计工况时，开孔所需补强面积应同时满足 6.3.3.2 和 6.3.3.3 的要求。

6.3.4 平盖开孔补强

6.3.4.1 平盖开单个孔，且开孔直径 $d_{op}\leqslant 0.5D_o$（D_o 取平盖计算直径，对非圆形平盖取短轴长度）时，所需最小补强面积按式(6-5)计算：

$$A=0.5d_{op}\delta_p \quad \cdots\cdots (6\text{-}5)$$

式中：

δ_p——平盖计算厚度，按第 5 章计算，mm。

6.3.4.2 平盖开单个孔，且开孔直径 $d_{op}>0.5D_o$ 时，其设计计算按 6.5 的要求。

6.3.5 有效补强范围及补强面积

计算开孔补强时，有效补强范围及补强面积按图 6-2 中矩形 $WXYZ$ 范围确定。

6.3.5.1 有效补强范围

a) 有效宽度 B 按式(6-6)计算，取二者中较大值；

$$B=\begin{cases}2d_{op}\\ d_{op}+2\delta_n+2\delta_{nt}\end{cases} \quad \cdots\cdots (6\text{-}6)$$

b) 有效高度按式(6-7)和式(6-8)计算，分别取式中较小值。

外伸接管有效补强高度：

$$h_1=\begin{cases}\sqrt{d_{op}\delta_{nt}}\\ \text{接管实际外伸高度}\end{cases} \quad \cdots\cdots (6\text{-}7)$$

内伸接管有效补强高度：

$$h_2=\begin{cases}\sqrt{d_{op}\delta_{nt}}\\ \text{接管实际内伸高度}\end{cases} \quad \cdots\cdots (6\text{-}8)$$

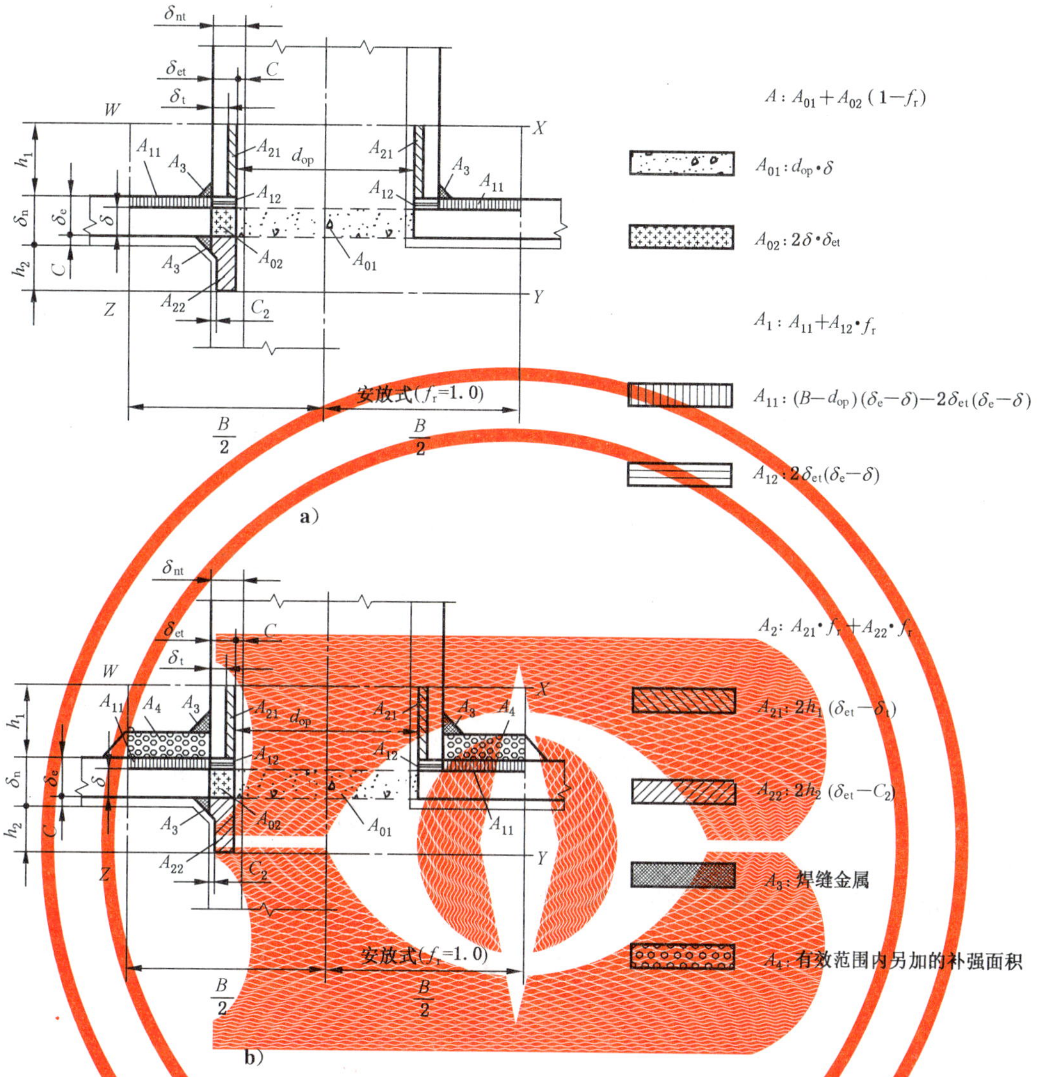

图 6-2　有效补强范围

6.3.5.2　补强面积

在有效补强范围内，可作为补强的截面积按式(6-9)计算：

$$A_e = A_1 + A_2 + A_3 \qquad \cdots\cdots (6\text{-}9)$$

式中：

A_e ——补强面积，mm^2；

A_1 ——壳体有效厚度减去计算厚度之外的多余面积，按式(6-10)计算，mm^2；

$$A_1 = (B - d_{op})(\delta_e - \delta) - 2\delta_{et}(\delta_e - \delta)(1 - f_r) \qquad \cdots\cdots (6\text{-}10)$$

注：对安放式接管取 $f_r = 1.0$。

A_2 ——接管有效厚度减去计算厚度之外的多余面积，按式(6-11)计算，mm^2；

$$A_2 = 2h_1(\delta_{et} - \delta_t)f_r + 2h_2(\delta_{et} - C_2)f_r \qquad \cdots\cdots (6\text{-}11)$$

A_3 ——焊缝金属截面积(见图 6-2)，mm^2。

若 $A_e \geqslant A$，则开孔不需另加补强；

若 $A_e < A$，则开孔需另加补强，其另加补强面积按式(6-12)计算：

$$A_4 \geqslant A - A_e \qquad \cdots\cdots (6\text{-}12)$$

式中：

A_4——有效补强范围内另加的补强面积(见图 6-2)，mm^2。

6.4 多个开孔补强的等面积法

6.4.1 壳体多个开孔补强

a) 当任意两个相邻开孔的中心距小于两孔直径之和，而使其补强范围彼此重叠时(见图 6-3)，在通过两孔中心点连线的壳体法截面内采用联合补强。联合补强的总面积应不小于各孔单独补强所需面积(按 6.3.3 和 6.3.5 计算)之和，且两孔之间的补强面积不小于两孔所需总补强面积的 50%。

在计算联合补强面积时，任何截面不得重复计入。

多个开孔中心连线在同一直线上时，按逐次配对的开孔处理，重叠部分的面积应按该相邻两孔的直径比分摊。

b) 对 3 个及以上开孔，若两两相邻开孔的中心距小于该两孔直径之和，且采用联合补强时(见图 6-4)，则这些相邻开孔的中心距应至少等于其平均直径的 4/3 倍。任意相邻两孔之间的补强面积应至少等于该两孔所需总补强面积的 50%。

若任意两相邻开孔中心距小于其平均直径的 4/3 倍，则该两孔之间的任何金属均不得用作补强，这些开孔必须按 c)的方法进行补强。

c) 任何数量并以任意方式排列的相邻开孔，均可作为一个假想孔(其直径包括所有靠近的开孔)进行补强。假想孔的直径不得超过 6.1.1 规定，所有接管金属均不得用作补强。

d) 圆筒上一系列规则排列的开孔，其每个开孔又无法进行单独补强时，应采用 6.4.2 的方法补强。

e) 多个开孔的补强结构型式与补强件材料，参照 6.3.2 要求。

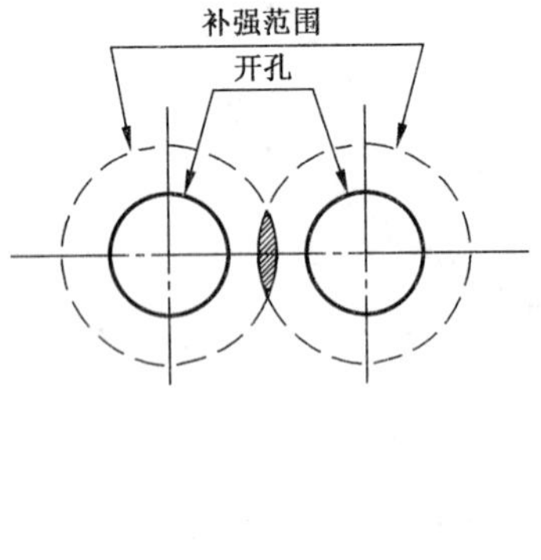

图 6-3 相邻开孔

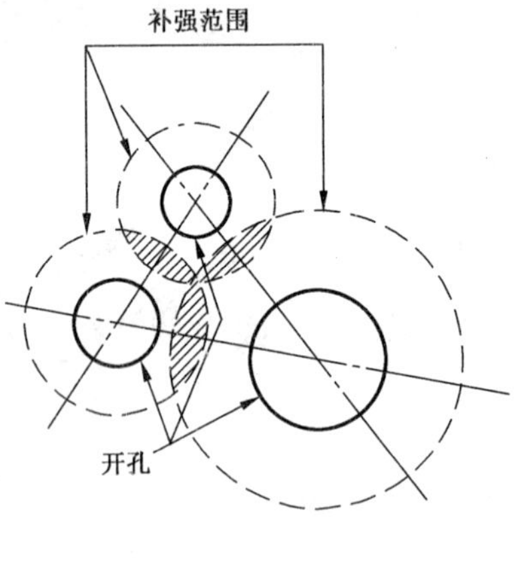

图 6-4 多个开孔

6.4.2 排孔的补强要求

圆筒全长(或部分)范围内开设排孔时，应用排孔削弱系数代替式(3-1)中的焊接接头系数 ϕ，对该圆筒(或该部分)厚度进行校核。

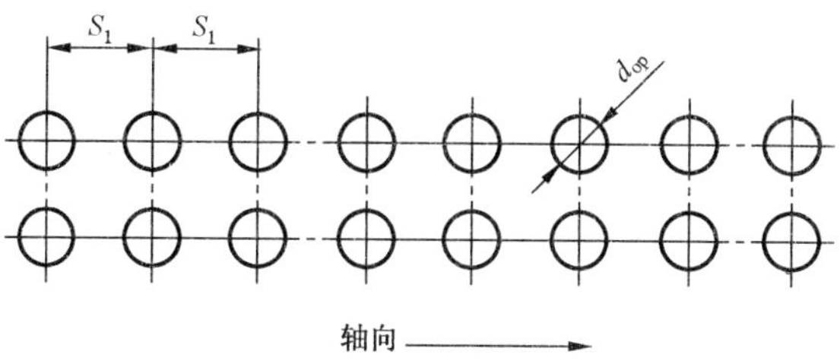

图 6-5　每排孔节距都相等示例

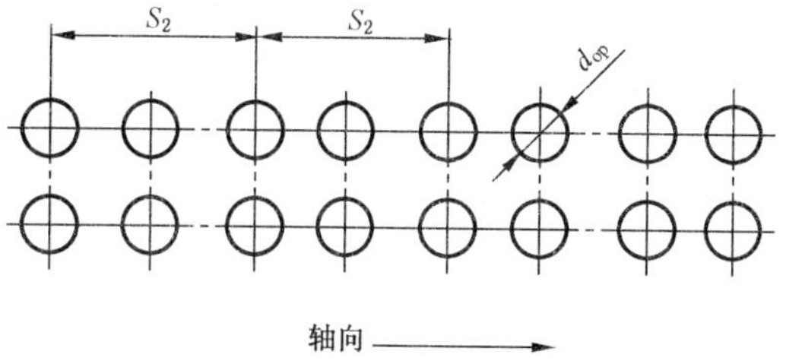

图 6-6　每第二排孔节距不等示例

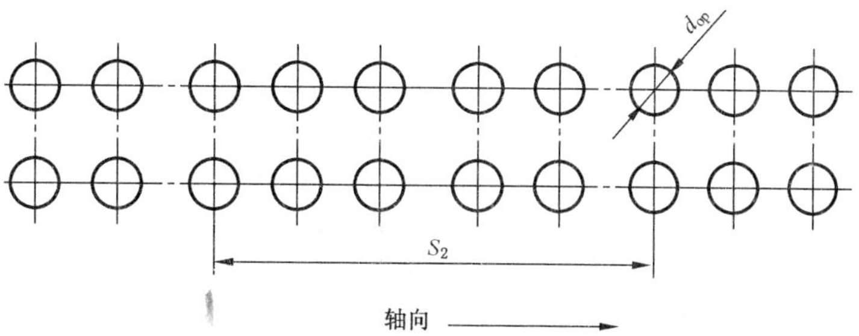

图 6-7　每第二、第三排孔节距不等示例

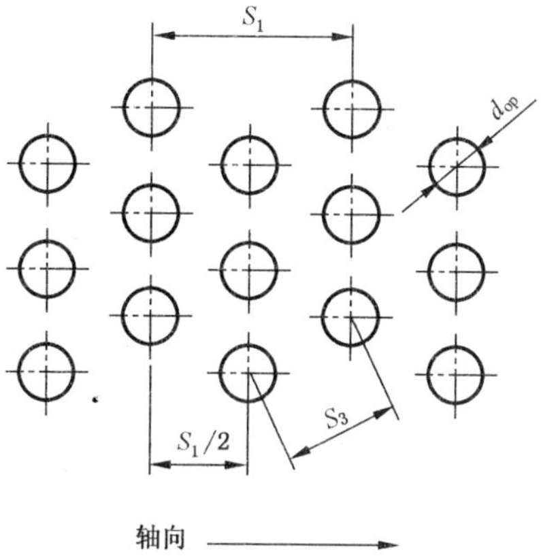

图 6-8　对角线排列示例

a)　排孔沿轴向规则分布，管孔节距每排相等时(见图 6-5)，轴向排孔削弱系数 ν_1 按式(6-13)计算；任意一排管孔节距不均匀时(见图 6-6、图 6-7)，平均排孔削弱系数 ν_1 按式(6-14)计算。

$$\nu_1=\frac{S_1-d_{op}}{S_1} \qquad \cdots\cdots (6\text{-}13)$$

$$\nu_1=\frac{S_2-nd_{op}}{S_2} \qquad \cdots\cdots (6\text{-}14)$$

式中：

n——S_2 长度内的管孔数。

b)　对规则的多排轴向开孔或对角线孔带(见图 6-8)，还应校核当量轴向排孔削弱与对角向排孔削弱：

1)　当量轴向排孔削弱系数 ν_2 根据 θ 角与 S_3/d_{op} 由图 6-9 确定；

2)　按式(6-13)计算轴向排孔削弱系数 ν_1，对角向排孔削弱系数 ν_3 按图 6-10 由 S_3/S_2 和 ν_1 值查取；

3） 取 ν_1、ν_2、ν_3 中的最小值。

c） 排孔沿轴向不规则分布时，平均排孔削弱系数应取以下小值：

1） 在长度等于圆筒内直径（当圆筒内直径超过 1 500 mm，按 1 500 mm）的任意排孔段，计算各段孔排削弱系数，取最小者作为平均排孔削弱系数；

2） 在长度等于圆筒内半径（当圆筒内半径超过 750 mm，按 750 mm）的任意排孔段，计算各段孔排削弱系数，取最小者的 1.25 倍作为平均排孔削弱系数；

d） 在圆筒上非轴向单排开孔布置，当量轴向排孔削弱系数 ν_2 根据 θ 角与 S_3/d_{op} 由图 6-9 确定。

e） 必要时，还应校核：圆筒环向排孔间承受的轴向应力不得超过圆筒排孔间承受环向应力的一半。

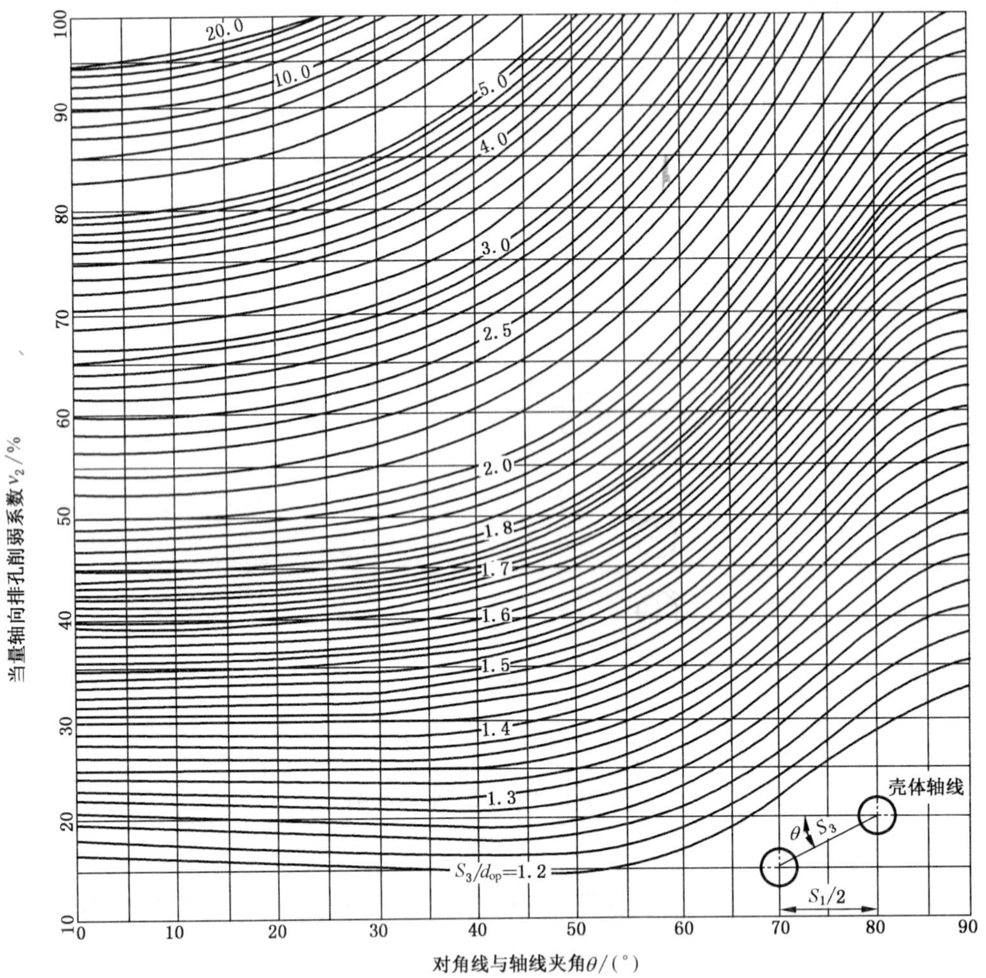

注 1：当量轴向排孔削弱系数也可用注 2 的公式计算，但不允许超出图中横坐标及纵坐标所示范围。

注 2：当量轴向排孔削弱系数 $\nu_2=\dfrac{\sec^2\theta+1-\left(\dfrac{\sec\theta}{S_3/d_{op}}\right)\sqrt{3+\sec^2\theta}}{1.5+0.5\sec^2\theta}$。

图 6-9 对角向排孔当量轴向排孔削弱系数计算图

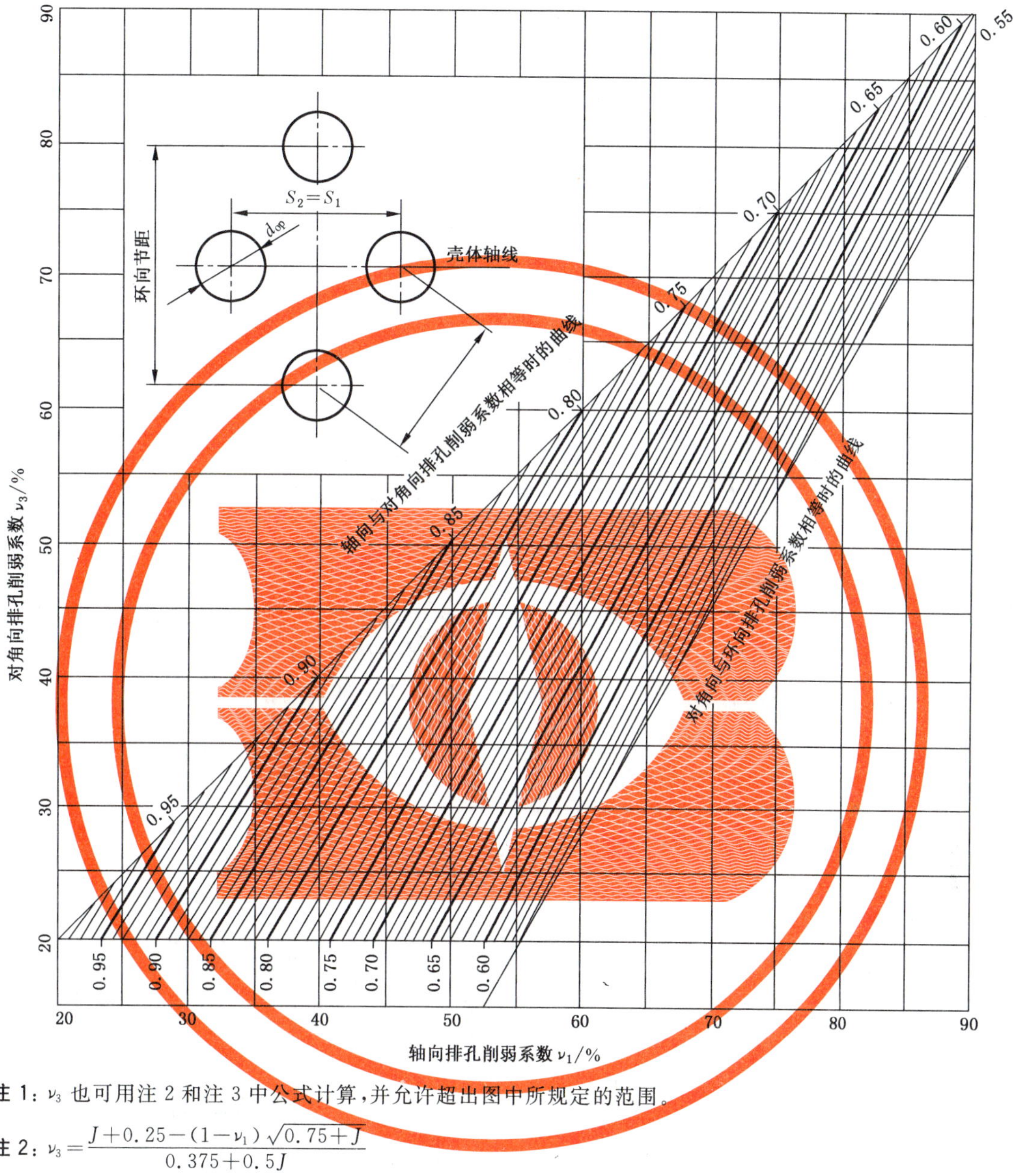

注 1：ν_3 也可用注 2 和注 3 中公式计算，并允许超出图中所规定的范围。

注 2：$\nu_3=\dfrac{J+0.25-(1-\nu_1)\sqrt{0.75+J}}{0.375+0.5J}$

其中 $J=\left(\dfrac{S_3}{S_2}\right)^2$。

注 3：对角向与环向排孔削弱系数相等时，对角向排孔削弱系数的计算式为：

$$\nu_3=\frac{2M+1-2(1-\nu_1)\sqrt{1+M}}{1+M}$$

其中 $M=\left[\dfrac{(1-\nu_1)}{(2-0.5\nu_1)}\right]^2$。

图 6-10　对角向排孔削弱系数计算图

6.4.3 平盖上开多个孔

采用增加平盖厚度进行补强的方法适用于：平盖危险径向截面上各开孔宽度总和不超过 $D_i/2$，任意相邻两孔中心距大于两孔平均直径的 1.5 倍且小于或等于 2 倍。

若平盖厚度按式(5-33)～式(5-35)计算，式中平盖结构特征系数 K 应考虑开孔削弱。按式(6-15)计算削弱系数 ν：

$$\nu=\frac{D_c-\sum b}{D_c} \qquad (6-15)$$

式中：

D_c——平盖计算直径，见表 5-9 或表 5-10，mm；

$\sum b$——平盖危险径向截面上各开孔宽度之总和，mm。

按表 5-9 或表 5-10 查取 K 后确定系数 K_1：

$$K_1=\begin{cases}K & 当\ K<0.3\\ 0.3 & 当\ K\geqslant 0.3\end{cases}$$

当 $K_1/\nu\leqslant 0.5$ 时，如 $K_1/\nu>K$，则以 K_1/ν 代替式(5-33)～式(5-35)中的 K，否则直接取 K 值计算平盖厚度；当 $K_1/\nu\geqslant 0.5$ 时，应采用其他设计方法。

6.5 平盖中心单个圆形开孔($d_{op}\geqslant 0.5D_o$)

6.5.1 用螺栓连接的平盖按第 7 章作为法兰结构进行计算。

6.5.2 表 5-9 序号 2～7，表 5-10 所示平盖(若与圆筒对接焊接连接，应是全焊透结构)，开孔带有接管的平盖(平盖与接管连接处应是整体结构或用全焊透连接)或无接管(见图 6-11)的平盖，均按以下步骤进行计算，其各项应力及其开口结构需满足相应要求(计算中未注明符号的定义同 7.3)。

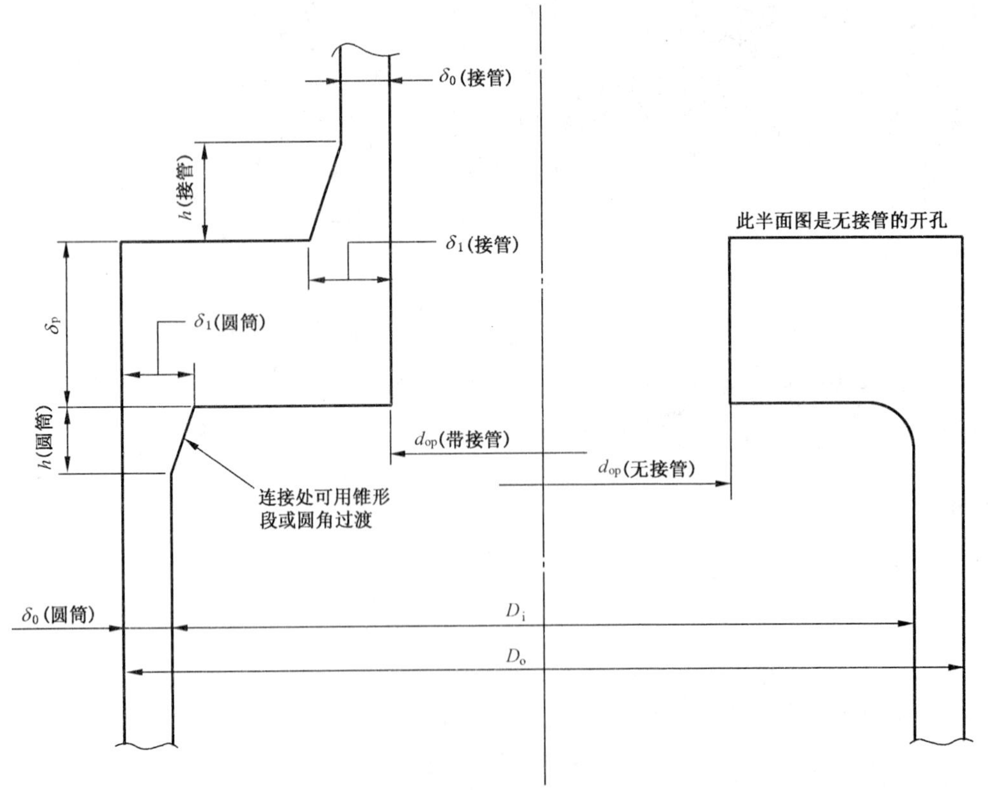

图 6-11 中心大开孔的整体平盖示意图

6.5.2.1 略去与平盖连接的圆筒，根据法兰计算的原理，确定平盖的计算力矩和计算应力。

a) 计算力矩按式(6-16)计算：

$$M_o = F_D S_D + F_T S_T \quad (6\text{-}16)$$

式中：

M_o ——计算力矩，N·mm；

F_D ——作用力，按式(6-17)计算，N；

$$F_D = 0.785 d_{op}^2 p_c \quad (6\text{-}17)$$

S_D ——力臂，按式(6-18)计算，mm；

$$S_D = \frac{D_i - (d_{op} + \delta_1)}{2} \quad (6\text{-}18)$$

δ_1 ——厚度(取接管处，见图 6-11)，mm；

F_T ——作用力，按式(6-19)计算，N；

$$F_T = 0.785 p_c (D_i^2 - d_{op}^2) \quad (6\text{-}19)$$

S_T ——力臂，按式(6-20)计算，mm。

$$S_T = \frac{D_i - d_{op}}{4} \quad (6\text{-}20)$$

b) 取 $K = D_o/d$，计算应力按式(6-21)～式(6-23)计算：

$$\sigma_H = \frac{f M_o}{\lambda \delta_1^2 d_{op}} \quad (6\text{-}21)$$

$$\sigma_R = \frac{(1.33 \delta_p e + 1) M_o}{\lambda \delta_p^2 d_{op}} \quad (6\text{-}22)$$

$$\sigma_T = \frac{Y M_o}{\delta_p^2 d_{op}} - Z \sigma_R \quad (6\text{-}23)$$

式中：

σ_H、σ_R、σ_T ——计算应力，MPa；对不带接管的开孔平盖，其 $\sigma_H = \sigma_R = 0$；

f、λ、e、Y、Z——见 7.3，f、λ、e 按照平盖开孔处的接管参数确定，Y、Z 查相应图表得到；

δ_1——厚度(取接管处，见图 6-11)，mm。

6.5.2.2 按下列步骤计算圆筒与平盖连接处的应力。

a) 按式(6-24)或式(6-25)计算$(E\theta)$：

带接管：

$$(E\theta) = \frac{0.91\left(\frac{\delta_1}{\delta_0}\right) D_{i1} V_I}{f h_o} \sigma_H \quad (6\text{-}24)$$

无接管：

$$(E\theta) = \frac{d_{op}}{\delta_p} \sigma_T \quad (6\text{-}25)$$

式中：

$$D_{i1} = \begin{cases} D_i + \delta_1 \ (f < 1.0) \\ D_i + \delta_0 \ (f \geqslant 1.0) \end{cases};$$

$(E\theta)$ ——参数，MPa；

δ_1、δ_0 ——厚度(取接管处，见图 6-11)，mm；

V_I、f、h_o——由平盖开孔处的接管参数确定，(见 7.3)。

b) 按式(6-26)计算 M_H：

$$M_H=\frac{(E\theta)}{\frac{1.74h_oV_I}{\delta_0^3D_{i1}}+\frac{(E\theta)}{M_o}\left(1+\frac{F_I\delta_p}{h_o}\right)} \quad \cdots\cdots(6\text{-}26)$$

式中：

M_H——作用在平封头外径与圆筒连接处的力矩，N·mm；

h_o、V_I、D_{i1}、F_I——由平盖外径处圆筒的参数确定(见 7.3)；

δ_0——厚度(取圆筒处，见图 6-11)，mm。

c) 按式(6-27)计算 x_1：

$$x_1=\frac{M_o-M_H\left(1+\frac{F_I\delta_p}{h_o}\right)}{M_o} \quad \cdots\cdots(6\text{-}27)$$

式中：

x_1——参数；

F_I、h_o——由平盖外径处圆筒的参数确定，(见 7.3)。

d) 按式(6-28)～式(6-30)计算平盖和圆筒连接处的圆筒颈部轴向应力 σ_{Hs}、平盖外径处的径向应力 σ_{Rs} 和环向应力 σ_{Ts}：

$$\sigma_{Hs}=x_1(E\theta)\frac{1.1h_of}{\left(\frac{\delta_1}{\delta_0}\right)^2D_iV_I} \quad \cdots\cdots(6\text{-}28)$$

$$\sigma_{Rs}=\frac{1.91M_H\left(1+\frac{F_I\delta_p}{h_o}\right)}{D_i\delta_p^2}+\frac{0.64F_IM_H}{D_ih_o\delta_p} \quad \cdots\cdots(6\text{-}29)$$

$$\sigma_{Ts}=\frac{x_1(E\theta)\delta_p}{D_i}-\frac{0.57\left(1+\frac{F_I\delta_p}{h_o}\right)M_H}{D_i\delta_p^2}+\frac{0.64F_IZ_1M_H}{D_ih_o\delta_p} \quad \cdots\cdots(6\text{-}30)$$

式中：

h_o、V_I、f、F_I——由平盖外径处圆筒的参数确定，(见 7.3)；

δ_1、δ_0——厚度(取圆筒处，见图 6-11)，mm；

Z_1——系数，按式(6-31)计算：

$$Z_1=\frac{K^2+1}{K^2-1} \quad \cdots\cdots(6\text{-}31)$$

K——系数，按式(6-32)计算：

$$K=D_o/d_{op} \quad \cdots\cdots(6\text{-}32)$$

6.5.2.3 计算平盖开孔处的应力

平盖开孔处接管的颈部轴向应力 σ_{Ho}、开孔处平盖的径向应力 σ_{Ro} 和环向应力 σ_{To}，按式(6-33)～式(6-35)计算：

$$\sigma_{Ho}=x_1\sigma_H \quad \cdots\cdots(6\text{-}33)$$

$$\sigma_{Ro}=x_1\sigma_R \quad \cdots\cdots(6\text{-}34)$$

$$\sigma_{To}=x_1\sigma_T+\frac{0.64F_IZ_2M_H}{D_ih_o\delta_p} \quad \cdots\cdots(6\text{-}35)$$

式中：

F_I、h_o——由平盖外径处圆筒的参数确定，见 7.3；

Z_2 ——系数。

$$Z_2 = \frac{2K^2}{K^2 - 1} \qquad \cdots\cdots\cdots\cdots\cdots\cdots\cdots\cdots\cdots\cdots (6\text{-}36)$$

6.5.2.4 应力校核

上述计算中平盖与圆筒连接处的应力 σ_{Hs}、σ_{Rs} 和 σ_{Ts} 以及平盖开孔处的应力 σ_{Ho}、σ_{Ro} 和 σ_{To} 均应满足 7.5.3.4 的要求。

6.6 圆筒径向接管开孔补强设计的分析法

本节给出了内压作用下圆筒具有径向平齐接管开孔补强设计的另一种方法，本计算方法是根据弹性薄壳理论得到的圆筒开孔补强的应力分析法，力学模型如图 6-12a)。在本方法涵盖的补强适用范围内，与前述等面积补强法具有同样的设计可靠性。

本计算方法可保守地用于带有径向内伸接管的补强计算。

本节给出两种等效的补强计算途径，根据需要可任择其一：

a) 等效应力校核；

b) 补强结构尺寸设计。

有特殊要求(如核能装置中可按本标准进行设计的容器)的压力容器圆筒开孔补强计算，仅可采用等效应力校核方法。

对于内压与接管外载荷共同作用下的圆筒接管开孔补强计算分析方法，将另行单独发布。

6.6.1 适用范围

a) 适用于内压作用下具有单个径向接管的圆筒；

b) 当圆筒具有两个或两个以上开孔时，相邻两开孔边缘的间距不得小于 $2\sqrt{D_i\delta_n}$；

c) 圆筒、接管或补强件的材料，其标准室温屈服强度与标准抗拉强度下限值之比 $R_{eL}/R_m \leqslant 0.8$；

d) 接管或补强件与壳体应采用截面全熔透焊缝，从而确保补强结构的整体性；

e) 对圆筒或接管进行整体补强，应满足补强范围尺寸(自接管、圆筒交线至补强区边缘的距离：对于圆筒 $l > \sqrt{D_i\delta_n}$，对于接管 $l_t > \sqrt{d_o\delta_{nt}}$)，或整体加厚圆筒体；补强范围内的 A、B 类焊接接头不得有任何超标缺陷，必要时应对此提出无损检测要求；

f) 圆筒与接管之间角焊缝的焊脚尺寸应分别不小于 $\delta_n/2$ 和 $\delta_{nt}/2$，接管内壁与圆筒内壁交线处圆角半径在 $\delta_n/8$ 和 $\delta_n/2$ 之间，见图 6-12b)；

g) 本设计方法适用下列参数范围：

$$\rho \leqslant 0.9$$

$$\max[0.5, \rho] \leqslant \delta_{et}/\delta_e \leqslant 2$$

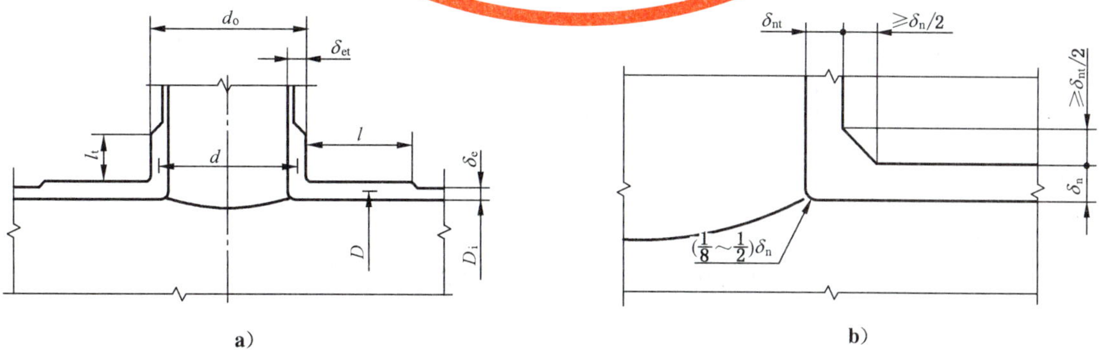

图 6-12 开孔补强设计分析法力学模型

6.6.2 等效应力校核

6.6.2.1 计算步骤

a) 按式(6-37)和式(6-38)计算圆筒与接管中面直径 D,d:

$$D = D_i + \delta_e + 2C_s \quad\cdots\cdots(6\text{-}37)$$

$$d = d_0 - \delta_{et} \quad\cdots\cdots(6\text{-}38)$$

b) 令开孔参数 $\lambda=\rho\sqrt{D/\delta_e}=d/\sqrt{D\delta_e}$,计算 ρ,λ,δ_{et}/δ_e;

c) 由 ρ,λ,δ_{et}/δ_e 查曲线图组 6-13,得 K_m 和 K;

d) 按式(6-39)和式(6-40)计算等效薄膜应力 S_{II} 和等效总应力 S_{IV};

$$S_{\mathrm{II}} = K_m \frac{pD}{2\delta_e} \quad\cdots\cdots(6\text{-}39)$$

$$S_{\mathrm{IV}} = K \frac{pD}{2\delta_e} \quad\cdots\cdots(6\text{-}40)$$

e) 校核,按式(6-41)和式(6-42)计算:

$$S_{\mathrm{II}} \leqslant n_{\mathrm{II}}[\sigma]^t \quad\cdots\cdots(6\text{-}41)$$

$$S_{\mathrm{IV}} \leqslant n_{\mathrm{IV}}[\sigma]^t \quad\cdots\cdots(6\text{-}42)$$

式中:

n_{II} ——取 2.2(对于特殊要求的压力容器,可取 1.5～2.2);

n_{IV} ——取 2.6;

$[\sigma]^t$——设计温度下材料许用应力,MPa,圆筒、接管和补强件的材料不同时,取其中较小者;

$[\sigma]_s^t$——设计温度下圆筒材料许用应力,MPa;

$[\sigma]_t^t$——设计温度下接管材料许用应力,MPa。

6.6.2.2 厚度调整

当不能满足 6.6.2.1 等效应力校核条件时,考虑结构设计的合理性,有以下两种可能方式调整接管或圆筒厚度;

a) 直接适当增加圆筒厚度,按 6.6.2.1 步骤重新计算,直到满足校核条件。

b) 首先增加接管厚度,必要时再增加圆筒厚度:

1) 确定圆筒计算厚度 δ:

$$\delta = \frac{pD}{2[\sigma]_s^t} \quad\cdots\cdots(6\text{-}43)$$

2) 针对不满足校核条件的 S_{II}(或 S_{IV})计算:

$$K'_m = n_{\mathrm{II}} \frac{\delta_e}{\delta} \cdot \frac{[\sigma]^t}{[\sigma]_s^t} \quad \left(\text{或 } K' = 2.6 \frac{\delta_e}{\delta} \cdot \frac{[\sigma]^t}{[\sigma]_s^t}\right) \quad\cdots\cdots(6\text{-}44)$$

3) 在曲线图组 6-13 中,在开孔率 $\rho=d/D$ 的曲线纵坐标 K_m(或 K)上找到 K'_m(或 K')值,过此点沿水平线向右移与对应的 λ 值竖直线相交,由交点得到该族曲线参数$[\delta_{et}/\delta_e]$值,遇中间值时采用内插法;

4) 以$[\delta_{et}/\delta_e]$比例增加接管厚度;

5) 在 3)中,如果交点超出了$[\delta_{et}/\delta_e]$曲线族的范围,不允许外延取值,应考虑增加圆筒厚度 δ_e,再按 6.6.2.1 重新计算,直到满足校核条件。

6.6.2.3 等效应力校核计算表(见表 6-2)

表 6-2 圆筒开孔补强等效应力校核计算表

一、已知条件					
设计压力	MPa	$p=$			
设计温度	℃				
		圆筒		接管	
材料许用应力	MPa	$[\sigma]_s^t=$		$[\sigma]_t^t=$	
内径(外径)	mm	$D_i=$		$d_0=$	
名义厚度	mm	$\delta_n=$		$\delta_{nt}=$	
厚度附加量	mm	$C_s=$		$C_t=$	
二、参数计算					
		圆筒		接管	
有效厚度	mm	$\delta_e=$	δ_n-C_s	$\delta_{et}=$	$\delta_{nt}-C_t$
中面直径	mm	$D=$	$D_i+\delta_e+2C_s$	$d=$	$d_0-\delta_{et}$
环向薄膜应力	MPa	$\sigma_0=$	$pD/2\delta_e$		
材料许用应力	MPa	$[\sigma]^t=$	$\min([\sigma]_s^t,[\sigma]_t^t)$		
参数		$\delta_{et}/\delta_e=$			
参数		$D/\delta_e=$			
开孔率		ρ	d/D		
三、查图					
		路径一		路径二	
ρ向下、上圆整至		$\rho_{(1)}$	$\rho_{(2)}$	$\rho_{(1)}$	$\rho_{(2)}$
$\lambda=\rho\sqrt{D/\delta_e}$		$\lambda_{(1)}=\rho_{(1)}\sqrt{D/\delta_e}$	$\lambda_{(2)}=\rho_{(2)}\sqrt{D/\delta_e}$	$\lambda=d/\sqrt{D\times\delta_e}$	
查图,$K_m=$		$K_{m(1)}$	$K_{m(2)}$	$K_{m(1)}$	$K_{m(2)}$
查图,$K=$		$K_{(1)}$	$K_{(2)}$	$K_{(1)}$	$K_{(2)}$
K_m(按ρ内插)					
K(按ρ内插)					
四、结果及校核					
等效薄膜应力	MPa	$S_{II}=$	$K_m\sigma_0$	$K_m\sigma_0$	
等效总应力	MPa	$S_{IV}=$	$K\sigma_0$	$K\sigma_0$	
许用值$[S_{II}]$	MPa	$[S_{II}]=$	$n_{II}[\sigma]^t$	$n_{II}[\sigma]^t$	
许用值$[S_{IV}]$	MPa	$[S_{IV}]=$	$2.6[\sigma]^t$	$2.6[\sigma]^t$	
校核		$S_{II}\leqslant[S_{II}]$			
		$S_{IV}\leqslant[S_{IV}]$			
注：表中并列路径一、路径二，可任择其一。					

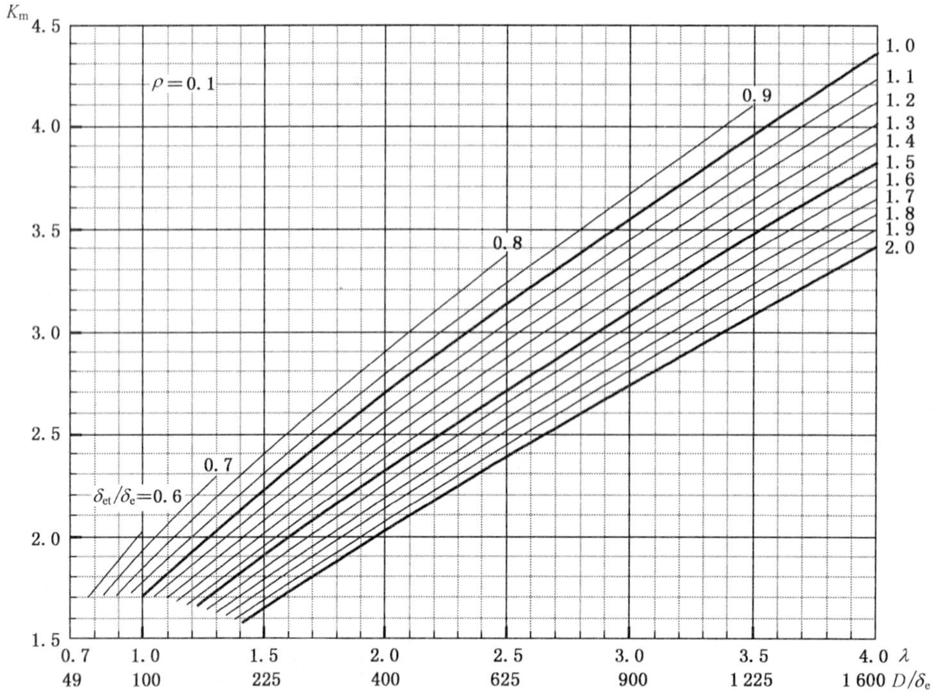

K_m
4.5
4.0
3.5
3.0
2.5
2.0
1.5
ρ=0.1
δ_{et}/δ_e=0.6
0.7
0.8
0.9
1.0
1.1
1.2
1.3
1.4
1.5
1.6
1.7
1.8
1.9
2.0
0.7 1.0 1.5 2.0 2.5 3.0 3.5 4.0 λ
49 100 225 400 625 900 1 225 1 600 D/δ_e

a)

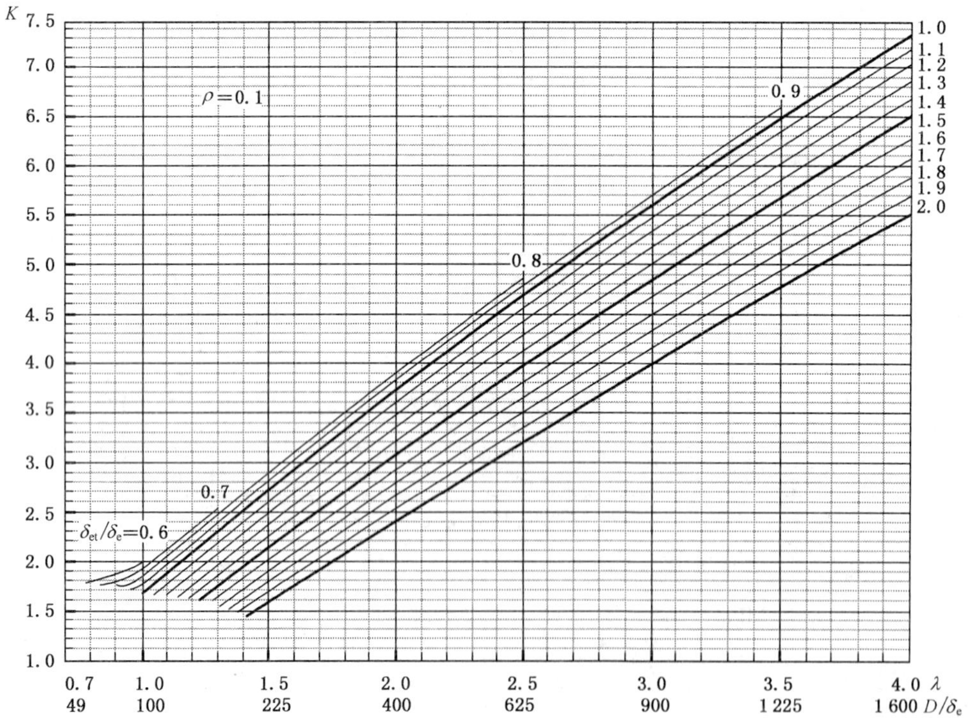

K
7.5
7.0
6.5
6.0
5.5
5.0
4.5
4.0
3.5
3.0
2.5
2.0
1.5
1.0
ρ=0.1
δ_{et}/δ_e=0.6
0.7
0.8
0.9
1.0
1.1
1.2
1.3
1.4
1.5
1.6
1.7
1.8
1.9
2.0
0.7 1.0 1.5 2.0 2.5 3.0 3.5 4.0 λ
49 100 225 400 625 900 1 225 1 600 D/δ_e

b)

图 6-13

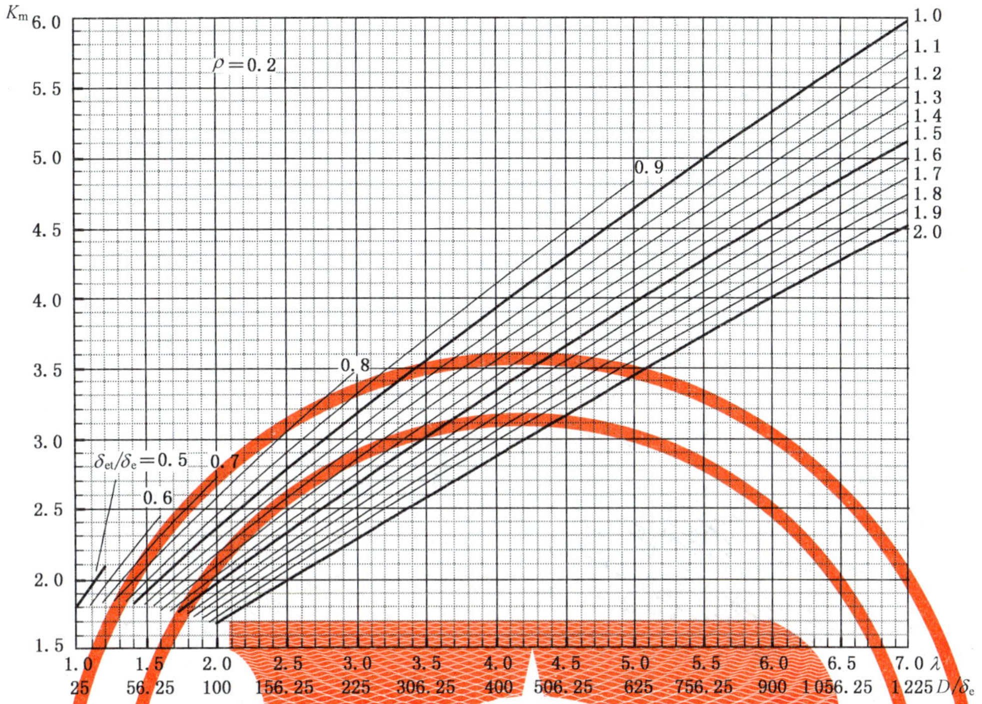
K_m
6.0
5.5
5.0
4.5
4.0
3.5
3.0
2.5
2.0
1.5
$\rho=0.2$
$\delta_{et}/\delta_e=0.5$
0.6
0.7
0.8
0.9
1.0
1.1
1.2
1.3
1.4
1.5
1.6
1.7
1.8
1.9
2.0
1.0 1.5 2.0 2.5 3.0 3.5 4.0 4.5 5.0 5.5 6.0 6.5 7.0 λ
25 56.25 100 156.25 225 306.25 400 506.25 625 756.25 900 1 056.25 1 225 D/δ_e

c)

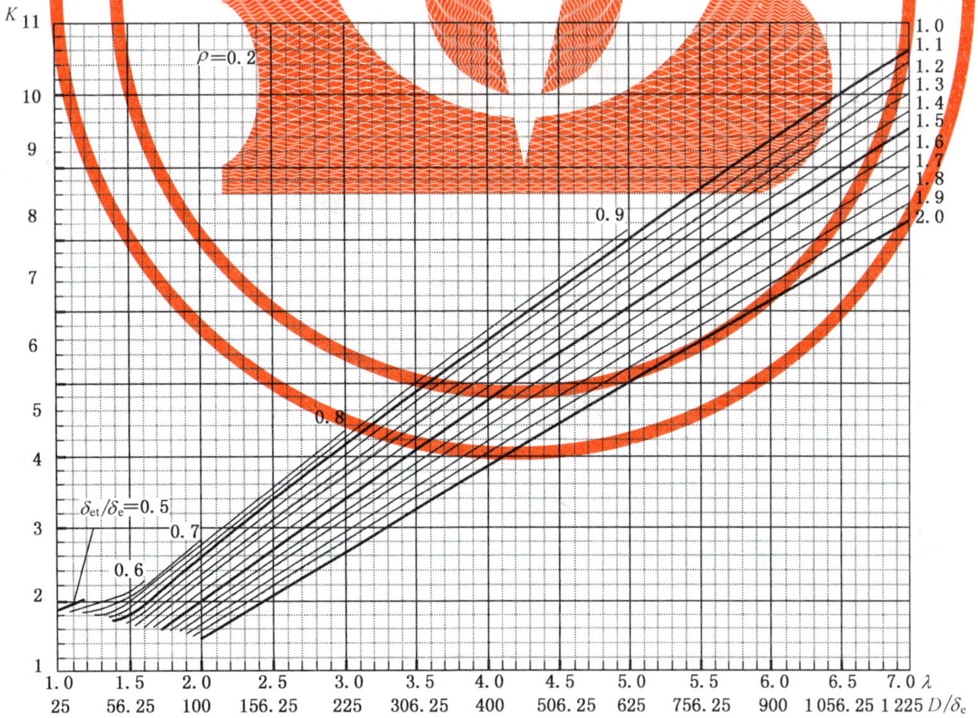
K
11
10
9
8
7
6
5
4
3
2
1
$\rho=0.2$
$\delta_{et}/\delta_e=0.5$
0.6
0.7
0.8
0.9
1.0
1.1
1.2
1.3
1.4
1.5
1.6
1.7
1.8
1.9
2.0
1.0 1.5 2.0 2.5 3.0 3.5 4.0 4.5 5.0 5.5 6.0 6.5 7.0 λ
25 56.25 100 156.25 225 306.25 400 506.25 625 756.25 900 1 056.25 1 225 D/δ_e

d)

图 6-13（续）

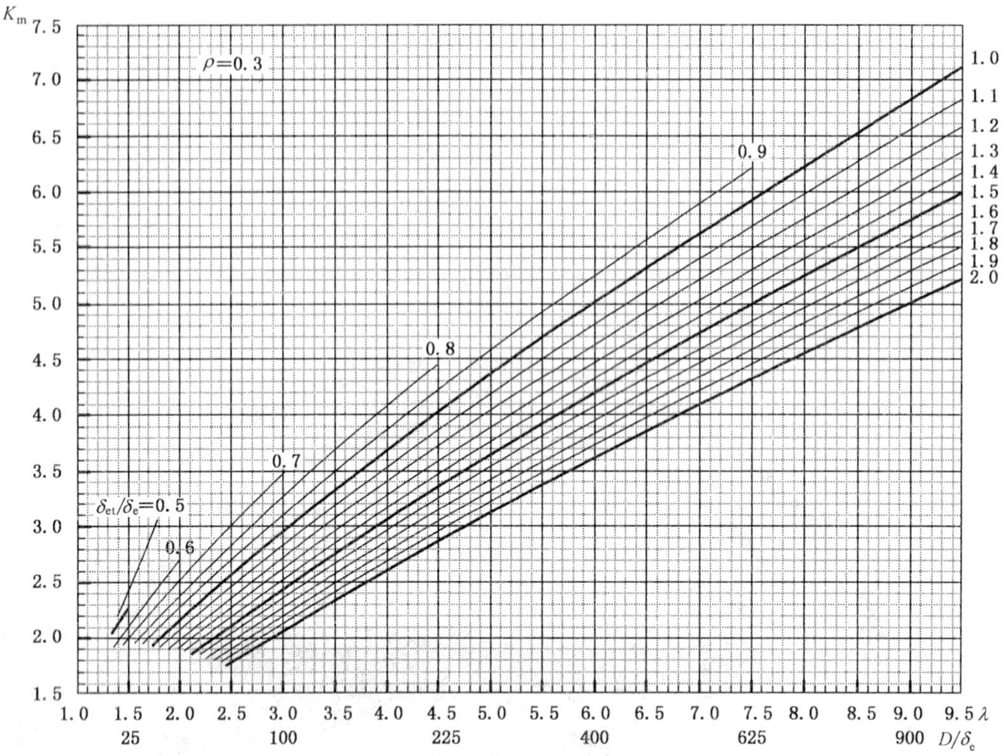

K_m
7.5
7.0
6.5
6.0
5.5
5.0
4.5
4.0
3.5
3.0
2.5
2.0
1.5
ρ=0.3
δ_{et}/δ_e=0.5
0.6
0.7
0.8
0.9
1.0
1.1
1.2
1.3
1.4
1.5
1.6
1.7
1.8
1.9
2.0
1.0 1.5 2.0 2.5 3.0 3.5 4.0 4.5 5.0 5.5 6.0 6.5 7.0 7.5 8.0 8.5 9.0 9.5 λ
25 100 225 400 625 900 D/δ_e

e)

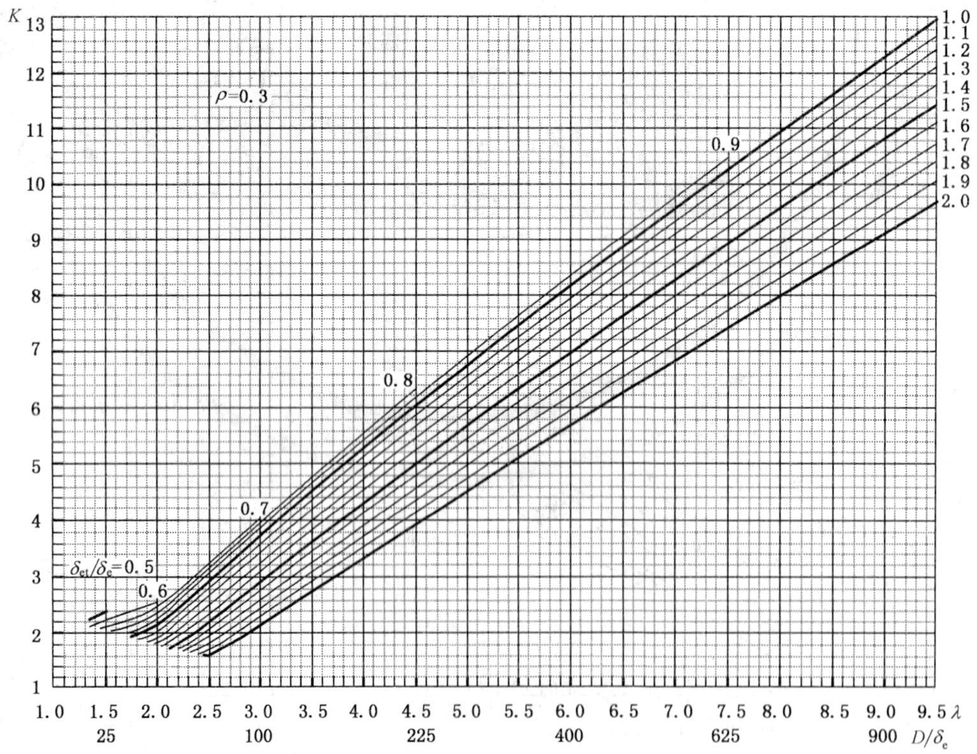

K
13
12
11
10
9
8
7
6
5
4
3
2
1
ρ=0.3
δ_{et}/δ_e=0.5
0.6
0.7
0.8
0.9
1.0
1.1
1.2
1.3
1.4
1.5
1.6
1.7
1.8
1.9
2.0
1.0 1.5 2.0 2.5 3.0 3.5 4.0 4.5 5.0 5.5 6.0 6.5 7.0 7.5 8.0 8.5 9.0 9.5 λ
25 100 225 400 625 900 D/δ_e

f)

图 6-13（续）

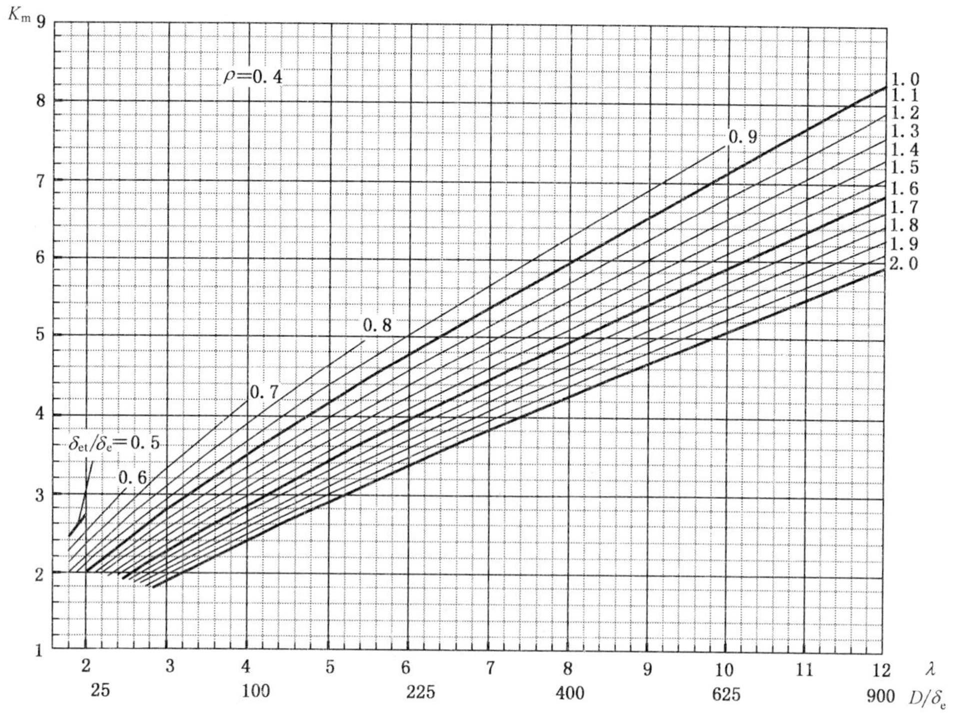

K_m
ρ=0.4
1.0
1.1
1.2
1.3
1.4
1.5
1.6
1.7
1.8
1.9
2.0
0.9
0.8
0.7
δ_{et}/δ_e=0.5
0.6
λ
D/δ_e
25
100
225
400
625
900

g)

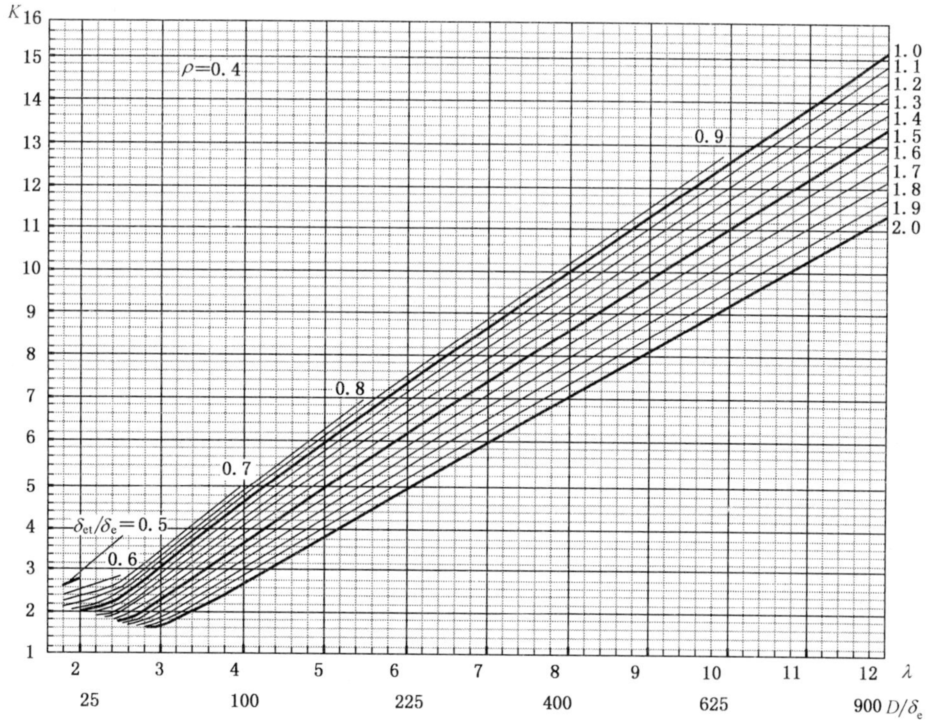

K
ρ=0.4
1.0
1.1
1.2
1.3
1.4
1.5
1.6
1.7
1.8
1.9
2.0
0.9
0.8
0.7
δ_{et}/δ_e=0.5
0.6
λ
D/δ_e
25
100
225
400
625
900

h)

图 6-13（续）

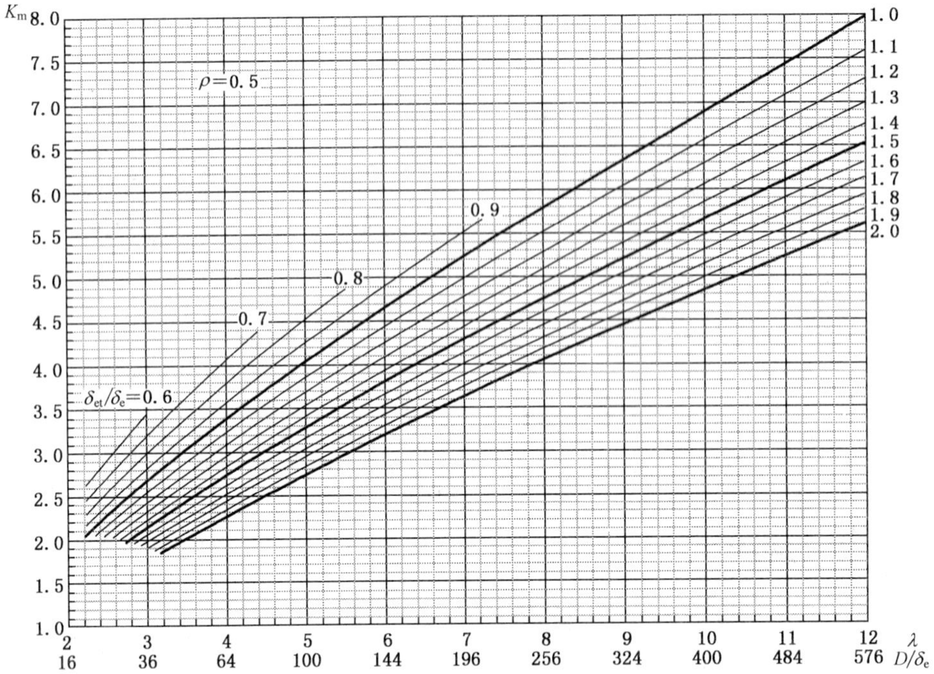
K_m
8.0
7.5
7.0
6.5
6.0
5.5
5.0
4.5
4.0
3.5
3.0
2.5
2.0
1.5
1.0
ρ=0.5
0.9
0.8
0.7
δet/δe=0.6
1.0
1.1
1.2
1.3
1.4
1.5
1.6
1.7
1.8
1.9
2.0
2 3 4 5 6 7 8 9 10 11 12 λ
16 36 64 100 144 196 256 324 400 484 576 D/δe

i）

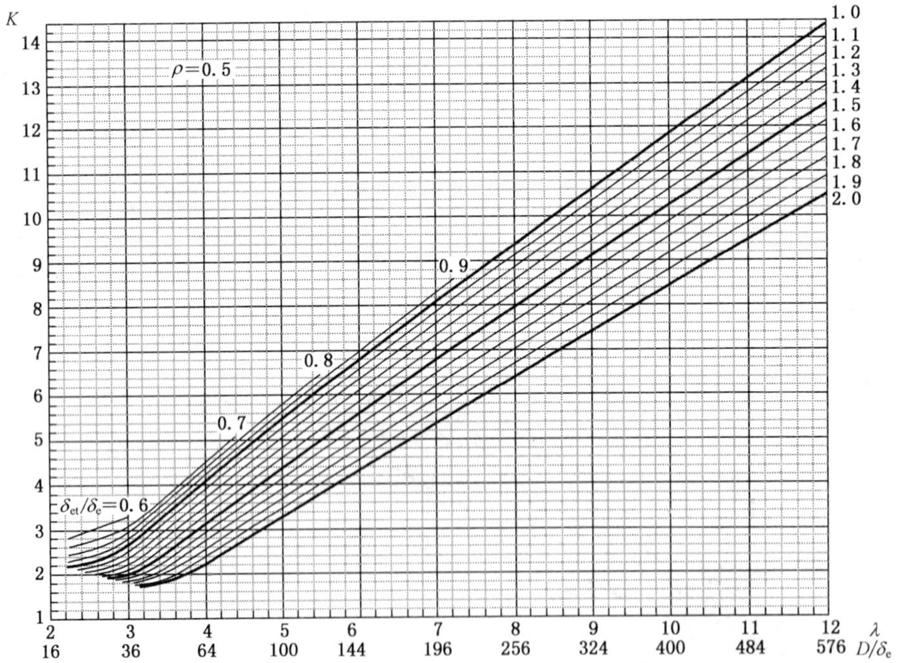
K
14
13
12
11
10
9
8
7
6
5
4
3
2
1
ρ=0.5
0.9
0.8
0.7
δet/δe=0.6
1.0
1.1
1.2
1.3
1.4
1.5
1.6
1.7
1.8
1.9
2.0
2 3 4 5 6 7 8 9 10 11 12 λ
16 36 64 100 144 196 256 324 400 484 576 D/δe

j）

图 6-13（续）

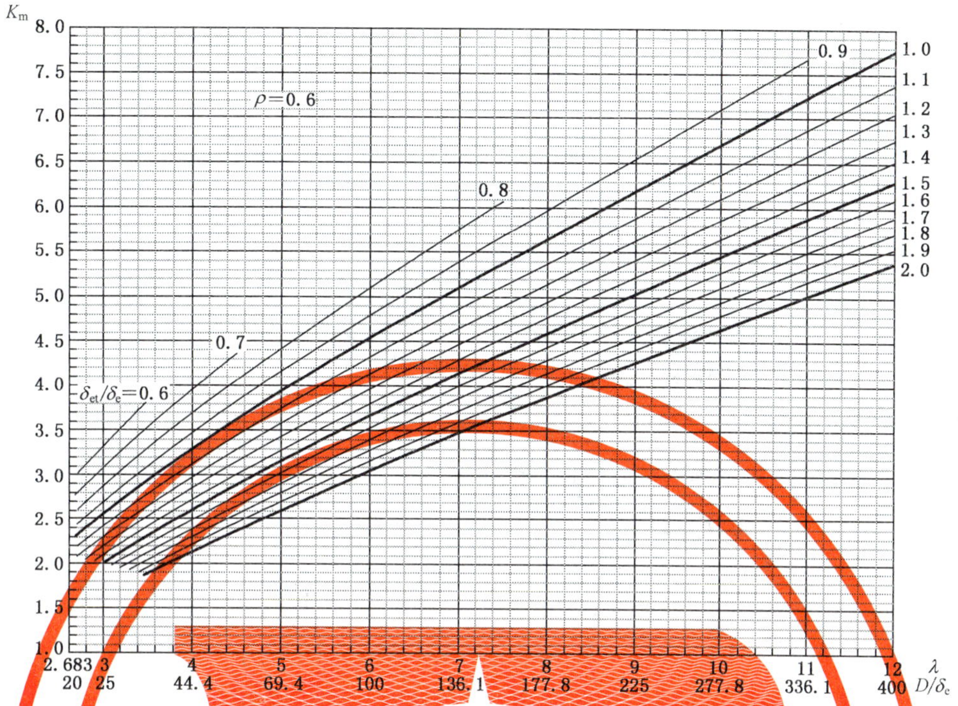
K_m
ρ=0.6
δ_{et}/δ_e=0.6
0.7
0.8
0.9
1.0
1.1
1.2
1.3
1.4
1.5
1.6
1.7
1.8
1.9
2.0
λ
D/δ_e

k)

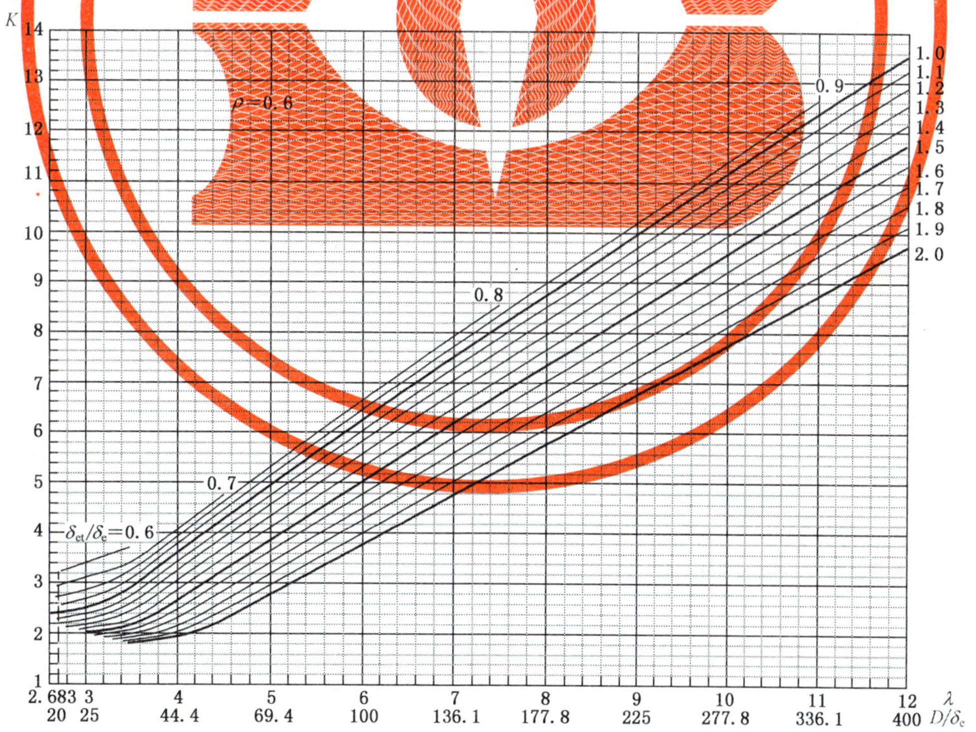
K
ρ=0.6
δ_{et}/δ_e=0.6
0.7
0.8
0.9
1.0
1.1
1.2
1.3
1.4
1.5
1.6
1.7
1.8
1.9
2.0
λ
D/δ_e

l)

图 6-13（续）

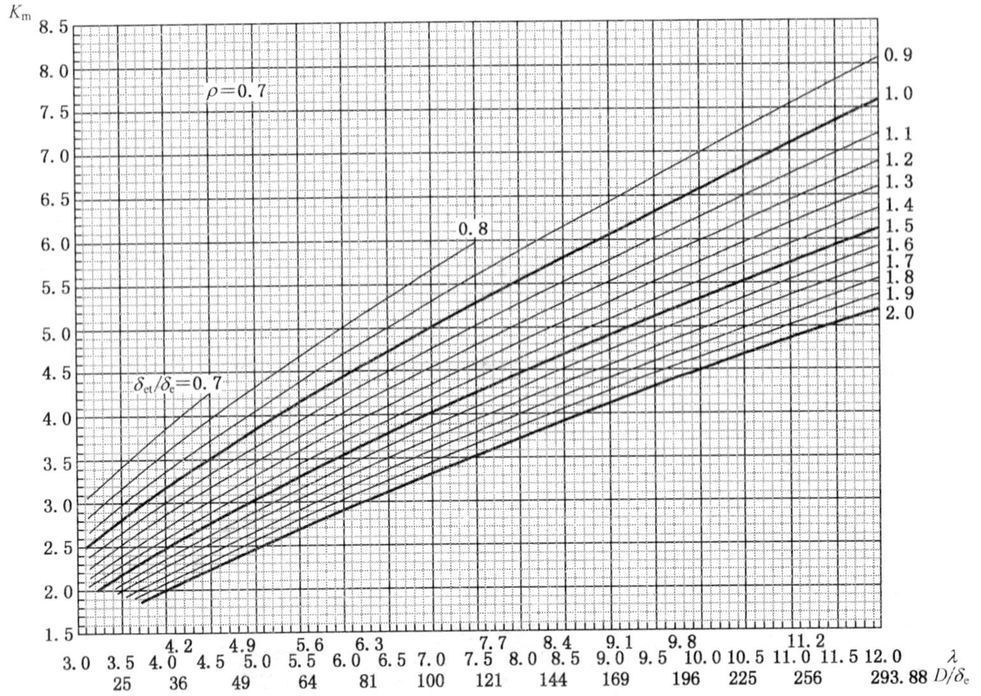
K_m
8.5
8.0
7.5
7.0
6.5
6.0
5.5
5.0
4.5
4.0
3.5
3.0
2.5
2.0
1.5
ρ=0.7
0.8
δ_{et}/δ_e=0.7
0.9
1.0
1.1
1.2
1.3
1.4
1.5
1.6
1.7
1.8
1.9
2.0
4.2 4.9 5.6 6.3 7.7 8.4 9.1 9.8 11.2
3.0 3.5 4.0 4.5 5.0 5.5 6.0 6.5 7.0 7.5 8.0 8.5 9.0 9.5 10.0 10.5 11.0 11.5 12.0 λ
25 36 49 64 81 100 121 144 169 196 225 256 293.88 D/δ_e

m)

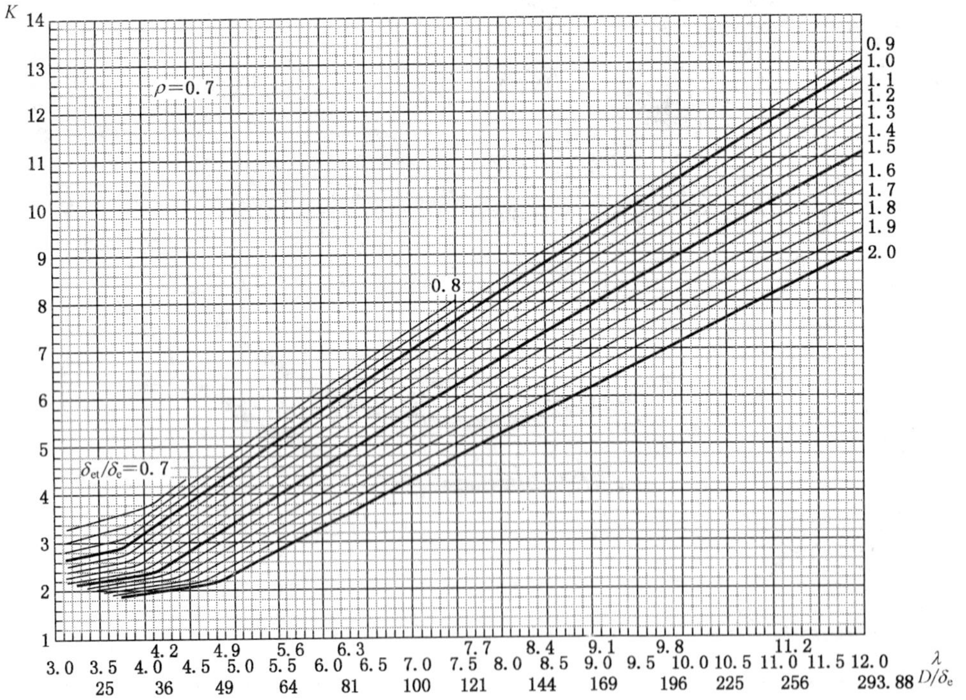
K
14
13
12
11
10
9
8
7
6
5
4
3
2
1
ρ=0.7
0.8
δ_{et}/δ_e=0.7
0.9
1.0
1.1
1.2
1.3
1.4
1.5
1.6
1.7
1.8
1.9
2.0
4.2 4.9 5.6 6.3 7.7 8.4 9.1 9.8 11.2
3.0 3.5 4.0 4.5 5.0 5.5 6.0 6.5 7.0 7.5 8.0 8.5 9.0 9.5 10.0 10.5 11.0 11.5 12.0 λ
25 36 49 64 81 100 121 144 169 196 225 256 293.88 D/δ_e

n)

图 6-13（续）

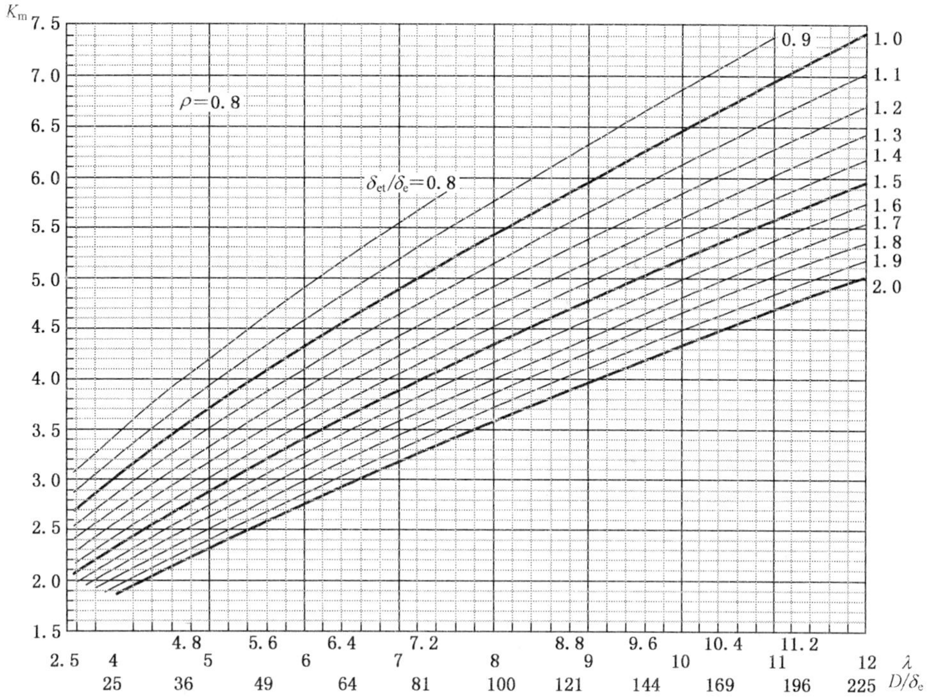
K_m
ρ=0.8
δ_{et}/δ_e=0.8
0.9
1.0
1.1
1.2
1.3
1.4
1.5
1.6
1.7
1.8
1.9
2.0
λ
D/δ_e

o)

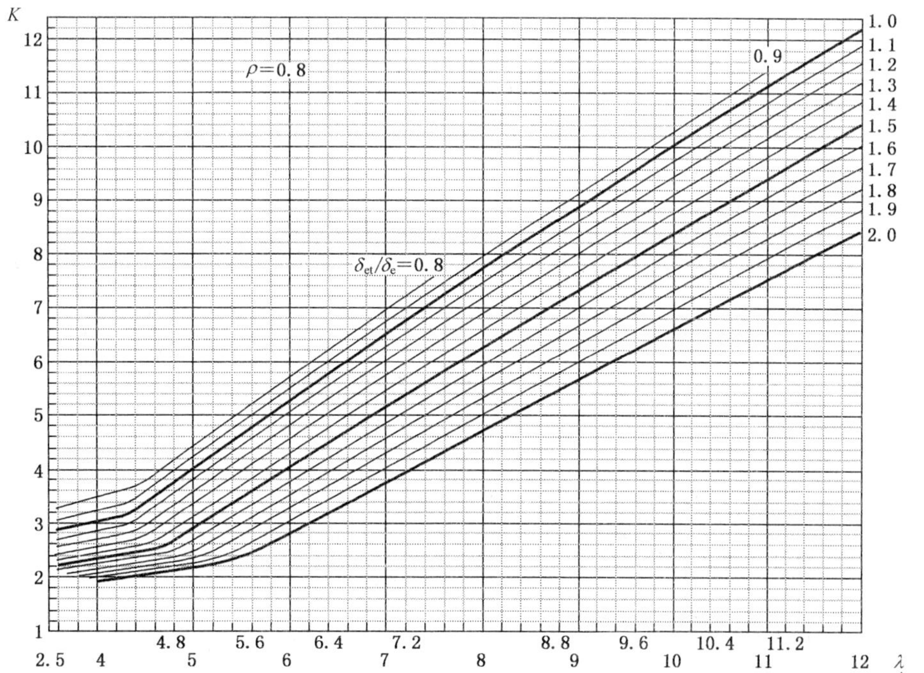
K
ρ=0.8
δ_{et}/δ_e=0.8
0.9
1.0
1.1
1.2
1.3
1.4
1.5
1.6
1.7
1.8
1.9
2.0
λ
D/δ_e

p)

图 6-13（续）

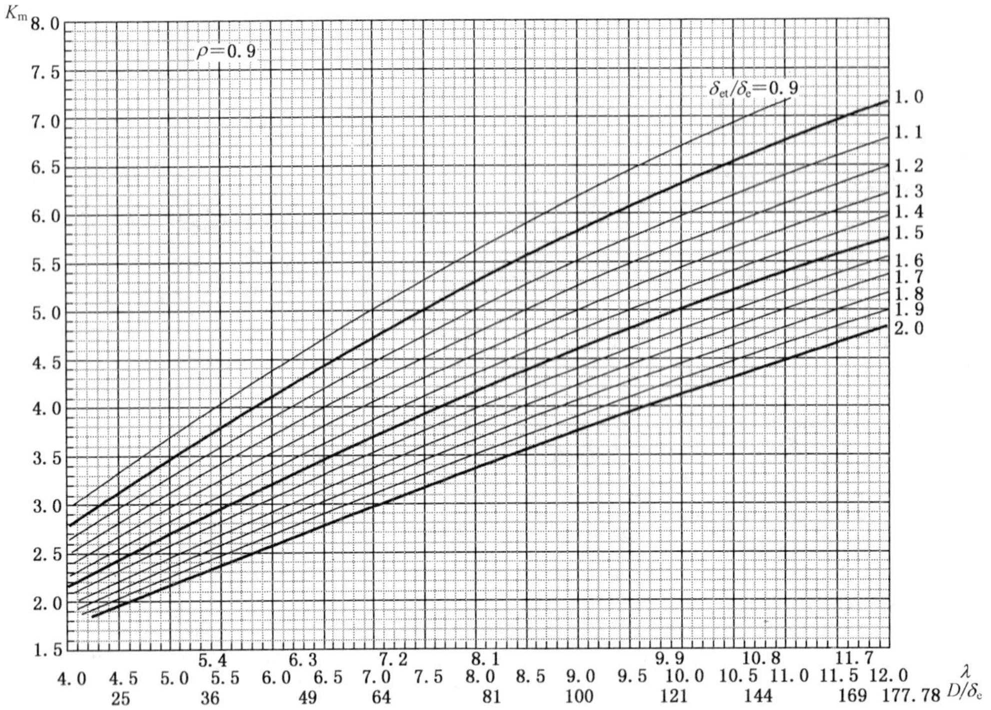
K_m
8.0
7.5
7.0
6.5
6.0
5.5
5.0
4.5
4.0
3.5
3.0
2.5
2.0
1.5
ρ=0.9
δ_{et}/δ_e=0.9
1.0
1.1
1.2
1.3
1.4
1.5
1.6
1.7
1.8
1.9
2.0
5.4 6.3 7.2 8.1 9.9 10.8 11.7
4.0 4.5 5.0 5.5 6.0 6.5 7.0 7.5 8.0 8.5 9.0 9.5 10.0 10.5 11.0 11.5 12.0
25 36 49 64 81 100 121 144 169 177.78
λ
D/δ_e

q)

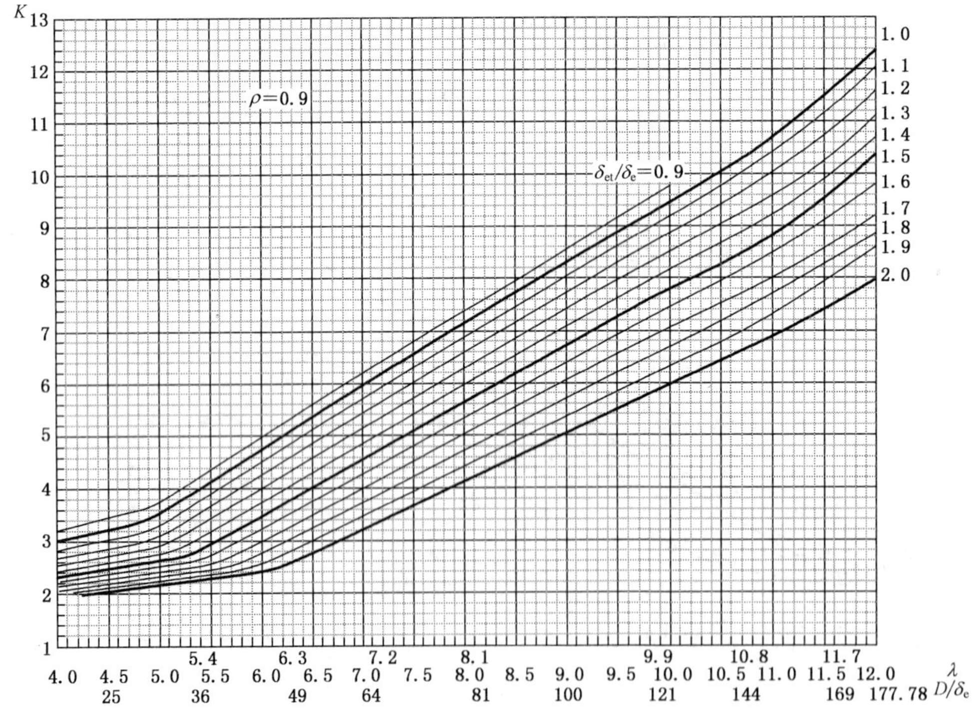
K
13
12
11
10
9
8
7
6
5
4
3
2
1
ρ=0.9
δ_{et}/δ_e=0.9
1.0
1.1
1.2
1.3
1.4
1.5
1.6
1.7
1.8
1.9
2.0
5.4 6.3 7.2 8.1 9.9 10.8 11.7
4.0 4.5 5.0 5.5 6.0 6.5 7.0 7.5 8.0 8.5 9.0 9.5 10.0 10.5 11.0 11.5 12.0
25 36 49 64 81 100 121 144 169 177.78
λ
D/δ_e

r)

图 6-13（续）

6.6.3 补强结构尺寸设计

6.6.3.1 设计计算步骤

a) 根据强度与结构设计初步设定圆筒与接管的初始厚度 $\delta_e^{(0)}$、$\delta_{et}^{(0)}$；

b) 计算圆筒与接管中面半径 R、r：

$$R=D/2=(D_i+\delta_e^{(0)})/2+C_s$$

$$r=d/2=(d_0-\delta_{et}^{(0)})/2$$

c) 计算开孔率：

$$\rho=d/D=r/R$$

d) 计算中间参数：

$$U=[\sigma]^t/p(=R/\delta=r/\delta_t)$$

e) 求取圆筒与接管的计算厚度：

$$\delta=R/U$$

$$\delta_t=r/U$$

f) 计算初始补强系数：

$$h^{(0)}=\delta_e^{(0)}/\delta$$

$$g^{(0)}=\delta_{et}^{(0)}/\delta_t$$

g) 考虑结构设计的合理性，从以下两种可能方式(见表 6-3 中方式一和方式二)中任选一种，求取接管或圆筒所需厚度：

1) 方式一

令 $h=h^{(0)}$，由 ρ、U、h 查曲线图组 6-14，遇中间值采用内插法，得到 g_{min}(超出曲线的取值范围时，不得外延取值，应改变 $h^{(0)}$ 取值，重新进行计算)。

计算：$(\delta_t)_{min}=g_{min}\delta_t$

校核：$(\delta_t)_{min}\leqslant\delta_{et}^{(0)}$

2) 方式二

令 $g=g^{(0)}$，由 ρ、U、g 查图组 6-14，遇中间值采用内插法，步骤如下：在插值区间的两开孔率端点处 $\rho_{(1)}$、$\rho_{(2)}$，分别计算得到相应的接管中径 $d_{(1)}$、$d_{(2)}$ 和计算厚度 $\delta_{t(1)}$、$\delta_{t(2)}$，进而计算相应的接管补强系数：

$g_{(1)}=\delta_{et}^{(0)}/\delta_{t(1)}$

$g_{(2)}=\delta_{et}^{(0)}/\delta_{t(2)}$

查图，由 $\rho_{(1)}$、U、$g_{(1)}$ 得到 $h_{(1)}$，由 $\rho_{(2)}$、U、$g_{(2)}$ 得到 $h_{(2)}$；

再以 ρ 在 $h_{(1)}$、$h_{(2)}$ 之间插值，得到 h_{min}(超出曲线的取值范围时，不得外延取值，应改变 $g^{(0)}$ 取值，重新进行计算)；

计算：$\delta_{min}=h_{min}\delta$

校核：$\delta_{min}\leqslant\delta_e^{(0)}$

h) 当不能满足上述校核条件时，应适当增加接管或圆筒有效厚度，重新计算至满足校核条件。

6.6.3.2 补强结构尺寸设计表(见表 6-3)

表 6-3 圆筒开孔补强结构尺寸设计计算表

一、已知条件					
设计压力	MPa	$p=$			
设计温度	℃				
		圆筒		接管	
材料许用应力	MPa	$[\sigma]_s^t=$		$[\sigma]_t^t=$	
内径(外径)	mm	$D_i=$		$d_o=$	
名义厚度	mm	$\delta_n=$		$\delta_{nt}=$	
壁厚附加量	mm	$C_s=$		$C_t=$	
二、参数计算					
		圆筒		接管	
有效厚度	mm	$\delta_e^{(0)}=$	δ_n-C_s	$\delta_{et}^{(0)}=$	$\delta_{nt}-C_t$
中面直径	mm	$D=$	$D_i+\delta_e^{(0)}+2C_s$	$d=$	$d_0-\delta_{et}^{(0)}$
材料许用应力	MPa	$[\sigma]^t=$	$\min([\sigma]_s^t,[\sigma]_t^t)$		
中间参数	MPa	$U=$	S_m/p		
计算厚度	mm	$\delta=$	R/U	$\delta_t=$	r/U
补强系数		$h^{(0)}=$	$\delta_e^{(0)}/\delta$	$g^{(0)}=$	$\delta_{et}^{(0)}/\delta_t$
开孔率		ρ	d/D		
三、查图及结果					
ρ向下、上圆整至		$\rho_{(1)}=$		$\rho_{(2)}=$	
方式一 令 $h=h^{(0)}$	由 ρ,U,h 查曲线得 g				
查图,由 U、h 查得 g		$g_{(1)}=$	$g[U,h,\rho_{(1)}]$	$g_{(2)}=$	$g[U,h,\rho_{(2)}]$
按 ρ 内插得 g_{min}		$g_{min}=$			
需接管最小壁厚 $(\delta_t)_{min}$	mm	$(\delta_t)_{min}=$	$g_{min}\delta_t$		
校核		要求 $\delta_{et}^{(0)}\geqslant(\delta_t)_{min}$			
方式二 令 $g=g^{(0)}$	由 ρ,U,g 查曲线得 h				
接管中径 $d_{(n)}$	mm	$d_{(1)}=$	$D\rho_{(1)}$	$d_{(2)}=$	$D\rho_{(2)}$
接管计算厚度 $\delta_{t(n)}$	mm	$\delta_{t(1)}=$	$d_{(1)}/2U$	$\delta_{t(2)}=$	$d_{(2)}/2U$
计算 $g_{(n)}$		$g_{(1)}$	$\delta_{et}^{(0)}/\delta_{t(1)}$	$g_{(2)}=$	$\delta_{et}^{(0)}/\delta_{t(2)}$
查图,由 U,$g_{(n)}$ 查得 h		$h_{(1)}=$	$h[U,g_{(1)},\rho_{(1)}]$	$h_{(2)}=$	$h[U,g_{(2)},\rho_{(2)}]$
按 ρ 内插得 h_{min}	mm	$h_{min}=$			
需筒体最小厚度 δ_{min}		$\delta_{min}=$	$h_{min}\delta$		
校核		要求 $\delta_e^{(0)}\geqslant\delta_{min}$			

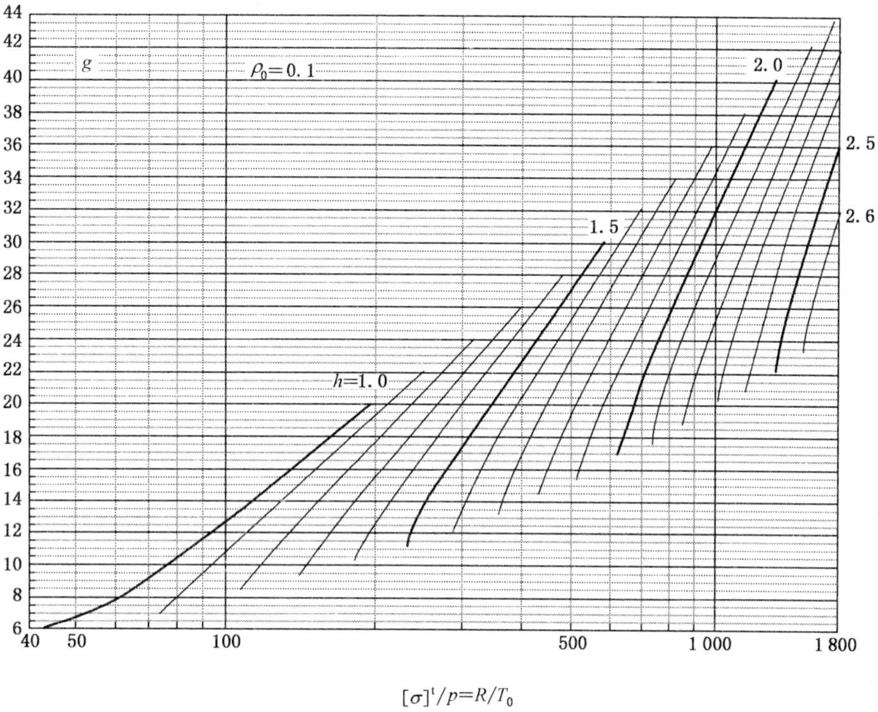

44
42
40
38
36
34
32
30
28
26
24
22
20
18
16
14
12
10
8
6
g
ρ_0=0.1
h=1.0
1.5
2.0
2.5
2.6
40
50
100
500
1 000
1 800
$[\sigma]^t/p=R/T_0$

a）

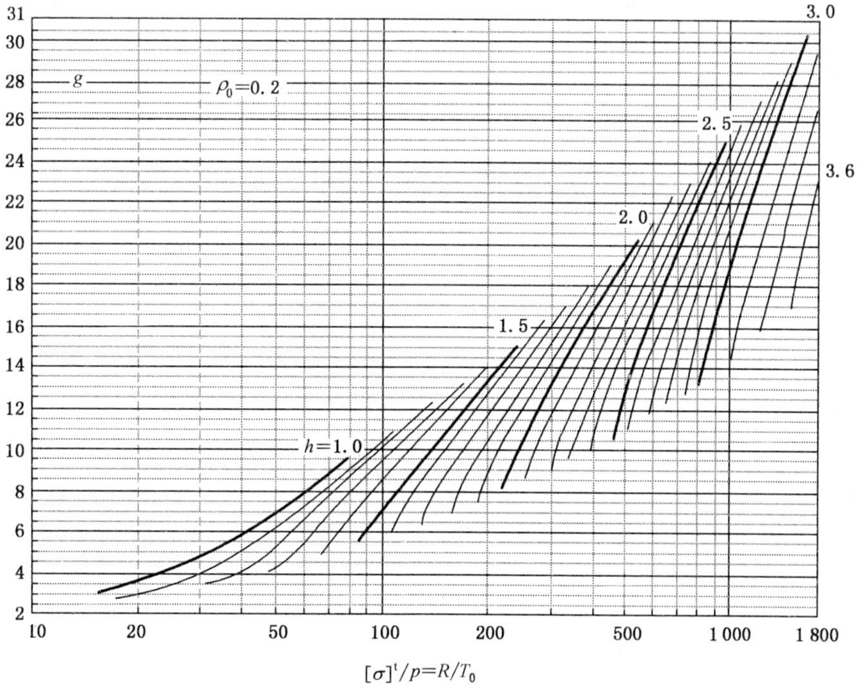

31
30
28
26
24
22
20
18
16
14
12
10
8
6
4
2
g
ρ_0=0.2
h=1.0
1.5
2.0
2.5
3.0
3.6
10
20
50
100
200
500
1 000
1 800
$[\sigma]^t/p=R/T_0$

b）

图 6-14

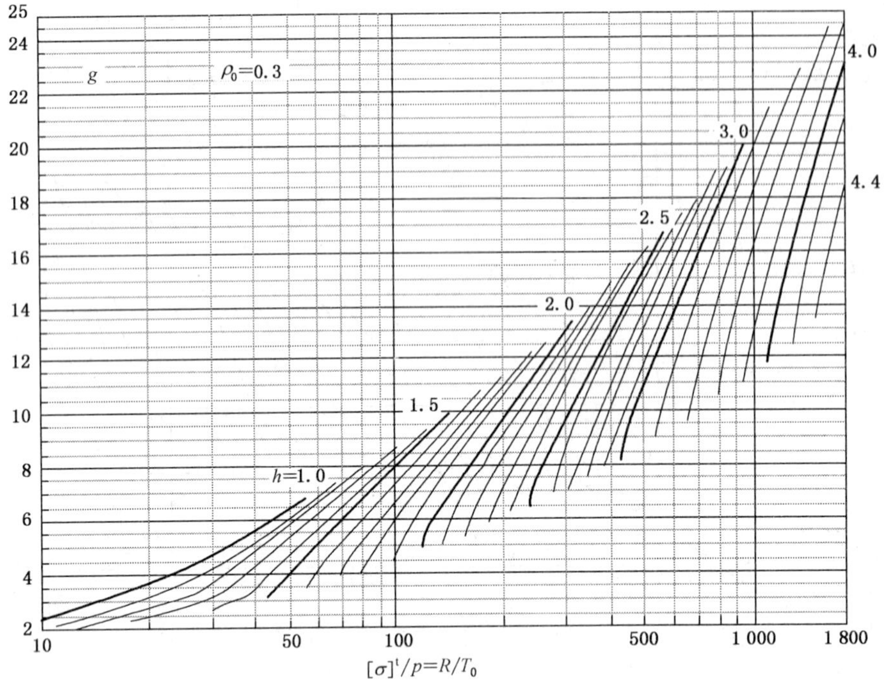
g
ρ_0=0.3
h=1.0
1.5
2.0
2.5
3.0
4.0
4.4
$[\sigma]^t/p=R/T_0$

c)

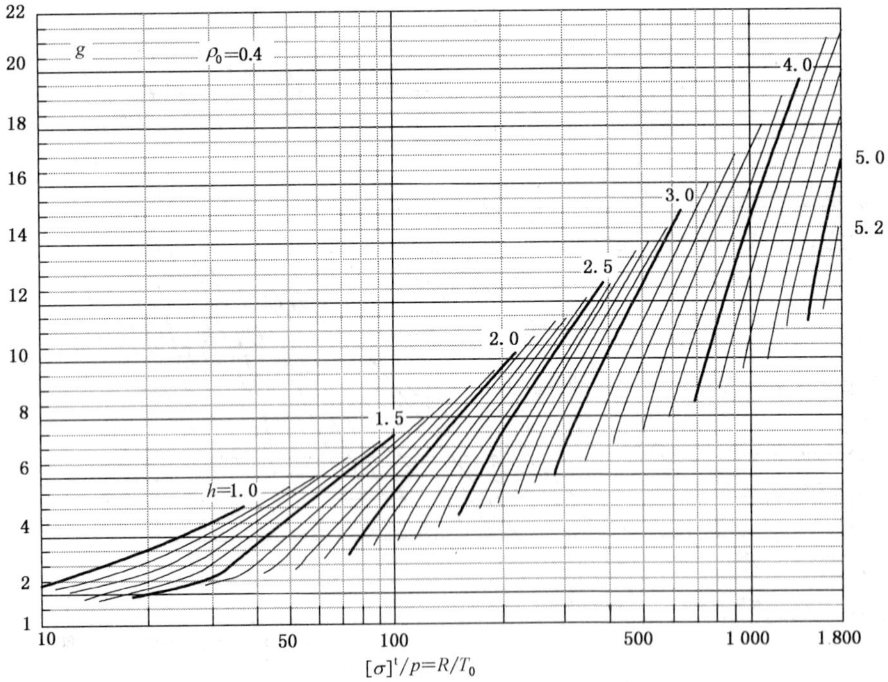
g
ρ_0=0.4
h=1.0
1.5
2.0
2.5
3.0
4.0
5.0
5.2
$[\sigma]^t/p=R/T_0$

d)

图 6-14（续）

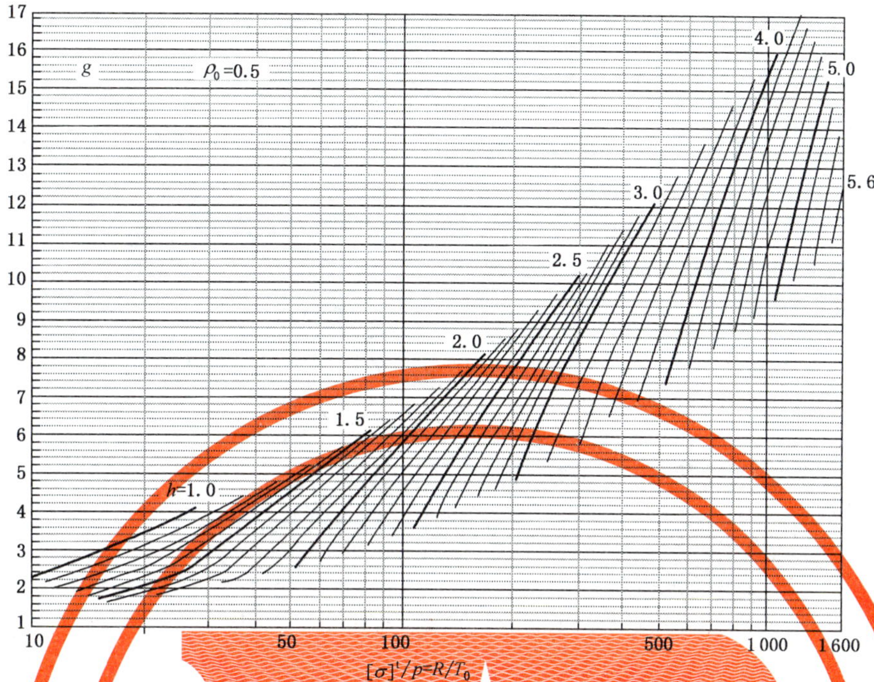
g
ρ_0=0.5
h=1.0
1.5
2.0
2.5
3.0
4.0
5.0
5.6
$[\sigma]^t/p=R/T_0$

e)

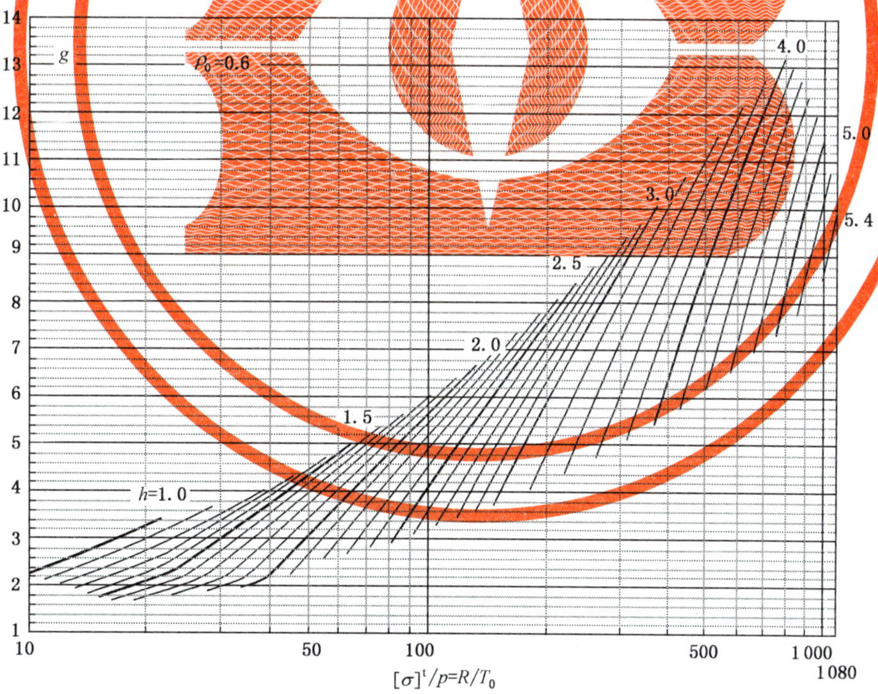
g
ρ_0=0.6
h=1.0
1.5
2.0
2.5
3.0
4.0
5.0
5.4
$[\sigma]^t/p=R/T_0$

f)

图 6-14（续）

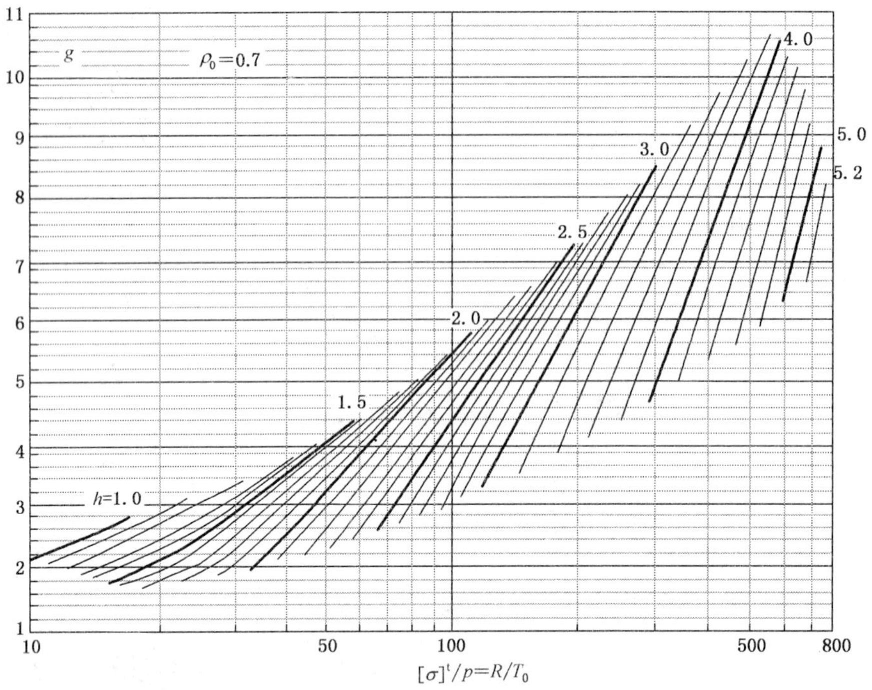

g
ρ_0=0.7
h=1.0
1.5
2.0
2.5
3.0
4.0
5.0
5.2
11
10
9
8
7
6
5
4
3
2
1
10
50
100
500
800
[σ]ᵗ/p=R/T₀

g）

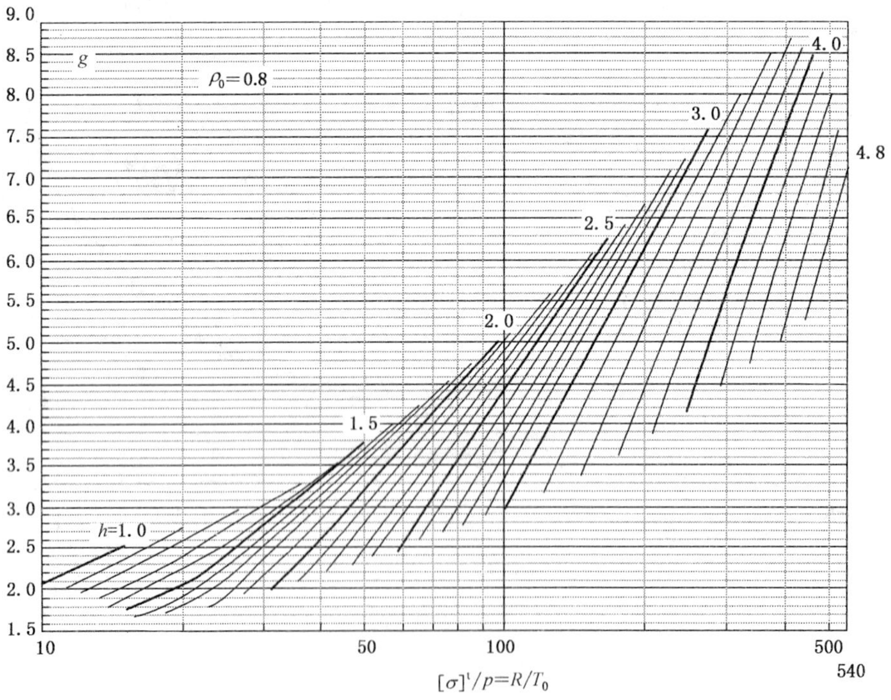

g
ρ_0=0.8
h=1.0
1.5
2.0
2.5
3.0
4.0
4.8
9.0
8.5
8.0
7.5
7.0
6.5
6.0
5.5
5.0
4.5
4.0
3.5
3.0
2.5
2.0
1.5
10
50
100
500
540
[σ]ᵗ/p=R/T₀

h）

图 6-14（续）

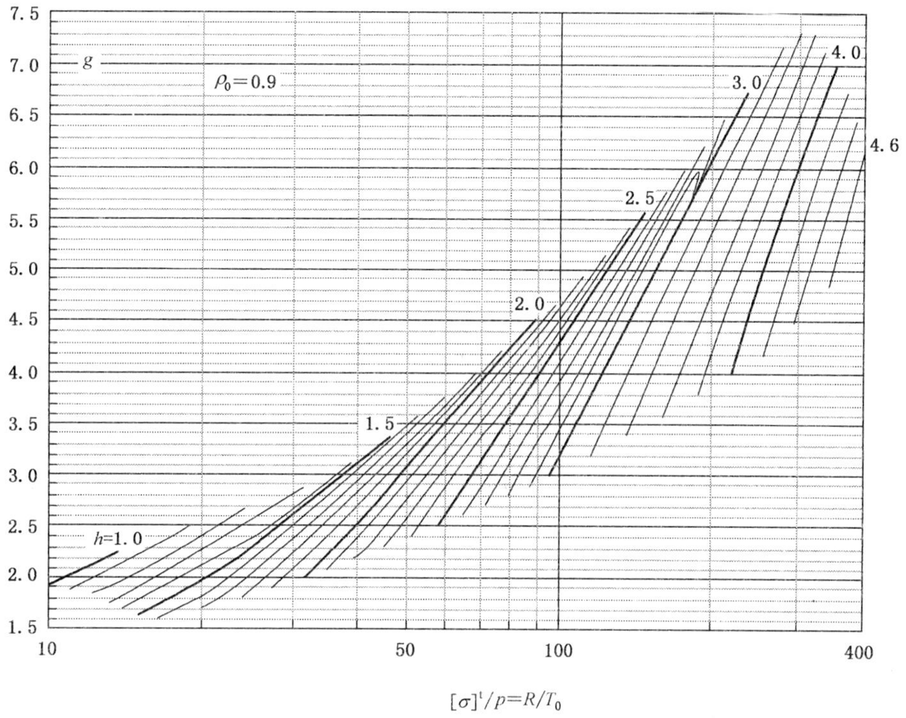

i)

图 6-14（续）

7 法兰

7.1 总则

7.1.1 本章适用于承受流体静压力及垫片压紧力作用的螺栓法兰连接的设计。当选用 JB/T 4700～4707 标准时，可免除本章计算。

7.1.2 螺栓法兰连接设计包括：

a) 确定垫片材料、型式及尺寸；

b) 确定螺栓材料、规格及数量；

c) 确定法兰材料、密封面型式及结构尺寸；

d) 进行应力校核，计算中所有尺寸均不包括腐蚀裕量；

e) 对承受内压的窄面整体法兰和按整体法兰计算的窄面任意式法兰进行刚度校核。

7.1.3 螺栓、法兰的选材应符合 GB 150.2 的规定。

7.1.4 带颈法兰应采用热轧或锻件经机加工制成，加工后的法兰轴线须与原热轧件或锻件的轴线平行。采用钢板制造带颈法兰时，应符合下列要求：

a) 钢板应经超声检测，无分层缺陷；

b) 应沿钢板轧制方向切割出板条，经弯制，对焊成为圆环，并使钢板表面成为环的侧面；

c) 圆环的对接接头应采用全焊透结构；

d) 圆环对接接头应经焊后热处理及 100％射线或超声检测，合格标准按 JB/T 4700 的规定。

7.1.5 碳素钢或低合金钢制法兰在下列任一情况下应经正火热处理：

a) 法兰断面厚度大于 50 mm；

b) 锻制法兰。

7.1.6 用碳素钢或低合金钢板材或型材制造的法兰环对接接头、焊制整体法兰[见图 7-1g)]，应经焊后热处理。

7.1.7 螺栓的公称直径应不小于 M12，当公称直径大于 M48 时，应采用细牙螺纹。

7.2 法兰分类

7.2.1 窄面法兰：垫片的接触面位于法兰螺栓孔包围的圆周范围内，常用的窄面法兰结构型式见图 7-1、图 7-2，计算方法按 7.5；

对于特殊结构形式的窄面法兰，如反向法兰计算方法按 7.6；筒体端部结构计算按 7.7。

7.2.2 宽面法兰：垫片的接触面分布于法兰螺栓中心圆的内外两侧，计算方法按 7.8。

7.3 术语、定义和符号

7.3.1 GB 150.1 通用要求中的术语和定义适用于本章。

7.3.2 符号

A_a——预紧状态下，需要的螺栓总截面积，mm^2；

A_b——实际使用的螺栓总截面积，mm^2；

A_m——需要的螺栓总截面积，mm^2；

A_p——操作状态下，需要的螺栓总截面积，mm^2；

b——垫片有效密封宽度，mm；

b_o——垫片基本密封宽度(见表 7-1)，mm；

D_b——螺栓中心圆直径，mm；

D_G——垫片压紧力作用中心圆直径(见图 7-1)，mm；

D_i——法兰或筒体端部结构内直径(应扣除腐蚀裕量)，mm；

D_{i1}——法兰计算直径，mm；

D_o——法兰外直径(对使用活节螺栓槽形螺栓孔的法兰，则为槽孔底部圆直径。对筒体端部结构，则为筒体端部外径)，mm；

D_2——筒体端部密封面外直径，mm；

d_1——参数，见式 7-16 或表 7-5，mm^3；

d_B——螺栓公称直径，mm；

d_b——螺栓孔直径，mm；

E——法兰材料的弹性模量(见 GB 150.2)，MPa；

e——参数，见式(7-16)或表 7-5，mm^{-1}；

F——内压引起的总轴向力，N；

f——整体法兰颈部应力校正系数(法兰颈部小端应力与大端应力的比值)；

F_a——预紧状态下，需要的最小垫片压紧力，N；

F_D——内压引起的作用于法兰内径截面上的轴向力，N；

F_G——窄面法兰垫片压紧力，包括 F_a、F_p、W(预紧)三种情况，N；

F_I——整体法兰系数，由图 7-3、表 7-8 查得或按表 7-7 计算；

F_L——带颈松式法兰系数，由图 7-5 查得或按表 7-7 计算；

F_p——操作状态下，需要的最小垫片压紧力，N；

F_T——内压引起的总轴向力 F 与 F_D 之差，N；

h——法兰颈部高度，对筒体端部结构为端部圆柱段的高度，mm；
h_o——参数，见式(7-16)或表 7-5，mm；
J——法兰刚度指数；
K——法兰外径与内径的比值；
$\hat{L}$——相邻螺栓间距(见表 7-3)，mm；
L_A——螺栓中心至法兰颈部(或焊缝)与法兰背面交点的径向距离(见表 7-3)，mm；
L_D——螺栓中心至 F_D 作用位置处的径向距离(见图 7-1)，mm；
L_e——螺栓中心至法兰外径处的径向距离(见表 7-3)，mm；
L_G——螺栓中心至 F_G 作用位置处的径向距离(见图 7-1)，mm；
L_T——螺栓中心至 F_T 作用位置处的径向距离(见图 7-1)，mm；
M——作用于筒体端部纵向截面的弯矩，N·mm；
m——垫片系数，(见表 7-2)；
M_a——法兰预紧力矩，N·mm；
M_o——法兰设计力矩，N·mm；
M_p——法兰操作力矩，N·mm；
N——垫片接触宽度，(见表 7-1)，mm；
n——螺栓数量；
p_c——计算压力，MPa；
T——与 K 相关系数，由图 7-8 或表 7-9 查得；
U——与 K 相关系数，由图 7-8 或表 7-9 查得；
V_I——整体法兰系数，由图 7-4 查得或按表 7-7 和表 7-8 计算；
V_L——带颈松式法兰系数，由图 7-6 查得或按表 7-7 计算；
W——螺栓设计载荷，N；
W_a——预紧状态下，需要的最小螺栓载荷(即预紧状态下，需要的最小垫片压紧力 F_a)，N；
W_p——操作状态下，需要的最小螺栓载荷，N；
Y——与 K 相关系数，由表 7-9 或图 7-8 查得；
y——垫片比压力，由表 7-2 查得，MPa；
Z——与 K 相关系数，由表 7-9 或图 7-8 查得；
Z_g——筒体端部纵向截面的抗弯截面模量，mm^3；
β——系数，按表 7-5 计算；
γ——系数，按表 7-5 计算；
δ_f——法兰有效厚度，mm；
δ_0——法兰颈部小端有效厚度，mm；
δ_1——法兰颈部大端有效厚度，mm；
η——系数，按表 7-5 计算；
λ——系数，见式(7-16)或表 7-5；
σ_H——法兰颈部轴向应力，MPa；
σ_R——法兰环的径向应力，MPa；
σ_T——法兰环的切向应力，MPa；
$[\sigma]_b$——室温下螺栓材料的许用应力(按 GB 150.2)，MPa；
$[\sigma]_b^t$——设计温度下螺栓材料的许用应力(按 GB 150.2)，MPa；
$[\sigma]_f$——室温下法兰材料的许用应力(按 GB 150.2)，MPa；
$[\sigma]_f^t$——设计温度下法兰材料的许用应力(按 GB 150.2)，MPa；

$[\sigma]_n$——室温下圆筒材料的许用应力(按 GB 150.2),MPa;

$[\sigma]_n^t$——设计温度下圆筒材料的许用应力(按 GB 150.2),MPa;

τ——切(剪)应力,MPa;

ψ——系数,按表 7-5 计算。

7.4 法兰型式

7.4.1 法兰按其整体性程度,分为三种型式(见图 7-1)。

7.4.2 松式法兰:法兰未能有效地与容器或接管连接成一整体,不具有整体式连接的同等结构强度。

松式法兰及其载荷作用位置见图 7-1 a-1)、b-1),典型的松式法兰——活套法兰结构如图 7-1 a-1)不带颈的型式(即实线部分),其计算按表 7-6 进行。对带颈的松式法兰可按整体法兰(表 7-5)计算,但其中系数 V_I、F_I 应以 V_L、F_L 代替,f 取 1.0。力臂 $L_D = L_A + \delta_1$。

7.4.3 整体法兰:法兰、法兰颈部及容器或接管三者能有效地连接成一整体结构。

各种型式的整体法兰及载荷作用位置见图 7-1 c)、d)、e)、f)、g),其计算按表 7-5 进行。

7.4.4 任意式法兰,如图 7-1h)、i)、j)、k)的焊接法兰,其计算按整体法兰(表 7-5),但为了简便,当满足下列条件时也可按活套法兰(表 7-6)计算:

a) $\delta_0 \leqslant 15$ mm,$D_i/\delta_0 \leqslant 300$;

b) $p \leqslant 2$ MPa;

c) 设计温度小于或等于 370 ℃。

松式法兰

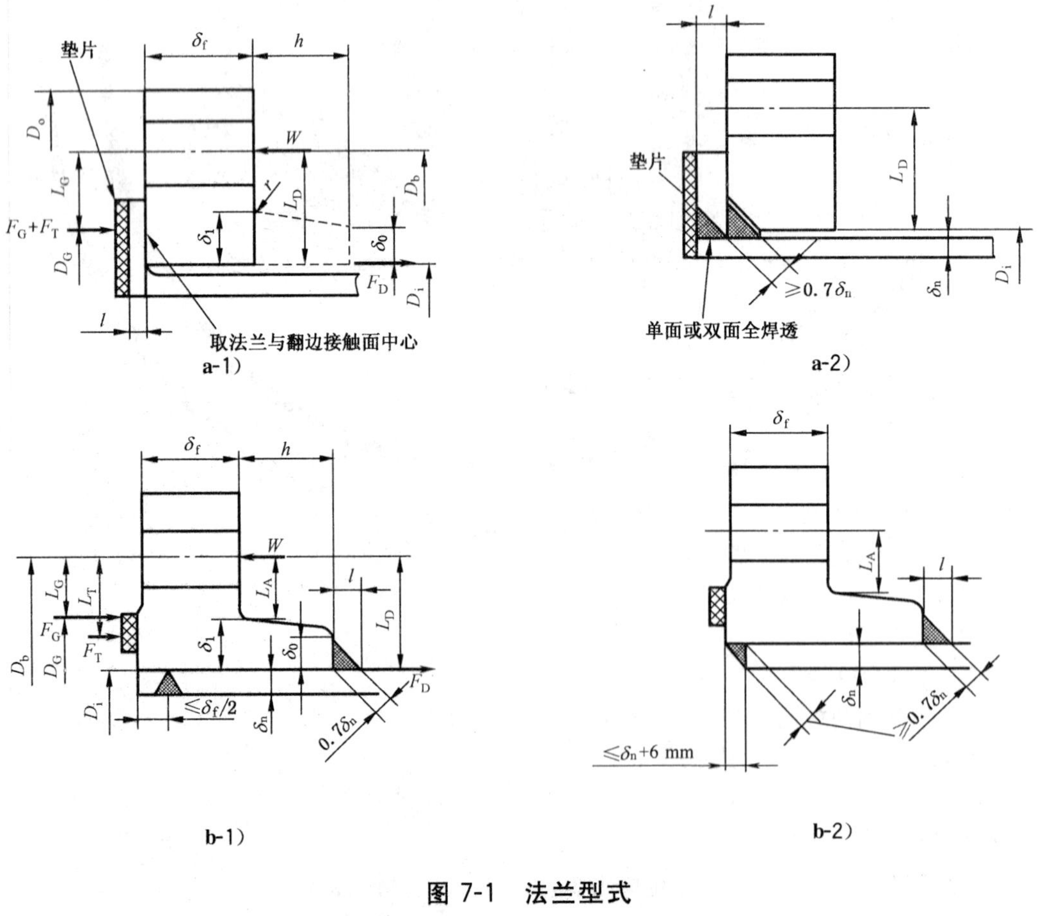

图 7-1 法兰型式

整体法兰

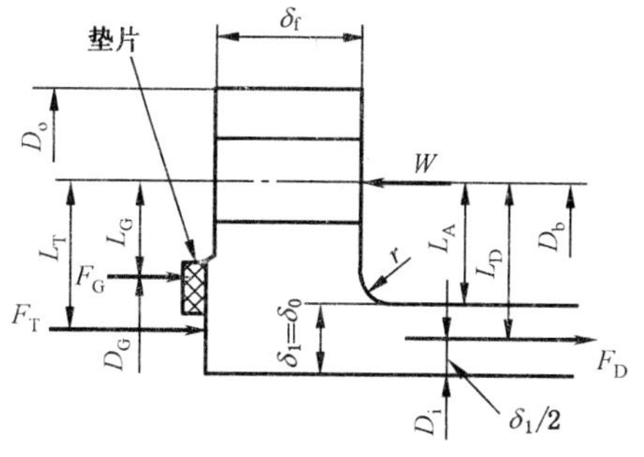

c)

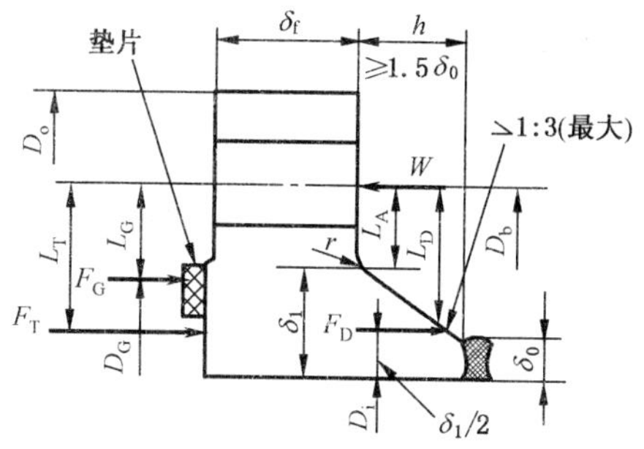

d)

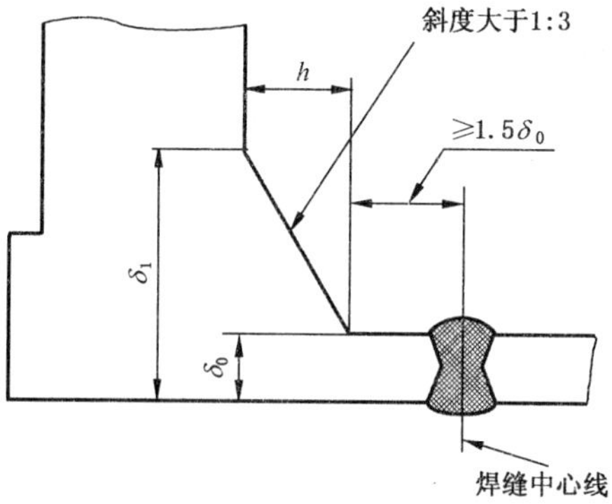

e)

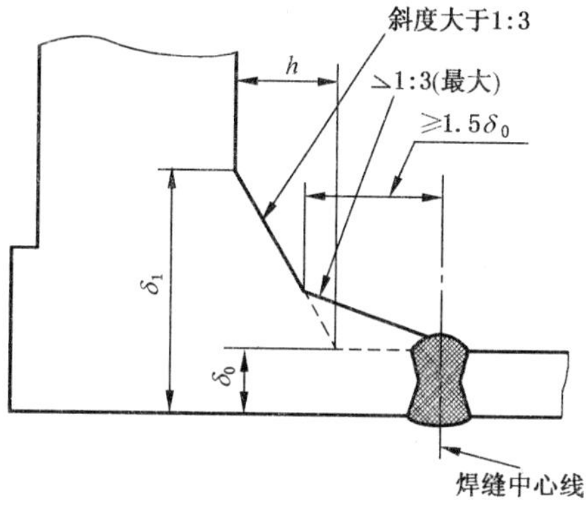

f)

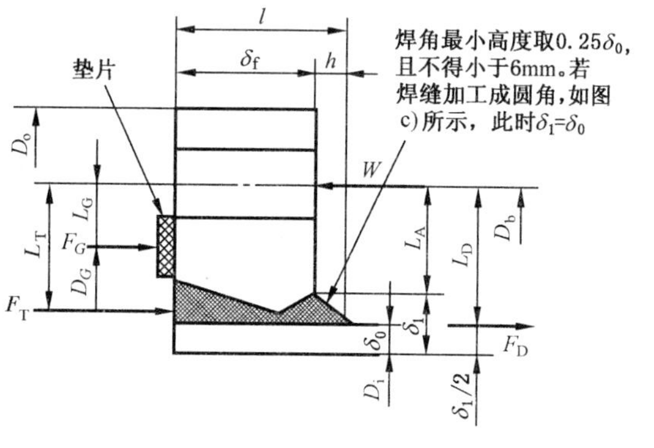

g)

图 7-1（续）

任意式法兰

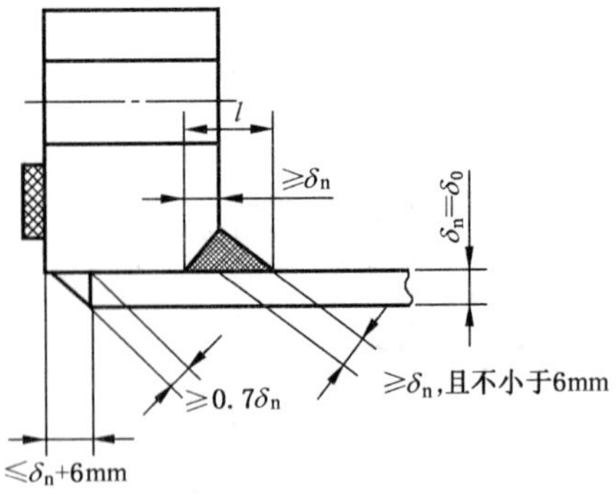

h)

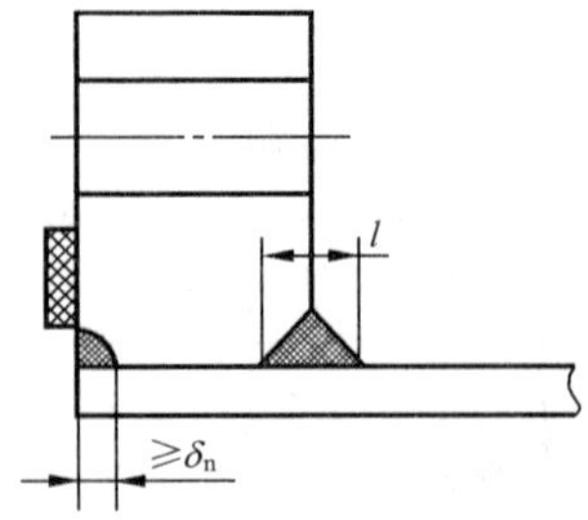

i)

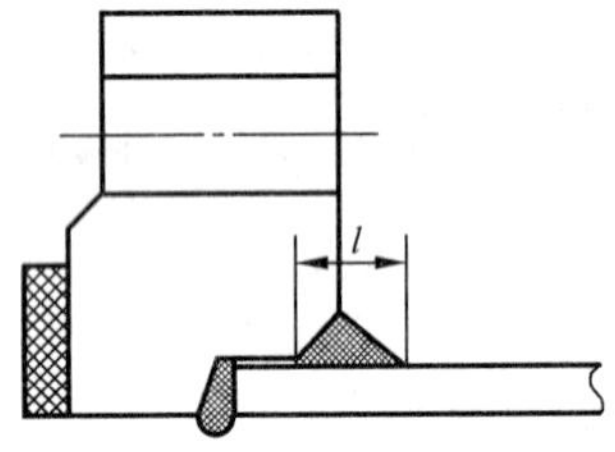

j)

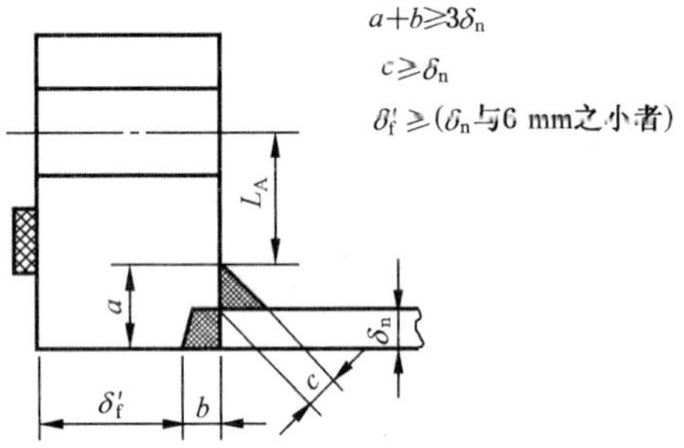

k)

注 1：带颈松式法兰，当颈部斜度不大于 6°时，计算中取 $\delta_1=\delta_0$。

注 2：带颈整体法兰，当颈部斜度大于 1∶3 时，应采用图中 e)、f)所示结构。

注 3：圆角半径 $r \geqslant 0.25\delta_1$，且不小于 4.5 mm。

注 4：榫槽、凹凸面及平面密封面的台肩高度不包括在法兰有效厚度内。

图 7-1（续）

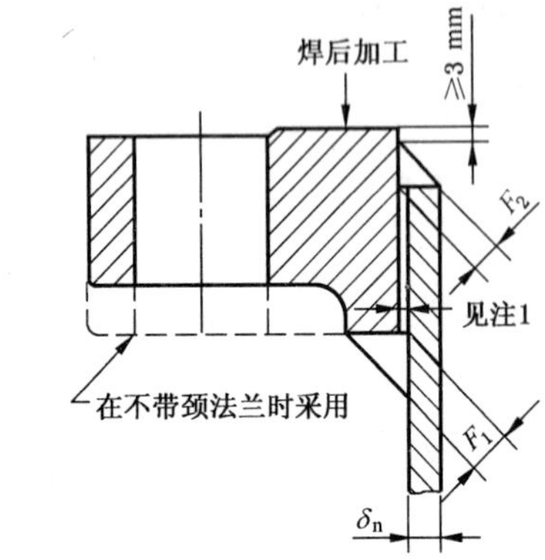

$F_2 \geqslant 0.75\delta_n$

$F_1=1.0\delta_n$，但不大于 16 mm

a-1） 带颈平焊法兰

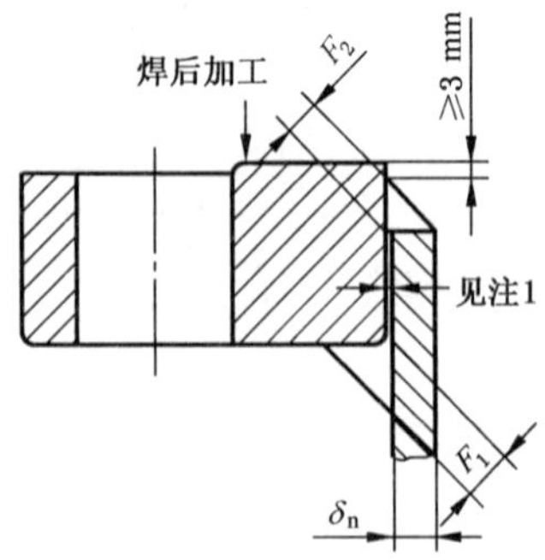

$F_2 \geqslant 0.7\delta_n$

$F_1=1.0\delta_n$，但不大于 10mm

a-2） 平焊法兰

图 7-2 法兰结构

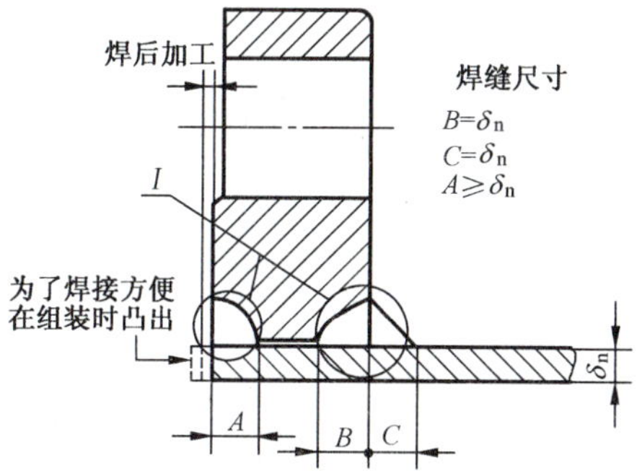

b-1） 正面和反面焊接的法兰

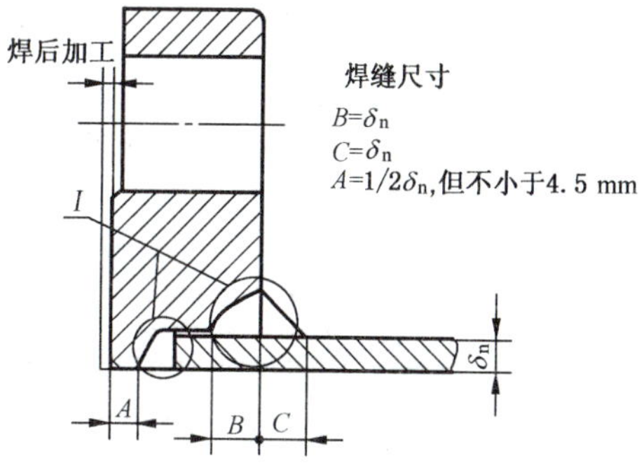

b-2） 内侧和背面焊接的法兰

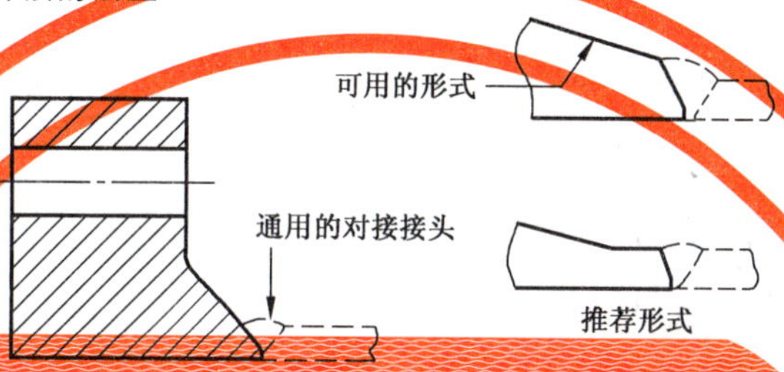

c-1） 对焊法兰

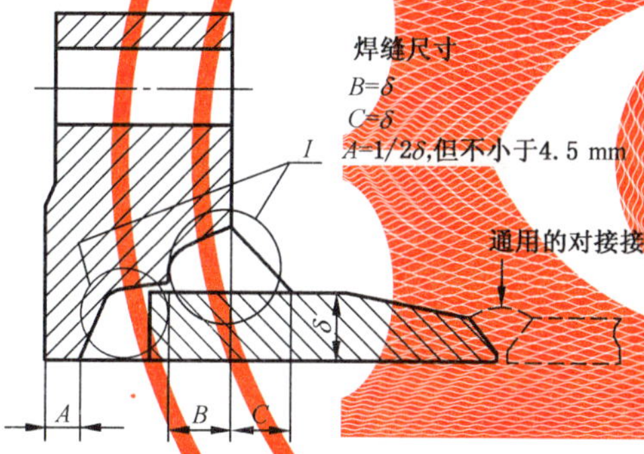

c-2） 对焊法兰（由板材制成）

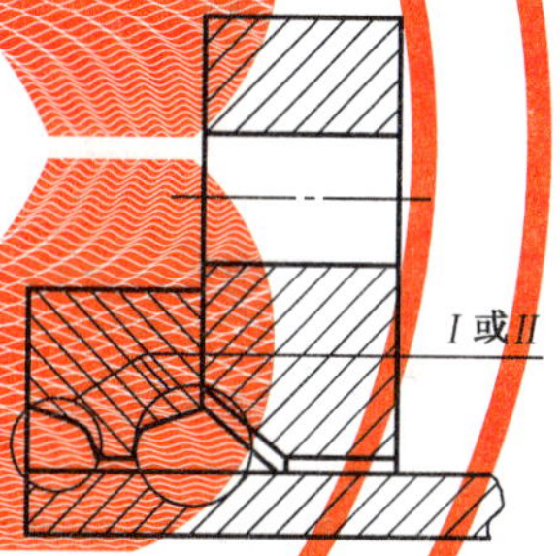

c-3） 焊环活套法兰

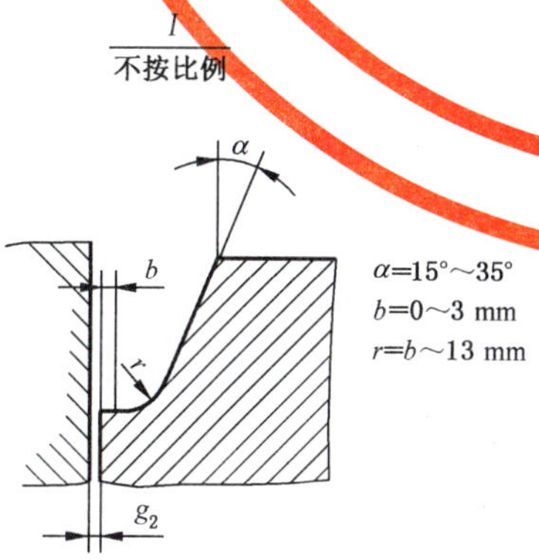

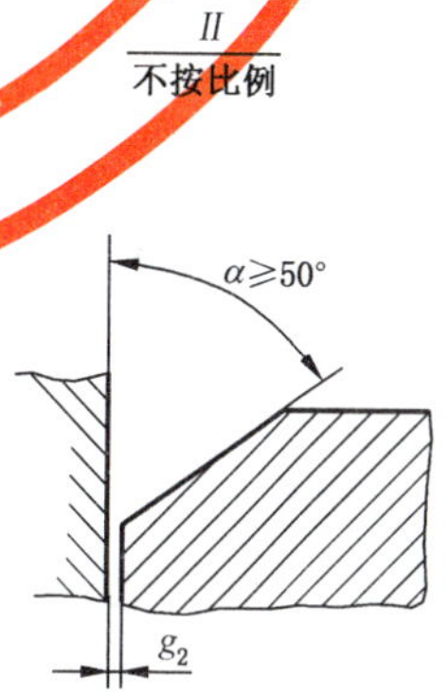

注 1： 图 a-1）、a-2）、b-1）、b-2）法兰内径与圆筒外径间的间隙不得大于 3 mm，且两侧径向间隙之和不得大于 4.5 mm。

注 2： g_2 的最大和最小尺寸根据施焊焊接工艺（例如焊条种类和尺寸）及施焊位置确定。$g_2 \leqslant 3$ mm，且两侧径向间隙之和不得大于 4.5 mm。

图 7-2（续）

表 7-1　垫片基本密封宽度

序号	压紧面形状(简图)	垫片基本密封宽度 b_0	
		Ⅰ	Ⅱ
1a	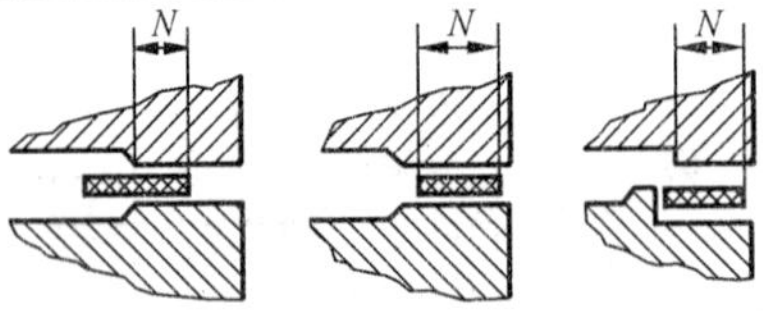	$\frac{N}{2}$	$\frac{N}{2}$
1b	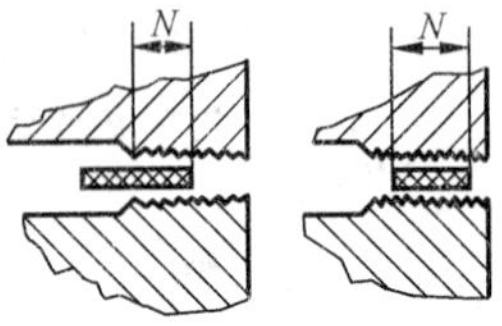		
1c	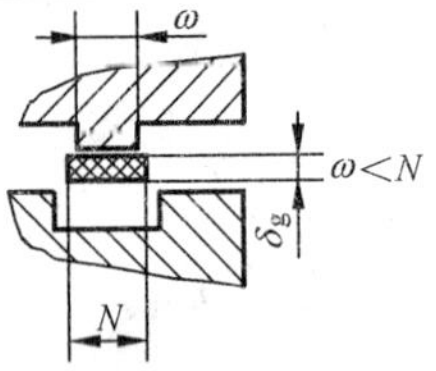	$\frac{\omega+\delta_g}{2}$ $\left(\frac{\omega+N}{4}\text{最大}\right)$	$\frac{\omega+\delta_g}{2}$ $\left(\frac{\omega+N}{4}\text{最大}\right)$
1d	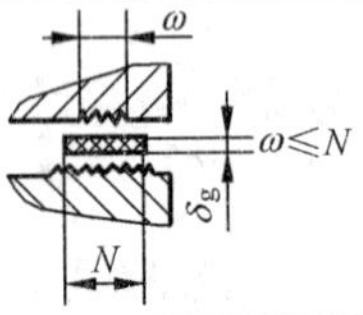		
2	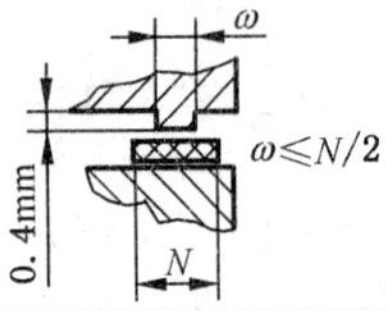	$\frac{\omega+N}{4}$	$\frac{\omega+3N}{8}$
3	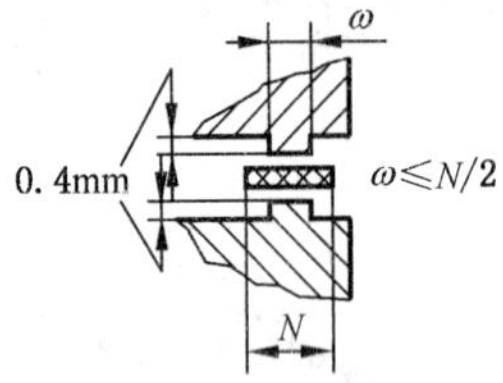	$\frac{N}{4}$	$\frac{3N}{8}$
4	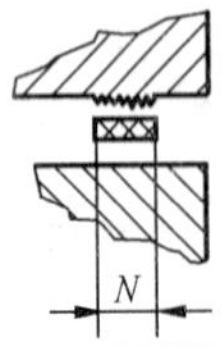	$\frac{3N}{8}$	$\frac{7N}{16}$
5	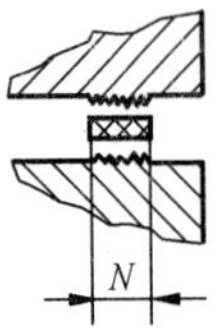	$\frac{N}{4}$	$\frac{3N}{8}$
6	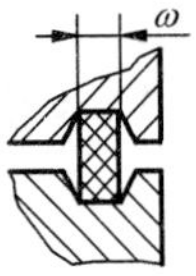	$\frac{\omega}{8}$	

注：对序号 4、5，当锯齿深度不超过 0.4 mm，齿距不超过 0.8 mm 时，应采用 1*b* 或 1*d* 的压紧面形状。

表 7-2 常用垫片特性参数

垫片材料		垫片系数 m	比压力 y MPa	简图	压紧面形状 (见表 7-1)	类别(见表 7-1)
无织物或含少量石棉纤维的合成橡胶： 肖氏硬度低于 75 肖氏硬度大于等于 75		 0.50 1.00	 0 1.4	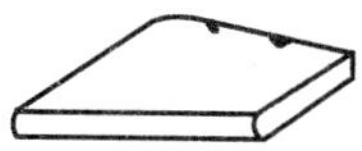	1(a、b、c、d) 4、5	Ⅱ
具有适当加固物的石棉(石棉橡胶板)	厚度 3 mm 厚度 1.5 mm 厚度 0.75 mm	2.00 2.75 3.50	11 25.5 44.8			
内有棉纤维的橡胶		1.25	2.8			
内有石棉纤维的橡胶，具有金属加强丝或不具有金属加强丝	3 层 2 层 1 层	2.25 2.50 2.75	15.2 20 25.5	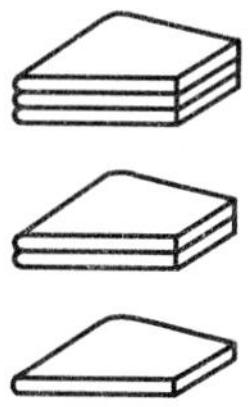		
植物纤维		1.75	7.6		1(a、b、c、d) 4、5	
内填石棉缠绕式金属	碳钢 不锈钢或蒙乃尔	2.50 3.00	69 69		1(a、b)	
波纹金属板类壳内包石棉或波纹金属板内包石棉	软铝 软铜或黄铜 铁或软钢 蒙乃尔或 4%～6%铬钢 不锈钢	2.50 2.75 3.00 3.25 3.50	20 26 31 38 44.8	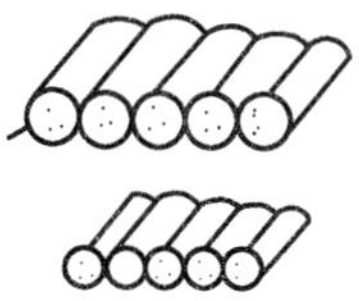		
波纹金属板	软铝 软铜或黄铜 铁或软钢 蒙乃尔或 4%～6%铬钢 不锈钢	2.75 3.00 3.25 3.50 3.75	25.5 31 38 44.8 52.4		1(a、b、c、d)	
平金属板内包石棉	软铝 软铜或黄铜 铁或软钢 蒙乃尔 4%～6%铬钢 不锈钢	3.25 3.50 3.75 3.50 3.75 3.75	38 44.8 52.4 55.2 62.1 62.1	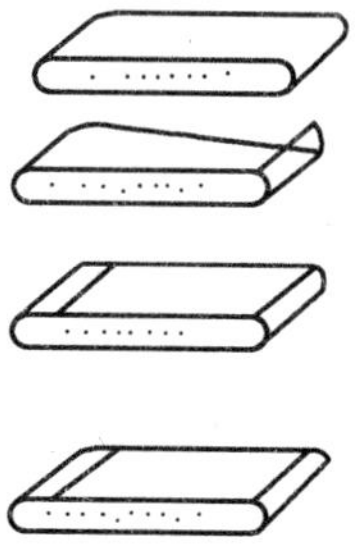	1a、1b、1c、1d、2	

表 7-2（续）

垫片材料		垫片系数 m	比压力 y MPa	简图	压紧面形状（见表 7-1）	类别（见表 7-1）
槽形金属	软铝 软铜或黄铜 铁或软钢 蒙乃尔或 4%～6%铬钢 不锈钢	3.25 3.50 3.75 3.75 4.25	38 44.8 52.4 62.1 69.6		1(a、b、c、d)、2、3	Ⅱ
复合柔性石墨波齿金属板	碳钢 不锈钢	3.0	50		1(a、b)	
金属平板	软铝 软铜或黄铜 铁或软钢 蒙乃尔或 4%～6%铬钢 不锈钢	4.00 4.75 5.50 6.00 6.50	60.7 89.6 124.1 150.3 179.3		1(a、b、c、d) 2、3、4、5	Ⅰ
金属环	铁或软钢 蒙乃尔或 4%～6%铬钢 不锈钢	5.50 6.00 6.50	124.1 150.3 179.3	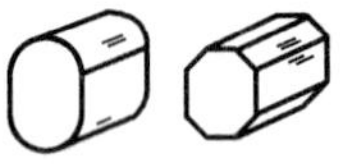	6	

注 1：本表所列各种垫片的 m、y 值及适用的压紧面形状，均属推荐性资料。采用本表推荐的垫片参数（m、y）并按本章规定设计的法兰，在一般使用条件下，通常能得到比较满意的使用效果。但在使用条件特别苛刻的场合，如在氰化物介质中使用的垫片，其参数 m、y，应根据成熟的使用经验谨慎确定。

注 2：对于平金属板内包石棉，若压紧面形状为 1c、1d 或 2，垫片表面的搭接接头不应位于凸台侧。

7.5 窄面法兰

7.5.1 垫片

7.5.1.1 各种常用垫片的特性参数（m、y）按表 7-2 查取。

7.5.1.2 垫片有效密封宽度

选定垫片尺寸，按表 7-1 确定垫片接触宽度 N 和基本密封宽度 b_o，并按以下规定计算垫片有效密封宽度 b：

当 $b_o \leqslant 6.4$ mm 时，$b = b_o$；

当 $b_o > 6.4$ mm 时，$b = 2.53\sqrt{b_o}$。

7.5.1.3 垫片压紧力作用中心圆直径

垫片压紧力作用中心圆直径按下列规定确定：

a） 对于图 7-1 a-1）、a-2）所示活套法兰，垫片压紧力作用中心圆直径 D_G 即是法兰与翻边接触面的平均直径。

b） 对于其他型式法兰，则按下述规定计算 D_G：

当 $b_o \leqslant 6.4$ mm 时，D_G 等于垫片接触的平均直径；

当 $b_o > 6.4$ mm 时，D_G 等于垫片接触的外径减去 $2b$。

c) 对筒体端部结构，D_G 等于密封面平均直径。

7.5.1.4 垫片压紧力

垫片压紧力按下列规定计算：

a) 预紧状态下需要的最小垫片压紧力按式(7-1)计算：

$$F_a = 3.14 D_G b y \qquad \cdots\cdots(7\text{-}1)$$

b) 操作状态下需要的最小垫片压紧力按式(7-2)计算：

$$F_p = 6.28 D_G b m p_c \qquad \cdots\cdots(7\text{-}2)$$

7.5.1.5 垫片宽度

垫片在预紧状态下受到最大螺栓载荷的作用，当压紧过度将失去密封性能。垫片应有足够的宽度，其值可按经验确定。

7.5.2 螺栓

7.5.2.1 螺栓的布置

螺栓的布置一般按下列规定确定：

a) 法兰径向尺寸 L_A、L_e 及螺栓间距 $\hat{L}$ 的最小值可按表 7-3 选取；

b) 螺栓最大间距 $\hat{L}_{max}$ 不宜超过式(7-3)的计算值：

$$\hat{L}_{max} = 2d_B + \frac{6\delta_f}{m+0.5} \qquad \cdots\cdots(7\text{-}3)$$

表 7-3 L_A、L_e、$\hat{L}$ 的最小值

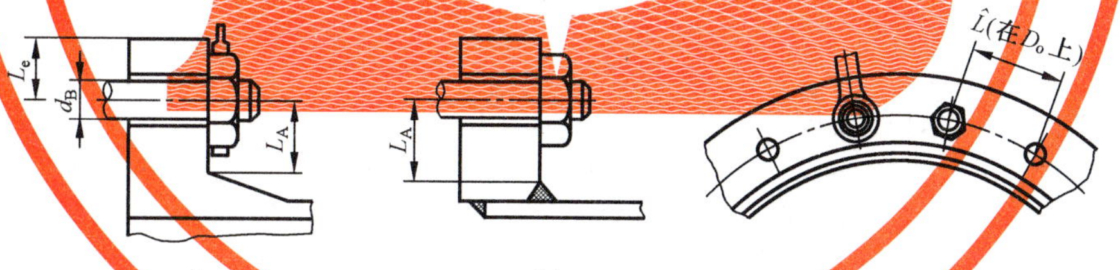

a) b)

螺栓公称直径 d_B	L_A		L_e	$\hat{L}$	螺栓公称直径 d_B	L_A		L_e	$\hat{L}$
	A 组	B 组				A 组	B 组		
12	20	16	16	32	30	44	35	30	70
16	24	20	18	38	36	48	38	36	80
20	30	24	20	46	42	56		42	90
22	32	26	24	52	48	60		48	102
24	34	27	26	56	56	70		55	116
27	38	30	28	62					

注 1：表中 A 组数据适用于 a)图所示的带颈法兰结构。表中 B 组数据适用于 b)图所示的焊制法兰结构。

注 2：对图 7-1 中 a-1)、a-2)所示的活套法兰，其径向尺寸 L_D 也应满足 A 组 L_A 最小尺寸的要求。

7.5.2.2 螺栓载荷

螺栓载荷按下列规定计算：

a) 预紧状态下需要的最小螺栓载荷按式(7-4)计算：

$$W_a = F_a \quad \cdots\cdots (7\text{-}4)$$

b) 操作状态下需要的最小螺栓载荷计算：

内压引起的总轴向力 F，按式(7-5)计算：

$$F = 0.785 D_G^2 p_c \quad \cdots\cdots (7\text{-}5)$$

最小螺栓载荷按式(7-6)计算：

$$W_p = F + F_p \quad \cdots\cdots (7\text{-}6)$$

注：对于类似U形管式换热器管板两侧成对法兰的设计中，由于两侧的压力和温度及所用垫片可能不同，因此在螺栓的设计中应兼顾两侧的条件，要求以较大的螺栓载荷和较高的设计温度进行设计，且对法兰设计力矩应以此为基础进行计算。

7.5.2.3 螺栓面积

螺栓面积按下列规定确定：

a) 预紧状态下需要的最小螺栓面积按式(7-7)计算：

$$A_a = \frac{W_a}{[\sigma]_b} \quad \cdots\cdots (7\text{-}7)$$

b) 操作状态下需要的最小螺栓面积按式(7-8)计算：

$$A_p = \frac{W_p}{[\sigma]_b^t} \quad \cdots\cdots (7\text{-}8)$$

c) 需要的螺栓面积 A_m 取 A_a 与 A_p 中的大值；

d) 实际螺栓面积 A_b 应不小于需要的螺栓面积 A_m；

e) 最小螺栓截面积以螺纹小径及无螺纹部分的最小直径分别计算，取小值。

7.5.2.4 螺栓设计载荷

螺栓设计载荷按下列规定确定：

a) 预紧状态螺栓设计载荷按式(7-9)计算：

$$W = \frac{A_m + A_b}{2}[\sigma]_b \quad \cdots\cdots (7\text{-}9)$$

b) 操作状态螺栓设计载荷按式(7-10)计算：

$$W = W_p \quad \cdots\cdots (7\text{-}10)$$

7.5.3 法兰

7.5.3.1 法兰力矩

法兰力矩按下列规定计算：

a) 预紧状态的法兰力矩按式(7-11)计算：

$$M_a = \frac{A_m + A_b}{2}[\sigma]_b L_G \quad \cdots\cdots (7\text{-}11)$$

b) 操作状态的法兰力矩计算：

作用于法兰内径截面上的内压引起的轴向力 F_D，按式(7-12)计算：

$$F_D = 0.785 D_i^2 p_c \quad \cdots\cdots (7\text{-}12)$$

内压引起的总轴向力 F 与内径截面上的轴向力 F_D 之差 F_T，按式(7-13)计算：

$$F_T = F - F_D \quad \cdots\cdots (7\text{-}13)$$

法兰力矩按式(7-14)计算：

$$M_p = F_D L_D + F_T L_T + F_G L_G \quad \cdots\cdots (7\text{-}14)$$

式中：L_D、L_T、L_G 按表7-4计算；

表 7-4　法兰力矩的力臂

单位为毫米

	L_D	L_T	L_G
整体法兰:图 7-1 中 c)、d)、e)、f)、g) 任意式法兰(按整体法兰计算时): 图 7-1 中 h)、i)、j)、k)	$L_A+0.5\delta_1$	$\frac{L_A+\delta_1+L_G}{2}$	$\frac{D_b-D_G}{2}$
松式法兰:图 7-1 中 b-1)、b-2) 任意式法兰(按活套法兰计算时): 图 7-1 中 h)、i)、j)、k)	$\frac{D_b-D_i}{2}$	$\frac{L_D+L_G}{2}$	$\frac{D_b-D_G}{2}$
活套法兰:图 7-1 中 a-1)、a-2)	$\frac{D_b-D_i}{2}$	$\frac{D_b-D_G}{2}$	$\frac{D_b-D_G}{2}$

7.5.3.2　法兰设计力矩

法兰设计力矩取式(7-15)大值:

$$M_o=\begin{cases}M_a\dfrac{[\sigma]_f^t}{[\sigma]_f}\\M_p\end{cases} \qquad \cdots\cdots(7\text{-}15)$$

7.5.3.3　法兰应力

7.5.3.3.1　整体法兰、带颈松式法兰以及按整体法兰计算的任意式法兰应力按下列规定计算:

a)　轴向应力按式(7-16)计算:

$$\sigma_H=\frac{fM_o}{\lambda\delta_1^2D_i} \qquad \cdots\cdots(7\text{-}16)$$

式中:

$\lambda=\dfrac{\delta_f e+1}{T}+\dfrac{\delta_f^3}{d_1}$

$e=\dfrac{F_I}{h_o}$

$h_o=\sqrt{D_i\delta_0}$

$d_1=\dfrac{U}{V_I}h_o\delta_0^2$

当 $D_i<20\delta_1$ 时,以 D_{i1} 代替 D_i;

对带颈松式法兰及 $f<1$ 的整体法兰,$D_{i1}=D_i+\delta_1$;对 $f\geqslant1$ 的整体法兰,$D_{i1}=D_i+\delta_0$;

系数 T、U 根据参数 K 由图 7-8 或表 7-9 查得,或按图 7-8 所给公式计算;

整体法兰系数 F_I 由表 7-8 或图 7-3 查得,或按表 7-7 计算;

整体法兰系数 V_I 由表 7-8 或图 7-4 查得,或按表 7-7 计算;

整体法兰颈部应力校正系数 f 由表 7-7 查得,或按表 7-7 计算,当 $f<1$ 时,取 $f=1$;

b)　径向应力按式(7-17)计算:

$$\sigma_R=\frac{(1.33\delta_f e+1)M_o}{\lambda\delta_f^2D_i} \qquad \cdots\cdots(7\text{-}17)$$

c)　环向应力按式(7-18)计算:

$$\sigma_T=\frac{YM_o}{\delta_f^2D_i}-Z\sigma_R \qquad \cdots\cdots(7\text{-}18)$$

式中，系数 Y、Z 根据参数 K 由图 7-8 或表 7-9 查得，或按图 7-8 所给公式计算。

7.5.3.3.2 活套法兰以及按活套法兰计算的任意式法兰应力按下列规定计算：

轴向应力：$\sigma_H=0$；

径向应力：$\sigma_R=0$；

环向应力按式(7-19)计算：

$$\sigma_T=\frac{YM_o}{\delta_f^2 D_i} \quad \cdots\cdots(7\text{-}19)$$

式中：系数 Y 同 7.5.3.3.1。

7.5.3.3.3 切应力

对如图 7-1 中 a-1)、a-2)的活套法兰，其翻边部分的切应力及图 7-1 中的 b-1)、b-2)、g)、h)、i)、j)的焊接法兰焊缝的切应力应按下列规定进行计算。

a) 剪切载荷 W

1) 预紧状态的剪切载荷 W 按式(7-9)计算；

2) 操作状态的剪切载荷 W 按式(7-10)计算。

b) 剪切面积

1) 对图 7-1 中 a-1)、a-2)所示的法兰，按式(7-20)计算：

$$A_\tau=3.14D_i l \quad \cdots\cdots(7\text{-}20)$$

2) 对其他法兰，按式(7-21)计算：

$$A_\tau=3.14D_\tau l \quad \cdots\cdots(7\text{-}21)$$

式中：

A_τ——剪切面积，mm^2；

D_τ——剪切面计算直径，取圆筒外径，mm；

l ——剪切面计算高度，见图 7-1 所示尺寸，mm。

c) 切应力

以预紧和操作两种状态分别按式(7-22)计算切应力 τ：

$$\tau=\frac{W}{A_\tau} \quad \cdots\cdots(7\text{-}22)$$

7.5.3.4 应力校核

应力校核应符合下列规定：

a) 轴向应力

1) 对图 7-1 中 d)、e)、f)所示的整体法兰：

$$\sigma_H\leqslant\min(1.5[\sigma]_f^t,2.5[\sigma]_n^t)$$

2) 对按整体法兰计算的任意法兰及图 7-1g)所示的整体法兰：

$$\sigma_H\leqslant\min(1.5[\sigma]_f^t,1.5[\sigma]_n^t)$$

3) 对图 7-1c)所示的整体法兰及图 7-1 的 b-1)、b-2)所示的带颈松式法兰：

$$\sigma_H\leqslant1.5[\sigma]_f^t$$

b) 径向应力

$$\sigma_R\leqslant[\sigma]_f^t$$

c) 环向应力

$$\sigma_T\leqslant[\sigma]_f^t$$

d) 组合应力

$$(\sigma_H+\sigma_R)/2\leqslant[\sigma]_f^t$$

$$(\sigma_H+\sigma_T)/2\leqslant[\sigma]_f^t$$

e) 切应力

预紧和操作两种状态下的切应力应分别小于或等于翻边(或圆锥)材料在常温和设计温度下的许用应力的 0.8 倍。

7.5.3.5 法兰刚度校核

当法兰在相同的操作条件下有成功的使用经验时,可以免除刚度校核。否则:

对整体法兰和按整体法兰计算的任意法兰,刚度指数按式(7-23)计算:

$$J=\frac{52.14V_IM_o}{\lambda E\delta_o^2K_Ih_o}\qquad\cdots\cdots(7\text{-}23)$$

式中:

K_I ——刚度系数,取 0.3;

E ——法兰材料的弹性模量,MPa;当法兰设计力矩 M_o 为预紧控制时,E 取常温下的弹性模量,当法兰设计力矩 M_o 为操作控制时,取设计温度下的弹性模量;

其他系数同 7.5.3.3.1。

校核条件:刚度指数应满足 $J\leqslant1$。

7.5.4 外压法兰

外压法兰可按内压法兰计算,但螺栓面积仅需按预紧状态考虑,按式(7-7)计算。此外,操作状态下的法兰力矩须按式(7-24)确定:

$$M_p=F_D(L_D-L_G)+F_T(L_T-L_G)\qquad\cdots\cdots(7\text{-}24)$$

计算中计算外压力取正值,MPa。

法兰在操作过程中,若分别承受内压和外压的作用,则法兰应按两种压力工况单独进行设计,且应同时满足要求。

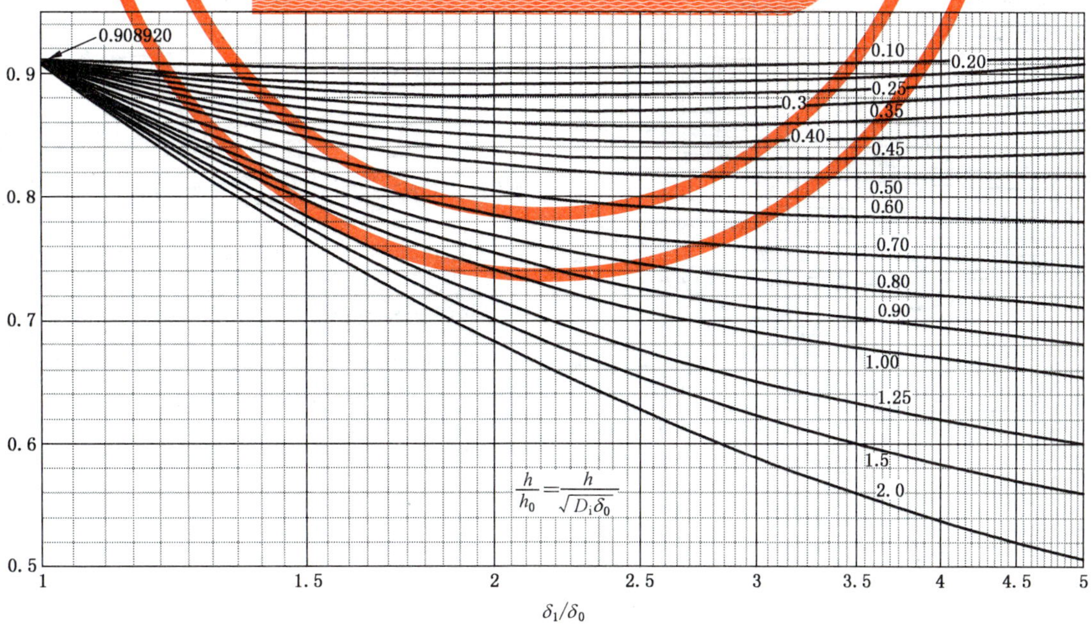

图 7-3 F_I 值图

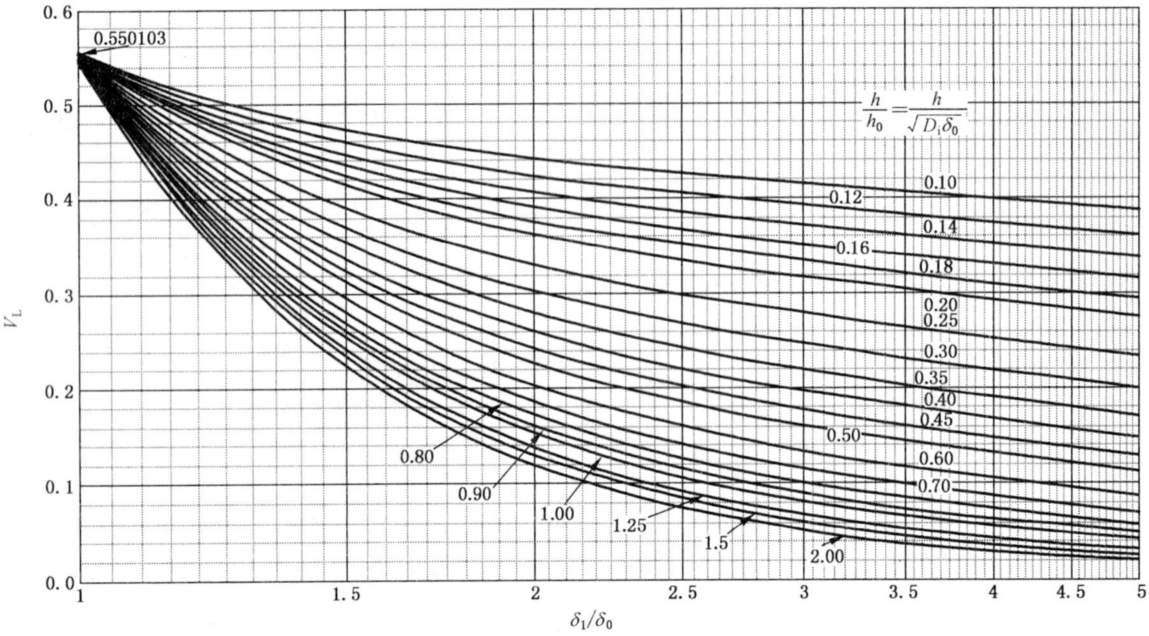

图 7-4 V_I 值图

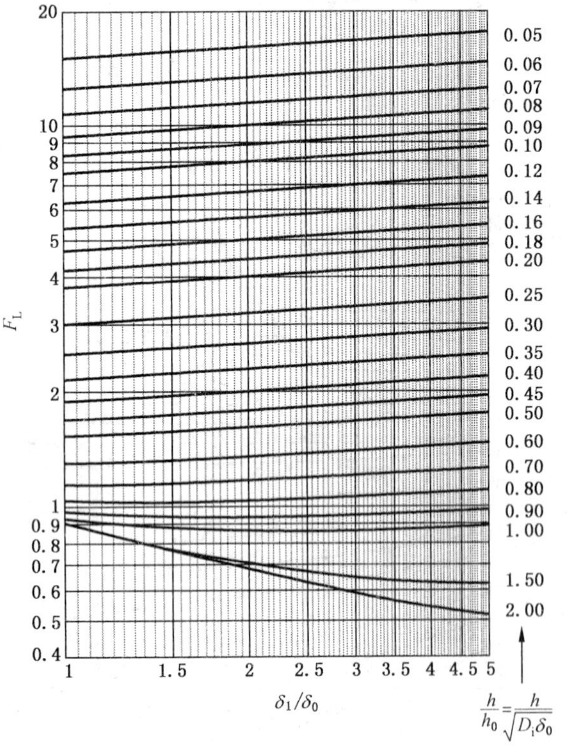

图 7-5 F_L 值图

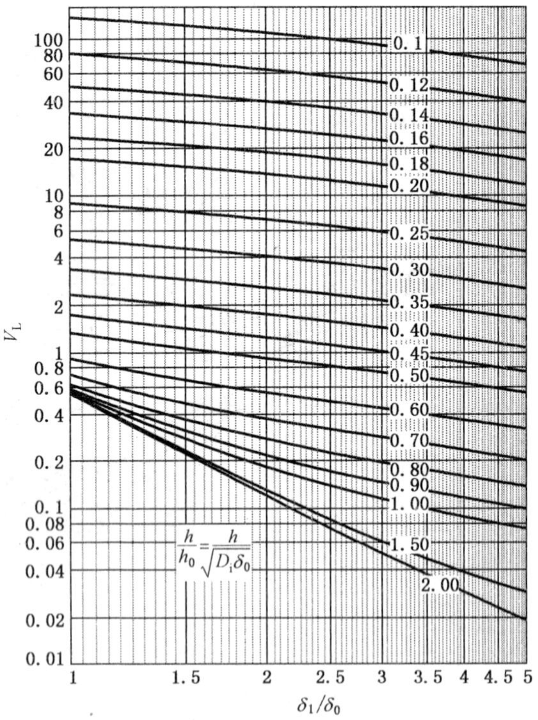

图 7-6 V_L 值图

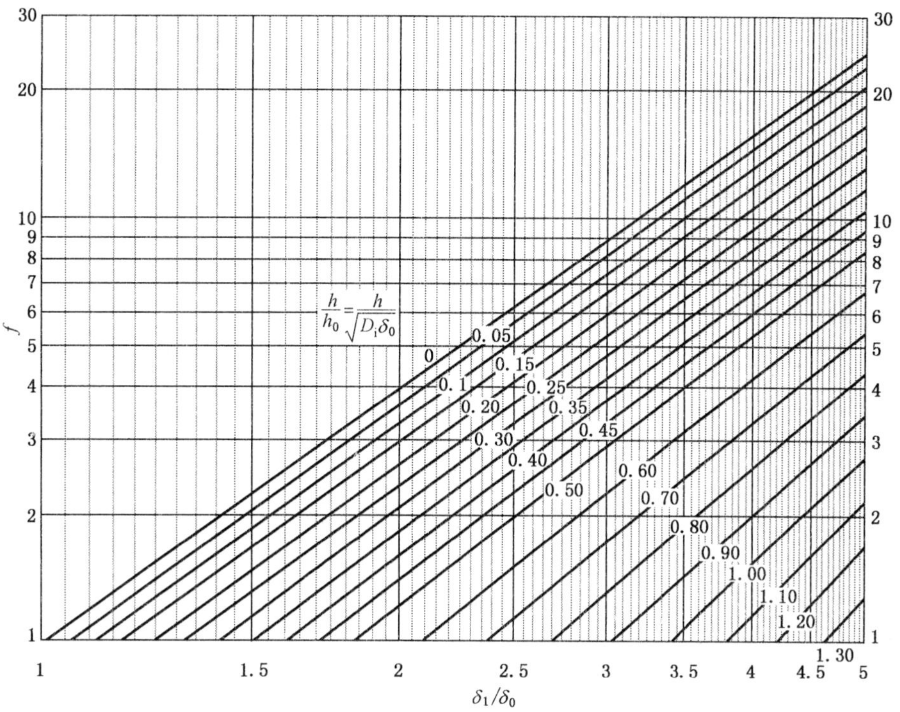

图 7-7 *f* 值图

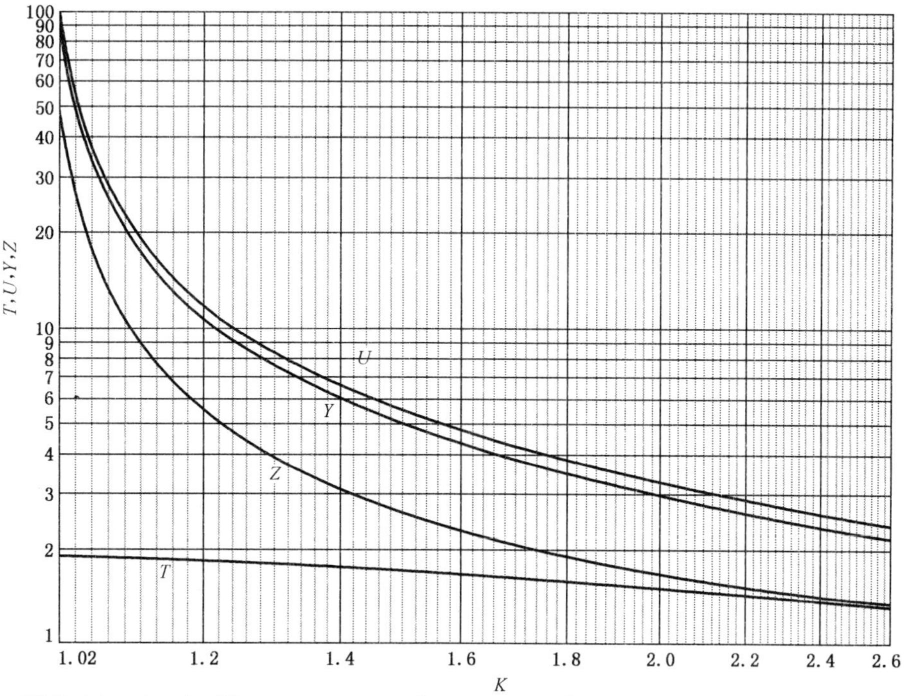

注：$T=\frac{K^2(1+8.552\ 46\log K)-1}{(1.047\ 20+1.944\ 8K^2)(K-1)}$　　$U=\frac{K^2(1+8.552\ 46\log K)-1}{1.361\ 36(K^2-1)(K-1)}$

$Y=\frac{1}{K-1}\left(0.668\ 45+5.716\ 90\frac{K^2\log K}{K^2-1}\right)$　$Z=\frac{K^2+1}{K^2-1}$　$K=D_o/D_i$

图 7-8 ***T***、***U***、***Y***、***Z*** 值图

7.6 反向法兰

7.6.1 本条计算方法适用于 $K_r\leqslant 2$ 的反向法兰。垫片设计按 7.5.1 规定，螺栓设计按 7.5.2 规定，法

兰力矩、法兰应力计算按 7.6.3 和 7.6.4 进行。本条采用符号除 7.6.2 规定外，其余同 7.3。

7.6.2　符号

D_i——反向法兰颈部小端内直径，mm；

D_f——反向法兰环内直径，mm；

D_o——反向法兰环外直径，mm；

d_r——参数，mm^3；

e_r——参数，mm^{-1}；

F_D——内压引起的作用于法兰颈部小端内径截面上的轴向力，N；

F_G——窄面法兰垫片压紧力，N；

F_r——系数；

F_T——内压引起的总轴向力与 F_D 之差，N；

f_r——系数；

h_{or}——参数，mm；

L_D——螺栓中心至 F_D 作用位置处的径向距离(见图 7-9)，mm；

L_G——螺栓中心至 F_G 作用位置处的径向距离(见图 7-9)，mm；

L_T——螺栓中心至 F_T 作用位置处的径向距离(见图 7-9)，mm；

K_r——反向法兰外径 D_o 与内径 D_f 之比；

T_r——系数；

U_r——系数；

V_r——系数；

Y_r——系数；

λ_r——系数；

ψ_r——系数；

σ_{Hr}——法兰颈部轴向应力，MPa；

σ_{Tr}——法兰外径处环向应力，MPa；

σ_{Rr}——法兰外径处径向应力，MPa；

$\sigma_{Tr'}$——法兰内径处环向应力，MPa。

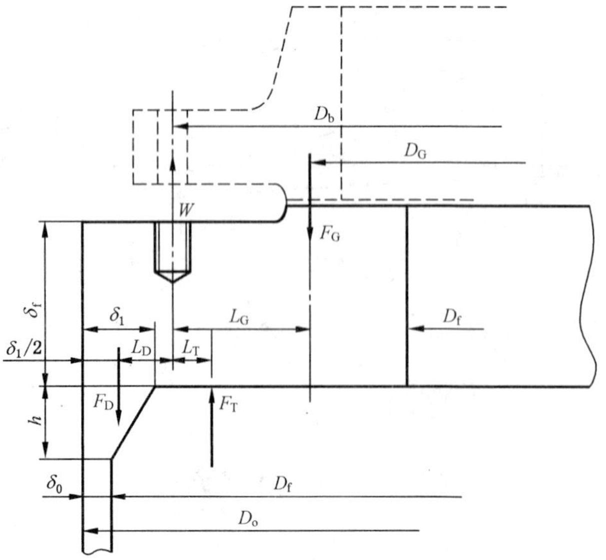

图 7-9　反向法兰

7.6.3　法兰力矩

7.6.3.1　法兰预紧力矩按式(7-11)计算，其中，螺栓中心至 F_G 作用位置处的径向距离 L_G(见图 7-9)按式(7-25)计算：

$$L_G=(D_b-D_G)/2 \quad \cdots\cdots(7\text{-}25)$$

7.6.3.2　法兰操作力矩按式(7-26)计算：

$$M_p=|F_DL_D+F_TL_T-F_GL_G| \quad \cdots\cdots(7\text{-}26)$$

式中：

$F_D=0.785D_i^2p_c$

$F_G=6.28D_Gbmp_c$

$F_T=0.785(D_i^2-D_G^2)p_c$

$L_D=(D_o-D_b-\delta_1)/2$

$L_T=\left(D_b-\dfrac{D_i+D_G}{2}\right)/2$

当 L_T 为负值时，表示 F_T 作用圆直径大于螺栓中心圆直径 D_b，此时力矩 F_TL_T 为负值。

7.6.3.3　法兰设计力矩取式(7-27)大值：

$$M_o=\begin{cases}M_p\\ M_a\dfrac{[\sigma]_f^t}{[\sigma]_f}\end{cases} \quad \cdots\cdots(7\text{-}27)$$

7.6.4　法兰应力

法兰应力按下列规定计算：

a)　法兰颈部轴向应力按式(7-28)计算：

$$\sigma_{Hr}=\frac{f_rM_o}{\lambda_r\delta_1^2D_f} \quad \cdots\cdots(7\text{-}28)$$

式中：

$\lambda_r=\dfrac{\delta_fe_r+1}{T_r}+\dfrac{\delta_f^3}{d_r}$

$e_r=F_r/h_{or}$

$h_{or}=\sqrt{D_o\delta_0}$

$d_r=U_rh_{or}\delta_0^2/V_r$

$U_r=\psi_rU$

$\psi_r=\left[1+\dfrac{0.668(K_r+1)}{Y}\right]\dfrac{1}{K_r^2}$

$K_r=\dfrac{D_o}{D_f}$

$T_r=\left(\dfrac{Z+0.3}{Z-0.3}\right)\psi_rT$

系数 F_r 是以 h_{or} 代替 h_o，由图 7-3 或表 7-8 查得、或按表 7-7 计算的 F_I 值；

系数 V_r 是以 h_{or} 代替 h_o，由图 7-4 或表 7-8 查得、或按表 7-7 计算的 V_I 值；

系数 f_r 是以 h_{or} 代替 h_o，由图 7-7 查得或按表 7-7 计算的 f 值，当 $f_r<1$ 时，取 $f_r=1$；

系数 T、U、Y、Z 以 K_r 代替 K，由图 7-8(或按图注公式计算)或表 7-9 查取。

b)　法兰外径处径向应力按式(7-29)计算：

$$\sigma_{Rr}=\frac{(1.33\delta_fe_r+1)M_o}{\lambda_r\delta_f^2D_f} \quad \cdots\cdots(7\text{-}29)$$

c） 法兰外径处环向应力按式(7-30)计算：

$$\sigma_{Tr}=\frac{Y_r M_o}{\delta_f^2 D_f}-Z\sigma_{Rr}\frac{0.67\delta_f e_r+1}{1.33\delta_f e_r+1} \qquad \cdots\cdots(7\text{-}30)$$

式中：$Y_r=\psi_r Y$

d） 法兰内径处环向应力按式(7-31)计算：

$$\sigma'_{Tr}=\frac{M_o}{\delta_f^2 D_f}\left[Y-\frac{2K_r^2\left(\frac{2\delta_f e_r}{3}+1\right)}{(K_r^2-1)\lambda_r}\right] \qquad \cdots\cdots(7\text{-}31)$$

7.6.5 应力校核

σ_{Hr}、σ_{Rr}、σ_{Tt}按7.5.3.4 σ_H、σ_R、σ_T的相应规定，$\sigma'_{Tr}\leqslant[\sigma]_f^t$。

7.7 筒体端部

7.7.1 符号

a——主螺母高度，mm；

C_2——腐蚀裕量，mm；

D——主螺母外接圆直径，mm；

D_o——端部结构外直径，mm；

d_o——主螺栓无螺纹部分直径，mm；

H_g——筒体端部总高度，mm；

h——筒体端部外缘长度，mm；

h_s——螺孔深度，mm；

L——筒体端部直边长度，mm；

r——过渡圆角半径，mm；

α——倾角(见图7-11)，(°)；

δ_n——筒体端部厚度，mm；

σ_m——筒体端部纵向截面弯曲应力，MPa；

其他符号见7.3。

7.7.2 主螺栓

主螺栓无螺纹部分直径d_o按式(7-32)计算：

$$d_o\geqslant\sqrt{\frac{4A_m}{3.14n}} \qquad \cdots\cdots(7\text{-}32)$$

式中：

A_m——需要的螺栓面积，按7.5.2.3确定；

n——螺栓数量，取偶数。

螺栓的螺纹小径应大于等于d_o，推荐采用细牙螺纹M64×4，M80×4，M105×4，M125×4。

螺纹旋入端结构型式见图7-10。

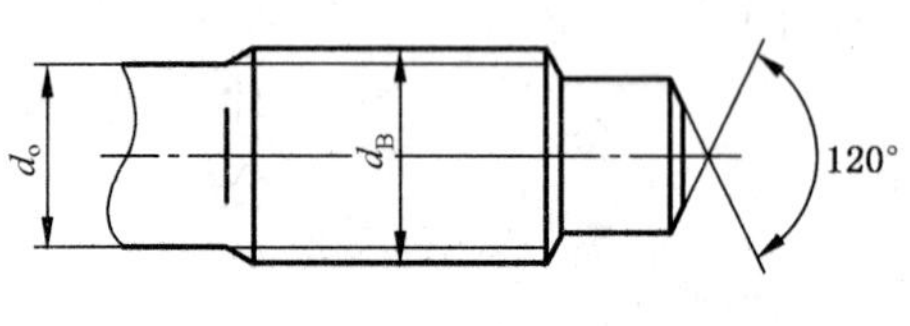

图7-10 主螺栓旋入端

7.7.3 主螺母

主螺母的硬度应略低于主螺栓的硬度。

主螺母高度 a 按式(7-33)计算：

$$a=(1.0\sim1.1)d_B \quad\cdots\cdots(7\text{-}33)$$

主螺母外接圆直径 D 按式(7-34)计算：

$$D=(1.70\sim1.75)d_B \quad\cdots\cdots(7\text{-}34)$$

7.7.4 筒体端部

7.7.4.1 端部厚度

端部厚度 δ_n(见图 7-11)，不得小于按内压确定的圆筒的名义厚度。

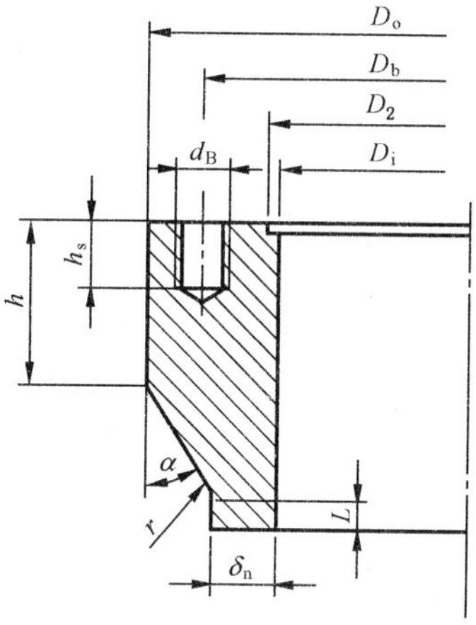

图 7-11 筒体端部结构

7.7.4.2 端部结构

筒体端部的结构可按下列要求确定(见图 7-11)：

a) 主螺栓中心圆直径，按式(7-35)计算：

$$D_b \geqslant D_2+1.5d_B \quad\cdots\cdots(7\text{-}35)$$

b) 筒体端部外径，按式(7-36)计算：

$$D_o \geqslant D_b+1.8d_B \quad\cdots\cdots(7\text{-}36)$$

c) 螺孔有效螺纹深度，按式(7-37)计算：

$$h_1 \geqslant (1.3\sim1.5)d_B \quad\cdots\cdots(7\text{-}37)$$

d) 螺孔深度：

h_s 等于 h_1 加上螺孔加工工艺所需的无效螺纹长度，mm；

e) 过渡圆角 $r\geqslant0.8\delta_n$，mm；

f) 直边长度 $L=50$ mm；

g) 端部外缘长度 h，mm；

当 $\alpha=30°$时，按式(7-38)计算：

$$h \geqslant h_s+0.5d_B \quad\cdots\cdots(7\text{-}38)$$

当 $\alpha=45°$时，按式(7-39)计算：

$$h \geqslant h_s+d_B \quad\cdots\cdots(7\text{-}39)$$

7.7.4.3 应力校核

7.7.4.3.1 作用于筒体端部纵向截面的弯矩，按式(7-40)计算：

$$M=\frac{1}{6.28}\left[\left(\delta_n-C_2+\frac{1}{3}D_i\right)F_D-\left(D_b-\frac{2}{3}D_G\right)F-(D_b-D_G)F_p\right]-p_cD_iH_gJ_o \cdots(7\text{-}40)$$

式中：

J_o——参数，$J_o=J_c-H_g/2$，mm；

J_c——尺寸，见图 7-12，mm。

7.7.4.3.2 筒体端部纵向截面的抗弯截面系数(见图 7-12)按式(7-41)计算：

$$Z_g=\frac{I_c}{J_c} \cdots\cdots(7\text{-}41)$$

式中：

$I_c=2[I_1+A_1a_1^2+I_s+A_sa_s^2]$，$mm^4$；

$J_c=\frac{A_1J_1+A_sJ_s}{A_1+A_s}$，mm；

$A_1=hB$，mm^2；

$A_s=\frac{(H_g-h)(\delta_e+B)}{2}$，$mm^2$；

$a_1=J_1-J_c$，mm；

$a_s=J_c-J_s$，mm；

$B=\frac{(D_o-D_i)}{2}-C_2$，mm；

$I_1=\frac{Bh^3}{12}$，mm^4；

$I_s=\frac{(H_g-h)^3(\delta_e^2+4\delta_eB+B^2)}{36(\delta_e+B)}$，$mm^4$；

$J_1=H_g-\frac{h}{2}$，mm；

$J_s=\frac{(H_g-h)(\delta_e+2B)}{3(\delta_e+B)}$，mm；

$\delta_e=\delta_n-C_2$，mm。

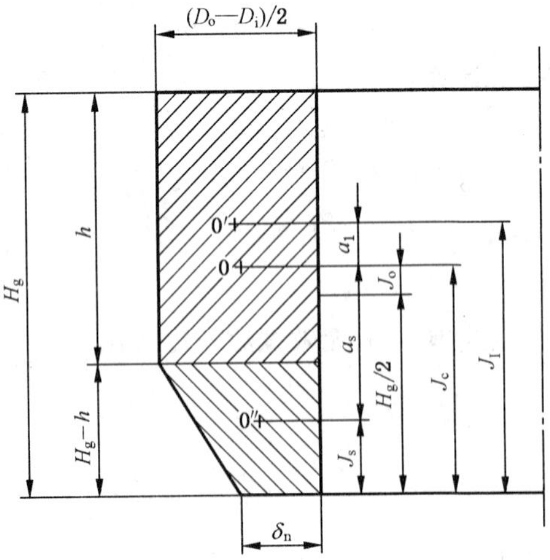

0——筒体端部计算截面形心；

0′——计算截面矩形部分形心；

0″——计算截面梯形部分形心。

图 7-12 筒体端部计算图

7.7.4.3.3 筒体端部纵向截面的弯曲应力按式(7-42)校核:

$$\sigma_m = \frac{M}{Z_g} \leqslant [\sigma]_f^t \qquad \cdots\cdots (7\text{-}42)$$

7.8 宽面法兰

7.8.1 本条适用于采用厚度不小于 1.5 mm 非金属软垫片的宽面法兰(见图 7-13)。

7.8.2 符号

b'_o——预紧状态垫片基本密封宽度,mm;

b'——预紧状态垫片有效密封宽度,mm;

$2b''$——操作状态垫片有效密封宽度,mm;

D'_G——垫片压紧力作用中心圆直径,mm;

D——垫片外径或法兰外径,取两者之小值,mm;

F'——内压引起的总轴向力,N;

F'_a——预紧状态需要的最小垫片压紧力,N;

F'_T——内压引起的总轴向力 F' 与作用于法兰内径截面上的内压引起的轴向力 F_D 之差,N;

F'_p——操作状态需要的最小垫片压紧力,N;

F_R——作用在螺栓中心圆外侧,为平衡 F_D、F'_p、F'_T 产生的力矩所需的轴向力,N;

其他符号见 7.3。

图 7-13 宽面法兰

7.8.3 垫片

常用软垫片的特性参数(m,y)按表 7-2 查取。

7.8.3.1 垫片有效密封宽度

垫片有效密封宽度按下列规定计算:

a) 预紧状态有效密封宽度按式(7-44)计算:

$$b'_o = D - D_b \qquad \cdots\cdots (7\text{-}43)$$

$$b' = 4\sqrt{b'_o} \qquad \cdots\cdots (7\text{-}44)$$

b) 操作状态垫片有效密封宽度,$2b''=5$ mm。

7.8.3.2 垫片压紧力作用中心圆直径 D'_G(见图 7-13)按式(7-45)计算:

$$D'_G = D_b - (d_b + 2b'') \qquad \cdots\cdots(7\text{-}45)$$

7.8.3.3 垫片压紧力

垫片压紧力按下列规定计算：

a) 预紧状态需要的最小垫片压紧力按式(7-46)计算：

$$F'_a = 3.14 D_b b' y \qquad \cdots\cdots(7\text{-}46)$$

b) 操作状态需要的最小垫片压紧力按式(7-47)计算：

$$F'_p = 6.28 D'_G b'' m p_c \qquad \cdots\cdots(7\text{-}47)$$

7.8.4 螺栓

7.8.4.1 螺栓布置

螺栓的布置一般按下列规定确定：

a) 法兰径向尺寸 L_A、L_e 及螺栓间距 $\widehat{L}$ 的最小值可按表 7-3 选取；

b) 螺栓最大间距 $\widehat{L}_{max}$ 不宜超过式(7-48)的计算值：

$$\widehat{L}_{max} = 3d_B + 2\delta_f \qquad \cdots\cdots(7\text{-}48)$$

7.8.4.2 螺栓载荷

螺栓载荷按下列规定计算：

a) 预紧状态螺栓载荷按式(7-49)计算：

$$W_a = F'_a \qquad \cdots\cdots(7\text{-}49)$$

b) 操作状态螺栓载荷按式(7-50)计算：

$$W_p = F' + F'_p + F_R \qquad \cdots\cdots(7\text{-}50)$$

式中：

$F' = 0.785(D_b - d_b)^2 p_c$

$F_R = \dfrac{F_D L_D + F'_p L'_p + F'_T L'_T}{L_R}$

$F'_T = F' - F_D$

$L'_T = \dfrac{(D_b + d_b + 2b'') - D_i}{4}$

$L'_p = \dfrac{d_b + 2b''}{2}$

$L_R = \dfrac{D - (D_b + d_b)}{4} + \dfrac{d_b}{2}$

7.8.4.3 螺栓面积

需要的螺栓面积和实际的螺栓面积按 7.5.2.3 确定。

7.8.5 法兰

7.8.5.1 法兰设计力矩

法兰设计力矩按式(7-51)计算：

$$M_o = F_R L_R \qquad \cdots\cdots(7\text{-}51)$$

7.8.5.2 法兰厚度

法兰厚度按式(7-52)确定：

$$\delta_f = \sqrt{\frac{6M_o}{[\sigma]^t_f (3.14 D_b - n d_b)}} \qquad \cdots\cdots(7\text{-}52)$$

表 7-5　整体法兰计算表

计算压力 p_c		MPa	(垫片简图)	当 $b_o \leqslant 6.4$ mm 时 $b=b_o$ 当 $b_o>6.4$ mm 时 $b=2.53\sqrt{b_o}$	N	mm
设计温度 t		℃			b_o	mm
法兰材料			法兰压紧面形状 垫片外径		b	mm
螺栓材料					y	MPa
腐蚀裕量 C_2		mm			m	

螺栓许用应力	设计温度 $[\sigma]_b^t$		MPa	$W_a=3.14bD_Gy=$	N
	室温 $[\sigma]_b$		MPa	$F_p=6.28bD_Gmp_c=$	N
法兰许用应力	设计温度 $[\sigma]_f^t$		MPa	$F=0.785D_G^2p_c=$ N	$F_p+F=$ N
	室温 $[\sigma]_f$		MPa	$A_m=\max(W_a/[\sigma]_b,(F_p+F)/[\sigma]_b^t)=$	mm²
法兰材料弹性模量 E			MPa	$A_b=$	mm²
所有尺寸均不包括腐蚀裕量				$W=(A_m+A_b)[\sigma]_b/2=$	N

预紧螺栓情况

$F_G=W=$ N	$L_G=(D_b-D_G)/2=$ mm	$M_a=F_GL_G=$ N·mm

操作情况

$F_D=0.785D_i^2p_c=$ N	$L_D=L_A+0.5\delta_1=$ mm	$F_DL_D=$ N·mm
$F_G=F_p=$ N	$L_G=(D_b-D_G)/2=$ mm	$F_GL_G=$ N·mm
$F_T=F-F_D=$ N	$L_T=(L_A+\delta_1+L_G)/2=$ mm	$F_TL_T=$ N·mm

$M_p=F_DL_D+F_GL_G+F_TL_T=$　N·mm

$M_o=\max\{M_p,M_a[\sigma]_f^t/[\sigma]_f\}=$　N·mm

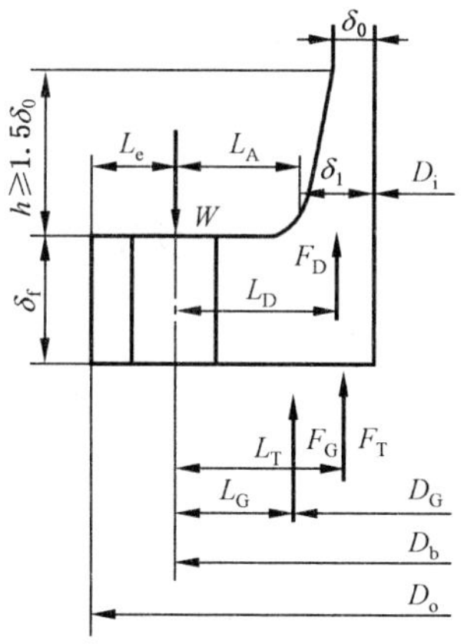

形状常数

$h_o=\sqrt{D_i\delta_0}=$		$h/h_o=$	
$K=D_o/D_i=$		$\delta_1/\delta_0=$	
查表 7-9	$T=$	查图 7-3	$F_I=$
	$Z=$	查图 7-4	$V_I=$
	$Y=$	查图 7-7	$f=$
	$U=$	$e=F_I/h_o=$	
$d_1=(U/V_I)h_o\delta_0^2=$			

许用值	应力计算			
	δ_f(假设)= mm			
	$\psi=\delta_fe+1$			
	$\beta=1.33\delta_fe+1$			
	$r=\psi/T$			
	$\eta=\delta_f^3/d_1$			
	$\lambda=\gamma+\eta$			
$1.5[\sigma]_f^t$ 或 $2.5[\sigma]_n^t$	轴向应力 $\sigma_H=fM_o/(\lambda\delta_1^2D_i)$　MPa			
$[\sigma]_f^t=$	径向应力 $\sigma_R=\beta M_o/(\lambda\delta_f^2D_i)$　MPa			
$[\sigma]_f^t=$	切向应力 $\sigma_T=YM_o/(\delta_f^2D_i)-Z\sigma_R$　MPa			
$[\sigma]_f^t=$	$\max\{(\sigma_H+\sigma_T)/2,(\sigma_H+\sigma_R)/2\}$　MPa			
刚度指数 $J\leqslant1$	$J=52.14V_IM_o/(\lambda E\delta_0^2K_1h_o)$			

注：对于带颈的松式法兰，表中系数 V_I、F_I 应以 V_L、F_L 代替，f 取 1.0。

表 7-6 活套法兰计算表

计算压力 p_c		MPa	（垫片简图）	当 $b_o \leqslant 6.4$ mm 时 $b=b_o$	N	mm
设计温度 t		℃			b_o	mm
法兰材料			法兰压紧面形状	当 $b_o>6.4$ mm 时 $b=2.53\sqrt{b_o}$	b	mm
螺栓材料			垫片外径		y	MPa
腐蚀裕量 C_2		mm	$W_a=3.14bD_Gy=$ N		m	
螺栓许用应力 设计温度 $[\sigma]_b^t$		MPa	$F_p=6.28bD_Gmp_c=$ N			
螺栓许用应力 室温 $[\sigma]_b$		MPa	$F=0.785D_G^2p_c=$ N		$F_p+F=$ N	
法兰许用应力 设计温度 $[\sigma]_f^t$		MPa	$A_m=\max(W_a/[\sigma]_b,(F_p+F)/[\sigma]_b^t)=$ mm²			
法兰许用应力 室温 $[\sigma]_f$		MPa	$A_b=$ mm²			
所有尺寸均不包括腐蚀裕量			$W=(A_m+A_b)[\sigma]_b/2=$ N			
预紧螺栓情况						
$F_G=W=$ N			$L_G=(D_b-D_G)/2=$ mm		$M_a=F_GL_G=$ N·mm	
操作情况						
$F_D=0.785D_i^2p_c=$ N			$L_D=(D_b-D_i)/2=$ mm		$F_DL_D=$ N·mm	
$F_G=F_p=$ N			$L_G=(D_b-D_G)/2=$ mm		$F_GL_G=$ N·mm	
$F_T=F-F_D=$ N			$L_T=(L_D+L_G)/2=$ mm		$F_TL_T=$ N·mm	
$M_p=F_DL_D+F_GL_G+F_TL_T=$ N·mm						
$M_o=\max(M_p,M_a[\sigma]_f^t/[\sigma]_f)=$ N·mm						
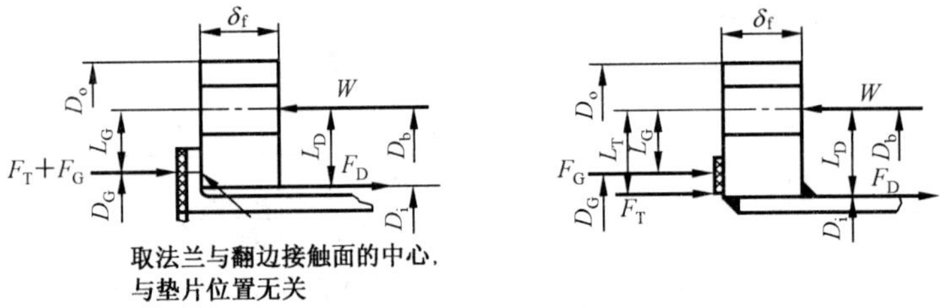 a) b)					形状常数： $K=D_o/D_i=$ $Y=$ 法兰厚度： $\delta_f=\sqrt{YM_o/([\sigma]_f^tD_i)}$ = mm	
注：本表中 a)图所示法兰，$L_G=L_T=(D_b-D_G)/2$。						

表 7-7 法兰系数 F_I、V_I、f、F_L、V_L 计算式

整体法兰	带颈松式法兰
$F_I=-\dfrac{E_6}{\left(\dfrac{C}{2.73}\right)^{1/4}\dfrac{(1+A)^3}{C}}$ $V_I=\dfrac{E_4}{\left(\dfrac{2.73}{C}\right)^{1/4}(1+A)^3}$ $f=C_{36}/(1+A).0$ 当 $\delta_1=\delta_0$ 时， $F_I=0.908\ 920$，$V_I=0.550\ 103$，$f=1$	$F_L=-\dfrac{C_{18}\left(\dfrac{1}{2}+\dfrac{A}{6}\right)+C_{21}\left(\dfrac{1}{4}+\dfrac{11A}{84}\right)+C_{24}\left(\dfrac{1}{70}+\dfrac{A}{105}\right)-\left(\dfrac{1}{40}+\dfrac{A}{72}\right)}{\left(\dfrac{C}{2.73}\right)^{1/4}\dfrac{(1+A)^3}{C}}$ $V_L=\dfrac{\dfrac{1}{4}-\dfrac{C_{24}}{5}-\dfrac{3C_{21}}{2}-C_{18}}{\left(\dfrac{2.73}{C}\right)^{1/4}(1+A)^3}$ $f=1$

表 7-7（续）

整体法兰	带颈松式法兰

以上公式中系数：

(1)$A=(\delta_1/\delta_0)-1$　　(2)$C=43.68(h/h_o)^4$　　(3)$C_1=1/3+A/12$

(4)$C_2=5/42+17A/336$　　(5)$C_3=1/210+A/360$　　(6)$C_4=11/360+59A/5\,040+(1+3A)/C$

(7)$C_5=1/90+5A/1\,008-(1+A)^3/C$　　(8)$C_6=1/120+17A/5\,040+1/C$

(9)$C_7=215/2\,772+51A/1\,232+(60/7+225A/14+75A^2/7+5A^3/2)/C$

(10)$C_8=31/6\,930+128A/45\,045+(6/7+15A/7+12A^2/7+5A^3/11)/C$

(11)$C_9=533/30\,240+653A/73\,920+(1/2+33A/14+39A^2/28+25A^3/84)/C$

(12)$C_{10}=29/3\,780+3A/704-(1/2+33A/14+81A^2/28+13A^3/12)/C$

(13)$C_{11}=31/6\,048+1\,763A/665\,280+(1/2+6A/7+15A^2/28+5A^3/42)/C$

(14)$C_{12}=1/2\,925+71A/300\,300+(8/35+18A/35+156A^2/385+6A^3/55)/C$

(15)$C_{13}=761/831\,600+937A/1\,663\,200+(1/35+6A/35+11A^2/70+3A^3/70)/C$

(16)$C_{14}=197/415\,800+103A/332\,640-(1/35+6A/35+17A^2/70+A^3/10)/C$

(17)$C_{15}=233/831\,600+97A/554\,400+(1/35+3A/35+A^2/14+2A^3/105)/C$

(18)$C_{16}=C_1C_7C_{12}+C_2C_8C_3+C_3C_8C_2-(C_3^2C_7+C_8^2C_1+C_2^2C_{12})$

(19)$C_{17}=[C_4C_7C_{12}+C_2C_8C_{13}+C_3C_8C_9-(C_{13}C_7C_3+C_8^2C_4+C_{12}C_2C_9)]/C_{16}$

(20)$C_{18}=[C_5C_7C_{12}+C_2C_8C_{14}+C_3C_8C_{10}-(C_{14}C_7C_3+C_8^2C_5+C_{12}C_2C_{10})]/C_{16}$

(21)$C_{19}=[C_6C_7C_{12}+C_2C_8C_{15}+C_3C_8C_{11}-(C_{15}C_7C_3+C_8^2C_6+C_{12}C_2C_{11})]/C_{16}$

(22)$C_{20}=[C_1C_9C_{12}+C_4C_8C_3+C_3C_{13}C_2-(C_3^2C_9+C_{13}C_8C_1+C_{12}C_4C_2)]/C_{16}$

(23)$C_{21}=[C_1C_{10}C_{12}+C_5C_8C_3+C_3C_{14}C_2-(C_3^2C_{10}+C_{14}C_8C_1+C_{12}C_5C_2)]/C_{16}$

(24)$C_{22}=[C_1C_{11}C_{12}+C_6C_8C_3+C_3C_{15}C_2-(C_3^2C_{11}+C_{15}C_8C_1+C_{12}C_6C_2)]/C_{16}$

(25)$C_{23}=[C_1C_7C_{13}+C_2C_9C_3+C_4C_8C_2-(C_3C_7C_4+C_8C_9C_1+C_2^2C_{13})]/C_{16}$

(26)$C_{24}=[C_1C_7C_{14}+C_2C_{10}C_3+C_5C_8C_2-(C_3C_7C_5+C_8C_{10}C_1+C_2^2C_{14})]/C_{16}$

(27)$C_{25}=[C_1C_7C_{15}+C_2C_{11}C_3+C_6C_8C_2-(C_3C_7C_6+C_8C_{11}C_1+C_2^2C_{15})]/C_{16}$

(28)$C_{26}=-(C/4)^{1/4}$　　(29)$C_{27}=C_{20}-C_{17}-5/12+C_{17}C_{26}$　　(30)$C_{28}=C_{22}-C_{19}-1/12+C_{19}C_{26}$

(31)$C_{29}=-(C/4)^{1/2}$　　(32)$C_{30}=-(C/4)^{3/4}$　　(33)$C_{31}=3A/2-C_{17}C_{30}$

(34)$C_{32}=1/2-C_{19}C_{30}$　　(35)$C_{33}=0.5C_{26}C_{32}+C_{28}C_{31}C_{29}-(0.5C_{30}C_{28}+C_{32}C_{27}C_{29})$

(36)$C_{34}=1/12+C_{18}-C_{21}-C_{18}C_{26}$　　(37)$C_{35}=C_{18}C_{30}$　　(38)$C_{36}=(C_{28}C_{35}C_{29}-C_{32}C_{34}C_{29})/C_{33}$

(39)$C_{37}=[0.5C_{26}C_{35}+C_{34}C_{31}C_{29}-(0.5C_{30}C_{34}+C_{35}C_{27}C_{29})]/C_{33}$　　(40)$E_1=C_{17}C_{36}+C_{18}+C_{19}C_{37}$

(41)$E_2=C_{20}C_{36}+C_{21}+C_{22}C_{37}$　　(42)$E_3=C_{23}C_{36}+C_{24}+C_{25}C_{37}$　　(43)$E_4=1/4+C_{37}/12+C_{36}/4-E_3/5-3E_2/2-E_1$

(44)$E_5=E_1(1/2+A/6)+E_2(1/4+11A/84)+E_3(1/70+A/105)$

(45)$E_6=E_5-C_{36}(7/120+A/36+3A/C)-1/40-A/72-C_{37}(1/60+A/120+1/C)$

表 7-8 F_I、V_I 系数

δ_1/δ_0	h/h_0	F_I	V_I	δ_1/δ_0	h/h_0	F_I	V_I
1.00	0.01	0.908 92	0.550 10	3.00	0.06	0.908 07	0.463 27
1.00	0.02	0.908 92	0.550 10	3.00	0.07	0.907 67	0.450 37
1.00	0.03	0.908 92	0.550 10	3.00	0.08	0.907 17	0.437 90
1.00	0.04	0.908 92	0.550 10	3.00	0.09	0.906 58	0.425 83
1.00	0.05	0.908 92	0.550 10	3.00	0.10	0.905 88	0.414 15
1.00	0.06	0.908 92	0.550 10				
1.00	0.07	0.908 92	0.550 10	3.50	0.01	0.908 94	0.533 41
1.00	0.08	0.908 92	0.550 10	3.50	0.02	0.908 97	0.517 27
1.00	0.09	0.908 92	0.550 10	3.50	0.03	0.908 99	0.501 66
1.00	0.10	0.908 92	0.550 10	3.50	0.04	0.908 98	0.486 56
				3.50	0.05	0.908 92	0.471 96
1.50	0.01	0.908 87	0.541 33	3.50	0.06	0.908 80	0.457 85
1.50	0.02	0.908 72	0.532 80	3.50	0.07	0.908 60	0.444 21
1.50	0.03	0.908 48	0.524 49	3.50	0.08	0.908 32	0.431 03
1.50	0.04	0.908 15	0.516 42	3.50	0.09	0.907 94	0.418 29
1.50	0.05	0.907 74	0.508 57	3.50	0.10	0.907 45	0.405 97
1.50	0.06	0.907 24	0.500 93				
1.50	0.07	0.906 66	0.493 51	4.00	0.01	0.908 97	0.532 55
1.50	0.08	0.906 00	0.486 29	4.00	0.02	0.909 08	0.515 58
1.50	0.09	0.905 27	0.479 27	4.00	0.03	0.909 22	0.499 20
1.50	0.10	0.904 47	0.472 45	4.00	0.04	0.909 37	0.483 37
				4.00	0.05	0.909 50	0.468 08
2.00	0.01	0.908 87	0.537 74	4.00	0.06	0.909 58	0.453 31
2.00	0.02	0.908 71	0.525 73	4.00	0.07	0.909 60	0.439 06
2.00	0.03	0.908 46	0.514 08	4.00	0.08	0.909 54	0.425 29
2.00	0.04	0.908 09	0.502 76	4.00	0.09	0.909 39	0.412 00
2.00	0.05	0.907 63	0.491 78	4.00	0.10	0.909 14	0.399 17
2.00	0.06	0.907 06	0.481 12				
2.00	0.07	0.906 40	0.470 78	4.50	0.01	0.909 00	0.531 77
2.00	0.08	0.905 63	0.460 74	4.50	0.02	0.909 19	0.514 07
2.00	0.09	0.904 77	0.451 01	4.50	0.03	0.909 47	0.496 99
2.00	0.10	0.903 82	0.441 56	4.50	0.04	0.909 78	0.480 50
				4.50	0.05	0.910 09	0.464 60
2.50	0.01	0.908 88	0.535 76	4.50	0.06	0.910 38	0.449 25
2.50	0.02	0.908 77	0.521 85	4.50	0.07	0.910 62	0.434 45
2.50	0.03	0.908 58	0.508 37	4.50	0.08	0.910 79	0.420 17
2.50	0.04	0.908 30	0.495 31	4.50	0.09	0.910 87	0.406 40
2.50	0.05	0.907 92	0.482 65	4.50	0.10	0.910 84	0.393 12
2.50	0.06	0.907 45	0.470 37				
2.50	0.07	0.906 88	0.458 48	5.00	0.01	0.909 03	0.531 03
2.50	0.08	0.906 20	0.446 96	5.00	0.02	0.909 31	0.512 65
2.50	0.09	0.905 43	0.435 80	5.00	0.03	0.909 71	0.494 92
2.50	0.10	0.904 55	0.424 99	5.00	0.04	0.910 19	0.477 83
				5.00	0.05	0.910 69	0.461 35
3.00	0.01	0.908 91	0.534 43	5.00	0.06	0.911 19	0.445 47
3.00	0.02	0.908 86	0.519 26	5.00	0.07	0.911 64	0.430 17
3.00	0.03	0.908 77	0.504 57	5.00	0.08	0.912 04	0.415 42
3.00	0.04	0.908 61	0.490 35	5.00	0.09	0.912 34	0.401 21
3.00	0.05	0.908 38	0.476 59	5.00	0.10	0.912 54	0.387 52

表 7-9 系数 K、T、Z、Y、U

K	T	Z	Y	U	K	T	Z	Y	U
1.001	1.91	1 000.50	1 899.43	2 078.85	1.061	1.89	16.91	32.55	35.78
1.002	1.91	500.50	951.81	1 052.80	1.062	1.89	16.64	32.04	35.21
1.003	1.91	333.83	637.56	700.80	1.063	1.89	16.40	31.55	34.68
1.004	1.91	250.50	478.04	525.45	1.064	1.89	16.15	31.08	34.17
1.005	1.91	200.50	383.67	421.72	1.065	1.89	15.90	30.61	33.65
1.006	1.91	167.17	319.71	351.42	1.066	1.89	15.67	30.17	33.17
1.007	1.91	143.36	274.11	301.30	1.067	1.89	15.45	29.74	32.69
1.008	1.91	125.50	239.95	263.75	1.068	1.89	15.22	29.32	32.22
1.009	1.91	111.61	213.40	234.42	1.069	1.89	15.02	28.91	31.79
1.010	1.91	100.50	192.19	211.19	1.070	1.89	14.80	28.51	31.34
1.011	1.91	91.41	174.83	192.13	1.071	1.89	14.61	28.13	30.92
1.012	1.91	83.84	160.38	176.25	1.072	1.89	14.41	27.76	30.51
1.013	1.91	77.43	148.06	162.81	1.073	1.89	14.22	27.39	30.11
1.014	1.91	71.93	137.69	151.30	1.074	1.88	14.04	27.04	29.72
1.015	1.91	67.17	128.61	141.33	1.075	1.88	13.85	26.69	29.34
1.016	1.90	63.00	120.56	132.49	1.076	1.88	13.68	26.36	28.96
1.017	1.90	59.33	111.98	124.81	1.077	1.88	13.56	26.03	28.69
1.018	1.90	56.06	107.36	118.00	1.078	1.88	13.35	25.72	28.27
1.019	1.90	53.14	101.72	111.78	1.079	1.88	13.18	25.40	27.92
1.020	1.90	50.51	96.73	106.30	1.080	1.88	13.02	25.10	27.59
1.021	1.90	48.12	92.21	101.33	1.081	1.88	12.87	24.81	27.27
1.022	1.90	45.96	88.04	96.75	1.082	1.88	12.72	24.52	26.95
1.023	1.90	43.98	84.30	92.64	1.083	1.88	12.57	24.24	26.65
1.024	1.90	42.17	80.81	88.81	1.084	1.88	12.43	24.00	26.34
1.025	1.90	40.51	77.61	85.29	1.085	1.88	12.29	23.69	26.05
1.026	1.90	38.97	74.70	82.09	1.086	1.88	12.15	23.44	25.57
1.027	1.90	37.54	77.97	79.08	1.087	1.88	12.02	23.18	25.48
1.028	1.90	36.22	69.43	76.30	1.088	1.88	11.89	22.93	25.02
1.029	1.90	34.99	67.11	73.75	1.089	1.88	11.76	22.68	24.93
1.030	1.90	33.84	64.91	71.33	1.090	1.88	11.63	22.44	24.66
1.031	1.90	32.76	62.85	69.06	1.091	1.88	11.52	22.22	24.41
1.032	1.90	31.76	60.92	66.94	1.092	1.88	11.40	21.99	24.16
1.033	1.90	30.81	59.11	63.95	1.093	1.88	11.28	21.76	23.91
1.034	1.90	29.92	57.41	63.08	1.094	1.88	11.16	21.54	23.67
1.035	1.90	29.08	55.80	61.32	1.095	1.88	11.05	21.32	23.44
1.036	1.90	28.29	54.29	59.66	1.096	1.88	10.94	21.11	23.20
1.037	1.90	27.54	52.85	58.08	1.097	1.88	10.83	20.91	22.97
1.038	1.90	26.83	51.50	56.59	1.098	1.88	10.73	20.71	22.75
1.039	1.90	26.15	50.21	55.17	1.099	1.88	10.62	20.51	22.39
1.040	1.90	25.51	48.97	53.82	1.100	1.88	10.52	20.31	22.18
1.041	1.90	24.90	47.81	53.10	1.101	1.88	10.43	20.15	22.12
1.042	1.90	24.32	46.71	51.33	1.102	1.88	10.33	19.94	21.92
1.043	1.90	23.77	45.64	50.15	1.103	1.88	10.23	19.76	21.72
1.044	1.90	23.23	44.64	49.05	1.104	1.88	10.14	19.58	21.52
1.045	1.90	22.74	43.69	48.02	1.105	1.88	10.05	19.38	21.30
1.046	1.90	22.05	42.75	46.99	1.106	1.88	9.96	19.33	21.14
1.047	1.90	21.79	41.87	46.03	1.107	1.87	9.87	19.07	20.96
1.048	1.90	21.35	41.02	45.09	1.108	1.87	9.78	18.90	20.77
1.049	1.90	20.92	40.21	44.21	1.109	1.87	9.70	18.74	20.59
1.050	1.89	20.51	39.43	43.34	1.110	1.87	9.62	18.55	20.38
1.051	1.89	20.12	38.68	42.51	1.111	1.87	9.54	18.42	20.25
1.052	1.89	19.74	37.96	41.73	1.112	1.87	9.46	18.27	20.08
1.053	1.89	19.38	37.27	40.69	1.113	1.87	9.38	18.13	19.91
1.054	1.89	19.03	36.60	40.23	1.114	1.87	9.30	17.97	19.75
1.055	1.89	18.69	35.96	39.64	1.115	1.87	9.22	17.81	19.55
1.056	1.89	18.38	35.34	38.84	1.116	1.87	9.15	17.68	19.43
1.057	1.89	18.06	34.74	38.19	1.117	1.87	9.07	17.54	19.27
1.058	1.89	17.76	34.17	37.56	1.118	1.87	9.00	17.40	19.12
1.059	1.89	17.47	33.92	36.95	1.119	1.87	8.94	17.27	18.98
1.060	1.89	17.18	33.64	36.34	1.120	1.87	8.86	17.13	18.80

表 7-9（续）

K	T	Z	Y	U	K	T	Z	Y	U
1.121	1.87	8.79	17.00	18.68	1.171	1.85	6.39	12.38	13.60
1.122	1.87	8.72	16.87	18.54	1.172	1.85	6.35	12.31	13.53
1.123	1.87	8.66	16.74	18.40	1.173	1.85	6.32	12.25	13.46
1.124	1.87	8.59	16.62	18.26	1.174	1.85	6.29	12.18	13.39
1.125	1.87	8.53	16.49	18.11	1.175	1.85	6.25	12.10	13.30
1.126	1.87	8.47	16.37	17.99	1.176	1.85	6.22	12.06	13.25
1.127	1.87	8.40	16.25	17.86	1.177	1.85	6.19	12.00	13.18
1.128	1.87	8.34	16.14	17.73	1.178	1.85	6.16	11.93	13.11
1.129	1.87	8.28	16.02	17.60	1.179	1.85	6.13	11.87	13.05
1.130	1.87	8.22	15.91	17.48	1.180	1.85	6.10	11.79	12.96
1.131	1.87	8.16	15.79	17.35	1.181	1.85	6.07	11.76	12.92
1.132	1.87	8.11	15.68	17.24	1.182	1.85	6.04	11.70	12.86
1.133	1.86	8.05	15.57	17.11	1.183	1.85	6.01	11.64	12.79
1.134	1.86	7.99	15.46	16.99	1.184	1.85	5.98	11.58	12.73
1.135	1.86	7.94	15.36	16.90	1.185	1.85	5.95	11.50	12.64
1.136	1.86	7.88	15.26	16.77	1.186	1.85	5.92	11.47	12.61
1.137	1.86	7.83	15.15	16.65	1.187	1.85	5.89	11.42	12.54
1.138	1.86	7.78	15.05	16.54	1.188	1.85	5.86	11.36	12.49
1.139	1.86	7.73	14.95	16.43	1.189	1.85	5.83	11.31	12.43
1.140	1.86	7.68	14.86	16.35	1.190	1.84	5.81	11.26	12.37
1.141	1.86	7.62	14.76	16.22	1.191	1.84	5.78	11.20	12.31
1.142	1.86	7.57	14.66	16.11	1.192	1.84	5.75	11.15	12.25
1.143	1.86	7.53	14.57	16.01	1.193	1.84	5.73	11.10	12.20
1.144	1.86	7.48	14.48	15.91	1.194	1.84	5.70	11.05	12.14
1.145	1.86	7.43	14.39	15.83	1.195	1.84	5.67	11.00	12.08
1.146	1.86	7.38	14.29	15.71	1.196	1.84	5.65	10.95	12.03
1.147	1.86	7.34	14.20	15.61	1.197	1.84	5.62	10.90	11.97
1.148	1.86	7.29	14.12	15.51	1.198	1.84	5.60	10.85	11.92
1.149	1.86	7.25	14.03	15.42	1.199	1.84	5.57	10.80	11.87
1.150	1.86	7.20	13.95	15.34	1.200	1.84	5.55	10.75	11.81
1.151	1.86	7.16	13.86	15.23	1.201	1.84	5.52	10.70	11.76
1.152	1.86	7.11	13.77	15.14	1.202	1.84	5.50	10.65	11.71
1.153	1.86	7.07	13.69	15.05	1.203	1.84	5.47	10.61	11.66
1.154	1.86	7.03	13.61	14.96	1.204	1.84	5.45	10.56	11.61
1.155	1.86	6.99	13.54	14.87	1.205	1.84	5.42	10.52	11.56
1.156	1.86	6.95	13.45	14.78	1.206	1.84	5.40	10.47	11.51
1.157	1.86	6.91	13.37	14.70	1.207	1.84	5.38	10.43	11.46
1.158	1.86	6.87	13.30	14.61	1.208	1.84	5.35	10.38	11.41
1.159	1.86	6.83	13.22	14.53	1.209	1.84	5.33	10.34	11.36
1.160	1.86	6.79	13.15	14.45	1.210	1.84	5.31	10.30	11.32
1.161	1.85	6.75	13.07	14.36	1.211	1.83	5.29	10.25	11.27
1.162	1.85	6.71	13.00	14.28	1.212	1.83	5.27	10.21	11.22
1.163	1.85	6.67	12.92	14.20	1.213	1.83	5.24	10.16	11.17
1.164	1.85	6.64	12.85	14.12	1.214	1.83	5.22	10.12	11.12
1.165	1.85	6.60	12.78	14.04	1.215	1.83	5.20	10.09	11.09
1.166	1.85	6.56	12.71	13.97	1.216	1.83	5.18	10.04	11.03
1.167	1.85	6.53	12.64	13.89	1.217	1.83	5.16	10.00	10.99
1.168	1.85	6.49	12.58	13.82	1.218	1.83	5.14	9.96	10.94
1.169	1.85	6.46	12.51	13.74	1.219	1.83	5.12	9.92	10.90
1.170	1.85	6.42	12.43	13.66	1.220	1.83	5.10	9.89	10.87

表 7-9（续）

K	T	Z	Y	U	K	T	Z	Y	U
1.221	1.83	5.07	9.84	10.81	1.271	1.81	4.25	8.23	9.05
1.222	1.83	5.05	9.80	10.77	1.272	1.81	4.24	8.21	9.02
1.223	1.83	5.03	9.76	10.73	1.273	1.81	4.22	8.18	8.99
1.224	1.83	5.01	9.72	10.68	1.274	1.81	4.21	8.15	8.96
1.225	1.83	5.00	9.69	10.65	1.275	1.81	4.20	8.13	8.93
1.226	1.83	4.98	9.65	10.60	1.276	1.81	4.18	8.11	8.91
1.227	1.83	4.96	9.61	10.56	1.277	1.81	4.17	8.08	8.88
1.228	1.83	4.94	9.57	10.52	1.278	1.81	4.16	8.05	8.85
1.229	1.83	4.92	9.53	10.48	1.279	1.81	4.15	8.03	8.82
1.230	1.83	4.90	9.50	10.44	1.280	1.81	4.13	8.01	8.79
1.231	1.83	4.88	9.46	10.40	1.281	1.81	4.12	7.98	8.77
1.232	1.83	4.86	9.43	10.36	1.282	1.81	4.11	7.96	8.74
1.233	1.83	4.84	9.39	10.32	1.283	1.80	4.10	7.93	8.71
1.234	1.83	4.83	9.36	10.28	1.284	1.80	4.08	7.91	8.69
1.235	1.83	4.81	9.32	10.24	1.285	1.80	4.07	7.89	8.66
1.236	1.82	4.79	9.29	10.20	1.286	1.80	4.06	7.86	8.64
1.237	1.82	4.77	9.25	10.17	1.287	1.80	4.05	7.84	8.61
1.238	1.82	4.76	9.22	10.13	1.288	1.80	4.04	7.81	8.59
1.239	1.82	4.74	9.18	10.09	1.289	1.80	4.02	7.79	8.56
1.240	1.82	4.72	9.15	10.05	1.290	1.80	4.01	7.77	8.53
1.241	1.82	4.70	9.12	10.02	1.291	1.80	4.00	7.75	8.51
1.242	1.82	4.69	9.08	9.98	1.292	1.80	3.99	7.72	8.48
1.243	1.82	4.67	9.05	9.95	1.293	1.80	3.98	7.70	8.46
1.244	1.82	4.65	9.02	9.91	1.294	1.80	3.97	7.68	8.43
1.245	1.82	4.64	8.99	9.87	1.295	1.80	3.95	7.66	8.41
1.246	1.82	4.62	8.95	9.84	1.296	1.80	3.94	7.63	8.39
1.247	1.82	4.60	8.92	9.81	1.297	1.80	3.93	7.61	8.36
1.248	1.82	4.59	8.89	9.77	1.298	1.80	3.92	7.59	8.33
1.249	1.82	4.57	8.86	9.74	1.299	1.80	3.91	7.57	8.31
1.250	1.82	4.56	8.83	9.70	1.300	1.80	3.90	7.55	8.29
1.251	1.82	4.54	8.80	9.67	1.301	1.80	3.89	7.53	8.27
1.252	1.82	4.52	8.77	9.64	1.302	1.80	3.88	7.50	8.24
1.253	1.82	4.51	8.74	9.60	1.303	1.80	3.87	7.48	8.22
1.254	1.82	4.49	8.71	9.57	1.304	1.80	3.86	7.46	8.20
1.255	1.82	4.48	8.68	9.54	1.305	1.80	3.84	7.44	8.18
1.256	1.82	4.46	8.65	9.51	1.306	1.80	3.83	7.42	8.16
1.257	1.82	4.45	8.62	9.47	1.307	1.80	3.82	7.40	8.13
1.258	1.81	4.43	8.59	9.44	1.308	1.79	3.81	7.38	8.11
1.259	1.81	4.42	8.56	9.41	1.309	1.79	3.80	7.36	8.09
1.260	1.81	4.40	8.53	9.38	1.310	1.79	3.79	7.34	8.07
1.261	1.81	4.39	8.51	9.35	1.311	1.79	3.78	7.32	8.05
1.262	1.81	4.37	8.49	9.32	1.312	1.79	3.77	7.30	8.02
1.263	1.81	4.36	8.45	9.28	1.313	1.79	3.76	7.28	8.00
1.264	1.81	4.35	8.42	9.25	1.314	1.79	3.75	7.26	7.98
1.265	1.81	4.33	8.39	9.23	1.315	1.79	3.74	7.24	7.96
1.266	1.81	4.32	8.37	9.19	1.316	1.79	3.73	7.22	7.94
1.267	1.81	4.30	8.34	9.16	1.317	1.79	3.72	7.20	7.92
1.268	1.81	4.29	8.31	9.14	1.318	1.79	3.71	7.18	7.89
1.269	1.81	4.28	8.29	9.11	1.319	1.79	3.70	7.16	7.87
1.270	1.81	4.26	8.26	9.08	1.320	1.79	3.69	7.14	7.85

表 7-9（续）

K	T	Z	Y	U	K	T	Z	Y	U
1.321	1.79	3.68	7.12	7.83	1.371	1.77	3.27	6.31	6.93
1.322	1.79	3.67	7.10	7.81	1.372	1.77	3.27	6.30	6.91
1.323	1.79	3.67	7.09	7.79	1.373	1.77	3.26	6.28	6.90
1.324	1.79	3.66	7.07	7.77	1.374	1.77	3.25	6.27	6.89
1.325	1.79	3.65	7.05	7.75	1.375	1.77	3.25	6.25	6.87
1.326	1.79	3.64	7.03	7.73	1.376	1.77	3.24	6.24	6.86
1.327	1.79	3.63	7.01	7.71	1.377	1.77	3.23	6.22	6.84
1.328	1.78	3.62	7.00	7.69	1.378	1.77	3.22	6.21	6.82
1.329	1.78	3.61	6.98	7.67	1.379	1.77	3.22	6.19	6.81
1.330	1.78	3.60	6.96	7.65	1.380	1.77	3.21	6.18	6.80
1.331	1.78	3.59	6.94	7.63	1.381	1.76	3.20	6.17	6.79
1.332	1.78	3.58	6.92	7.61	1.382	1.76	3.20	6.16	6.77
1.333	1.78	3.57	6.91	7.59	1.383	1.76	3.19	6.14	6.75
1.334	1.78	3.57	6.89	7.57	1.384	1.76	3.18	6.13	6.74
1.335	1.78	3.56	6.87	7.55	1.385	1.76	3.18	6.12	6.73
1.336	1.78	3.55	6.85	7.53	1.386	1.76	3.17	6.11	6.72
1.337	1.78	3.54	6.84	7.51	1.387	1.76	3.16	6.10	6.70
1.338	1.78	3.53	6.82	7.50	1.388	1.76	3.16	6.08	6.68
1.339	1.78	3.52	6.81	7.48	1.389	1.76	3.15	6.07	6.67
1.340	1.78	3.51	6.79	7.46	1.390	1.76	3.15	6.06	6.66
1.341	1.78	3.51	6.77	7.44	1.391	1.76	3.14	6.05	6.64
1.342	1.78	3.50	6.76	7.42	1.392	1.76	3.13	6.04	6.63
1.343	1.78	3.49	6.74	7.41	1.393	1.76	3.13	6.02	6.61
1.344	1.78	3.48	6.72	7.39	1.394	1.76	3.12	6.01	6.60
1.345	1.78	3.47	6.71	7.37	1.395	1.76	3.11	6.00	6.59
1.346	1.78	3.46	6.69	7.35	1.396	1.76	3.11	5.99	6.58
1.347	1.78	3.46	6.68	7.33	1.397	1.76	3.10	5.98	6.56
1.348	1.78	3.45	6.66	7.32	1.398	1.75	3.10	5.96	6.55
1.349	1.78	3.44	6.65	7.30	1.399	1.75	3.09	5.95	6.53
1.350	1.78	3.43	6.63	7.28	1.400	1.75	3.08	5.94	6.52
1.351	1.78	3.42	6.61	7.27	1.401	1.75	3.08	5.93	6.50
1.352	1.78	3.42	6.60	7.25	1.402	1.75	3.07	5.92	6.49
1.353	1.77	3.41	6.58	7.23	1.403	1.75	3.07	5.90	6.47
1.354	1.77	3.40	6.57	7.21	1.404	1.75	3.06	5.89	6.46
1.355	1.77	3.39	6.55	7.19	1.405	1.75	3.05	5.88	6.45
1.356	1.77	3.38	6.53	7.17	1.406	1.75	3.05	5.87	6.44
1.357	1.77	3.38	6.52	7.16	1.407	1.75	3.04	5.86	6.43
1.358	1.77	3.37	6.50	7.14	1.408	1.75	3.04	5.84	6.41
1.359	1.77	3.36	6.49	7.12	1.409	1.75	3.03	5.83	6.40
1.360	1.77	3.35	6.47	7.11	1.410	1.75	3.02	5.82	6.39
1.361	1.77	3.35	6.45	7.09	1.411	1.75	3.02	5.81	6.38
1.362	1.77	3.34	6.44	7.08	1.412	1.75	3.01	5.80	6.37
1.363	1.77	3.33	6.42	7.06	1.413	1.75	3.01	5.78	6.35
1.364	1.77	3.32	6.41	7.04	1.414	1.75	3.00	5.77	6.34
1.365	1.77	3.32	6.39	7.03	1.415	1.75	3.00	5.76	6.33
1.366	1.77	3.31	6.38	7.01	1.416	1.75	2.99	5.75	6.32
1.367	1.77	3.30	6.37	7.00	1.417	1.75	2.98	5.74	6.31
1.368	1.77	3.30	6.35	6.98	1.418	1.75	2.98	5.72	6.29
1.369	1.77	3.29	6.34	6.97	1.419	1.75	2.97	5.71	6.28
1.370	1.77	3.28	6.32	6.95	1.420	1.75	2.97	5.70	6.27

表 7-9（续）

K	T	Z	Y	U	K	T	Z	Y	U
1.421	1.75	2.96	5.69	6.26	1.471	1.72	2.72	5.19	5.70
1.422	1.75	2.96	5.68	6.25	1.472	1.72	2.71	5.18	5.69
1.423	1.75	2.95	5.67	6.23	1.473	1.72	2.71	5.18	5.68
1.424	1.74	2.95	5.66	6.22	1.474	1.72	2.71	5.17	5.67
1.425	1.74	2.94	5.65	6.21	1.475	1.72	2.70	5.16	5.66
1.426	1.74	2.94	5.64	6.20	1.476	1.72	2.70	5.15	5.65
1.427	1.74	2.93	5.63	6.19	1.477	1.72	2.69	5.14	5.64
1.428	1.74	2.92	5.62	6.17	1.478	1.72	2.69	5.14	5.63
1.429	1.74	2.92	5.61	6.16	1.479	1.72	2.68	5.13	5.62
1.430	1.74	2.91	5.60	6.15	1.480	1.72	2.68	5.12	5.61
1.431	1.74	2.91	5.59	6.14	1.481	1.72	2.68	5.11	5.60
1.432	1.74	2.90	5.58	6.13	1.482	1.72	2.67	5.10	5.59
1.433	1.74	2.90	5.57	6.11	1.483	1.72	2.67	5.10	5.59
1.434	1.74	2.89	5.56	6.10	1.484	1.72	2.66	5.09	5.58
1.435	1.74	2.89	5.55	6.09	1.485	1.72	2.66	5.08	5.57
1.436	1.74	2.88	5.54	6.08	1.486	1.72	2.66	5.07	5.56
1.437	1.74	2.88	5.53	6.07	1.487	1.72	2.65	5.06	5.55
1.438	1.74	2.87	5.52	6.05	1.488	1.72	2.65	5.06	5.55
1.439	1.74	2.87	5.51	6.04	1.489	1.72	2.64	5.05	5.54
1.440	1.74	2.86	5.50	6.03	1.490	1.72	2.64	5.04	5.53
1.441	1.74	2.86	5.49	6.02	1.491	1.72	2.64	5.03	5.52
1.442	1.74	2.85	5.48	6.01	1.492	1.72	2.63	5.02	5.51
1.443	1.74	2.85	5.47	6.00	1.493	1.71	2.63	5.02	5.51
1.444	1.74	2.84	5.46	5.99	1.494	1.71	2.62	5.01	5.50
1.445	1.74	2.84	5.45	5.98	1.495	1.71	2.62	5.00	5.49
1.446	1.74	2.83	5.44	5.97	1.496	1.71	2.62	4.99	5.48
1.447	1.73	2.83	5.43	5.96	1.497	1.71	2.61	4.98	5.47
1.448	1.73	2.82	5.42	5.95	1.498	1.71	2.61	4.98	5.47
1.449	1.73	2.82	5.41	5.94	1.499	1.71	2.60	4.97	5.46
1.450	1.73	2.81	5.40	5.93	1.500	1.71	2.60	4.96	5.45
1.451	1.73	2.81	5.39	5.92	1.501	1.71	2.60	4.95	5.44
1.452	1.73	2.80	5.38	5.91	1.502	1.71	2.59	4.94	5.43
1.453	1.73	2.80	5.37	5.90	1.503	1.71	2.59	4.94	5.43
1.454	1.73	2.80	5.36	5.89	1.504	1.71	2.58	4.93	5.42
1.455	1.73	2.79	5.35	5.88	1.505	1.71	2.58	4.92	5.41
1.456	1.73	2.79	5.34	5.87	1.506	1.71	2.58	4.91	5.40
1.457	1.73	2.78	5.33	5.86	1.507	1.71	2.57	4.90	5.39
1.458	1.73	2.78	5.32	5.85	1.508	1.71	2.57	4.90	5.39
1.459	1.73	2.77	5.31	5.84	1.509	1.71	2.57	4.89	5.38
1.460	1.73	2.77	5.30	5.83	1.510	1.71	2.56	4.88	5.37
1.461	1.73	2.76	5.29	5.82	1.511	1.71	2.56	4.87	5.36
1.462	1.73	2.76	5.28	5.80	1.512	1.71	2.56	4.86	5.35
1.463	1.73	2.75	5.27	5.79	1.513	1.71	2.55	4.86	5.35
1.464	1.73	2.75	5.26	5.78	1.514	1.71	2.55	4.85	5.34
1.465	1.73	2.74	5.25	5.77	1.515	1.71	2.54	4.84	5.33
1.466	1.73	2.74	5.24	5.76	1.516	1.71	2.54	4.83	5.22
1.467	1.73	2.74	5.23	5.74	1.517	1.71	2.54	4.82	5.31
1.468	1.72	2.73	5.22	5.73	1.518	1.71	2.53	4.82	5.31
1.469	1.72	2.73	5.21	5.72	1.519	1.70	2.53	4.81	5.30
1.470	1.72	2.72	5.20	5.71	1.520	1.70	2.53	4.80	5.29

表 7-9（续）

K	T	Z	Y	U	K	T	Z	Y	U
1.521	1.70	2.52	4.79	5.28	1.551	1.69	2.42	4.60	5.05
1.522	1.70	2.52	4.79	5.27	1.552	1.69	2.42	4.59	5.04
1.523	1.70	2.52	4.78	5.27	1.553	1.69	2.42	4.58	5.03
1.524	1.70	2.51	4.78	5.26	1.554	1.69	2.41	4.58	5.03
1.525	1.70	2.51	4.77	5.25	1.555	1.69	2.41	4.57	5.02
1.526	1.70	2.51	4.77	5.24	1.556	1.69	2.41	4.57	5.02
1.527	1.70	2.50	4.76	5.23	1.557	1.69	2.40	4.56	5.01
1.528	1.70	2.50	4.76	5.23	1.558	1.69	2.40	4.56	5.00
1.529	1.70	2.49	4.75	5.22	1.559	1.69	2.40	4.55	4.99
1.530	1.70	2.49	4.74	5.21	1.560	1.69	2.40	4.54	4.99
1.531	1.70	2.49	4.73	5.20	1.561	1.69	2.39	4.54	4.98
1.532	1.70	2.48	4.72	5.19	1.562	1.69	2.39	4.53	4.97
1.533	1.70	2.48	4.72	5.19	1.563	1.68	2.39	4.52	4.97
1.534	1.70	2.48	4.71	5.17	1.564	1.68	2.38	4.51	4.96
1.535	1.70	2.47	4.70	5.17	1.565	1.68	2.38	4.51	4.95
1.536	1.70	2.47	4.69	5.16	1.566	1.68	2.38	4.50	4.95
1.537	1.70	2.47	4.68	5.15	1.567	1.68	2.37	4.50	4.94
1.538	1.69	2.46	4.68	5.15	1.568	1.68	2.37	4.49	4.93
1.539	1.69	2.46	4.67	5.14	1.569	1.68	2.37	4.48	4.92
1.540	1.69	2.46	4.66	5.13	1.570	1.68	2.37	4.48	4.92
1.541	1.69	2.45	4.66	5.12	1.571	1.68	2.36	4.47	4.91
1.542	1.69	2.45	4.65	5.11	1.572	1.68	2.36	4.47	4.91
1.543	1.69	2.45	4.64	5.11	1.573	1.68	2.36	4.46	4.90
1.544	1.69	2.45	4.64	5.10	1.574	1.68	2.35	4.46	4.89
1.545	1.69	2.44	4.63	5.09	1.575	1.68	2.35	4.45	4.89
1.546	1.69	2.44	4.63	5.08	1.576	1.68	2.35	4.44	4.88
1.547	1.69	2.44	4.62	5.07	1.577	1.68	2.35	4.44	4.88
1.548	1.69	2.43	4.62	5.07	1.578	1.68	2.34	4.43	4.87
1.549	1.69	2.43	4.61	5.06	1.579	1.68	2.34	4.42	4.86
1.550	1.69	2.43	4.60	5.05	1.580	1.68	2.34	4.42	4.86

附 录 A
（规范性附录）
非圆形截面容器

A.1 总则

A.1.1 本附录适用于非圆形截面单层焊接容器的设计、制造和验收。除了本附录规定的条款之外，按本附录设计和制造的容器还应符合本部分其他部分的有关条款要求。

A.1.2 本附录给出的设计方法所适用的容器其截面形状为矩形、长圆形和椭圆形，如图 A.1～图 A.8、图 A.10～图 A.13 所示。其他形状截面的非圆形容器可采用其他方法计算薄膜应力和弯曲应力，然后按本附录的强度条件进行校核。

A.1.3 本附录的计算公式仅考虑内压载荷引起的薄膜应力和弯曲应力，对于由其他机械载荷（如支座、接管或其他构件产生的反作用力）引起的局部应力以及热应力应按其他合适的方法进行计算，强度条件可按 A.3 确定。

A.1.4 本附录的计算公式适用于容器纵横比（容器长度与横截面内侧长边长度或长轴之比）大于 4 的情况。对于纵横比小于 4 的容器，仍可用本附录的公式进行计算，但结果将偏于保守。若考虑端盖的加强作用，也可采用更精确的方法进行设计计算。

A.1.5 按本附录进行容器的设计计算时，应先确定结构尺寸（如厚度、加强件尺寸等），然后按要求进行应力计算和校核，直至满足强度要求为止。

A.2 符号

A——参数，见表 A.1，mm；

A_1——短边侧板上加强件的横截面积，mm^2；

A_2——长边侧板上加强件的横截面积，mm^2；

A_3——参数，见表 A.1，mm；

a——椭圆截面中面长轴半径（见图 A.5），mm；

B——参数，见表 A.1，mm^2；

b——椭圆截面中面短轴半径（见图 A.5），mm；

c——板截面或板与加强件组合截面中性轴至计算截面内表面的距离 c_i 或至计算截面外表面的距离 c_o。在对内、外表面的弯曲应力计算中，应分别以 c_i 或 c_o 代入，mm；

C_1——参数，见表 A.1，mm^2；

C_2——参数，见表 A.1，mm^2；

D_1——参数，见表 A.1，mm^3；

D_2——参数，见表 A.1，mm^3；

d_j——焊缝至中心线的距离（见图 A.1～A.4，A.6～A.8），mm；

E——常温时材料的弹性模量，MPa；

E^t——设计温度下材料的弹性模量，MPa；

F——参数，见表 A.1；

H——矩形容器短边内侧长度，mm；

H_1——矩形容器短边加强件中心线长度（见图 A.6），mm；

h——矩形容器长边内侧长度,mm;

h_1——矩形容器长边加强件中心线长度(见图 A.6),mm;

I_1、I_2——短边侧板和长边侧板截面的惯性矩,计算式见表 A.1,mm^4;

I_{11}——在有效宽度 W 范围内,厚度为 δ_1 的侧板与加强件组合截面惯性矩,mm^4;

I_{21}——在有效宽度 W 范围内,厚度为 δ_2 的侧板与加强件组合截面惯性矩,mm^4;

I_{22}——非对称矩形截面容器中厚度为 δ_{22} 的侧板的惯性矩,mm^4;

J——应力参数,见表 A.3;

J_2——应力参数,见表 A.2;

J_3——应力参数,见表 A.2;

K——参数,见表 A.1;

K_1——参数,见表 A.1;

K_2——参数,见表 A.1;

k——参数,见表 A.1;

k_1——参数,见表 A.1;

k_2——参数,见表 A.1;

L——无外加强或外加强的长圆形截面容器(见图 A.4 和图 A.8)以及无外加强带圆角矩形截面容器(见图 A.3)的长边侧板半长,mm;

L_0——外加强带圆角矩形截面容器长边上加强件的半长(见图 A.7),mm;

L_1——容器轴向长度,mm;

L_{11}——外加强带圆角矩形截面容器长边上加强件边缘到圆角边缘的距离(见图 A.7),mm;

L_h——孔中心矩,mm;

L_s——加强件起加强作用的有效宽度,对非加强容器取 1,mm;

l_0——外加强带圆角矩形截面容器短边上加强件的半长(见图 A.7),mm;

l_1——无外加强带圆角矩形截面容器(见图 A.3)的短边侧板半长,mm;

l_{11}——外加强带圆角矩形截面容器短边上加强件边缘到圆角边缘的距离(见图 A.7),mm;

M_A、M_r——弯矩,N·mm;

N——参数,见表 A.1;

p_c——计算压力,MPa;

R——椭圆形截面容器大圆弧区中面半径(见图 A.5 和图 A.10),计算式见表 A.1,mm;

r——长圆形截面容器内半径(见图 A.4)或椭圆形截面容器小圆弧区中面半径(见图 A.5 和图 A.10)。当为椭圆形截面容器小圆弧区中面半径时,计算式见表 A.1,mm;

W——有效板宽,mm;

α——参数,见表 A.1;

α_1——参数,见表 A.1;

α_2——参数,见表 A.1;

α_3——参数,见表 A.1;

β——系数,见表 A.1;

δ_1——容器短边侧板的有效厚度,mm;

δ_2——容器长边侧板的有效厚度,mm;

δ_3、δ_4——拉撑板的有效厚度,mm;

δ_{22}——非对称矩形截面容器长边侧板中较厚件的有效厚度,mm;

γ——参数,见表 A.1;

γ_1——参数,见表 A.1;

η_b——针对弯曲应力的开孔削弱系数；

η_m——针对薄膜应力的开孔削弱系数；

σ_b——弯曲应力，MPa；

σ_m——薄膜应力，MPa；

σ_T——总应力，MPa；

$[\sigma]^t$——设计温度下材料的许用应力，MPa；

R_{eL}、$R_{p0.2}$——常温下材料屈服点，MPa；

R_{eL}^t、$R_{p0.2}^t$——设计温度下材料屈服点，MPa；

ϕ——焊接接头系数；

φ——参数，见表 A.1。

表 A.1　计算参数表

序号	计算参数表达式	单位
1	$A=r(2\gamma+\pi\alpha_2)$	mm
2	$A_3=r_1(2\gamma_1+\pi)$	mm
3	$B=r^2(\gamma^2+\pi\gamma\alpha_2+2\alpha_2)$	mm^2
4	$C_1=r^2(2\gamma^2+3\pi\gamma\alpha_2+12\alpha_2)$	mm^2
5	$C_2=r_1^2(2\gamma_1^2+3\pi\gamma_1+12)$	mm^2
6	$D_1=r^3(\gamma^3+2\pi\gamma^2\alpha_2+12\gamma\alpha_2+2\pi\alpha_2)$	mm^3
7	$D_2=r^3(4\gamma^3+6\pi\gamma^2\alpha_2+24\gamma\alpha_2+3\pi\alpha_2)$	mm^3
8	$F=(3AD_1-2BC_1)/(AD_2-6B^2)$	
9	$I_1=L_s\cdot\delta_1^3/12$	mm^4
10	$I_2=L_s\cdot\delta_2^3/12$	mm^4
11	$K=(I_2/I_1)\alpha$	
12	$K_1=2k_2+3$	
13	$K_2=3k_1+2k_2$	
14	$k=(I_{21}/I_{11})\alpha$	
15	$k_1=(I_{22}/I_2)$	
16	$k_2=(I_{22}/I_1)\alpha$	
17	$N=K_1K_2-k_2^2$	
18	$R=\dfrac{\sqrt{a^2+b^2}\left[\sqrt{a^2+b^2}+(a-b)\right]}{2b}$	mm
19	$r=\dfrac{\sqrt{a^2+b^2}\left[\sqrt{a^2+b^2}-(a-b)\right]}{2a}$	mm
20	$\alpha=H/h$	
21	$\alpha_1=H_1/h_1$	
22	$\alpha_2=I_2/I_1$	
23	$\alpha_3=L/l_1$	
24	$\beta=h/L_s$ 或 H/L_s	
25	$\gamma=L/r$	
26	$\gamma_1=L/r_1$	
27	$\varphi=r/l_1$	

A.3 非圆形截面容器设计的强度条件

A.3.1 本附录要求对非圆形截面容器中的薄膜应力和弯曲应力进行计算和校核。压力和机械载荷引起的薄膜应力应不大于$[\sigma]^t\phi$；压力和机械载荷引起的总应力(即薄膜应力与弯曲应力之和)应不超过以下数值：

a) 无加强容器(图 A.1～A.5)的侧板或外加强带圆角矩形截面容器上无加强圆角处，(图 A.7)取 $1.5[\sigma]^t\phi$；

b) 外加强容器的组合截面处：

1) 碳素钢、低合金钢、铁素体不锈钢取：$\dfrac{R_{eL}^t}{1.5}\phi$；

2) 奥氏体不锈钢取：$0.9R_{p0.2}^t\cdot\phi$ 和$\dfrac{R_{p0.2}}{1.5}\phi$两者中小值。

A.3.2 在对焊缝处的应力进行校核时，A、B类接头的焊接接头系数按 GB 150.1 的规定。C、D类焊缝的结构和焊脚尺寸应符合附录 D 中图 D.11 和图 D.13 规定的要求，其焊接接头系数可取为 1.0。

A.3.3 应力校核原则

a) 对无加强容器，只需计算侧板的薄膜应力和总应力，然后对该薄膜应力和两个总应力按 A.3.1 进行校核；

b) 有加强但加强件的许用应力和屈服点与容器壳体相同时，只需计算侧板、侧板与加强件组合截面的薄膜应力以及侧板与加强件组合截面内、外表面的总应力，然后对该薄膜应力和两个总应力按 A.3.1 进行校核；

c) 当有加强且加强件的许用应力和屈服点与容器壳体不同时，应对壳体和加强件分别计算和校核其薄膜应力以及内、外壁处的总应力。

A.3.4 计算得到的总应力应为薄膜应力与弯曲应力的代数和。薄膜应力与弯曲应力的正、负号规定如下：

a) 薄膜应力以拉应力为正，以压应力为负；

b) 计算内压作用下的弯曲应力，对于 A.3.3a)和 b)的情况，c_o 取负号，c_i 取正号；对于 A.3.3c)的情况，如应力计算点在组合截面中性轴的内侧，则 c_o 或 c_i 取正号，否则，c_o 或 c_i 取负号。

A.4 无加强的非圆形截面容器

A.4.1 对称矩形截面容器

A.4.1.1 结构

本节计算公式适用的对称矩形截面容器如图 A.1 所示。容器的两对边侧板厚度应相等，但相邻侧板的厚度可以不相等。

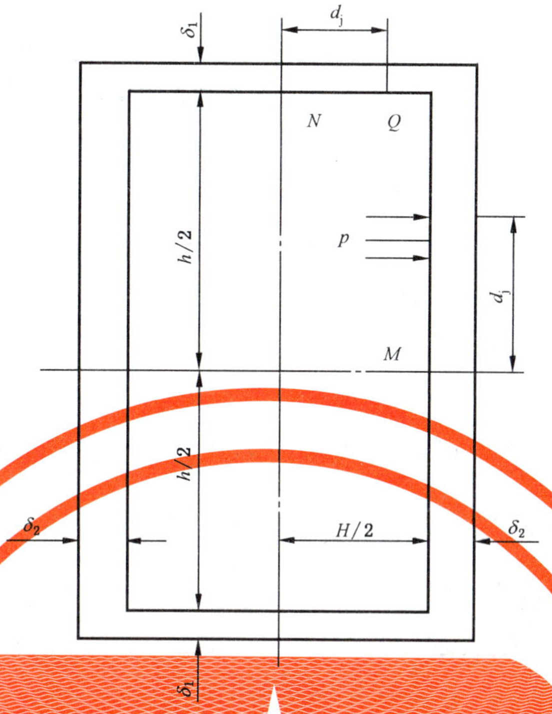

图 A.1 对称矩形截面容器

A.4.1.2 应力计算

a) 短边侧板

侧板上 N 点和 Q 点的薄膜应力按式(A-1)计算：

$$\sigma_m^N = \sigma_{m(1)}^Q = \frac{p_c \cdot h}{2\delta_1} \quad \cdots\cdots(A\text{-}1)$$

侧板上 N 点和 Q 点的弯曲应力分别按式(A-2)、式(A-3)计算：

$$\sigma_b^N = \frac{p_c \cdot c \cdot h^2 \cdot L_s}{12I_1}\left(-1.5\alpha^2 + \frac{1+\alpha^2 K}{1+K}\right) \quad \cdots\cdots(A\text{-}2)$$

$$\sigma_{b(1)}^Q = \frac{p_c \cdot c \cdot h^2 \cdot L_s}{12I_1}\left(\frac{1+\alpha^2 K}{1+K}\right) \quad \cdots\cdots(A\text{-}3)$$

N 点和 Q 点的总应力分别按式(A-4)、式(A-5)计算：

$$\sigma_T^N = \sigma_m^N + \sigma_b^N \quad \cdots\cdots(A\text{-}4)$$

$$\sigma_{T(1)}^Q = \sigma_{m(1)}^Q + \sigma_{b(1)}^Q \quad \cdots\cdots(A\text{-}5)$$

b) 长边侧板

侧板上 M 点和 Q 点的薄膜应力按式(A-6)计算：

$$\sigma_m^M = \sigma_{m(2)}^Q = \frac{p_c \cdot H}{2\delta_2} \quad \cdots\cdots(A\text{-}6)$$

侧板上 M 点和 Q 点的弯曲应力分别按式(A-7)、式(A-8)计算：

$$\sigma_b^M = \frac{p_c \cdot c \cdot h^2 \cdot L_s}{12I_2}\left(-1.5 + \frac{1+\alpha^2 K}{1+K}\right) \quad \cdots\cdots(A\text{-}7)$$

$$\sigma_{b(2)}^Q = \frac{p_c \cdot c \cdot h^2 \cdot L_s}{12I_2}\left(\frac{1+\alpha^2 K}{1+K}\right) \quad \cdots\cdots(A\text{-}8)$$

M 点和 Q 点的总应力分别按式(A-9)、式(A-10)计算：

$$\sigma_T^M = \sigma_m^M + \sigma_b^M \quad \cdots\cdots(A\text{-}9)$$

$$\sigma_{T(2)}^Q = \sigma_{m(2)}^Q + \sigma_{b(2)}^Q \quad \cdots\cdots(A\text{-}10)$$

c) 考虑封头的加强作用

当容器纵横比(L_1/H 或 L_1/h)小于 2 时,设计中可考虑封头的加强作用,侧板中点 N 和 M 处的弯曲应力为式(A-2)和式(A-7)的计算值分别乘以表 A.2 中的系数 J_2;容器拐角 Q 点的弯曲应力为式(A-3)和式(A-8)的计算值分别乘以表 A.2 中的系数 J_3。

表 A.2 系数 J_2 和 J_3

L_1/H 或 L_1/h	J_2	J_3
1.0	0.56	0.62
1.1	0.64	0.70
1.2	0.73	0.77
1.3	0.79	0.83
1.4	0.85	0.88
1.5	0.89	0.91
1.6	0.92	0.94
1.7	0.95	0.96
1.8	0.97	0.98
1.9	0.99	0.99
2.0	1.0	1.0

A.4.2 非对称矩形截面容器

A.4.2.1 结构

本节计算公式适用的非对称矩形截面容器如图 A.2 所示。其中一对对边侧板厚度相同,而另一对侧板的厚度不同。

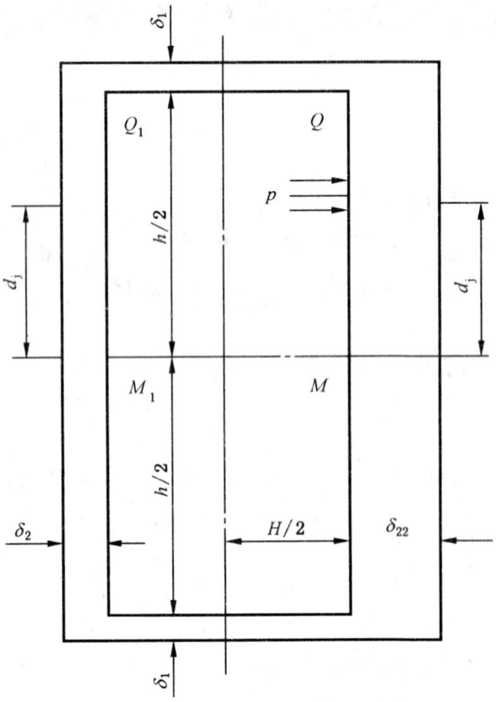

图 A.2 非对称矩形截面容器

A.4.2.2 应力计算

a) 短边侧板

侧板上 Q 点和 Q_1 点的薄膜应力按式(A-11)计算：

$$\sigma_{m(1)}^{Q}=\sigma_{m(1)}^{Q_1}=\frac{p_c\cdot h}{2\delta_1} \quad\cdots\cdots(\text{A-11})$$

侧板上 Q 点和 Q_1 点的弯曲应力分别按式(A-12)、式(A-13)计算：

$$\sigma_{b(1)}^{Q}=\frac{p_c\cdot c\cdot h^2\cdot L_s}{4N\cdot I_1}[(K_2-k_1\cdot k_2)+\alpha^2 k_2(K_2-k_2)] \quad\cdots\cdots(\text{A-12})$$

$$\sigma_{b(1)}^{Q_1}=\frac{p_c\cdot c\cdot h^2\cdot L_s}{4N\cdot I_1}[(K_1\cdot k_1-k_2)+\alpha^2 k_2(K_1-k_2)] \quad\cdots\cdots(\text{A-13})$$

Q 点和 Q_1 点的总应力分别按式(A-14)、式(A-15)计算：

$$\sigma_{T(1)}^{Q}=\sigma_{m(1)}^{Q}+\sigma_{b(1)}^{Q} \quad\cdots\cdots(\text{A-14})$$

$$\sigma_{T(1)}^{Q_1}=\sigma_{m(1)}^{Q_1}+\sigma_{b(1)}^{Q_1} \quad\cdots\cdots(\text{A-15})$$

b) 长边侧板

侧板上 M_1 和 Q_1 点的薄膜应力按式(A-16)计算：

$$\sigma_{m}^{M_1}=\sigma_{m(2)}^{Q_1}=\frac{p_c\cdot h}{4\alpha\cdot N\cdot\delta_2}[2\alpha^2\cdot N-(K_2+k_2)+k_1(K_1+k_2)-\alpha^2\cdot k_2(K_2-K_1)] \cdots(\text{A-16})$$

侧板上 M 和 Q 点的薄膜应力按式(A-17)计算：

$$\sigma_{m}^{M}=\sigma_{m(2)}^{Q}=\frac{p_c\cdot h}{4\alpha\cdot N\cdot\delta_{22}}[2\alpha^2\cdot N+(K_2+k_2)-k_1(K_1+k_2)+\alpha^2\cdot k_2(K_2-K_1)] \cdots(\text{A-17})$$

侧板上 M、M_1、Q、Q_1 点的弯曲应力分别按式(A-18)～(A-21)计算：

$$\sigma_{b}^{M}=\frac{p_c\cdot c\cdot h^2\cdot L_s}{8N\cdot I_{22}}\{2[(K_2-k_1\cdot k_2)+\alpha^2\cdot k_2(K_2-k_2)]-N\} \quad\cdots\cdots(\text{A-18})$$

$$\sigma_{b}^{M_1}=\frac{p_c\cdot c\cdot h^2\cdot L_s}{8N\cdot I_2}\{2[(K_1\cdot k_1-k_2)+\alpha^2\cdot k_2(K_1-k_2)]-N\} \quad\cdots\cdots(\text{A-19})$$

$$\sigma_{b(2)}^{Q}=\frac{p_c\cdot c\cdot h^2\cdot L_s}{4N\cdot I_{22}}[(K_2-k_1\cdot k_2)+\alpha^2\cdot k_2(K_2-k_2)] \quad\cdots\cdots(\text{A-20})$$

$$\sigma_{b(2)}^{Q_1}=\frac{p_c\cdot c\cdot h^2\cdot L_s}{4N\cdot I_2}[(K_1\cdot k_1-k_2)+\alpha^2\cdot k_2(K_1-k_2)] \quad\cdots\cdots(\text{A-21})$$

侧板 M、M_1、Q、Q_1 点的总应力分别按式(A-22)～(A-25)计算：

$$\sigma_{T}^{M}=\sigma_{m}^{M}+\sigma_{b}^{M} \quad\cdots\cdots(\text{A-22})$$

$$\sigma_{T}^{M_1}=\sigma_{m}^{M_1}+\sigma_{b}^{M_1} \quad\cdots\cdots(\text{A-23})$$

$$\sigma_{T(2)}^{Q}=\sigma_{m(2)}^{Q}+\sigma_{b(2)}^{Q} \quad\cdots\cdots(\text{A-24})$$

$$\sigma_{T(2)}^{Q_1}=\sigma_{m(2)}^{Q_1}+\sigma_{b(2)}^{Q_1} \quad\cdots\cdots(\text{A-25})$$

c) 考虑封头的加强作用

当容器纵横比(L_1/H 或 L_1/h)小于 2 时，设计中可考虑封头的加强作用，短边侧板 Q 和 Q_1 点的弯曲应力为式(A-12)和式(A-13)的计算值分别乘以表 A.2 中的系数 J_3；长边侧板 M 和 M_1 点的弯曲应力为式(A-18)和式(A-19)的计算值分别乘以表 A.2 中的系数 J_2；长边侧板 Q 和 Q_1 点的弯曲应力为式(A-20)和式(A-21)的计算值分别乘以表 A.2 中的系数 J_3。

A.4.3 带圆角的矩形截面容器

A.4.3.1 结构

本节计算公式适用的带圆角的矩形截面容器如图 A.3 所示。容器侧板与圆角的厚度相同；圆角半径 r 应不小于侧板厚度的 3 倍。

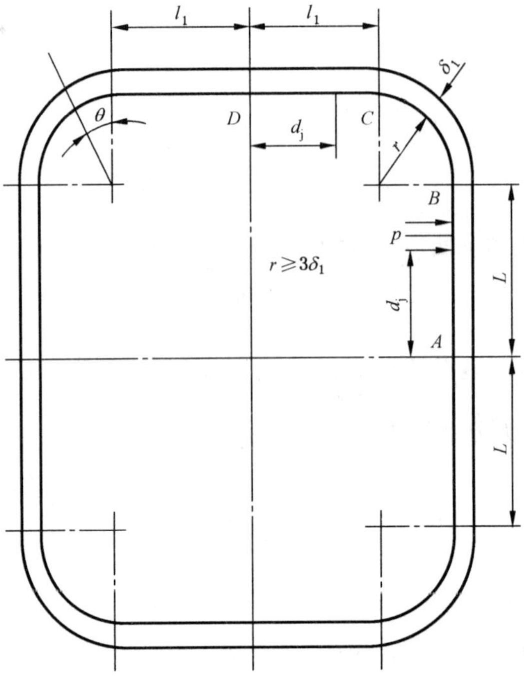

图 A.3　带圆角的矩形截面容器

A.4.3.2　应力计算

a) 短边侧板

侧板上 C 点和 D 点的薄膜应力按式(A-26)计算：

$$\sigma_m^C = \sigma_m^D = \frac{p_c(r+L)}{\delta_1} \quad \cdots\cdots(A\text{-}26)$$

侧板上 C 点和 D 点的弯曲应力分别按式(A-27)和式(A-28)计算：

$$\sigma_b^C = \frac{c}{2I_1}[2M_A + p_c L_s(L^2 + 2r \cdot L - 2r \cdot l_1)] \quad \cdots\cdots(A\text{-}27)$$

$$\sigma_b^D = \frac{c}{2I_1}[2M_A + p_c L_s(L^2 + 2r \cdot L - 2r \cdot l_1 - l_1^2)] \quad \cdots\cdots(A\text{-}28)$$

式中：

$M_A = p_c \cdot K_3 \cdot L_s$, N·mm；

$K_3 = \dfrac{-l_1^2[3\varphi^2(2\alpha_3 - \pi + 2) - 6\varphi(1-\alpha_3) + \alpha_3^2(\alpha_3 + 3 + 1.5\pi \cdot \varphi) - 2]}{3(2\alpha_3 + \pi \cdot \varphi + 2)}$, mm²

侧板上 C 点和 D 点的总应力分别按式(A-29)和式(A-30)计算：

$$\sigma_T^C = \sigma_m^C + \sigma_b^C \quad \cdots\cdots(A\text{-}29)$$

$$\sigma_T^D = \sigma_m^D + \sigma_b^D \quad \cdots\cdots(A\text{-}30)$$

b) 长边侧板

侧板上 A 点和 B 点的薄膜应力按式(A-31)计算：

$$\sigma_m^A = \sigma_m^B = \frac{p_c(r+l_1)}{\delta_1} \quad \cdots\cdots(A\text{-}31)$$

侧板上 A 点和 B 点的弯曲应力分别按式(A-32)和式(A-33)计算：

$$\sigma_b^A = \frac{M_A \cdot c}{I_1} \quad \cdots\cdots(A\text{-}32)$$

$$\sigma_b^B=\frac{c}{2I_1}(2M_A+p_c\cdot L^2\cdot L_s) \quad\cdots\cdots(A-33)$$

侧板上 A 点和 B 点的总应力分别按式(A-34)和式(A-35)计算：

$$\sigma_T^A=\sigma_m^A+\sigma_b^A \quad\cdots\cdots(A-34)$$

$$\sigma_T^B=\sigma_m^B+\sigma_b^B \quad\cdots\cdots(A-35)$$

c) 圆角区

薄膜应力按式(A-36)计算：

$$\sigma_m=\frac{p_c}{\delta_1}(\sqrt{L^2+l_1^2}+r) \quad\cdots\cdots(A-36)$$

弯曲应力按式(A-37)计算：

$$\sigma_b=\frac{c}{2I_1}(2M_A+p_c\cdot L_s\{2r[L\cdot\cos\theta-l_1(1-\sin\theta)]+L^2\}) \quad\cdots\cdots(A-37)$$

式中：

$\theta=\arctan(l_1/L)$(见图 A.3)，(°)。

总应力按式(A-38)计算：

$$\sigma_T=\sigma_m+\sigma_b \quad\cdots\cdots(A-38)$$

A.4.4 长圆形截面容器

A.4.4.1 结构

本节计算公式适用的长圆形截面容器如图 A.4 所示。容器侧板厚度需相等，两半圆部分厚度也需相等，但侧板与半圆部分的厚度可以不同。

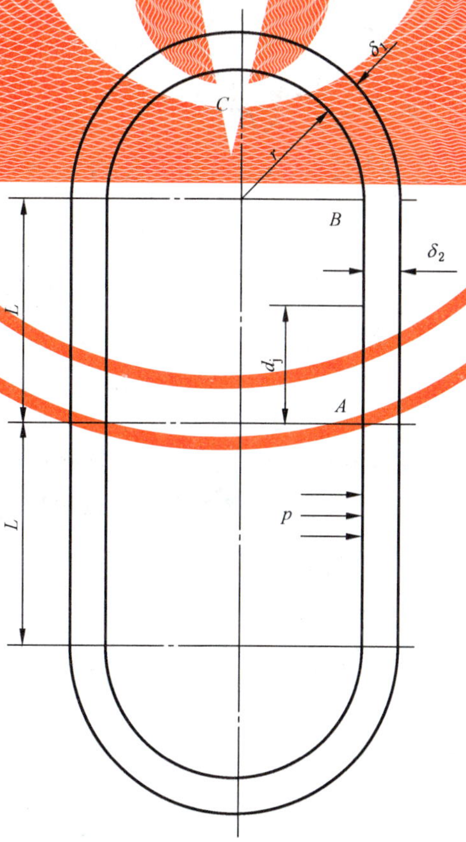

图 A.4 长圆形截面容器

A.4.4.2 应力计算

a) 半圆部分

B 点和 C 点的薄膜应力分别按式(A-39)和式(A-40)计算：

$$\sigma_{m(1)}^{B}=\frac{p_c \cdot r}{\delta_1} \qquad \text{(A-39)}$$

$$\sigma_{m}^{C}=\frac{p_c(r+L)}{\delta_1} \qquad \text{(A-40)}$$

B 点和 C 点的弯曲应力分别按式(A-41)和式(A-42)计算：

$$\sigma_{b(1)}^{B}=\frac{p_c \cdot L \cdot L_s \cdot c}{6I_1}\left(3L-\frac{C_1}{A}\right) \qquad \text{(A-41)}$$

$$\sigma_{b}^{C}=\frac{p_c \cdot L \cdot L_s \cdot c}{6I_1}\left[3(L+2r)-\frac{C_1}{A}\right] \qquad \text{(A-42)}$$

B 点和 C 点的总应力分别按式(A-43)和式(A-44)计算：

$$\sigma_{T(1)}^{B}=\sigma_{m(1)}^{B}+\sigma_{b(1)}^{B} \qquad \text{(A-43)}$$

$$\sigma_{T}^{C}=\sigma_{m}^{C}+\sigma_{b}^{C} \qquad \text{(A-44)}$$

b) 直侧板

侧板上 A 点和 B 点的薄膜应力分别按式(A-45)计算：

$$\sigma_{m}^{A}=\sigma_{m(2)}^{B}=\frac{p_c \cdot r}{\delta_2} \qquad \text{(A-45)}$$

侧板 A 点和 B 点的弯曲应力分别按式(A-46)和式(A-47)计算：

$$\sigma_{b}^{A}=\frac{p_c \cdot L \cdot L_s \cdot c}{6I_2}\left(\frac{C_1}{A}\right) \qquad \text{(A-46)}$$

$$\sigma_{b(2)}^{B}=\frac{p_c \cdot L \cdot L_s \cdot c}{6I_2}\left(3L-\frac{C_1}{A}\right) \qquad \text{(A-47)}$$

侧板 A 点和 B 点的总应力分别按式(A-48)和式(A-49)计算：

$$\sigma_{T}^{A}=\sigma_{m}^{A}+\sigma_{b}^{A} \qquad \text{(A-48)}$$

$$\sigma_{T(2)}^{B}=\sigma_{m(2)}^{B}+\sigma_{b(2)}^{B} \qquad \text{(A-49)}$$

A.4.5 椭圆形截面容器

A.4.5.1 结构

本节计算公式适用的椭圆形截面容器如图 A.5 所示。容器横截面由中面半径为 R 的大圆弧区和中面半径为 r 的小圆弧区组成，大圆弧区与小圆弧区的厚度可以相等，也可以不相等。

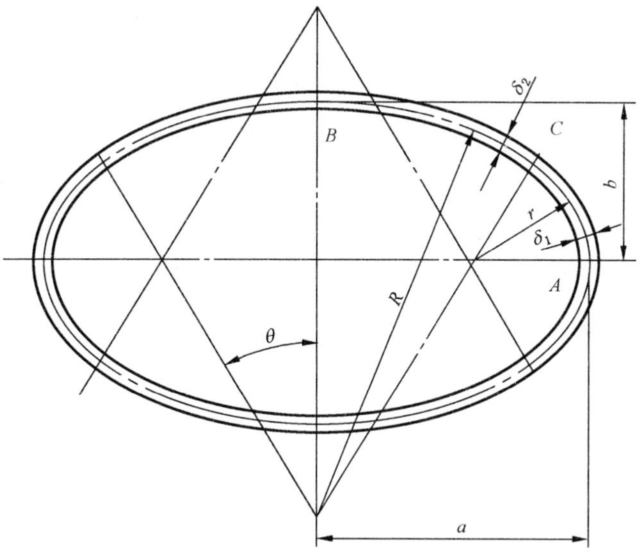

图 A.5　椭圆形截面容器

A.4.5.2　应力计算

a）小圆弧区

A 点和 C 点的薄膜应力分别按式(A-50)和式(A-51)计算：

$$\sigma_{m}^{A}=\frac{p_{c}\cdot a}{\delta_{1}} \qquad \text{(A-50)}$$

$$\sigma_{m(1)}^{C}=\frac{p_{c}}{\delta_{1}}(R\sin^{2}\theta+r\cos^{2}\theta) \qquad \text{(A-51)}$$

式中：

$\theta=\arctan(b/a)$，(°)。

A 点和 C 点的弯曲应力分别按式(A-52)和式(A-53)计算：

$$\sigma_{b}^{A}=\frac{M_{A}\cdot c}{I_{1}} \qquad \text{(A-52)}$$

$$\sigma_{b(1)}^{C}=\frac{c}{2I_{1}}[2M_{A}-L_{s}\cdot p_{c}(a^{2}-R^{2}\cdot\sin^{2}\theta-r^{2}\cdot\cos^{2}\theta)] \qquad \text{(A-53)}$$

式中：

$M_{A}=\frac{p_{c}\cdot a^{2}\cdot L_{s}}{2}-\frac{p_{c}\cdot L_{s}}{2(\alpha_{2}\cdot r\cdot\psi+R\cdot\theta)}\{[r^{2}+(R-r)^{2}\sin^{2}\theta]\cdot\alpha_{2}\cdot r\cdot\psi$

$+[R^{2}+(R-r)^{2}\cos^{2}\theta]\cdot R\cdot\theta-(R-r)(R^{2}-\alpha_{2}\cdot r^{2})\sin2\theta\}$，N·mm；

$\psi=\frac{\pi}{2}(1-\frac{\theta}{90})$，rad。

A 点和 C 点的总应力分别按式(A-54)和式(A-55)计算：

$$\sigma_{T}^{A}=\sigma_{m}^{A}+\sigma_{b}^{A} \qquad \text{(A-54)}$$

$$\sigma_{T(1)}^{C}=\sigma_{m(1)}^{C}+\sigma_{b(1)}^{C} \qquad \text{(A-55)}$$

b）大圆弧区

B 点和 C 点的薄膜应力分别按式(A-56)和式(A-57)计算：

$$\sigma_{m}^{B}=\frac{p_{c}\cdot b}{\delta_{2}} \qquad \text{(A-56)}$$

$$\sigma_{m(2)}^{C}=\frac{p_c}{\delta_2}(R\sin^2\theta+r\cos^2\theta) \qquad \cdots\cdots(A-57)$$

B 点和 C 点的弯曲应力分别按式(A-58)和式(A-59)计算：

$$\sigma_b^B=\frac{c}{2I_2}[2M_A-p_c\cdot L_s(a^2-b^2)] \qquad \cdots\cdots(A-58)$$

$$\sigma_{b(2)}^{C}=\frac{c}{2I_2}[2M_A-L_s\cdot p_c(a^2-R^2\cdot\sin^2\theta-r^2\cdot\cos^2\theta)] \qquad \cdots\cdots(A-59)$$

B 点和 C 点的总应力分别按式(A-60)和式(A-61)计算：

$$\sigma_T^B=\sigma_m^B+\sigma_b^B \qquad \cdots\cdots(A-60)$$

$$\sigma_{T(2)}^{C}=\sigma_{m(2)}^{C}+\sigma_{b(2)}^{C} \qquad \cdots\cdots(A-61)$$

A.5 外加强的非圆形截面容器

A.5.1 外加强的对称矩形截面容器

A.5.1.1 结构

本节计算公式适用的外加强对称矩形截面容器如图 A.6 所示。加强件设置在容器的外表面，且垂直于容器轴线的平面内。加强件与容器侧板可采用连续焊或间断焊。当采用间断焊时，间断焊缝可以互相错开或并排布置，间断焊缝的焊缝间距不得大于所加强板厚的 8 倍。每对加强件每侧间断焊的焊缝长度不少于加强件外表面长度的 1/2，侧板上的加强件应对称布置且具有相同的惯性矩，加强件之间的间距可以不同。

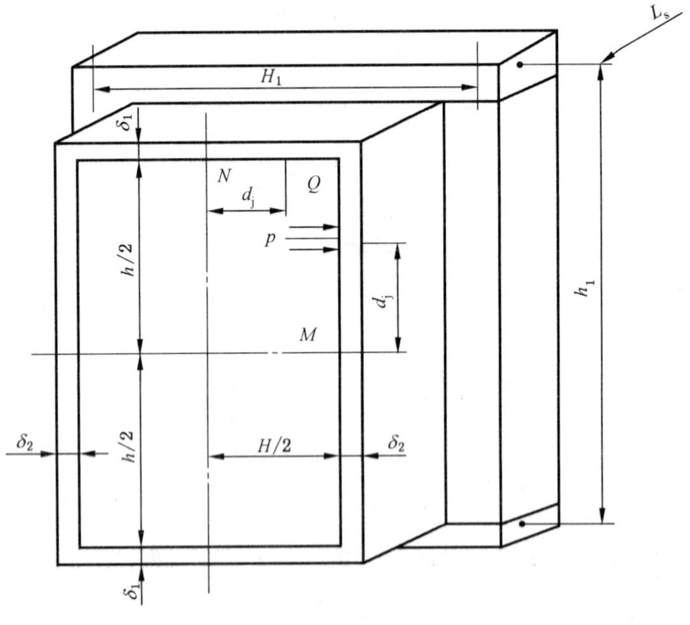

图 A.6 外加强的对称矩形截面容器

A.5.1.2 加强件的允许最大间距

任意两相邻加强件之间的间距[1]应不大于以下式(A-62)～式(A-66)确定的 L_s～L_{s2} 中的最小值。

$$L_s=\frac{\delta}{\sqrt{\dfrac{p_c}{[\sigma]^t\cdot Z}}} \qquad \cdots\cdots(A-62)$$

式中：

δ——侧板计算厚度，取 δ_1 和 δ_2 中的小值，mm；

Z——系数，$\delta \leqslant 11$ mm 时，$Z=2.1$；$\delta>11$ mm 时，$Z=2.2$。

用式(A-62)得到的 L_s 分别计算短边和长边的 β 值，然后按式(A-63)～式(A-66)计算 L_{s1} 和 L_{s2}：

$$H \geqslant L_s \text{ 时}, L_{s1}=\delta_1 \cdot \sqrt{\frac{[\sigma]^t \cdot J}{p_c}} \qquad \text{(A-63)}$$

$$H < L_s \text{ 时}, L_{s1}=\left(\frac{\delta_1}{\beta}\right) \cdot \sqrt{\frac{[\sigma]^t \cdot J}{p_c}} \qquad \text{(A-64)}$$

$$h \geqslant L_s \text{ 时}, L_{s2}=\delta_2 \cdot \sqrt{\frac{[\sigma]^t \cdot J}{p_c}} \qquad \text{(A-65)}$$

$$h < L_s \text{ 时}, L_{s2}=\left(\frac{\delta_2}{\beta}\right) \cdot \sqrt{\frac{[\sigma]^t \cdot J}{p_c}} \qquad \text{(A-66)}$$

注 1：包括平盖到第一个加强件的距离。

表 A.3

β 或 $1/\beta$(取其中较大值)	应力参数 J
1.0	4.9
1.1	4.3
1.2	3.9
1.3	3.6
1.4	3.3
1.5	3.1
1.6	2.9
1.7	2.8
1.8	2.6
1.9	2.5
2.0	2.4
3.0	2.1
≥4.0	2.0

表 A.4

材　　料	有效宽度系数 Δ[a] $\sqrt{\text{MPa}}$
碳素钢(C≤0.30%)	483
碳素钢(C>0.30%)	500
碳锰钢 碳钼钢、低铬钼钢 (Cr3Mo)	500
中铬钼钢 (Cr5Mo～Cr9Mo)	479
奥氏体钢(至 Cr25Ni20)	487

[a] 当设计温度非 20 ℃时，Δ 应按下式修正：

$$\Delta^t=\Delta \cdot \sqrt{E^t/E}$$

A.5.1.3 有效宽度

计算组合截面惯性距 I_{11}、I_{21} 以及应力值时，加强件起加强作用的有效宽度 L_s 按以下取值：

a) 按式(A-67)计算 W：

$$W=\frac{\delta \cdot \Delta}{\sqrt{R_{el}^{t}}} \qquad \text{(A-67)}$$

式中：

δ——侧板有效厚度，mm；

Δ——系数，查表 A.4。

b) 取加强件两侧间距之和的一半；

c) 取 a)和 b)得到的两个值中的小值。

A.5.1.4 应力计算

a) 短边组合件

N 点和 Q 点的薄膜应力按式(A-68)计算：

$$\sigma_{m}^{N}=\sigma_{m(1)}^{Q}=\frac{p_c \cdot h \cdot L_s}{2(A_1+\delta_1 \cdot L_s)} \qquad \text{(A-68)}$$

N 点和 Q 点的弯曲应力分别按式(A-69)和式(A-70)计算：

$$\sigma_{b}^{N}=\frac{p_c \cdot h^2 \cdot L_s \cdot c}{24 I_{11}}\left[-3\alpha^2+2\left(\frac{1+\alpha_1^2 \cdot k}{1+k}\right)\right] \qquad \text{(A-69)}$$

$$\sigma_{b(1)}^{Q}=\frac{p_c \cdot h^2 \cdot L_s \cdot c}{12 I_{11}}\left(\frac{1+\alpha_1^2 \cdot k}{1+k}\right) \qquad \text{(A-70)}$$

N 点和 Q 点的总应力分别按式(A-71)和式(A-72)计算：

$$\sigma_{T}^{N}=\sigma_{m}^{N}+\sigma_{b}^{N} \qquad \text{(A-71)}$$

$$\sigma_{T(1)}^{Q}=\sigma_{m(1)}^{Q}+\sigma_{b(1)}^{Q} \qquad \text{(A-72)}$$

b) 长边组合件

M 点和 Q 点的薄膜应力按式(A-73)计算：

$$\sigma_{m}^{M}=\sigma_{m(2)}^{Q}=\frac{p_c \cdot H \cdot L_s}{2(A_2+\delta_2 \cdot L_s)} \qquad \text{(A-73)}$$

M 点和 Q 点的弯曲应力分别按式(A-74)和式(A-75)计算：

$$\sigma_{b}^{M}=\frac{p_c \cdot h^2 \cdot L_s \cdot c}{24 I_{21}}\left[-3+2\left(\frac{1+\alpha_1^2 \cdot k}{1+k}\right)\right] \qquad \text{(A-74)}$$

$$\sigma_{b(2)}^{Q}=\frac{p_c \cdot h^2 \cdot L_s \cdot c}{12 I_{21}}\left(\frac{1+\alpha_1^2 \cdot k}{1+k}\right) \qquad \text{(A-75)}$$

M 点和 Q 点的总应力分别按式(A-76)和式(A-77)计算：

$$\sigma_{T}^{M}=\sigma_{m}^{M}+\sigma_{b}^{M} \qquad \text{(A-76)}$$

$$\sigma_{T(2)}^{Q}=\sigma_{m(2)}^{Q}+\sigma_{b(2)}^{Q} \qquad \text{(A-77)}$$

A.5.2 外加强带圆角的矩形截面容器

A.5.2.1 结构

本节计算公式适用的外加强带圆角矩形截面容器如图 A.7 所示。加强件设置在侧板外表面宽度方向上、且垂直于容器轴线的平面内，容器圆角区不设置加强件。每对侧板上的加强件应对称布置且具有相同的惯性矩，加强件与容器的连接焊缝应符合 A.5.1.1 的规定。

A.5.2.2 加强件最大允许间距

加强件最大允许间距按 A.5.1.2 确定，但式(A-63)～式(A-66)以及 β 的计算式中，应以 $2l_s$ 代替 H，以 $2l_L$ 代替 h(见图 A.7)。

A.5.2.3 有效宽度

组合截面惯性矩与应力计算时，加强件起加强作用的有效宽度按 A.5.1.3 确定。

A.5.2.4 应力计算

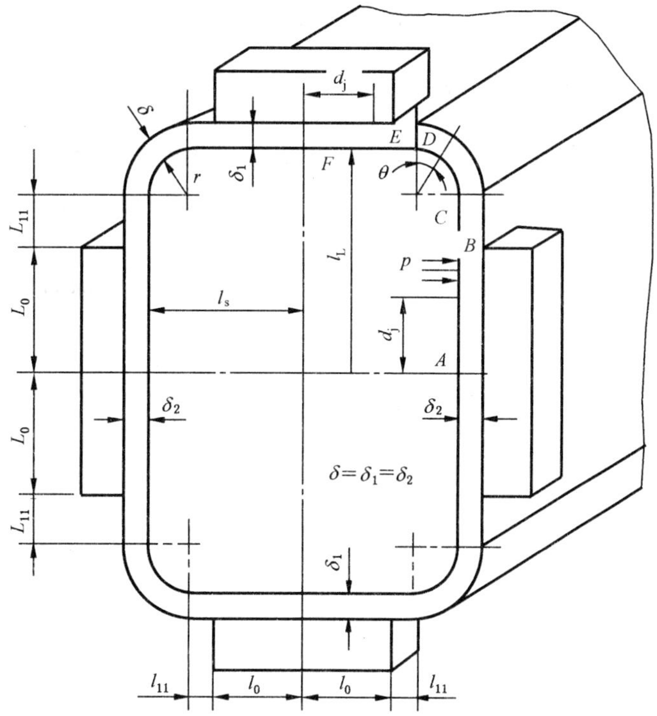

图 A.7 外加强带圆角的矩形截面容器

a) 短边组合件

D 点、E 点和 F 点的薄膜应力按式(A-78)计算：

$$\sigma_m^D=\sigma_m^E=\sigma_m^F=\frac{p_c(L_0+L_{11}+r)}{\delta_1} \qquad \text{(A-78)}$$

D 点、E 点和 F 点的弯曲应力分别按式(A-79)～式(A-81)计算：

$$\sigma_b^D=\frac{c}{I_1}\left\{M_A+p_c\cdot L_s\left[\frac{(L_0+L_{11})^2}{2}+r\cdot(L_0+L_{11}-l_0-l_{11})\right]\right\} \qquad \text{(A-79)}$$

$$\sigma_b^E=\frac{c}{I_1}\left\{M_A+\frac{p_c\cdot L_s}{2}[L_0^2+2L_0\cdot L_{11}+L_{11}^2-2l_0\cdot l_{11}-l_{11}^2+2r(L_0+L_{11}-l_0-l_{11})]\right\} \qquad \text{(A-80)}$$

$$\sigma_b^F=\frac{c}{I_{11}}\left\{M_A+\frac{p_c\cdot L_s}{2}[(L_0+L_{11})^2+2r(L_0+L_{11}-l_0-l_{11})-(l_0+l_{11})^2]\right\} \qquad \text{(A-81)}$$

式中：

$M_A=p_c\cdot L_s\cdot K_4$，N·mm；

$K_4=[-3rL_0(4r+\pi\cdot L_0)-L_{11}(12r^2+3\pi\cdot r\cdot L_{11}+2L_{11}^2)+12r\cdot l_{11}^2$

$\quad -6L_0\cdot L_{11}(L_0+L_{11}+\pi\cdot r+2l_{11})-6L_0l_{11}(2r+L_0)-6L_{11}\cdot l_{11}(2r+L_{11})$

$+6l_0 \cdot l_{11}(2r+l_{11})+6r^2(\pi-2)(l_0+l_{11})+4l_{11}^3-2L_0^3(I_1/I_{21})$

$-2(I_1/I_{11})(6L_0 \cdot L_{11} \cdot l_0+3L_0^2 \cdot l_0+3L_{11}^2 \cdot l_0-6l_0^2 \cdot l_{11}-3l_0 \cdot l_{11}^2-6r \cdot l_0^2-2l_0^3$

$+6r \cdot L_0 \cdot l_0+6r \cdot L_{11} \cdot l_0-6r \cdot l_0 \cdot l_{11})] \cdot \{6[2L_{11}+2l_{11}+\pi \cdot r+2l_0(I_1/I_{11})$

$+2L_0(I_1/I_{21})]\}^{-1}$，mm²；

D 点、E 点和 F 点的总应力分别按式(A-82)～式(A-84)计算：

$$\sigma_T^D=\sigma_m^D+\sigma_b^D \qquad \text{(A-82)}$$

$$\sigma_T^E=\sigma_m^E+\sigma_b^E \qquad \text{(A-83)}$$

$$\sigma_T^F=\sigma_m^F+\sigma_b^F \qquad \text{(A-84)}$$

b) 长边组合件

A 点、B 点和 C 点的薄膜应力按式(A-85)计算：

$$\sigma_m^A=\sigma_m^B=\sigma_m^C=\frac{p_c(l_0+l_{11}+r)}{\delta_2} \qquad \text{(A-85)}$$

A 点、B 点和 C 点的弯曲应力分别按式(A-86)～式(A-88)计算：

$$\sigma_b^A=\frac{M_A \cdot c}{I_{21}} \qquad \text{(A-86)}$$

$$\sigma_b^B=\frac{c}{I_2}\left(M_A+\frac{p_c \cdot L_s \cdot L_0^2}{2}\right) \qquad \text{(A-87)}$$

$$\sigma_b^C=\frac{c}{I_2}\left[M_A+\frac{p_c \cdot L_s}{2}(L_0+L_{11})^2\right] \qquad \text{(A-88)}$$

A 点、B 点和 C 点的总应力分别按式(A-89)～式(A-91)计算：

$$\sigma_T^A=\sigma_m^A+\sigma_b^A \qquad \text{(A-89)}$$

$$\sigma_T^B=\sigma_m^B+\sigma_b^B \qquad \text{(A-90)}$$

$$\sigma_T^C=\sigma_m^C+\sigma_b^C \qquad \text{(A-91)}$$

c) 圆角区

薄膜应力按式(A-92)计算：

$$\sigma_m=\frac{p_c}{\delta_1}\left[\sqrt{(L_0+L_{11})^2+(l_0+l_{11})^2}+r\right] \qquad \text{(A-92)}$$

弯曲应力按式(A-93)计算：

$$\sigma_b=\frac{M_r \cdot c}{I_1} \qquad \text{(A-93)}$$

式中：

$M_r=M_A+p_c \cdot L_s\left\{(L_0+L_{11})\left(\frac{L_0+L_{11}}{2}+r \cdot \cos\theta\right)+(1-\sin\theta)[r^2-r(l_0+l_{11}+r)]\right\}$，N·mm；

$\theta=\mathrm{arccot}\left(\frac{l_0+l_{11}}{L_0+L_{11}}\right)$，(°)。

A.5.3 外加强的长圆形截面容器

A.5.3.1 结构

本节计算公式适用的外加强长圆形截面容器如图 A.8 所示。侧板和半圆部分的厚度应相等，加强件应整圈围绕在容器的周边。加强件与容器的连接焊缝应符合 A.5.1.1 的规定。

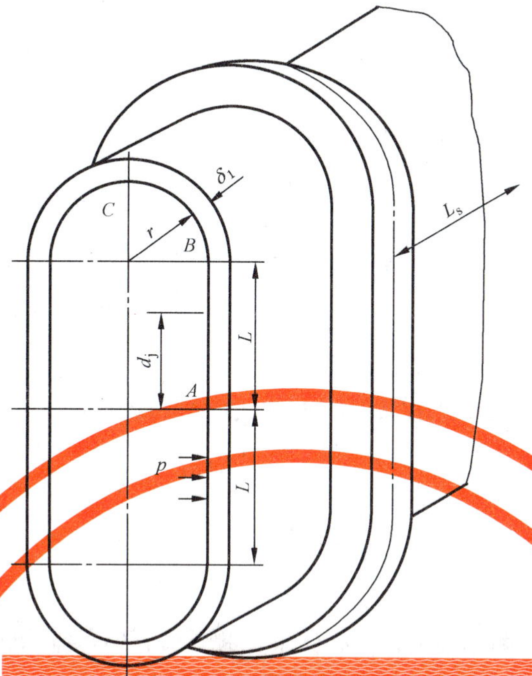

图 A.8　外加强的长圆形截面容器

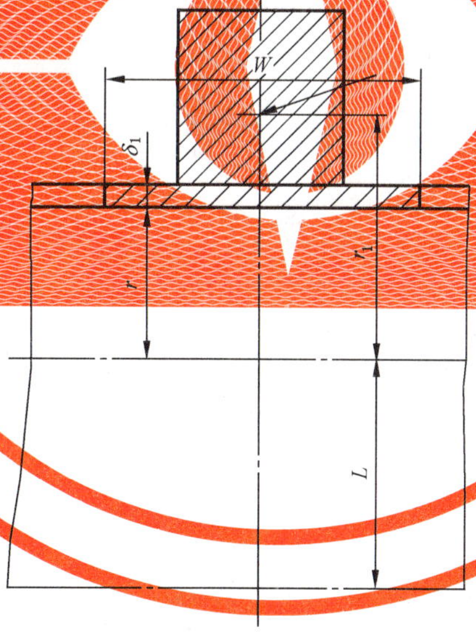

图 A.9　加强件与壳体组合截面形心

A.5.3.2　加强件最大允许间距

加强件最大允许间距按 A.5.1.2 确定，但式(A-63)～式(A-66)以及 β 的计算式中，应以 $2r$ 代替 H，以 $2(L+r)$ 代替 h(见图 A.8)。

A.5.3.3　有效宽度

组合截面惯性矩与应力计算时，加强件起加强作用的有效宽度按 A.5.1.3 确定。

A.5.3.4 应力计算

a) 半圆筒组合件

B 点和 C 点的薄膜应力分别按式(A-94)和式(A-95)计算：

$$\sigma_{\mathrm{m}}^{\mathrm{B}}=\frac{p_{\mathrm{c}}\cdot r\cdot L_{\mathrm{s}}}{A_1+\delta_1\cdot L_{\mathrm{s}}} \quad\cdots\cdots(\text{A-94})$$

$$\sigma_{\mathrm{m}}^{\mathrm{C}}=\frac{p_{\mathrm{c}}\cdot(r+L)\cdot L_{\mathrm{s}}}{A_1+\delta_1\cdot L_{\mathrm{s}}} \quad\cdots\cdots(\text{A-95})$$

式中：

A_1——加强件的横截面面积，mm^2；

B 点和 C 点的弯曲应力分别按式(A-96)和式(A-97)计算：

$$\sigma_{\mathrm{b}}^{\mathrm{B}}=\frac{p_{\mathrm{c}}\cdot L\cdot L_{\mathrm{s}}\cdot c}{6I_{11}}\left(3L-\frac{C_2}{A_3}\right) \quad\cdots\cdots(\text{A-96})$$

$$\sigma_{\mathrm{b}}^{\mathrm{C}}=\frac{p_{\mathrm{c}}\cdot L\cdot L_{\mathrm{s}}\cdot c}{6I_{11}}\left[3(L+2r_1)-\frac{C_2}{A_3}\right] \quad\cdots\cdots(\text{A-97})$$

式中：

r_1——长圆形截面容器的加强件与壳体组合截面形心轴半径(见图 A.9)，mm；

B 点和 C 点的总应力分别按式(A-98)和式(A-99)计算：

$$\sigma_{\mathrm{T}}^{\mathrm{B}}=\sigma_{\mathrm{m}}^{\mathrm{B}}+\sigma_{\mathrm{b}}^{\mathrm{B}} \quad\cdots\cdots(\text{A-98})$$

$$\sigma_{\mathrm{T}}^{\mathrm{C}}=\sigma_{\mathrm{m}}^{\mathrm{C}}+\sigma_{\mathrm{b}}^{\mathrm{C}} \quad\cdots\cdots(\text{A-99})$$

b) 侧板组合件

A 点的薄膜应力按式(A-100)计算：

$$\sigma_{\mathrm{m}}^{\mathrm{A}}=\frac{p_{\mathrm{c}}\cdot r\cdot L_{\mathrm{s}}}{A_1+\delta_1\cdot L_{\mathrm{s}}} \quad\cdots\cdots(\text{A-100})$$

A 点的弯曲应力按式(A-101)计算：

$$\sigma_{\mathrm{b}}^{\mathrm{A}}=\frac{p_{\mathrm{c}}\cdot L\cdot L_{\mathrm{s}}\cdot c}{6I_{11}}\left(-\frac{C_2}{A_3}\right) \quad\cdots\cdots(\text{A-101})$$

A 点的总应力按式(A-102)计算：

$$\sigma_{\mathrm{T}}^{\mathrm{A}}=\sigma_{\mathrm{m}}^{\mathrm{A}}+\sigma_{\mathrm{b}}^{\mathrm{A}} \quad\cdots\cdots(\text{A-102})$$

A.5.4 外加强的椭圆形截面容器

A.5.4.1 结构

本节计算公式适用的外加强椭圆形截面容器如图 A.10 所示。容器横截面由中面半径为 R 的大圆弧区和中面半径为 r 的小圆弧区组成，大圆弧区与小圆弧区的厚度相等，加强件整圈围绕在容器的周边。加强件与容器的连接焊缝应符合 A.5.1.1 的规定。

A.5.4.2 加强件最大允许间距

加强件最大允许间距按 A.5.1.2 确定，但式(A-63)～式(A-66)以及 β 的计算式中，应以 $2b$ 代替 H，以 $2a$ 代替 h(见图 A.10)。

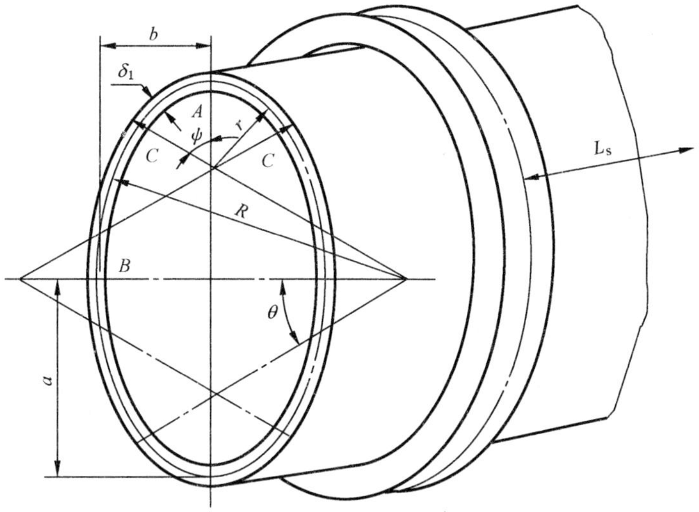

图 A.10 外加强的椭圆形截面容器

A.5.4.3 有效宽度

组合截面惯性矩与应力计算时，加强件起加强作用的有效宽度按 A.5.1.3 确定。

A.5.4.4 应力计算

a） 小圆弧区

A 点和 C 点的薄膜应力分别按式(A-103)和式(A-104)计算：

$$\sigma_{m}^{A}=\frac{p_{c}\cdot a\cdot L_{s}}{A_{1}+\delta_{1}\cdot L_{s}} \qquad \cdots\cdots(\text{A-103})$$

$$\sigma_{m}^{C}=\frac{p_{c}\cdot L_{s}}{A_{1}+\delta_{1}\cdot L_{s}}(R\cdot\sin^{2}\theta+r\cdot\cos^{2}\theta) \qquad \cdots\cdots(\text{A-104})$$

式中：

A_1——加强件的横截面面积，mm^2。

$\theta=\operatorname{arccot}\left(\frac{b}{a}\right)$，(°)。

A 点和 C 点的弯曲应力分别按式(A-105)和式(A-106)计算：

$$\sigma_{b}^{A}=\frac{M_{A}\cdot c}{I_{11}} \qquad \cdots\cdots(\text{A-105})$$

$$\sigma_{b}^{C}=\frac{c}{2I_{11}}(2M_{A}-L_{s}\cdot p_{c}\{[a^{2}+2A_{4}(a-r)]-[R^{2}+2A_{4}(R-r)]\sin^{2}\theta-r^{2}\cos^{2}\theta\}) \qquad \cdots\cdots(\text{A-106})$$

式中：

$$M_{A}=\frac{p_{c}\cdot a^{2}\cdot L_{s}}{2}-\frac{p_{c}\cdot L_{s}}{2(r\cdot\psi+R\cdot\theta)}\{[r^{2}+(R-r)^{2}\sin^{2}\theta-2A_{4}(a-r)]\cdot r\cdot\psi+[R^{2}+(R-r)^{2}\cos^{2}\theta+2A_{4}(R-a)]\cdot R\cdot\theta-(R+r+A_{4})(R-r)^{2}\cdot\sin2\theta\}$$

$\psi=\frac{\pi}{2}(1-\frac{\theta}{90})$，rad；

$A_4=a_1-a$，mm；

a_1——加强件与壳体组合截面中性线椭圆长轴半径，mm。

A 点和 C 点的弯曲应力分别按式(A-107)和式(A-108)计算：

$$\sigma_T^A = \sigma_m^A + \sigma_b^A \quad \cdots\cdots (A-107)$$

$$\sigma_T^C = \sigma_m^C + \sigma_b^C \quad \cdots\cdots (A-108)$$

b) 大圆弧区

B 点的薄膜应力按式(A-109)计算：

$$\sigma_m^B = \frac{p_c \cdot b \cdot L_s}{A_1 + \delta_1 \cdot L_s} \quad \cdots\cdots (A-109)$$

B 点的弯曲应力按式(A-110)计算：

$$\sigma_b^B = \frac{c}{2I_{11}}\{2M_A - p_c \cdot L_s[a^2 - b^2 + 2A(a-b)]\} \quad \cdots\cdots (A-110)$$

B 点的总应力按式(A-111)计算：

$$\sigma_T^B = \sigma_m^B + \sigma_b^B \quad \cdots\cdots (A-111)$$

A.6 拉撑加强的非圆形截面容器

A.6.1 单拉撑加强的对称矩形截面容器

A.6.1.1 结构

本节计算公式适用的单拉撑加强的对称矩形截面容器见图 A.11 所示。拉撑板位于容器长边侧板的中点，拉撑板可以是沿容器侧板全长焊接的平板，但拉撑板不应承受压力的横向作用，否则应作为独立受压室的侧板进行计算。

A.6.1.2 应力计算

a) 短边侧板

N 点和 Q 点的薄膜应力按式(A-112)计算：

$$\sigma_m^N = \sigma_{m(1)}^Q = \frac{p_c \cdot h}{4\delta_1}\left[4 - \frac{2 + K(5 - \alpha^2)}{1 + 2K}\right] \quad \cdots\cdots (A-112)$$

N 点和 Q 点的弯曲应力分别按式(A-113)和式(A-114)计算：

$$\sigma_b^N = \frac{p_c \cdot h^2 \cdot c \cdot L_s}{24I_1}\left[-3\alpha^2 + 2\left(\frac{1 + 2\alpha^2 K}{1 + 2K}\right)\right] \quad \cdots\cdots (A-113)$$

$$\sigma_{b(1)}^Q = \frac{p_c \cdot h^2 \cdot c \cdot L_s}{12I_1}\left(\frac{1 + 2\alpha^2 K}{1 + 2K}\right) \quad \cdots\cdots (A-114)$$

N 点和 Q 点的总应力分别按式(A-115)和式(A-116)计算：

$$\sigma_T^N = \sigma_m^N + \sigma_b^N \quad \cdots\cdots (A-115)$$

$$\sigma_{T(1)}^Q = \sigma_{m(1)}^Q + \sigma_{b(1)}^Q \quad \cdots\cdots (A-116)$$

b) 长边侧板

M 点和 Q 点的薄膜应力按式(A-117)计算：

$$\sigma_m^M = \sigma_{m(2)}^Q = \frac{p_c \cdot H}{2\delta_2} \quad \cdots\cdots (A-117)$$

M 点和 Q 点的弯曲应力分别按式(A-118)和式(A-119)计算：

$$\sigma_b^M = \frac{p_c \cdot h^2 \cdot c \cdot L_s}{12I_2}\left[\frac{1 + K(3 - \alpha^2)}{1 + 2K}\right] \quad \cdots\cdots (A-118)$$

$$\sigma_{b(2)}^Q = \frac{p_c \cdot h^2 \cdot c \cdot L_s}{12I_2}\left(\frac{1 + 2\alpha^2 K}{1 + 2K}\right) \quad \cdots\cdots (A-119)$$

M 点和 Q 点的总应力分别按式(A-120)和式(A-121)计算：

$$\sigma_{T}^{M}=\sigma_{m}^{M}+\sigma_{b}^{M} \qquad \text{(A-120)}$$

$$\sigma_{T(2)}^{Q}=\sigma_{m(2)}^{Q}+\sigma_{b(2)}^{Q} \qquad \text{(A-121)}$$

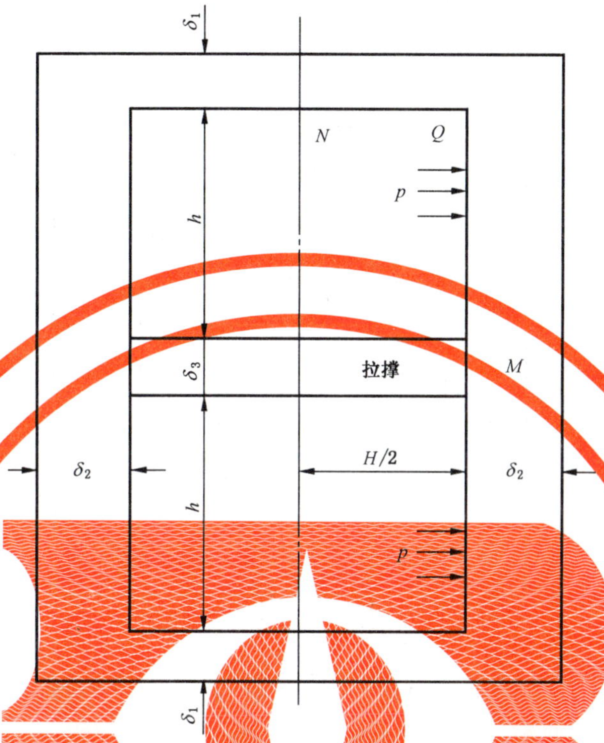

图 A.11　单拉撑加强的对称矩形截面容器

c)　拉撑板

拉撑板的薄膜应力按式(A-122)计算：

$$\sigma_{m}=\frac{p_{c}\cdot h}{2\delta_{3}}\left[\frac{2+K(5-\alpha^{2})}{1+2K}\right] \qquad \text{(A-122)}$$

A.6.2　双拉撑加强的对称矩形截面容器

A.6.2.1　结构

本节计算公式适用的双拉撑加强的对称矩形截面容器见图 A.12 所示。两拉撑板沿长边侧板均布，两拉撑板厚度可相同也可不同。拉撑板可以是沿容器侧板全长焊接的平板，但拉撑板不应承受压力的横向作用，否则应作为独立受压室的侧板进行计算。

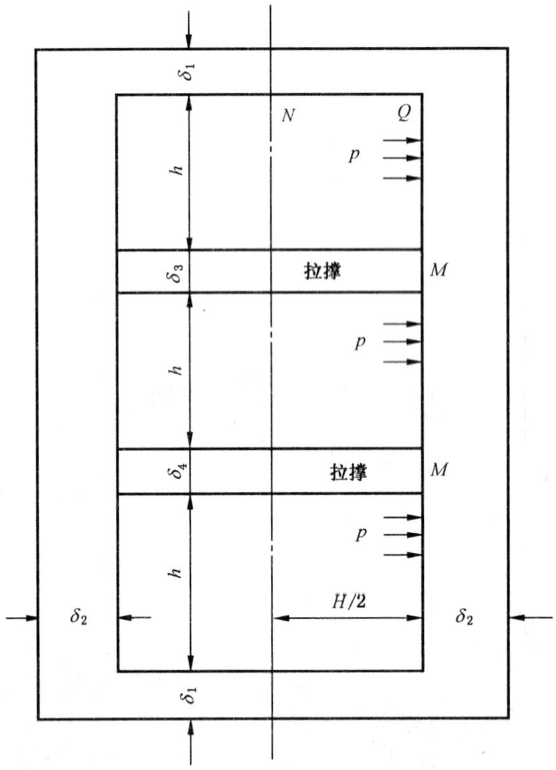

图 A.12 双拉撑加强的对称矩形截面容器

A.6.2.2 应力计算

a) 短边侧板

N 点和 Q 点的薄膜应力按式(A-123)计算：

$$\sigma_{m}^{N}=\sigma_{m(1)}^{Q}=\frac{p_{c}\cdot h}{2\delta_{1}}\left\{3-\left[\frac{6+K(11-\alpha^{2})}{3+5K}\right]\right\} \quad \text{(A-123)}$$

N 点和 Q 点的弯曲应力分别按式(A-124)和式(A-125)计算：

$$\sigma_{b}^{N}=\frac{p_{c}\cdot h^{2}\cdot c\cdot L_{s}}{24I_{1}}\left[-3\alpha^{2}+2\left(\frac{3+5\alpha^{2}K}{3+5K}\right)\right] \quad \text{(A-124)}$$

$$\sigma_{b(1)}^{Q}=\frac{p_{c}\cdot h^{2}\cdot c\cdot L_{s}}{12I_{1}}\left(\frac{3+5\alpha^{2}K}{3+5K}\right) \quad \text{(A-125)}$$

N 点和 Q 点的总应力分别按式(A-126)和式(A-127)计算：

$$\sigma_{T}^{N}=\sigma_{m}^{N}+\sigma_{b}^{N} \quad \text{(A-126)}$$

$$\sigma_{T(1)}^{Q}=\sigma_{m(1)}^{Q}+\sigma_{b(1)}^{Q} \quad \text{(A-127)}$$

b) 长边侧板

M 点和 Q 点的薄膜应力按式(A-128)计算：

$$\sigma_{m}^{M}=\sigma_{m(2)}^{Q}=\frac{p_{c}\cdot H}{2\delta_{2}} \quad \text{(A-128)}$$

M 点和 Q 点的弯曲应力分别按式(A-129)和式(A-130)计算：

$$\sigma_{b}^{M}=\frac{p_{c}\cdot h^{2}\cdot c\cdot L_{s}}{12I_{2}}\left[\frac{3+K(6-\alpha^{2})}{3+5K}\right] \quad \text{(A-129)}$$

$$\sigma_{b(2)}^{Q}=\frac{p_{c}\cdot h^{2}\cdot c\cdot L_{s}}{12I_{2}}\left(\frac{3+5\alpha^{2}K}{3+5K}\right) \quad \text{(A-130)}$$

M 点和 Q 点的总应力分别按式(A-131)和式(A-132)计算：

$$\sigma_{T}^{M}=\sigma_{m}^{M}+\sigma_{b}^{M} \qquad \text{(A-131)}$$

$$\sigma_{T(2)}^{Q}=\sigma_{m(2)}^{Q}+\sigma_{b(2)}^{Q} \qquad \text{(A-132)}$$

c) 拉撑板

拉撑板的薄膜应力按式(A-133)计算：

$$\sigma_{m}=\frac{p_{c}\cdot h}{2\delta}\left[\frac{6+K(11-\alpha^{2})}{3+5K}\right] \qquad \text{(A-133)}$$

式中，δ 取 δ_3 和 δ_4 中之小值。

A.6.3 单拉撑加强的长圆形截面容器

A.6.3.1 结构

本节计算公式适用的单拉撑加强长圆形截面容器见图 A.13 所示。拉撑板可以是沿容器侧板全长焊接的平板，但拉撑板不应承受压力的横向作用，否则应作为独立受压室的侧板进行计算。

A.6.3.2 应力计算

a) 半圆筒部分

B 点和 C 点的薄膜应力分别按式(A-134)和式(A-135)计算：

$$\sigma_{m(1)}^{B}=\frac{p_{c}\cdot r}{\delta_{1}} \qquad \text{(A-134)}$$

$$\sigma_{m}^{C}=\frac{p_{c}}{2\delta_{1}}[2(r+L)-L\cdot F] \qquad \text{(A-135)}$$

B 点和 C 点的弯曲应力分别按式(A-136)和式(A-137)计算：

$$\sigma_{b(1)}^{B}=\frac{p_{c}\cdot L\cdot c\cdot L_{s}}{2I_{1}\cdot A}\left[F(B-A\cdot L)-\frac{C_{1}}{3}+A\cdot L\right] \qquad \text{(A-136)}$$

$$\sigma_{b}^{C}=\frac{p_{c}\cdot L\cdot c\cdot L_{s}}{2I_{1}\cdot A}\left[F(B-A\cdot L-A\cdot r)+A(L+2r)-\frac{C_{1}}{3}\right] \qquad \text{(A-137)}$$

B 点和 C 点的总应力分别按式(A-138)和式(A-139)计算：

$$\sigma_{T(1)}^{B}=\sigma_{m(1)}^{B}+\sigma_{b(1)}^{B} \qquad \text{(A-138)}$$

$$\sigma_{T}^{C}=\sigma_{m}^{C}+\sigma_{b}^{C} \qquad \text{(A-139)}$$

b) 侧板

A 点和 B 点的薄膜应力按式(A-140)计算：

$$\sigma_{m}^{A}=\sigma_{m(2)}^{B}=\frac{p_{c}\cdot r}{\delta_{2}} \qquad \text{(A-140)}$$

A 点和 B 点的弯曲应力分别按式(A-141)和式(A-142)计算：

$$\sigma_{b}^{A}=\frac{p_{c}\cdot L\cdot c\cdot L_{s}}{2I_{2}\cdot A}\left(B\cdot F-\frac{C_{1}}{3}\right) \qquad \text{(A-141)}$$

$$\sigma_{b(2)}^{B}=\frac{p_{c}\cdot L\cdot c\cdot L_{s}}{2I_{2}\cdot A}\left[F(B-A\cdot L)-\frac{C_{1}}{3}+A\cdot L\right] \qquad \text{(A-142)}$$

A 点和 B 点的总应力分别按式(A-143)和式(A-144)计算：

$$\sigma_{T}^{A}=\sigma_{m}^{A}+\sigma_{b}^{A} \qquad \text{(A-143)}$$

$$\sigma_{T(2)}^{B}=\sigma_{m(2)}^{B}+\sigma_{b(2)}^{B} \qquad \text{(A-144)}$$

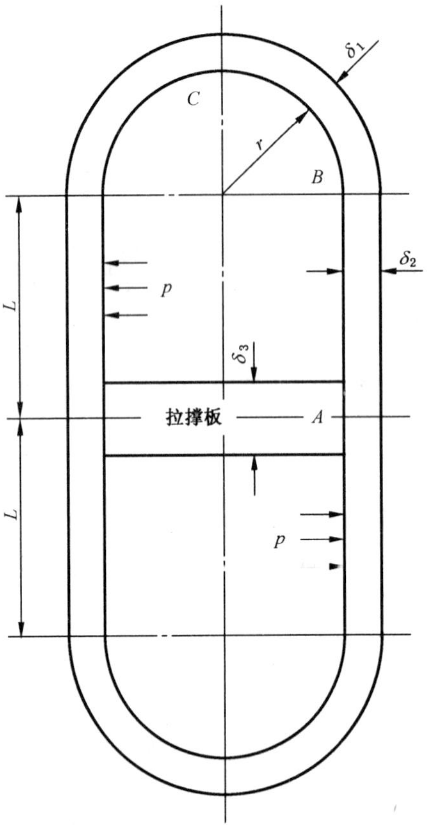

图 A.13 单拉撑加强的长圆形截面容器

c) 拉撑板

拉撑板的薄膜应力按式(A-145)计算：

$$\sigma_m = \frac{p_c \cdot L \cdot F}{\delta_3} \quad \cdots\cdots\cdots\cdots\cdots\cdots\cdots\cdots\cdots\cdots (\text{A-145})$$

A.7 开孔补强

A.7.1 侧板上的单孔补强

A.7.1.1 本节单孔补强计算方法的适用范围为开孔直径不大于容器横截面开孔所在侧板长度的一半。

A.7.1.2 侧板上的单孔无需另行进行补强的条件同第6章的有关条款。

A.7.1.3 单孔的补强计算和校核方法按第6章的规定，但开孔削弱所需的最小补强面积按式(A-146)确定：

$$A = 0.5d \cdot \delta + 2\delta \cdot \delta_t (1 - f_r) \quad \cdots\cdots\cdots\cdots\cdots\cdots\cdots\cdots\cdots (\text{A-146})$$

式中：

A ——开孔削弱所需的最小补强面积，mm^2；

d ——腐蚀后的开孔直径，mm；

δ ——侧板开孔处的计算厚度，mm；

δ_t ——侧板开孔接管的计算厚度，mm；

f_r ——强度削弱系数，等于设计温度下接管材料与壳体材料许用应力之比值，当比值大于1.0时，取该值为1.0。

A.7.2 侧板上的排孔补强

A.7.2.1 排孔对侧板强度的削弱通过应力计算中引入开孔削弱系数 η_m 和 η_b 来考虑。当 η_m 和 η_b 的值小于焊接接头系数 ϕ 时，按无排孔计算得到的薄膜应力和弯曲应力应分别除以 η_m 和 η_b，然后，在按 A.3.1 的强度条件进行应力校核时，取 $\phi=1.0$；当 η_m 和 η_b 的值大于焊接接头系数 ϕ 时，薄膜应力和弯曲应力均应按无排孔的情况进行计算和校核，而不必考虑开孔削弱系数的影响。

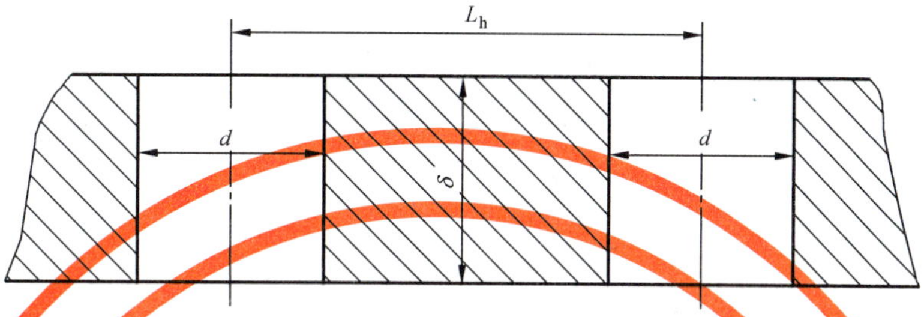

图 A.14 等间距等直径开孔

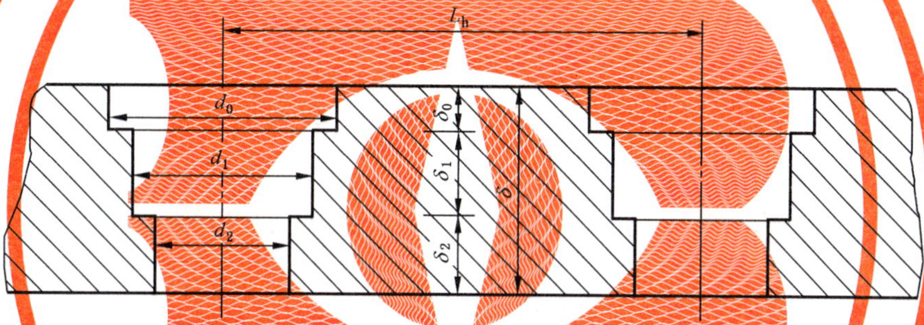

图 A.15 等间距变直径开孔

A.7.2.2 开孔削弱系数的计算

A.7.2.2.1 等间距等直径开孔(见图 A.14)的削弱系数

计算薄膜应力和弯曲应力时的开孔削弱系数按式(A-147)计算：

$$\eta_m=\eta_b=\frac{L_h-d}{L_h} \qquad \text{(A-147)}$$

A.7.2.2.2 等间距变直径开孔(见图 A.15)的削弱系数

a) 薄膜应力的开孔削弱系数按式(A-148)计算：

$$\eta_m=\frac{L_h-D_e}{L_h} \qquad \text{(A-148)}$$

式中：

D_e——变径孔当量直径，mm；

$D_e=\frac{1}{\delta}(d_0\cdot\delta_0+d_1\cdot\delta_1+\cdots+d_n\cdot\delta_n)$；

d_0、d_1、…、d_n——孔直径(见图 A.15)，mm；

δ_0、δ_1、…、δ_n——孔直径为 d_0、d_1、…、d_n 处的厚度(见图 A.15)，mm。

b) 弯曲应力的开孔削弱系数按式(A-149)计算：

$$\eta_b=\frac{6I}{\delta^2\cdot c\cdot L_h} \qquad \text{(A-149)}$$

式中：

$$I=\frac{1}{12}(b_0\cdot\delta_0^3+b_1\cdot\delta_1^3+\cdots+b_n\cdot\delta_n^3)+$$
$$b_0\cdot\delta_0\left(\frac{\delta_0}{2}+\delta_1+\cdots+\delta_n-x\right)^2+$$
$$b_1\cdot\delta_1\left(\frac{\delta_1}{2}+\delta_2+\cdots+\delta_n-x\right)^2+$$
$$\cdots\cdots+$$
$$b_n\cdot\delta_n\left(x-\frac{\delta_n}{2}\right)^2,\mathrm{mm}^4 \qquad \cdots\cdots(\text{A-150})$$

$b_0=L_h-d_0$，mm；

$b_1=L_h-d_1$，mm；

$b_2=L_h-d_2$，mm；

……

$b_n=L_h-d_n$，mm；

$$x=\Big[b_0\cdot\delta_0\left(\frac{\delta_0}{2}+\delta_1+\delta_2+\cdots+\delta_n\right)$$
$$+b_1\cdot\delta_1\left(\frac{\delta_1}{2}+\delta_2+\delta_3+\cdots+\delta_n\right)$$
$$+b_2\cdot\delta_2\left(\frac{\delta_2}{2}+\delta_3+\delta_4+\cdots+\delta_n\right)$$
$$\cdots\cdots$$
$$+b_n\cdot\delta_n\cdot\frac{\delta_n}{2}\Big](b_0\cdot\delta_0+b_1\cdot\delta_1+b_2\cdot\delta_2+\cdots+b_n\cdot\delta_n)^{-1},\mathrm{mm}$$

$$c_i=x \qquad \cdots\cdots(\text{A-151})$$

$$c_o=\delta-x \qquad \cdots\cdots(\text{A-152})$$

$c=\begin{cases}c_i\\c_o\end{cases}$中的大值，mm。

c) 弯曲应力计算时，应按式(A-150)～(A-152)确定 I、c_i、c_o 等值。

A.8 焊接接头或排孔处的应力计算和校核

A.8.1 A.4～A.6 节给出的应力公式是用来计算容器横截面上最大弯矩处的应力的，当焊接接头或排孔不在最大弯矩处而在侧板的其他部位时，应对该焊缝处或排孔处的应力另行进行计算和校核。表 A.5 给出了各种非圆形截面容器(不包括椭圆形截面容器)直边上任意位置处的弯曲应力计算公式，可利用表 A.5 计算得到的应力，然后按 A.3.1 的强度条件进行校核。

A.8.2 薄膜应力的计算同 A.4～A.6 节中的方法，计算应力处有排孔时，应按 A.7.2.1 考虑开孔削弱系数 η_m 的影响。

A.8.3 弯曲应力的计算按表 A.5，表 A.5 中没有包括的非圆形截面容器上有关位置的弯曲应力可采用其他的应力分析方法进行计算。计算应力处有排孔时，应按 A.7.2.1 考虑开孔削弱系数 η_b 的影响。

A.8.4 总应力的计算同前述各条规定。薄膜应力和总应力的校核方法按 A.3.1 的规定。

A.9 端盖

端盖的设计可按第 5 章的有关规定。

A.10 制造与验收

A.10.1 非圆形截面容器的圆弧区(长圆形截面容器的半圆、椭圆形截面容器的大小圆弧区),其横截面上最大和最小成品内半径之差应不大于设计内半径的1%,且不大于15 mm。

A.10.2 成形后矩形截面容器横截面上两对角线长度之差应不大于对角线设计长度的1%,且不大于30 mm。侧板宽度及其他尺寸的极限偏差按GB 150.4的规定。

A.10.3 容器的直线度不大于2‰,且在容器总体长度上偏移量不大于20 mm。

A.10.4 A、B类焊缝的无损检测要求见GB 150.4;不带圆角矩形截面容器相邻两侧板转角处的焊接接头表面应进行磁粉或渗透检测。

表 A.5 侧板上焊接接头处弯曲应力计算公式

图号	焊接接头位置	接头处的弯曲应力 (σ_b)/MPa
A.1	M 和 Q 之间	$\frac{p_c \cdot c \cdot h^2 \cdot L_s}{12I_2}\left[-1.5+\left(\frac{1+\alpha^2 \cdot K}{1+K}\right)+6\frac{d_j^2}{h^2}\right]$
	N 和 Q 之间	$\frac{p_c \cdot c \cdot h^2 \cdot L_s}{12I_2}\left[-1.5\alpha^2+\left(\frac{1+\alpha^2 \cdot K}{1+K}\right)+6\frac{d_j^2}{h^2}\right]$
A.2	M 和 Q 之间	$\frac{p_c \cdot c \cdot h^2 \cdot L_s}{12I_{22}}\left\{\frac{1}{2N}[(K_2-k_1 \cdot k_2)+\alpha^2 \cdot k_2(K_2-k_2)]-\frac{1}{4}+\frac{d_j^2}{h^2}\right\}$
	M_1 和 Q_1 之间	$\frac{p_c \cdot c \cdot h^2 \cdot L_s}{12I_2}\left\{\frac{1}{2N}[(K_1 \cdot k_1-k_2)+\alpha^2 \cdot k_2(K_1-k_2)]-\frac{1}{4}+\frac{d_j^2}{h^2}\right\}$
A.3	A 和 B 之间	$\frac{c}{I_1}\left(M_A+\frac{p_c \cdot d_j^2 \cdot L_s}{2}\right)$
	D 和 C 之间	$\frac{c}{I_1}\left[M_A+\frac{p_c \cdot L_s}{2}(L^2+2r \cdot L-2r \cdot l_1-l_1^2+d_j^2)\right]$
A.4	A 和 B 之间	$\frac{p_c \cdot c \cdot L_s}{I_2}\left(\frac{-LC_1}{6A}+\frac{d_j^2}{2}\right)$
A.6	M 和 Q 之间	$\frac{p_c \cdot c \cdot h^2 \cdot L_s}{24I_{21}}\left[-3+2\left(\frac{1+\alpha_1^2 \cdot k}{1+k}\right)+12\frac{d_j^2}{h^2}\right]$
	N 和 Q 之间	$\frac{p_c \cdot c \cdot h^2 \cdot L_s}{24I_{11}}\left[-3\alpha+2\left(\frac{1+\alpha_1^2 \cdot k}{1+k}\right)+12\frac{d_j^2}{h^2}\right]$
A.7	A 和 B 之间	$\frac{c}{I_{21}}\left(M_A+\frac{p_c \cdot d_j^2 \cdot L_s}{2}\right)$
	B 和 C 之间	$\frac{c}{I_2}\left(M_A+\frac{p_c \cdot d_j^2 \cdot L_s}{2}\right)$
	F 和 E 之间	$\frac{c}{I_{11}}\left\{M_A+p_c \cdot \frac{L_s}{2}[(L_0+L_{11})^2+2r(L_0+L_{11}-l_0-l_{11})-(l_0+l_{11})^2+d_j^2]\right\}$
	E 和 D 之间	$\frac{c}{I_1}\left\{M_A+p_c \cdot \frac{L_s}{2}[(L_0+L_{11})^2+2r(L_0+L_{11}-l_0-l_{11})-2l_0 \cdot l_{11}-l_{11}^2+d_j^2]\right\}$
A.8	A 和 B 之间	$\frac{p_c \cdot c \cdot L_s}{I_{11}}\left(\frac{-LC_2}{6A_2}+\frac{d_j^2}{2}\right)$

附 录 B
（规范性附录）
钢带错绕筒体

B.1 总则

本附录适用于内直径大于等于 500 mm 的钢带错绕筒体设计。

B.2 术语、定义和符号

B.2.1 GB 150.1 通用要求中界定的术语和定义适用于本标准的本部分。

B.2.2 符号

B——钢带宽度，mm；

C_2——内筒腐蚀裕量，mm；

D_i——筒体内直径，mm；

D_k——第 k 层钢带层平均直径，mm；

e_k——第 k 层钢带的带间间隙，mm；

j——内筒名义厚度与钢带错绕筒体名义厚度之比；

K_1——内筒外直径与内直径之比；

K_2——钢带层外直径与内直径之比；

m——钢带设计层数；

m_c——钢带计算层数；

m_k——第 k 层钢带根数；

p_c——计算压力，MPa；

R_i——内筒内半径，mm；

R_j——内筒外半径，mm；

R_{mi}——内筒材料标准常温抗拉强度下限值，MPa；

R_{mw}——钢带材料标准常温抗拉强度下限值，MPa；

R_o——钢带层外半径，mm；

y——系数；

α——相对于筒体环向的钢带平均缠绕倾角，(°)；

α_k——第 k 层钢带的缠绕倾角，(°)；

δ——钢带错绕筒体计算厚度，mm；

δ_i——内筒设计厚度，mm；

δ_n——钢带错绕筒体名义厚度，mm；

δ_{ni}——内筒名义厚度，mm；

δ_{nw}——钢带层名义厚度，mm；

δ_r——钢带厚度，mm；

ϕ——焊接接头系数；

λ——钢带缠绕平均导程，mm；

λ_c——钢带缠绕计算导程，mm；

$[\sigma]^t$——设计温度下钢带错绕筒体材料的许用应力，MPa；

$[\sigma]_i^t$——设计温度下内筒材料的许用应力，MPa；

$[\sigma]_w^t$——设计温度下钢带材料的许用应力，MPa。

B.3 结构

钢带错绕筒体由内筒、钢带层和保护壳组成，见图 B.1。保护壳的厚度为 3 mm～6 mm，不承受内压作用。

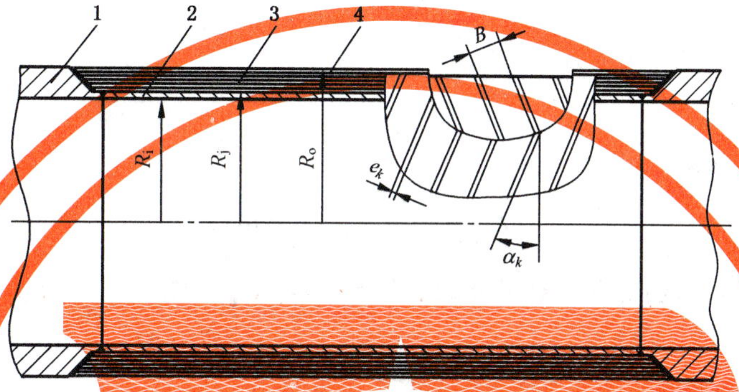

说明：

1——端部法兰；

2——内筒；

3——钢带层；

4——保护壳。

图 B.1 钢带错绕筒体结构

B.4 钢带错绕筒体厚度

B.4.1 钢带错绕筒体计算厚度按式(B-1)计算：

$$\delta = \frac{p_c D_i}{2[\sigma]^t \phi - p_c} \quad \cdots\cdots (B\text{-}1)$$

设计温度下钢带错绕筒体材料的许用应力按式(B-2)计算：

$$[\sigma]^t \phi = j[\sigma]_i^t + y(1-j)[\sigma]_w^t \quad \cdots\cdots (B\text{-}2)$$

式中：$y=0.98$；

$$j=\frac{1}{8}\sim\frac{1}{4}。$$

B.4.2 内筒设计厚度按式(B-3)计算：

$$\delta_i = j\delta + C_2 \quad \cdots\cdots (B\text{-}3)$$

将 δ_i 向上圆整至钢材标准规格的厚度得到 δ_{ni}。

B.4.3 钢带计算层数按式(B-4)计算：

$$m_c = \frac{(1-j)\delta}{\delta_r} \quad \cdots\cdots (B\text{-}4)$$

式中：$\delta_r=4$ mm～8 mm。将 m_c 向上圆整至最接近的偶数得到 m。

B.4.4 钢带层的名义厚度按式(B-5)计算：

$$\delta_{nw} = m\delta_r \qquad \cdots\cdots (B-5)$$

B.4.5 钢带错绕筒体名义厚度按式(B-6)计算：

$$\delta_n = \delta_{ni} + \delta_{nw} \qquad \cdots\cdots (B-6)$$

B.5 钢带缠绕参数

B.5.1 钢带平均缠绕倾角

钢带平均缠绕倾角按式(B-7)计算：

$$\alpha = \arccos\sqrt{\frac{0.95(K_2^2-1)R_{mw}+R_{mi}[0.95(K_1^2-1)/K_1^2-2\ln K_1/\sqrt{3}]}{R_{mw}[\ln K_2+0.83125(K_2^2-1)]}} \qquad \cdots\cdots (B-7)$$

B.5.2 钢带缠绕平均导程

钢带缠绕计算导程按式(B-8)计算：

$$\lambda_c = 2\pi\left(\frac{R_o+R_j}{2}\right)\tan\alpha \qquad \cdots\cdots (B-8)$$

在绕带机床的导程中，选择与 λ_c 最接近的值作为 λ。

B.5.3 钢带缠绕倾角

第 k 层钢带的缠绕倾角按式(B-9)计算：

$$\alpha_k = \arctan(\lambda/\pi D_k) \qquad \cdots\cdots (B-9)$$

B.5.4 同层钢带根数

第 k 层钢带的根数按式(B-10)计算：

$$m_k = (\pi D_k/B)\sin\alpha_k \qquad \cdots\cdots (B-10)$$

m_k 向上圆整至最接近的整数。

B.5.5 带间间隙

第 k 层钢带的带间间隙按式(B-11)计算：

$$e_k = (\pi D_k/m_k)\sin\alpha_k - B \qquad \cdots\cdots (B-11)$$

式中：取 B=80 mm～160 mm，e_k 应小于等于 3 mm。否则应调整 λ，重新计算。

附 录 C
（资料性附录）
密 封 结 构

C.1 总则

本附录规定了圆筒形压力容器用金属平垫密封、双锥密封、伍德密封、卡扎里密封、八角垫和椭圆垫密封、卡箍紧固结构的设计方法。各密封结构型式的适用范围见表C.1。

表 C.1 适用范围

密封结构型式	设计温度/℃	设计压力/MPa	内直径 D_i/mm
金属平垫密封	0～200	≤16	≤1 000
		>16～22	≤800
		>22～35	≤600
双锥密封	0～400	6.4～35	400～3 200
伍德密封 卡扎里密封 八角垫和椭圆垫密封 卡箍紧固结构		≤35	

C.2 金属平垫密封

C.2.1 符号

b ——平垫片宽度，mm；

D_i ——内直径，mm；

δ ——平垫片厚度，mm；

δ_p ——平盖厚度，mm。

C.2.2 结构

金属平垫密封的结构见图C.1。

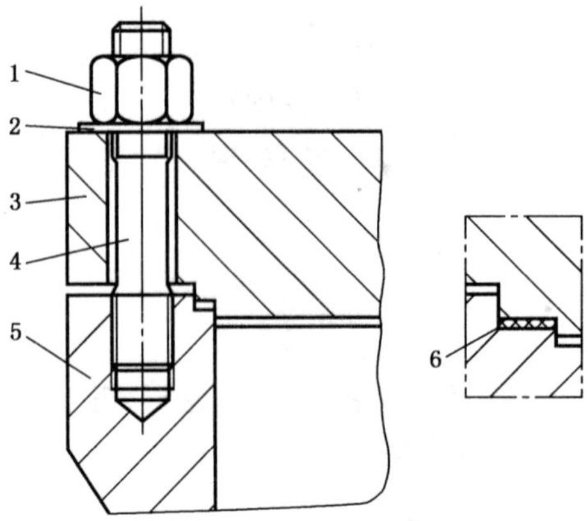

说明：
1——主螺母；
2——垫圈；
3——平盖；
4——主螺栓；
5——筒体端部；
6——平垫片。

图 C.1 金属平垫密封结构

C.2.3 平垫片材料和尺寸

C.2.3.1 平垫片材料

a) 退火铝(硬度为 15 HBW10/250～30 HBW10/250)；

b) 退火紫铜(硬度为 30 HBW10/500～50 HBW10/500)；

c) 10 钢。

C.2.3.2 平垫片的宽度 b 和厚度 δ 按表 C.2 和表 C.3 选取。

C.2.4 密封面

密封面尺寸按表 C.4 确定。平盖和筒体端部的密封面上应各有 2 条深 1 mm 的三角形沟槽。密封面配合公差见图 C.2。

表 C.2 平垫片宽度 b

设计压力 MPa	内直径 D_i/mm								
	≤100	>100～200	>200～300	>300～400	>400～500	>500～600	>600～700	>700～800	>800～1 000
	平垫片宽度/mm								
≤16	6	6	6	7	8	9	10	10	12
>16～22	6	6	7	8	9	10	10	12	—
>22～35	6	7	8	9	10	12	—	—	—

表 C.3　平垫片厚度 δ　　单位为毫米

宽度 b	厚度 δ
6	3
7～9	5
10～12	6

表 C.4　密封面尺寸　　单位为毫米

D_i	D_1	h_1	h_2
≤100	D_i+6	$2\delta+1$	2.5δ
>100～200	D_i+8		
>200～400	D_i+10		
>400～600	D_i+12		
>600～800	D_i+12		
>800～1 000	D_i+12		

C.2.5　筒体端部

筒体端部和主螺栓、主螺母的设计按第 7 章 7.7 的规定。

C.2.6　平盖

平盖的结构见图 C.3，其厚度 δ_p 按第 5 章式(5-33)计算。

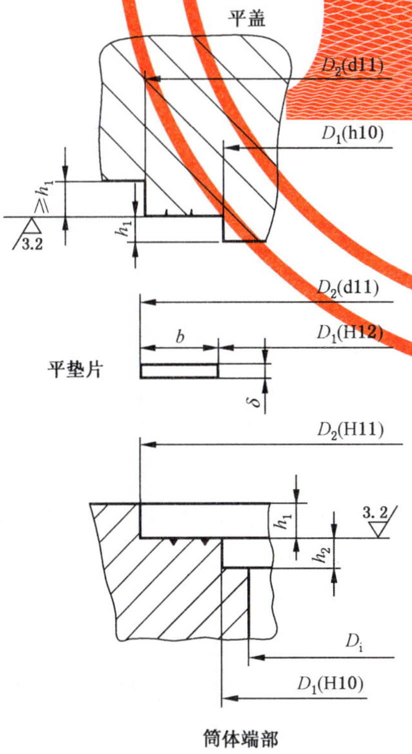

图 C.2　密封面配合公差

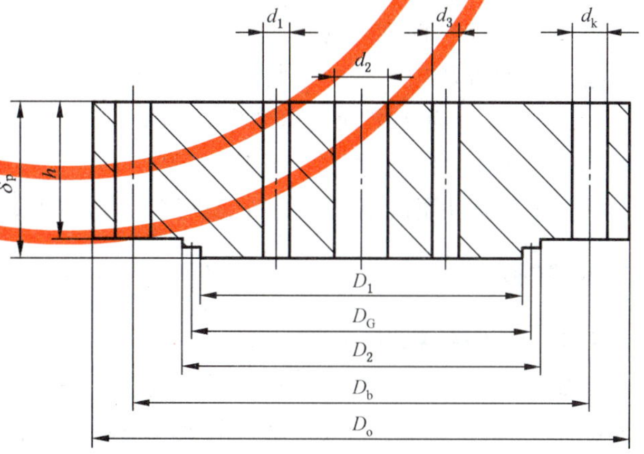

图 C.3　平盖

C.3 双锥密封

C.3.1 符号

A——双锥环高度，mm；

B——双锥环厚度，mm；

b——双锥环的有效高度，mm；

C——双锥环外侧面高度，mm；

D_b——螺栓孔中心圆直径，mm；

D_G——密封面平均直径，mm；

D_i——内直径，mm；

D_T——平盖支撑面直径，mm；

D_1——双锥环内圆柱面直径，mm；

E——设计温度下材料的弹性模量，MPa；

F——内压引起的轴向力，N；

F_c——双锥环回弹力的轴向分力，N；

F_p——双锥环自紧作用的轴向分力，N；

f——双锥环的截面积，mm^2；

g——单侧径向间隙(见图 C.4)，mm；

h_1——厚度(见图 C.5)，mm；

p_c——计算压力，MPa；

W——主螺栓总载荷，N；

W_a——预紧状态的螺栓载荷，N；

W_p——操作状态的螺栓载荷，N；

y——密封比压，MPa；

α——双锥环密封面锥角，(°)；

ρ——摩擦角；

τ_a——a—a 环向截面的切应力，MPa；

σ_m——双锥环中点处的弯曲应力，MPa；

σ_{ma}——a—a 环向截面的弯曲应力，MPa；

σ_{oa}——a—a 环向截面的当量应力，MPa；

$[\sigma]^t$——设计温度下元件材料的许用应力，MPa。

C.3.2 结构

C.3.2.1 双锥密封结构见图 C.4。

C.3.2.2 双锥环用托环、螺栓固定在平盖上。双锥环的内圆柱面与平盖的圆柱支承面之间的单侧径向间隙[$g=(D_1-D_T)/2$]应控制在双锥环内圆柱面直径的 0.075%～0.125%。

C.3.2.3 平盖的圆柱支承面上应开几条纵向的半圆形沟槽。

C.3.2.4 密封面之间的软金属垫片厚度约 1 mm，密封特性参数按表 7-2。非金属垫片厚度为 0.5 mm～1 mm，软金属丝直径 d_s 为 2 mm～5 mm，其密封特性参数和摩擦角按经验确定。

C.3.2.5 图 C.4b)所示双锥环的两个密封面上应各开 2 条半径为 1 mm～1.5 mm，深 1 mm 的半圆形沟槽或深 1 mm 的三角形沟槽，沟槽槽口圆角半径约 0.5 mm；图 C.4c)所示双锥环的两个密封面上应各开 1 条或 2 条半圆形沟槽，沟槽直径为 $d_s^{+0.1}$ mm。

C.3.2.6 双锥环密封面锥角 $\alpha=30^{\circ}{}_{-15'}^{\ 0}$，粗糙度 Ra 为 3.2 μm～1.6 μm。平盖及筒体端部密封面锥角 $\alpha=30^{\circ}{}_{\ 0}^{+15'}$，粗糙度 Ra 为 3.2 μm～1.6 μm。

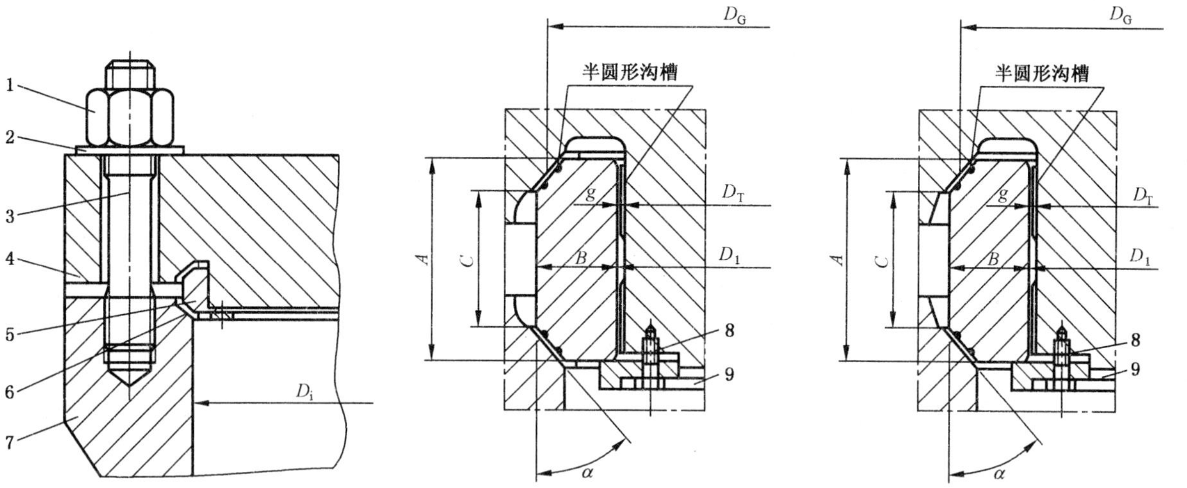

a)　　b) 软垫片　　c) 软金属丝

说明：

1——主螺母；
2——垫圈；
3——主螺栓；
4——平盖；
5——双锥环；
6——软垫片或金属丝；
7——筒体端部；
8——螺栓；
9——托环。

图 C.4 双锥密封结构

C.3.3 双锥环、软垫片和软金属丝材料

C.3.3.1 双锥环应选用 35、16Mn、20MnMo、15CrMo、S30408 和 S32168 等的Ⅲ级或Ⅳ级压力容器用锻件。

C.3.3.2 软垫片和软金属丝材料按表 C.5 选用。

表 C.5 软垫片和软金属丝材料

软垫片	软金属丝
柔性石墨	银
退火铝(硬度为 15 HBW10/250～30 HBW10/250) 退火紫铜(硬度为 30 HBW10/500～50 HBW10/500) 纯铁 奥氏体不锈钢	

C.3.4 双锥环结构尺寸

双锥环结构尺寸按式(C-1)～式(C-3)计算：

$$A=2.7\sqrt{D_i} \qquad \cdots\cdots\cdots\cdots(\text{C-1})$$

$$C=(0.5\sim0.6)A \qquad \cdots\cdots(C-2)$$

$$B=\frac{A+C}{2}\sqrt{\frac{0.75p_c}{\sigma_m}} \qquad \cdots\cdots(C-3)$$

式中：双锥环中点处的弯曲应力 σ_m=50 MPa～100 MPa。

推荐的双锥环的系列结构尺寸见表 C-6。

表 C.6 双锥环的系列结构尺寸

封口内径 D_i/mm	设计压力/MPa	A/mm	B/mm	C/mm	D_1/mm
1 000	6.4	85	23	48	975
1 200		94	26	54	1 171
1 400		101	28	58	1 369
1 600		108	29	62	1 569
1 800		115	31	66	1 766
2 000		121	33	69	1 964
2 200		127	34	72	2 164
2 400		132	36	75	2 361
2 600		138	38	79	2 558
2 800		143	39	82	2 757
3 000		148	40	84	2 957
3 200		153	42	87	3 154
1 000	10	85	25	47	972
1 200		94	27	52	1 170
1 400		101	30	56	1 366
1 600		108	31	59	1 566
1 800		115	33	63	1 764
2 000		121	35	67	1 961
2 200		127	37	70	2 159
2 400		132	39	73	2 356
2 600		138	40	76	2 556
2 800		143	42	79	2 753
3 000		148	43	81	2 953
3 200		153	45	84	3 150
600	20	66	23	33	573
800		76	27	38	768
1 000		85	30	43	964
1 200		94	33	47	1 161
1 400		101	36	51	1 357
1 600		108	38	54	1 555
1 800		115	40	58	1 753
2 000		121	43	61	1 949
2 200		127	45	64	2 146
2 400		132	46	66	2 346
2 600		138	48	69	2 544
2 800		143	50	72	2 741
3 000		148	52	74	2 939
3 200		153	54	77	3 136

表 C.6（续）

封口内径 D_i/mm	设计压力/MPa	A/mm	B/mm	C/mm	D_1/mm
400		54	22	27	372
500		60	24	30	469
600		66	27	33	565
700		71	29	36	662
800		76	31	38	760
1 000		85	34	43	956
1 200		94	38	47	1 151
1 400		101	41	51	1 347
1 600	35	108	44	54	1 543
1 800		115	46	58	1 741
2 000		121	49	61	1 937
2 200		127	51	64	2 134
2 400		132	53	66	2 332
2 600		138	56	69	2 528
2 800		143	58	72	2 725
3 000		148	60	74	2 923
3 200		153	62	77	3 120

C.3.5 筒体端部

筒体端部、主螺栓和主螺母的设计按 7.7 的规定。但确定 A_m 时，式(7-4)和式(7-5)中螺栓载荷 W_a、W_p 分别按式(C-4)和式(C-6)计算。

C.3.5.1 预紧状态的主螺栓载荷按式(C-4)计算：

$$W_a = 1.57 D_G (A - C) y \frac{\sin(\alpha + \rho)}{\cos\alpha\cos\rho} \quad \text{(C-4)}$$

双锥环的密封面平均直径按式(C-5)计算：

$$D_G = D_1 + 2B - \frac{A - C}{2}\tan\alpha \quad \text{(C-5)}$$

C.3.5.2 操作状态的主螺栓载荷按式(C-6)计算：

$$W_p = F + F_p + F_c \quad \text{(C-6)}$$

内压引起的轴向力按式(C-7)计算：

$$F = 0.785 D_G^2 p_c \quad \text{(C-7)}$$

双锥环自紧作用的轴向分力按式(C-8)计算：

$$F_p = 1.57 D_G b p_c \tan(\alpha - \rho) \quad \text{(C-8)}$$

双锥环的有效高度按式(C-9)计算：

$$b = \frac{1}{2}(A + C) \quad \text{(C-9)}$$

双锥环回弹力的轴向分力按式(C-10)计算：

$$F_c = 3.14 f \frac{2g}{D_1} E\tan(\alpha - \rho) \quad \text{(C-10)}$$

式中单侧径向间隙 $g = (0.075\% \sim 0.125\%) D_1$。钢与钢接触时 $\rho = 8°30'$，钢与铜接触时 $\rho = 10°31'$，钢与铝接触时 $\rho = 15°$。

双锥环的截面积按式(C-11)计算：

$$f = AB - \left(\frac{A-C}{2}\right)^2 \tan\alpha \qquad \cdots\cdots (C-11)$$

C.3.6 平盖

平盖结构见图C.5。其厚度δ_p按第5章式(5-33)计算，式中D_c以D_G代入。

作用于平盖a—a环向截面的当量应力应按式(C-12)校核：

$$\sigma_{oa} = \sqrt{\sigma_{ma}^2 + 3\tau_a^2} \leqslant 0.7[\sigma]^t \qquad \cdots\cdots (C-12)$$

a—a环向截面的弯曲应力按式(C-13)计算：

$$\sigma_{ma} = \frac{3W(D_b - D_G)}{3.14 D_G h_1^2} \qquad \cdots\cdots (C-13)$$

a—a环向截面的切应力按式(C-14)计算：

$$\tau_a = \frac{W}{3.14 D_G h_1} \qquad \cdots\cdots (C-14)$$

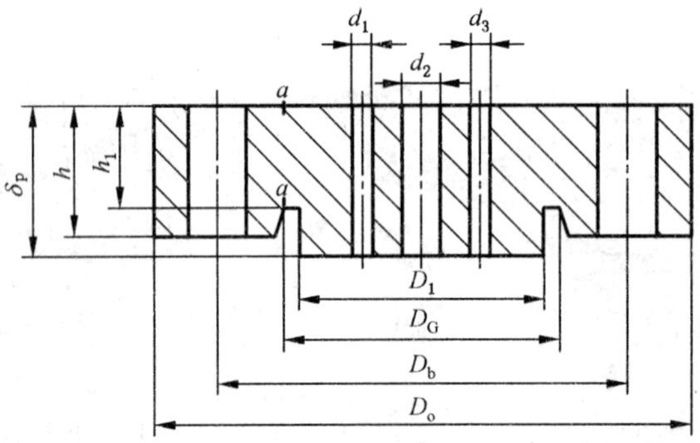

图C.5 平盖

C.4 伍德密封

C.4.1 符号

C——计算系数(见式C-44)；

D_a——a—a环向截面的直径，mm；

D_b——螺栓孔中心圆直径，mm；

D_c——密封接触圆直径，mm；

D_n——筒体端部中性面Y—Y的直径，mm；

D_o——外直径，mm；

D_1——牵制环内径，mm；

D_3——牵制环外径，mm；

D_5——顶盖a—a环向截面的平均直径，mm；

D_6——直径(见图C.9)，mm；

D_7——直径(见图C.10)，mm；

d_k——螺栓孔或螺孔直径，mm；

F——内压引起的轴向力，N；

F_a——密封垫密封力的轴向分力，N；

H——力臂(见图C.10)，mm；

h——厚度(见图 C.7),mm;
h_1——厚度(见图 C.8),mm;
h_2——厚度(见图 C.9),mm;
h_3——厚度(见图 C.10),mm;
I_c——纵向截面惯性矩,mm^4;
L——特征长度(见图 C.9),mm;
l——特征长度(见图 C.9),mm;
l_1、l_2——特征长度(见图 C.10),mm;
M——纵向截面的弯矩,N·mm;
M_{max}——作用于 a—a 环向截面单位长度上的最大弯矩,N·mm/mm;
M_r——单位长度弯矩,N·mm/mm;
M_l——中性面单位长度的弯矩,N·mm/mm;
M_3、M_4——单位长度弯矩,N·mm/mm;
n——拉紧螺栓数量;
p_c——计算压力,MPa;
Q_r——密封反力引起的径向载荷,N;
q_r——沿中性面 Y—Y 单位长度上的径向载荷,N/mm;
q_l——线密封比压,N/mm;
S——a—a 环向截面处厚度,mm;
S_o——筒体端部中性面 Y—Y 离直径 D_7 的距离,mm;
Z——纵向截面抗弯截面系数,mm^3;
Z_c——纵向截面形心离截面最外端距离,mm;
α——压垫的锥角,(°);
β——计算系数,mm^{-1};
δ——牵制环厚度,mm;
δ_1——顶盖厚度,mm;
ρ——摩擦角;
μ——平均壁温下材料的泊松比;
τ_a——a—a 环向截面的切应力,MPa;
τ_b——b—b 环向截面的切应力,MPa;
σ_a——a—a 环向截面拉应力,MPa;
σ_m——弯曲应力,MPa;
σ_{ma}——a—a 环向截面的弯曲应力,MPa;
σ_{mb}——b—b 环向截面的弯曲应力,MPa;
σ_{oa}——a—a 环向截面的当量应力,MPa;
σ_{ob}——b—b 环向截面的当量应力,MPa;
$[\sigma]^t$——设计温度下元件材料的许用应力,MPa。

C.4.2 结构

伍德密封的结构见图 C.6。

顶盖和压垫之间按线接触密封设计。为防止密封力过大把密封面压溃,设计中应注意选配适当强度的材料。

压垫的外锥面上应开 1～2 条环形沟槽。压垫的锥角分别为:

$\alpha=30°\sim35°$;$\beta=5°$;$\nu=5°\sim10°$。

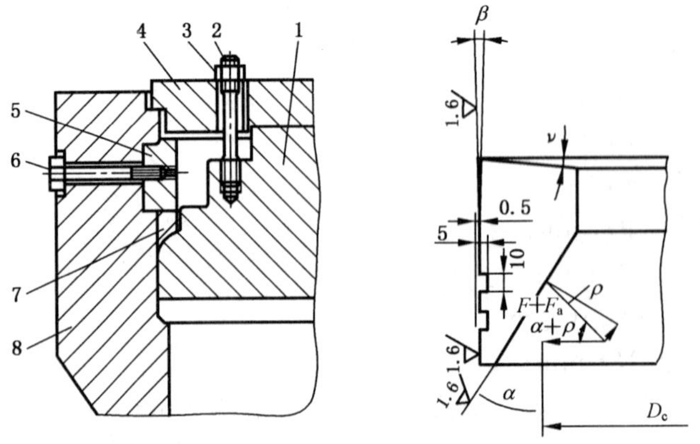

说明：

1——顶盖；

2——牵制螺栓；

3——螺母；

4——牵制环；

5——四合环；

6——拉紧螺栓；

7——压垫；

8——筒体端部。

图 C.6 伍德密封结构

C.4.3 载荷

C.4.3.1 内压引起的轴向力按式(C-15)计算：

$$F = 0.785 D_c^2 p_c \qquad \cdots\cdots\cdots\cdots (\text{C-15})$$

C.4.3.2 预紧状态时，压垫密封力的轴向分力，即牵制螺栓的载荷按式(C-16)计算：

$$F_a = 3.14 D_c q_1 \frac{\sin(\alpha + \rho)}{\cos\rho} \qquad \cdots\cdots\cdots\cdots (\text{C-16})$$

式中对于碳素钢、低合金钢的线密封比压 $q_1 = 200\ \text{N/mm} \sim 300\ \text{N/mm}$。钢与钢接触时 $\rho = 8°30'$，钢与铜接触时 $\rho = 10°31'$，钢与铝接触时 $\rho = 15°$。

C.4.4 牵制环

确定牵制环的结构尺寸(见图 C.7)，并对作用于纵向截面的弯曲应力和 a—a 环向截面的当量应力进行强度校核。

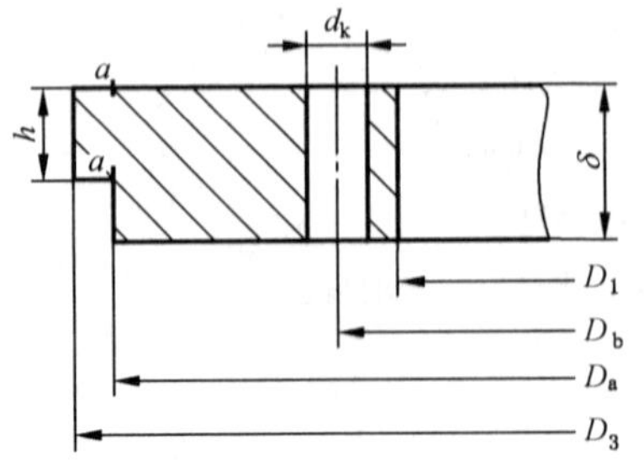

图 C.7 牵制环

C.4.4.1 纵向截面的弯曲应力按式(C-17)校核：

$$\sigma_{m}=\frac{3F_{a}(D_{a}-D_{b})}{3.14(D_{3}-D_{1}-2d_{k})\delta^{2}}\leqslant 0.9[\sigma]^{t} \quad \cdots\cdots (C-17)$$

C.4.4.2 a—a 环向截面的当量应力按式(C-18)校核：

$$\sigma_{oa}=\sqrt{\sigma_{ma}^{2}+3\tau_{a}^{2}}\leqslant 0.9[\sigma]^{t} \quad \cdots\cdots (C-18)$$

a—a 环向截面的弯曲应力 σ_{ma} 按式(C-19)计算：

$$\sigma_{ma}=\frac{3F_{a}(D_{a}-D_{b})}{3.14D_{a}h^{2}} \quad \cdots\cdots (C-19)$$

a—a 环向截面的切应力 τ_{a} 按式(C-20)计算：

$$\tau_{a}=\frac{F_{a}}{3.14D_{a}h} \quad \cdots\cdots (C-20)$$

式中：厚度 h 见图 C.7 标注部分。

C.4.5 四合环

四合环系由四块元件组成，每块元件均有一个径向螺孔(见图 C.8)。计算时视为一个圆环，对作用于 a—a 环向截面的切应力按式(C-21)校核：

$$\tau_{a}=\frac{F+F_{a}}{3.14D_{a}h_{1}-0.785nd_{k}^{2}}\leqslant 0.9[\sigma]^{t} \quad \cdots\cdots (C-21)$$

式中厚度 h_{1} 见图 C.8 标注部分。

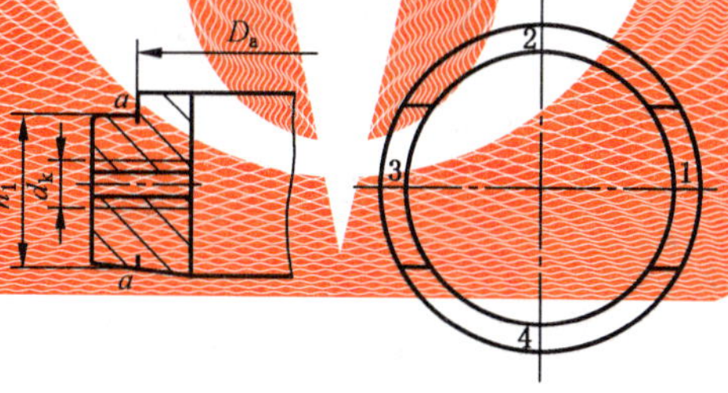

图 C.8 四合环

C.4.6 牵制螺栓

牵制螺栓设计按第 7 章 7.7 的规定，其中 A_{m} 取预紧状态需要的螺栓面积，即 $A_{m}=A_{a}$，式(7-7)中螺栓载荷 W_{a} 等于 F_{a}，F_{a} 按式(C-16)计算。

C.4.7 顶盖

确定顶盖的结构尺寸(见图 C.9)，并对作用于纵向截面的弯曲应力和 a—a 环向截面的当量应力进行强度校核。

C.4.7.1 纵向截面的弯曲应力按式(C-22)校核：

$$\sigma_{m}=\frac{M}{Z}\leqslant 0.7[\sigma]^{t} \quad \cdots\cdots (C-22)$$

纵向截面的弯矩 M 按式(C-23)计算：

$$M=\frac{1}{6.28}\left[\left(D_c-\frac{2}{3}D_c\right)F+(D_c-D_b)F_a\right] \quad \cdots\cdots (C-23)$$

纵向截面抗弯截面系数 Z 按式(C-24)选取：

$$\begin{cases}当\ Z_c\geqslant\frac{\delta_1}{2}\ 时，Z=\frac{I_c}{Z_c}\\ 当\ Z_c<\frac{\delta_1}{2}\ 时，Z=\frac{I_c}{\delta_1-Z_c}\end{cases} \quad \cdots\cdots (C-24)$$

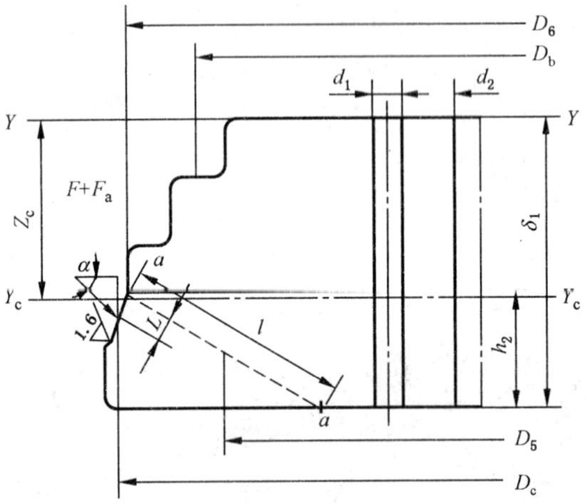

图 C.9　顶盖

C.4.7.2　a—a 环向截面的当量应力按式(C-25)校核：

$$\sigma_{oa}=\sqrt{\sigma_{ma}^2+3\tau_a^2}\leqslant 0.7[\sigma]^t \quad \cdots\cdots (C-25)$$

弯曲应力 σ_{ma} 按式(C-26)计算：

$$\sigma_{ma}=\frac{6(F+F_a)L}{3.14D_5 l^2\sin\alpha} \quad \cdots\cdots (C-26)$$

切应力 τ_a 按式(C-27)计算：

$$\tau_a=\frac{F+F_a}{3.14D_5 l\sin\alpha} \quad \cdots\cdots (C-27)$$

顶盖 a—a 环向截面的平均直径 D_5 按式(C-28)计算：

$$D_5=D_6-\frac{h_2}{\tan\alpha} \quad \cdots\cdots (C-28)$$

其他符号见图 C.9。

C.4.8　筒体端部

确定筒体端部的结构尺寸(见图 C.10)，并对作用于 a—a 和 b—b 环向截面的当量应力进行强度校核。

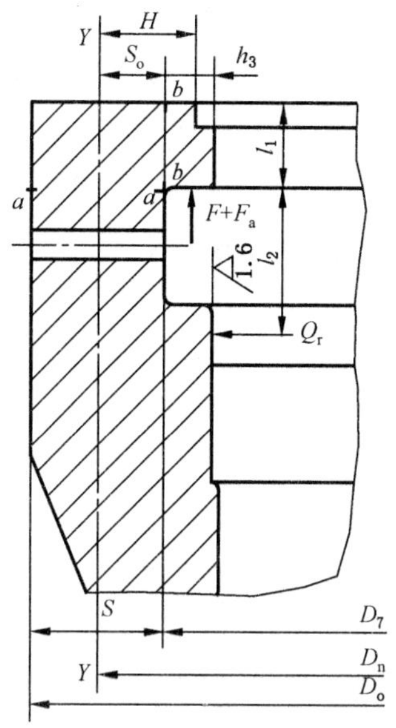

图 C.10 筒体端部

C.4.8.1 a—a 环向截面的当量应力按式(C-29)校核：

$$\sigma_{oa}=\sigma_a+\sigma_{ma}\leqslant 0.9[\sigma]^t \quad\cdots\cdots(\text{C-29})$$

筒体端部 a—a 环向截面拉应力 σ_a 按式(C-30)计算：

$$\sigma_a=\frac{4(F+F_a)}{3.14(D_0^2-D_7^2)} \quad\cdots\cdots(\text{C-30})$$

D_7 见图 C.10 标注部分。

弯曲应力 σ_{ma} 按式(C-31)计算：

$$\sigma_{ma}=\frac{6M_{max}}{S^2} \quad\cdots\cdots(\text{C-31})$$

式中：

a—a 环向截面单位长度上的最大弯矩 M_{max} 的计算见 C.4.8.3；

a—a 环向截面处厚度 S 按式(C-32)计算：

$$S=\frac{D_o-D_7}{2} \quad\cdots\cdots(\text{C-32})$$

C.4.8.2 b—b 环向截面的当量应力按式(C-33)校核：

$$\sigma_{ob}=\sqrt{\sigma_{mb}^2+3\tau_b^2}\leqslant 0.9[\sigma]^t \quad\cdots\cdots(\text{C-33})$$

b—b 环向截面的弯曲应力 σ_{mb} 按式(C-34)计算：

$$\sigma_{mb}=\frac{3(F+F_a)h_3}{3.14D_7l_1^2} \quad\cdots\cdots(\text{C-34})$$

b—b 环向截面的切应力 τ_b 按式(C-35)计算：

$$\tau_b=\frac{F+F_a}{3.14D_7l_1} \quad\cdots\cdots(\text{C-35})$$

其他符号见图 C.10。

C.4.8.3 最大弯矩 M_{max}

C.4.8.3.1 $F+F_a$ 引起的弯矩 M 按式(C-36)计算：

$$M=(F+F_a)H \qquad \cdots\cdots(C-36)$$

式中力臂 H 按式(C-37)计算：

$$H=S_o+0.5h_3 \qquad \cdots\cdots(C-37)$$

筒体端部中性面 $Y—Y$ 离直径 D_7 的距离 S_o 按式(C-38)选取：

$$\begin{cases} 当\dfrac{D_o}{D_7}\leqslant 1.45 时, S_o=\dfrac{D_o-D_7}{4} \\ 当\dfrac{D_o}{D_7}> 1.45 时, S_o=\dfrac{D_o-D_7}{6}\ \dfrac{2D_o+D_7}{D_o+D_7} \end{cases} \qquad \cdots\cdots(C-38)$$

C.4.8.3.2 中性面单位长度的弯矩 M_1 按式(C-39)计算：

$$M_1=\frac{M}{3.14D_n} \qquad \cdots\cdots(C-39)$$

筒体端部中性面 $Y—Y$ 的直径 D_n 按式(C-40)计算：

$$D_n=D_7+2S_o \qquad \cdots\cdots(C-40)$$

C.4.8.3.3 计算系数 β 按式(C-41)计算：

$$\beta=\sqrt[4]{\frac{12(1-\mu^2)}{D_n^2S^2}} \qquad \cdots\cdots(C-41)$$

C.4.8.3.4 根据 βl_1 值查图 C-11，得 $\left(\dfrac{M_3}{M_1}\right)$ 值和 $\left(\dfrac{M_4}{M_1}\right)$ 值，则：

$$M_3=\left(\frac{M_3}{M_1}\right)M_1 \qquad \cdots\cdots(C-42)$$

$$M_4=\left(\frac{M_4}{M_1}\right)M_1 \qquad \cdots\cdots(C-43)$$

C.4.8.3.5 系数 C 按式(C-44)计算：

$$C=\frac{l_2}{l_1} \qquad \cdots\cdots(C-44)$$

式中宽度 l_2 见图 C.10。

C.4.8.3.6 根据 βl_1 及 C 值查图 C.12 得 $\left(\dfrac{\beta M_r}{q_r}\times 10\right)$ 值。

C.4.8.3.7 单位长度弯矩 M_r 按式(C-45)计算：

$$M_r=\left(\frac{\beta M_r}{q_r}\times 10\right)\frac{q_r}{10\beta} \qquad \cdots\cdots(C-45)$$

式中沿中性面 $Y—Y$ 单位长度上的径向载荷 q_r 按式(C-46)计算：

$$q_r=\frac{Q_r}{3.14D_n} \qquad \cdots\cdots(C-46)$$

密封反力引起的径向载荷 Q_r 按式(C-47)计算：

$$Q_r=\frac{F+F_a}{\tan(\alpha+\rho)} \qquad \cdots\cdots(C-47)$$

C.4.8.3.8 最大弯矩 M_{max} 取式(C-48)中绝对值较大者。

$$M_{max}=\begin{cases} M_r+M_3 \\ M_r-M_4 \end{cases} \qquad \cdots\cdots(C-48)$$

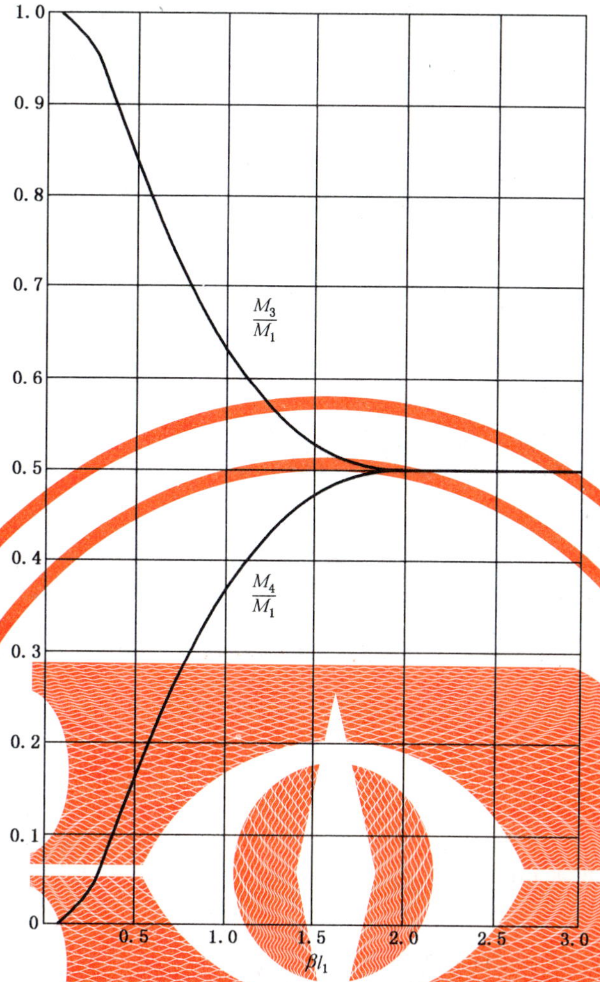

1.0
0.9
0.8
0.7
0.6
0.5
0.4
0.3
0.2
0.1
0
0.5
1.0
1.5
2.0
2.5
3.0
βl_1
$\frac{M_3}{M_1}$
$\frac{M_4}{M_1}$

图 C.11

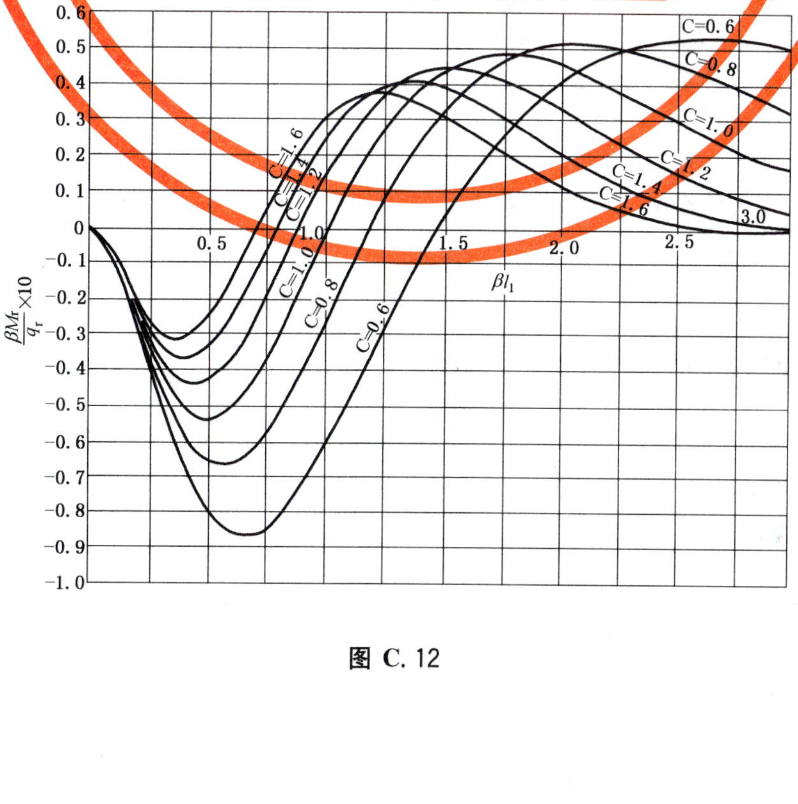

$\frac{\beta M_r}{q_r}\times 10$
βl_1
C=0.6
C=0.8
C=1.0
C=1.2
C=1.4
C=1.6
3.0

图 C.12

C.5 卡扎里密封

C.5.1 符号

b——密封垫宽度,mm;

C——计算系数(见式 C-86);

D_b——螺栓孔中心圆直径,mm;

D_G——密封面平均直径,mm;

D_i——密封垫内径,mm;

D_n——中性面的直径,mm;

D——螺纹套筒外径,mm;

D_o——平盖螺纹大径,mm;

D_1——压环内径,mm;

D_2——压环外径,mm;

d_i——平盖螺纹小径,mm;

d_k——螺栓孔或螺孔直径,mm;

F——内压引起的轴向力,N;

F_a——密封垫密封力的轴向分力,N;

H——压环厚度,mm;

H_1——力臂(见图 C.18),mm;

H_2——力臂(见图 C.18),mm;

H_3——力臂(见图 C.21),mm;

h——密封垫高度,mm;

h_1——螺纹齿高度(见图 C.17),mm;

h_2——厚度(见图 C.16),mm;

k——计算系数(见式 C-85);

l_1、l_2、l_3——特征长度,mm;

M——$(F+F_a)$引起的弯矩,N·mm;

M_{max}——环向截面单位长度上最大弯矩,N·mm/mm;

M_1——沿中性面单位长度上的弯矩,N·mm/mm;

M_2——F_a 引起的弯矩,N·mm/mm;

M_5——由 F_a 引起的作用于 $a—a$ 环向截面单位长度上的弯矩,N·mm/mm;

m——沿 l_1 单位长度上的弯矩,N·mm/mm;

n——螺纹圈数;

p_c——计算压力,MPa;

S——厚度(见图 C.18),mm;

S_o——筒体端部中性面 $Y—Y$ 离直径 d_i 的距离,mm;

S_{o1}——螺纹套筒中性面 $Y—Y$ 离直径 D_o 的距离,mm;

S_1——厚度(见图 C.21),mm;

t_1——厚度(见图 C.17),mm;

W_a——预紧状态的螺栓载荷,N;

y——密封比压,MPa;

α——楔形角,(°);

β——系数,mm^{-1};

δ_p——平盖厚度，mm；

μ——平均壁温下材料的泊松比；

ρ——摩擦角；

τ——切应力，MPa；

σ——拉伸应力，MPa；

σ_a——a—a 环向截面拉应力，MPa；

σ_m——弯曲应力，MPa；

σ_{ma}——a—a 环向截面弯曲应力，MPa；

σ_o——当量应力，MPa；

σ_{oa}——a—a 环向截面当量应力，MPa；

$[\sigma]^t$——设计温度下元件材料的许用应力，MPa。

C.5.2 结构

卡扎里密封结构见图 C.13。

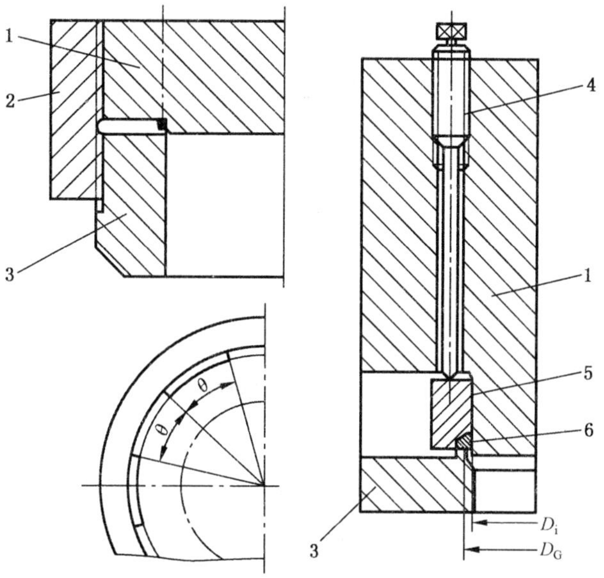

说明：

1——平盖；
2——螺纹套筒；
3——筒体端部；
4——顶紧螺栓；
5——压环；
6——密封垫。

图 C.13 卡扎里密封结构

螺纹套筒内壁的上下两段是锯齿形螺纹。为便于与平盖相互连接和快拆，上段用间断锯齿形螺纹，间断部分夹角 θ 应取 10°～30°。

C.5.3 载荷

C.5.3.1 内压引起的轴向力按式(C-49)计算：

$$F = 0.785 D_G^2 p_c \qquad \text{(C-49)}$$

C.5.3.2 密封垫结构见图 C.14。密封力的轴向分力取式(C-50)中计算值较大者。

$$F_a = \begin{cases} 3.14y(D_G b + D_i h \tan\rho) \\ 3.14y(D_i h + D_G b \tan\rho)\tan(\alpha+\rho) \end{cases} \qquad \text{(C-50)}$$

式中：楔形角 α 可取 30°、45°、60°。钢与钢接触时 $\rho=8°30'$，钢与铜接触时 $\rho=10°31'$，钢与铝接触时 $\rho=15°$。

C.5.4 压环

确定压环的结构尺寸(见图 C.15),并对作用于纵向截面的弯曲应力按式(C-51)进行校核:

$$\sigma_m = \frac{3F_a(D_b - D_G)}{3.14(D_2 - D_1)H^2} \leqslant 0.9[\sigma]^t \qquad \text{(C-51)}$$

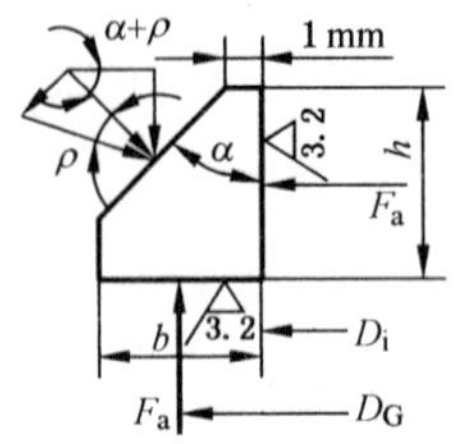

图 C.14 密封垫

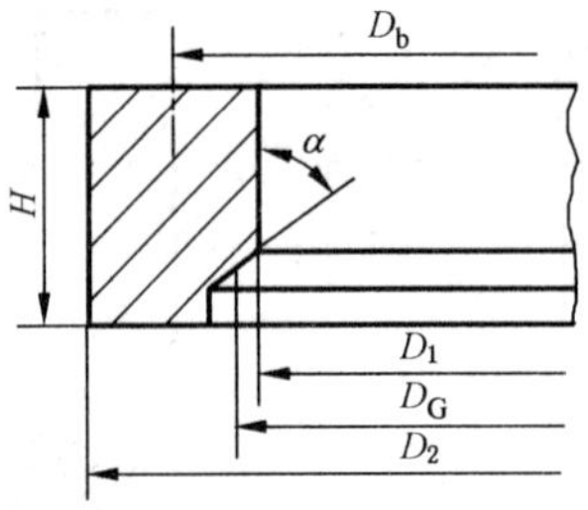

图 C.15 压环

C.5.5 顶紧螺栓

顶紧螺栓的设计按第 7 章 7.7 的规定,其中 A_m 取预紧状态下需要的螺栓面积,即 $A_m = A_a$,式(7-7)中螺栓载荷 W_a 等于 F_a,F_a 按式(C-50)计算。

C.5.6 平盖

确定平盖的结构尺寸(见图 C.16),并对作用于纵向截面的弯曲应力和间断锯齿形螺纹的当量应力进行强度校核。

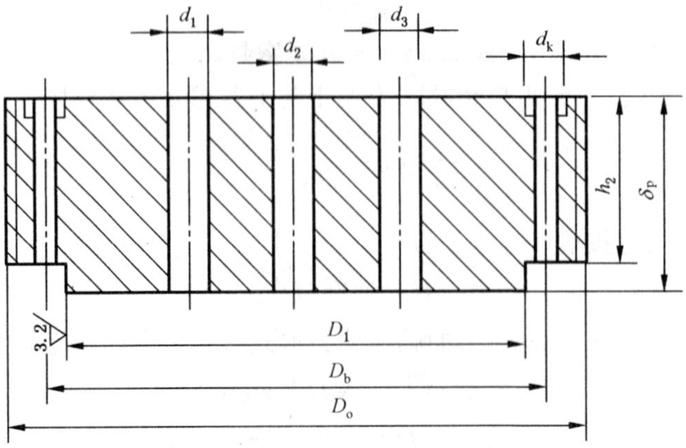

图 C.16 平盖

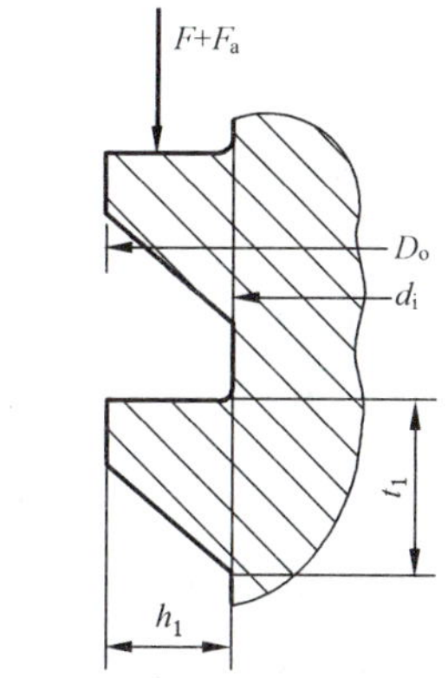

图 C.17 锯齿形螺纹

C.5.6.1 纵向截面弯曲应力按式(C-52)校核：

$$\sigma_m = \frac{3\left[\left(D_o - \frac{2}{3}D_1\right)F + (D_o - D_b)F_a\right]}{3.14[(D_1 - \Sigma d_i)\delta_p^2 + (D_o - D_1 - 2d_k)h_2^2]} \leqslant 0.7[\sigma]^t \quad \cdots\cdots\cdots\cdots (C\text{-}52)$$

式中：$\Sigma d_i = d_1 + d_2 + d_3 + \cdots\cdots$，mm；

厚度 h_2 见图 C.16。

C.5.6.2 间断锯齿形螺纹的当量应力按式(C-53)校核：

$$\sigma_o = \sqrt{\sigma_m^2 + 3\tau^2} \leqslant 0.7[\sigma]^t \quad \cdots\cdots\cdots\cdots (C\text{-}53)$$

弯曲应力 σ_m 按式(C-54)计算：

$$\sigma_m = \frac{3(F + F_a)(D_o - d_i)}{3.14 d_i t_1^2 n} \quad \cdots\cdots\cdots\cdots (C\text{-}54)$$

厚度 t_1 见图 C.17。

切应力 τ 按式(C-55)计算：

$$\tau = \frac{2(F + F_a)}{3.14 d_i t_1 n} \quad \cdots\cdots\cdots\cdots (C\text{-}55)$$

C.5.7 筒体端部

确定筒体端部结构尺寸(见图 C.18)，并对作用于 a—a 环向截面的当量应力进行强度校核。

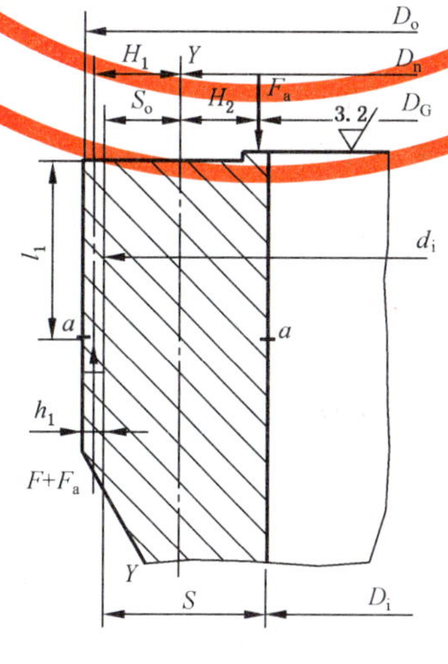

图 C.18 筒体端部

C.5.7.1　拉应力按式(C-56)计算：

$$\sigma_a = \frac{4(F+F_a)}{3.14(d_i^2 - D_i^2)} \quad \cdots\cdots \text{(C-56)}$$

C.5.7.2　弯曲应力 σ_{ma}

C.5.7.2.1　由 $F+F_a$ 引起的，作用于 a—a 环向截面单位长度上最大弯矩 M_{max}。

C.5.7.2.1.1　$F+F_a$ 引起的弯矩按式(C-57)计算：

$$M = (F+F_a)H_1 \quad \cdots\cdots \text{(C-57)}$$

力臂 H_1 按式(C-58)计算：

$$H_1 = S_o + 0.5h_1 \quad \cdots\cdots \text{(C-58)}$$

筒体端部中性面 Y—Y 离直径 d_i 的距离 S_o 按式(C-59)选取：

$$\begin{cases} \text{当}\dfrac{d_i}{D_i} \leqslant 1.45 \text{时}, S_o = \dfrac{d_i - D_i}{4} \\ \text{当}\dfrac{d_i}{D_i} > 1.45 \text{时}, S_o = \dfrac{d_i - D_i}{6} \cdot \dfrac{d_i + 2D_i}{d_i + D_i} \end{cases} \quad \cdots\cdots \text{(C-59)}$$

C.5.7.2.1.2　沿中性面单位长度上的弯矩按式(C-60)计算：

$$M_1 = \frac{M}{\pi D_n} \quad \cdots\cdots \text{(C-60)}$$

筒体端部中性面 Y—Y 的直径 D_n 按式(C-61)计算：

$$D_n = d_i - 2S_o \quad \cdots\cdots \text{(C-61)}$$

C.5.7.2.1.3　沿 l_1 单位长度上的弯矩 m 按式(C-62)计算：

$$m = \frac{M_1}{l_1} \quad \cdots\cdots \text{(C-62)}$$

式中长度 l_1 见图 C.18。

C.5.7.2.1.4　计算系数 β 按式(C-63)计算：

$$\beta = \sqrt[4]{\frac{12(1-\mu^2)}{D_n^2 S^2}} \quad \cdots\cdots \text{(C-63)}$$

式中厚度 S 见图 C.18。

C.5.7.2.1.5　根据 βl_1 查图 C.19 得 $\left(\frac{\beta}{m}M_{max}\right)$ 值。

C.5.7.2.1.6　最大弯矩 M_{max} 按式(C-64)计算：

$$M_{max} = \left(\frac{\beta}{m}M_{max}\right)\frac{m}{\beta} \quad \cdots\cdots \text{(C-64)}$$

C.5.7.2.2　由 F_a 引起的，作用于 a—a 环向截面单位长度上弯矩 M_5。

C.5.7.2.2.1　F_a 引起的弯矩按式(C-65)计算：

$$M_2 = F_a H_2 \quad \cdots\cdots \text{(C-65)}$$

式中：力臂 H_2 按式(C-66)计算：

$$H_2 = \frac{D_n - D_G}{2} \quad \cdots\cdots \text{(C-66)}$$

C.5.7.2.2.2　沿中性面单位长度上的弯矩按式(C-67)计算：

$$M_1 = \frac{M_2}{3.14D_n} \quad \cdots\cdots \text{(C-67)}$$

C.5.7.2.2.3　按式(C-63)计算系数 β 值。

C.5.7.2.2.4　根据 βl_1 值查图 C.20 得系数 φ 值。

C.5.7.2.2.5　由 F_a 引起的作用于环向截面单位长度上的弯矩 M_5 按式(C-68)计算：

$$M_5 = M_1\varphi \quad \cdots\cdots \text{(C-68)}$$

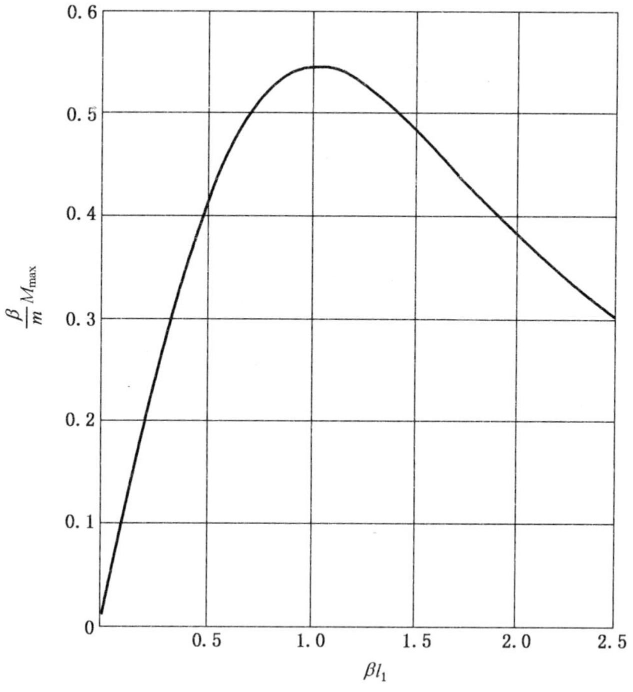

图 C.19

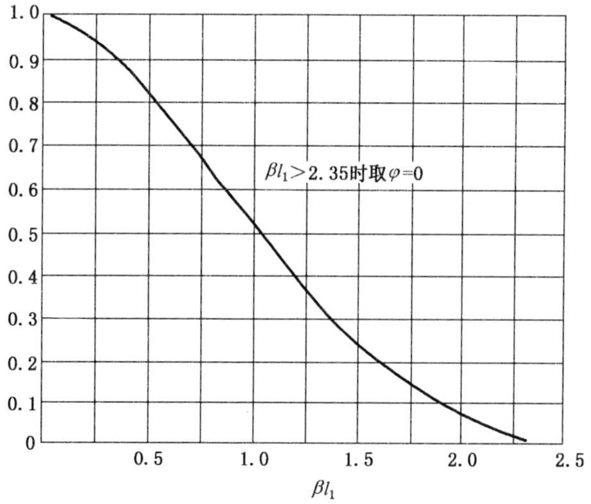

图 C.20

C.5.7.2.3 弯曲应力σ_{ma}按式(C-69)计算：

$$\sigma_{ma}=\frac{6(M_{max}+M_5)}{S^2} \quad \cdots\cdots (C\text{-}69)$$

C.5.7.3 a—a 环向截面的当量应力按式(C-70)校核：

$$\sigma_{oa}=\sigma_{ma}+\sigma_a \leqslant 0.9[\sigma]^t \quad \cdots\cdots (C\text{-}70)$$

C.5.8 螺纹套筒

确定螺纹套筒的结构尺寸(见图 C.21)，并对作用于环向截面的当量应力和下段锯齿形螺纹(见图 C.22)的当量应力进行强度校核。

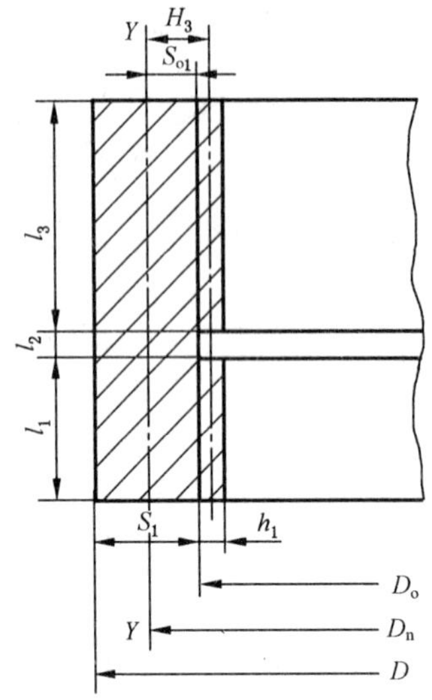

图 C.21 螺纹套筒

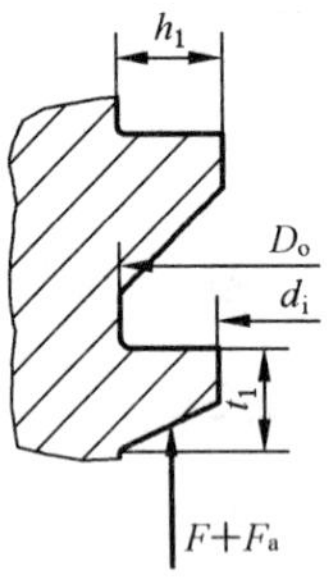

图 C.22 锯齿形螺纹

C.5.8.1 环向截面的当量应力按式(C-71)校核：

$$\sigma_o = \sigma_m + \sigma \leqslant 0.9[\sigma]^t \qquad \cdots\cdots (C-71)$$

式(C-71)中拉应力按式(C-72)计算：

$$\sigma = \frac{4(F+F_a)}{3.14(D^2 - D_o^2)} \qquad \cdots\cdots (C-72)$$

弯曲应力 σ_m 按式(C-73)计算：

$$\sigma_m = \frac{6M_{max}}{S_1^2} \qquad \cdots\cdots (C-73)$$

厚度 S_1 按式(C-74)计算：

$$S_1 = \frac{D - D_o}{2} \qquad \cdots\cdots (C-74)$$

环向截面单位长度上最大弯矩 M_{max}，计算见 C.5.8.3。

C.5.8.2 螺纹套筒下段锯齿形螺纹的当量应力按式(C-75)校核：

$$\sigma_o = \sqrt{\sigma_m^2 + 3\tau^2} \leqslant 0.9[\sigma]^t \qquad \cdots\cdots (C-75)$$

弯曲应力 σ_m 按式(C-76)计算：

$$\sigma_m = \frac{3(F+F_a)(D_o - d_i)}{6.28D_o t_1^2 n} \qquad \cdots\cdots (C-76)$$

切应力 τ 按式(C-77)计算：

$$\tau=\frac{F+F_a}{3.14D_o t_1 n} \qquad \text{(C-77)}$$

内径 d_i 和厚度 t_1 见图 C.22。

C.5.8.3 环向截面单位长度上最大弯矩 M_{max}。

C.5.8.3.1 $F+F_a$ 引起的弯矩按式(C-78)计算：

$$M=(F+F_a)H_3 \qquad \text{(C-78)}$$

力臂 H_3 按式(C-79)计算：

$$H_3=S_{o1}+0.5h_1 \qquad \text{(C-79)}$$

螺纹套筒中性面 $Y—Y$ 离直径 D_o 的距离 S_{o1} 按式(C-80)选取：

$$\begin{cases} 当\dfrac{D}{D_o}\leqslant 1.45 时, S_{o1}=\dfrac{D-D_o}{4} \\ 当\dfrac{D}{D_o}>1.45 时, S_{o1}=\dfrac{D-D_o}{6}\,\dfrac{2D+D_o}{D+D_o} \end{cases} \qquad \text{(C-80)}$$

C.5.8.3.2 沿中性面单位长度上的弯矩按式(C-81)计算：

$$M_1=\frac{M}{3.14D_n} \qquad \text{(C-81)}$$

螺纹套筒中性面 $Y—Y$ 的直径 D_n 按式(C-82)计算：

$$D_n=D_o+2S_{o1} \qquad \text{(C-82)}$$

C.5.8.3.3 沿轴向 l_1 单位长度上弯矩 m 按式(C-83)计算：

$$m=\frac{M_1}{l_1} \qquad \text{(C-83)}$$

式中 l_1 见图 C.21。

C.5.8.3.4 计算系数 β 按式(C-84)计算：

$$\beta=\sqrt[4]{\frac{12(1-\mu^2)}{D_n^2 S_1^2}} \qquad \text{(C-84)}$$

C.5.8.3.5 根据 βl_1 和 k、C 值查图 C.23 a)～C.23 e)得 $\left(\frac{\beta}{m}M_{max}\right)$ 值。

式中：k、C 值分别按式(C-85)和(C-86)计算：

$$k=\frac{l_3}{l_1} \qquad \text{(C-85)}$$

$$C=\frac{l_2}{l_1} \qquad \text{(C-86)}$$

式中：l_2 和 l_3 见图 C.21。

C.5.8.3.6 最大弯矩 M_{max} 按式(C-87)计算：

$$M_{max}=\left(\frac{\beta}{m}M_{max}\right)\frac{m}{\beta} \qquad \text{(C-87)}$$

C.5.9 卡扎里密封的另外两种结构形式见图 C.24 和图 C.25。

C.5.9.1 内螺纹卡扎里密封各元件的设计同卡扎里密封，但应考虑的载荷分别为：

a) 螺栓、压环的载荷只考虑轴向力 F_a，按 C.5.3.2 计算；

b) 平盖、筒体端部的载荷只考虑轴向力 F，按 C.5.3.1 计算。

C.5.9.2 改良卡扎里密封各元件的设计计算同卡扎里密封，但主螺栓设计按第 7 章 7.7 的规定，其中 A_m 取操作状态下需要的螺栓面积，即 $A_m=A_p$，螺栓载荷 W_a 按 $F+F_a$ 进行计算。

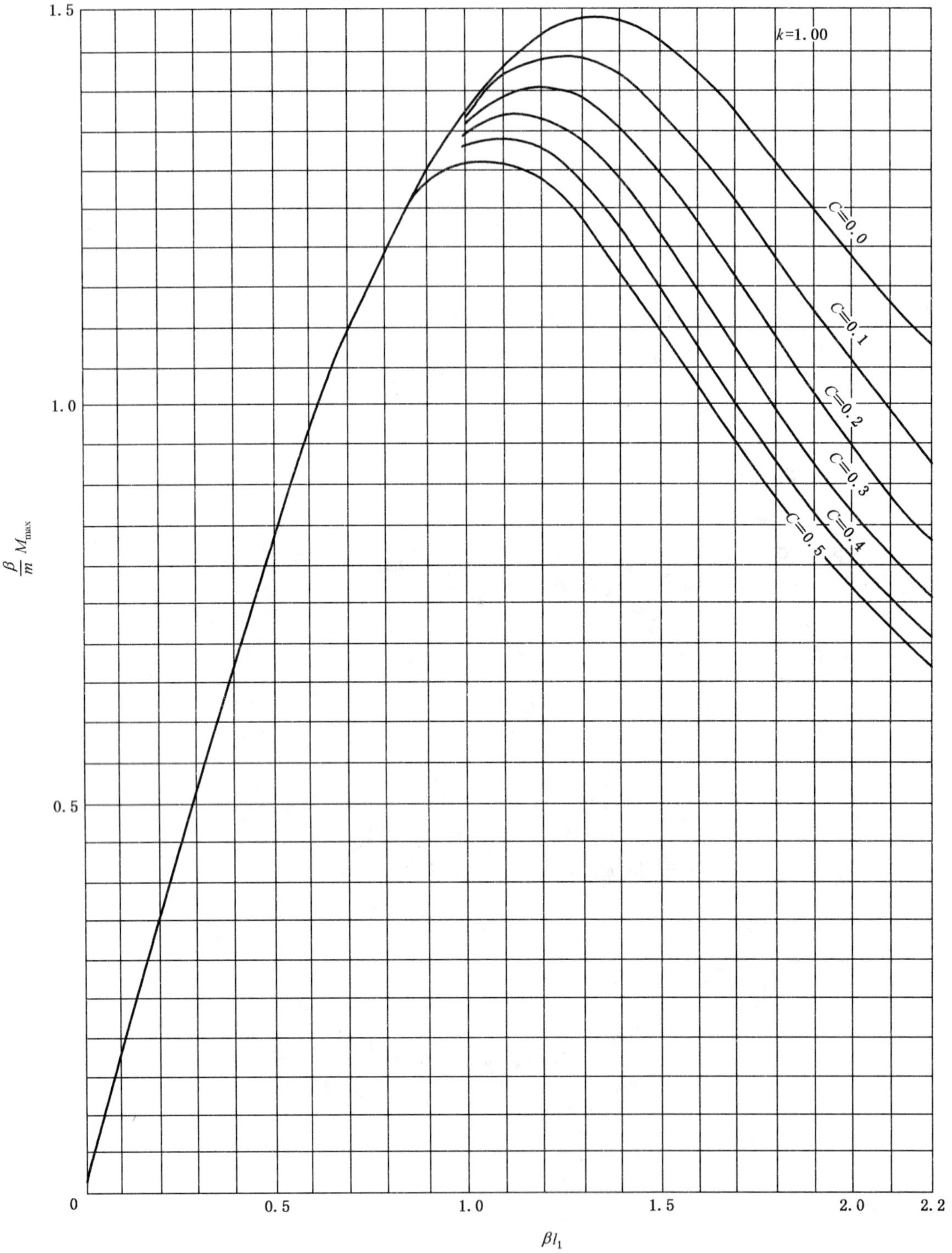
1.5
1.0
0.5
0
$\frac{\beta}{m}M_{max}$
0.5
1.0
1.5
2.0
2.2
βl_1
k=1.00
C=0.0
C=0.1
C=0.2
C=0.3
C=0.4
C=0.5

a)

图 C.23

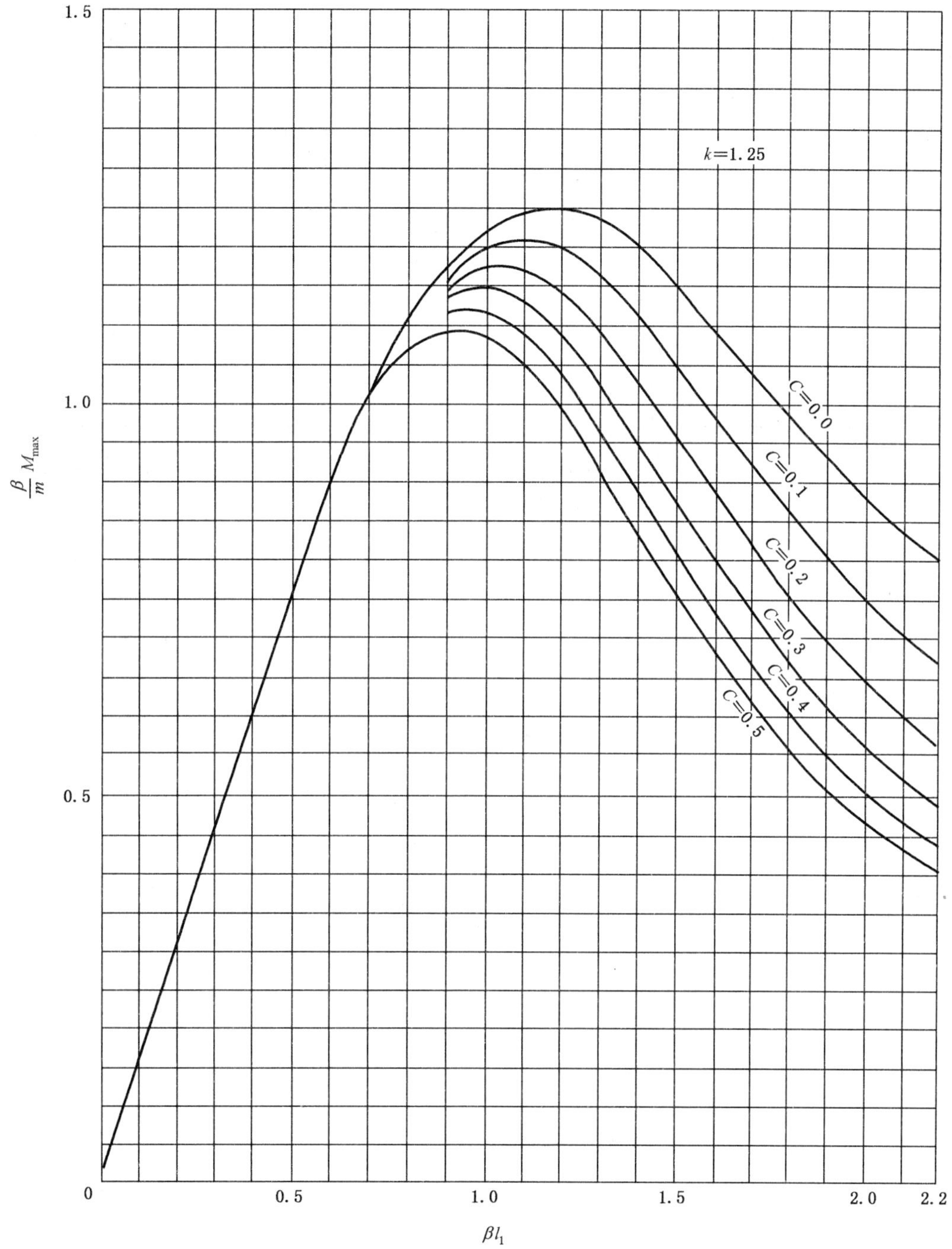
1.5
1.0
0.5
0
$\frac{\beta}{m}M_{\max}$
0.5
1.0
1.5
2.0
2.2
βl_1
k=1.25
C=0.0
C=0.1
C=0.2
C=0.3
C=0.4
C=0.5

b)

图 C.23（续）

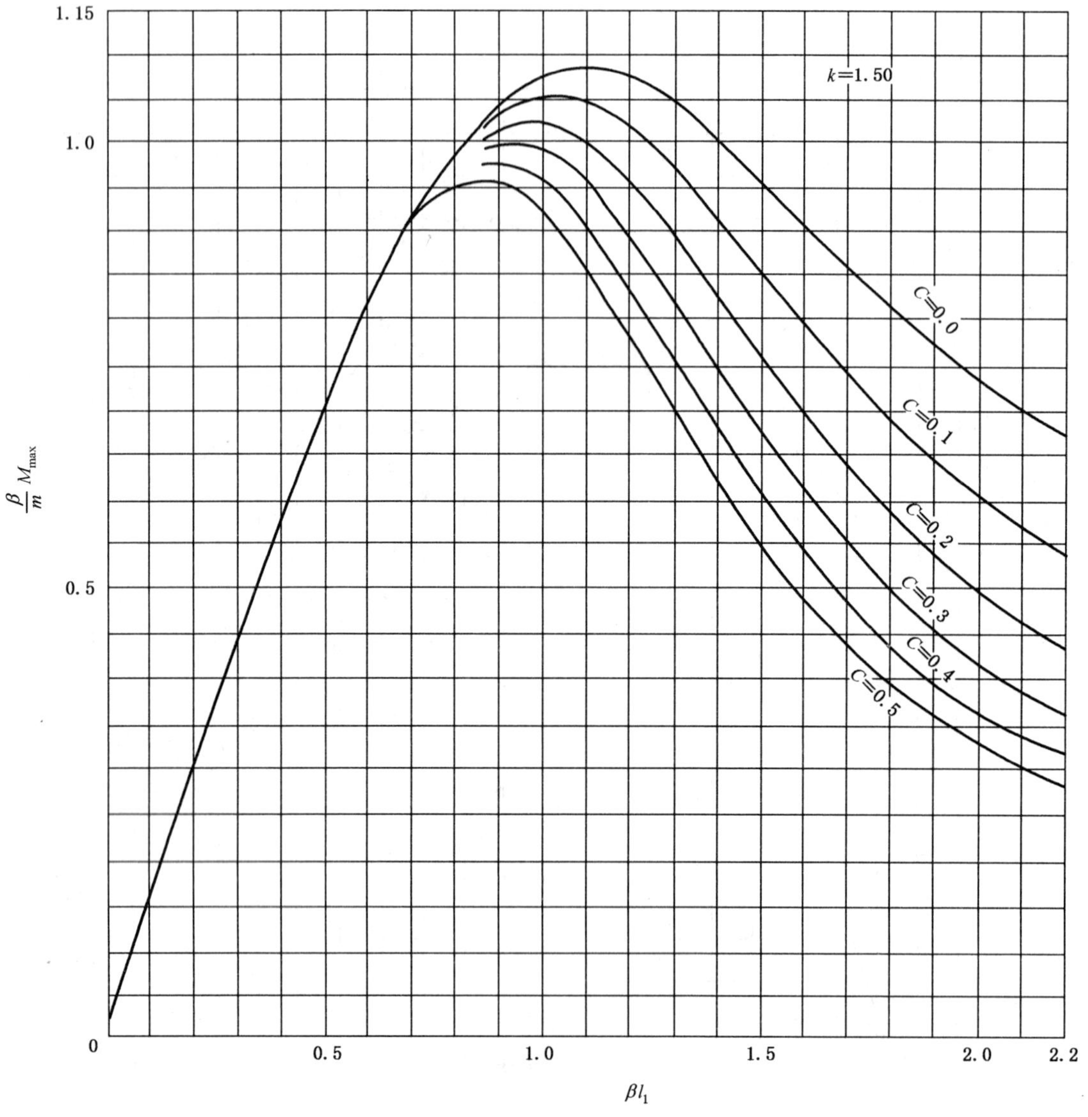
1.15
1.0
0.5
0
0.5
1.0
1.5
2.0
2.2
k=1.50
C=0.0
C=0.1
C=0.2
C=0.3
C=0.4
C=0.5
$\frac{\beta}{m}M_{max}$
βl_1

c)

图 C.23（续）

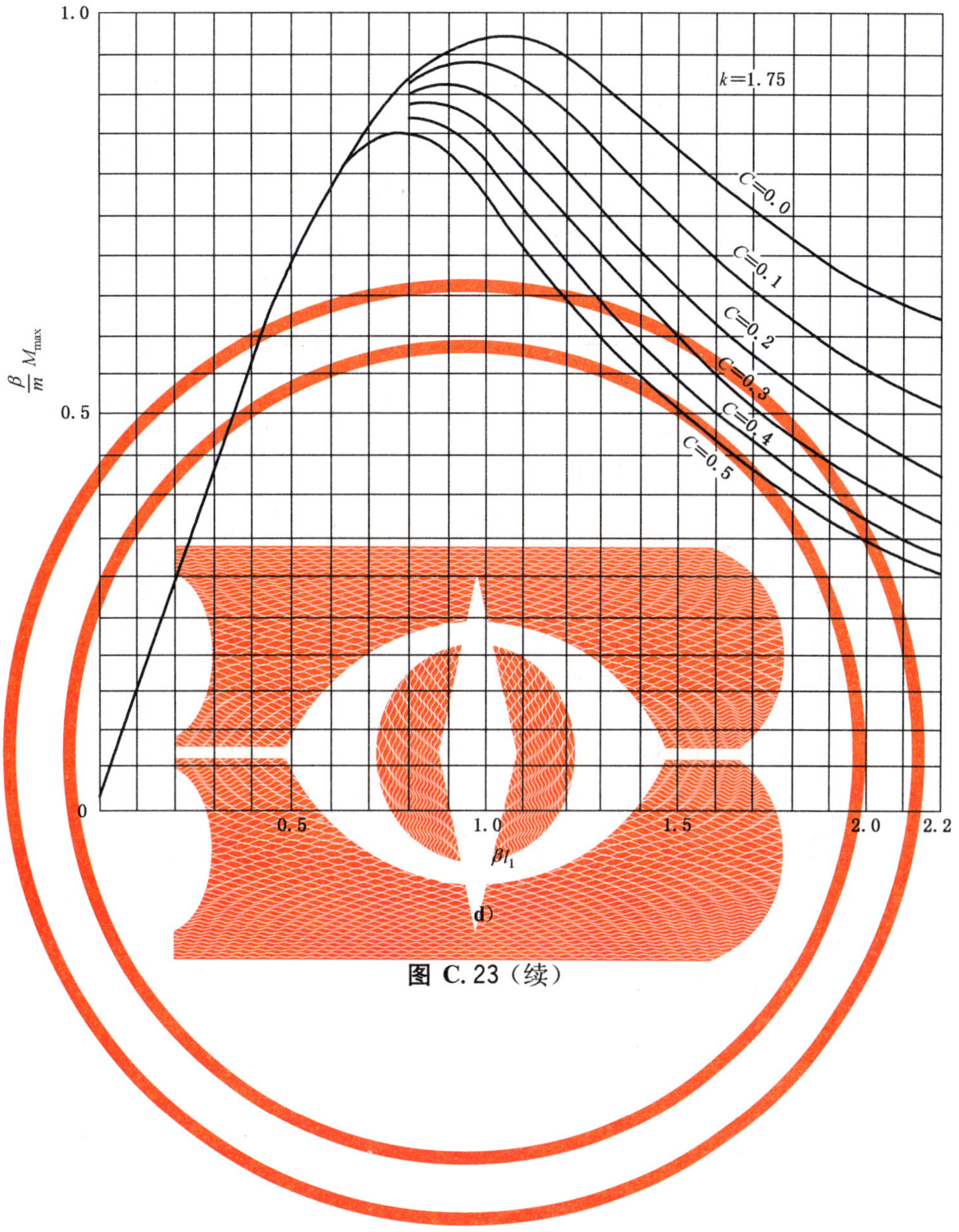
1.0
0.5
0
$\frac{\beta}{m}M_{\max}$
k=1.75
C=0.0
C=0.1
C=0.2
C=0.3
C=0.4
C=0.5
0.5
1.0
1.5
2.0
2.2
βl_1

d)

图 C.23（续）

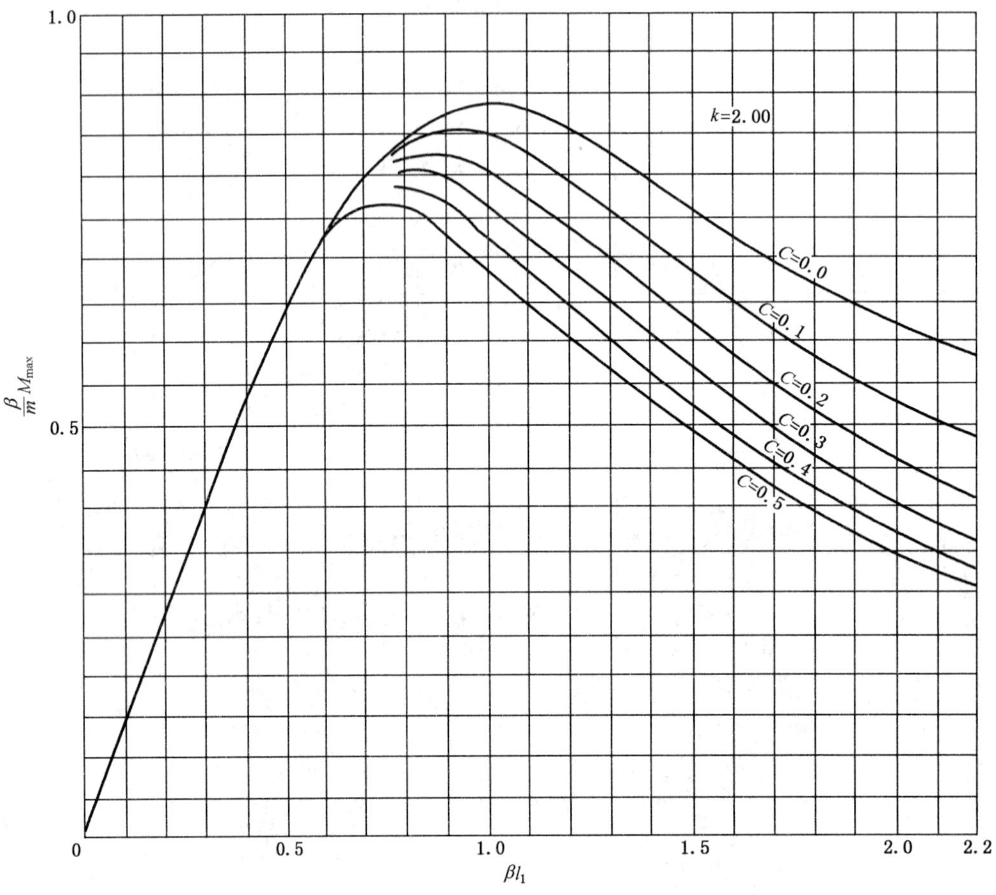
1.0
0.5
0
0.5
1.0
1.5
2.0
2.2
$\frac{\beta}{m}M_{max}$
βl_1
k=2.00
C=0.0
C=0.1
C=0.2
C=0.3
C=0.4
C=0.5

e)

图 C.23（续）

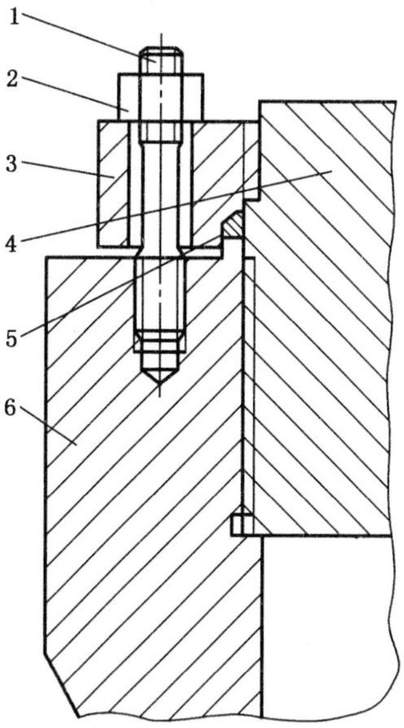

说明：

1——螺栓；
2——螺母；
3——压环；
4——平盖；
5——密封垫；
6——筒体端部。

图 C.24 内螺纹卡扎里密封

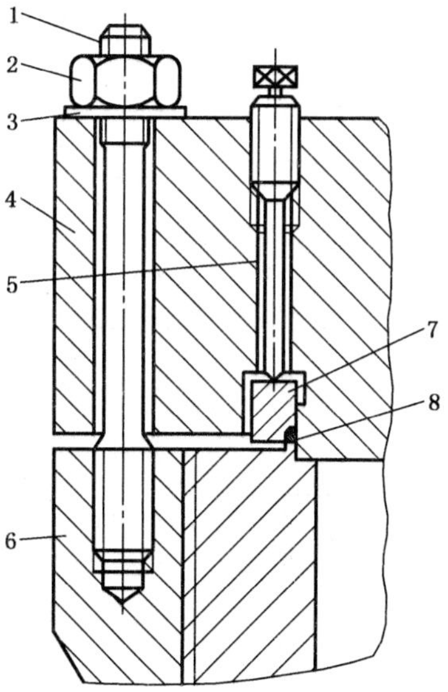

说明：

1——主螺栓；
2——主螺母；
3——垫圈；
4——平盖；
5——预紧螺栓；
6——筒体端部法兰；
7——压环；
8——密封垫。

图 C.25 改良卡扎里密封

C.6 八角垫和椭圆垫密封

C.6.1 符号

b——垫片有效密封宽度,mm;

D_G——密封面平均直径,mm;

m——垫片系数,mm;

p_c——计算压力,MPa;

W_a——预紧状态的螺栓载荷,N;

W_p——操作状态的螺栓载荷,N;

y——密封比压,MPa。

C.6.2 结构

八角垫密封结构见图 C.26,椭圆垫密封结构见图 C.27。八角垫环、椭圆垫环及环槽结构见图 C.28。

八角垫和椭圆垫密封的系列结构尺寸见表 C.7。

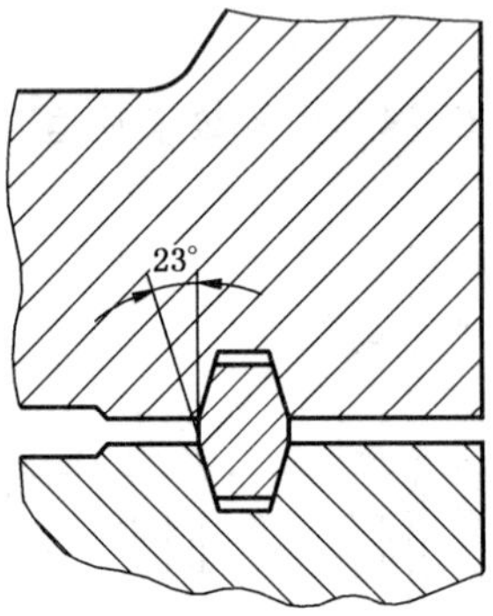

图 C.26 八角垫

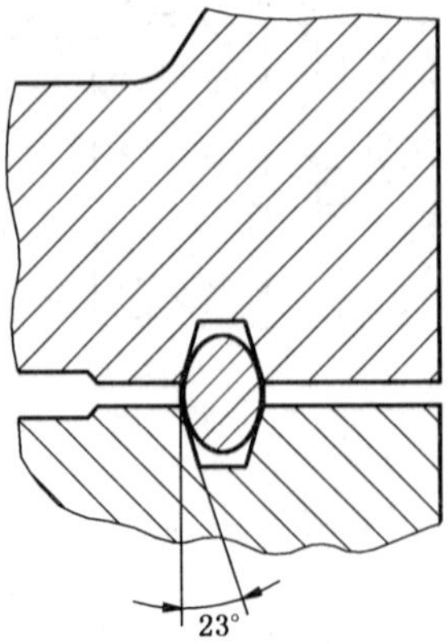

图 C.27 椭圆垫

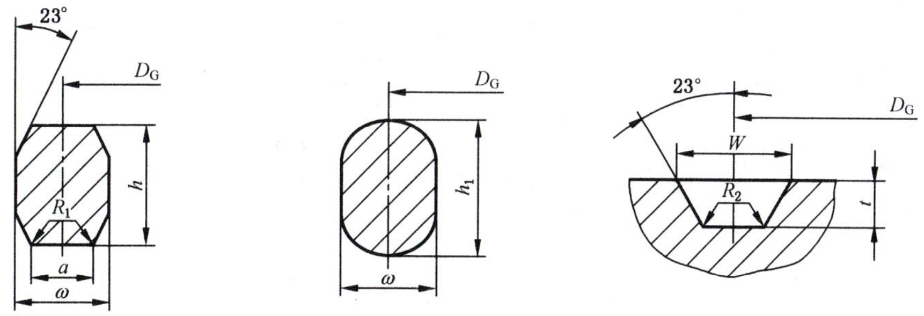

图 C.28 结构尺寸图

表 C.7 八角垫和椭圆垫系列结构尺寸

单位为毫米

垫环号	垫环和槽中径 D_G	垫环宽 ω	垫环高		八角形平面垫环宽度 a	八角形垫环圆角半径 R_1	槽深 t	槽宽 W	槽内圆角半径 R_2
			椭圆形 h_1	八角形 h					
R11	34.14	6.35	11.11	9.53	4.32	1.6	5.54	7.14	0.8
R12	39.67	7.94	14.29	12.70	5.23	1.6	6.35	8.74	0.8
R13	42.88	7.94	14.29	12.70	5.23	1.6	6.35	8.74	0.8
R14	44.45	7.94	14.29	12.70	5.23	1.6	6.35	8.74	0.8
R15	47.63	7.94	14.29	12.70	5.23	1.6	6.35	8.74	0.8
R16	50.80	7.94	14.29	12.70	5.23	1.6	6.35	8.74	0.8
R17	57.15	7.94	14.29	12.70	5.23	1.6	6.35	8.74	0.8
R18	60.33	7.94	14.29	12.70	5.23	1.6	6.35	8.74	0.8
R19	65.07	7.94	14.29	12.70	5.23	1.6	6.35	8.74	0.8
R20	68.27	7.94	14.29	12.70	5.23	1.6	6.35	8.74	0.8
R22	82.55	7.94	14.29	12.70	5.23	1.6	6.35	8.74	0.8
R23	82.55	11.11	17.46	15.88	7.75	1.6	7.92	11.91	0.8
R24	95.25	11.11	17.46	15.88	7.75	1.6	7.92	11.91	0.8
R25	101.60	7.94	14.29	12.70	5.23	1.6	6.35	8.74	0.8
R26	101.60	11.11	17.46	15.88	7.75	1.6	7.92	11.91	0.8
R27	107.95	11.11	17.46	15.88	7.75	1.6	7.92	11.91	0.8
R29	114.30	7.94	14.29	12.70	5.23	1.6	6.35	8.74	0.8
R31	123.83	11.11	17.46	15.88	7.75	1.6	7.92	11.91	0.8
R35	136.53	11.11	17.46	15.88	7.75	1.6	7.92	11.91	0.8
R36	149.23	7.94	14.29	12.70	5.23	1.6	6.35	8.74	0.8
R37	149.23	11.11	17.46	15.88	7.75	1.6	7.92	11.91	0.8
R39	161.93	11.11	17.46	15.88	7.75	1.6	7.92	11.91	0.8
R40	171.45	7.94	14.29	12.70	5.23	1.6	6.35	8.74	0.8
R41	180.98	11.11	17.46	15.88	7.75	1.6	7.92	11.91	0.8
R43	193.68	7.94	14.29	12.70	5.23	1.6	6.35	8.74	0.8
R44	193.68	11.11	17.46	15.88	7.75	1.6	7.92	11.91	0.8
R45	211.12	11.11	17.46	15.88	7.75	1.6	7.92	11.91	0.8
R46	211.14	12.70	19.05	17.46	8.66	1.6	9.53	13.49	1.5
R48	247.65	7.94	14.29	12.70	5.23	1.6	6.35	8.74	0.8

表 C.7（续） 单位为毫米

垫环号	垫环和槽中径 D_G	垫环宽 ω	垫环高		八角形平面垫环宽度 a	八角形垫环圆角半径 R_1	槽深 t	槽宽 W	槽内圆角半径 R_2
			椭圆形 h_1	八角形 h					
R49	269.88	11.11	17.46	15.88	7.75	1.6	7.92	11.91	0.8
R50	269.88	15.88	22.23	20.64	10.49	1.6	11.13	16.66	1.5
R52	304.80	7.94	14.29	12.70	5.23	1.6	6.35	8.74	0.8
R53	323.85	11.11	17.46	15.88	7.75	1.6	7.92	11.91	0.8
R54	323.85	15.88	22.23	20.64	10.49	1.6	11.13	16.66	1.5
R56	381.00	7.94	14.29	12.70	5.23	1.6	6.35	8.74	0.8
R57	381.00	11.11	17.46	15.88	7.75	1.6	7.92	11.91	0.8
R58	381.00	22.23	28.58	26.99	14.81	1.6	14.27	23.01	1.5
R59	396.88	7.94	14.29	12.70	5.23	1.6	6.35	8.74	0.8
R61	419.10	11.11	17.46	15.88	7.75	1.6	7.92	11.91	0.8
R62	419.10	15.88	22.23	20.64	10.49	1.6	11.13	16.66	1.5
R63	419.10	25.40	33.34	31.75	17.30	2.4	15.88	26.97	2.4
R64	454.03	7.94	14.29	12.70	5.23	1.6	6.35	8.74	0.8
R65	469.90	11.11	17.46	15.88	7.75	1.6	7.92	11.91	0.8
R66	469.90	15.88	22.33	20.64	10.49	1.6	11.13	16.66	1.5
R67	469.90	28.58	36.51	34.93	19.81	2.4	17.48	30.18	2.4
R68	517.53	7.94	14.29	12.70	5.23	1.6	6.35	8.74	0.8
R69	533.40	11.11	17.46	15.88	7.75	1.6	7.92	11.91	0.8
R70	533.40	19.05	25.40	23.81	12.32	1.6	12.70	19.84	1.5
R71	533.40	25.58	36.51	34.93	19.81	2.4	17.48	30.18	2.4
R72	558.80	7.94	14.29	12.70	5.23	1.6	6.35	8.74	0.8
R73	584.20	12.70	19.05	17.46	8.66	1.6	9.53	13.49	1.5
R74	584.20	19.05	25.40	23.81	12.32	1.6	12.70	19.84	1.5
R75	584.20	31.75	36.69	38.10	22.33	2.4	17.48	33.32	2.4
R76	673.10	7.94	14.29	12.70	5.23	1.6	6.35	8.74	0.8
R77	692.15	15.88	22.23	20.64	10.49	1.6	11.13	16.66	1.5
R78	692.15	25.40	33.34	31.75	17.30	2.4	15.88	26.97	2.4
R79	692.15	34.93	44.45	41.28	24.82	2.4	20.62	36.53	2.4
R82	57.15	11.11	—	15.88	7.75	1.6	7.92	11.91	0.8
R84	63.50	11.11	—	15.88	7.75	1.6	7.92	11.91	0.8
R85	79.38	12.70	—	17.46	8.66	1.6	9.53	13.49	1.5
R86	90.49	15.88	—	20.64	10.49	1.6	11.13	16.66	1.5

表 C.7（续）

单位为毫米

垫环号	垫环和槽中径 D_G	垫环宽 ω	垫环高		八角形平面垫环宽度 a	八角形垫环圆角半径 R_1	槽深 t	槽宽 W	槽内圆角半径 R_2
			椭圆形 h_1	八角形 h					
R87	100.01	15.88	—	20.64	10.49	1.6	11.13	16.66	1.5
R88	123.83	19.05	—	23.81	12.32	1.6	12.70	19.84	1.5
R89	114.30	19.05	—	23.81	12.32	1.6	12.70	19.84	1.5
R90	155.58	22.23	—	26.99	14.81	1.6	14.27	23.01	1.5
R91	260.35	31.75	—	38.10	22.33	2.4	17.48	33.32	2.4
R93	749.30	19.50	—	23.90	12.32	1.6	12.70	19.84	1.5
R94	800.10	19.50	—	23.90	12.32	1.6	12.70	19.84	1.5
R95	857.25	19.50	—	23.90	12.32	1.6	12.70	19.84	1.5
R96	914.40	22.22	—	26.90	14.81	1.6	14.27	23.01	1.5
R97	965.20	22.22	—	26.90	14.81	1.6	14.27	23.01	1.5
R98	1 022.35	28.58	—	26.90	14.81	2.4	14.27	23.01	1.5
R99	234.95	11.11	—	15.88	7.75	1.6	7.92	11.91	0.8
R100	749.30	31.75	—	35.10	19.81	2.4	17.48	30.18	2.3
R101	800.10	31.75	—	38.10	22.33	2.4	17.48	33.32	2.3
R102	857.25	31.75	—	38.10	22.33	2.4	17.48	33.32	2.3
R103	914.40	31.75	—	38.10	22.33	2.4	17.48	33.32	2.3
R104	965.20	34.92	—	41.10	24.82	2.4	20.62	36.53	2.3
R105	1 022.35	34.92	—	41.10	24.82	2.4	20.62	36.53	2.3

C.6.3 垫环材料的硬度应比环槽元件材料的硬度低 30 HBW～40 HBW。垫环材料推荐使用Ⅲ级或者Ⅳ级压力容器锻件，其硬度要求见表 C.8。

C.6.4 垫环、垫环槽的公差要求见表 C.9。

C.6.5 螺栓载荷

C.6.5.1 操作状态的螺栓载荷按式(C-88)计算：

$$W_p = 0.785 D_G^2 p_c + 6.28 b D_G m p_c \qquad \text{(C-88)}$$

式中垫片有效密封宽度 b 见第 7 章 7.5.1.2；垫片系数 m 见第 7 章表 7-2。

C.6.5.2 预紧状态的螺栓载荷按式(C-89)计算：

$$W_a = 3.14 D_G y \qquad \text{(C-89)}$$

C.6.6 平盖设计见第 5 章 5.9。

C.6.7 法兰设计见第 7 章。

C.6.8 筒体端部、螺栓及螺母的设计见第 7 章 7.7。

表 C.8 垫环材料及硬度

材　　料	钢锻件标准	最高硬度	
		HBW	HRB
碳素钢	NB/T 47008	120	70
1Cr5Mo	NB/T 47008	130	74
S11306	NB/T 47010	170	87
S30408	NB/T 47010	160	84
S30403	NB/T 47010	150	81
S31608	NB/T 47010	160	84
S31603	NB/T 47010	150	81

表 C.9 公差范围

单位为毫米

尺寸名称		公差范围
垫环宽	ω	±0.20
垫环高	h 和 h_1	±0.50
八角形平面垫环宽度	a	±0.20
槽深	t	+0.40 0
槽宽	W	±0.20
垫环的平均中径	D_G	±0.18
槽的平均中径	D_G	±0.13
垫环圆角半径	R_1	±0.50
槽内圆角半径 R_2	$R_2 \leqslant 2$	+0.80 0
	$R_2 > 2$	±0.80
环槽角度	23°	±0.5°

注 1：槽和八角垫环接触斜面(23°表面)的表面粗糙度 Ra 不高于 3.2 μm。

注 2：允许环高有 1.9 mm 的正偏差，但在整个圆周上任何部位的垫环高度差应不大于 0.5 mm。

C.7 卡箍紧固结构

C.7.1 符号

C——计算系数(见式 C-108)；

D_b——直径(见图 C.30 和图 C.34)，mm；

D_c——密封接触圆直径，mm；

D_G——密封面平均直径，mm；

D_i——内直径，mm；

D_n——中性面直径，mm；

D_o——外直径，mm；

D_1——直径(见图 C.30)，mm；

D_2——直径(见图 C.31),mm;

D_3——直径(见图 C.33),mm;

d_i——螺纹小径,mm;

F——内压引起的轴向力,N;

F_a——密封垫密封力的轴向分力,N;

H——力臂(见图 C.31),mm;

H_1——力臂(见图 C.33),mm;

H_2——力臂(见图 C.33),mm;

h——高度(见图 C.30),mm;

h_1——高度(见图 C.30),mm;

h_2——高度(见图 C.31),mm;

h_3——高度(见图 C.33),mm;

l_1、l_2——特征长度,mm;

M——$(F+F_a)$引起的弯矩,N·mm;

M_{max}——单位长度上最大弯矩,N·mm/mm;

M_1——沿中性面单位长度上的弯矩,N·mm/mm;

M_2——F_a 引起的弯矩,N·mm;

M_3——单位长度上的弯矩(见式 C-122),N·mm/mm;

M_5——单位长度上的弯矩(见式 C-127),N·mm/mm;

n——螺栓数量;

p_c——计算压力,MPa;

S——厚度(见图 C.31),mm;

S_o——卡箍中性面 Y—Y 离直径 D_2 的距离,mm;

S_{o1}——筒体端部中性面 Y—Y 离直径 D_3 的距离,mm;

S_1——厚度(见图 C.33),mm;

W——紧固螺栓载荷,N;

α——角度(见图 C.34),(°);

β——系数,mm^{-1};

δ_p——平盖厚度,mm;

μ——平均壁温下材料的泊松比;

τ_a——a—a 环向截面的切应力,MPa;

τ_b——b—b 环向截面的切应力,MPa;

σ_a——筒体端部 a—a 环向截面拉应力,MPa;

σ_m——弯曲应力,MPa;

σ_{ma}——a—a 环向截面的弯曲应力,MPa;

σ_{mb}——b—b 环向截面的弯曲应力,MPa;

σ_{oa}——a—a 环向截面的当量应力,MPa;

σ_{ob}——b—b 环向截面的当量应力,MPa;

$[\sigma]^t$——设计温度下元件材料的许用应力,MPa。

C.7.2 结构

卡箍紧固结构见图 C.29。密封环应具有自紧功能。

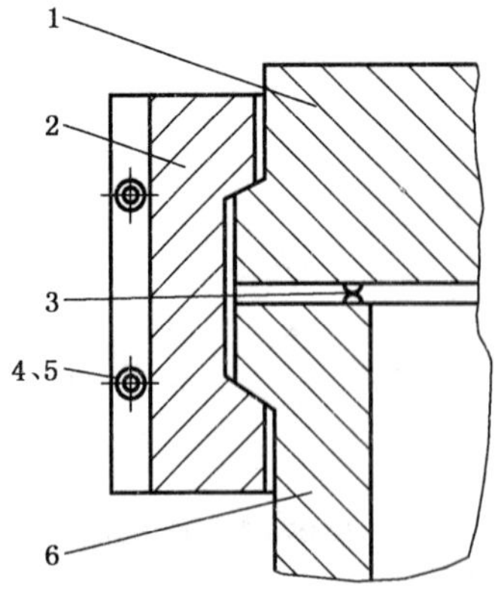

说明：

1——平盖；

2——卡箍；

3——密封环；

4，5——紧固螺栓和螺母；

6——筒体端部。

图 C.29 卡箍紧固结构

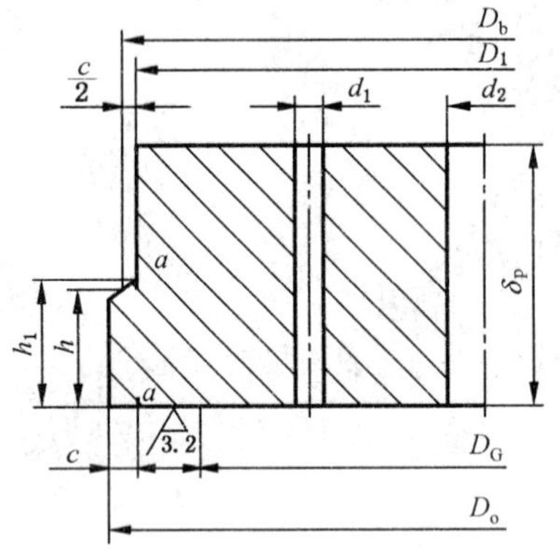

图 C.30 平盖

C.7.3 载荷

C.7.3.1 内压引起的轴向力按式(C-90)计算：

$$F = 0.785 D_G^2 p_c \qquad \cdots\cdots (C-90)$$

C.7.3.2 预紧状态密封环的密封轴向力 F_a，其值根据密封环的形式确定。

C.7.4 平盖

确定平盖的结构尺寸(见图 C.30)，并对作用于纵向截面的弯曲应力和作用于 $a—a$ 环向截面的当量应力进行强度校核。

C.7.4.1 纵向截面的弯曲应力按式(C-91)校核：

$$\sigma_m = \frac{3\left[\left(D_b - \frac{2}{3}D_G\right)F + (D_b - D_G)F_a\right]}{3.14[(D_1 - \sum d_i)\delta_p^2 + (D_o - D_1)h^2]} \leqslant 0.7[\sigma]^t \qquad \cdots\cdots (C-91)$$

式中：$\sum d_i = d_1 + d_2 + d_3 + \cdots\cdots$；

其他符号见图 C.30。

C.7.4.2 a—a 环向截面的当量应力按式(C-92)校核：

$$\sigma_{oa}=\sqrt{\sigma_{ma}^2+3\tau_a^2}\leqslant 0.7[\sigma]^t \qquad \text{(C-92)}$$

弯曲应力 σ_{ma} 按式(C-93)计算：

$$\sigma_{ma}=\frac{3(F+F_a)(D_b-D_1)}{3.14D_1h_1^2} \qquad \text{(C-93)}$$

切应力 τ_a 按式(C-94)计算：

$$\tau_a=\frac{F+F_a}{3.14D_1h_1} \qquad \text{(C-94)}$$

C.7.5 卡箍

确定卡箍结构尺寸(见图 C.31)，并对作用于 a—a 和 b—b 环向截面的当量应力进行强度校核。

C.7.5.1 a—a 环向截面的当量应力按式(C-95)校核：

$$\sigma_{oa}=\sigma_{ma}+\sigma_a\leqslant 0.9[\sigma]^t \qquad \text{(C-95)}$$

弯曲应力 σ_{ma} 按式(C-96)计算：

$$\sigma_{ma}=\frac{6M_{max}}{S^2} \qquad \text{(C-96)}$$

a—a 环向截面单位长度上最大弯矩 M_{max} 计算见 C.7.5.3；

拉应力 σ_a 按式(C-97)计算：

$$\sigma_a=\frac{4(F+F_a)}{3.14(D_o^2-D_2^2)} \qquad \text{(C-97)}$$

其他符号见图 C.31。

C.7.5.2 b—b 环向截面的当量应力按式(C-98)校核：

$$\sigma_{ob}=\sqrt{\sigma_{mb}^2+3\tau_b^2}\leqslant 0.9[\sigma]^t \qquad \text{(C-98)}$$

弯曲应力 σ_{mb} 按式(C-99)计算：

$$\sigma_{mb}=\frac{3(F+F_a)h_2}{3.14D_2l_1^2} \qquad \text{(C-99)}$$

切应力 τ_b 按式(C-100)计算：

$$\tau_b=\frac{F+F_a}{3.14D_2l_1} \qquad \text{(C-100)}$$

其他符号见图 C.31。

C.7.5.3 最大弯矩 M_{max}

C.7.5.3.1 $F+F_a$ 引起的弯矩按式(C-101)计算：

$$M=(F+F_a)H \qquad \text{(C-101)}$$

力臂 H 按式(C-102)计算：

$$H=S_o+0.5h_2 \qquad \text{(C-102)}$$

卡箍中性面 Y—Y 离直径 D_2 的距离 S_o 按式(C-103)选取：

$$\begin{cases}\text{当}\dfrac{D_o}{D_2}\leqslant 1.45\text{ 时},S_o=\dfrac{D-D_o}{4}\\[2ex]\text{当}\dfrac{D}{D_o}>1.45\text{ 时},S_o=\dfrac{D_o-D_2}{6}\ \dfrac{2D_o+D_o}{D+D_o}\end{cases} \qquad \text{(C-103)}$$

其他符号见图 C.31。

C.7.5.3.2 沿中性面单位长度上的弯矩按式(C-104)计算：

$$M_1=\frac{M}{3.14D_n} \qquad \text{(C-104)}$$

中性面直径 D_n 按式(C-105)计算：

$$D_n = D_2 + 2S_o \qquad \cdots\cdots(\text{C-105})$$

C.7.5.3.3 计算系数 β 按式(C-106)计算：

$$\beta = \sqrt[4]{\frac{12(1-\mu^2)}{D_n^2 S^2}} \qquad \cdots\cdots(\text{C-106})$$

厚度 S 按式(C-107)计算：

$$S = \frac{D_o - D_2}{2} \qquad \cdots\cdots(\text{C-107})$$

C.7.5.3.4 计算系数 C 按式(C-108)计算：

$$C = \frac{l_2}{l_1} \qquad \cdots\cdots(\text{C-108})$$

式中长度 l_1、l_2 见图 C.31。

C.7.5.3.5 根据 βl_1 和 C 值查图 C.32 得 $\left(\frac{M_{max}}{M_1}\right)$ 值。

C.7.5.3.6 最大弯矩 M_{max} 按式(C-109)计算：

$$M_{max} = \left(\frac{M_{max}}{M_1}\right) M_1 \qquad \cdots\cdots(\text{C-109})$$

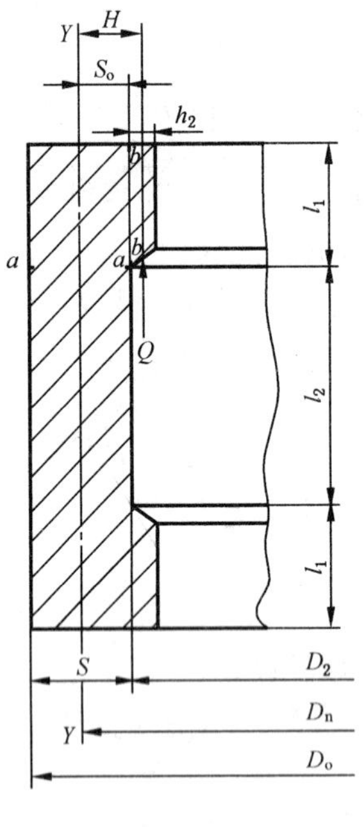

图 C.31 卡箍

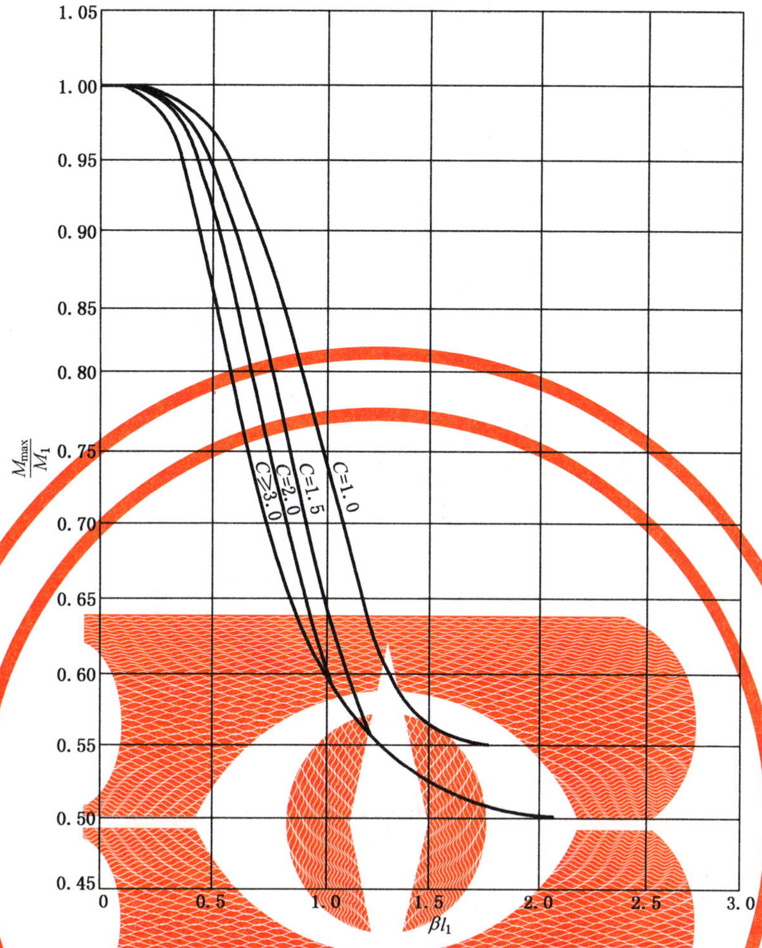

图 C.32

C.7.6 筒体端部

确定筒体端部的结构尺寸(见图 C.33),并对作用于 a—a 和 b—b 环向截面的当量应力进行强度校核。

C.7.6.1 a—a 环向截面的当量应力按式(C-110)校核:

$$\sigma_{oa} = \sigma_{ma} + \sigma_a \leqslant 0.9[\sigma]^t \quad \cdots\cdots(\text{C-110})$$

弯曲应力 σ_{ma} 按式(C-111)计算:

$$\sigma_{ma} = \frac{6(M_3 + M_5)}{S_1^2} \quad \cdots\cdots(\text{C-111})$$

弯矩 M_3 计算见 C.7.6.3;

弯矩 M_5 计算见 C.7.6.4。

拉应力 σ_a 按式(C-112)计算:

$$\sigma_a = \frac{4(F + F_a)}{3.14(D_3^2 - D_i^2)} \quad \cdots\cdots(\text{C-112})$$

其他符号见图 C.33。

C.7.6.2 b—b 环向截面的当量应力按式(C-113)校核:

$$\sigma_{ob} = \sqrt{\sigma_{mb}^2 + 3\tau_b^2} \leqslant 0.9[\sigma]^t \quad \cdots\cdots(\text{C-113})$$

弯曲应力 σ_{mb} 按式(C-114)计算：

$$\sigma_{mb}=\frac{3(F+F_a)h_3}{3.14D_3l_1^2} \qquad \text{(C-114)}$$

切应力 τ_b 按式(C-115)计算：

$$\tau_b=\frac{F+F_a}{3.14D_3l_1} \qquad \text{(C-115)}$$

其他符号见图 C.33。

C.7.6.3 弯矩 M_3

C.7.6.3.1 $F+F_a$ 引起的弯矩按式(C-116)计算：

$$M=(F+F_a)H_1 \qquad \text{(C-116)}$$

力臂 H_1 按式(C-117)计算：

$$H_1=S_{o1}+0.5h_3 \qquad \text{(C-117)}$$

筒体端部中性面 Y—Y 离直径 D_3 的距离 S_{o1} 按式(C-118)选取：

$$\begin{cases} \text{当}\dfrac{D_3}{D_i}\leqslant 1.45\text{ 时}, S_{o1}=\dfrac{D_3-D_i}{4} \\ \text{当}\dfrac{D_3}{D_i}>1.45\text{ 时}, S_{o1}=\dfrac{D_3-D_i}{6}\,\dfrac{D_3+2D_i}{D_3+D_i} \end{cases} \qquad \text{(C-118)}$$

其他符号见图 C.33。

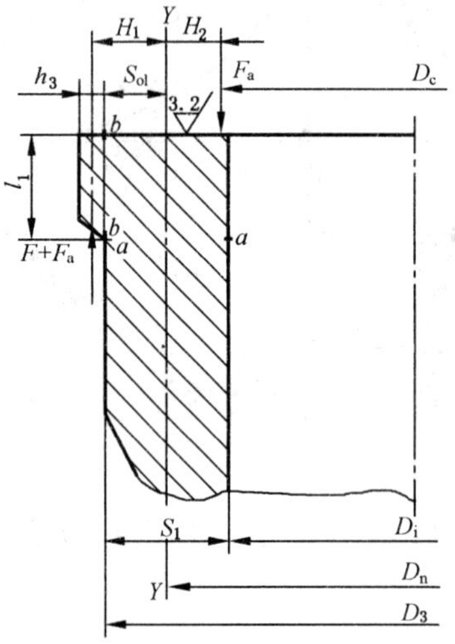

图 C.33 筒体端部

C.7.6.3.2 沿中性面单位长度上的弯矩按式(C-119)选取：

$$M_1=\frac{M}{3.14D_n} \qquad \text{(C-119)}$$

中性面直径 D_n 按式(C-120)计算：

$$D_n=D_3-2S_{o1} \qquad \text{(C-120)}$$

C.7.6.3.3 计算系数 β 按式(C-121)计算：

$$\beta=\sqrt[4]{\frac{12(1-\mu^2)}{D_n^2S_1^2}} \qquad \text{(C-121)}$$

C.7.6.3.4 根据 βl_1 查图 C.11 得 $\left(\dfrac{M_3}{M_1}\right)$ 值。

C.7.6.3.5 弯矩 M_3 按式(C-122)计算：

$$M_3=\left(\frac{M_3}{M_1}\right)M_1 \qquad \cdots\cdots(C\text{-}122)$$

C.7.6.4 弯矩 M_5

C.7.6.4.1 F_a 引起的弯矩按式(C-123)计算：

$$M_2=F_aH_2 \qquad \cdots\cdots(C\text{-}123)$$

力臂 H_2 按式(C-124)计算：

$$H_2=\frac{D_n-D_c}{2} \qquad \cdots\cdots(C\text{-}124)$$

C.7.6.4.2 沿中性面单位长度上的弯矩按式(C-125)计算：

$$M_1=\frac{M_2}{3.14D_n} \qquad \cdots\cdots(C\text{-}125)$$

C.7.6.4.3 计算系数 β 按式(C-126)计算：

$$\beta=\sqrt[4]{\frac{12(1-\mu^2)}{D_n^2S_1^2}} \qquad \cdots\cdots(C\text{-}126)$$

C.7.6.4.4 根据 βl_1 查图 C.20 得系数 φ 值。

C.7.6.4.5 弯矩 M_5 按式(C-127)计算：

$$M_5=M_1\varphi \qquad \cdots\cdots(C\text{-}127)$$

C.7.7 紧固螺栓

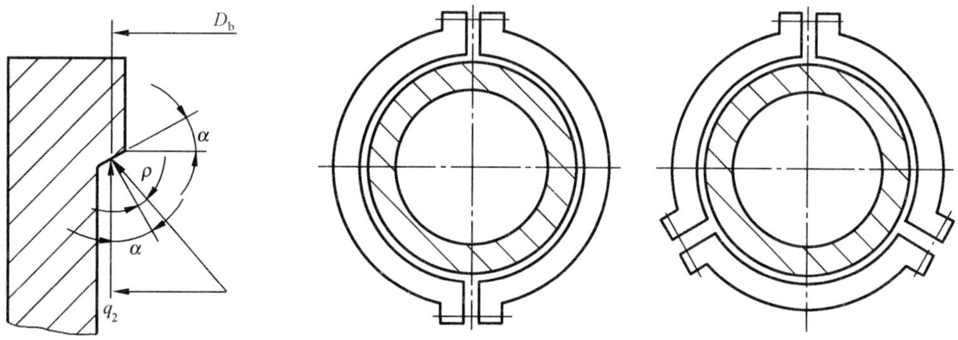

图 C.34 卡箍和紧固螺栓

卡箍上每个紧固端的螺栓数量按式(C-128)计算：

$$n=\frac{4W}{3.14[\sigma]_b^t d_i^2} \qquad \cdots\cdots(C\text{-}128)$$

式中紧固螺栓载荷 W 取式(C-129)中计算值较大者；

$$W=\begin{cases}D_bq_2\tan(\alpha+\rho)\\ M_1\beta^2D_2l_2\dfrac{\mathrm{sh}2\theta-\sin\theta}{\mathrm{sh}2\theta+\sin\theta}\end{cases} \qquad \cdots\cdots(C\text{-}129)$$

$$q_2=\frac{F_a}{3.14D_G} \qquad \cdots\cdots(C\text{-}130)$$

$$\theta=\frac{\beta l_2}{2} \qquad \cdots\cdots(C\text{-}131)$$

$$\mathrm{sh}2\theta=\frac{e^{2\theta}-e^{-2\theta}}{2} \qquad \cdots\cdots(C\text{-}132)$$

直径 D_b 见图(C.34)；

直径 D_2 见图(C.31)；

长度 l_2 见图(C.31)；

弯矩 M_1 见式(C-104)；

角度 α 见图(C.34)，一般取 $\alpha=5°\sim7°$；

系数 β 见式(C-106)。

设计温度下螺栓材料的许用应力 $[\sigma]_b^t$ 按 GB 150.2 选取。

C.7.8 螺母设计按第 7 章 7.7 的规定。

附 录 D
(资料性附录)
焊接接头结构

D.1 附录中给出的焊接接头和坡口的形式及尺寸均基于等强度原则确定。

本附录仅给出一些常用焊接接头结构,供设计及制造时参考选用,焊缝坡口的基本形式及尺寸仅为推荐内容,本附录中各类焊接接头的施焊工艺必须按 NB/T 47014(JB/T 4708)评定合适后采用。

在保证焊接质量的前提下,焊接接头设计应遵循以下原则:

a) 焊缝填充金属尽量少;

b) 焊接工作量应尽量少,且操作方便;

c) 合理选择坡口角度、钝边高、根部间隙等结构尺寸,使之有利于坡口加工及焊透,以减少各种缺陷产生的可能;

d) 有利于焊接防护;

e) 合理选择焊材,至少应保证对接焊接接头的抗拉强度不低于母材标准规定的下限值;

f) 焊缝外形应尽量连续、圆滑,减少应力集中。

D.2 A、B 类焊接接头结构

D.2.1 常见 A、B 类对接接头

A、B 类对接接头,当两侧钢材厚度相等时,可采用图 D.1 的连接型式。

B 类焊接接头,当两侧钢材厚度不等时,可单面或双面削薄厚板边缘,或采用堆焊方法将薄板边缘焊成斜面,具体见 GB/T 150.4 的相关规定。

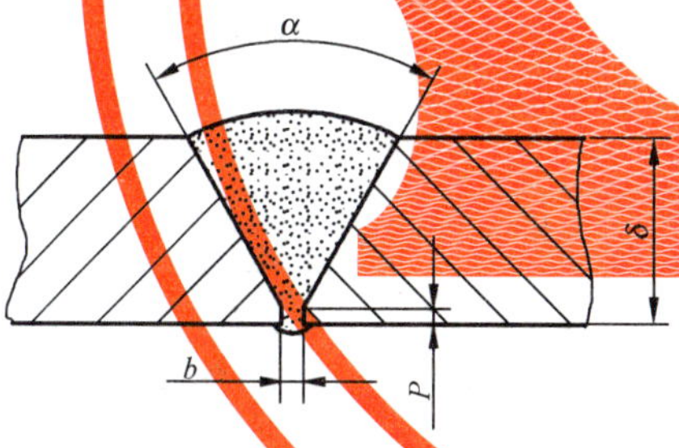

δ	5~10	12~20
α	60°±5°	50°±5°
b	1±1	2±1
P	1^{+1}	2^{+1}

适用范围:钢板拼接,筒体纵、环焊缝

a)

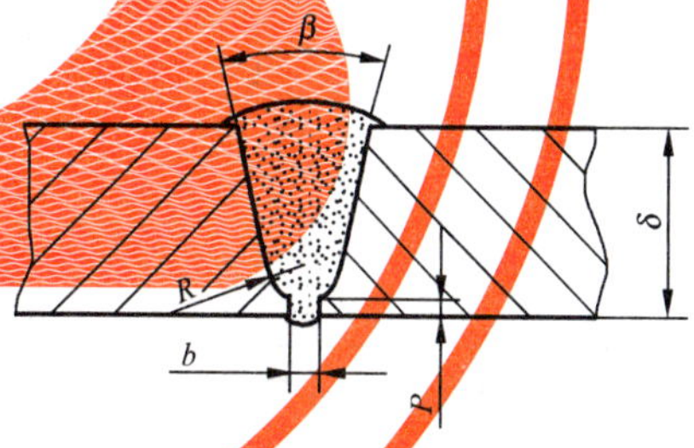

δ	20~60
β	12°±4°
b	2^{+1}_{-2}
P	2±1
R	6^{+2}_{-1}

适用范围:厚壁筒体的环焊缝

b)

图 D.1

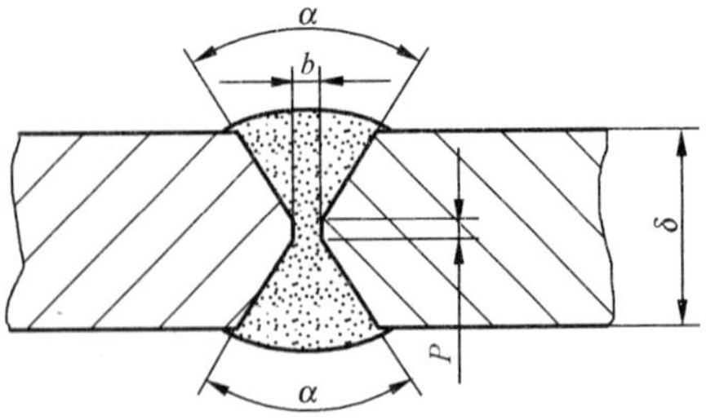

δ	16～60
α	55°±5°
b	2±1
P	2^{+1}

适用范围：钢板拼接，筒体的纵焊缝

c)

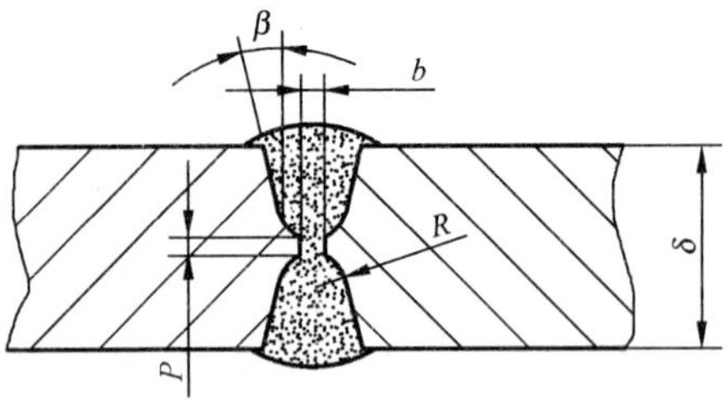

δ	30～90	92～150
β	6°±2°	4°±2°
b	1±1	
P	2±1	
R	6^{+1}	

适用范围：钢板拼接，筒体的纵焊缝

d)

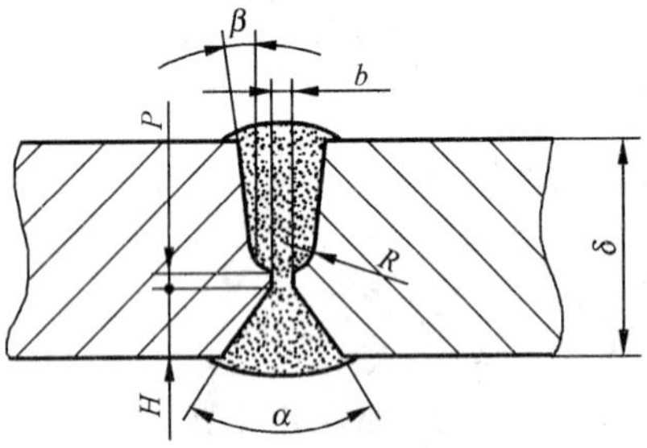

δ	30～60	65～90	95～130
β	10°±2°	8°±2°	6°±2°
α	70°±5°		
b	0^{+2}		
P	3±1		
H	10±1		
R	10±1		

适用范围：筒体的环焊缝

e)

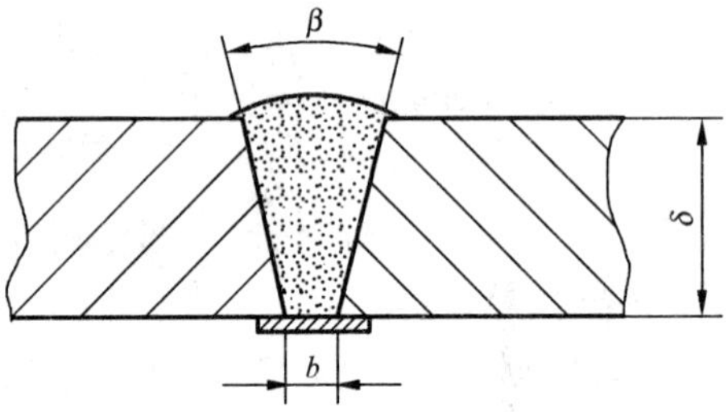

δ	5～30
β	40°±5°
b	7^{+1}

适用范围：不能进行双面焊的且有焊透要求的环向焊缝

f)

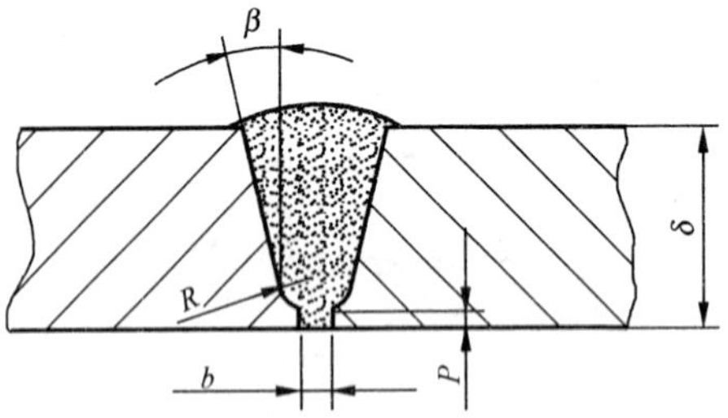

δ	≥22
β	10°±2°
b	$2^{+0.5}$
P	$1^{+0.5}$
R	5±1

适用范围：不能进行双面焊且要求全焊透的纵、环向焊缝

g)

注：图 g)适用于氩弧焊打底或类似焊接方法打底的单面手工电弧焊的焊接接头，一般能达到全焊透的要求。

图 D.1（续）

D.2.2 圆筒与封头的连接

圆筒与封头的对接接头，可采用图 D.2 的连接型式。

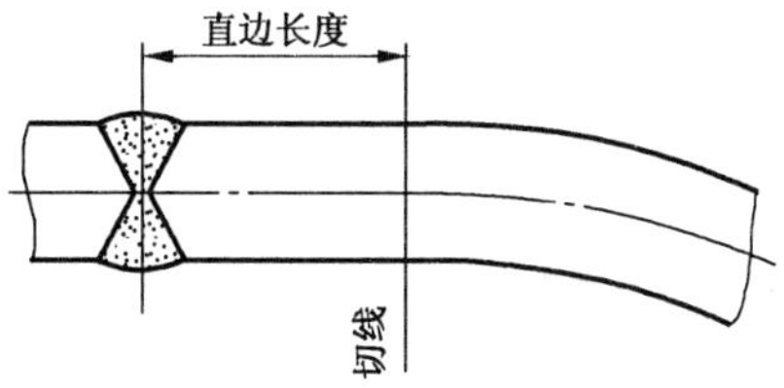

a）封头与圆筒等厚

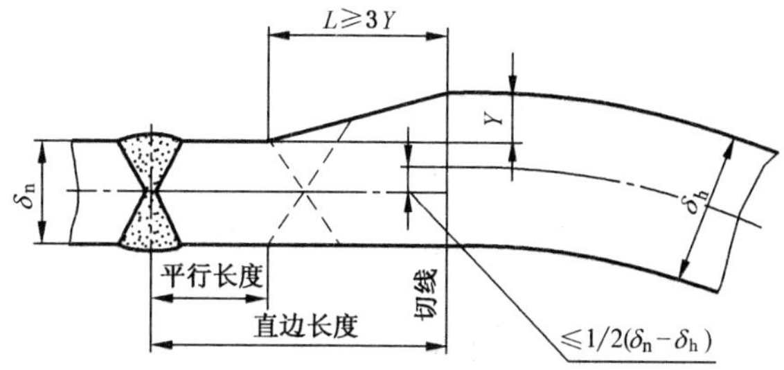

b）封头厚度大于圆筒厚度，且中心线偏移

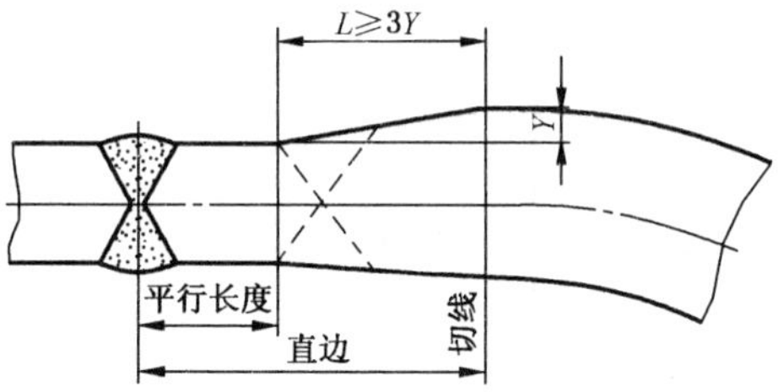

c）封头厚度大于圆筒厚度

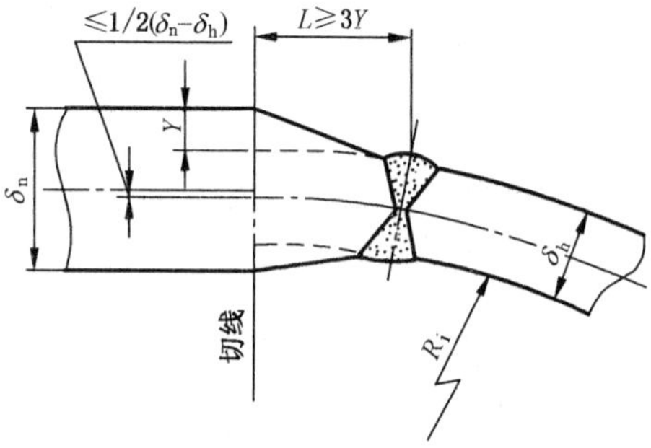

d）封头厚度小于圆筒厚度，且中心线偏移

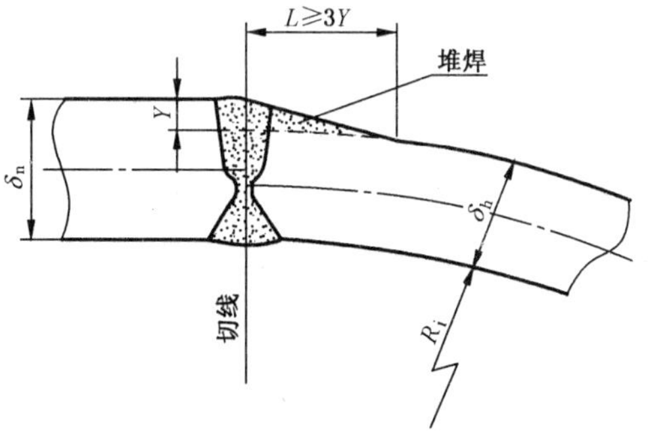

e）封头厚度小于圆筒厚度

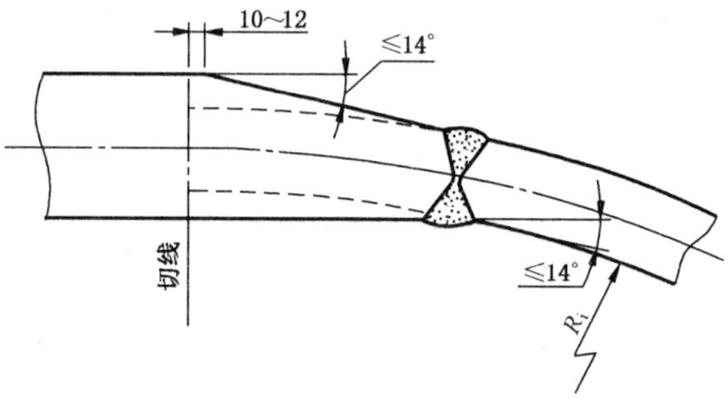

f）封头厚度小于圆筒厚度

注 1：图 b)、c)、d)削薄可在内或在外，内侧或外侧的斜度可不对称，但两中心线偏差应小于或等于$\frac{1}{2}(\delta_h - \delta_n)$。

注 2：图 b)、c)对接接头可位于锥形截面内或锥形过渡区。所需锥形长度 L 不应超过封头切线。

注 3：图 e)可采用堆焊形成锥形过渡，后加工坡口。对堆焊金属熔敷的整个表面需按要求进行磁粉或渗透检测。

注 4：接头的坡口形式由设计确定，图中表示的坡口仅为说明用。

注 5：图 d)中的锥形过渡区起始点距切线的距离也可参照图 f)留 10 mm～12 mm 的直边段。

图 D.2

D.3 接管、凸缘与壳体的连接

本节图中所示为接管、凸缘与壳体的连接常用的接头尺寸，也可根据焊接方法、焊接参数、加工条件以及施焊位置等的具体情况另行确定。

坡口形式的选择应考虑到元件结构、厚度以及材料焊接性等因素的影响。

D.3.1 插入式接管

插入式接管与壳体的连接，如图 D.3～图 D.5 所示。接管与壳体之间的间隙应不大于 3 mm。在下列使用条件下，接管内径边角处应倒圆，圆角半径一般取 $\delta_{nt}/4$ 或 19 mm 两者中的较小值。

a) 承受交变载荷的压力容器；

b) 低温压力容器；

c) 标准抗拉强度下限值 $R_m \geqslant 540$ MPa 的低合金钢制容器；

d) 图样注明有应力腐蚀的容器。

D.3.1.1 无补强圈的接管

无补强圈接管与壳体的连接，如图 D.3、图 D.4 所示。其中截面非全焊透的焊接接头（见图 D.3）不适用于有急剧温度梯度的场合以及其他法规中规定的禁用场合。图 D.4 为全焊透 T 型接头。

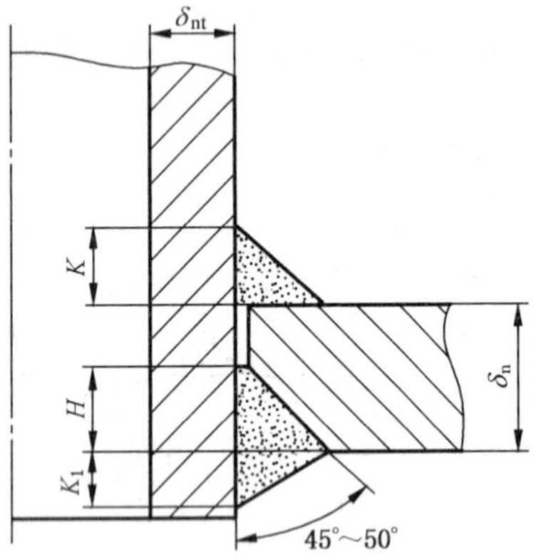

$H=\frac{2}{3}\delta_{nt}$；$K_1=\frac{1}{2}\delta_{nt}$，且不小于 6 mm；

$\delta_{nt}<6$ mm 时，$K=\delta_{nt}$；$\delta_{nt}\geqslant 6$ mm 时，$K\geqslant 6$ mm

a)

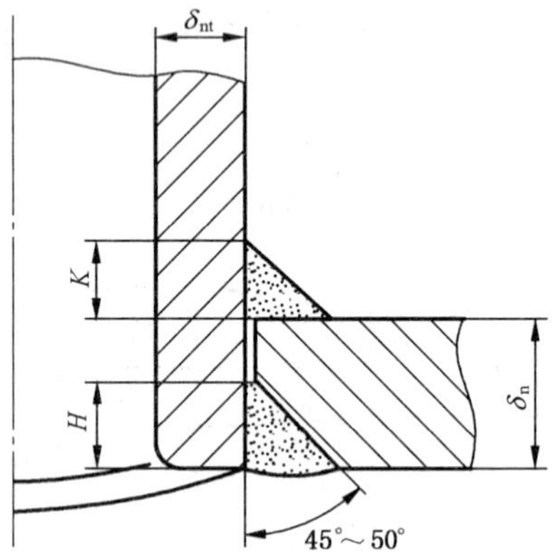

$H=\delta_m$；$K\geqslant\delta_{nt}$，且不小于 6 mm

b)

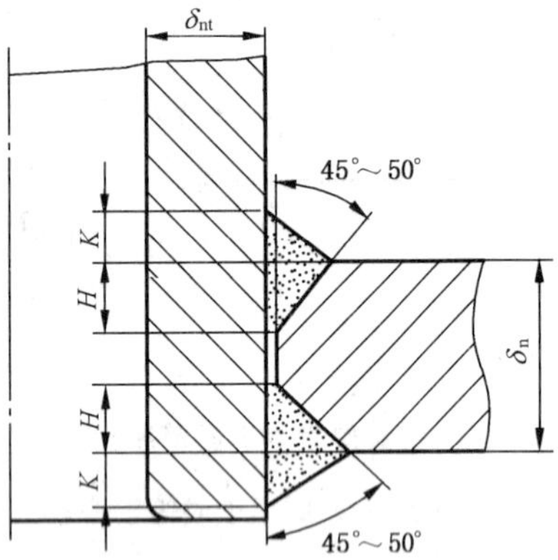

$K\geqslant\frac{1}{2}\delta_{nt}$；且不小于 6 mm；$H=\frac{2}{3}\delta_{nt}$

c)

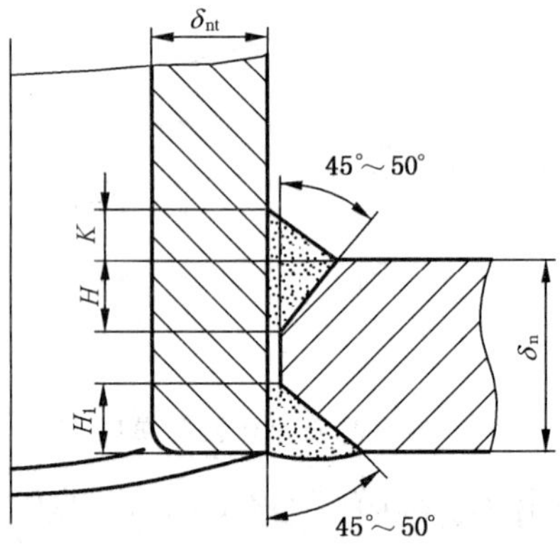

$K\geqslant\frac{1}{2}\delta_{nt}$；且不小于 6 mm；$H=\frac{2}{3}\delta_{nt}$；$H_1=\delta_{nt}$

d)

注 1：图 a)、b)适用于壳体厚度 $\delta_n\leqslant 16$ mm 的碳钢和碳锰钢，或 $\delta_n\leqslant 25$ mm 的奥氏体钢，且 $\delta_{nt}<\frac{\delta_n}{2}$。

注 2：图 c)、d)一般适用于 $\delta_{nt}\approx\frac{\delta_n}{2}$，且 $\delta_n\leqslant 50$ mm。

图 D.3

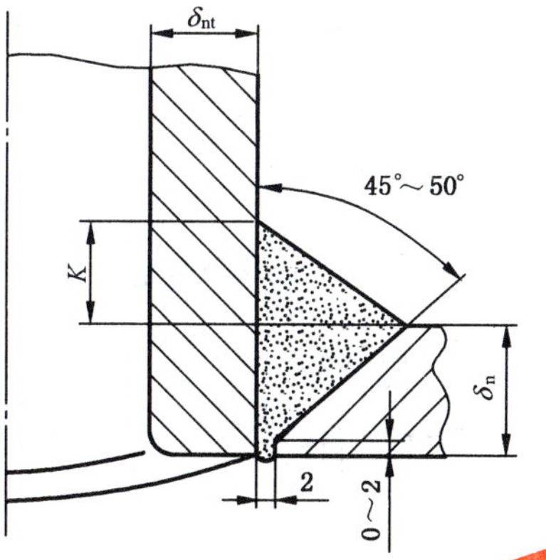

$K \geqslant \frac{\delta_n}{3}$，且不小于 6 mm；$\delta_n \leqslant 16$ mm

a)

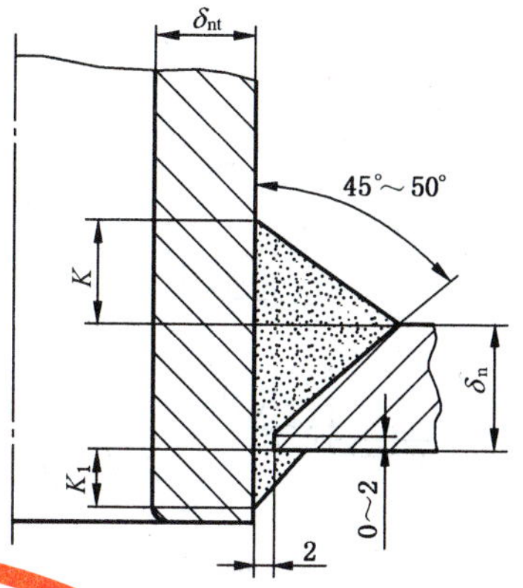

$K \geqslant \frac{\delta_n}{3}$，且不小于 6 mm；$K_1 \geqslant 6$ mm

b)

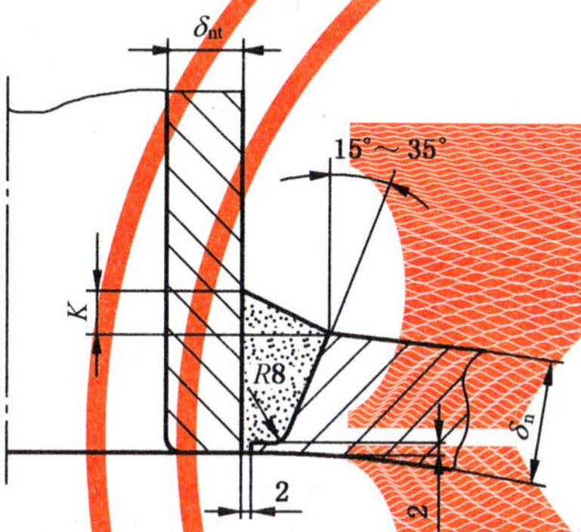

$K \geqslant \frac{\delta_n}{3}$，且不小于 6 mm；$\delta_n \leqslant 25$ mm

c)

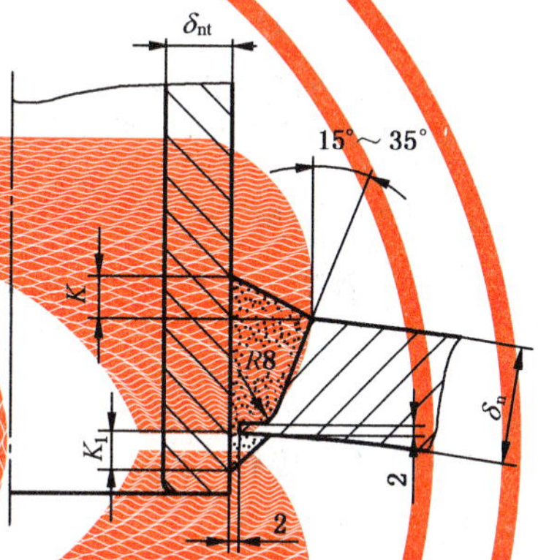

$K \geqslant \frac{\delta_n}{3}$，且不小于 6 mm；$K_1 \geqslant 6$ mm

d)

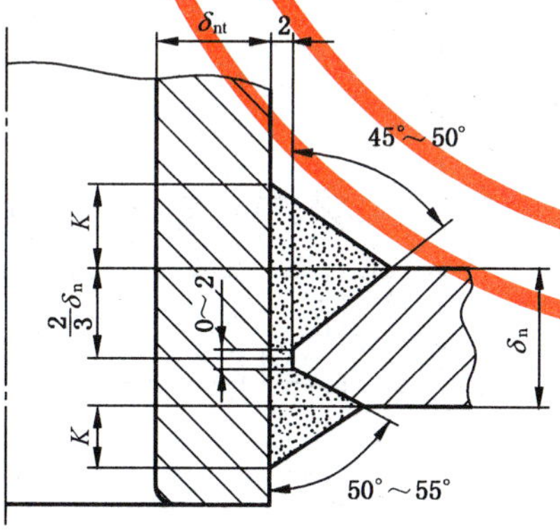

$K \geqslant 0.15\delta_{nt}$，且不小于 6 mm

e)

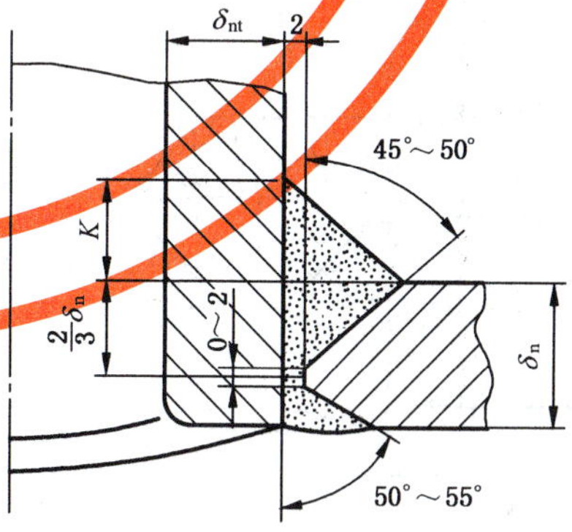

$K \geqslant 0.3\delta_{nt}$，且不小于 6 mm

f)

图 D.4

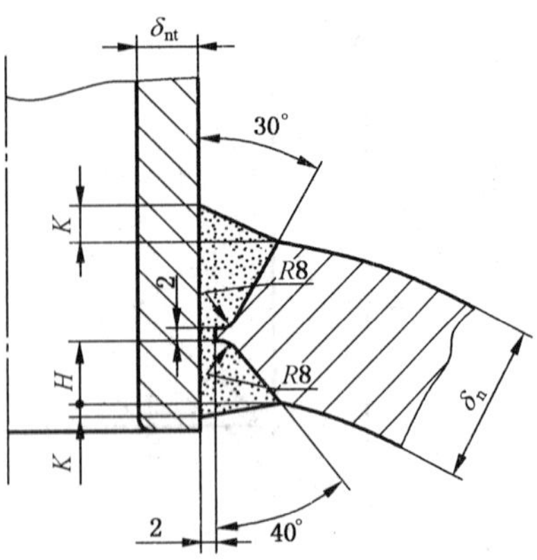

$K \geqslant 0.15\delta_{nt}$，且不小于 6 mm；

$\delta_n \leqslant 50$ mm 时，$H=10$ mm；

$\delta_n > 50$ mm 时，$H=15$ mm。

g)

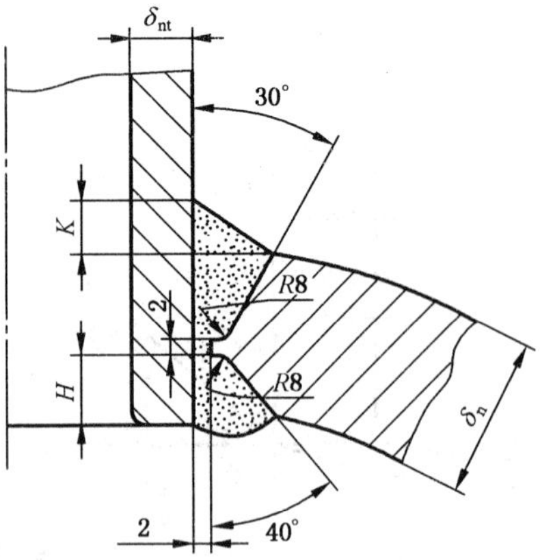

$K \geqslant 0.3\delta_{nt}$，且不小于 6 mm；

$\delta_n \leqslant 50$ mm 时，$H=10$ mm；

$\delta_n > 50$ mm 时，$H=15$ mm。

h)

注 1：插入式接管采用全焊透的连接时，应具备从内侧清根及施焊条件。只有采用保证焊透的焊接工艺时，方可采用图 a)、c)所示的单面焊焊缝。

注 2：图所示接头一般用于 $\delta_{nt} \geqslant \frac{1}{2}\delta_n$。

注 3：焊接接头有效厚度超过 16 mm 时，则应优先选择单边 J 形坡口形式。

图 D.4（续）

D.3.1.2　带补强圈的接管

带补强圈接管与壳体的连接如图 D.5 所示。这些结构不适用于有急剧温度梯度的场合。补强圈应与壳体紧密贴合，并开设讯号孔。

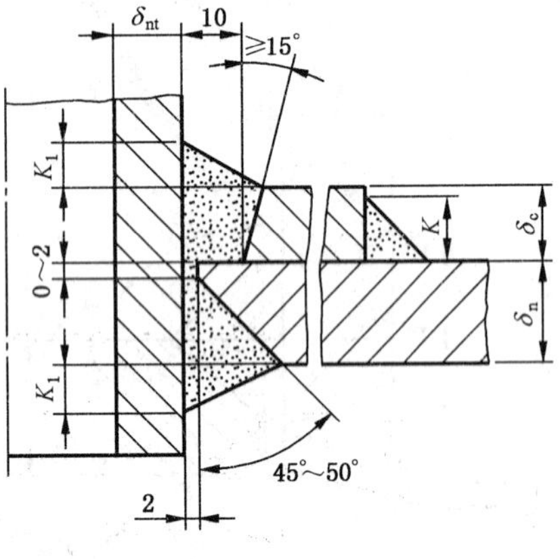

$\delta_c \leqslant 8$ mm 时，$K=\delta_c$；$\delta_c \geqslant 8$ mm 时，

$K=0.7\delta_c$，且不小于 8 mm；

$K_1 \geqslant \frac{1}{3}\delta_{nt}$，且不小于 6 mm

a)

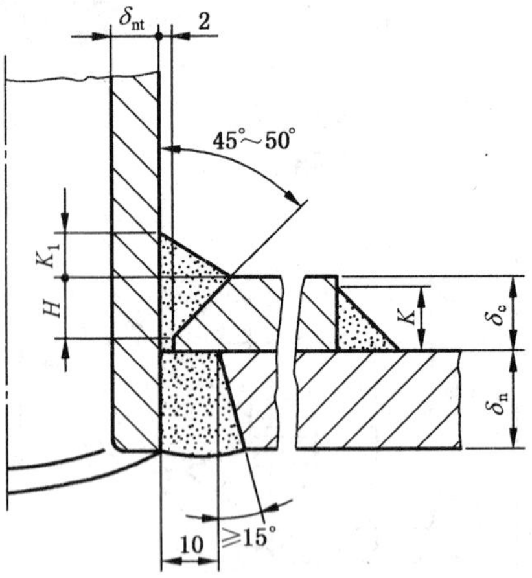

$\delta_c \leqslant 8$ mm 时，$K=\delta_c$；

$\delta_c \geqslant 8$ mm 时，$K=0.7\delta_c$，且不小于 8 mm；

$K_1 \geqslant 6$ mm；$H=\frac{2}{3}\delta_{nt}$

b)

图 D.5

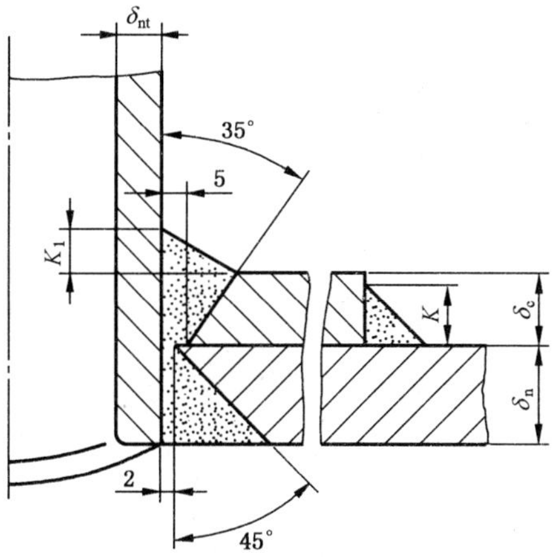

$\delta_c \leqslant 8$ mm 时，$K=\delta_c$；$\delta_c>8$ mm 时，

$K=0.7\delta_c$，且不小于 8 mm；$K_1 \geqslant 6$ mm

c)

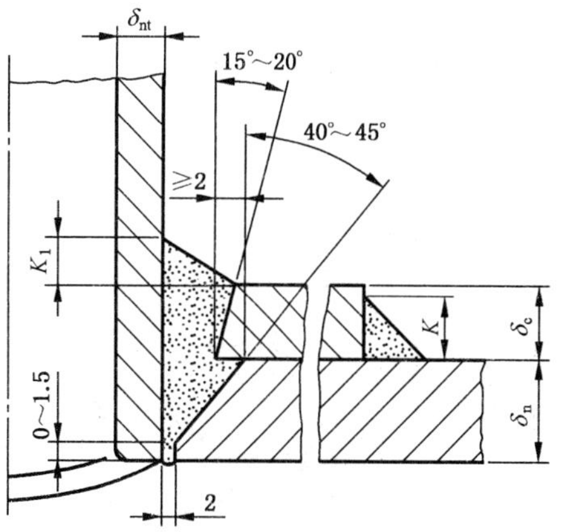

$\delta_c \leqslant 8$ mm 时，$K=\delta_c$；

$\delta_c>8$ mm 时，$K=0.7\delta_c$，且不小于 8 mm；

$K_1 \geqslant \frac{\delta_{nt}}{3}$；且不小于 6 mm

采用焊透的焊接工艺

d)

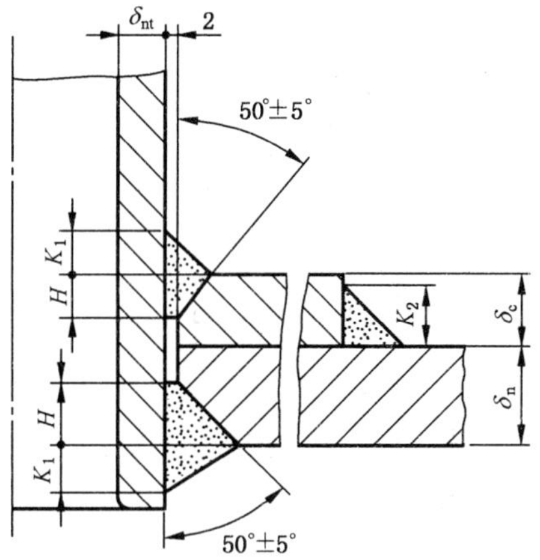

$K_1=\delta_{nt}$，且不小于 6 mm；

$\delta_c \leqslant 8$ mm 时，$K_2=\delta_c$；

$\delta_c>8$ mm 时，$K_2=\max(0.7\delta_c, 8)$；

$H=0.7\delta_{nt}$

e)

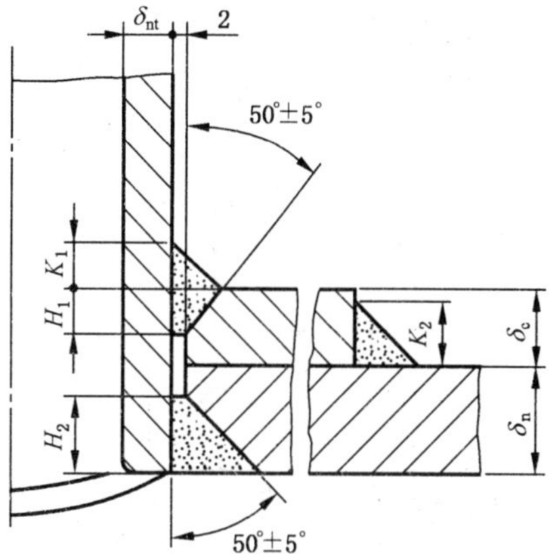

$K_1=\delta_{nt}$，且不小于 6 mm；

$\delta_c \leqslant 8$ mm 时，$K_2=\delta_c$；

$\delta_c>8$ mm 时，$K_2=\max(0.7\delta_c, 8)$；

$H_1=0.7\delta_{nt}$，$H_2=\delta_{nt}$

f)

图 D.5（续）

D.3.2 嵌入式接管

嵌入式接管与壳体的连接如图 D.6 所示。图 D.5a)一般适用于球形封头、椭圆封头中心部位的接管与封头或其他特殊部位的连接。

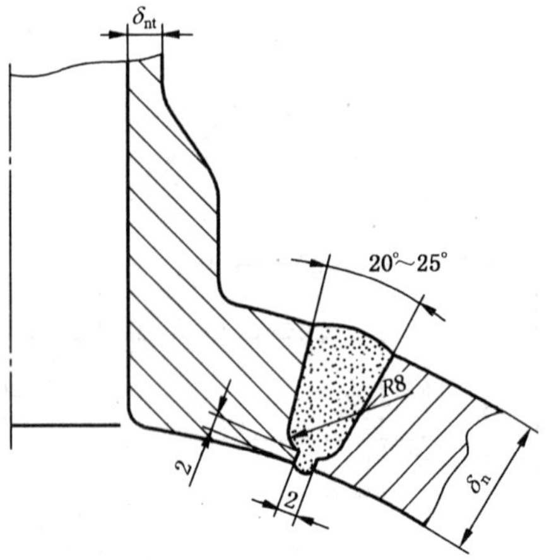

a)

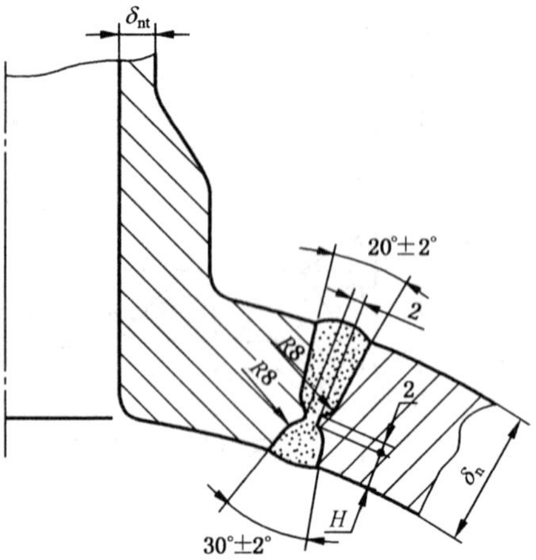

$\delta_n \leqslant 50$ mm 时，$H=10$ mm；

$\delta_n > 50$ mm 时，$H=15$ mm

b)

图 D.6

D.3.3 安放式接管

安放式接管的结构如图 D.7 所示。采用此结构时，壳体开孔处的钢板截面上应无分层现象。

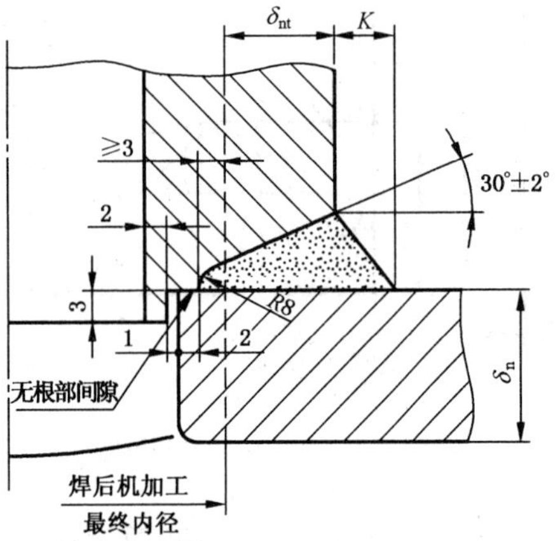

$K \geqslant \frac{\delta_{nt}}{3}$；且不小于 6 mm

a)

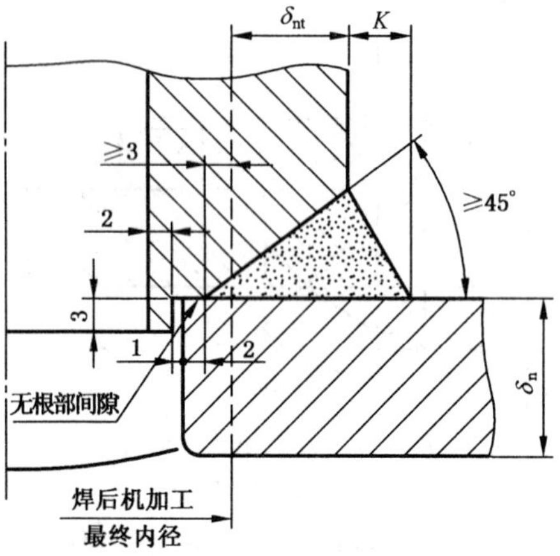

$K \geqslant \frac{\delta_{nt}}{3}$；且不小于 6 mm

b)

图 D.7

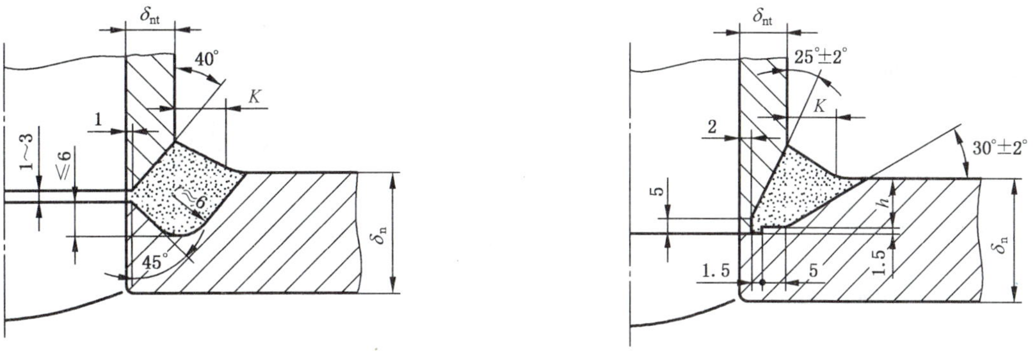

$K \geqslant \frac{\delta_{nt}}{3}$；且不小于 6 mm

c)

$K \geqslant \frac{\delta_{nt}}{3}$；且不小于 6 mm；

$h=\delta_{nt}$ 且不大于 13 mm

d)

注 1：当接管直径与壳体直径之比较小时，一般采用图 a)、b)的型式。

注 2：图 c)一般适用于接管内径小于或等于 100 mm。

注 3：图 d)适用于壳体厚度 $\delta_n \leqslant 16$ mm 的碳钢和碳锰钢，或 $\delta_n \leqslant 25$ mm 的奥氏体钢容器。对图 d)，接管内径应大于 50 mm，且小于或等于 150 mm，壁厚 $\delta_{nt} > 6$ mm。

注 4：图 c)、d)一般适用于平盖开孔，也可用于筒体上的开孔。

图 D.7（续）

D.3.4 凸缘

D.3.4.1 角焊缝连接

角焊缝连接的凸缘如图 D.8 所示。此结构不适用于承受脉动载荷的容器。焊角尺寸取决于传递载荷的大小，并考虑制造和使用要求，一般情况下，角焊缝的腰高不小于两相焊件中较薄者厚度的 0.7 倍，在任何情况下均不得小于 6 mm。

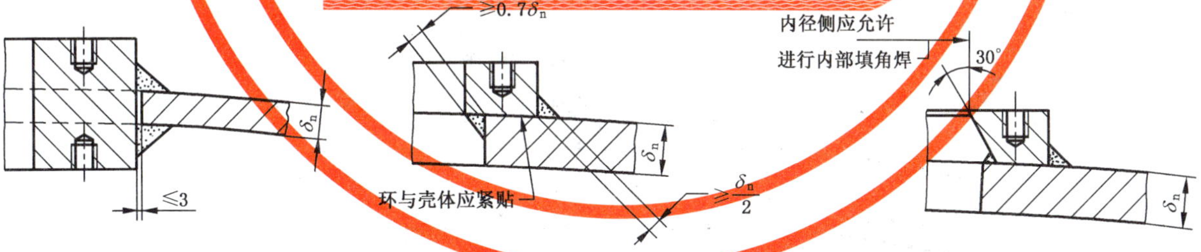

a)　　b)　　c)

图 D.8

D.3.4.2 对接接头连接

对接接头连接的凸缘如图 D.9 所示。适用于承受脉动载荷的容器。

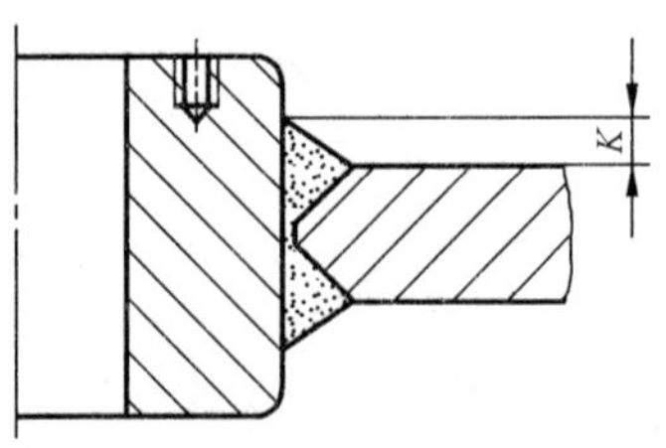

$K \geqslant 6$ mm

a)

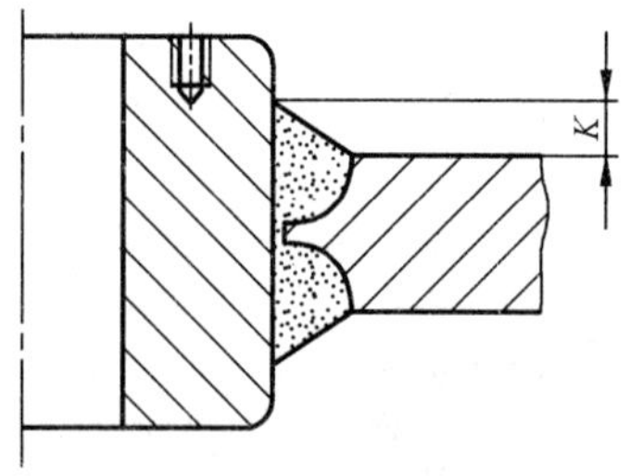

$K \geqslant 6$ mm

b)

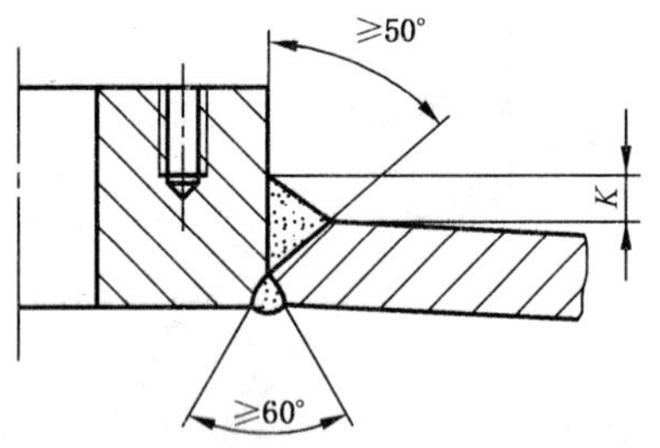

$K \geqslant 6$ mm

c)

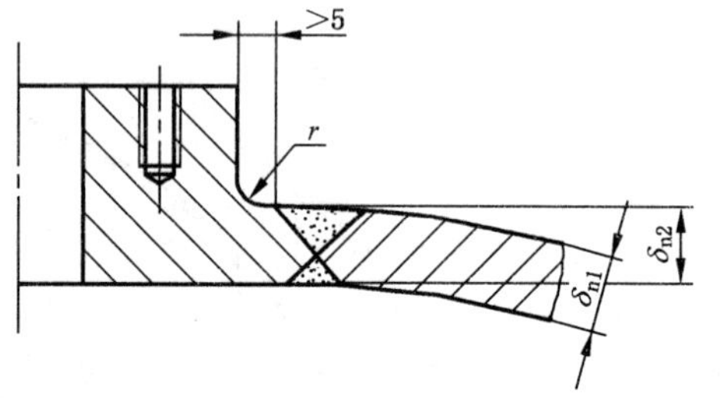

$r \geqslant \frac{\delta_{n2}}{4}$；且不小于 5 mm

d)

图 D.9

D.3.4.3　小直径凸缘和接管

小直径凸缘和接管的结构如图 D.10 所示。与壳体直接连接的凸缘和接管的公称直径应等于或小于 50 mm。其中图 b)、c)、d)一般适用于壳体厚度 $\delta_n \leqslant 16$ mm 的碳钢和碳锰钢，或 $\delta_n \leqslant 25$ mm 的奥氏体钢容器。图 a)中壳体与堆焊层的总厚度，应满足螺纹数的要求。

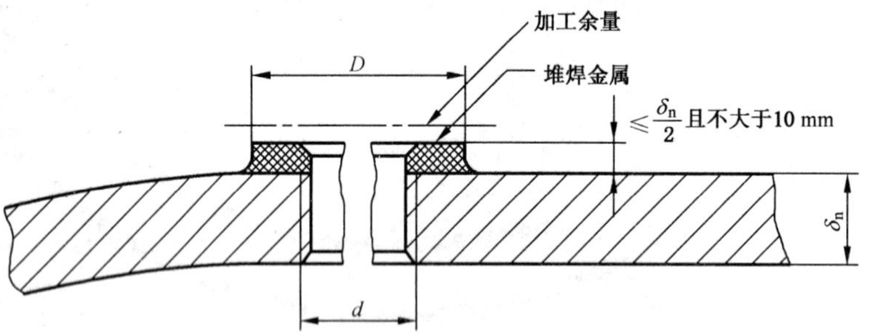

$d = \delta_n$（最大）；$D = 2d$

a)

图 D.10

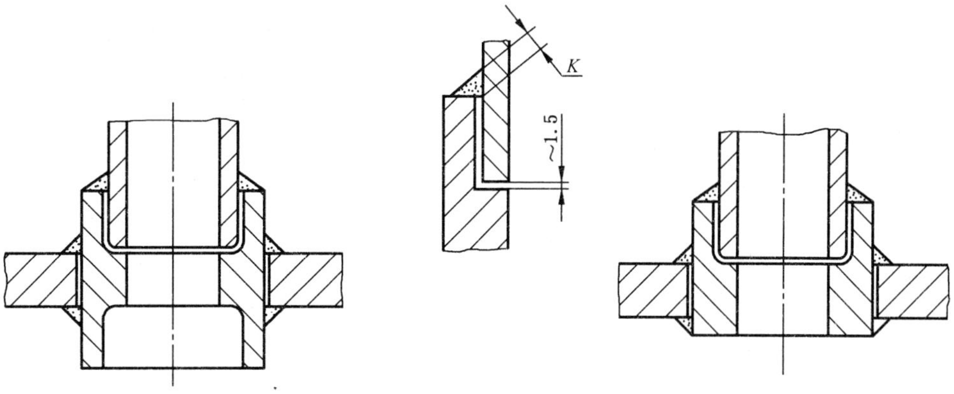

K 不小于相焊件较薄者厚度的 1.0 倍

b)

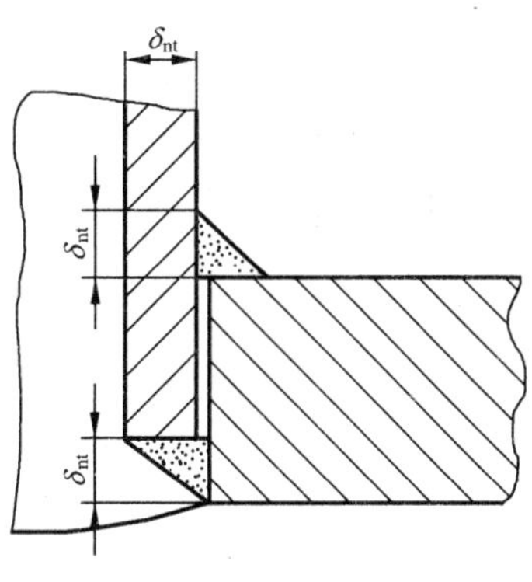

c)

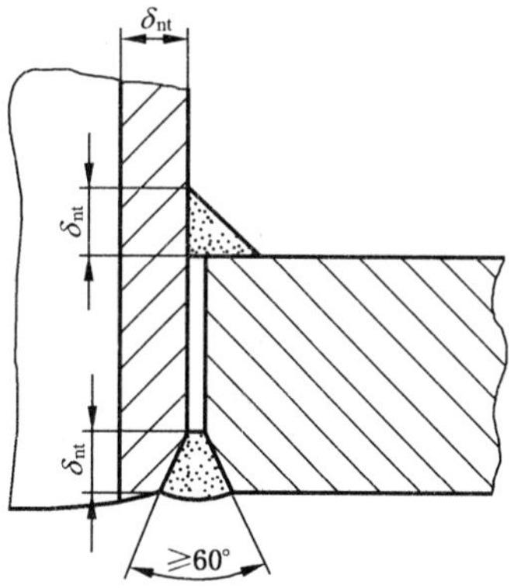

d)

图 D.10（续）

D.4 平封头与受压元件的连接

平封头与受压元件的连接如图 D.11 中 a)～l)所示。

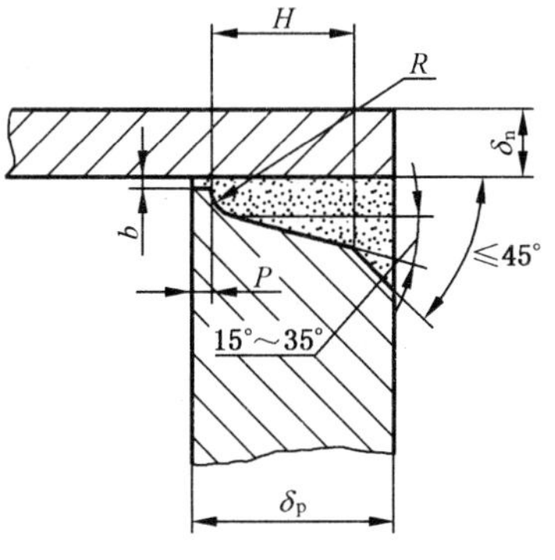

$H \geqslant 1.25\delta_n$；P=2 mm～3 mm；

R=6 mm～13 mm；$b \leqslant 3$ mm

a)

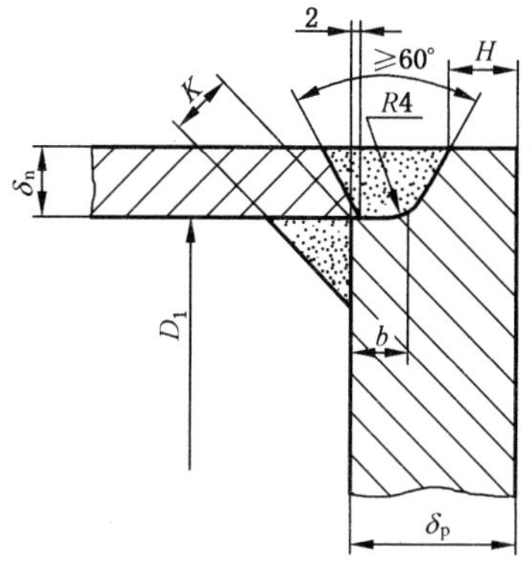

$K \geqslant 0.25\delta_n$，且 $K \geqslant 5$ mm；$b \geqslant 6$ mm；

且 $H \geqslant \delta_n$ 或 6 mm 中较小者

b)

图 D.11

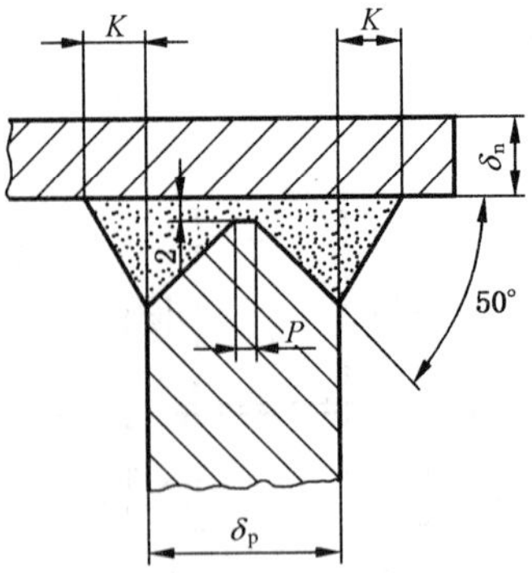

$K=\frac{\delta_n}{3}$，且不小于 6 mm；

$P=2$ mm～3 mm

c)

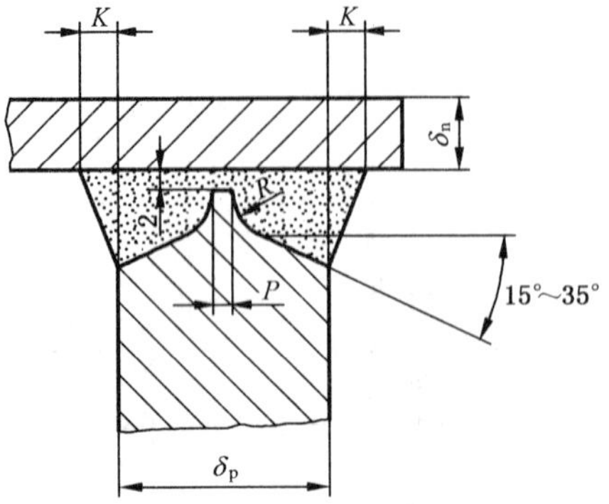

$K=\frac{\delta_n}{3}$，且不小于 6 mm；

$P=2$ mm～3 mm，$R=6$ mm～10 mm

d)

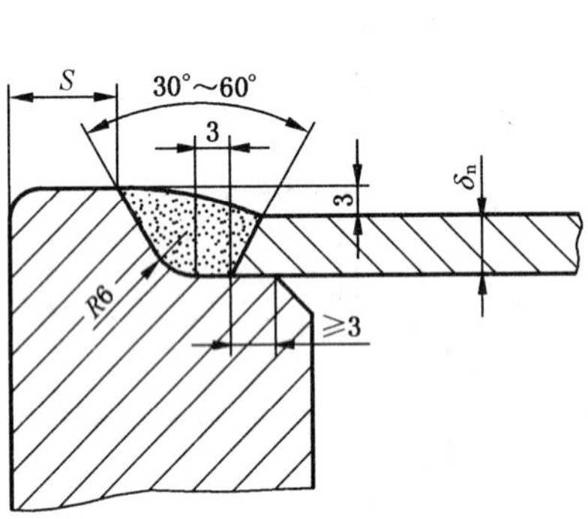

$S \geqslant \delta_n+3$，且不大于 6 mm

e)

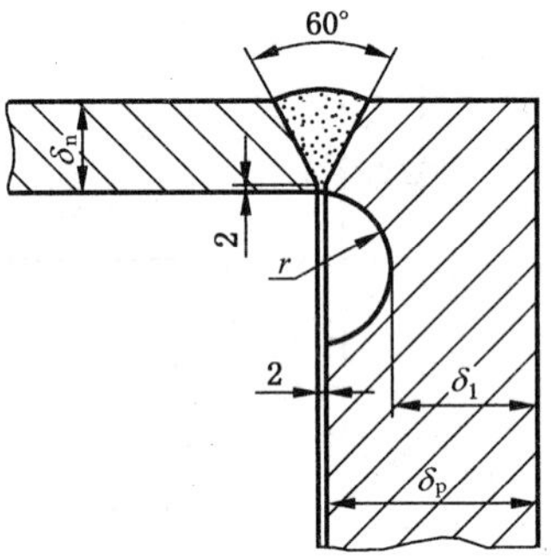

$\delta_1 \geqslant \frac{2}{3}\delta_p$，同时 $\delta_1 \geqslant \delta_n$，且不小于 5 mm；$r \geqslant 1.5\delta_n$

采用焊透的焊接工艺

f)

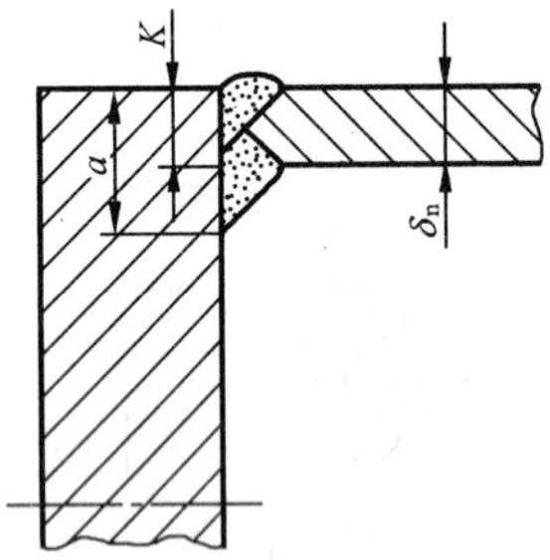

$a \geqslant 2\delta_n$；$K \geqslant \delta_n$

g)

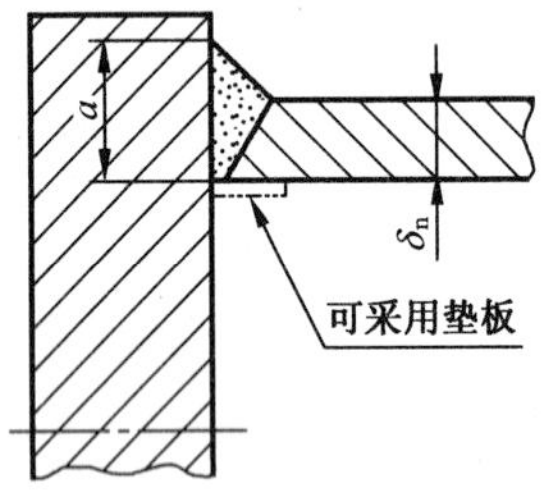

$a \geqslant 2\delta_n$

h)

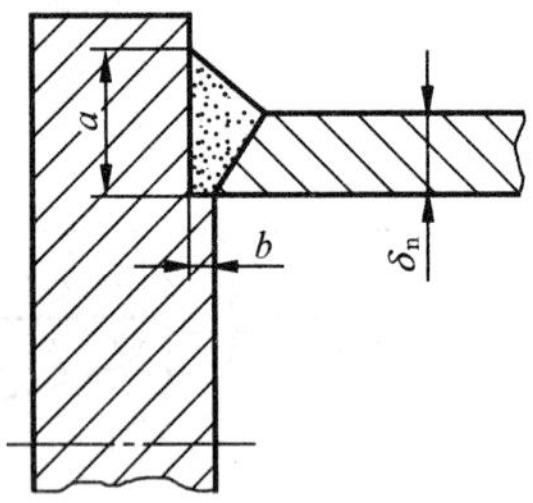

$a+b \geqslant 2\delta_n$；$a \geqslant \delta_n$

i)

图 D.11（续）

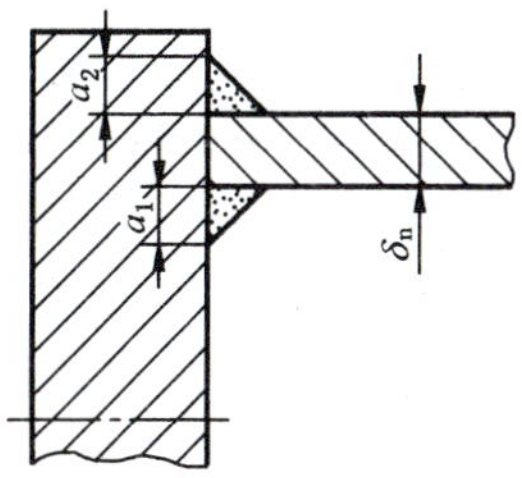

$a_1+a_2\geqslant 2\delta_n$；

$0.5a_2\leqslant a_1\leqslant 2a_2$

j)

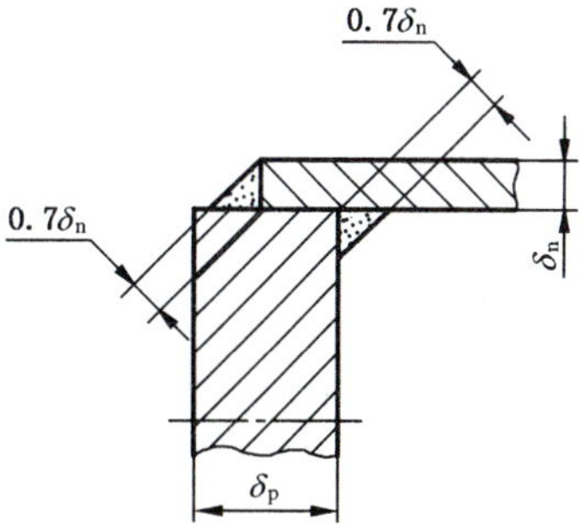

k)

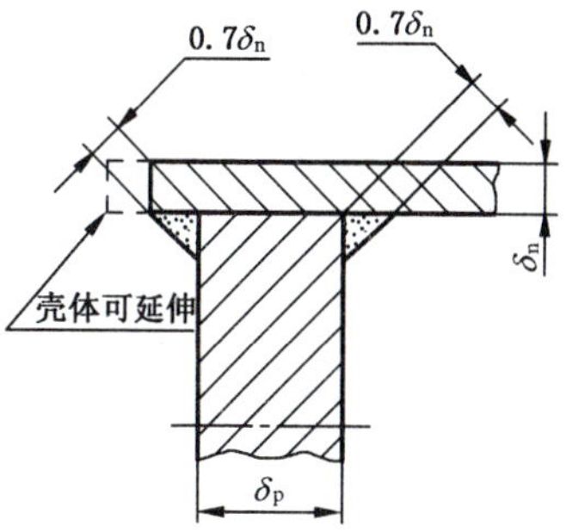

l)

注：图 e)适用于 $\delta_n\leqslant 16$ 的抗拉强度不超过 432 MPa 的碳钢和碳锰钢，不推荐使用在有腐蚀和疲劳工况的容器上。

图 D.11（续）

D.5 凸形封头与圆筒的搭接连接

凸面或凹面受压的椭圆形、碟形封头，其直边长度应不小于图 D.12 中的要求。套装在圆筒内、外侧的封头，直边段应与圆筒紧密贴合。

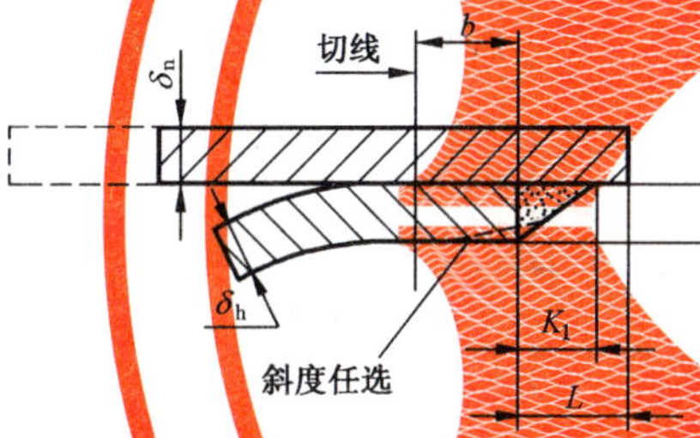

$b\geqslant 3\delta_h$，且不大于 38 mm；$L\geqslant 2\delta_h$

$K\geqslant\delta_h$；$K_1\geqslant 1.3\delta_h$

a)

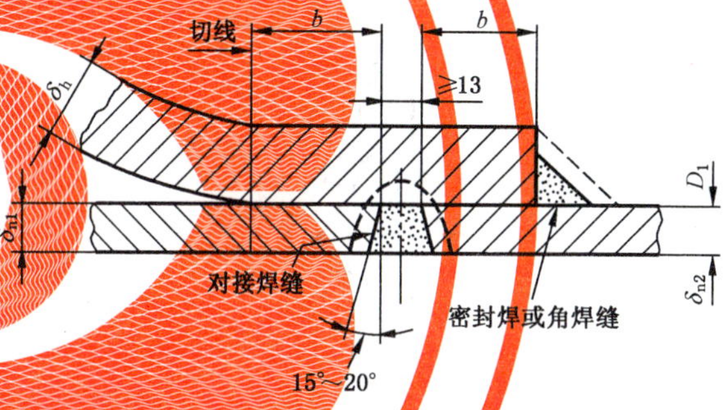

$b\geqslant 2\delta_h$，且不大于 25 mm；

δ_{n1} 和 δ_{n2} 厚度可以不相同

b)

注：对图 b)结构，设计时取剪应力为两侧可能出现的最大压力差的 1.5 倍。对接焊缝的许用应力为圆筒材料许用应力的 70%，角焊缝的许用应力为圆筒材料许用应力的 55%。

图 D.12

D.6 矩形容器侧板间的连接

矩形容器侧板间的连接见图 D.13。

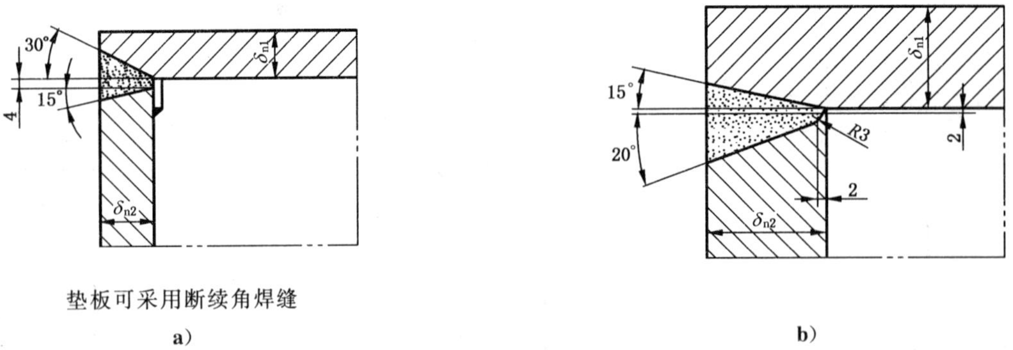

图 D.13

D.7 裙座与封头的连接

立式容器的裙座与封头的连接如图 D.14 所示。

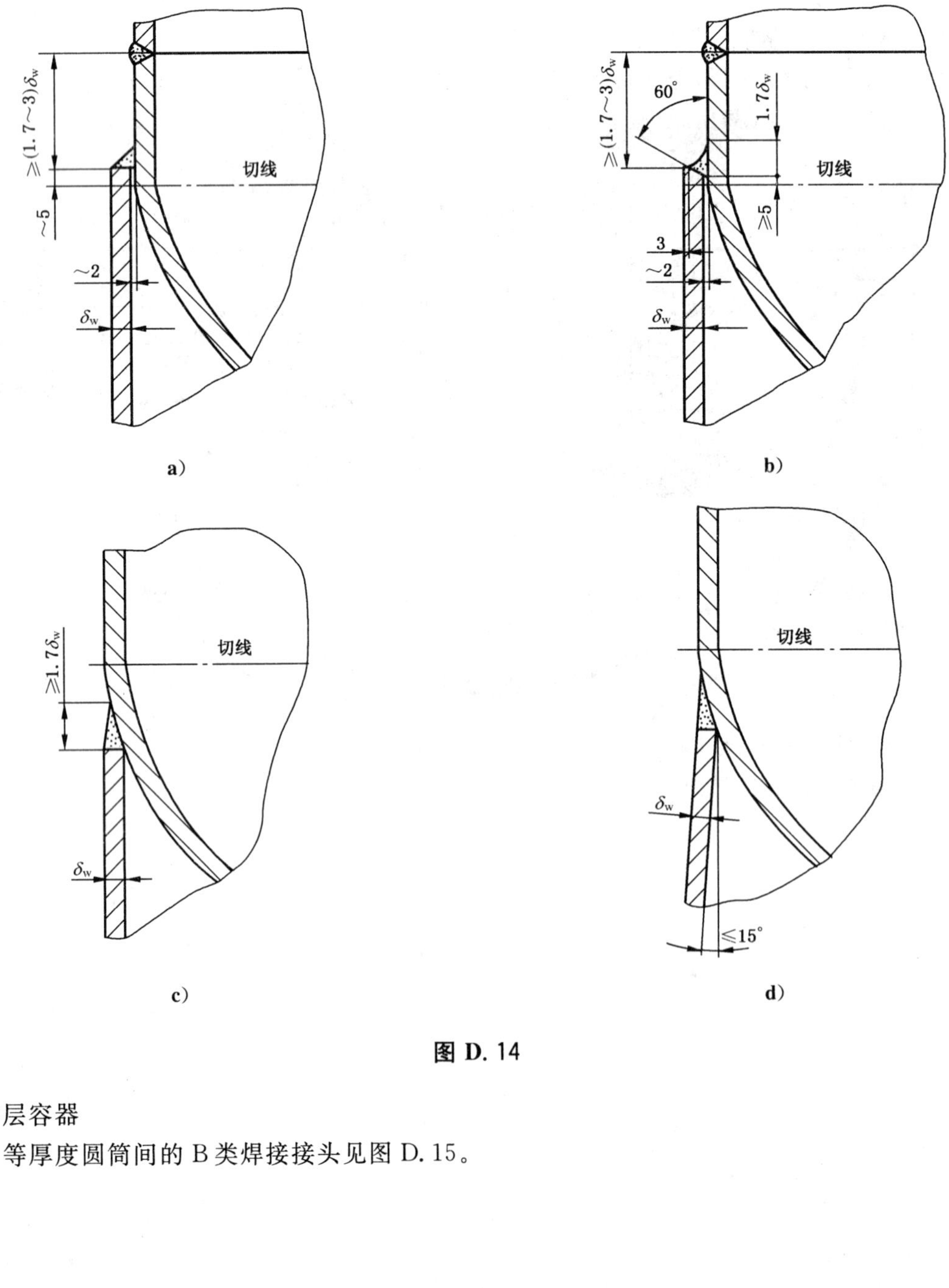

图 D.14

D.8 多层容器

D.8.1 等厚度圆筒间的 B 类焊接接头见图 D.15。

图 D.15 中 a)、b)为多层圆筒与单层圆筒的连接，图 c)、d)、e)为多层圆筒间的连接；图 f)、g)为具有不锈钢内筒的多层圆筒间的连接。

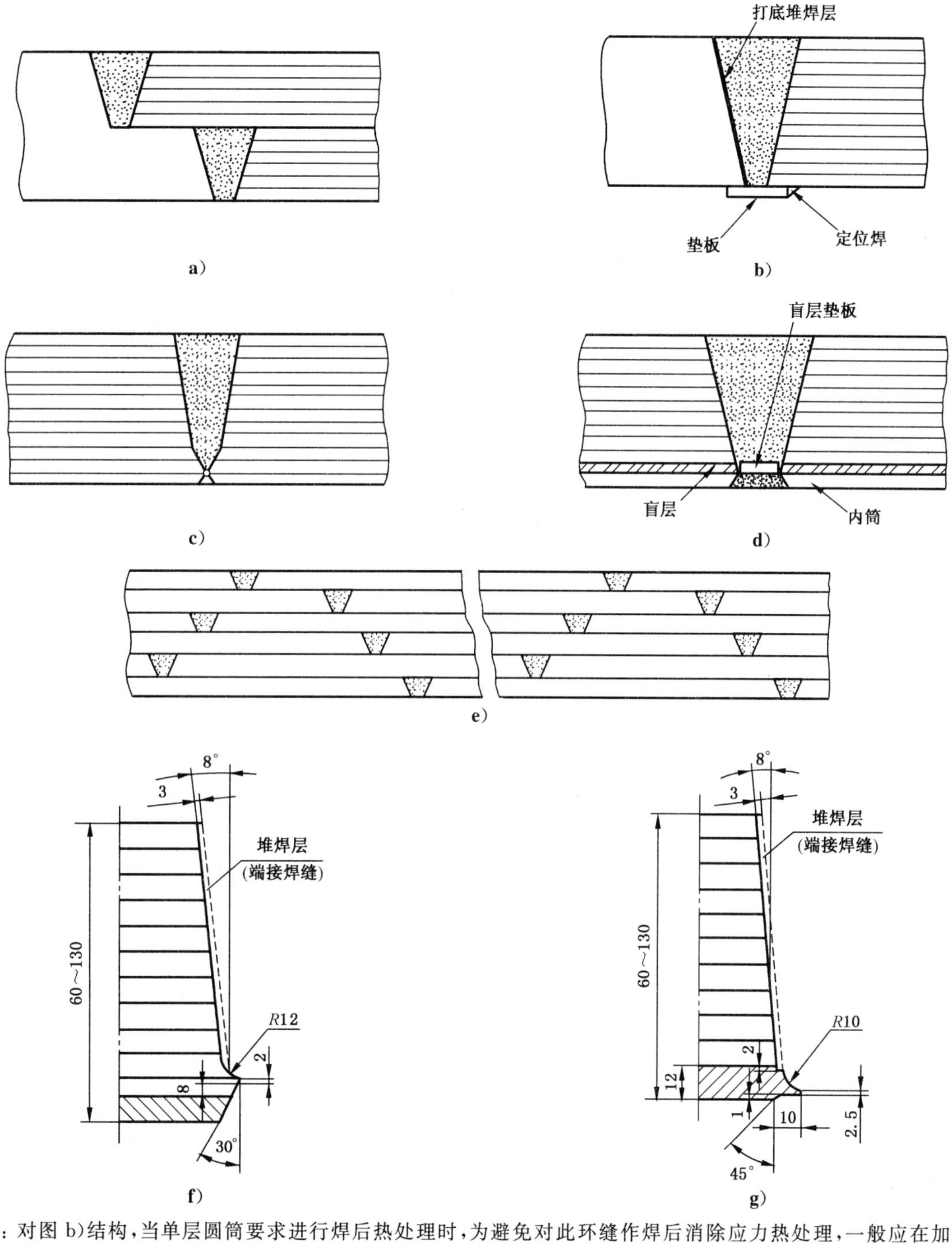

注：对图 b)结构，当单层圆筒要求进行焊后热处理时，为避免对此环缝作焊后消除应力热处理，一般应在加工后的坡口面上堆焊一层厚度等于或大于 3 mm 的不需焊后热处理的焊接材料，先将堆焊后的单层圆筒进行热处理，其后再与多层圆筒相焊。但上述要求不包括多层圆筒需作焊后热处理的情况。

图 D.15

D.8.2 不等厚圆筒间的B类焊接接头见图D.16。

不等厚圆筒间的连接采用图D.16所示的过渡型式。其中图a)、b)为厚度不等的多层圆筒间的连接；图中c)、d)、e)、f)为多层圆筒与厚度不等的单层圆筒间的连接。过渡段的斜边长度$L \geqslant 3Y$。过渡部分可在筒壁的一侧或两侧。

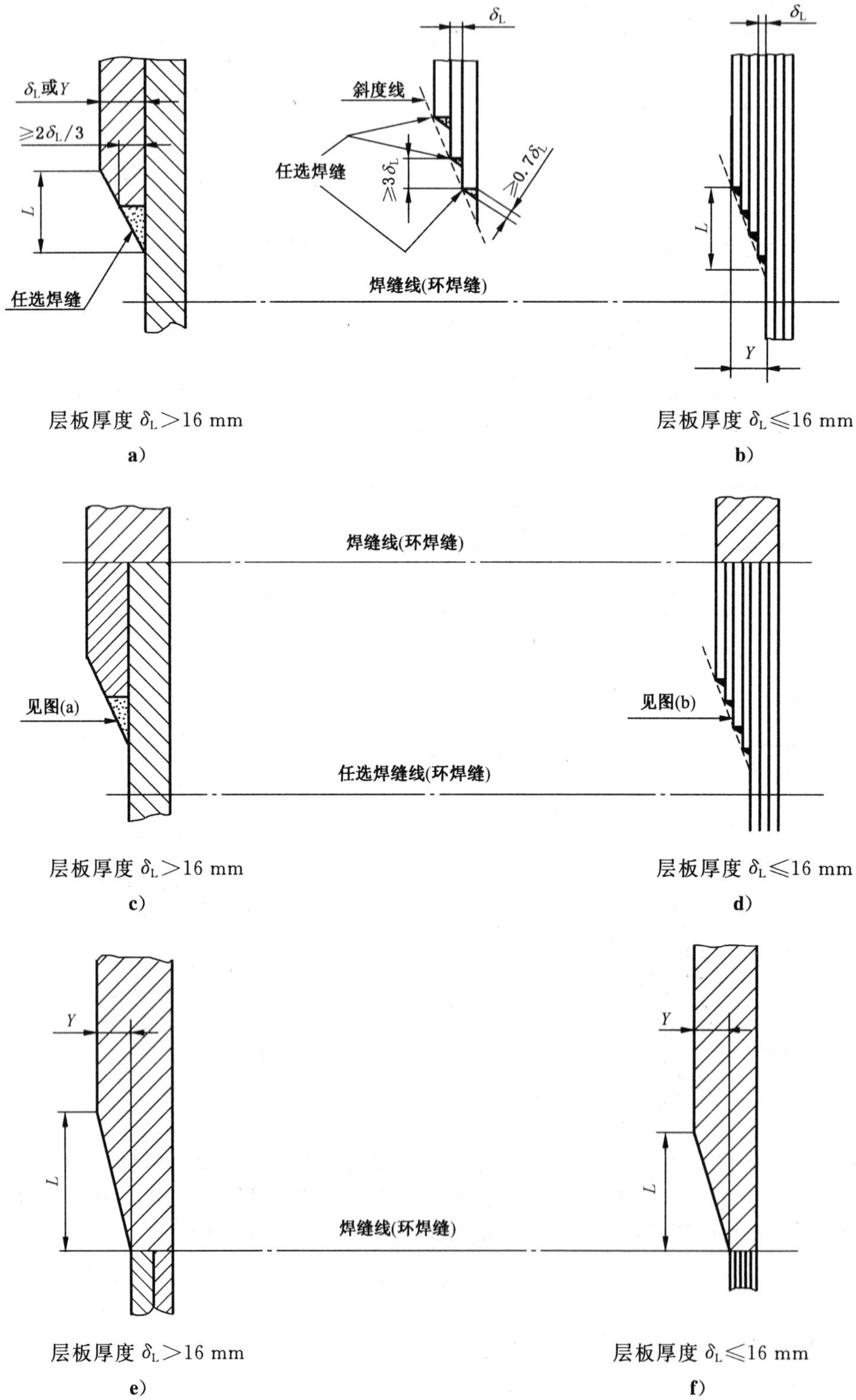

图 D.16

D.8.3 多层圆筒与封头的连接，见图 D.17。

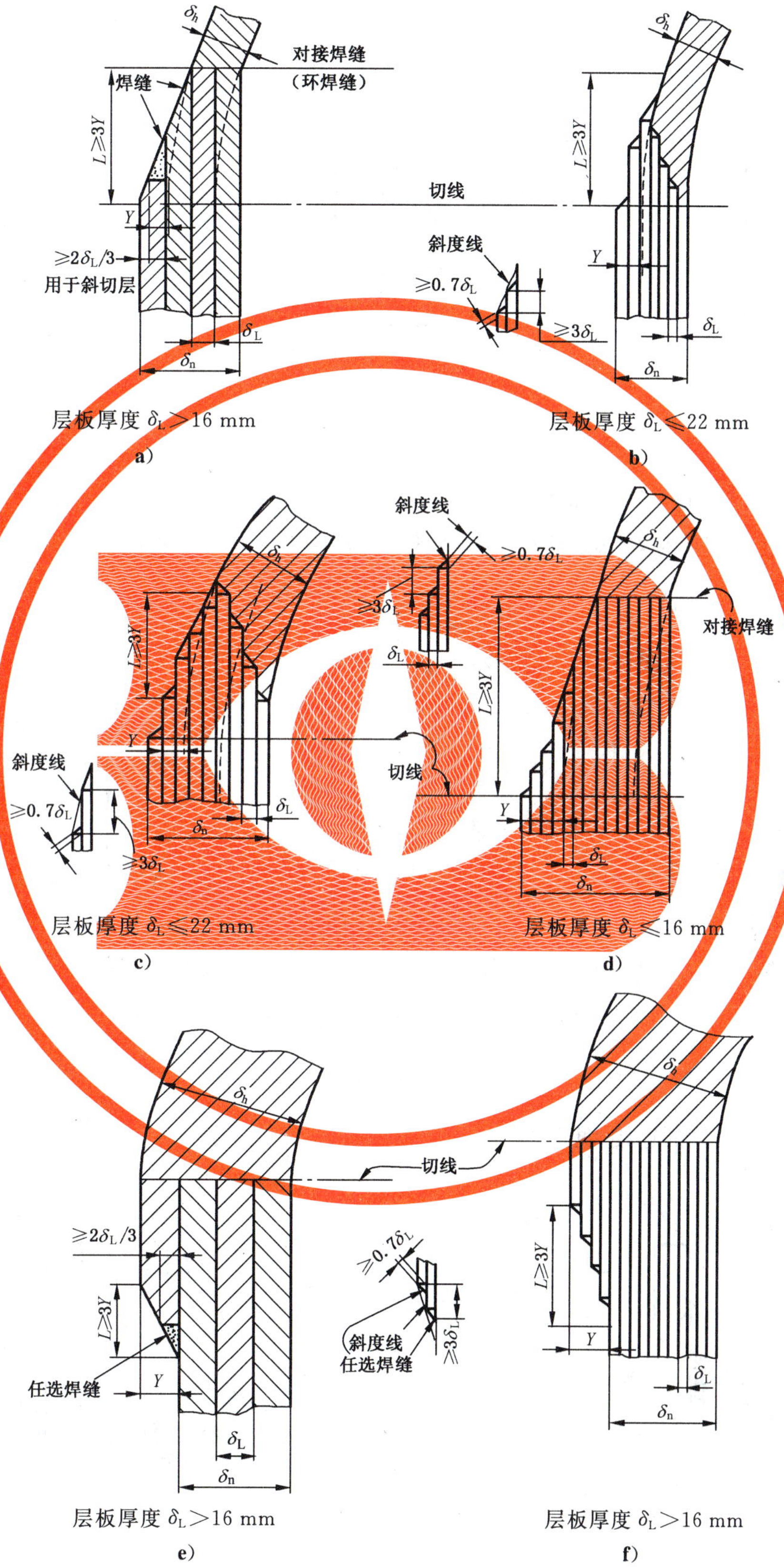

图 D.17

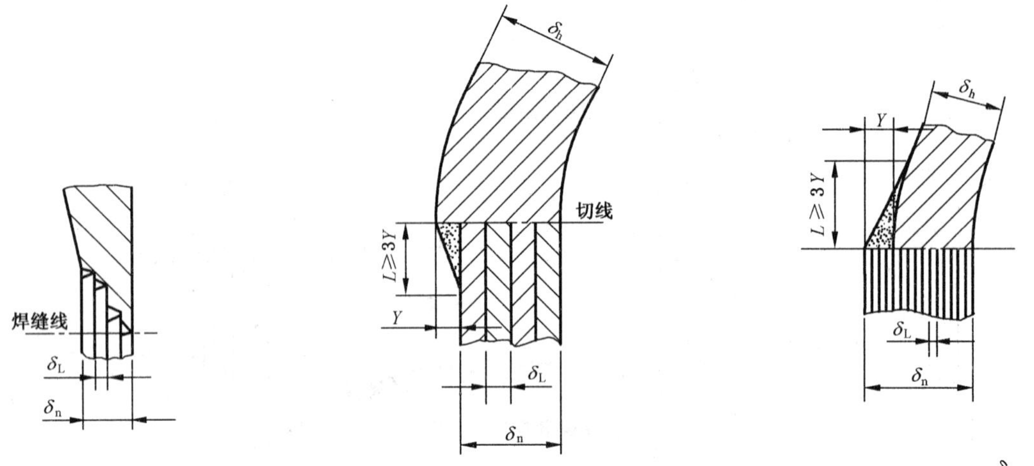

层板厚度 $\delta_L \leqslant 22$ mm　　层板厚度 $\delta_L \leqslant 16$ mm；$Y \leqslant \delta_L$　　层板厚度任意；$Y \leqslant \frac{\delta_n}{2}$

g）　　h）　　i）

注 1：图 a）、b）、c）、d）仅用于半球形封头与圆筒的连接。

注 2：图 e）、f）、h）、i）中封头与圆筒的对接焊接接头可位于封头的切线上，也可低于封头切线。

图 D.17（续）

D.8.4　多层圆筒与法兰的连接，见图 D.18。

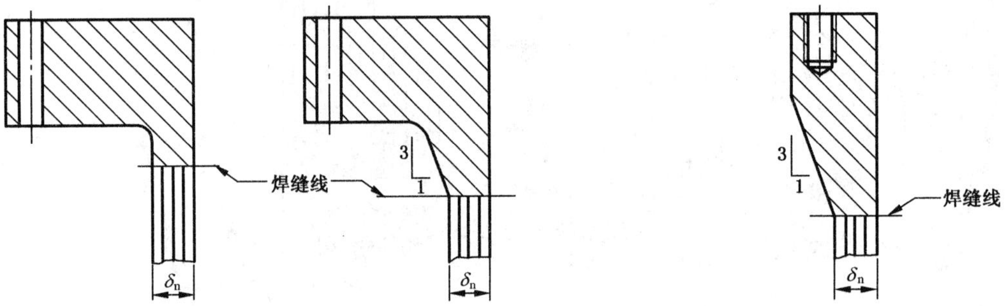

a）　　b）　　c）

图 D.18

D.8.5　多层圆筒与接管的连接，见图 D.19。

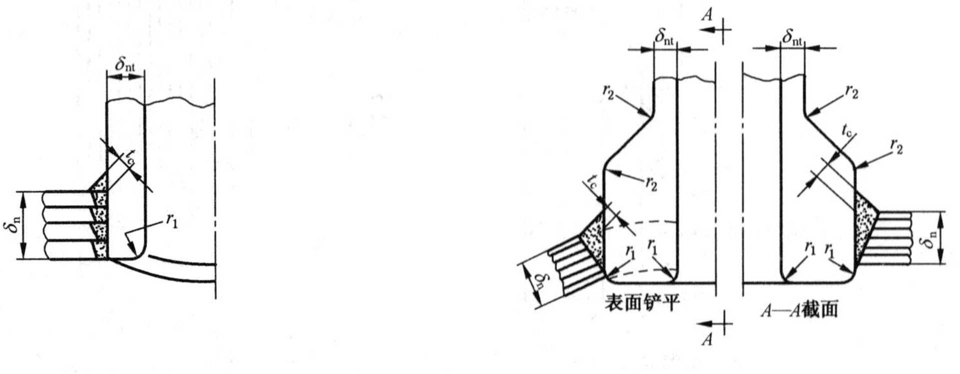

a）　　b）

图 D.19

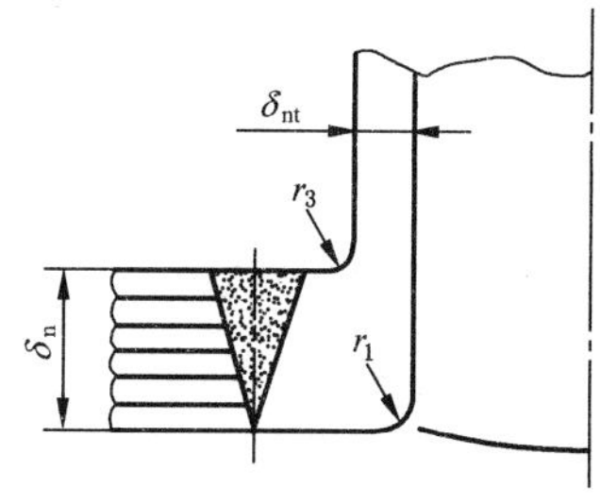

c)

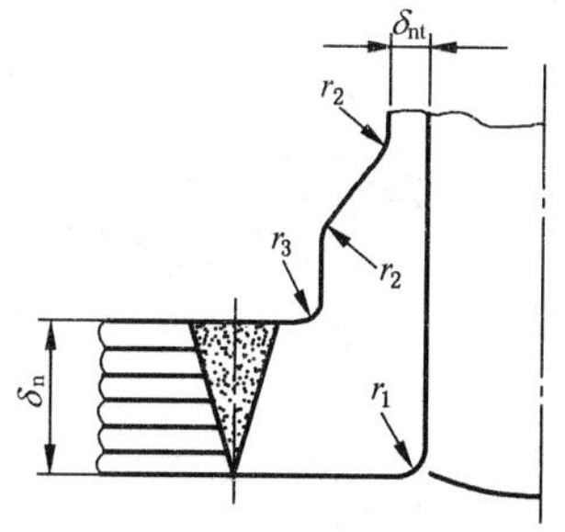

d)

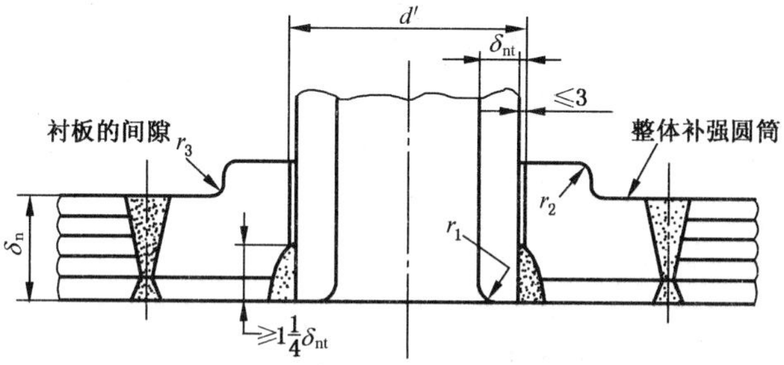

e)

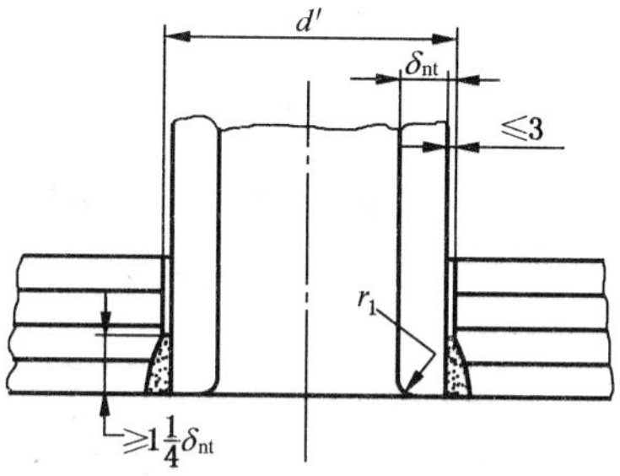

f)

注 1：圆角半径 r_{1min} 取 $\delta_{nt}/4$ 或 19 mm 两者中的较小值；$r_2 \geqslant 6$ mm；$r_{3min} = r_{1min}$；$t_c \geqslant 6$ mm，或不小于 δ_{nt} 和 19 mm 两者中较小值的 0.7 倍。

注 2：对图 e)、f)应设法防止外界杂物进入层板与接管外径间的间隙，但不准用密封焊。

注 3：对图 e)结构，一般适用于公称管径大于 DN50 mm 的开孔。

图 D.19（续）

D.8.6　支座，见图 D.20。

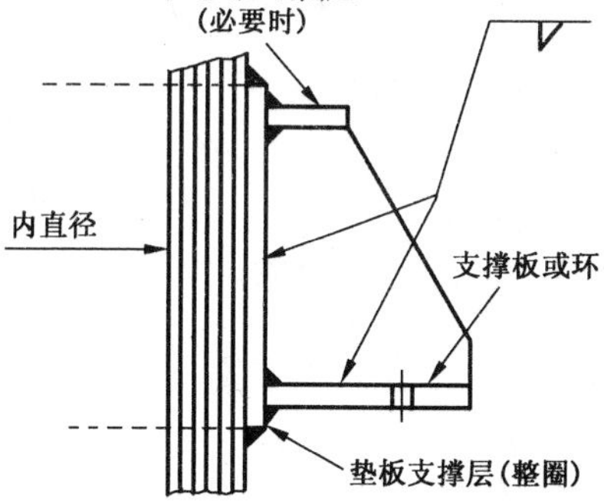

a)

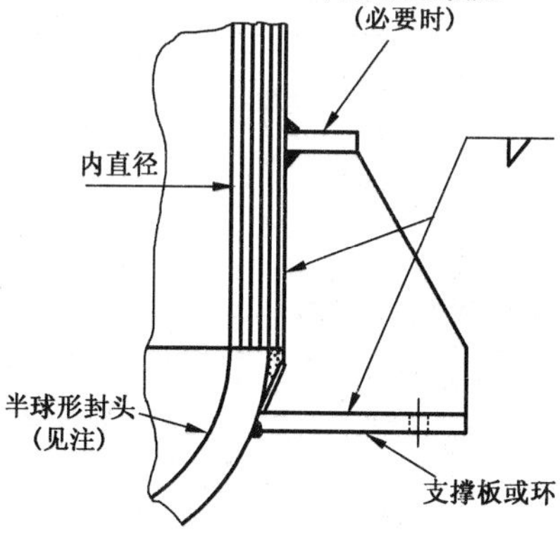

b)

图 D.20

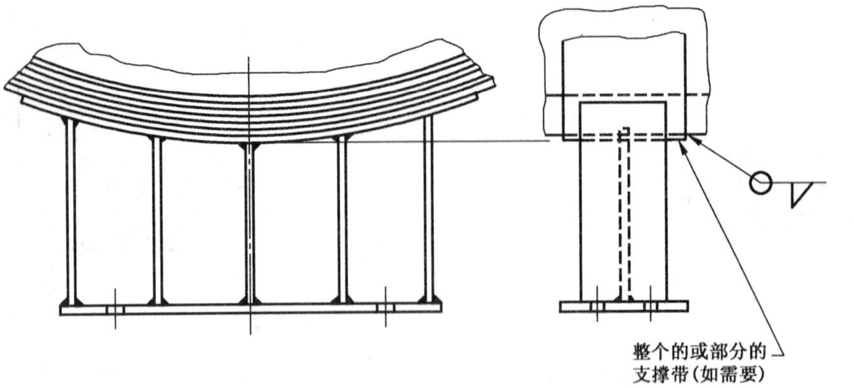

c)

注：对非半球形封头，应特别考虑不连续应力的作用。

图 D.20（续）

D.9 钢带错绕容器端部焊接结构

钢带错绕容器端部焊接结构见图 D.21。此结构的适用范围等要求见 GB/T 150.3 附录 B。

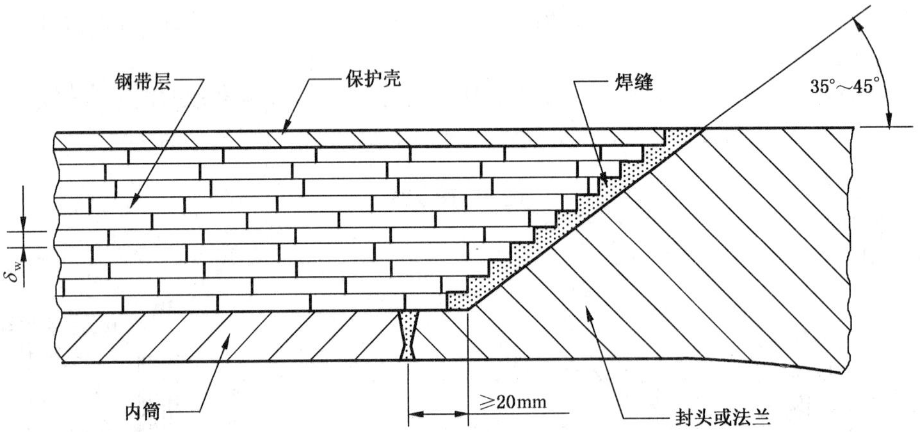

图 D.21

D.10 夹套封闭件结构

D.10.1 夹套封闭件与内容器的连接见图 D.22～图 D.24。

D.10.2 管口、凸缘穿过夹套封闭件的连接见图 D.25。

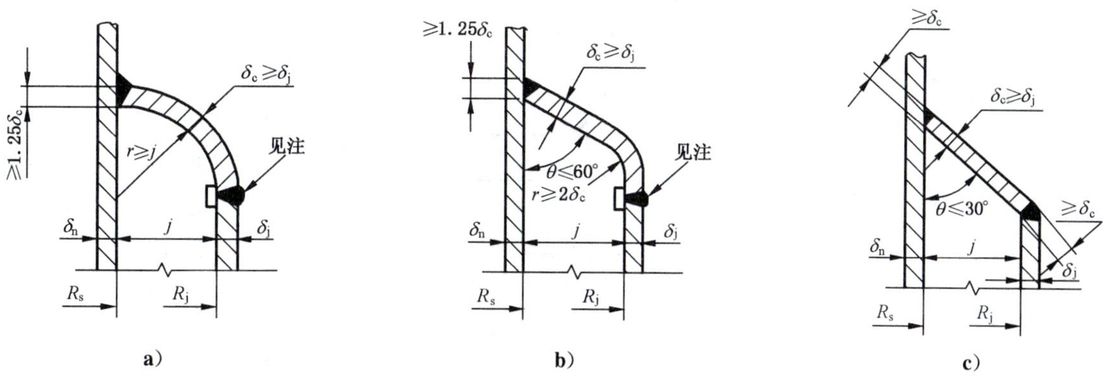

注 1：封闭件可以与夹套壳体为整体结构或用全焊透的结构(可以使用垫板)。

注 2：图仅适用于圆筒形容器的夹套。

图 D.22

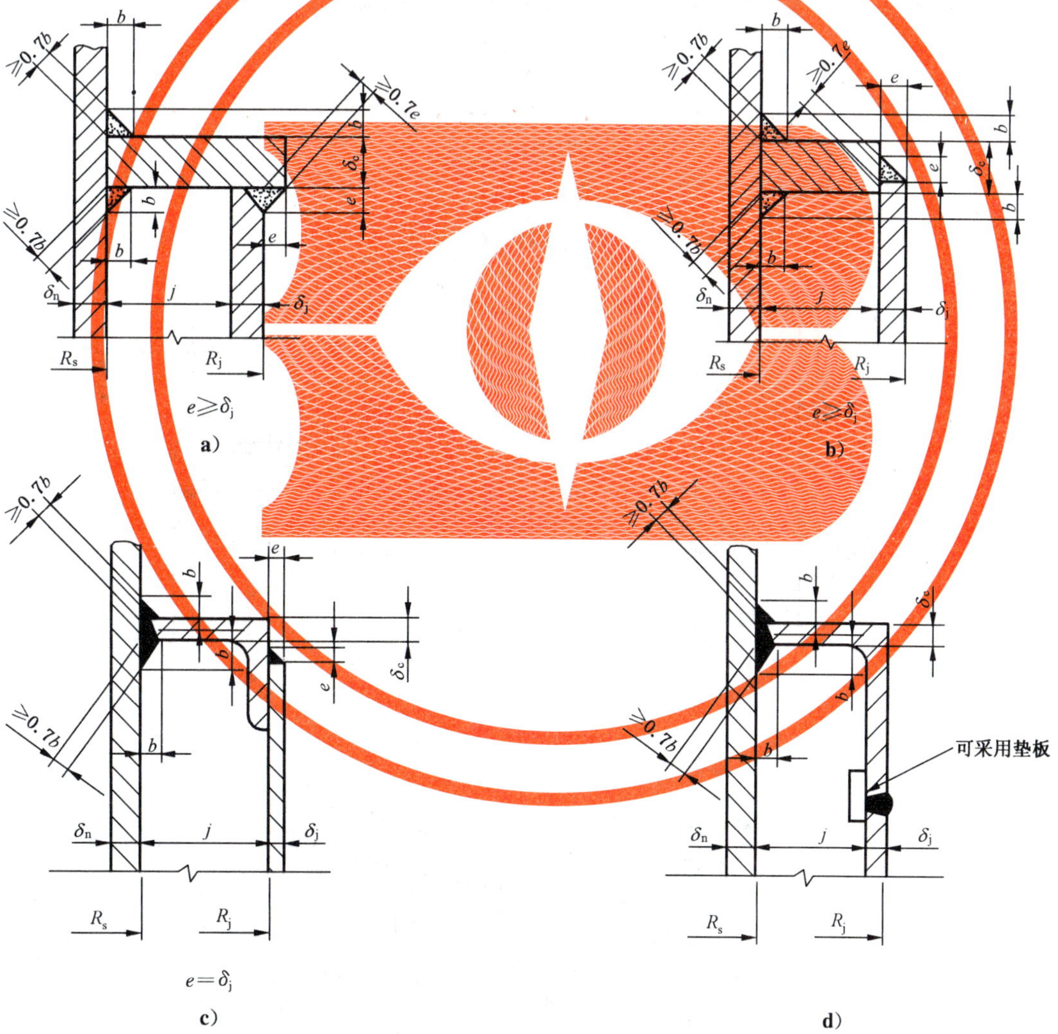

注 1：$b \geqslant 0.75\delta_c$ 或 $0.75\delta_n$，取较小值。

注 2：图 a)、b)、c)、d)仅适用于焊在圆筒部分的夹套。

注 3：图中：$\delta_j - C \leqslant 16$ mm；δ_c 等于 $2\delta_j$ 或 $0.707j\sqrt{\frac{p_c}{[\sigma]^t}}+C$ 两者中的较大值。

图 D.23

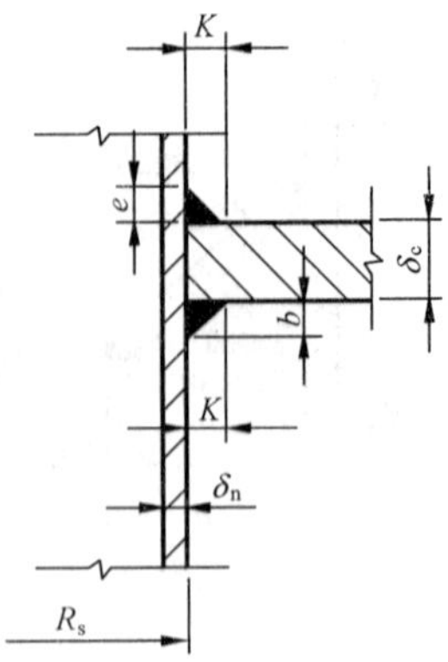

a)

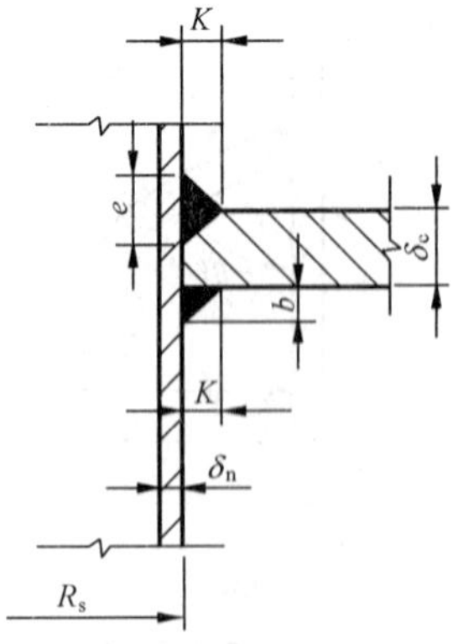

b)

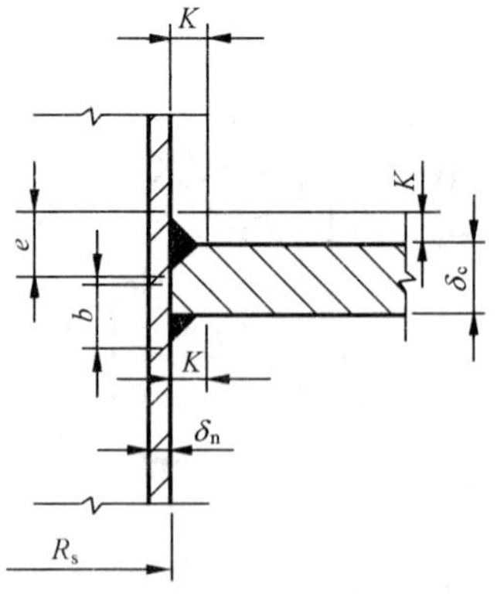

c)

注 1：$b+e \geqslant 1.5\delta_n$ 或 $1.5\delta_c$，取较小值。

注 2：对于仅用于圆筒部分的夹套，封闭环厚度 δ_c 按图 23 中注 3 计算。

注 3：对于封头部分也带夹套的夹套容器，封闭环厚度和最大许用的夹套间隙宽度应由下列公式确定：

$$\delta_c \geqslant 1.414\sqrt{\frac{p_c R_s j}{[\sigma]^t}} + C$$

$$j = \frac{2[\sigma]^t \delta_n^2}{p_c R_j} - 0.5(\delta_n + \delta_j)$$

注 4：为使$(b+e)$保证所需的最小值而用坡口焊或角焊连接时所需的最小焊角尺寸。

图 D.24

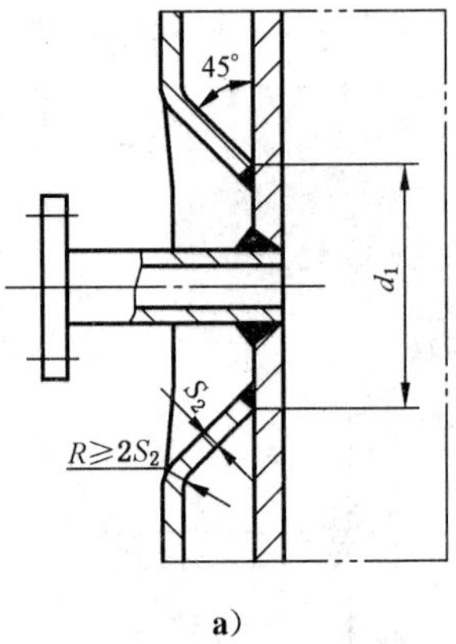

a)

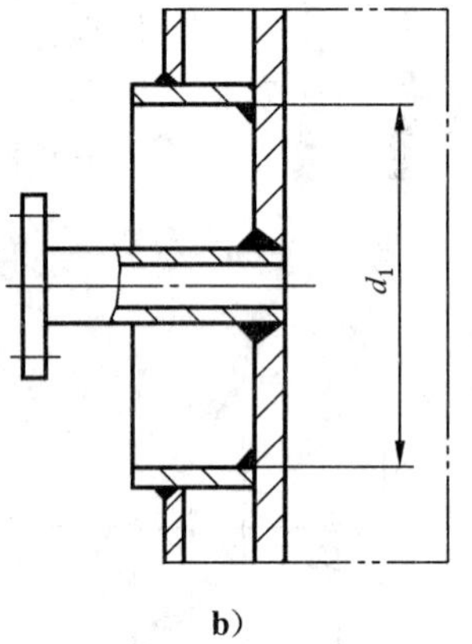

b)

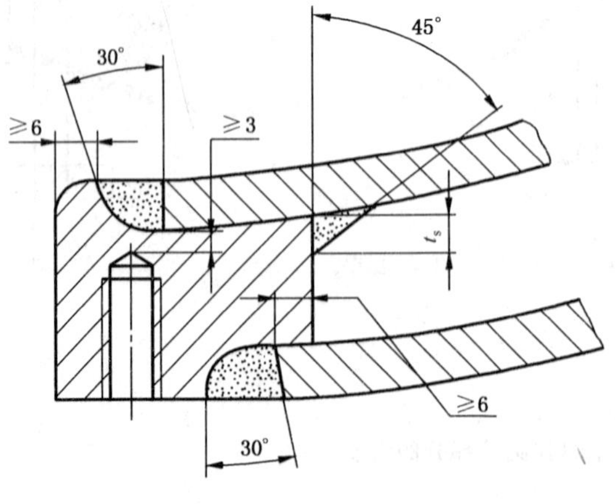

c)

图 D.25

D.11 非受压附件与受压元件的连接

非受压附件与受压元件的连接一般应采用连续焊，根据具体情况可采用角焊缝、部分焊透、全焊透等结构型式。

T型连接的角焊缝高度及部分焊透的深度 a 应不小于附件连接件厚度 S 的 1/4，如图 D.26a)、b)所示。图 D.26a)中角焊缝焊脚高度 a 也可取相焊件中较薄者的厚度。

垫板与容器壁的搭接角焊缝焊脚高度及部分焊透的深度 b 应不小于垫板厚度 S 的 1/2，如图 D.26c)、d)所示。图 D.26c)中，对于补强圈的焊脚高度 b，当补强圈的厚度不小于 8 mm 时，其值可取补强圈厚度的 70%，且不小于 8 mm。

T型连接的全焊透焊接结构见图 D.26e)，一般适用于承受较大载荷的设备吊耳等附件与容器壁或其垫板的连接。

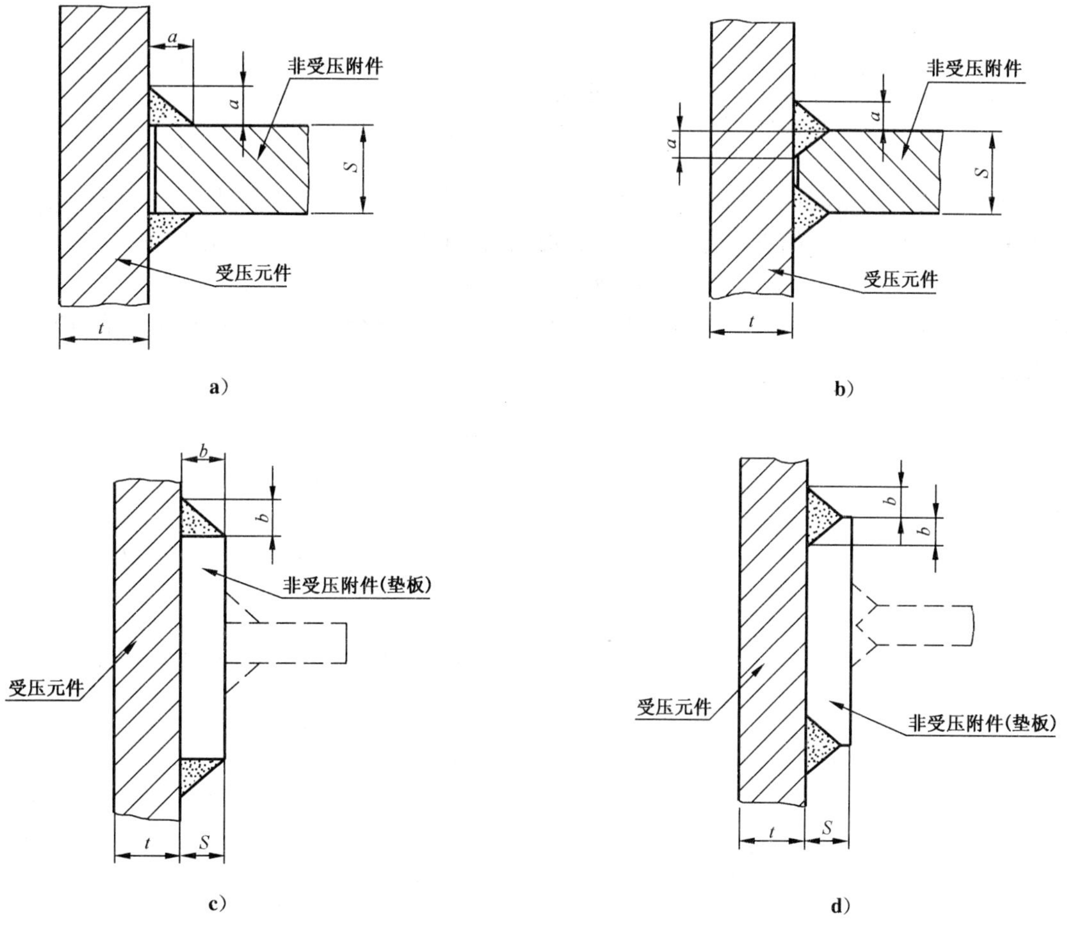

图 D.26

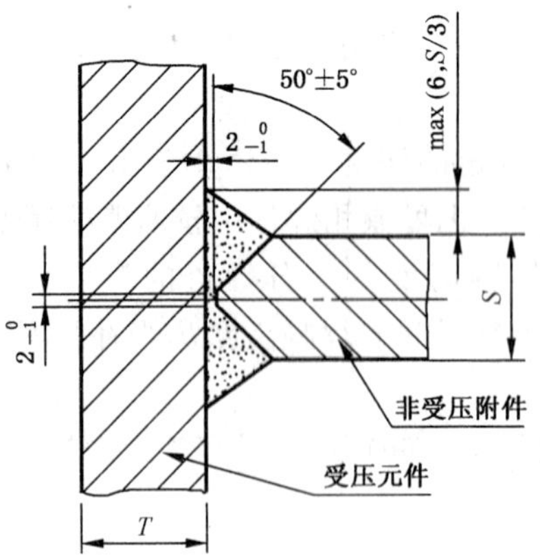

e)

图 D.26（续）

D.12 其他

本附录未给出的焊缝坡口的基本形式及尺寸可参照 GB/T 985.1 和 GB/T 985.2 的规定。

制造单位可根据所采用的焊接方法等具体情况，在保证焊接质量和设计要求的前提下，对已给出的焊接接头坡口的基本形式及尺寸进行适当的修正。

对于管板与筒体的连接参见 GB 151，法兰与筒体的连接及复合板焊接接头的连接结构尺寸参见相关标准规范。

附　录　E
（规范性附录）
关于低温压力容器的基本设计要求

E.1　总则

E.1.1　本附录适用于碳素钢和低合金钢制低温容器（设计温度低于－20 ℃）的设计。对于奥氏体型钢材制低温压力容器（设计温度低于－196 ℃）的设计，按相关规范标准处理。

E.1.2　对本附录未作规定者，应符合本标准各有关章节的要求。

E.1.3　对于碳素钢和低合金钢制容器，由于环境温度的影响导致操作条件下容器壳体的金属温度低于－20 ℃时，也应遵循本附录的规定。

注：环境温度系指容器使用地区历年来“月平均最低气温的最低值”。“月平均最低气温”系按当月各天的最低气温相加后除以当月的天数。

E.1.4　对于碳素钢和低合金钢制容器，当壳体或其受压元件使用在“低温低应力工况”下，若其设计温度加 50 ℃（对于不要求焊后热处理的容器，加 40 ℃）后不低于－20 ℃，除另有规定外不必遵循关于低温容器的规定。

“低温低应力工况”系指壳体或其受压元件的设计温度虽然低于－20 ℃，但设计应力（在该设计条件下，容器元件实际承受的最大一次总体薄膜和弯曲应力）小于或等于钢材标准常温屈服强度的 1/6，且不大于 50 MPa 时的工况。

注：一次应力是为平衡压力与其他机械载荷所必须的法向应力或切应力。

E.2　设计

E.2.1　低温容器用钢材要求应符合 GB 150.2 的相关规定，其许用应力按相应材料在 20 ℃时的许用应力选取，或按 GB 150.1—2011 中 4.4 确定。

E.2.2　当壳体或受压元件使用在“低温低应力工况”下，可以按设计温度加 50 ℃（对于不要求焊后热处理的容器，加 40 ℃）后的温度值选择材料，但不适用于 Q235 系列钢板。

“低温低应力工况”不适用于钢材标准抗拉强度下限值 $R_m \geqslant 540$ MPa 的材料。

“低温低应力工况”不适用于螺栓材料，螺栓材料的选用应计及螺栓和壳体设计温度间的差异。

E.2.3　容器的结构设计应充分考虑以下因素：

a)　结构应尽量简单，减少约束；

b)　避免产生过大的温度梯度；

c)　应尽量避免结构形状的突然变化，以减小局部应力；

d)　接管与壳体连接部位应圆滑过渡，接管端部内壁处倒圆；

e)　容器的支座或支腿不得直接焊在壳体上，需设置垫板。

E.2.4　容器焊接接头应按下列要求选用：

a)　A 类、B 类焊接接头应采用双面焊或相当于双面焊的全焊透对接接头。

b)　对于 B 类焊接接头，因结构限制不能采用双面焊时，允许采用焊后不拆除垫板的单面对接接头。

c)　C 类焊接接头可采用下列形式：

1)　平盖与圆筒的连接，应采用全截面焊透的对接接头或 T 型接头结构形式；

2） 平焊法兰或法兰短节与圆筒的连接应采用全截面焊透的结构；若采用非全截面焊透的结构，仅适用于以下范围：

——设计温度 $t \geqslant -30$ ℃或者设计压力 $p \leqslant 1.0$ MPa；

——钢材的标准抗拉强度下限值 $R_m < 540$ MPa；

3） 球冠形封头、半顶角大于 30°的锥壳、平盖、管板等部件与壳体的连接：均应采用全截面焊透结构。

d） D 类焊接接头可采用下列形式：

1） 插入式接管、安放式接管、凸缘等与壳体的连接，带补强圈的接管与壳体连接焊缝均应采用全截面焊透结构；

2） 补强圈与壳体搭接的角焊缝不允许存在未焊透。

e） E 类焊接接头除结构要求外应避免间断焊和点焊。

f） 壳体拼接不得采用十字焊缝。

ICS 23.020.30
J 74

中华人民共和国国家标准

GB 150.4—2011
部分代替 GB 150—1998

压力容器
第4部分：制造、检验和验收

Pressure vessels—
Part 4: Fabrication, inspection and testing, and acceptance

2011-11-21 发布　　　　2012-03-01 实施

中华人民共和国国家质量监督检验检疫总局
中国国家标准化管理委员会　发布

前　言

本标准的本部分全部技术内容为强制性。

本标准GB 150《压力容器》分为以下四个部分：

——第1部分：通用要求；

——第2部分：材料；

——第3部分：设计；

——第4部分：制造、检验和验收。

本部分为GB 150的第4部分：制造、检验和验收。本部分按照GB/T 1.1—2009《标准化工作导则》给出的规则起草。

本部分代替GB 150—1998《钢制压力容器》中的第10章和附录C的部分内容，与GB 150—1998相比，除编辑性修改外主要技术内容变化如下：

a) 增加了规范性引用文件和名词术语。

b) 第4、5章：

——将容器焊接接头分类的规定移至GB 150.1并增加E类接头；

——增加了容器制造过程中风险预防与控制的规定，对新技术、新工艺和新方法使用以及信息化管理规定；

——增加了容器制造过程中设计修改、材料代用和材料复验的规定。

c) 第6章：

——修改了关于受压元件成形后实际厚度的规定；

——修改了关于成形方法、封头形状偏差检查以及不允许封头直边出现纵向皱折的要求；

——修改了筒体直线度检查方法和允差、壳体焊接接头布置的要求。

d) 第7章：

——修改了需进行焊接工艺评定的范围和技术档案保存期，相应增加了取样、试验方法、合格指标和试样保存期的规定；

——修改了关于焊接返修后再次进行热处理的规定。

e) 第8章(GB 150—1998,10.4)：

——增加了成形受压元件进行恢复性能热处理、改善材料力学性能热处理及其他热处理的规定；

——增加了对热处理炉、热处理工艺和记录的要求；

——修改了容器及其受压元件需进行焊后热处理的范围及焊后热处理操作要求。

f) 第9章：

——调整了需制备产品焊接试件、母材热处理试件以及其他试件与试样的范围，相应增加了取样、检验与评定要求；

——增加了对合并制备产品焊接试件与母材热处理试件的规定。

g) 第10章：

——增加了无损检测方法选择、无损检测实施时机的规定；

——调整了全部(100%)射线或超声检测、局部射线或超声检测和表面检测的范围，增加了对射线和超声检测技术等级的要求；

——增加了衍射时差法超声检测方法(TOFD)，并规定了合格级别；

——增加了组合检测要求；

——增加了无损检测档案保存要求。

h) 第11章：

——增加了气液组合试验的耐压试验方法；

——修改了耐压试验温度的规定；

——明确了气密性试验方法作为泄漏试验方法的一种，增加了氨检漏试验、卤素检漏试验和氦检漏试验3种泄漏试验方法。

i) 第12章：

——增加了多层整体包扎和钢带错绕压力容器的制造、检验与验收要求。

j) 第13章：

——修改了容器出厂质量证明文件所包含的内容，增加了应提供的文件；

——修改了产品铭牌所包括的内容，增加了设备代码等项目。

本部分由全国锅炉压力容器标准化技术委员会(SAC/TC 262)提出并归口。

本部分起草单位：合肥通用机械研究院、中国特种设备检测研究院、中国石化工程建设公司、兰州石油化工机器厂、大连金州重型机器有限公司、中石化南京化学工业公司化工机械厂。

本部分主要起草人：崔军、陈学东、寿比南、杨国义、陈永东、李世玉、谢铁军、王冰、徐锋、陈建玉、刘静、韩冰、姚佐权。

本部分所代替标准的历次版本发布情况为：

——GB 150—1989、GB 150—1998。

压力容器
第4部分：制造、检验和验收

1 范围

1.1 本部分规定了GB 150适用范围内的钢制压力容器的制造、检验与验收要求；其他材料制压力容器的制造、检验与验收要求按相关标准。

1.2 本部分适用的压力容器结构形式为单层焊接压力容器、锻焊压力容器和多层压力容器（包括多层筒节包扎、多层整体包扎、钢带错绕和套合容器）。

1.3 对于奥氏体型钢材制低温压力容器（设计温度低于－196 ℃），由参与建造的各方协商规定附加的制造、检验与验收要求，由设计单位在设计文件中予以规定。

2 规范性引用文件

下列文件对于本文件的应用是必不可少的。凡是注日期的引用文件，仅注日期的版本适用于本文件。凡是不注日期的引用文件，其最新版本（包括所有的修改单）适用于本文件。

GB 150.1—2011 压力容器 第1部分 通用要求
GB 150.2—2011 压力容器 第2部分 材料
GB 150.3—2001 压力容器 第3部分 设计
GB/T 196 普通螺纹 基本尺寸
GB/T 197 普通螺纹 公差
GB/T 228 金属材料 室温拉伸试验方法
GB/T 229 金属材料 夏比摆锤冲击试验方法
GB/T 232 金属材料 弯曲试验方法
GB/T 1804 一般公差 未注公差的线性和角度尺寸的公差
GB/T 25198 压力容器封头
GB/T 21433 不锈钢压力容器晶间腐蚀敏感性检验
JB/T 4700 压力容器法兰分类与技术条件
JB/T 4701 甲型平焊法兰
JB/T 4702 乙型平焊法兰
JB/T 4703 长颈对焊法兰
JB/T 4704 非金属软垫片
JB/T 4705 缠绕垫片
JB/T 4706 金属包垫片
JB/T 4707 等长双头螺柱
NB/T 47014(JB/T 4708) 承压设备焊接工艺评定
NB/T 47015(JB/T 4709) 压力容器焊接规程
JB/T 4711 压力容器涂敷与运输包装
JB/T 4730.1 承压设备无损检测 第1部分：通用要求

JB/T 4730.2　承压设备无损检测　第2部分:射线检测

JB/T 4730.3　承压设备无损检测　第3部分:超声检测

JB/T 4730.4　承压设备无损检测　第4部分:磁粉检测

JB/T 4730.5　承压设备无损检测　第5部分:渗透检测

JB/T 4730.6　承压设备无损检测　第6部分:涡流检测

JB/T 4736　补强圈

NB/T 47016(JB/T 4744)　承压设备产品焊接试件的力学性能检验

NB/T 47018.1(JB/T 4747.1)　承压设备用焊接材料订货技术条件　第1部分:采购通则

NB/T 47018.2(JB/T 4747.2)　承压设备用焊接材料订货技术条件　第2部分:钢焊条

NB/T 47018.3(JB/T 4747.3)　承压设备用焊接材料订货技术条件　第3部分:气体保护电弧焊钢焊丝和填充丝

NB/T 47018.4(JB/T 4747.4)　承压设备用焊接材料订货技术条件　第4部分:埋弧焊钢焊丝和焊剂

NB/T 47018.5(JB/T 4747.5)　承压设备用焊接材料订货技术条件　第5部分:堆焊用不锈钢焊带和焊剂

TSG R0004　固定式压力容器安全技术监察规程

3　名词术语

GB 150.1界定的以及下列术语和定义适用于本部分。

3.1

锻焊压力容器　forged-welded pressure vessel

由筒形或其他形状锻件经机械加工制成筒节或封头(或筒体端部),通过环向焊接接头连接而形成的压力容器。

3.2

多层压力容器　layered pressure vessel

圆筒由两层以上(含两层)板材或带材、层间以非焊接方法组合构成的压力容器,不包括衬里容器。

3.3

多层包扎压力容器　wrapped pressure vessel

在内筒上逐层包扎层板形成的多层压力容器。

多层包扎压力容器包括以下两种结构形式:

a)　多层筒节包扎压力容器,指在单节内筒上逐层包扎层板形成多层筒节,通过环向焊接接头组焊后形成的容器;

b)　多层整体包扎压力容器,指在整体内筒上逐层包扎层板形成的容器。

3.4

钢带错绕压力容器　flat steel ribbon wound pressure vessel

在整体内筒上沿一定缠绕倾角,逐层交错缠绕钢带形成的多层压力容器。

3.5

套合压力容器　shrink fit pressure vessel

由数层具有一定过盈量的筒节,经加热逐层套合,并经热处理消除其套合预应力形成套合筒节,再通过环向焊接接头组焊后形成的压力容器。

3.6

钢材厚度　thickness of steel material

直接构成容器的钢板、钢管或锻件等元件厚度,以 δ_s 表示。

3.7

冷成形　cold forming

在工件材料再结晶温度以下进行的塑性变形加工。

在工程实践中,通常将环境温度下进行的塑性变形加工称为冷成形;介于冷成形和热成形之间的塑性变形加工称为温成形(warm forming)。

3.8

热成形　hot forming

在工件材料再结晶温度以上进行的塑性变形加工。

4　总则

4.1　压力容器的制造、检验与验收依据

4.1.1　压力容器的制造、检验与验收应符合本部分规定和设计文件的要求。在下列标准的适用范围内,如无附加规定一般应满足如下要求:

a)　封头符合 GB/T 25198 的规定;

b)　补强圈符合 JB/T 4736 的规定;

c)　容器法兰及其连接件符合 JB/T 4700～4707 的规定;

d)　焊接材料符合 NB/T 47018 的规定。

4.1.2　管法兰的选用应符合 TSG R0004 的相关规定。

4.2　压力容器制造过程中的风险预防和控制

对于设计单位出具了风险评估报告的压力容器,制造单位应当根据风险评估报告提出的主要失效模式、容器制造检验要求和建议,完成下述工作:

a)　合理地确定制造和检验工艺;

b)　风险评估报告中给出的失效模式和防护措施应在产品质量证明文件中予以体现。

4.3　设计修改和材料代用

制造单位对原设计的修改以及对受压元件的材料代用,应当事先取得原设计单位的书面批准,并在竣工图上做详细记录。

4.4　新技术和新工艺的使用

对于采用未列入本标准的压力容器制造检验的新技术、新工艺和新方法时,应按 TSG R0004 的规定进行技术评审。例如:

a)　当采用未列入 JB/T 4730 或者超出其适用范围的无损检测方法对在制压力容器进行无损检测时;

b)　当采用其他方法消除压力容器及其受压元件残余应力时。

4.5 信息化管理

压力容器制造单位应当按规定及时将压力容器制造相关数据输入特种设备信息化管理系统。

5 材料复验、分割与标志移植

5.1 材料复验

5.1.1 对于下列材料应进行复验：

a) 采购的第Ⅲ类压力容器用Ⅳ级锻件；

b) 不能确定质量证明书真实性或者对性能和化学成分有怀疑的主要受压元件材料；

c) 用于制造主要受压元件的境外材料；

d) 用于制造主要受压元件的奥氏体型不锈钢开平板；

e) 设计文件要求进行复验的材料。

5.1.2 奥氏体型不锈钢开平板应按批号复验力学性能(整卷使用者，应在开平操作后，分别在板卷的头部、中部和尾部所对应的开平板上各截取一组复验试样；非整卷使用者，应在开平板的端部截取一组复验试样)；对于5.1.1中a)、b)、c)、e)要求复验的情况，应按炉号复验化学成分，按批号复验力学性能。

5.1.3 材料复验结果应符合相应材料标准的规定或设计文件的要求。

5.1.4 低温容器焊条应按批进行药皮含水量或熔敷金属扩散氢含量的复验，其检验方法按相应的焊条标准或设计文件。

5.2 材料分割

材料分割可采用冷切割或热切割方法。当采用热切割方法分割材料时，应清除表面熔渣和影响制造质量的表面层。

5.3 材料标志移植

5.3.1 制造受压元件的材料应有可追溯的标志。在制造过程中，如原标志被裁掉或材料分成几块时，制造单位应规定标志的表达方式，并在材料分割前完成标志的移植。

5.3.2 有耐腐蚀要求的不锈钢以及复合钢板，不得在耐腐蚀面采用硬印标记。

5.3.3 低温容器受压元件不得采用硬印标记。

6 冷、热加工成形与组装

6.1 成形

6.1.1 制造单位应根据制造工艺确定加工余量，以确保受压元件成形后的实际厚度不小于设计图样标注的最小成形厚度。

6.1.2 采用经过正火、正火加回火或调质处理的钢材制造的受压元件，宜采用冷成形或温成形；采用温成形时，须避开钢材的回火脆性温度区。

6.2 表面修磨

6.2.1 制造中应避免材料表面的机械损伤。对于尖锐伤痕以及不锈钢容器耐腐蚀表面的局部伤痕、刻槽等缺陷应予以修磨，修磨斜度最大为1∶3。修磨的深度应不大于该部位钢材厚度 δ_s 的5%，且不大于2 mm，否则应予焊补。

6.2.2 对于复合钢板的成形件、堆焊件以及金属衬里层，其修磨深度不得大于覆层(或堆焊层、衬里)厚度的30%，且不大于1 mm，否则应予焊补。

6.3 坡口

坡口应符合下列要求：

a) 坡口表面不得有裂纹、分层、夹杂等缺陷；

b) 标准抗拉强度下限值 $R_m \geqslant 540$ MPa 的低合金钢材及 Cr-Mo 低合金钢材经热切割的坡口表面，加工完成后应按 JB/T 4730.4 进行磁粉检测，Ⅰ级合格；

c) 施焊前，应清除坡口及两侧母材表面至少 20 mm 范围内(以离坡口边缘的距离计)的氧化皮、油污、熔渣及其他有害杂质。

6.4 封头

6.4.1 封头各种不相交的拼接焊缝中心线间距离至少应为封头钢材厚度 δ_s 的3倍，且不小于100 mm。凸形封头由成形的瓣片和顶圆板拼接制成时，瓣片间的焊缝方向宜是径向和环向的，见图1。

先拼板后成形的封头，其拼接焊缝的内表面以及影响成形质量的拼接焊缝的外表面，在成形前应打磨与母材齐平。

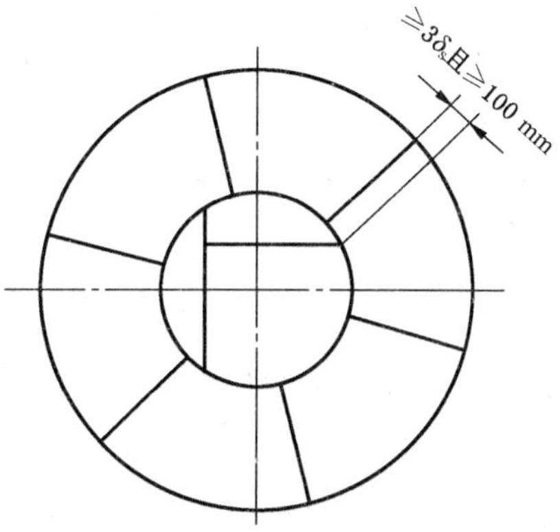

图1 分瓣成形凸形封头的焊缝布置

6.4.2 用带间隙的全尺寸的内样板检查椭圆形、碟形、球形封头内表面的形状偏差(见图2)，缩进尺寸为 $3\%D_i \sim 5\%D_i$，其最大形状偏差外凸不得大于 $1.25\%D_i$，内凹不得大于 $0.625\%D_i$。检查时应使样板垂直于待测表面。对图1所示的先成形后拼接制成的封头，允许样板避开焊缝进行测量。

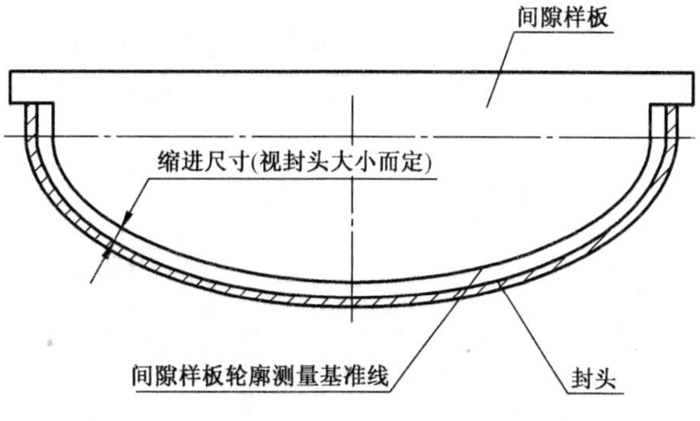

图2 凸形封头的形状偏差检查

6.4.3 碟形及折边锥形封头，其过渡区转角半径不得小于图样的规定值。

6.4.4 封头直边部分不得存在纵向皱折。

6.5 圆筒与壳体

6.5.1 A、B类焊接接头对口错边量 b(见图3)应符合表1的规定。锻焊容器B类焊接接头对口错边量 b 应不大于对口处钢材厚度 δ_s 的1/8,且不大于5 mm。

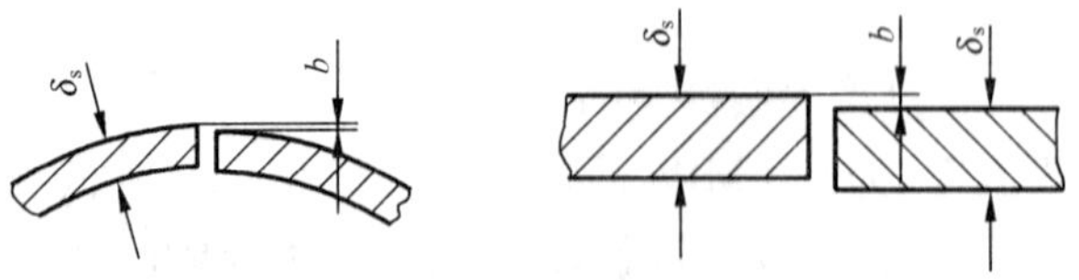

图3 A、B类焊接接头对口错边量

表1 A、B类焊接接头对口错边量 单位为毫米

对口处钢材厚度 δ_s	按焊接接头类别划分对口错边量 b	
	A类焊接接头	B类焊接接头
≤12	$\leqslant 1/4\delta_s$	$\leqslant 1/4\delta_s$
>12~20	≤3	$\leqslant 1/4\delta_s$
>20~40	≤3	≤5
>40~50	≤3	$\leqslant 1/8\delta_s$
>50	$\leqslant 1/16\delta_s$,且≤10	$\leqslant 1/8\delta_s$,且≤20
球形封头与圆筒连接的环向接头以及嵌入式接管与圆筒或封头对接连接的A类接头,按B类焊接接头的对口错边量要求。		

复合钢板的对口错边量 b(见图4)不大于钢板覆层厚度的50%,且不大于2 mm。

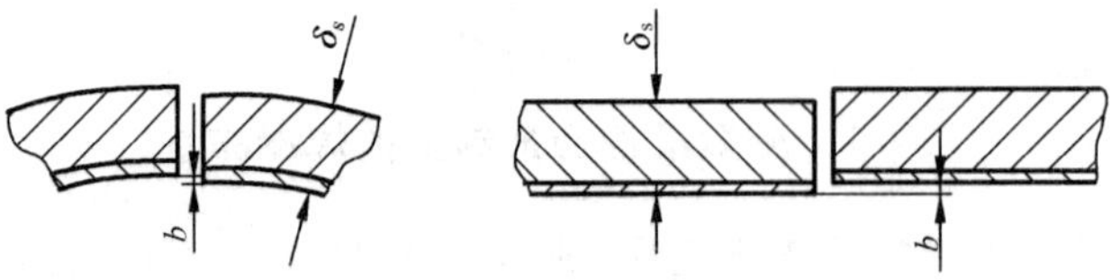

图4 复合钢板A、B类焊接接头对口错边量

6.5.2 在焊接接头环向、轴向形成的棱角 E,宜分别用弦长等于 $D_i/6$,且不小于300 mm的内样板(或外样板)和直尺检查(见图5、图6),其 E 值不得大于($\delta_s/10+2$)mm,且不大于5 mm。

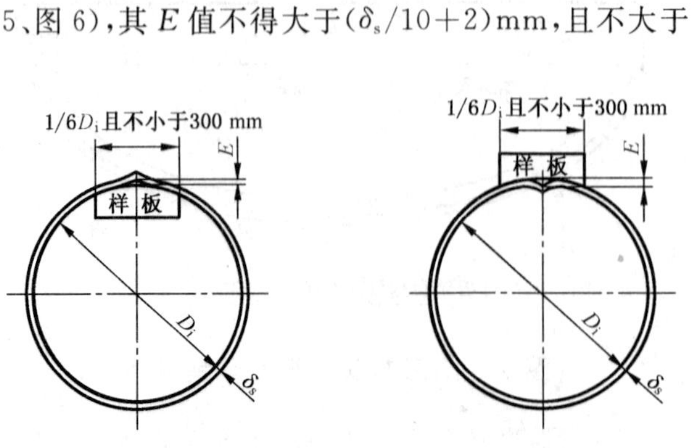

图5 焊接接头处的环向棱角

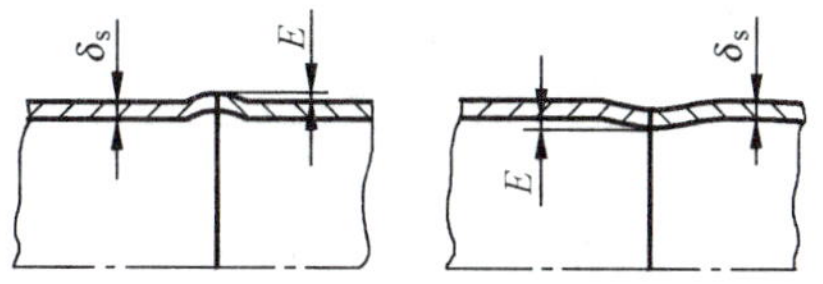

图 6 焊接接头处的轴向棱角

6.5.3 B类焊接接头以及圆筒与球形封头相连的A类焊接接头，当两侧钢材厚度不等时，若薄板厚度 $\delta_{s1} \leqslant 10$ mm，两板厚度差超过 3 mm；若薄板厚度 $\delta_{s1} > 10$ mm，两板厚度差大于 $30\%\delta_{s1}$，或超过 5 mm 时，均应按图 7 的要求单面或双面削薄厚板边缘，或按同样要求采用堆焊方法将薄板边缘焊成斜面。

当两板厚度差小于上列数值时，则对口错边量 b 按 6.5.1 要求，且对口错边量 b 以较薄板厚度为基准确定。在测量对口错边量 b 时，不应计入两板厚度的差值。

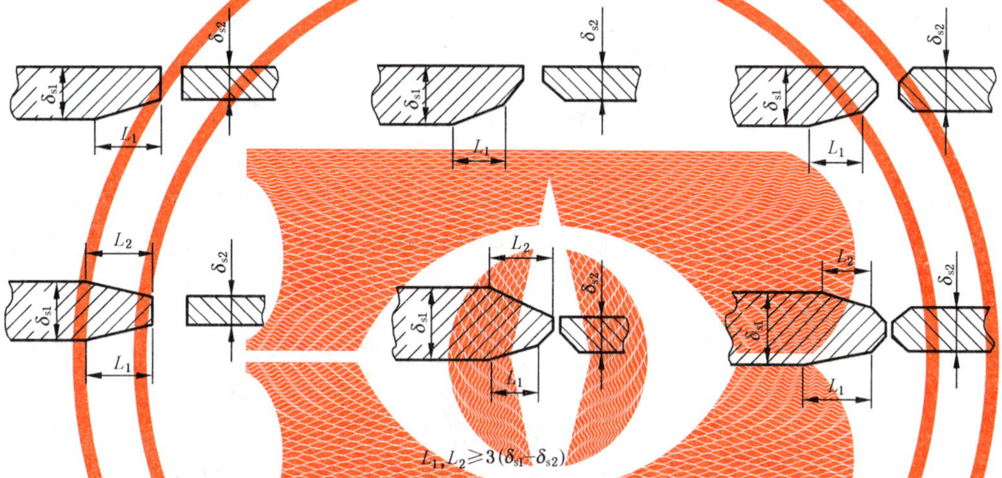

图 7 不等厚度的 B 类焊接接头以及圆筒与球形封头相连的 A 类焊接接头连接型式

6.5.4 除图样另有规定外，筒体直线度允差应不大于筒体长度(L)的 1‰。当直立容器的壳体长度超过 30 m 时，其筒体直线度允差应不大于$(0.5L/1\ 000)+15$。

注：筒体直线度检查是通过中心线的水平和垂直面，即沿圆周 0°、90°、180°、270°四个部位进行测量。测量位置与筒体纵向接头焊缝中心线的距离不小于 100 mm。当壳体厚度不同时，计算直线度时应减去厚度差。

6.5.5 组装时，壳体上焊接接头的布置应满足以下要求：

a) 相邻筒节 A 类接头间外圆弧长，应大于钢材厚度 δ_s 的 3 倍，且不小于 100 mm；

b) 封头 A 类拼接接头、封头上嵌入式接管 A 类接头、与封头相邻筒节的 A 类接头相互间的外圆弧长，均应大于钢材厚度 δ_s 的 3 倍，且不小于 100 mm；

c) 组装筒体中，任何单个筒节的长度不得小于 300 mm；

d) 不宜采用十字焊缝。

注：外圆弧长是指接头焊缝中心线之间、沿壳体外表面的距离。

6.5.6 法兰面应垂直于接管或圆筒的主轴中心线。接管和法兰的组件与壳体组装应保证法兰面的水平或垂直(有特殊要求的，如斜接管应按图样规定)，其偏差均不得超过法兰外径的 1%(法兰外径小于 100 mm 时，按 100 mm 计算)，且不大于 3 mm。

法兰螺栓孔应与壳体主轴线或铅垂线跨中布置(见图 8)。有特殊要求时，应在图样上注明。

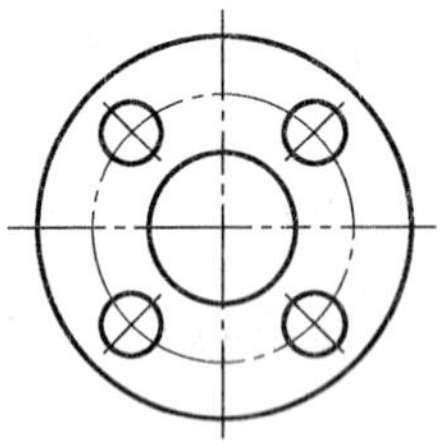

图 8　法兰螺栓孔的跨中布置

6.5.7　直立容器的底座圈、底板上地脚螺栓孔应均布，中心圆直径允差、相邻两孔弦长允差和任意两孔弦长允差均不大于±3 mm。

6.5.8　容器内件和壳体间的焊接应尽量避开壳体上的 A、B 类焊接接头。

6.5.9　容器上凡被补强圈、支座、垫板等覆盖的焊缝，均应打磨至与母材齐平。

6.5.10　容器组焊完成后，应检查壳体的直径，要求如下：

a)　壳体同一断面上最大内径与最小内径之差，应不大于该断面内径 D_i 的 1%(对锻焊容器为 1‰)，且不大于 25 mm(见图 9)；

b)　当被检断面与开孔中心的距离小于开孔直径时，则该断面最大内径与最小内径之差，应不大于该断面内径 D_i 的 1%(对锻焊容器为 1‰)与开孔直径的 2%之和，且不大于 25 mm。

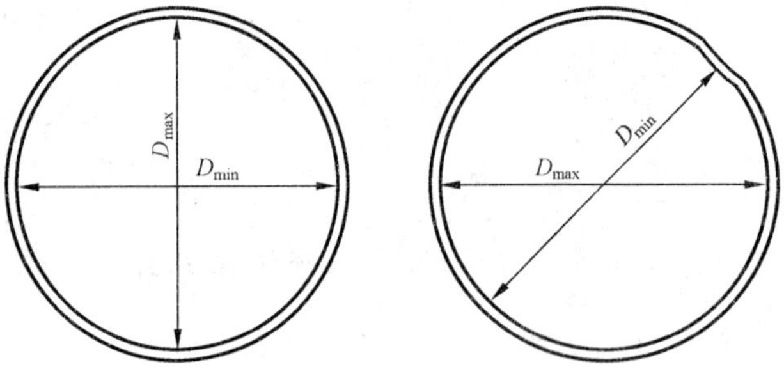

图 9　壳体同一断面上最大内径与最小内径之差

6.5.11　外压容器组焊完成后，还应按如下要求检查壳体的圆度：

a)　采用内弓形或外弓形样板(依测量部位而定)测量。样板圆弧半径等于壳体内半径或外半径，其弦长等于 GB 150.3—2011 图 4-14 中查得的弧长的两倍。测量点应避开焊接接头或其他凸起部位。

b)　用样板沿壳体径向测量的最大正负偏差 e 不得大于由图 10 中查得的最大允许偏差值。
当 D_o/δ_e 与 L/D_o 的交点位于图 10 中任意两条曲线之间时，其最大正负偏差 e 由内插法确定；当 D_o/δ_e 与 L/D_o 的交点位于图中 $e=1.0\delta_e$ 曲线的上方或 $e=0.2\delta_e$ 曲线的下方时，其最大正负偏差 e 分别不得大于 δ_e 及 $0.2\delta_e$ 值。

c)　圆筒、锥壳 L 与 D_o 分别按 GB 150.3 的规定选取，对于球壳 L 取为 $0.5D_o$；对于锥壳 D_o 取测量点所在锥壳外直径 D_{ox}，L 取 $L_e(D_{oL}/D_{ox})$，其中当量长度 L_e 按 GB 150.3—2011 式(5-20)计算。

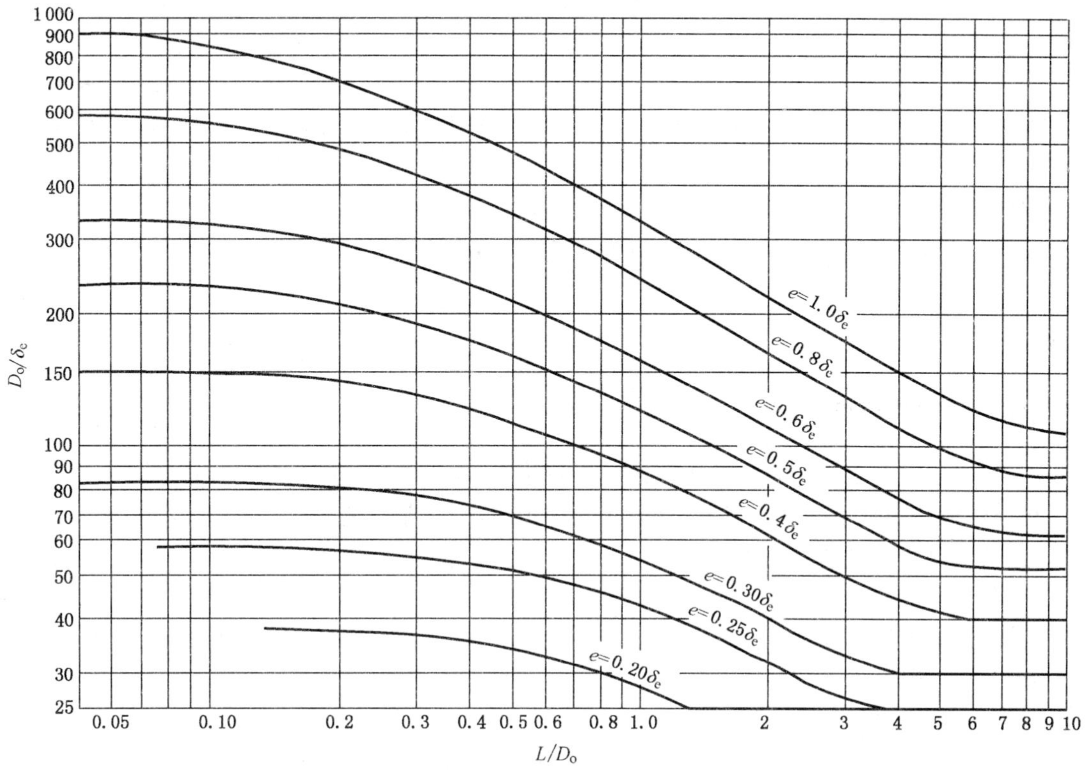

图 10　外压壳体圆度最大允许偏差

6.6　法兰与平盖

6.6.1　容器法兰按 JB/T 4700～4703 进行加工，管法兰按相应标准要求进行加工。

6.6.2　平盖和筒体端部的加工按以下规定：

a)　螺柱孔或螺栓孔的中心圆直径以及相邻两孔弦长允差为±0.6 mm；任意两孔弦长允差按表 2 规定：

表 2　法兰螺柱孔或螺栓孔任意两孔弦长允差

设计内径 D_i	＜600	600～1 200	＞1 200
允差	±1.0	±1.5	±2.0

b)　螺孔中心线与端面的垂直度允差不得大于 0.25%；

c)　螺纹基本尺寸与公差分别按 GB/T 196、GB/T 197 的规定；

d)　螺孔的螺纹精度一般为中等精度，或按相应标准选取。

6.7　螺栓、螺柱和螺母

6.7.1　公称直径不大于 M36 的螺栓、螺柱和螺母，按相应标准制造。

6.7.2　容器法兰螺柱按 JB/T 4707 的规定。

6.7.3　公称直径大于 M36 的螺柱和螺母除应符合 6.6.2，c)、d)和相应标准规定外，还应满足如下要求：

a)　有热处理要求的螺柱，其试样与试验按 GB 150.2—2011 的有关规定；

b)　螺母毛坯热处理后应做硬度试验；

c) 螺柱应按 JB/T 4730 进行表面检测，Ⅰ级合格。

6.8 组装及其他要求

6.8.1 机械加工表面和非机械加工表面的线性尺寸的极限偏差，分别按 GB/T 1804 中的 m 级和 c 级的规定。

6.8.2 容器受压元件的组装中不得强力进行对中、找平等。

6.8.3 应对容器的主要几何尺寸、管口方位进行检查，并应符合图样要求。

7 焊接

7.1 焊前准备及施焊环境

7.1.1 焊条、焊剂及其他焊接材料的贮存库应保持干燥，相对湿度不得大于 60%。

7.1.2 当施焊环境出现下列任一情况，且无有效防护措施时，禁止施焊：

a) 焊条电弧焊时风速大于 10 m/s；

b) 气体保护焊时风速大于 2 m/s；

c) 相对湿度大于 90%；

d) 雨、雪环境；

e) 焊件温度低于 −20 ℃。

7.1.3 当焊件温度低于 0 ℃但不低于 −20 ℃时，应在施焊处 100 mm 范围内预热到 15 ℃以上。

7.2 焊接工艺

7.2.1 容器施焊前，受压元件焊缝、与受压元件相焊的焊缝、熔入永久焊缝内的定位焊缝、受压元件母材表面堆焊与补焊，以及上述焊缝的返修焊缝都应按 NB/T 47014 进行焊接工艺评定或者具有经过评定合格的焊接工艺支持。

7.2.2 用于焊接结构受压元件的境外材料（含填充材料），压力容器制造单位在首次使用前，应按 NB/T 47014 进行焊接工艺评定。

7.2.3 设计温度低于 −100 ℃且不低于 −196 ℃的铬镍奥氏体不锈钢制容器，应根据设计温度选择合适的焊接工艺，母材应为含碳量小于或等于 0.10%的铬镍奥氏体不锈钢；在相应的焊接工艺评定中，应进行焊缝金属的低温夏比（V 形缺口）冲击试验，在不高于设计温度下的冲击吸收功（KV_2）不得小于 31J（当设计温度低于 −192 ℃时，其冲击试验温度取 −192 ℃）。

7.2.4 低温容器的焊接工艺评定，包括焊缝和热影响区的低温夏比（V 形缺口）冲击试验。冲击试验的取样方法，按 NB/T 47014 要求确定。

冲击试验温度应不高于图样要求的试验温度。当焊缝两侧母材具有不同冲击试验要求时，低温冲击功按两侧母材抗拉强度的较低值符合 GB 150.2—2011 中表 1 或图样的要求。接头的拉伸和弯曲性能按两侧母材中的较低要求。

7.2.5 低温容器的焊接应严格控制线能量。在焊接工艺评定所确认的范围内，选用较小的焊接线能量，以多道施焊为宜。

7.2.6 应在受压元件焊接接头附近的指定部位打上焊工代号钢印，或者在含焊缝布置图的焊接记录中记录焊工代号。其中，低温容器和不锈钢容器的耐腐蚀表面不得采用钢印标记。

7.2.7 焊接工艺评定技术档案应保存至该工艺评定失效为止，焊接工艺评定试样保存期不少于 5 年。

7.3 焊缝表面的形状尺寸及外观要求

7.3.1 A、B 类焊接接头的焊缝余高 e_1、e_2 按表 3 和图 11 的规定。

表 3　A、B 类焊接接头的焊缝余高合格指标

单位为毫米

$R_m \geqslant 540$ MPa 的低合金钢材、Cr-Mo 低合金钢材				其他钢材			
单面坡口		双面坡口		单面坡口		双面坡口	
e_1	e_2	e_1	e_2	e_1	e_2	e_1	e_2
0%～10%δ_s 且≤3	0～1.5	0%～10%δ_1 且≤3	0%～10%δ_2 且≤3	0%～15%δ_s 且≤4	0～1.5	0%～15%δ_1 且≤4	0%～15%δ_2 且≤4

7.3.2　C、D 类接头的焊脚尺寸，在图样无规定时，取焊件中较薄者之厚度。补强圈的焊脚，当补强圈的厚度不小于 8 mm 时，其焊脚尺寸等于补强圈厚度的 70%，且不小于 8 mm。

7.3.3　焊接接头表面应按相关标准进行外观检查，不得有表面裂纹、未焊透、未熔合、表面气孔、弧坑、未填满、夹渣和飞溅物；焊缝与母材应圆滑过渡；角焊缝的外形应凹形圆滑过渡。

7.3.4　下列容器的焊缝表面不得有咬边：

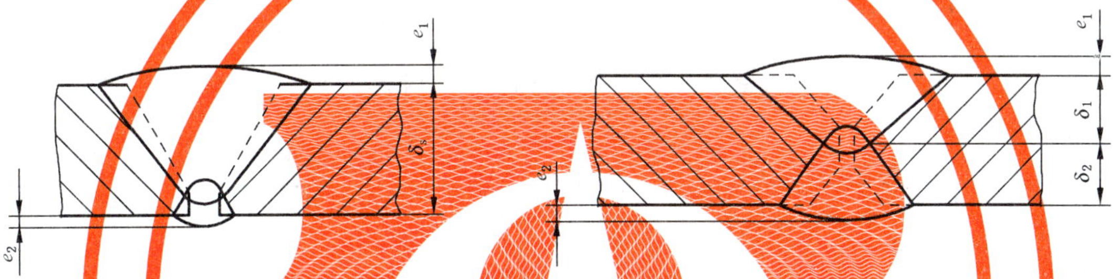

a)　单面坡口　　　b)　双面坡口

图 11　A、B 类焊接接头的焊缝余高

a)　标准抗拉强度下限值 $R_m \geqslant 540$ MPa 低合金钢材制造的容器；

b)　Cr-Mo 低合金钢材制造的容器；

c)　不锈钢材料制造的容器；

d)　承受循环载荷的容器；

e)　有应力腐蚀的容器；

f)　低温容器；

g)　焊接接头系数 ϕ 为 1.0 的容器(用无缝钢管制造的容器除外)。

其他容器焊缝表面的咬边深度不得大于 0.5 mm，咬边连续长度不得大于 100 mm，焊缝两侧咬边的总长不得超过该焊缝长度的 10%。

7.4　焊接返修

7.4.1　当焊缝需要返修时，其返修工艺应符合 7.2 的有关规定。

7.4.2　焊缝同一部位的返修次数不宜超过 2 次。如超过 2 次，返修前应经制造单位技术负责人批准，返修次数、部位和返修情况应记入容器的质量证明文件。

7.4.3　下列容器在焊后热处理后如进行任何焊接返修，应对返修部位重新进行热处理：

a)　盛装毒性为极度或高度危害介质的容器；

b)　Cr-Mo 钢制容器；

c)　低温容器；

d)　图样注明有应力腐蚀的容器。

7.4.4　热处理后的焊接返修应征得用户同意。除 7.4.3 外要求焊后热处理的容器，如在热处理后进行返修，当返修深度小于钢材厚度 δ_s 的 1/3，且不大于 13 mm 时，可不再进行焊后热处理。返修焊接时，应先预热并控制每一焊层厚度不得大于 3 mm，且应采用回火焊道。

在同一截面两面返修时，返修深度为两面返修的深度之和。

7.4.5 有特殊耐腐蚀要求的容器或受压元件，返修部位仍需保证不低于原有的耐腐蚀性能。

8 热处理

8.1 成形受压元件的恢复性能热处理

8.1.1 钢板冷成形受压元件，当符合下列 a)～e) 中任意条件之一，且变形率超过表 4 的范围，应于成形后进行相应热处理恢复材料的性能。

a) 盛装毒性为极度或高度危害介质的容器；

b) 图样注明有应力腐蚀的容器；

c) 对碳钢、低合金钢，成形前厚度大于 16 mm 者；

d) 对碳钢、低合金钢，成形后减薄量大于 10%者；

e) 对碳钢、低合金钢，材料要求做冲击试验者。

表 4 冷成形件变形率控制指标

<table>
<tr><th>材　料</th><th>碳钢、低合金钢及其他材料</th><th>奥氏体型不锈钢</th></tr>
<tr><td>变形率/%</td><td>5</td><td>15[a]</td></tr>
<tr><td colspan="3">变形率计算：
单向拉伸（如筒体成形，见图 12）：变形率(%)$=50\delta[1-(R_f/R_o)]/R_f$
双向拉伸（如封头成形，见图 12）：变形率(%)$=75\delta[1-(R_f/R_o)]/R_f$
式中：
δ——板材厚度，mm；
R_f——成形后中面半径，mm；
R_o——成形前中面半径（对于平板为∞），mm。</td></tr>
<tr><td colspan="3">[a] 当设计温度低于－100 ℃，或高于 675 ℃时，变形率控制值为 10%。</td></tr>
</table>

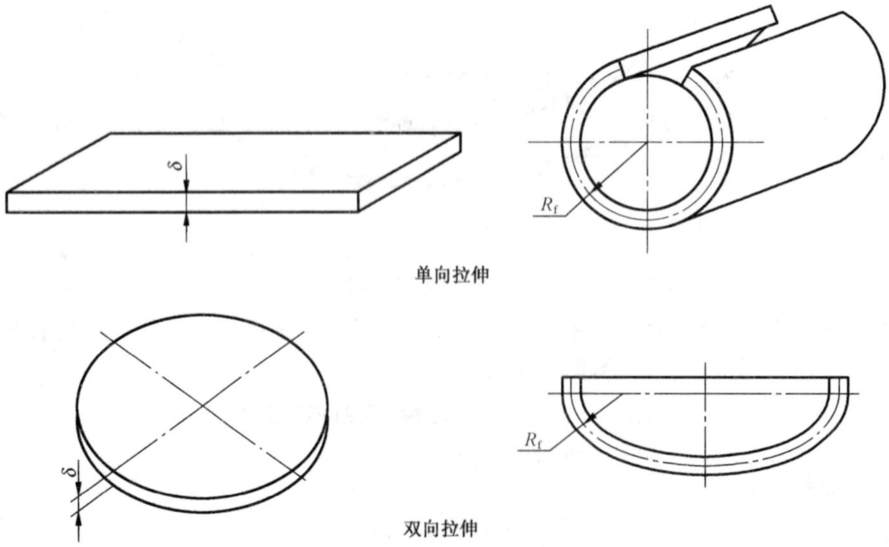

图 12 单向拉伸和双向拉伸成形

8.1.2 分步冷成形时，若不进行中间热处理，则成形件的变形率为各分步成形变形率之和；若进行中间热处理，则分别计算成形件在中间热处理前、后的变形率之和。

8.1.3 若需消除温成形工件的变形残余应力，可参照8.1.1对冷成形工件的热处理条件和要求进行。

8.1.4 若热成形或温成形改变了材料供货热处理状态，应重新进行热处理，恢复材料供货热处理状态。

8.1.5 当对成形温度、恢复材料供货热处理状态的热处理有特殊要求时，应遵循相关标准、规范或设计文件的规定。

8.2 焊后热处理(PWHT)

容器及其受压元件按材料、焊接接头厚度(即焊后热处理厚度，δ_{PWHT})和设计要求确定是否进行焊后热处理。

8.2.1 焊接接头厚度应按下列规定确定：

a) 对等厚全焊透对接接头为钢材厚度；

b) 对于对接焊缝和角焊缝为焊缝厚度；

c) 对于组合焊缝为对接焊缝与角焊缝厚度中较大者；

d) 当不同厚度元件焊接时：

——不等厚对接接头取较薄元件的钢材厚度；

——壳体与管板、平封头、盖板及其他类似元件的B类焊接接头，取壳体厚度；

——接管与壳体焊接时，取接管颈厚度、壳体厚度、补强圈厚度和连接角焊缝厚度中较大者；

——接管与法兰焊接时，取接头处接管颈厚度；对于GB 150.3—2011图7-1g)所示结构取法兰厚度；

——对于GB 150.3—2011附录D图D.12 b)所示内封头连接结构取圆筒和封头厚度的大者；

——非受压元件与受压元件焊接时，取焊缝厚度。

8.2.2 容器及其受压元件符合下列条件之一者，应进行焊后热处理，焊后热处理应包括受压元件间及其与非受压元件的连接焊缝。当制订热处理技术要求时，除满足以下规定外，还应采取必要的措施，避免由于焊后热处理导致的再热裂纹。

8.2.2.1 焊接接头厚度符合表5规定者。

表5 需进行焊后热处理的焊接接头厚度

材　　料	焊接接头厚度
碳素钢、Q345R、Q370R、P265GH、P355GH、16Mn	>32 mm >38 mm(焊前预热100 ℃以上)
07MnMoVR、07MnNiVDR、07MnNiMoDR、12MnNiVR、08MnNiMoVD、10Ni3MoVD	>32 mm >38 mm(焊前预热100 ℃以上)
16MnDR、16MnD	>25 mm
20MnMoD	>20 mm(设计温度不低于−30 ℃的低温容器) 任意厚度(设计温度低于−30 ℃的低温容器)
15MnNiDR、15MnNiNbDR、09MnNiDR、09MnNiD	>20 mm(设计温度不低于−45 ℃的低温容器) 任意厚度(设计温度低于−45 ℃的低温容器)
18MnMoNbR、13MnNiMoR、20MnMo、20MnMoNb、20MnNiMo	任意厚度
15CrMoR、14Cr1MoR、12Cr2Mo1R、12Cr1MoVR、12Cr2Mo1VR、15CrMo、14Cr1Mo、12Cr2Mo1、12Cr1MoV、12Cr2Mo1V、12Cr3Mo1V、1Cr5Mo	任意厚度
S11306、S11348	>10 mm
08Ni3DR、08Ni3D	任意厚度

8.2.2.2 图样注明有应力腐蚀的容器。

8.2.2.3 用于盛装毒性为极度或高度危害介质的碳素钢、低合金钢制容器。

8.2.2.4 当相关标准或图样另有规定时。

8.2.3 对于异种钢材之间的焊接接头，按热处理要求高者确定是否进行焊后热处理。

8.2.4 当需对奥氏体型不锈钢、奥氏体-铁素体型不锈钢进行焊后热处理时，按设计文件规定。

8.2.5 除设计文件另有规定，奥氏体型不锈钢、奥氏体-铁素体型不锈钢的焊接接头可不进行热处理。

8.2.6 焊后热处理要求

8.2.6.1 制造单位应按设计文件和标准的要求在热处理前编制热处理工艺。

8.2.6.2 不得使用燃煤炉进行焊后热处理。

8.2.6.3 热处理装置(炉)应配有自动记录温度曲线的测温仪表，并能自动绘制热处理的时间与工件壁温关系曲线。

8.2.6.4 整体焊后热处理可以是炉内整体加热方法或容器内部加热方法。在可能的情况下，应优先采用炉内整体加热方法；当无法整体加热时，允许分段加热进行。分段热处理时，其重复加热长度应不小于 1 500 mm，且相邻部分应采取保温措施，使温度梯度不致影响材料的组织和性能。热处理操作应符合 8.2.7 的规定。

8.2.6.5 B、C、D、E 类焊接接头，球形封头与圆筒连接接头以及缺陷焊补部位，允许采用局部热处理。局部热处理有效加热范围应符合下列规定：

a) 焊缝最大宽度两侧各加 δ_{PWHT} 或 50 mm，取两者较小值；

b) 返修焊缝端部方向上加 δ_{PWHT} 或 50 mm，取两者较小值；

c) 接管与壳体相焊时，应环绕包括接管在内的筒体全圆周加热，且在垂直于焊缝方向上自焊缝边缘加 δ_{PWHT} 或 50 mm，取两者较小值。

局部热处理的有效加热范围应确保不产生有害变形，当无法有效控制变形时，应扩大加热范围，例如对圆筒全周长范围进行加热；同时，靠近加热区的部位应采取保温措施，使温度梯度不致影响材料的组织和性能。

8.2.6.6 复合钢板容器及其受压元件热处理时，应采取措施保证容器(特别是覆层材料性能)满足使用要求。

8.2.7 焊后热处理操作

8.2.7.1 碳素钢、低合金钢的焊后热处理操作应符合如下规定：

a) 焊件进炉时炉内温度不得高于 400 ℃；

b) 焊件升温至 400 ℃后，加热区升温速度不得超过 $5\,500/\delta_{PWHT}$ ℃/h，且不得超过 220 ℃/h，一般情况下不低于 55 ℃/h；

c) 升温时，加热区内任意 4 600 mm 长度内的温差不得大于 140 ℃；

d) 保温时，加热区内最高与最低温度之差不宜超过 80 ℃；

e) 升温及保温时应控制加热区气氛，防止焊件表面过度氧化；

f) 炉温高于 400 ℃时，加热区降温速度不得超过 $7\,000/\delta_{PWHT}$ ℃/h，且不得超过 280 ℃/h，一般情况下不低于 55 ℃/h；

g) 焊件出炉时，炉温不得高于 400 ℃，出炉后应在静止空气中继续冷却。

8.2.7.2 对 S11306、S11348 铁素体型不锈钢的焊后热处理按 8.2.7.1 的规定。其中，对于 f)和 g)，当温度高于 650 ℃时，降温速度不得大于 55 ℃/h，当温度低于 650 ℃时，应快速降温。

8.3 改善材料力学性能热处理

压力容器或受压元件的制造单位进行改善材料力学性能的热处理，应根据设计文件要求所制定的热处理工艺进行。母材的热处理试板应与容器(或受压元件)同炉热处理。

8.4 其他热处理

当要求材料的使用热处理状态与供货热处理状态一致时，在制造过程中不得改变其供货热处理状态，否则应重新进行热处理。

8.5 热处理前、后的表面处理

有耐腐蚀要求的不锈钢及复合钢板制容器的表面，应在热处理前清除不锈钢表面污物及有害介质。该类材料制零部件按设计文件要求进行热处理后，还需作酸洗、钝化处理。

9 试件与试样

9.1 产品焊接试件

9.1.1 制备产品焊接试件条件

9.1.1.1 凡符合以下条件之一的、有A类纵向焊接接头的容器，应逐台制备产品焊接试件：

a) 盛装毒性为极度或高度危害介质的容器；

b) 材料标准抗拉强度 $R_m \geqslant 540$ MPa 的低合金钢制容器；

c) 低温容器；

d) 制造过程中，通过热处理改善或者恢复材料性能的钢制容器；

e) 设计文件要求制备产品焊接试件的容器。

9.1.1.2 除图样规定制作鉴证环试件外，B类焊接接头、球形封头与圆筒相连的A类焊接接头免做产品焊接试件。

9.1.2 制备产品焊接试件与试样的要求

9.1.2.1 产品焊接试件应当在筒节纵向焊缝的延长部位与筒节同时施焊(球形容器除外)。

9.1.2.2 试件应取自合格的原材料，且与容器用材具有相同标准、相同牌号、相同厚度和相同热处理状态。

9.1.2.3 试件应由施焊该容器的焊工，采用与施焊容器相同的条件、过程与焊接工艺(包括施焊及其之后的热处理条件)施焊，有热处理要求的容器，试件一般应当随容器进行热处理，否则应当采取措施保证试件按照与容器相同的工艺进行热处理。

9.1.2.4 试件的尺寸和试样的截取按 NB/T 47016 的规定。若有冲击试验要求，应在试件上同时截取冲击试样，进行冲击试验。

9.1.3 试样检验与评定

9.1.3.1 试样的检验与评定按 NB/T 47016 和设计文件要求进行。

9.1.3.2 当需要进行耐腐蚀性能检验时，应按相关标准和设计文件规定制备试样进行试验，并满足要求。其中，不锈钢的晶间腐蚀敏感性检验应按 GB/T 21433 规定进行。

9.1.3.3 对于低温容器，除另有规定外，冲击试验应包括焊缝金属和热影响区，并按 NB/T 47016 和设计文件规定的试验温度和合格指标进行检验和评定。

9.1.3.4 除另有规定，奥氏体型钢材的焊缝金属冲击试验合格指标为冲击吸收功不小于 31 J。

9.1.3.5 当试样评定结果不能满足要求时，允许按 NB/T 47016 的要求取样进行复验。如复验结果仍达不到要求时，则该试件所代表的产品应判为不合格。

9.2 母材热处理试件

9.2.1 制备母材热处理试件条件

9.2.1.1 凡符合以下条件之一者，应制备母材热处理试件：

a) 当要求材料的使用热处理状态与供货热处理状态一致时，在制造过程中若改变了供货的热处理状态，需要重新进行热处理的；

b) 在制造过程中，需要采用热处理改善材料力学性能的；

c) 冷成形或温成形的受压元件，成形后需要通过热处理恢复材料性能的。

9.2.2 制备母材热处理试件与试样的要求

9.2.2.1 母材热处理试件应与母材同炉进行热处理；当无法同炉时，应模拟与母材相同的热处理状态。

9.2.2.2 试件的尺寸可参照 NB/T 47016 的要求确定。母材热处理试件切取拉伸试样 1 个、冷弯试样 1 个、冲击试样 3 个。

9.2.3 试样检验与评定

试样的拉伸、冷弯和冲击试验分别按 GB/T 228、GB/T 232 和 GB/T 229 的规定进行，并按 GB 150.2 和设计文件要求进行评定。当试样评定结果不能满足要求时，允许重新取样进行复验。如复验结果仍达不到要求，则该试件所代表的母材应判为不合格。

9.3 B 类焊接接头鉴证环

9.3.1 容器 B 类焊接接头是否需制备鉴证环按设计文件规定。

9.3.2 鉴证环应取自合格的材料，且与容器用材具有相同钢号、相同热处理状态，如系锻件则其锻件级别也应相同。有热处理要求的容器，鉴证环应进行同样的热处理。

9.3.3 鉴证环试样的种类、尺寸、数量、截取及试验方法与结果评定按设计文件要求。

9.4 其他试件与试样

9.4.1 要求做耐腐蚀性能检验的容器或者受压元件，应按设计文件规定制备耐腐蚀性能试验试件并进行检验与评定。

9.4.2 根据设计文件要求，螺柱经热处理后需做力学性能试验者，应按批制备热处理试样并进行检验与评定。每批系指同时投料的具有相同钢号、相同炉罐号、相同断面尺寸、相同制造工艺的同类螺柱。

9.5 合并制备试件

当容器同时要求制备产品焊接试件和母材热处理试件时，在保证两种试件代表性的情况下可合并制备。

10 无损检测

10.1 无损检测方法的选择

10.1.1 容器的对接接头应当采用射线或超声检测，超声检测包括衍射时差法超声检测（TOFD）、可记录的脉冲反射法超声检测和不可记录的脉冲反射法超声检测。

10.1.2 当采用不可记录的脉冲反射法超声检测时，还应当采用射线检测或者衍射时差法超声检测做为附加局部检测。

10.1.3 铁磁性材料制容器焊接接头表面应当优先采用磁粉检测。

10.2 无损检测的实施时机

10.2.1 容器的焊接接头，应在形状尺寸检查、外观目视检查合格后，再进行无损检测。

10.2.2 拼接封头应当在成形后进行无损检测。

10.2.3 有延迟裂纹倾向的材料(如：12Cr2Mo1R)应当至少在焊接完成24 h后进行无损检测，有再热裂纹倾向的材料(如：07MnNiVDR)应当在热处理后增加一次无损检测。

10.2.4 标准抗拉强度下限值 $R_m \geqslant 540$ MPa的低合金钢制容器，在耐压试验后，还应当对焊接接头进行表面无损检测。

10.3 射线和超声检测

10.3.1 全部(100%)射线或超声检测

凡符合下列条件之一的容器及受压元件，需采用设计文件规定的方法，对其A类和B类焊接接头，进行全部射线或超声检测：

a) 设计压力大于或等于1.6 MPa的第Ⅲ类容器；

b) 采用气压或气液组合耐压试验的容器；

c) 焊接接头系数取1.0的容器；

d) 使用后需要但是无法进行内部检验的容器；

e) 盛装毒性为极度或高度危害介质的容器；

f) 设计温度低于−40 ℃的或者焊接接头厚度大于25 mm低温容器；

g) 奥氏体型不锈钢、碳素钢、Q345R、Q370R及其配套锻件的焊接接头厚度大于30 mm者；

h) 18MnMoNbR、13MnNiMoR、12MnNiVR及其配套锻件的焊接接头厚度大于20 mm者；

i) 15CrMoR、14Cr1MoR、08Ni3DR、奥氏体-铁素体型不锈钢及其配套锻件的焊接接头厚度大于16 mm者；

j) 铁素体型不锈钢、其他Cr-Mo低合金钢制容器；

k) 标准抗拉强度下限值 $R_m \geqslant 540$ MPa的低合金钢制容器；

l) 图样规定须100%检测的容器。

注：上述容器中公称直径 $DN \geqslant 250$ mm的接管与接管对接接头、接管与高颈法兰对接接头的检测要求与A类和B类焊接接头相同。

10.3.2 局部射线或超声检测

除10.3.1规定以外的容器，应对其A类及B类焊接接头进行局部射线或超声检测。检测方法按设计文件规定。其中，对低温容器检测长度不得少于各焊接接头长度的50%，对非低温容器检测长度不得少于各焊接接头长度的20%，且均不得小于250 mm。

下列a)～e)部位、焊缝交叉部位应100%检测，其中a)、b)、c)部位及焊缝交叉部位的检测长度可计入局部检测长度之内。

a) 先拼板后成形凸形封头上的所有拼接接头；

b) 凡被补强圈、支座、垫板、内件等所覆盖的焊接接头；

c) 对于满足GB 150.3—2011中6.1.3不另行补强的接管，自开孔中心、沿容器表面的最短长度等于开孔直径的范围内的焊接接头；

d) 嵌入式接管与圆筒或封头对接连接的焊接接头；

e) 承受外载荷的公称直径 $DN \geqslant 250$ mm的接管与接管对接接头和接管与高颈法兰的对接接头。

注：按本条规定检测后，制造单位对未检查部分的质量仍需负责。但是，若作进一步检测可能会发现少量气孔等不

危及容器安全的超标缺陷，如果这也不允许时，就应选择100%射线或超声检测。

10.3.3 公称直径 DN<250 mm 的接管与接管对接接头、接管与高颈法兰对接接头的检测要求按设计文件规定。

10.3.4 对容器直径不超过800 mm的圆筒与封头的最后一道环向封闭焊缝，当采用不带垫板的单面焊对接接头，且无法进行射线或超声检测时，允许不进行检测，但需采用气体保护焊打底。

10.4 表面检测

凡符合下列条件之一的焊接接头，需按图样规定的方法，对其表面进行磁粉或渗透检测：

a) 10.3.1中低温容器上的A、B、C、D、E类焊接接头，缺陷修磨或补焊处的表面，卡具和拉筋等拆除处的割痕表面；
b) 凡属10.3.1中i)、j)、k)容器上的C、D、E类焊接接头；
c) 异种钢焊接接头、具有再热裂纹倾向或者延迟裂纹倾向的焊接接头；
d) 钢材厚度大于20 mm的奥氏体型不锈钢、奥氏体-铁素体型不锈钢容器的对接和角接接头；
e) 堆焊表面；
f) 复合钢板的覆层焊接接头；
g) 标准抗拉强度下限值 $R_m \geqslant 540$ MPa 的低合金钢及Cr-Mo低合金钢容器的缺陷修磨或补焊处的表面，卡具和拉筋等拆除处的割痕表面；
h) 要求全部射线或超声检测的容器上公称直径 DN<250 mm 的接管与接管对接接头、接管与高颈法兰对接接头；
i) 要求局部射线或超声检测的容器中先拼板后成形凸形封头上的所有拼接接头；
j) 设计文件要求进行检测的接管角焊缝。

10.5 组合检测

10.5.1 标准抗拉强度下限值 $R_m \geqslant 540$ MPa 的低合金钢制容器的所有A类和B类焊接接头，若其焊接接头厚度大于20 mm，还应采用10.1中所列的与原无损检测方法不同的检测方法另行进行局部检测，该检测应包括所有的焊缝交叉部位；同时，该类材料容器在耐压试验后，还应对焊接接头进行表面无损检测。

10.5.2 经射线或超声检测的焊接接头，如有不允许的缺陷，应在缺陷清除干净后进行补焊，并对该部分采用原检测方法重新检测，直至合格。

10.5.3 进行局部检测的焊接接头，发现有不允许的缺陷时，应在该缺陷两端的延伸部位增加检查长度，增加的长度为该焊接接头长度的10%，且两侧均不小于250 mm。若仍有不允许的缺陷，则对该焊接接头做全部检测。

10.5.4 磁粉与渗透检测发现的不允许缺陷，应在进行修磨及必要的补焊后，对该部位采用原检测方法重新检测，直至合格。

10.5.5 当设计文件规定时，应按规定进行组合检测。

10.6 无损检测的技术要求

10.6.1 射线检测的技术要求

按JB/T 4730对焊接接头进行射线检测，其合格指标见表6。

10.6.2 超声检测的技术要求

按JB/T 4730对焊接接头进行超声检测，其合格指标见表6。

表 6 射线、超声检测合格指标

检测方法		检测技术等级	检测范围		合格级别
射线检测		AB	A、B类接头	全部	Ⅱ
				局部	Ⅲ
			角接接头、T形接头		Ⅱ
超声检测	脉冲反射法	B	A、B类接头	全部	Ⅰ
				局部	Ⅱ
			角接接头、T形接头		Ⅰ
	衍射时差法	—	—		Ⅱ

10.6.3 表面检测的技术要求

按 JB/T 4730 对焊接接头进行磁粉、渗透检测，合格级别不低于Ⅰ级。

10.6.4 组合检测技术要求

当组合采用射线和超声检测时，质量要求和合格级别按照各自执行的标准确定，并且均应当合格。

10.7 无损检测档案

压力容器无损检测档案应完整，保存时间不得少于容器设计使用年限。

11 耐压试验和泄漏试验

11.1 制造完工的容器应按设计文件规定进行耐压试验和泄漏试验。

11.2 耐压试验和泄漏试验时，如采用压力表测量试验压力，则应使用两个量程相同的、并经检定合格的压力表。压力表的量程应为 1.5～3 倍的试验压力，宜为试验压力的 2 倍。压力表的精度不得低于 1.6 级，表盘直径不得小于 100 mm。

11.3 容器的开孔补强圈应在试验前以 0.4 MPa～0.5 MPa 的压缩空气检查焊接接头质量。

11.4 耐压试验

11.4.1 耐压试验分为液压试验、气压试验以及气液组合压力试验，应按设计文件规定的方法进行耐压试验。

11.4.2 耐压试验的试验压力和必要时的强度校核按 GB 150.1—2011 的规定。

11.4.3 耐压试验前，容器各连接部位的紧固件应装配齐全，并紧固妥当；为进行耐压试验而装配的临时受压元件，应采取适当的措施，保证其安全性。

11.4.4 试验用压力表应安装在被试验容器安放位置的顶部。

11.4.5 耐压试验保压期间不得采用连续加压以维持试验压力不变，试验过程中不得带压拧紧紧固件或对受压元件施加外力。

11.4.6 耐压试验后所进行的返修，如返修深度大于壁厚一半的容器，应重新进行耐压试验。

11.4.7 2 个（或 2 个以上）压力室组成的多腔容器的耐压试验，应符合 GB 150.1—2011 中 4.6.1.7 和设计文件的要求。

11.4.8 带夹套容器应先进行内筒耐压试验，合格后再焊夹套，然后再进行夹套内的耐压试验。

11.4.9 液压试验

11.4.9.1 试验液体一般采用水，试验合格后应立即将水排净吹干；无法完全排净吹干时，对奥氏体不锈钢制容器，应控制水的氯离子含量不超过 25 mg/L。

11.4.9.2 需要时，也可采用不会导致发生危险的其他试验液体，但试验时液体的温度应低于其闪点或沸点，并有可靠的安全措施。

11.4.9.3 试验温度

Q345R、Q370R、07MnMoVR 制容器进行液压试验时，液体温度不得低于 5 ℃；其他碳钢和低合金钢制容器进行液压试验时，液体温度不得低于 15 ℃；低温容器液压试验的液体温度应不低于壳体材料和焊接接头的冲击试验温度(取其高者)加 20 ℃。如果由于板厚等因素造成材料无塑性转变温度升高，则需相应提高试验温度。

当有试验数据支持时，可使用较低温度液体进行试验，但试验时应保证试验温度(容器器壁金属温度)比容器器壁金属无塑性转变温度至少高 30 ℃。

11.4.9.4 试验程序和步骤

a) 试验容器内的气体应当排净并充满液体，试验过程中，应保持容器观察表面的干燥；

b) 当试验容器器壁金属温度与液体温度接近时，方可缓慢升压至设计压力，确认无泄漏后继续升压至规定的试验压力，保压时间一般不少于 30 min；然后降至设计压力，保压足够时间进行检查，检查期间压力应保持不变。

11.4.9.5 液压试验的合格标准

试验过程中，容器无渗漏，无可见的变形和异常声响。

11.4.9.6 液压试验完毕后，应将液体排尽并用压缩空气将内部吹干。

11.4.10 气压试验和气液组合压力试验

11.4.10.1 试验所用气体应为干燥洁净的空气、氮气或其他惰性气体；试验液体与液压试验的规定相同。

11.4.10.2 气压试验和气液组合压力试验应有安全措施，试验单位的安全管理部门应当派人进行现场监督。

11.4.10.3 试验压力和必要时的强度校核按 GB 150.1—2011 的规定。

11.4.10.4 试验温度按 11.4.9.3 的规定。

11.4.10.5 试验时应先缓慢升压至规定试验压力的 10%，保压 5 min，并且对所有焊接接头和连接部位进行初次检查；确认无泄漏后，再继续升压至规定试验压力的 50%；如无异常现象，其后按规定试验压力的 10%逐级升压，直到试验压力，保压 10 min；然后降至设计压力，保压足够时间进行检查，检查期间压力应保持不变。

11.4.10.6 气压试验和气液组合压力试验的合格标准

对于气压试验，容器无异常声响，经肥皂液或其他检漏液检查无漏气，无可见的变形；对于气液组合压力试验，应保持容器外壁干燥，经检查无液体泄漏后，再以肥皂液或其他检漏液检查无漏气，无异常声响，无可见的变形。

11.5 泄漏试验

11.5.1 容器需经耐压试验合格后方可进行泄漏试验。

11.5.2 泄漏试验包括气密性试验、氨检漏试验、卤素检漏试验和氦检漏试验，应按设计文件规定的方法和要求进行。

11.5.3 气密性试验

11.5.3.1 气密性试验所用气体应符合 11.4.10.1 的规定。

11.5.3.2 气密性试验压力为容器的设计压力。

11.5.3.3 试验时压力应缓慢上升，达到规定压力后保持足够长的时间，对所有焊接接头和连接部位进行泄漏检查。小型容器亦可浸入水中检查。

11.5.3.4 试验过程中，无泄漏合格；如有泄漏，应在修补后重新进行试验。

11.5.3.5 气密性试验的其他要求按相关标准规定。

11.5.4 其他泄漏试验方法和要求还应符合相关标准规定。

12 多层容器

多层容器的制造除满足本标准的其他有关规定外，还应符合以下规定。

12.1 成形与内筒

12.1.1 多层包扎（包括多层筒节包扎和多层整体包扎）容器、钢带错绕容器内筒的成形允差应符合表7的规定。

表7 多层包扎和钢带错绕容器内筒成形允差

单位为毫米

成形允差		
A类焊接接头的对口错边量 b（见图3）	A类焊接接头处形成的棱角 E（见图5）	同一断面上最大、最小直径之差（见图9）
≤1.0	≤1.5	≤0.4%D_i，且≤5

12.1.2 套合容器单层圆筒的成形允差

12.1.2.1 单层圆筒成形后沿其轴向分上、中、下3个断面测量内径。同一断面最大内径与最小内径之差应不大于该圆筒内径的0.5%。

12.1.2.2 单层圆筒的直线度用不小于圆筒长度的直尺检查。将直尺沿轴向靠在筒壁上，直尺与筒壁之间的间隙不大于1.5 mm。

12.1.2.3 A类接头表面均需进行机加工或修磨，不允许保留余高、错边、咬边，并使接头区的圆度和筒身一致。用弦长等于该单层圆筒内径的1/3，且不小于300 mm的内样板或外样板进行检查（见图5），形成的棱角 E 应符合表8的规定。

表8 套合容器单层圆筒棱角允差

棱角 E/mm	≥1.50	1.50>E≥1.25	1.25>E≥1.00	1.00>E≥0.75	0.75>E≥0.50	0.50>E≥0.20	<0.20
$\frac{\text{棱角}E\text{的弧长}}{\text{套合面圆周长}}$/%	0	3	4	5	6	7	不计

12.1.3 多层整体包扎容器和钢带错绕容器内筒组装允差

12.1.3.1 内筒之间的B类焊接接头对口错边量 b（如图3）应不大于1.5 mm；内筒与端部法兰或封头的连接，其对口错边量应不大于1.0 mm。

12.1.3.2 内筒B类焊接接头在轴向形成的棱角 E（见图6），用长度不小于300 mm的直尺检查，其 E 值不得大于1.5 mm。

12.1.3.3 组装内筒的直线度允差不得大于筒体长度的0.1%，且不大于6 mm。

12.1.4 内筒焊接与热处理

12.1.4.1 内筒或组装内筒焊缝不得有咬边。

12.1.4.2 内筒或组装内筒A、B类焊接接头外表面应进行加工或修磨，使之与母材表面圆滑过渡。

12.1.4.3 多层包扎容器碳钢和低合金钢内筒的A类焊接接头、钢带错绕容器碳钢和低合金钢内筒

A、B类焊接接头应进行焊后热处理。

12.2 组合

12.2.1 层板包扎

12.2.1.1 包扎前应清除内筒、已包扎和待包扎层板外表面的铁锈、油污和其他影响贴合的杂物。

12.2.1.2 内筒纵向焊接接头与各层层板C类焊接接头应均匀错开；多层整体包扎容器内筒环向焊接接头与各层层板环向焊接接头应相互错开，且相邻层环向焊接接头间的最小距离应大于图样要求。

12.2.1.3 包扎下一层层板前，应将前一层焊缝修磨平滑。

12.2.1.4 层板的焊接接头修磨后应进行外观目视检查，不得存在裂纹、咬边和密集气孔。

12.2.1.5 层板包扎后应进行松动面积检查。对内筒内径 $D_i \leqslant 1\,000$ mm 的容器，每一松动部位，沿环向长度不得超过 $30\%D_i$，沿轴向长度不得超过600 mm；对于内筒内径 $D_i > 1\,000$ mm 的容器，每一松动部位，沿环向长度不得超过300 mm，沿轴向长度不得超过600 mm。

12.2.1.6 每个多层筒节的层板上应按图样要求加工检漏孔。

12.2.1.7 多层整体包扎容器的各层层板与端部法兰或封头的连接，其对口错边量均不得大于0.8 mm。

12.2.2 套合

12.2.2.1 套合操作前应对各单层圆筒进行喷砂或喷丸处理，清除铁锈、油污及影响层间贴合的杂物。

12.2.2.2 套合操作加热温度的选择，应以不影响钢材的性能为准。套合操作应靠筒身自重自由套入，不允许强力压入。

12.2.2.3 套合中应将各单层圆筒的A类接头相互错开，错开角度不小于30°。

12.2.2.4 除内筒外，每个套合圆筒上应按图样要求钻泄放孔。

12.2.2.5 套合圆筒两端坡口加工后，用塞尺检查套合面的间隙。间隙径向尺寸在0.2 mm以上的任何一块间隙面积，不得大于套合面面积的0.4%；径向尺寸大于1.5 mm的间隙应进行焊补。

注：间隙径向尺寸即指间隙处能塞入的最大塞尺厚度；间隙面积即指间隙沿圆筒轴向的深度与间隙弧长的乘积。

12.2.3 钢带缠绕

12.2.3.1 钢带错绕容器内筒制作完毕后，应按11.5的规定进行泄漏试验，试验合格后方可缠绕钢带。泄漏试验压力不得大于式(1)计算值：

$$p_{Ti} = [\sigma]_i \frac{\delta_i}{R_i} \qquad \cdots\cdots\cdots\cdots (1)$$

式中：

p_{Ti} ——内筒泄漏试验压力，MPa；

$[\sigma]_i$——试验温度下内筒材料的许用应力，MPa；

δ_i ——内筒壁厚，mm；

R_i ——内筒内半径，mm。

12.2.3.2 缠绕钢带前应将内筒、钢带外表面的铁锈、油污及影响贴合的杂物清除干净。

12.2.3.3 各层钢带应按图样规定的缠绕倾角和预拉应力进行缠绕，并记录测力装置读数。缠绕钢带过程中，应实测并记录各层钢带的实际厚度，并确保各层钢带的实际厚度总和大于钢带层设计厚度，否则，应增加缠绕钢带层数。

12.2.3.4 同层钢带中，相邻钢带间距应均匀分布且小于3 mm，不得因间距不均匀而切割钢带侧边。

12.2.3.5 每层钢带缠绕后应进行松动面积检查，每根钢带上的松动面积应不超过该钢带总面积的 15%。

12.2.3.6 每层钢带的始、末两端应尽量与前一层贴合，并通过焊接钢带端部长度大于等于 2 倍钢带宽度的带间间距使之得到加强与箍紧。每层钢带端部焊缝处均应修磨平整，并用不小于 5 倍的放大镜对焊缝进行外观检查，不应有咬边、密集气孔、夹渣、裂纹等缺陷。必要时可进行磁粉或渗透检测。

12.2.3.7 允许钢带作 45°切边对接拼接处理，拼接钢带长度不得小于 500 mm，每根钢带拼接至多 1 处，每一缠绕钢带层拼接不得多于 3 处。拼接接头应采用全熔透结构，拼接前应按 NB/T 47014 进行焊接工艺评定，拼接后应修磨焊缝至与钢带平齐。

12.3 热处理

12.3.1 多层包扎容器上，与包扎筒节相焊的各类焊接接头，焊接后可不作焊后热处理。

12.3.2 套合后的圆筒应作消除应力热处理，这一工序允许和焊后热处理合并进行。

12.4 试件与试样

12.4.1 多层筒节包扎容器的产品焊接试件应包括内筒焊接试件和层板焊接试件。层板的焊接试件在某一层纵向接头(C 类)的延长部位焊制，在试件的焊缝根部需垫上与层板同材料、同厚度的垫板。

12.4.2 多层整体包扎容器、钢带错绕容器(钢管制内筒除外)的内筒应制备产品焊接试件。

12.5 无损检测

12.5.1 层板的拼接接头，多层筒节包扎容器内筒的 A 类焊接接头，套合容器各单层圆筒的 A 类焊接接头，多层整体包扎容器内筒的 A、B 类焊接接头，各层层板与端部法兰或球形封头的焊接接头及最外层层板的纵向和环向焊接接头，钢带错绕容器内筒的 A、B 类焊接接头应进行全部(100%)射线或超声检测，并应符合 10.6 规定。

12.5.2 对材料标准抗拉强度下限值 $R_m \geq 540$ MPa 的多层包扎容器层板 C 类焊接接头，应对其表面进行 100%磁粉或渗透检测，并应符合 10.6 规定。

12.6 耐压试验和泄漏试验

12.6.1 多层容器的耐压试验和最终泄漏试验应符合 11 章和设计文件的要求。

12.6.2 钢带错绕容器的耐压试验除应符合 11.4 的要求外，还应在耐压试验时，在距最外层钢带两端焊缝 800 mm 部位和筒体中部测量圆筒的周长。

试验过程中取两组测量值，第一组取自耐压试验前零压力状态下 3 个部位的测量值；第二组取自耐压试验中，达到规定试验压力并至少保压 5 min 后 3 个部位的测量值。计算 3 个部位周长实测伸长量平均值 e_m，并与按下式计算所得的相同尺寸单层圆筒周向理论伸长量 e_{th} 相比，e_m 和 e_{th} 之比在 0.6～1.0 之间为合格。

相同尺寸单层圆筒周向理论伸长量 e_{th} 计算：

$$e_{th} = \frac{10.68 R_o P_T R_i^2}{E_m (R_o^2 - R_i^2)} \qquad \cdots\cdots (2)$$

式中：

e_{th} ——相同尺寸单层圆筒周向理论伸长量，mm；

R_o ——容器圆筒外半径，mm；

P_T ——钢带错绕容器耐压试验压力，MPa；

R_i ——容器圆筒内半径，mm；

E_m ——材料耐压试验温度下的弹性模量，MPa。

12.6.3 钢带错绕容器在耐压试验和泄漏试验合格后，应按图样要求加焊外保护壳。

13 容器出厂要求

13.1 出厂资料

13.1.1 制造单位应向容器采购方提供出厂资料；对容器使用有特殊要求时，还应提供使用说明书。

13.1.2 容器出厂资料至少应包括以下内容：

a) 容器竣工总图；
b) 容器产品合格证(含产品数据表)；
c) 产品质量证明文件(含主要受压元件材质证明书、材料清单、封头和锻件等外购件的质量证明文件、质量计划或检验计划、结构尺寸检查报告、焊接记录、无损检测报告、热处理报告及自动记录曲线、耐压试验报告及泄漏试验报告、与风险预防和控制相关的制造文件、现场组焊容器的组焊和质量检验技术资料等)；
d) 产品铭牌的拓印件或者复印件；
e) 特种设备制造监督检验证书(对需监督检验的压力容器)；
f) 容器设计文件(含强度计算书或者应力分析报告、按相关规定要求的风险评估报告，以及其他必要的设计文件)。

13.2 产品铭牌

13.2.1 容器铭牌应固定于明显的位置，其中低温容器的铭牌不能直接铆固在壳体上。

13.2.2 铭牌至少应包括如下内容：

a) 产品名称；
b) 制造单位名称；
c) 制造单位许可证编号/级别；
d) 产品标准；
e) 主体材料；
f) 介质名称；
g) 设计温度；
h) 设计压力或最高允许工作压力(必要时)；
i) 耐压试验压力；
j) 产品编号；
k) 设备代码；
l) 制造日期；
m) 压力容器类别；
n) 容积(换热面积)。

13.3 容器的涂敷与运输包装

容器的涂敷与运输包装除应符合 JB/T 4711 的规定外，还应符合设计文件要求。

ICS 75.160.20
E 31

中华人民共和国国家标准

GB 252—2011
代替 GB 252—2000

普通柴油

General diesel fuels

2011-06-16 发布　　2011-07-01 实施

中华人民共和国国家质量监督检验检疫总局
中国国家标准化管理委员会　发布

前　言

本标准的第5章、第7章、第8章为强制性的，其余为推荐性的。

本标准按照GB/T 1.1—2009给出的规则起草。

本标准代替GB 252—2000《轻柴油》。

本标准与GB 252—2000相比主要变化如下：

——标准名称由“轻柴油”修改为“普通柴油”；

——增加了正文首页的“警告”；

——范围由“本标准规定了由石油制取的，或加有添加剂的烃类液体燃料的技术条件”及“本标准所属产品适用于汽车、拖拉机、内燃机车、工程机械、船舶和发电机组等压燃式发动机”修改为“本标准适用于拖拉机、内燃机车、工程机械、船舶和发电机组等压燃式发动机和GB 19756中规定的三轮汽车和低速货车所使用的由石油制取的，或加有添加剂的普通柴油”，并增加了注的内容(2000版的1　范围，本版的1　范围)；

——将第2章“引用标准”修改为“规范性引用文件”，并增加了部分引用标准；

——增加了第3章“术语和定义”；

——产品标记由“本标准所属轻柴油的标记举例：GB 252 —10号轻柴油”修改为“向用户销售的符合本标准表1要求的普通柴油所使用的加油机和容器都应标明下列标志：10号普通柴油、5号普通柴油、0号普通柴油、—10号普通柴油、—20号普通柴油、—35号普通柴油、—50号普通柴油”(2000版的3.2，本版的7.1)

——表1中硫含量(质量分数)由原来“不大于0.2%”修改为“不大于0.2%(2013年6月30日以前)，不大于0.035%(2013年7月1日开始)”，仲裁试验方法由GB/T 380修改为SH/T 0689(2000版的表1，本版的表1)；

——表1中增加十六烷指数的要求。对于普通柴油着火性，要求满足十六烷值或十六烷指数即可；

——删除脚注1)，其余脚注序号顺序调整为a、b、c、d；

——脚注a由“可用GB/T 11131、GB/T 11140和GB/T 17040方法测定。结果有争议时，以GB/T 380为准”，修改为“测定方法也包括用GB/T 380 GB/T 11140、GB/T 17040。结果有争议时，以SH/T 0689方法为准。”(2000版中表1的脚注2，本版中表1的脚注a)；

——增加脚注e(见表1)；

——增加第6章“检验规则”；

——增加第8章“安全”；

——将原标准的附录A和附录B，修改为本标准的附录B和附录A；同时增加了附录B中有关安全的内容。

本标准由全国石油产品和润滑剂标准化技术委员会石油燃料和润滑剂分技术委员会(SAC/TC 280/SC 1)归口。

本标准起草单位：中国石油化工股份有限公司石油化工科学研究院。

本标准主要起草人：倪蓓。

本标准所替代标准的历次版本发布情况为：

——GB 252—1964、GB 252—1977、GB 252—1981、GB 252—1987、GB 252—1994、GB 252—2000。

普　通　柴　油

警告：如果不遵守适当的防范措施，本标准所属产品在生产、运输、装卸、贮运和使用等过程中可能存在危险。本标准无意对与本产品有关的所有安全问题提出建议。用户在使用本标准之前，有责任建立适当的安全和防范措施，并确定相关规章限制的适用性。

1　范围

本标准规定了普通柴油的术语和定义、产品分类、技术要求和试验方法、检验规则及标志、包装、运输和贮存、安全。

本标准适用于拖拉机、内燃机车、工程机械、船舶和发电机组等压燃式发动机和 GB 19756 中规定的三轮汽车和低速货车所使用的由石油制取的，或加有添加剂的普通柴油。

注：除此之外的其他特殊用途也可由供求双方协商。

2　规范性引用文件

下列文件对于本标准的应用是必不可少的。凡是注日期的引用文件，仅注日期的版本使用于本文件。凡是不注日期的引用文件，其最新版本（包括所有的修改单）适用于本文件。

GB 190　危险货物包装标志

GB/T 258　汽油、煤油、柴油酸度测定法

GB/T 260　石油产品水分测定法

GB/T 261　闪点的测定　宾斯基-马丁闭口杯法

GB/T 265　石油产品运动黏度测定法和动力黏度计算法

GB/T 268　石油产品残炭测定法（康氏法）

GB/T 380　石油产品硫含量测定法（燃灯法）

GB/T 386　柴油着火性质测定法（十六烷值法）

GB/T 508　石油产品灰分测定法

GB/T 510　石油产品凝点测定法

GB/T 511　石油产品和添加剂机械杂质测定法（重量法）

GB/T 1884　原油和液体石油产品密度实验室测定法（密度计法）

GB/T 1885　石油计量表

GB/T 4756　石油液体手工取样法

GB/T 5096　石油产品铜片腐蚀试验法

GB/T 6536　石油产品蒸馏测定法

GB/T 6540　石油产品颜色测定法

GB/T 11139　馏分燃料十六烷指数计算法

GB/T 11140　石油产品硫含量的测定　波长色散 X 射线荧光光谱法

GB 13690　化学品分类和危险性公示　通则

GB/T 17040　石油和石油产品硫含量的测定　能量色散 X 射线荧光光谱法

GB/T 17144　石油产品残炭测定法（微量法）

GB 20581　化学品分类、警示标签和警示性说明安全规范　易燃液体

SH 0164　石油产品包装、贮运及交货验收规则
SH/T 0175　馏分燃料油氧化安定性测定法(加速法)
SH/T 0248　柴油和民用取暖油冷滤点测定法
SH/T 0604　原油和石油产品密度测定法(U 型振动法)
SH/T 0689　轻质烃及发动机燃料和其它油品的总硫含量测定法(紫外荧光法)
SH/T 0694　中间馏分燃料十六烷指数计算法(四变量公式法)

3　术语和定义

下列术语和定义适用于本文件。

3.1

三轮汽车　tri-wheel vehicle

最高设计车速小于或等于 50 km/h 的,具有三个车轮的货车。

[GB 19756—2005 的 3.1]

3.2

低速货车　low-speed truck

最高设计车速小于 70 km/h,具有四个车轮的货车。

[GB 19756—2005 的 3.1]

4　产品分类

普通柴油按凝点分为七个牌号:

10 号普通柴油:适用于风险率为 10%的最低气温在 12 ℃以上的地区使用;

5 号普通柴油:适用于风险率为 10%的最低气温在 8 ℃以上的地区使用;

0 号普通柴油:适用于风险率为 10%的最低气温在 4 ℃以上的地区使用;

—10 号普通柴油:适用于风险率为 10%的最低气温在—5 ℃以上的地区使用;

—20 号普通柴油:适用于风险率为 10%的最低气温在—14 ℃以上的地区使用;

—35 号普通柴油:适用于风险率为 10%的最低气温在—29 ℃以上的地区使用;

—50 号普通柴油:适用于风险率为 10%的最低气温在—44 ℃以上的地区使用。

注:可参见附录 A《各地区风险率为 10%的最低气温》,使用不同牌号的柴油。

5　技术要求和试验方法

普通柴油的技术要求和试验方法见表 1。

表 1　普通柴油技术要求和试验方法

项　目	10 号	5 号	0 号	—10 号	—20 号	—35 号	—50 号	试验方法
色度/号　不大于	3.5							GB/T 6540
氧化安定性(以总不溶物计)/(mg/100 mL)　不大于	2.5							SH/T 0175
硫含量[a](质量分数)/%　不大于	0.2(2013 年 6 月 30 日以前) 0.035(2013 年 7 月 1 日开始)							SH/T 0689

表 1（续）

项　目	10 号	5 号	0 号	—10 号	—20 号	—35 号	—50 号	试验方法
酸度/(mgKOH/100 mL)　不大于	7							GB/T 258
10%蒸余物残炭[b](质量分数)/%　不大于	0.3							GB/T 268
灰分(质量分数)/%　不大于	0.01							GB/T 508
铜片腐蚀(50 ℃,3 h)/级　不大于	1							GB/T 5096
水分[c](体积分数)/%　不大于	痕迹							GB/T 260
机械杂质[c]	无							GB/T 511
运动黏度(20 ℃)/(mm²/s)	3.0～8.0				2.5～8.0	1.8～7.0		GB/T 265
凝点/℃　不高于	10	5	0	−10	−20	−35	−50	GB/T 510
冷滤点/℃　不高于	12	8	4	−5	−14	−29	−44	SH/T 0248
闪点(闭口)/℃　不低于	55					45		GB/T 261
着火性[d](应满足下列要求之一) 十六烷值　不小于 十六烷指数　不小于	 45 43							 GB/T 386 SH/T 0694
馏程: 50%回收温度/℃　不高于 90%回收温度/℃　不高于 95%回收温度/℃　不高于	 300 355 365							GB/T 6536
密度(20 ℃)[e]/(kg/m³)	报告							GB/T 1884 和 GB/T 1885

[a] 测定方法也包括用 GB/T 380 GB/T 11140、GB/T 17040。结果有争议时，以 SH/T 0689 方法为准。

[b] 若普通柴油中含有硝酸酯型十六烷值改进剂，10%蒸余物残炭的测定，应用不加硝酸酯的基础燃料进行。柴油中是否含有硝酸酯型十六烷值改进剂的检验方法见附录 B。可用 GB/T 17144 方法测定。结果有争议时，以 GB/T 268 方法为准。

[c] 包括用目测法，即将试样注入 100 mL 玻璃量筒中，在室温(20 ℃±5 ℃)下观察，应透明，没有悬浮和沉降的水分及机械杂质。结果有争议时，按 GB/T 260 或 GB/T 511 测定。

[d] 由中间基或环烷基原油生产的各号普通柴油的十六烷值或十六烷指数允许不小于 40(有特殊要求者由供需双方确定)，对于十六烷指数的测定也包括用 GB/T 11139。结果有争议时，以 GB/T 386 测定结果为准。

[e] 也包括用 SH/ 0604 方法，结果有争议时，以 GB/T 1884 和 GB/T 1885 方法为准。

6 检验规则

6.1 检验分类与检验项目

6.1.1 出厂检验

出厂批次检验项目：色度、硫含量、酸度、10%蒸余物残炭、灰分、铜片腐蚀、水分、机械杂质、运动黏度、凝点、冷滤点、闪点、十六烷值或十六烷指数、馏程、密度。

出厂周期检验项目:氧化安定性。检验周期为一个月。

6.1.2 型式检验

型式检验项目为第5章中表1技术要求和试验方法所规定的全部检验项目。

在下列情况下进行型式检验:

a) 原油性质发生变化、加工工艺条件改变,调合比例变化及检修开工后情况;

b) 出厂检验结果与上次型式检验结果有较大差异时。

6.2 组批

在原材料、工艺不变的条件下,产品每生产一罐为一批。

6.3 取样

取样按GB/T 4756进行,取4 L作为检验和留样用。

6.4 判定规则

出厂检验的结果全部符合本标准表1的技术要求时,则判定该批产品合格。

6.5 复验规则

如出厂检验结果中有不符合表1技术指标的规定时,按GB/T 4756的规定重新抽取双倍样品进行复检,复检结果如仍有一项不符合本标准规定的技术指标时,则判定该批产品为不合格。

7 标志、包装、运输和贮存

7.1 向用户销售的符合本标准表1要求的普通柴油所使用的加油机和容器都应标明下列标志:10号普通柴油、5号普通柴油、0号普通柴油、—10号普通柴油、—20号普通柴油、—35号普通柴油、—50号普通柴油。

7.2 根据GB 13690,普通柴油属于易燃液体,产品的标志、包装、运输和贮存及交货验收按SH 0164、GB 13690和GB 190进行。

8 安全

根据GB 13690,普通柴油属于易燃液体,其危险性警示见GB 20581中第8章的警示说明。

附　录　A
（资料性附录）
各地区风险率为10%的最低气温

A.1　各地区风险率为10%的最低气温

各地区风险率为10%的最低气温（见表A.1）是从中央气象局资料室编写的《石油产品标准的气温资料》中摘录编制的。它是由我国152个气象台、站，从1961年至1980年逐日自最高（低）气温记录分析得出的。某月风险率为10%的最低气温值，表示该月中最低气温低于该值的概率为0.1，或者说该月中最低气温高于该值的概率为0.9。

A.2　意义与用途

推荐使用风险率为10%的最低气温来估计使用地区的最低操作温度，为柴油机在低温操作时的正常设备防寒、燃油系统的设计、柴油的生产、供销及使用提供可靠的气温数据。

表A.1　各地区风险率为10%的最低气温

℃

	一月份	二月份	三月份	四月份	五月份	六月份	七月份	八月份	九月份	十月份	十一月份	十二月份
河北省	−14	−13	−5	1	8	14	19	17	9	1	−6	−12
山西省	−17	−16	−8	−1	5	11	15	13	6	−2	−9	−16
内蒙古自治区	−43	−42	−35	−21	−7	−1	4	1	−8	−19	−32	−41
黑龙江省	−44	−42	−35	−20	−6	1	7	4	−6	−20	−35	−43
吉林省	−29	−27	−17	−6	1	8	14	12	2	−6	−17	−26
辽宁省	−23	−21	−12	−1	6	12	18	15	6	−2	−12	−20
山东省	−12	−12	−5	2	8	14	19	18	11	4	−4	−10
江苏省	−10	−9	−3	3	11	15	20	20	12	5	−2	−8
安徽省	−7	−7	−1	5	12	18	20	20	14	7	0	−6
浙江省	−4	−3	1	6	13	17	22	21	15	8	2	−3
江西省	−2	−2	3	9	15	20	23	23	18	12	4	0
福建省	−4	−2	3	8	14	18	21	20	15	8	1	−3
台湾省[a]	3	0	2	8	10	16	19	19	13	10	1	2
广东省	1	2	7	12	18	21	23	23	20	13	7	2
海南省	9	10	15	19	22	24	24	23	23	19	15	12
广西壮族自治区	3	3	8	12	18	21	23	23	19	15	9	4
湖南省	−2	−2	3	9	14	18	22	21	16	10	1	−1
湖北省	−6	−4	0	6	12	17	21	20	14	8	1	−4
河南省	−10	−9	−2	4	10	15	20	18	11	4	−3	−8
四川省	−21	−17	−11	−7	−2	1	2	1	0	−7	−14	−19
贵州省	−6	−6	−1	3	7	9	12	11	8	4	−1	−4

表 A.1（续）

℃

	一月份	二月份	三月份	四月份	五月份	六月份	七月份	八月份	九月份	十月份	十一月份	十二月份
云南省	−9	−8	−6	−3	1	5	7	7	5	−1	−5	−8
西藏自治区	−29	−25	−21	−15	−9	−3	−1	0	−6	−14	−22	−29
新疆维吾尔族自治区	−40	−38	−28	−12	−5	−2	0	−2	−6	−14	−25	−34
青海省	−33	−30	−25	−18	−10	−6	−3	−4	−6	−16	−28	−33
甘肃省	−23	−23	−16	−9	−1	3	5	5	0	−8	−16	−22
陕西省	−17	−15	−6	−1	5	10	15	12	6	−1	−9	−15
宁夏回族自治区	−21	−20	−10	−4	2	6	9	8	3	−4	−12	−19

[a] 台湾省所列的温度是绝对最低气温，即风险率为0的最低气温。

附 录 B
（规范性附录）
柴油中硝酸酯型十六烷值改进剂的检验

B.1 范围

B.1.1 本方法适用于检验柴油中使用的硝酸酯型十六烷值改进剂。本方法可作为测定残炭和计算十六烷指数前使用的定性筛选方法。

B.1.2 本方法涉及某些有危险性的物质、操作和设备，无意对所涉及的所有安全问题提出建议。因此，在使用本方法之前应建立适当的安全和防护措施，并确定相关规章限制的适用性。

B.2 方法概要

柴油试样在氢氧化钾-正丁醇混合物中皂化，用玻璃纤维滤纸过滤，留在滤纸上的物质干燥后用二苯胺试剂处理。二苯胺被硝酸盐氧化成深蓝色醌型化合物。生成的蓝色或蓝黑色斑点显示有硝酸酯型十六烷值改进剂。无颜色变化可确定没有硝酸酯型十六烷值改进剂。

B.3 仪器或设备

B.3.1 反应瓶：容量 30 mL 广口瓶，带螺帽盖，盖内侧有锡或塑料衬里。

B.3.2 玻璃纤维滤纸：直径 37 mm。

B.3.3 移液管：容量 10 mL，带吸球。

B.3.4 量筒：10 mL 和 25 mL。

B.3.5 吸滤瓶：适合与 60 mL 玻璃烧结过滤器连接。

B.3.6 玻璃烧结过滤器：容量 60 mL。

B.3.7 烘箱：适用于在 110 ℃干燥玻璃纤维滤纸。

B.4 试剂

B.4.1 氢氧化钾，分析纯。

B.4.2 正丁醇，分析纯。

B.4.3 硫酸，分析纯。

B.4.4 二苯胺溶液（1 g/100 mL 溶液）。

配制：用 0.250 g 二苯胺（分析纯）溶解在 25 mL 硫酸中。

B.4.5 甲苯，分析纯。

警告：甲苯为有毒可燃物，应避免吸入其蒸气，并避免与皮肤接触。

B.5 试验步骤

B.5.1 用 6.5 g 氢氧化钾与 100 mL 正丁醇混合，加热使氢氧化钾溶解，待溶液冷却后用玻璃纤维滤纸过滤混合物，即得到皂化混合物。

B.5.2 用移液管把 10 mL 试样注入反应瓶，加入 5 mL 甲苯，再加入 10 mL 皂化混合物。

警告：不应当用口吸移液管，因为检验中存在有毒物质。

B.5.3 用螺帽盖牢固地盖在反应瓶上，混合内盛物后，放在 110 ℃烘箱中保持 4 h。

B.5.4 从烘箱中取出的反应瓶冷却到 25 ℃±3 ℃。

B.5.5 将反应瓶中的内盛物在装有玻璃纤维滤纸的玻璃烧结过滤器内过滤。

B.5.6 用 2.5 mL 甲苯洗涤反应瓶，并转移到玻璃烧结过滤器内过滤。

B.5.7 小心取出玻璃纤维滤纸，放在 110 ℃烘箱中干燥 15 min。

B.5.8 取出玻璃纤维滤纸，冷却到 25 ℃±3 ℃。

B.5.9 向滤纸中央滴入 3 滴二苯胺溶液，观察是否形成蓝色或蓝黑色。

B.6 报告

如果出现蓝色，应报告有硝酸酯型十六烷值改进剂。含有 0.5%（体积分数）硝酸酯型十六烷值改进剂的柴油参比试样会使整个试剂部位呈现深蓝色至蓝黑色。而仅含 0.1%（体积分数）硝酸酯型十六烷值改进剂的柴油参比试样会使试剂部位的外缘呈现蓝色环。

如果出现上述的蓝色、深蓝色或蓝黑色，则试样为阳性反应。残炭的测定应用不加硝酸酯型十六烷值改进剂的基础燃料进行，并且不能用来计算十六烷指数，应用 GB/T 386 方法测定十六烷值。

参 考 文 献

GB 19756 三轮汽车和低速货车用柴油机排气污染物排放限值及测量方法(中国Ⅰ、Ⅱ阶段)

ICS 21.100.20
J 11

中华人民共和国国家标准

GB/T 273.1—2011/ISO 355:2007
代替 GB/T 273.1—2003，GB/T 4648—1996

滚动轴承　外形尺寸总方案 第1部分：圆锥滚子轴承

Rolling bearings—Boundary dimensions general plan—Part 1：Tapered roller bearings

（ISO 355:2007，Rolling bearings—Tapered rollerbearings—Boundary dimensions and series designations，IDT）

2011-11-21 发布　　2012-06-01 实施

中华人民共和国国家质量监督检验检疫总局
中国国家标准化管理委员会　发布

前　言

GB/T 273《滚动轴承　外形尺寸总方案》分为三个部分：

——第1部分：圆锥滚子轴承；

——第2部分：推力轴承；

——第3部分：向心轴承。

本部分为GB/T 273的第1部分。

本部分按照GB/T 1.1—2009给出的规则起草。

本部分代替GB/T 273.1—2003《滚动轴承　圆锥滚子轴承　外形尺寸总方案》和GB/T 4648—1996《滚动轴承　圆锥滚子轴承　凸缘外圈　外形尺寸》。本部分以GB/T 273.1—2003为主，整合了GB/T 4648—1996的内容，与GB/T 273.1—2003相比，除编辑性修改外主要技术变化如下：

——增加了双列圆锥滚子轴承的外形尺寸(见6.3)；

——增加了圆锥滚子轴承凸缘外圈的凸缘尺寸(见6.4)；

——将“系列代号”的内容移入正文(见第5章，2003年版的附录B)；

——修改了圆锥滚子轴承外形尺寸编排原则(见表4～表8，2003年版的表1～表5)；

——修改了倒角尺寸符号(见图1和第4章，2003年版的图1和第3章)。

本部分使用翻译法等同采用ISO 355:2007《滚动轴承　圆锥滚子轴承　外形尺寸及系列代号》。

本部分做了下列编辑性修改：

——为与现有标准系列一致，将标准名称改为《滚动轴承　外形尺寸总方案　第1部分：圆锥滚子轴承》。

本部分由中国机械工业联合会提出。

本部分由全国滚动轴承标准化技术委员会(SAC/TC 98)归口。

本部分起草单位：洛阳轴承研究所有限公司、襄阳汽车轴承股份有限公司、福建省永安轴承有限责任公司。

本部分主要起草人：宋玉聪、陈晓娟、蔡秉华。

本部分代替了GB/T 273.1—2003和GB/T 4648—1996。

GB/T 273.1—2003的历次版本发布情况为：

——GB 273.1—1964、GB 273.1—1981、GB 273.1—1987。

GB/T 4648—1996的历次版本发布情况为：

——GB 4648—1984。

滚动轴承 外形尺寸总方案
第1部分:圆锥滚子轴承

1 范围

GB/T 273 的本部分规定了单列和双列圆锥滚子轴承及其组件的外形尺寸,还规定了该类轴承凸缘外圈的凸缘尺寸以供选择,同时还规定了每一轴承的系列代号。

2 规范性引用文件

下列文件对于本文件的应用是必不可少的。凡是注日期的引用文件,仅注日期的版本适用于本文件。凡是不注日期的引用文件,其最新版本(包括所有的修改单)适用于本文件。

GB/T 274—2000 滚动轴承 倒角尺寸最大值(idt ISO 582:1995)

GB/T 307.1—2005 滚动轴承 向心轴承 公差(ISO 492:2002,MOD)

GB/T 6930—2002 滚动轴承 词汇(ISO 5593:1997,IDT)

GB/T 7811—2007 滚动轴承 参数符号(ISO 15241:2001,IDT)

ISO 1132-1:2000 滚动轴承 公差 第1部分:术语和定义(Rolling bearings—Tolerances—Part 1:Terms and definitions)

3 术语和定义

GB/T 6930—2002 和 ISO 1132-1:2000 界定的术语和定义适用于本文件。

4 符号

GB/T 7811—2007 给出的以及下列符号适用于本文件。

除另有说明外,图1～图4中所示符号和表4～表16中所示数值均表示公称尺寸。

B:单列轴承内圈宽度

B_1:双列轴承宽度

C:单列轴承外圈宽度

C_1:双外圈宽度或两个单外圈和隔圈的总宽度

C_2:外圈凸缘宽度

D:外圈外径

D_1:外圈凸缘外径

d:内圈内径

E:外圈背面内径

h_1:外圈凸缘高度

r:内圈背面倒角尺寸

r_{smin}:内圈背面最小单一倒角尺寸

r_1:外圈背面倒角尺寸

$r_{1s\ min}$：外圈背面最小单一倒角尺寸

r_2：外圈和内圈前面倒角尺寸

T：单列轴承宽度

α：接触角

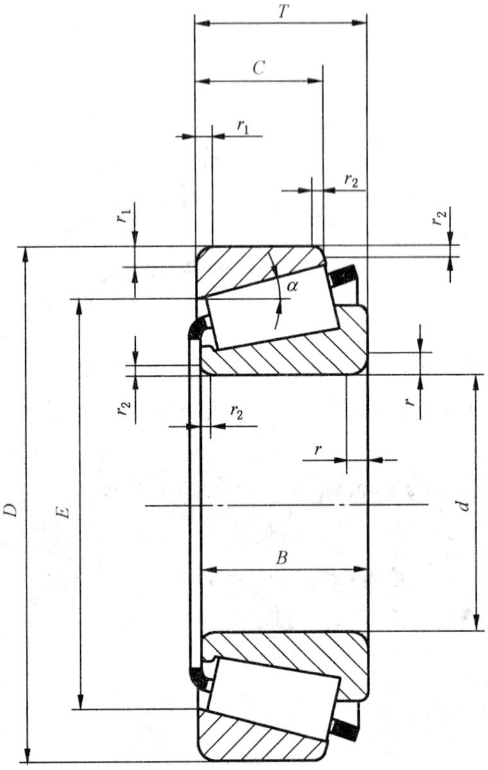

图 1　单列圆锥滚子轴承

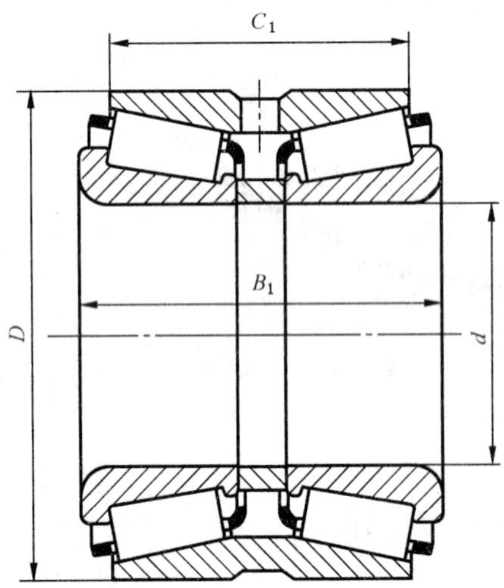

注：外圈可有或无润滑油槽、油孔。

图 2　双滚道的双列圆锥滚子轴承

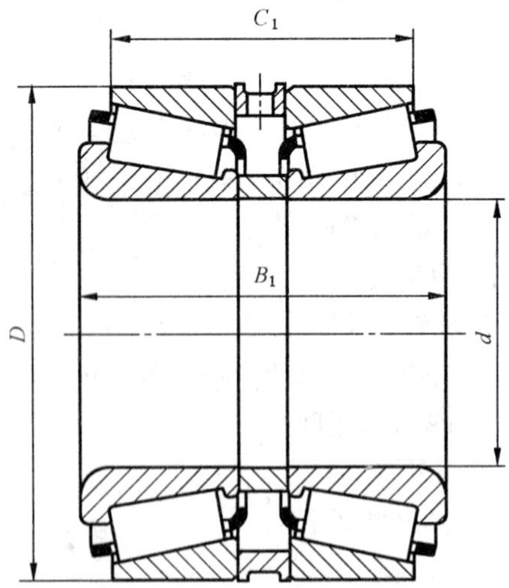

注：外隔圈可有或无润滑油槽、油孔。

图 3　有两个单外圈和隔圈的双列圆锥滚子轴承

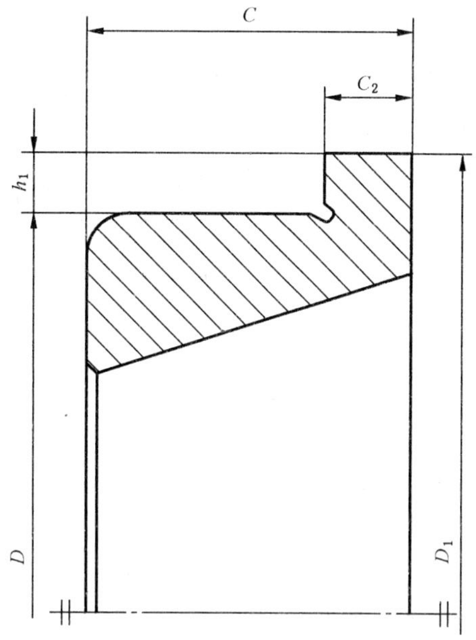

图 4 单列圆锥滚子轴承用凸缘外圈

5 系列代号

本部分所规定尺寸的每种轴承均对应于一个系列代号，该系列代号由三个符号组成，如 2AC。

第一个符号为数字，为接触角系列代号，表示接触角的范围。

第二个符号为字母，为直径系列代号，表示外径对内径相互关系的数值范围。

第三个符号为字母，为宽度系列代号，表示单列轴承宽度对高度相互关系的数值范围。

对已标准化的轴承，代号一般与表 1～表 3 给出的角度范围和表示相互关系的数值范围相对应。为避免同一内径的两种不同轴承用相同的代号，在某些情况下也有例外。

本章规定的系列代号除了第 6 章规定之外，其他轴承不适用。

表 1 接触角系列代号

接触角系列代号	α	
	>	≤
1	备用	
2	10°	13°52′
3	13°52′	15°59′
4	15°59′	18°55′
5	18°55′	23°
6	23°	27°
7	27°	30°

表 2　直径系列代号

直径系列代号	$\frac{D}{d^{0.77}}$	
	>	≤
A	备用	
B	3.4	3.8
C	3.8	4.4
D	4.4	4.7
E	4.7	5
F	5	5.6
G	5.6	7

表 3　宽度系列代号

宽度系列代号	$\frac{T}{(D-d)^{0.95}}$	
	>	≤
A	备用	
B	0.5	0.68
C	0.68	0.8
D	0.8	0.88
E	0.88	1

6　外形尺寸

6.1　总则

圆锥滚子轴承及其组件的外形尺寸见表 4～表 16，按接触角系列分组并以轴承内、外径和宽度的升序列出。轴承的尺寸公差规定在 GB/T 307.1—2005 中，最大倒角尺寸规定在 GB/T 274—2000 中。

本部分未规定内圈和外圈前端面倒角尺寸 r_2，但前端面倒角不应为锐角。

6.2　单列圆锥滚子轴承

接触角系列 2、3、4、5 和 7 的外形尺寸分别按表 4～表 8 的规定。

表 4　接触角系列 2

单位为毫米

d	D	T	B	r_{smin} [a]	C	r_{1smin} [a]	α	E	尺寸系列
15	42	14.25	13	1	11	1	10°45′29″	33.272	2FB
17	40	13.25	12	1	11	1	12°57′10″	31.408	2DB
17	40	17.25	16	1	14	1	11°45′	31.17	2DD
17	47	15.25	14	1	12	1	10°45′29″	37.42	2FB
17	47	20.25	19	1	16	1	10°45′29″	36.09	2FD
20	37	12	12	0.3	9	0.3	12°	29.621	2BD
20	45	17	17.5	1	13.5	1	12°	35.815	2DC
20	47	15.25	14	1	12	1	12°57′10″	37.304	2DB
20	47	19.25	18	1	15	1	12°28′	35.81	2DD
20	50	22	22	2	18.5	1.5	12°30′	38.063	2ED
20	52	16.25	15	1.5	13	1.5	11°18′36″	41.318	2FB
20	52	22.25	21	1.5	18	1.5	11°18′36″	39.518	2FD
22	40	12	12	0.3	9	0.3	12°	32.665	2BC
22	47	17	17.5	1	13.5	1	12°35′	37.542	2CC
22	52	22	22	2	18.5	1.5	12°14′	40.548	2ED
25	42	12	12	0.3	9	0.3	12°	34.608	2BD
25	47	17	17	0.6	14	0.6	10°55′	38.278	2CE
25	50	17	17.5	1.5	13.5	1	13°30′	40.205	2CC
25	52	19.25	18	1	16	1	13°30′	41.331	2CD
25	52	22	22	1	18	1	13°10′	40.441	2DE [b]
25	58	26	26	2	21	1.5	12°30′	44.805	2EE
25	62	18.25	17	1.5	15	1.5	11°18′36″	50.637	2FB
25	62	25.25	24	1.5	20	1.5	11°18′36″	48.637	2FD
28	45	12	12	0.3	9	0.3	12°	37.639	2BD
28	55	19	19.5	1.5	15.5	1.5	12°10′	44.888	2CD
28	58	24	24	1	19	1	12°45′	45.846	2DE
28	65	27	27	2	22	2	12°45′	50.33	2ED
30	47	12	12	0.3	9	0.3	12°	39.617	2BD
30	55	20	20	1	16	1	11°	45.283	2CE
30	58	19	19.5	1.5	15.5	1.5	12°50′	47.309	2CD
30	62	25	25	1	19.5	1	12°50′	49.524	2DE
30	68	29	29	2	24	2	12°28′	52.696	2EE
30	72	20.75	19	1.5	16	1.5	11°51′35″	58.287	2FB
30	72	28.75	27	1.5	23	1.5	11°51′35″	55.767	2FD

表 4（续）

单位为毫米

d	D	T	B	r_{smin} [a]	C	r_{1smin} [a]	α	E	尺寸系列
32	52	14	15	0.6	10	0.6	12°	44.261	2BD
32	62	21	21	1.5	17	1.5	12°30′	50.554	2CD
32	65	26	26	1	20.5	1	13°	51.791	2DE
32	72	29	29	2	24	2	12°41′30″	56.151	2ED
35	55	14	14	0.6	11.5	0.6	11°	47.22	2BD
35	62	21	21	1	17	1	11°30′	51.32	2CE
35	68	23	23	2	18.5	2	12°35′	55.4	2DD
35	72	28	28	1.5	22	1.5	13°15′	57.186	2DE
35	78	33	32.5	2.5	27	2	12°12′	61.925	2EE [b]
35	80	22.75	21	2	18	1.5	11°51′35″	65.769	2FB
35	80	32.75	31	2	25	1.5	11°51′35″	62.829	2FE
40	62	15	15	0.6	12	0.6	10°55′	53.388	2BC
40	68	22	22	1	18	1	10°40′	57.29	2BE [b]
40	75	24	24	2	19.5	2	12°07′	62.155	2CD
40	75	26	26	1.5	20.5	1.5	13°20′	61.169	2CE
40	80	32	32	1.5	25	1.5	13°25′	63.405	2DE
40	85	33	32.5	2.5	28	2	12°55′	66.612	2EE
40	90	25.25	23	2	20	1.5	12°57′10″	72.703	2FB
40	90	35.25	33	2	27	1.5	12°57′10″	69.253	2FD
45	68	15	15	0.6	12	0.6	12°	58.852	2BC
45	75	24	24	1	19	1	11°05′	63.116	2CE
45	80	24	24	2	19.5	2	13°	66.615	2CD
45	95	36	35	2.5	30	2.5	12°09′	75.712	2ED [b]
45	100	27.25	25	2	22	1.5	12°57′10″	81.78	2FB
45	100	38.25	36	2	30	1.5	12°57′10″	78.33	2FD
50	72	15	15	0.6	12	0.6	12°50′	62.748	2BC
50	80	24	24	1	19	1	11°55′	67.775	2CE
50	82	21.5	21.5	3	17	0.5	11°30′	70.594	2CC
50	85	24	24	2	19.5	2	13°52′	70.969	2CD
50	90	28	28	3	23	2.5	12°22′	74.538	2DD
50	100	36	35	2.5	30	2.5	12°51′	79.996	2ED
50	110	29.25	27	2.5	23	2	12°57′10″	90.633	2FB
50	110	42.25	40	2.5	33	2	12°57′10″	86.263	2FD
55	80	17	17	1	14	1	11°39′	69.503	2BC
55	85	18	18.5	2	14	2	12°49′	73.586	2CC
55	90	27	27	1.5	21	1.5	11°45′	76.656	2CE

表 4（续）

单位为毫米

d	D	T	B	r_{smin} [a]	C	r_{1smin} [a]	α	E	尺寸系列
55	95	27	27	2	21.5	2	12°43′30″	80.106	2CD
55	95	29	29	1.5	23.5	2.5	12°35′	79.593	2DD [b]
55	110	39	39	2.5	32	2.5	13°	88.446	2ED [b]
55	120	31.5	29	2.5	25	2	12°57′10″	99.146	2FB
55	120	45.5	43	2.5	35	2	12°57′10″	94.316	2FD
60	85	17	17	1	14	1	12°27′	74.185	2BC
60	90	18	18.5	2	14	2	13°38′30″	78.249	2CC
60	95	27	27	1.5	21	1.5	12°20′	80.422	2CE
60	100	27	27	2	21.5	2	13°27′	84.587	2CD
60	115	40	39	2.5	33	2.5	12°30′	93.46	2EE
60	130	33.5	31	3	26	2.5	12°57′10″	107.769	2FB
60	130	48.5	46	3	37	2.5	12°57′10″	102.939	2FD
65	90	17	17	1	14	1	13°15′	78.849	2BC
65	100	22	22	2	17.5	2	12°10′30″	87.433	2CC
65	100	27	27	1.5	21	1.5	13°05′	85.257	2CE
65	110	31	31	2	25	2	12°27′	93.09	2DD
65	120	39	38.5	3	32	2.5	12°40′	98.572	2ED
65	125	43	42	2.5	35	2.5	12°	102.378	2FD
65	140	36	33	3	28	2.5	12°57′10″	116.846	2GB
65	140	51	48	3	39	2.5	12°57′10″	111.786	2GD
70	100	20	20	1	16	1	11°53′	88.59	2BC
70	105	22	22	2	17.5	2	12°49′30″	92.004	2CC
70	110	31	31	1.5	25.5	1.5	10°45′	95.021	2CE
70	120	34	33	2	27	2	12°22′	101.343	2DD
70	130	43	42	3	35	2.5	12°31′30″	106.766	2ED
70	150	38	35	3	30	2.5	12°57′10″	125.244	2GB
70	150	54	51	3	42	2.5	12°57′10″	119.724	2GD
75	105	20	20	1	16	1	12°31′	93.223	2BC
75	115	25	25	2	20	2	12°	100.414	2CC
75	115	31	31	1.5	25.5	1.5	11°15′	99.4	2CE
75	125	34	33	2.5	27	2	12°55′	105.786	2DD
75	135	43	42	3	35	2.5	13°03′	111.153	2ED
75	145	51	51	3	42	2.5	13°34′	117.744	2FE
75	160	40	37	3	31	2.5	12°57′10″	134.097	2GB
75	160	58	55	3	45	2.5	12°57′10″	127.887	2GD
80	110	20	20	1	16	1	13°10′	97.974	2BC

表 4（续）

单位为毫米

d	D	T	B	r_{smin} [a]	C	r_{1smin} [a]	α	E	尺寸系列
80	120	25	25	2	20	2	12°33′30″	105.003	2CC
80	125	36	36	1.5	29.5	1.5	10°30′	107.75	2CE
80	130	34	33	2.5	27	2	13°30′	110.475	2DD
80	145	46	45	3	38	2.5	12°02′	120.366	2ED
80	170	42.5	39	3	33	2.5	12°57′10″	143.174	2GB
80	170	61.5	58	3	48	2.5	12°57′10″	136.504	2GD
85	120	23	23	1.5	18	1.5	12°18′	106.599	2BC [b]
85	125	25	25	2.5	20	2	13°07′30″	109.65	2CC
85	130	36	36	1.5	29.5	1.5	11°	112.838	2CE
85	135	34	33	2.5	28	2	13°02′	115.904	2DD
85	150	46	46	3	38	3	12°30′	124.965	2ED
85	180	44.5	41	4	34	3	12°57′10″	150.433	2GB
85	180	63.5	60	4	49	3	12°57′10″	144.223	2GD
90	125	23	23	1.5	18	1.5	12°51′	111.282	2BC [b]
90	135	28	27.5	2.5	23	2	12°01′30″	119.139	2CC
90	140	34	33	2.5	28	2.5	12°02′30″	121.86	2CD
90	140	39	39	2	32.5	1.5	10°10′	122.363	2CE
90	155	44	44	3	35.5	2.5	12°48′40″	130.944	2EC [b]
90	155	46	46	3	38	3	12° 17′	130.206	2ED
90	165	47	46	3	39	3	12°	140.251	2FC
90	190	46.5	43	4	36	3	12°57′10″	159.061	2GB
90	190	57.15	57.531	8	46.038	3.3	12°35′	157.96	2GC
90	190	67.5	64	4	53	3	12°57′10″	151.701	2GD
95	130	23	23	1.5	18	1.5	13°25′	116.082	2BC [b]
95	140	28	27.5	2.5	23	2.5	12°30′	123.797	2CC
95	145	34	33	2.5	28	2.5	12°30′	126.419	2CD
95	145	39	39	2	32.5	1.5	10°30′	126.346	2CE
95	160	46	46	3	38	3	12°43′	134.711	2ED
95	200	49.5	45	4	38	3	12°57′10″	165.861	2GB
95	200	71.5	67	4	55	3	12°57′10″	160.318	2GD
100	140	25	25	1.5	20	1.5	12°23′	125.717	2CC
100	145	28	27.5	2.5	23	2.5	12°58′30″	128.448	2DC [b]
100	150	34	33	2.5	28	2.5	12°57′30″	130.992	2CD
100	150	39	39	2	32.5	1.5	10°50′	130.323	2CE
100	165	47	46	3	39	3	12°	140.251	2EE
100	215	51.5	47	4	39	3	12°57′10″	178.578	2GB
100	215	66.675	66.675	7	53.975	3.3	12°15′	177.891	2GC
100	215	77.5	73	4	60	3	12°57′10″	171.65	2GD

表 4（续）

单位为毫米

d	D	T	B	r_{smin} [a]	C	r_{1smin} [a]	α	E	尺寸系列
105	145	25	25	1.5	20	1.5	12°51′	130.359	2CC
105	155	33	31.5	2.5	27	2.5	12°17′30″	137.045	2CD
105	160	38	37	3	31	2.5	12°17′30″	139.734	2DD
105	160	43	43	2.5	34	2	10°40′	139.304	2DE
105	170	47	46	3	39	3	12°18′30″	145.104	2EE
105	225	53.5	49	4	41	3	12°57′10″	186.752	2GB
105	225	81.5	77	4	63	3	12°57′10″	179.359	2GD
110	150	25	25	1.5	20	1.5	13°20′	135.182	2CC
110	160	33	31.5	2.5	27	2.5	12°42′30″	141.607	2CD
110	165	38	37	3	31	2.5	12°42′30″	144.376	2DD
110	170	47	47	2.5	37	2	10°50′	146.265	2DE
110	175	47	46	4	39	3	12°41′30″	149.543	2EE [b]
110	240	54.5	50	4	42	3	12°57′10″	199.925	2GB
110	240	84.5	80	4	65	3	12°57′10″	192.071	2GD
120	165	29	29	1.5	23	1.5	13°05′	148.464	2CC
120	175	36	35	2.5	29	2.5	12°08′	155.479	2DC [b]
120	180	41	40	3	33	2.5	12°08′30″	158.233	2DD
120	180	48	48	2.5	38	2	11°30′	154.777	2DE
120	190	50	49	4	41	3	12°09′30″	163.635	2EE
120	260	59.5	55	4	46	3	12°57′10″	214.892	2GB
120	260	90.5	86	4	69	3	12°57′10″	207.039	2GD
130	180	32	32	2	25	1.5	12°45′	161.652	2CC
130	185	36	35	3	29	2.5	12°52′	164.714	2DC [b]
130	190	41	40	3	33	2.5	12°51′30″	167.414	2DD
130	200	50	49	4	41	3	12°50′30″	172.653	2DE [b]
130	200	55	55	2.5	43	2	12°50′	172.017	2EE
130	280	63.75	58	5	49	4	12°57′10″	232.028	2GB
140	190	32	32	2	25	1.5	13°30′	171.032	2CC
140	200	39	38	3	31	2.5	12°	179.234	2DC
140	205	44	43	3	36	2.5	12°	181.645	2DD
140	210	56	56	2.5	44	2	13°30′	180.353	2DE
140	215	53	52	4	44	3	12°	187.051	2ED
140	300	67.75	62	5	53	4	12°57′10″	247.91	2GB
150	210	38	38	2.5	30	2	12°20′	187.926	2DC
150	215	44	43	3	36	3	12°37′	190.81	2DD
150	225	53	52	4	44	4	12°35′30″	196.097	2ED
150	225	59	59	3	46	2.5	13°40′	194.26	2EE
150	320	72	65	5	55	4	12°57′10″	265.955	2GB

表 4（续）

单位为毫米

d	D	T	B	r_{smin} [a]	C	r_{1smin} [a]	α	E	尺寸系列
160	220	38	38	2.5	30	2	13°	197.962	2DC
160	225	44	43	3	36	3	13°14′30″	200.146	2DD
160	235	53	52	4	44	4	13°11′30″	205.257	2ED
160	340	75	68	5	58	4	12°57′10″	282.751	2GB
170	235	44	43	3	36	3	12°13′30″	211.345	2DD
170	245	53	52	5	44	4	12°14′	216.61	2ED [b]
170	360	80	72	5	62	4	12°57′10″	299.991	2GB
180	240	39	38	3	31	3	12°47′	218.311	2DC
180	245	44	43	3	36	3	12°46′30″	220.684	2DD
180	255	53	52	5	44	4	12°46′	225.875	2ED [b]
190	255	41	40	3	33	3	12°15′	232.395	2DC
190	260	47	46	4	38	3	12°15′	234.615	2DD
190	270	56	55	5	46	4	12°15′30″	240.017	2ED
200	265	41	40	3	33	3	12°45′	241.71	2DC
200	270	47	46	4	38	3	12°45′	244.043	2DD
200	280	56	55	5	46	4	12°44′30″	249.3	2ED
220	285	41	40	4	33	3	12°	262.657	2DC
220	290	47	46	4	38	3	12°	265.261	2DD
220	300	56	55	5	46	4	12°04′30″	270.389	2ED
240	305	41	40	4	33	3	12°53′	281.653	2DC
240	310	47	46	4	38	3	12°52′	284.085	2DD
240	320	57	56	6	46	4	12°55′30″	289.075	2EE
260	325	41	40	4	33	4	13°46′	300.661	2DC
260	330	47	46	4	38	4	13°44′30″	303.004	2DD
260	340	57	56	6	46	4	12°07′30″	310.322	2DE
280	360	57	56	6	46	5	12°52′30″	329.164	2DE

[a] 最大倒角尺寸规定在 GB/T 274—2000 中。

[b] 尺寸系列与第 5 章不符。

表 5 接触角系列 3

单位为毫米

d	D	T	B	r_{smin} [a]	C	r_{1smin} [a]	α	E	尺寸系列
20	42	15	15	0.6	12	0.6	14°	32.781	3CC
22	44	15	15	0.6	11.5	0.6	14°50′	34.708	3CC
25	52	16.25	15	1	13	1	14°02′10″	41.135	3CC
30	62	17.25	16	1	14	1	14°02′10″	49.99	3DB
30	62	21.25	20	1	17	1	14°02′10″	48.982	3DC
32	65	18.25	17	1	15	1	14°	52.5	3DB
35	72	18.25	17	1.5	15	1.5	14°02′10″	58.844	3DB
35	72	24.25	23	1.5	19	1.5	14°02′10″	57.087	3DC
40	68	19	19	1	14.5	1	14°10′	56.897	3CD
40	80	19.75	18	1.5	16	1.5	14°02′10″	65.73	3DB
40	80	24.75	23	1.5	19	1.5	14°02′10″	64.715	3DC
45	75	20	20	1	15.5	1	14°40′	63.248	3CC
45	80	26	26	1.5	20.5	1.5	14°20′	65.7	3CE
45	85	20.75	19	1.5	16	1.5	15°06′34″	70.44	3DB
45	85	24.75	23	1.5	19	1.5	15°06′34″	69.61	3DC
45	85	32	32	1.5	25	1.5	14°25′	68.075	3DE
50	80	20	20	1	15.5	1	15°45′	67.841	3CC
50	85	26	26	1.5	20	1.5	15°20′	70.214	3CE
50	90	21.75	20	1.5	17	1.5	15°38′32″	75.078	3DB
50	90	24.75	23	1.5	19	1.5	15°38′32″	74.226	3DC
50	90	32	32	1.5	24.5	1.5	15°25′	72.727	3DE
55	90	23	23	1.5	17.5	1.5	15°10′	76.505	3CC
55	90	23	23	1.5	18.5	0.5	15°	75.417	3CB [b]
55	95	30	30	1.5	23	1.5	14°	78.893	3CE
55	100	22.75	21	2	18	1.5	15°06′34″	84.197	3DB
55	100	26.75	25	2	21	1.5	15°06′34″	82.837	3DC
55	100	35	35	2	27	1.5	14°55′	81.24	3DE
60	95	24	24	5	19	2.5	15°	80.256	3CD
60	100	30	30	1.5	23	1.5	14°50′	83.522	3CE
60	110	23.75	22	2	19	1.5	15°06′34″	91.876	3EB
60	110	29.75	28	2	24	1.5	15°06′34″	90.236	3EC
60	110	38	38	2	29	1.5	15°05′	89.032	3EE

表 5（续）

单位为毫米

d	D	T	B	r_{smin} [a]	C	r_{1smin} [a]	α	E	尺寸系列
65	110	28	28	3	22.5	2.5	15°	91.897	3DC
65	110	34	34	1.5	26.5	1.5	14°30′	91.653	3DE
65	120	24.75	23	2	20	1.5	15°06′34″	101.934	3EB
65	120	32.75	31	2	27	1.5	15°06′34″	99.484	3EC
65	120	41	41	2	32	1.5	14°35′	97.863	3EE
65	135	52	51	5	43	3	15°55′30″	102.611	3FE
70	120	37	37	2	29	1.5	14°10′	99.733	3DE
70	125	26.25	24	2	21	1.5	15°38′32″	105.748	3EB
70	125	33.25	31	2	27	1.5	15°38′32″	103.765	3EC
70	125	41	41	2	32	1.5	15°15′	102.275	3EE
75	125	37	37	2	29	1.5	14°50′	104.358	3DE
75	130	41	41	2	31	1.5	15°55′	106.675	3EE [b]
75	145	52	51	5	43	3	15°57′	112.507	3FE
80	125	29	29	1.5	22	1.5	15°45′	107.334	3CC
80	130	35	34	3	28.5	2.5	14°31′	108.958	3DD
80	130	37	37	2	29	1.5	15°30′	108.97	3DE
80	140	28.25	26	2.5	22	2	15°38′32″	119.169	3EB
80	140	35.25	33	2.5	28	2	15°38′32″	117.466	3EC
80	140	46	46	2.5	35	2	15°50′	114.582	3EE
85	140	39	38	3	31.5	2.5	15°11′	116.301	3DD
85	140	41	41	2.5	32	2	15°10′	117.097	3DE
85	150	30.5	28	2.5	24	2	15°38′32″	126.685	3EB
85	150	38.5	36	2.5	30	2	15°38′32″	124.97	3EC
85	150	49	49	2.5	37	2	15°35′	122.894	3EE
85	160	55	54	5	45	3	15°43′	126.101	3FE
90	140	32	32	2	24	1.5	15°45′	119.948	3CC
90	150	45	45	2.5	35	2	14°50′	125.283	3DE
90	160	32.5	30	2.5	26	2	15°38′32″	134.901	3FB
90	160	42.5	40	2.5	34	2	15°38′32″	132.615	3FC
90	160	55	55	2.5	42	2	15°40′	129.82	3FE
95	160	49	49	2.5	38	2	14°35′	133.24	3EE
95	170	34.5	32	3	27	2.5	15°38′32″	143.385	3FB
95	170	45.5	43	3	37	2.5	15°38′32″	140.259	3FC
95	170	58	58	3	44	2.5	15°15′	138.642	3FE
100	165	52	52	2.5	40	2	15°10′	137.129	3EE
100	180	37	34	3	29	2.5	15°38′32″	151.31	3FB
100	180	49	46	3	39	2.5	15°38′32″	148.184	3FC

表 5(续)

单位为毫米

d	D	T	B	r_{smin} [a]	C	r_{1smin} [a]	α	E	尺寸系列
100	180	63	63	3	48	2.5	15°05′	145.949	3FE
105	175	56	56	2.5	44	2	15°05′	144.427	3EE
105	190	39	36	3	30	2.5	15°38′32″	159.795	3FB
105	190	53	50	3	43	2.5	15°38′32″	155.269	3FC
105	190	68	68	3	52	2.5	15°	153.622	3FE
110	180	56	56	2.5	43	2	15°35′	149.127	3EE
110	190	58	57	6	47	3	15°48′	154.133	3FE
110	200	41	38	3	32	2.5	15°38′32″	168.548	3FB
110	200	56	53	3	46	2.5	15°38′32″	164.022	3FC
120	200	62	62	2.5	48	2	14°50′	166.144	3FE
130	210	58	57	6	47	4	15°50′30″	174.091	3EE
150	235	61	59	6	50	4	15°53′	196.798	3EE
170	230	38	38	2.5	30	2	14°20′	206.564	3DC
170	230	39	38	3	31	2.5	14°20′	206.562	3DD [b]
170	255	61	59	6	50	4	15°55′	216.949	3EE
180	280	64	64	3	48	2.5	15°45′	239.898	3FD
190	280	64	62	6	52	4	15°58′30″	239.995	3EE
200	280	51	51	3	39	2.5	14°45′	249.698	3EC
200	360	104	98	5	82	4	15°10′	294.88	3GD
220	300	51	51	3	39	2.5	15°50′	267.685	3EC
260	360	63.5	63.5	3	48	2.5	15°10′	320.783	3EC
300	420	76	76	4	57	3	14°45′	374.706	3FD
320	440	76	76	4	57	3	15°30′	393.406	3FD

[a] 最大倒角尺寸规定在 GB/T 274—2000 中。

[b] 尺寸系列与第 5 章不符。

表 6　接触角系列 4

单位为毫米

d	D	T	B	r_{smin} [a]	C	r_{1smin} [a]	α	E	尺寸系列
20	45	14	14	1	10	1	16°40′	35.679	4DB
22	47	14	14	1	10	1	17°30′	37.443	4CB
25	47	15	15	0.6	11.5	0.6	16°	37.393	4CC
25	50	14	14	1	10	1	18°45′	40.025	4CB
28	52	16	16	1	12	1	16°	41.991	4CC
28	55	15	14.5	1	11	1	17°30′	44.597	4CB
30	55	17	17	1	13	1	16°	44.438	4CC
30	60	17	16.5	1	12.5	1	17°30′	48.465	4CB
32	58	17	17	1	13	1	16°50′	46.708	4CC
32	65	18	17.5	1	13.5	1	17°30′	52.418	4DB
35	62	18	18	1	14	1	16°50′	50.51	4CC
35	70	19	18	1	14	1	16°49′30″	57.138	4DB
40	75	19	18	1	14	1	18°10′30″	61.526	4CB
45	85	21	20	2	15.5	2	16°55′30″	70.252	4DB
50	84	22	22	3.5	17.5	1.5	16°15′	69.283	4CC
50	90	21	20	2	15.5	2	18°04′30″	74.87	4DB
50	105	37	36	3	29	2.5	18°	80.243	4FD
50	105	41	40	4	34	2.5	16°41′	78.494	4FE
55	95	21	20	2	15.5	2	16°33′	80.79	4CB
55	115	44	42	5	37	2.5	16°15′	86.683	4FE
60	95	23	23	1.5	17.5	1.5	16°	80.634	4CC
60	100	21	20	2	15.5	2	17°30′	85.256	4CB
60	125	48	46	5	40	2.5	16°15′	94.207	4FE
65	100	23	23	1.5	17.5	1.5	17°	85.567	4CC
65	105	21	20	2	15.5	2	18°27′	89.709	4CB
65	105	24	23	3	18.5	1	16°50′	88.892	4CD [b]
70	110	21	20	2	15.5	2	17°05′	95.533	4CB
70	110	25	25	1.5	19	1.5	16°10′	93.633	4CC
70	110	26	25	1	20.5	2.5	18°	91.539	4CD [b]
70	115	29	29	3	23	2.5	16°	96.479	4DC [b]
70	140	52	51	5	43	3	16°34′30″	106.644	4FE

表 6（续）

单位为毫米

d	D	T	B	r_{smin}[a]	C	r_{1smin}[a]	α	E	尺寸系列
75	115	21	20	2	15.5	2	17°55′	100.019	4CB
75	115	25	25	1.5	19	1.5	17°	98.358	4CC
75	115	25	25	3	19	2.5	17°	98.358	4CC
75	120	31	29.5	3	25	2.5	16°30′	99.926	4CD
75	130	27.25	25	2	22	1.5	16°10′20″	110.408	4DB
75	130	33.25	31	2	27	1.5	16°10′20″	108.932	4DC
80	125	24	22.5	2	17.5	2	16°46′	108.745	4CB
80	150	52	51	5	43	3	16°33′	116.58	4FE
85	130	24	22.5	2	17.5	2	17°30′	113.315	4CB
85	130	29	29	1.5	22	1.5	16°25′	111.788	4CC
90	135	24	22.5	2	17.5	2	18°14′	117.895	4CB
90	145	35	34	3	27	2.5	16°30′	122.392	4DC
90	165	55	54	5	45	3	16°15′	130.224	4FE
95	140	24	22.5	2	17.5	2	16°51′	123.776	4CB
95	145	32	32	2	24	1.5	16°25′	124.927	4CC
95	150	35	34	3	27	2.5	16°25′	125.409	4DC
95	170	55	54	5	45	3	16°47′	134.331	4FE
100	145	24	22.5	3	17.5	3	17°30′	128.389	4CB
100	155	36	35	3	28	2.5	17°30′	130.754	4DC
100	160	41	40	3	32	2.5	17°25′	133.441	4DD
100	150	32	32	2	24	1.5	17°	129.269	4CC
100	175	55	54	6	45	3	16°	140.655	4FE
105	150	24	22.5	3	17.5	3	18°09′	132.982	4CB
105	160	35	35	2.5	26	2	16°30′	137.685	4DC
105	180	55	54	6	45	3	16°30′	144.884	4EE
110	160	27	25.5	3	19.5	3	16°24′	142.292	4CB
110	170	38	38	2.5	29	2	16°	146.29	4DC
115	165	28	27	3.3	21	3	17°	142.481	4CC
120	170	27	25	3	19.5	3	17°30′	151.495	4CB
120	180	38	38	2.5	29	2	17°	155.239	4DC
120	200	58	57	6	47	3	16°42′	162.59	4FE
120	215	43.5	40	3	34	2.5	16°10′20″	181.257	4FB
120	215	61.5	58	3	50	2.5	16°10′20″	174.825	4FD

表 6（续）

单位为毫米

d	D	T	B	r_{smin}[a]	C	r_{1smin}[a]	α	E	尺寸系列
130	185	29	27	3	21	3	17°30′	165.002	4CB
130	200	45	45	2.5	34	2	16°10′	172.043	4EC
130	230	43.75	40	4	34	3	16°10′20″	196.42	4FB
130	230	67.75	64	4	54	3	16°10′20″	187.088	4FD
140	195	29	27	3	21	3	18°32′	174.512	4CB
140	210	45	45	2.5	34	2	17°	180.72	4DC
140	220	58	57	6	47	4	16°39′30″	182.746	4EE
140	250	45.75	42	4	36	3	16°10′20″	212.27	4FB
140	250	71.75	68	4	58	3	16°10′20″	204.046	4FD
150	210	32	30	3	23	3	17°04′	188.281	4DB
150	225	48	48	3	36	2.5	17°	193.674	4EC
150	270	49	45	4	38	3	16°10′20″	227.408	4GB
150	270	77	73	4	60	3	16°10′20″	219.157	4GD
160	220	32	30	3	23	3	17°57′30″	197.895	4DB
160	240	46	44.5	3	37	2.5	16°15′	209.765	4EB[b]
160	240	51	51	3	38	2.5	17°	207.209	4EC
160	245	61	59	6	50	4	16°37′	205.576	4EE
160	290	52	48	4	40	3	16°10′20″	244.958	4GB
160	290	84	80	4	67	3	16°10′20″	234.942	4GD
170	230	32	30	3	23	3	17°06′	208.314	4DB
170	240	46	44.5	3	37	2.5	16°15′	209.765	4DD
170	260	57	57	3	43	2.5	16°30′	223.031	4EC
170	310	57	52	5	43	4	16°10′20″	262.483	4GB
170	310	91	86	5	71	4	16°10′20″	251.873	4GD
180	240	32	30	3	23	3	17°54′	217.699	4DB
180	250	45	45	2.5	34	2	17°45′	218.571	4DC
180	250	47	45	3	37	2.5	17°45′	218.569	4DD
180	265	61	59	6	50	4	16°35′	225.723	4EE
180	320	57	52	5	43	4	16°41′57″	270.928	4GB
180	320	91	86	5	71	4	16°41′57″	259.938	4GD
190	260	37	34	3	27	3	16°46′	234.451	4DB
190	260	45	45	2.5	34	2	17°39′	228.578	4DC
190	260	46	44	3	36.5	2.5	17°39′	228.577	4DD
190	290	64	64	3	48	2.5	16°25′	249.853	4FD
190	340	60	55	5	46	4	16°10′20″	291.083	4GB
190	340	97	92	5	75	4	16°10′20″	279.024	4GD
200	270	37	34	3	27	3	17°30′	244.35	4DB

表 6（续）

单位为毫米

d	D	T	B	r_{smin} [a]	C	r_{1smin} [a]	α	E	尺寸系列
200	290	64	62	6	52	4	16°34′	248.588	4EE
200	310	70	70	3	53	2.5	16°	266.039	4FD
200	360	64	58	5	48	4	16°10′20″	307.196	4GB
220	290	37	34	3	27	3	18°54′	263.12	4DB
220	340	76	76	4	57	3	16°	292.464	4FD
240	320	42	39	3	30	3	16°56′	291.676	4EB
240	320	51	51	3	39	2.5	17°	286.952	4EC
240	360	76	76	4	57	3	17°	310.356	4FD
260	340	42	39	3	30	3	18°04′	310.497	4DB
260	400	87	87	5	65	4	16°10′	344.432	4FC
280	370	48	44	3	34	3	17°30′	337.067	4EB
280	380	63.5	63.5	3	48	2.5	16°05′	339.778	4EC
280	420	87	87	5	65	4	17°	361.811	4FC
300	400	52	49	3	37	3	17°	364.238	4EB
300	460	100	100	5	74	4	16°10′	395.676	4GD
320	420	53	49	3	38	3	17°55′	382.798	4EB
320	480	100	100	5	74	4	17°	415.64	4GD
340	460	76	76	4	57	3	16°15′	412.043	4FD
360	480	76	76	4	57	3	17°	430.612	4FD

[a] 最大倒角尺寸规定在 GB/T 274—2000 中。

[b] 尺寸系列与第 5 章不符。

表 7　接触角系列 5

单位为毫米

d	D	T	B	r_{smin} [a]	C	r_{1smin} [a]	α	E	尺寸系列
20	47	19.25	18	1	15	1	19°	33.708	5DD
25	52	19.25	18	1	15	1	21°15′	37.555	5CD
28	58	20.25	19	1	16	1	20°34′	42.436	5DD
30	62	21.25	20	1	17	1	20°34′	46.389	5DC
30	72	28.75	27	1.5	23	1.5	20°	50.518	5FD
32	65	22	21.5	1	17	1	20°	48.523	5DC
32	75	29.75	28	1.5	23	1.5	20°	53.594	5FD

表 7（续）

单位为毫米

d	D	T	B	r_{smin} [a]	C	r_{1smin} [a]	α	E	尺寸系列
35	72	24.25	23	1.5	19	1.5	21°10′	53.052	5DC
35	80	32.75	31	2	25	1.5	20°	57.011	5FE
40	80	24.75	23	1.5	19	1.5	20°	61.438	5DC
40	80	27	26.5	4	21.5	2	20°43′30″	58.963	5DD
40	90	35.25	33	2	27	1.5	20°	63.708	5FD
45	85	24.75	23	1.5	19	1.5	21°35′	66.138	5DC
45	90	32	31	4	26	2	20°	66.466	5ED
45	100	38.25	36	2	30	1.5	20°	71.639	5FD
50	90	24.75	23	1.5	18	1.5	21°20′	72.169	5DC
50	100	36	34.5	4	29	2	19°27′30″	74.391	5ED
50	110	42.25	40	2.5	33	2	20°	78.582	5FD
55	100	30	28.5	4	24	2.5	20°	77.839	5DD
55	105	36	34.5	4	29	2.5	20°32′30″	78.283	5ED
55	120	45.5	43	2.5	35	2	20°	86.3	5FD
60	110	34	32	4	27	2.5	19°30′	85.698	5DD [b]
60	115	39	38	4	31	2.5	19°32′	87.309	5ED
60	130	48.5	46	3	37	2.5	20°	94.2	5FD
65	115	34	32	4	27	2.5	20°30′	89.829	5DD
65	120	39	38	4	31	2.5	20°28′	91.214	5ED
65	140	51	48	3	39	2.5	20°	102.319	5GD
70	125	37	34.5	4	30	2.5	19°34′	98.1	5DD [b]
70	130	42	40	4	34	2.5	19°11′	100.186	5ED
70	150	54	51	3	42	2.5	20°	110.219	5GD
75	130	37	34.5	4	30	2.5	20°26′	102.199	5DD
75	135	42	40	5	34	2.5	20°	104.21	5ED
75	160	58	55	3	45	2.5	20°	117.465	5GD
80	135	37	34.5	4	30	2.5	19°36′	108.128	5DD
80	140	42	40	5	34	3	20°49′	108.199	5ED
80	170	61.5	58	3	48	2.5	20°	125.001	5GD
85	140	37	34.5	4	30	3	20°24′	112.385	5DD
85	145	42	40	5	34	3	19°16′	115.106	5ED
85	180	63.5	60	4	49	3	20°	132.736	5GD
90	145	37	34.5	4	30	3	19°16′	118.567	5DD
90	150	42	40	5	34	3	20°	119.254	5ED [b]
95	150	37	34.5	4	30	3	20°	122.832	5DD
95	155	42	40	5	34	3	20°44′	123.374	5ED [b]
100	155	37	34.5	5	30	3	20°44′	127.221	5DD
100	160	42	40	5	34	3	19°20′	130.033	5ED [b]
105	160	37	34.5	5	30	3	19°40′	133.284	5DD

[a] 最大倒角尺寸规定在 GB/T 274—2000 中。

[b] 尺寸系列与第 5 章不符。

表 8 接触角系列 7

单位为毫米

d	D	T	B	r_{smin} [a]	C	r_{1smin} [a]	α	E	尺寸系列
25	62	18.25	17	1.5	13	1.5	28°48′39″	44.13	7FB
30	72	20.75	19	1.5	14	1.5	28°48′39″	51.771	7FB
35	80	22.75	21	2	15	1.5	28°48′39″	58.861	7FB
40	90	25.25	23	2	17	1.5	28°48′39″	66.984	7FB
45	95	29	26.5	2.5	20	2.5	30°	67.061	7FC
45	100	27.25	25	2	18	1.5	28°48′39″	75.107	7FB
50	105	32	29	3	22	3	30°	74.245	7FC
50	110	29.25	27	2.5	19	2	28°48′39″	82.747	7FB
55	115	34	31	3	23.5	3	30°	81.787	7FC
55	120	31.5	29	2.5	21	2	28°48′39″	89.563	7FB
60	125	37	33.5	3	26	3	28°39′	89.849	7FC
60	130	33.5	31	3	22	2.5	28°48′39″	98.236	7FB
65	130	37	33.5	3	26	3	30°	93.445	7FC
65	140	36	33	3	23	2.5	28°48′39″	106.359	7GB
70	140	39	35.5	3	27	3	30°	101.717	7FC
70	150	38	35	3	25	2.5	28°48′39″	113.449	7GB
75	150	42	38	3	29	3	30°	108.847	7FC
75	160	40	37	3	26	2.5	28°48′39″	122.122	7GB
80	160	45	41	3	31	3	30°	115.93	7FC
80	170	42.5	39	3	27	2.5	28°48′39″	129.213	7GB
85	170	48	45	4	33	4	28°04′30″	125.628	7FC
85	180	44.5	41	4	28	3	28°48′39″	137.403	7GB
90	175	48	45	4	33	4	29°02′30″	129.385	7FC
90	190	46.5	43	4	30	3	28°48′39″	145.527	7GB
95	180	49	45	4	33	4	30°	133.033	7FC
95	200	49.5	45	4	32	3	28°48′39″	151.584	7GB
100	190	52	47	4	35	4	30°	140.384	7FC
100	215	56.5	51	4	35	3	28°48′39″	162.739	7GB

表 8（续） 单位为毫米

d	D	T	B	r_{smin}[a]	C	r_{1smin}[a]	α	E	尺寸系列
105	200	54	49	4	37	4	30°	147.838	7FC
105	225	58	53	4	36	3	28°48′39″	170.724	7GB
110	210	57	51	4	39	4	28°25′	157.271	7GC
110	240	63	57	4	38	3	28°48′39″	182.014	7GB
120	220	57	51	4	39	4	30°	164.848	7FC
120	260	68	62	4	42	3	28°48′39″	197.022	7GB
130	230	57	51	5	39	5	30°	175.117	7FC
130	280	72	66	5	44	4	28°48′39″	211.753	7GB
140	240	57	52	5	39	5	28°37′	187.175	7FC
140	300	77	70	5	47	4	28°48′39″	227.999	7GB
150	250	57	52	5	39	5	30°	195.041	7FC
150	320	82	75	5	50	4	28°48′39″	244.244	7GB

[a] 最大倒角尺寸规定在 GB/T 274—2000 中。

6.3 双列圆锥滚子轴承

接触角系列 2、3、4 和 7 的外形尺寸分别按表 9～表 12 的规定。

注：表 9～表 12 规定的尺寸系列与表 4～表 8 中相应的单列轴承一致。

表 9 接触角系列 2 单位为毫米

d	D	B_1	C_1	尺寸系列
20	45	39	32	2DC
20	50	50	43	2ED
22	47	39	32	2CC
22	52	50	43	2ED
25	50	39	32	2CC
25	58	58	48	2EE
28	55	43	36	2CD
28	65	61	51	2ED
30	58	44	37	2CD
30	68	65	55	2EE

表 9（续）

单位为毫米

d	D	B_1	C_1	尺寸系列
32	62	47	39	2CD
32	72	65	55	2ED
35	68	51	42	2DD
35	78	73	61	2EE
40	75	53	44	2CD
40	85	73	63	2EE
45	80	53	44	2CD
45	95	79	67	2ED
50	85	53	44	2CD
50	100	79	67	2ED
55	85	41	33	2CC
55	95	60	49	2CD
55	110	87	73	2ED
60	90	42	34	2CC
60	100	60	49	2CD
60	115	88	74	2EE
65	100	50	41	2CC
65	110	70	58	2DD
65	125	95	79	2FD
70	105	50	41	2CC
70	120	76	62	2DD
70	130	95	79	2ED
75	115	56	46	2CC
75	125	76	62	2DD
75	135	95	79	2ED
80	120	56	46	2CC
80	130	76	62	2DD
80	145	104	88	2ED
85	125	58	48	2CC
85	135	76	64	2DD
85	150	104	88	2ED
90	135	64	54	2CC
90	140	76	64	2CD
90	155	104	88	2ED
90	165	104	88	2FC

表 9（续）

单位为毫米

d	D	B_1	C_1	尺寸系列
95	140	64	54	2CC
95	145	76	64	2CD
95	160	104	88	2ED
100	145	64	54	2DC
100	150	76	64	2CD
100	165	104	88	2EE
105	155	74	62	2CD
105	160	84	70	2DD
105	170	104	88	2EE
110	160	74	62	2CD
110	165	84	70	2DD
110	175	104	88	2EE
120	175	82	68	2DC
120	180	92	76	2DD
120	190	110	92	2EE
130	185	82	68	2DC
130	190	92	76	2DD
130	200	110	92	2DE
140	200	88	72	2DC
140	205	98	82	2DD
140	215	116	98	2ED
150	215	98	82	2DD
150	225	116	98	2ED
160	225	98	82	2DD
160	235	116	98	2ED
170	235	98	82	2DD
170	245	116	98	2ED
180	240	88	72	2DC
180	245	98	82	2DD
180	255	116	98	2ED
190	255	92	76	2DC
190	260	104	86	2DD
190	270	124	104	2ED
200	265	92	76	2DC
200	270	104	86	2DD
200	280	124	104	2ED

表 9（续）

单位为毫米

d	D	B_1	C_1	尺寸系列
220	285	92	76	2DC
220	290	104	86	2DD
220	300	124	104	2ED
240	305	92	76	2DC
240	310	104	86	2DD
240	320	126	104	2EE
260	325	92	76	2DC
260	330	104	86	2DD
260	340	126	104	2DE
280	360	126	104	2DE

表 10 接触角系列 3

单位为毫米

d	D	B_1	C_1	尺寸系列
20	42	34	28	3CC
22	44	34	27	3CC
40	68	44	35	3CD
45	75	46	37	3CC
50	80	46	37	3CC
55	90	52	41	3CC
65	135	112	94	3FE
75	145	112	94	3FE
80	125	66	52	3CC
85	160	118	98	3FE
90	140	73	57	3CC
110	190	126	104	3FE
130	210	126	104	3EE
150	235	132	110	3EE
170	255	132	110	3EE
180	280	142	110	3FD
190	280	140	116	3EE

表 11 接触角系列 4

单位为毫米

d	D	B_1	C_1	尺寸系列
25	47	34	27	4CC
28	52	37	29	4CC
30	55	39	31	4CC
32	58	39	31	4CC
35	62	41	33	4CC
50	105	88	74	4FE
55	115	95	81	4FE
60	95	52	41	4CC
60	125	104	88	4FE
65	100	52	41	4CC
70	110	57	45	4CC
70	140	112	94	4FE
75	115	58	46	4CC
80	150	112	94	4FE
85	130	67	53	4CC
90	165	120	100	4FE
95	145	73	57	4CC
95	170	120	100	4FE
100	150	73	57	4CC
100	175	120	100	4FE
105	160	80	62	4DC
105	180	120	100	4EE
110	170	86	68	4DC
120	180	88	70	4DC
120	200	126	104	4FE

表 11（续）

单位为毫米

d	D	B_1	C_1	尺寸系列
130	200	102	80	4EC
140	210	104	82	4DC
140	220	126	104	4EE
150	225	110	86	4EC
160	240	116	90	4EC
160	245	132	110	4EE
170	260	128	100	4EC
180	265	132	110	4EE
190	290	142	110	4FD
200	290	140	116	4EE
200	310	154	120	4FD
220	340	166	128	4FD
240	360	166	128	4FD
260	400	190	146	4FC
280	420	190	146	4FC
300	460	220	168	4GD
320	480	220	168	4GD

表 12　接触角系列 7

单位为毫米

d	D	B_1	C_1	尺寸系列
25	62	42	31.5	7FB
30	72	47	33.5	7FB
35	80	51	35.5	7FB
40	90	56	39.5	7FB
45	95	63	45	7FC
45	100	60	41.5	7FB

表 12（续）

单位为毫米

d	D	B_1	C_1	尺寸系列
50	105	69	49	7FC
50	110	64	43.5	7FB
55	115	73	52	7FC
55	120	70	49	7FB
60	125	79	57	7FC
60	130	74	51	7FB
65	130	79	57	7FC
65	140	79	53	7GB
70	140	83	59	7FC
70	150	83	57	7GB
75	150	89	63	7FC
75	160	88	60	7GB
80	160	95	67	7FC
80	170	94	63	7GB
85	170	102	72	7FC
85	180	99	66	7GB
90	175	102	72	7FC
90	190	103	70	7GB
95	180	104	72	7FC
95	200	109	74	7GB
100	190	110	76	7FC
100	215	124	81	7GB
105	200	114	80	7FC
105	225	127	83	7GB
110	210	120	84	7GC
110	240	137	87	7GB
120	220	120	84	7FC
120	260	148	96	7GB
130	230	120	84	7FC
130	280	156	100	7GB
140	240	120	84	7FC
140	300	168	108	7GB
150	250	120	84	7FC
150	320	178	114	7GB

6.4 圆锥滚子轴承凸缘外圈

接触角系列 2、3、4 和 7 的凸缘外形尺寸分别按表 13～表 16 的规定。

注：未在表 13～表 16 中规定的适用于凸缘外圈的凸缘尺寸按附录 A 的规定。

表 13 接触角系列 2

单位为毫米

D	D_1	C_2										
		尺寸系列										
		2CD	2CE	2DB	2DD	2DE	2EE	2FB	2FD	2FE	2GB	2GD
40	44	—	—	3	3	—	—	—	—	—	—	—
42	46	—	—	—	—	—	—	3	—	—	—	—
47	51	—	—	3	3	—	—	3	4	—	—	—
52	57	3.5	—	—	—	—	—	3.5	4.5	—	—	—
62	67	—	—	—	—	4.5	—	4	5	—	—	—
65	70	—	—	—	—	4.5	—	—	—	—	—	—
72	77	—	—	—	—	5	—	4	6	—	—	—
75	79	—	4.5[a]	—	—	—	—	—	—	—	—	—
75	80	—	4.5[b]	—	—	—	—	—	—	—	—	—
80	84	—	4.5	—	—	—	—	—	—	—	—	—
80	85	—	—	—	—	5	—	4.5	—	6	—	—
90	94	—	5	—	—	—	—	—	—	—	—	—
90	95	—	—	—	—	—	—	4.5	6	—	—	—
95	99	—	5	—	—	—	—	—	—	—	—	—
95	100	—	—	—	6	—	—	—	—	—	—	—
100	104	—	5	—	—	—	—	—	—	—	—	—
100	106	—	—	—	—	—	—	5	7	—	—	—
110	116	—	5	—	—	—	—	5	8	—	—	—
115	121	—	5	—	—	—	—	—	—	—	—	—
120	127	—	—	—	—	—	—	5.5	8	—	—	—
125	131	—	5.5	—	—	—	—	—	—	—	—	—
130	136	—	5.5	—	—	—	—	—	—	—	—	—
130	137	—	—	—	—	—	—	5.5	8	—	—	—
140	146	—	6	—	—	—	—	—	—	—	—	—
140	147	—	—	—	—	—	—	—	—	—	6	8
145	151	—	6	—	—	—	—	—	—	—	—	—
150	156	—	6	—	—	—	—	—	—	—	—	—
150	158	—	—	—	—	—	—	—	—	—	7	10

表 13（续） 单位为毫米

D	D_1	C_2										
		尺寸系列										
		2CD	2CE	2DB	2DD	2DE	2EE	2FB	2FD	2FE	2GB	2GD
160	168	—	—	—	—	7.5	—	—	—	—	7	10
170	178	—	—	—	—	8.5	—	—	—	—	—	—
170	179	—	—	—	—	—	—	—	—	—	7	11
180	188	—	—	—	—	8.5	—	—	—	—	—	—
180	190	—	—	—	—	—	—	—	—	—	8	11
190	200	—	—	—	—	—	—	—	—	—	8	11
200	208	—	—	—	—	—	9	—	—	—	—	—
200	210	—	—	—	—	—	—	—	—	—	8	11
210	218	—	—	—	—	9	—	—	—	—	—	—
215	225	—	—	—	—	—	—	—	—	—	9	12
225	233	—	—	—	—	—	10	—	—	—	—	—
225	236	—	—	—	—	—	—	—	—	—	9.5	12
240	251	—	—	—	—	—	—	—	—	—	9.5	12
260	272	—	—	—	—	—	—	—	—	—	11	13

[a] 仅适用于 2CE045 轴承。
[b] 仅适用于 2CE040 轴承。

表 14 接触角系列 3 单位为毫米

D	D_1	C_2													
		尺寸系列													
		3CC	3CD	3CE	3DB	3DC	3DD	3DE	3EB	3EC	3EE	3FB	3FC	3FD	3FE
42	46	3	—	—	—	—	—	—	—	—	—	—	—	—	—
44	48	3	—	—	—	—	—	—	—	—	—	—	—	—	—
52	57	3.5	—	—	—	—	—	—	—	—	—	—	—	—	—
62	67	—	—	—	3.5	4	—	—	—	—	—	—	—	—	—
65	70	—	—	—	3.5	—	—	—	—	—	—	—	—	—	—
68	72	—	3.5	—	—	—	—	—	—	—	—	—	—	—	—
72	77	—	—	—	4	4.5	—	—	—	—	—	—	—	—	—
75	79	3.5	—	—	—	—	—	—	—	—	—	—	—	—	—
80	84	3.5	—	—	—	—	—	—	—	—	—	—	—	—	—
80	85	—	—	4.5	4	4.5	—	—	—	—	—	—	—	—	—

表 14（续）

单位为毫米

D	D_1	C_2													
		尺寸系列													
		3CC	3CD	3CE	3DB	3DC	3DD	3DE	3EB	3EC	3EE	3FB	3FC	3FD	3FE
85	90	—	—	5	4	4.5	—	5	—	—	—	—	—	—	—
90	94	4	—	—	—	—	—	—	—	—	—	—	—	—	—
90	95	—	—	—	4	4.5	—	5.5	—	—	—	—	—	—	—
95	101	—	—	5	—	—	—	—	—	—	—	—	—	—	—
100	106	—	—	5	4.5	5	—	6	—	—	—	—	—	—	—
110	116	—	—	—	—	—	—	5.5	4.5	5	7	—	—	—	—
120	127	—	—	—	—	—	—	6	4.5	6	7	—	—	—	—
125	131	5	—	—	—	—	—	—	—	—	—	—	—	—	—
125	132	—	—	—	—	—	—	6	5	6	7	—	—	—	—
130	136.5	—	—	—	—	—	7	—	—	—	—	—	—	—	—
130	137	—	—	—	—	—	—	6	—	—	7	—	—	—	—
140	146	5.5	—	—	—	—	—	—	—	—	—	—	—	—	—
140	147	—	—	—	—	—	—	7	5	6	8	—	—	—	—
150	158	—	—	—	—	—	—	8	5	7	9	—	—	—	—
160	168	—	—	—	—	—	—	—	—	—	9	6	8	—	10[a]
165	173	—	—	—	—	—	—	—	—	—	9	—	—	—	—
170	179	—	—	—	—	—	—	—	—	—	—	6.5	8	—	10
175	184	—	—	—	—	—	—	—	—	—	9	—	—	—	—
180	190	—	—	—	—	—	—	—	—	—	9	7	8	—	10
190	200	—	—	—	—	—	—	—	—	—	—	7	9	—	11[b]
200	210	—	—	—	—	—	—	—	—	—	—	7	10	—	10
280	292	—	—	—	—	—	—	—	—	—	—	—	—	11	—

[a] 仅适用于 3FE090 轴承。

[b] 仅适用于 3FE105 轴承。

表 15 接触角系列 4

单位为毫米

D	D_1	C_2											
		尺寸系列											
		4CB	4CC	4CD	4DB	4DC	4EB	4EC	4FB	4FC	4FD	4GB	4GD
45	49	—	—	—	3	—	—	—	—	—	—	—	—
47	51	3	3	—	—	—	—	—	—	—	—	—	—
50	54	3	—	—	—	—	—	—	—	—	—	—	—
52	56	—	3	—	—	—	—	—	—	—	—	—	—
55	59	3	3	—	—	—	—	—	—	—	—	—	—
58	62	—	3	—	—	—	—	—	—	—	—	—	—
60	64	3	—	—	—	—	—	—	—	—	—	—	—
62	66	—	3	—	—	—	—	—	—	—	—	—	—
65	69	—	—	—	3	—	—	—	—	—	—	—	—
70	75	—	—	—	3	—	—	—	—	—	—	—	—
75	80	3	—	—	—	—	—	—	—	—	—	—	—
85	90	—	—	—	3	—	—	—	—	—	—	—	—
90	95	—	—	—	3	—	—	—	—	—	—	—	—
95	99	—	4	—	—	—	—	—	—	—	—	—	—
95	100	3	—	—	—	—	—	—	—	—	—	—	—
100	104	—	4	—	—	—	—	—	—	—	—	—	—
100	105	3	—	—	—	—	—	—	—	—	—	—	—
105	111	3	—	—	—	—	—	—	—	—	—	—	—
110	116	3	4.5	—	—	—	—	—	—	—	—	—	—
115	121	3	4.5	—	—	—	—	—	—	—	—	—	—
115	122	—	5	—	—	—	—	—	—	—	—	—	—
125	132	4	—	—	—	—	—	—	—	—	—	—	—
130	135.5	—	—	5.5	—	—	—	—	—	—	—	—	—
130	136	—	5	—	—	—	—	—	—	—	—	—	—
130	137	4	—	—	5	6	—	—	—	—	—	—	—
135	142	4	—	—	—	—	—	—	—	—	—	—	—
140	147	4	—	—	—	—	—	—	—	—	—	—	—

表 15（续）

单位为毫米

D	D_1	C_2											
		尺寸系列											
		4CB	4CC	4CD	4DB	4DC	4EB	4EC	4FB	4FC	4FD	4GB	4GD
145	151	—	5.5	—	—	—	—	—	—	—	—	—	—
145	152	4	—	—	—	—	—	—	—	—	—	—	—
150	156	—	5.5	—	—	—	—	—	—	—	—	—	—
150	157	4	—	—	—	—	—	—	—	—	—	—	—
160	167	5	—	—	—	—	—	—	—	—	—	—	—
160	168	—	—	—	—	6.5	—	—	—	—	—	—	—
165	172	—	5.5	—	—	—	—	—	—	—	—	—	—
170	177	5	—	—	—	—	—	—	—	—	—	—	—
170	178	—	—	—	—	6.5	—	—	—	—	—	—	—
180	188	—	—	—	—	6.5	—	—	—	—	—	—	—
185	192	5	—	—	—	—	—	—	—	—	—	—	—
195	202	5	—	—	—	—	—	—	—	—	—	—	—
200	208	—	—	—	—	—	—	8	—	—	—	—	—
210	218	—	—	—	6	8	—	—	—	—	—	—	—
215	225	—	—	—	—	—	—	—	8	—	11	—	—
220	228	—	—	—	6	—	—	—	—	—	—	—	—
225	233	—	—	—	—	—	—	8.5	—	—	—	—	—
230	238	—	—	—	6	—	—	—	—	—	—	—	—
230	241	—	—	—	—	—	—	—	8	—	11	—	—
240	248	—	—	—	6	—	—	9	—	—	—	—	—
250	261	—	—	—	—	—	—	—	9	—	12	—	—
260	268	—	—	—	7	—	—	10	—	—	—	—	—
270	278	—	—	—	7	—	—	—	—	—	—	—	—
270	282	—	—	—	—	—	—	—	—	—	—	9	12
290	298	—	—	—	7	—	—	—	—	—	—	—	—
320	330	—	—	—	—	—	8	—	—	—	—	—	—
340	350	—	—	—	8	—	—	—	—	—	—	—	—
370	380	—	—	—	—	—	9	—	—	—	—	—	—
400	410	—	—	—	—	—	10	—	—	—	—	—	—
420	432	—	—	—	—	—	10	—	—	—	—	—	—

表 16 接触角系列 7

单位为毫米

D	D_1	C_2		D	D_1	C_2	
		尺寸系列				尺寸系列	
		7FB	7GB			7FB	7GB
62	67	4	—	160	168	—	7
72	77	4	—	170	179	—	7
80	85	4.5	—	180	190	—	8
90	95	4.5	—	190	200	—	8
100	106	5	—	200	210	—	8
110	116	5	—	215	225	—	9
120	127	5.5	—	225	236	—	9.5
130	137	5.5	—	240	251	—	9.5
140	147	—	6	260	272	—	11
150	158	—	7				

附 录 A
（资料性附录）
补充规格的外圈凸缘尺寸

A.1 范围

本附录规定的凸缘尺寸适用于未在本部分正文中规定的米制圆锥滚子轴承凸缘外圈。因此，本附录规定的凸缘外圈应视为非标外圈。

A.2 凸缘尺寸

凸缘宽度见表A.1，凸缘高度见表A.2。

表 A.1 凸缘宽度

单位为毫米

C		C_2				
		接触角系列[a]				
>	≤	2	3	4	5	6和7
—	16	3	3	3	3	3
16	19	3	4	4	4	4
19	22	4	5	5	5	6
22	25	5	5	6	6	7
25	28	6	6	7	7	8
28	31	6	7	8	8	9
31	35	7	8	9	9	10
35	40	8	9	10	11	11
40	45	9	10	11	12	12
45	52	10	11	12	13	13
52	60	10	12	13	14	14
60	70	11	13	14	15	15

[a] 接触角系列按表1的规定。

表 A.2 凸缘高度

单位为毫米

C_2	D		h_1
	>	≤	
3	—	65	2
3	65	100	2.5
3	100	—	3
4	—	所有尺寸	3.5
5	—	所有尺寸	3.5
6	—	所有尺寸	4
7	—	所有尺寸	4
8	—	所有尺寸	5
9	—	所有尺寸	5
10	—	400	5
10	400	—	6
11	—	所有尺寸	6
12	—	所有尺寸	6
13	—	所有尺寸	6
14	—	所有尺寸	7
15	—	所有尺寸	7

ICS 71.080.60
G 16

中华人民共和国国家标准

GB 338—2011
代替 GB 338—2004

工业用甲醇

Methanol for industrial use

2011-12-05 发布　　　　2012-08-01 实施

中华人民共和国国家质量监督检验检疫总局
中国国家标准化管理委员会　发布

前　言

本标准的6.1为强制性的，其余为推荐性的。

本标准按照GB/T 1.1—2009给出的规则起草。

本标准代替GB 338—2004《工业甲醇》，与GB 338—2004相比，主要技术变化如下：

——修改了高锰酸钾时间试验所用的标准比色溶液的配制方法（见4.7，2004年版的4.4）；

——增加了沸程测定方法中全浸式温度计读数和水银气压计读数的校正公式（见附录C）；

——修改了乙醇含量测定试验方法（见4.14、附录D，2004年版的4.11）；

——修改了出厂检验项目（见5.1，2004年版的5.1）。

本标准使用重新起草法修改采用美国试验与材料协会标准ASTM D1152:2006《甲醇》。本标准与ASTM D1152:2006相比在结构上有较多调整，附录A中列出了本标准章条编号与ASTM D1152:2006章条编号的对照一览表。本标准与ASTM D1152:2006的技术性差异及其原因如下：

——指标分为优等品、一等品和合格品（见3.2）。这是依据我国有关工业产品的分等导则确定的；

——增加了水混溶性项目、乙醇含量项目（见3.2）。这是为了严格对产品质量的控制；

——优等品色度、沸程、酸或碱等指标优于ASTM D1152:2006（见3.2）；

——除硫酸洗涤试验方法采用ASTM D1152:2006所规定的方法外，其他各项试验方法均采用我国产品试验方法国家标准（见第4章）。

本标准由中国石油和化学工业联合会提出。

本标准由全国化学标准化技术委员会有机化工分会（SAC/TC 63/SC 2）归口。

本标准起草单位：中国石化集团四川维尼纶厂。

本标准参加起草单位：上海焦化有限公司、陕西榆林天然气化工有限责任公司、江苏索普（集团）有限公司、大庆油田化工有限公司甲醇分公司、浙江晋巨化工有限公司和贵州宜化化工有限责任公司。

本标准主要起草人：严红、蒲利均、李彬、翟丽、周兵、卢家云、曾燕、翟晓霞、王淑梅、葛立新、张学勇、蓝远冬、杨红梅。

本标准所代替的标准历次版本发布情况为：

——GB 338—1964，GB 338—1976，GB 338—1985，GB 338—1992，GB 338—2004。

工 业 用 甲 醇

1 范围

本标准规定了工业用甲醇的要求、试验方法、检验规则及标志、包装、运输、贮存和安全等。

本标准适用于以煤、天然气、轻油、重油为原料合成的工业用甲醇。

分子式：CH_4O

相对分子质量：32.042(按2007年国际相对原子质量)

2 规范性引用文件

下列文件对于本文件的应用是必不可少的。凡是注日期的引用文件，仅注日期的版本适用于本文件。凡是不注日期的引用文件，其最新版本(包括所有的修改单)适用于本文件。

GB 190 危险货物包装标志

GB/T 601 化学试剂 标准滴定溶液的制备

GB/T 603 化学试剂 试验方法中所用制剂及制品的制备(GB/T 603—2002，ISO 6353-1：1982，NEQ)

GB/T 3143 液体化学产品颜色测定法(Hazen单位——铂-钴色号)

GB/T 4472 化工产品中密度、相对密度测定通则

GB/T 6283 化工产品中水分含量的测定 卡尔·费休法(通用方法)(GB/T 6283—2008，ISO 760：1978，NEQ)

GB/T 6324.1 有机化工产品试验方法 第1部分：液体有机化工产品水混溶性试验

GB/T 6324.2 有机化工产品试验方法 第2部分：挥发性有机液体水浴上蒸发后干残渣的测定(GB/T 6324.2—2004，ISO 759：1981，MOD)

GB/T 6324.3—2011 有机化工产品试验方法 第3部分：还原高锰酸钾物质的测定

GB/T 6324.5—2008 有机化工产品试验方法 第5部分：有机化工产品中羰基化合物含量的测定

GB/T 6678 化工产品采样总则

GB/T 6680 液体化工产品采样通则

GB/T 6682 分析实验室用水规格和试验方法(GB/T 6682—2008，ISO 3696：1987，MOD)

GB/T 7534 工业用挥发性有机液体 沸程的测定(GB/T 7534—2004，ISO 4626：1980，MOD)

GB/T 8170 数值修约规则与极限数值的表示和判定

GB/T 9722 化学试剂 气相色谱法通则

3 要求

3.1 性状：无色透明液体，无异臭味、无可见杂质。

3.2 工业用甲醇应符合表1所示的技术要求。

表1　技术要求

项　　目		指　　标	
	优等品	一等品	合格品
色度,Hazen单位(铂-钴色号)　　≤	5		10
密度,ρ_{20}/(g/cm³)	0.791～0.792	0.791～0.793	
沸程[a](0 ℃,101.3 kPa)/℃　　≤	0.8	1.0	1.5
高锰酸钾试验/min　　≥	50	30	20
水混溶性试验	通过试验(1+3)	通过试验(1+9)	—
水,w/%　　≤	0.10	0.15	0.20
酸(以 HCOOH 计),w/%　　≤ 或碱(以 NH_3 计),w/%　　≤	0.001 5 0.000 2	0.003 0 0.000 8	0.005 0 0.001 5
羰基化合物(以 HCHO 计),w/%　　≤	0.002	0.005	0.010
蒸发残渣,w/%　　≤	0.001	0.003	0.005
硫酸洗涤试验,Hazen单位(铂-钴色号)　　≤	50		—
乙醇,w/%　　≤	供需双方协商	—	
注:当需要计算甲醇的质量分数时,参见附录B。			
[a] 包括64.6 ℃±0.1 ℃。			

4　试验方法

4.1　警示

试验方法规定的一些过程可能导致危险情况,操作者应采取适当的安全和防护措施。

4.2　一般规定

除非另有说明,在分析中仅使用确认为分析纯的试剂和符合 GB/T 6682 的三级水。

分析中所用标准滴定溶液、制剂和制品,在没有注明其他要求时,均按 GB/T 601、GB/T 603 制备。

4.3　性状的测定

于具塞比色管中,加入试样,在日光灯或日光下感官检测。

4.4　色度的测定

按 GB/T 3143 规定的方法进行。

4.5　密度的测定

按 GB/T 4472 中规定的比重瓶法进行。也可采用其他能满足分析要求的试验方法。在15 ℃～35 ℃的范围内,试样密度的温度校正系数为0.000 93 g/(cm³·℃)。

取两次平行测定结果的算术平均值为报告结果。两次平行测定结果的绝对差值不大于0.000 5 g/cm³。

4.6 沸程的测定

按 GB/T 7534 规定的方法进行。蒸馏烧瓶为 100 mL；温度计的示值范围为 50 ℃～70 ℃，分度值为 0.1 ℃。全浸式温度计和水银压力计的校正见附录 C。

4.7 高锰酸钾试验

按 GB/T 6324.3—2011 中目视比色法的规定进行。其中试样量为 50 mL；高锰酸钾溶液的加入量为 2 mL；温度控制在 15 ℃±0.5 ℃；比色方式为侧向观察。

4.8 水混溶性试验

按 GB/T 6324.1 规定的方法进行。选择试样与水混溶的比例分别为：1＋3(优等品)，1＋9(一等品)。

4.9 水分的测定

按 GB/T 6283 的规定进行。

取两次平行测定结果的算术平均值为测定结果。两次平行测定结果的绝对差值不大于 0.01%。

4.10 酸含量或碱含量的测定

4.10.1 方法提要

试样用不含二氧化碳的水稀释，以溴百里香酚蓝为指示剂，试样呈酸性则用氢氧化钠标准滴定溶液滴定游离酸，试样呈碱性则用硫酸标准滴定溶液滴定游离碱。

4.10.2 试剂

4.10.2.1 氢氧化钠标准滴定溶液：$c(NaOH)=0.01$ mol/L。

4.10.2.2 硫酸标准滴定溶液：$c(\frac{1}{2}H_2SO_4)=0.01$ mol/L。

4.10.2.3 溴百里香酚蓝指示液：1 g/L。

4.10.2.4 无二氧化碳的水。

4.10.3 仪器

滴定管：10 mL，分刻度为 0.05 mL。

4.10.4 分析步骤

4.10.4.1 试样用等体积的不含二氧化碳水稀释，加 4～5 滴溴百里香酚蓝指示液鉴别，呈黄色测定酸；呈蓝色测定碱。

4.10.4.2 取 50 mL 不含二氧化碳水，注入 250 mL 三角瓶中，加 4～5 滴溴百里香酚蓝指示液。测定游离酸时，用氢氧化钠标准滴定溶液滴定至溶液呈浅蓝色，用 50 mL 量筒加入 50 mL 试样，再用氢氧化钠标准滴定溶液滴定至溶液由黄色变为浅蓝色，保持 30 s 不褪色即为终点。测定游离碱时，用硫酸标准滴定溶液滴定，溶液由蓝色变为黄色，保持 30 s 不褪色即为终点。

4.10.5 结果计算

酸以甲酸(HCOOH)计的质量分数 w_1，数值以%表示；碱以氨(NH_3)计的质量分数 w_2，数值以%表示；分别按式(1)和式(2)计算：

$$w_1 = \frac{(V_1/1\ 000)c_1M_1}{V\rho_t} \times 100 \qquad \cdots\cdots(1)$$

$$w_2 = \frac{(V_2/1\ 000)c_2M_2}{V\rho_t} \times 100 \qquad \cdots\cdots(2)$$

式中：

V_1 ——氢氧化钠标准滴定溶液(4.10.2.1)的体积的数值，单位为毫升(mL)；

c_1 ——氢氧化钠标准滴定溶液浓度的准确数值，单位为摩尔每升(mol/L)；

M_1 ——甲酸的摩尔质量的数值，单位为克每摩尔(g/mol)(M_1=46.03)；

ρ_t ——测定温度 t 时的甲醇试样的密度，单位为克每立方厘米(g/cm³)；

V_2 ——硫酸标准滴定溶液(4.10.2.2)的体积的数值，单位为毫升(mL)；

c_2 ——硫酸标准滴定溶液浓度的准确数值，单位为摩尔每升(mol/L)；

M_2 ——氨的摩尔质量的数值，单位为克每摩尔(g/mol)(M_2=17.03)；

V ——试样的体积的数值，单位为毫升(mL)(V=50)。

计算结果保留至小数点后第四位。

取两次平行测定结果的算术平均值为报告结果。两次平行测定结果的绝对差值不大于这两个测定值的算术平均值的30%。

4.11 羰基化合物含量的测定

按GB/T 6324.5—2008中4.2规定的方法进行。其中波长为430 nm。羰基化合物[以甲醛(HCHO)计]的质量分数 w_3，数值以%表示，按式(3)计算：

$$w_3 = \frac{(m_1 - m_2) \times 10^{-6}}{m} \times 100 \qquad \cdots\cdots(3)$$

式中：

m_1——与试料吸光度相对应的由标准曲线上查得的甲醛的质量的数值，单位为微克(μg)；

m_1——与空白吸光度相对应的由标准曲线上查得的甲醛的质量的数值，单位为微克(μg)；

m ——试料的质量的数值，单位为克(g)。

4.12 蒸发残渣含量的测定

按GB/T 6324.2的规定进行。

取两次平行测定结果的算术平均值为报告结果。两次平行测定结果的绝对差值不大于0.000 3%。

4.13 硫酸洗涤试验

4.13.1 方法提要

在一定条件下，试样与硫酸混合，混合液与铂-钴标准比色溶液对比，进行目视比色法测定。

4.13.2 试剂

4.13.2.1 硫酸。

4.13.2.2 铂-钴标准比色溶液：按GB/T 3143配制。

4.13.3 仪器

4.13.3.1 比色管：50 mL。

4.13.3.2 滴定管：配有聚四氟乙烯旋塞，25 mL。

4.13.4 **分析步骤**

4.13.4.1 试验中所用的玻璃仪器不能含有与硫酸显色的物质。用重铬酸钾-硫酸洗液洗涤玻璃仪器，然后用水清洗，用清洁空气干燥。

4.13.4.2 取30 mL试样于125 mL三角瓶中，置于电磁搅拌器上，搅拌，匀速加入25 mL硫酸，硫酸加入时间为5 min±0.5 min，室温下放置15 min±0.5 min，移入比色管中。取另一支比色管，加入50 mL铂-钴标准比色溶液；在白色或镜面背景以上50 mm～150 mm轴向比色。

4.14 **乙醇含量的测定**

按附录D规定的方法进行。

5 检验规则

5.1 本标准所列项目均为型式检验项目，其中色度、密度、沸程、高锰酸钾试验、水分和酸(或碱)为出厂检验项目。在正常生产情况下每月至少进行一次型式检验。当遇到下列情况之一时，应进行型式检验：

a) 更新关键生产工艺；

b) 主要原料有变化；

c) 停产后重新恢复生产；

d) 出厂检验结果与上次型式检验结果有较大差异；

e) 合同规定。

5.2 工业用甲醇应由质量检验部门进行检验，生产厂保证出厂的工业用甲醇符合本标准的要求。每一批出厂的工业用甲醇都应附有质量证明书，内容包括：生产厂名称、产品名称、生产日期或批号、产品质量等级和本标准编号等。

5.3 在原材料、工艺不变的条件下，产品连续生产的实际批为一个组批；但若干个组批构成一个检验批的时间通常不超过一周。

5.4 采样按GB/T 6678和GB/T 6680常温下为流动态液体的规定进行，所采样品总量不得少于2 L。将样品充分混匀后，分装于两个干燥清洁带有磨口塞的玻璃瓶中，一瓶作为分析检验用，一瓶供备查验用。

5.5 检验结果的判定按GB/T 8170中修约值比较法进行，检验结果如有一项不符合本标准要求时，应重新自两倍数量的包装单元采样、检验，罐装产品应重新多点采样、检验，重新检验的结果即使只有一项指标不符合本标准要求，则整批产品为不合格。

6 标志、包装、运输和贮存

6.1 工业用甲醇产品包装容器上应涂有牢固的标志，其内容包括：生产厂名称、产品名称、本标准编号以及GB 190规定的“易燃液体”和“毒性物质”标志。

6.2 工业用甲醇应用清洁干燥容器包装，包装容器应严加密封。

6.3 工业用甲醇运输应遵守危险化学品运输的相关规定。

6.4 工业用甲醇应贮存在干燥、通风、阴凉、避免烈日曝晒并隔绝热源和火种的地方。

7 安全

7.1 危险警告：甲醇是无色易燃液体，闪点为8 ℃，自燃温度为436 ℃，甲醇蒸气在空气中爆炸范围的体积分数为 6%～36.5%。甲醇蒸气对神经系统有刺激作用，吸入人体内，可引起失明和中毒。误服后产生醉感、头痛、恶心、呕吐、视线模糊，严重者引起失明，乃至死亡。

7.2 安全措施：甲醇溢出时应立刻用水冲洗。着火时用砂子、泡沫灭火器、石棉布等进行扑救。应避免甲醇与皮肤接触，如果溅到皮肤上和眼睛里，用大量的清水冲洗，迅速就医。发生误服后，用 1%～2% 的碳酸氢钠洗胃处理。同时为阻止甲醇的代谢，在 3 d～4 d 内，每隔 2 h，以平均每公斤体重 0.5 mL 的数量，饮服 50% 的食品级乙醇溶液。

附　录　A
（资料性附录）
本标准章条编号与 ASTM D1152:2006 章条编号对照

表 A.1 给出了本标准章条编号与 ASTM D1152:2006 章条编号对照一览表。

表 A.1　本标准章条编号与 ASTM D1152:2006 章条编号对照

本标准章条编号	对应 ASTM D 1152 章条编号
1	1
2	2
3	3
4	5
5	—
5.4	4
6	6
7	—

附 录 B
（规范性附录）
甲醇的质量分数的计算

B.1 甲醇质量分数的计算

甲醇的质量分数 w，数值以%表示，按公式(B.1)计算：

$$w = 100 - \sum w_i - w_{水} \qquad \text{(B.1)}$$

式中：

$\sum w_i$——甲醇中各杂质组分的质量分数之和；

$w_{水}$ ——按4.9测得的甲醇中水的质量分数。

计算结果保留至小数点后第一位。

附　录　C
（资料性附录）
全浸式温度计及水银压力计的校正计算

C.1　全浸式温度计读数校正

全浸式温度计读数修正值 Δt_1 按式(C.1)进行校正：

$$\Delta t_1 = 0.000\,16 \times h(t_{主} - t_{辅}) \qquad \cdots\cdots(C.1)$$

式中：

h ——主温度计水银柱露出塞上部分的高度的数值，单位为摄氏度(℃)；

$t_{主}$——主温度计的读数的数值，单位为摄氏度(℃)；

$t_{辅}$——辅助温度计读数的数值，单位为摄氏度(℃)。

C.2　水银气压计读数校正

水银气压计读数修正值 p 按式(C.2)进行校正：

$$p = p_r\left(1 - \frac{\alpha - \beta}{1 + \alpha t} \times t\right) \times (1 - 2.6 \times 10^{-3} \times \cos 2\lambda - 3.14 \times 10^{-7} \times H) \qquad \cdots\cdots(C.2)$$

式中：

p_r ——气压计的读数的数值，单位为千帕(kPa)；

α ——水银的平均体膨胀系数的数值(α=0.000 181 8)；

β ——黄铜的线膨胀系数的数值(β=0.000 018 4)；

t ——气压计读数时的室温的数值，单位为摄氏度(℃)；

λ ——测定地的纬度的数值；

H ——测定地的海拔高度的数值，单位为米(m)。

附 录 D
（规范性附录）
工业用甲醇中乙醇含量测定 气相色谱法

D.1 方法提要

在选定的工作条件下，样品经汽化通过毛细管色谱柱，各组分得以分离，用氢火焰离子化检测器检测。用内标法定量，计算出乙醇的质量分数。

D.2 试剂

D.2.1 甲醇。
D.2.2 异丙醇：内标物；色谱纯。
D.2.3 氢气：体积分数不低于99.9%，经硅胶与分子筛干燥、净化。
D.2.4 氮气：体积分数不低于99.95%，经硅胶与分子筛干燥、净化。
D.2.5 空气：经硅胶与分子筛干燥、净化。

D.3 仪器

D.3.1 气相色谱仪：配有火焰离子化检测器，整机灵敏度和稳定性符合GB/T 9722中的有关规定；
D.3.2 记录仪：色谱数据处理机或色谱工作站；
D.3.3 进样器：微量注射器1 μL和25 μL。
D.3.4 色谱柱及典型色谱操作条件

推荐的毛细管色谱柱和典型色谱操作条件见表D.1。典型的毛细管柱色谱图见图D.1。其他能达到同等分离程度的色谱柱和色谱操作条件也可使用。

表D.1 推荐的毛细管色谱柱和典型色谱操作条件

色谱柱	极性多孔高聚物（聚苯乙烯-二乙烯基苯）键合毛细管柱
柱长/柱内径/液膜厚度	25 m×0.32 mm×7 μm
柱温/℃	初温：110，升温速率10 ℃/min，终温：160
汽化室温度/℃	150
检测器温度/℃	200
空气流量/(mL/min)	300
氢气流量/(mL/min)	30
载气(N_2)柱流量/(mL/min)	1.0
分流比	25∶1
进样量/μL	1

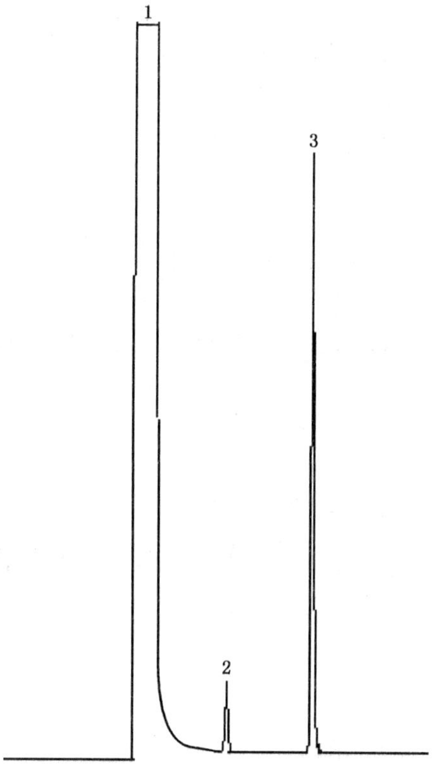

1——甲醇；

2——乙醇；

3——异丙醇。

图 D.1　工业用甲醇溶液样品典型色谱图

D.4　分析步骤

D.4.1　标准溶液的配制

D.4.1.1　于已称重的清洁、干燥的 100 mL 容量瓶中，加入 0.50 mL 乙醇并称重，准至 0.000 1 g；用甲醇稀释至刻度并称重，混匀。

D.4.1.2　于 5 个清洁、干燥的 50 mL 容量瓶中，分别加入 0.00 mL、0.20 mL、0.40 mL、0.80 mL、1.60 mL 上述母液，再分别加入 25 μL 已知质量的异丙醇，用甲醇稀释至刻度，混匀。待仪器操作条件稳定后分别进标样分析。进样量 1 μL。

D.4.2　相对校正因子的测定

D.4.2.1　启动气相色谱仪，按表 D.1 所列色谱操作条件调试仪器。

D.4.2.2　仪器稳定后，用微量注射器取 1 μL 标准溶液(D.4.1.2)，进样、分析。

D.4.2.3　相对校正因子 f' 的计算

乙醇的相对校正因子 f' 按式(D.1)进行计算：

$$f' = \frac{A_s \times m_i}{A_i \times m_s} \qquad \text{(D.1)}$$

式中：

A_i——乙醇组分峰面积的数值；

m_s——异丙醇质量的数值，单位为克(g)；

A_s——异丙醇峰面积的数值；

m_i——乙醇质量的数值，单位为克(g)。

D.4.3 样品测定

D.4.3.1 在已知质量的 50 mL 容量瓶中加入适量试样。用注射器移取 25 μL 内标物异丙醇并称量，将异丙醇加入容量瓶中。定容，混匀，称量。

D.4.3.2 仪器稳定后，用微量注射器取 1 μL 样品(D.4.3.1)，进样、分析。

D.5 结果计算

乙醇的质量分数 w，数值以%表示，按式(D.2)计算：

$$w = f' \times \frac{A_i \times m_s}{A_s \times m} \times 100 \qquad \cdots\cdots(D.2)$$

式中：

A_i——乙醇的峰面积的数值；

f'——乙醇的相对校正因子；

m_s——异丙醇的质量的数值，单位为克(g)；

A_s——异丙醇的峰面积的数值；

m——试样的质量的数值，单位为克(g)。

计算结果保留至小数点后第四位。

取两次平行测定结果的算术平均值为报告结果。当乙醇的质量分数小于 0.01%时，两次平行测定结果的绝对差值不大于 0.000 5%；当乙醇的质量分数大于 0.01%时，两次平行测定结果的绝对差值不大于 0.001%。

ICS 71.040.30
G 62

中华人民共和国国家标准

GB/T 620—2011
代替 GB/T 620—1993

化学试剂　氢氟酸

Chemical reagent—Hydrofluoric acid

(ISO 6353-3:1987,Reagents for chemical analysis—
Part 3:Specifications—Second series,NEQ)

2011-05-12 发布　　2011-12-01 实施

中华人民共和国国家质量监督检验检疫总局
中国国家标准化管理委员会　发布

前　言

本标准与 ISO 6353-3:1987《化学分析试剂　第 3 部分:规格　第 2 系列》中 R67“氢氟酸”的一致性程度为非等效。

本标准代替 GB/T 620—1993《化学试剂　氢氟酸》,与 GB/T 620—1993 相比主要变化如下:

——调整了硫酸盐和亚硫酸盐化学纯测定的取样量(1993 年版的 4.2.3,本版的 5.5);

——重金属的测定增加了硫化钠-丙三醇比色法(1993 年版的 4.2.7,本版的 5.9);

——修改了包装及标志(1993 年版的第 6 章,本版的第 7 章)。

本标准由中国石油和化学工业联合会提出。

本标准由全国化学标准化技术委员会化学试剂分会(SAC/TC 63/SC 3)归口。

本标准起草单位:上海试四赫维化工有限公司。

本标准主要起草人:贾玲。

本标准所代替标准的历次版本发布情况为:

——GB/T 620—1965、GB/T 620—1977、GB/T 620—1993。

化学试剂　氢氟酸

警告：本标准规定的一些试验过程可能导致危险情况，使用者有责任采取适当的安全和健康措施。

分子式：HF

相对分子质量：20.01(根据2007年国际相对原子质量)

1　范围

本标准规定了化学试剂中氢氟酸的性状、规格、试验、检验规则和包装及标志。

本标准适用于化学试剂中氢氟酸的检验。

2　规范性引用文件

下列文件中的条款通过本标准的引用而成为本标准的条款。凡是注日期的引用文件，其随后所有的修改单(不包括勘误的内容)或修订版均不适用于本标准，然而，鼓励根据本标准达成协议的各方研究是否可使用这些文件的最新版本。凡是不注日期的引用文件，其最新版本适用于本标准。

GB/T 601　化学试剂　标准滴定溶液的制备

GB/T 602　化学试剂　杂质测定用标准溶液的制备(GB/T 602—2002，ISO 6353-1：1982，NEQ)

GB/T 603　化学试剂　试验方法中所用制剂及制品的制备(GB/T 603—2002，ISO 6353-1：1982，NEQ)

GB/T 6682　化学试剂　分析实验室用水规格和试验方法(GB/T 6682—2008，ISO 3696：1987，MOD)

GB/T 9727　化学试剂　磷酸盐测定通用方法(GB/T 9727—2007，ISO 6353-1：1982，NEQ)

GB/T 9728　化学试剂　硫酸盐测定通用方法(GB/T 9728—2007，ISO 6353-1：1982，NEQ)

GB/T 9735　化学试剂　重金属测定通用方法(GB/T 9735—2008，ISO 6353-1：1982，NEQ)

GB/T 9739　化学试剂　铁测定通用方法(GB/T 9739—2006，ISO 6353-1：1982，NEQ)

GB/T 9741—2008　化学试剂　灼烧残渣测定通用方法(ISO 6353-1：1982，NEQ)

GB/T 9742　化学试剂　硅酸盐测定通用方法(GB/T 9742—2008，ISO 6353-1：1982，NEQ)

GB 15258　化学品安全标签编写规定

GB 15346　化学试剂　包装及标志

HG/T 3921　化学试剂　采样及验收规则

3　性状

本试剂为无色、具刺激性嗅味的氟化氢水溶液，具有腐蚀性，剧毒，能强烈地侵蚀玻璃或含硅的物料。

4　规格

氢氟酸的规格见表1。

表1

名　称	优级纯	分析纯	化学纯
含量(HF)，w/%	≥40.0	≥40.0	≥40.0
灼烧残渣(以硫酸盐计)，w/%	≤0.001	≤0.002	≤0.01
氯化物(Cl)，w/%	≤0.000 5	≤0.001	≤0.005

表 1（续）

名　　称	优级纯	分析纯	化学纯
硫酸盐和亚硫酸盐（以 SO_4 计），w/%	≤0.001	≤0.002	≤0.005
磷酸盐（PO_4），w/%	≤0.000 1	≤0.000 2	≤0.000 5
氟硅酸盐（SiF_6），w/%	≤0.02	≤0.04	≤0.06
铁（Fe），w/%	≤0.000 05	≤0.000 1	≤0.000 5
重金属（以 Pb 计），w/%	≤0.000 1	≤0.000 5	≤0.001

5 试验

5.1 一般规定

本章中除另有规定外，所用标准滴定溶液、标准溶液、制剂及制品，均按 GB/T 601、GB/T 602、GB/T 603 的规定制备，实验用水应符合 GB/T 6682 中三级水规格，样品均按精确至 0.01 g 称量，所用溶液以“%”表示的均为质量分数。

5.2 含量

在带盖的聚乙烯小塑料瓶中加入 5 mL 水，称量，用塑料管加入 1.5 g（约 1.3 mL）样品，再称量，两次称量均须精确至 0.000 1 g。用约 50 mL 水将样品移至塑料杯中，加 2 滴酚酞指示液（10 g/L），用氢氧化钠标准滴定溶液[c(NaOH)=1 mol/L]滴定至溶液呈粉红色。

氢氟酸的质量分数 w，数值以“%”表示，按式（1）计算：

$$w=\frac{V\times c\times M}{m\times 1\ 000}\times 100 \qquad \cdots\cdots(1)$$

式中：

V——氢氧化钠标准滴定溶液体积的数值，单位为毫升（mL）；

c——氢氧化钠标准滴定溶液浓度的准确数值，单位为摩尔每升（mol/L）；

M——氢氟酸摩尔质量的数值，单位为克每摩尔（g/mol）[M(HF)=20.01]；

m——样品质量的数值，单位为克（g）。

5.3 灼烧残渣

称取 50 g（优级纯取 100 g）样品，置于已在 650 ℃±50 ℃恒量的铂皿中，按 GB/T 9741—2008 中 4.3 的规定测定，结果按第 5 章的规定计算。

5.4 氯化物

在铂皿或塑料杯中，加 30 mL 硼酸溶液（40 g/L），加 1 g（优级纯加 2 g）样品，稀释至 35 mL，加 2 mL 硝酸溶液（25%），5 min 后，移入比色管中，加 1 mL 硝酸银溶液（17 g/L），摇匀，放置 10 min。溶液所呈浊度不得大于标准比浊溶液。

标准比浊溶液的制备是取含下列数量的氯化物标准溶液：

优级纯、分析纯 …………………………………… 0.01 mg Cl；

化学纯……………………………………………… 0.05 mg Cl。

与样品同时同样处理。

5.5 硫酸盐和亚硫酸盐

5.5.1 试验溶液的制备

称取 50 g 样品，注入铂皿中，加 2 mL 无水碳酸钠溶液（50 g/L）、1 mL“30%过氧化氢”，在水浴上蒸干，加 0.5 mL 盐酸溶液（20%）及 2 mL 水，缓缓加热溶解残渣，稀释至 50 mL。

5.5.2 测定方法

取 2 mL（化学纯取 1 mL）试验溶液，稀释至 20 mL，加 0.5 mL 盐酸溶液（20%）酸化后，按

GB/T 9728 的规定测定。溶液所呈浊度不得大于标准比浊溶液。

标准比浊溶液的制备是取含下列数量的硫酸盐标准溶液：

优级纯 ………………………………………………………… 0.02 mg SO_4；

分析纯 ………………………………………………………… 0.04 mg SO_4；

化学纯 ………………………………………………………… 0.05 mg SO_4。

稀释至 20 mL，与同体积试液同时同样处理。

5.6 磷酸盐

取 5 mL 试验溶液(5.5.1)，加 2 滴饱和 2,4-二硝基酚指示液，用氨水溶液(10%)调至黄色刚刚出现，滴加硝酸溶液(13%)至黄色刚刚消失，稀释至 10 mL 后，按 GB/T 9727 的规定测定。有机相所呈蓝色不得深于标准比色溶液。

标准比色溶液的制备是取含下列数量的磷酸盐标准溶液：

优级纯 ………………………………………………………… 0.005 mg PO_4；

分析纯 ………………………………………………………… 0.010 mg PO_4；

化学纯 ………………………………………………………… 0.025 mg PO_4。

加 5 mL 水及 2 滴饱和 2,4-二硝基酚指示液，滴加硝酸溶液(13%)至黄色刚刚消失，稀释至 10 mL 后，与同体积试液同时同样处理。

5.7 氟硅酸盐

称取 1 g 样品，置于塑料杯中，加 50 mL 硼酸溶液(40 g/L)，摇匀，取 4.5 mL，加 2 滴饱和 2,4-二硝基酚指示液，用无水碳酸钠溶液(50 g/L)调至黄色刚刚出现(约 1.3 mL)，滴加硫酸溶液(5%)至黄色刚刚消失，稀释至 10 mL 后，按 GB/T 9742 的规定测定。溶液所呈蓝色不得深于标准比色溶液。

标准比色溶液的制备是取 4.5 mL 硼酸溶液(40 g/L)、1.3 mL 无水碳酸钠溶液(50 g/L)及含下列数量的硅酸盐标准溶液：

优级纯 ………………………………………………………… 0.01 mg SiO_3；

分析纯 ………………………………………………………… 0.02 mg SiO_3；

化学纯 ………………………………………………………… 0.03 mg SiO_3。

加 2 滴饱和 2,4-二硝基酚指示液，滴加硫酸溶液(5%)至黄色刚刚消失，稀释至 10 mL，与同体积试液同时同样处理。

5.8 铁

取 10 mL 试验溶液(5.5.1)，稀释至 15 mL，用氨水溶液(10%)调节溶液的 pH 值至 2 后，按 GB/T 9739 的规定测定。溶液所呈红色不得深于标准比色溶液。

标准比色溶液的制备是取含下列数量的铁标准溶液：

优级纯 ………………………………………………………… 0.005 mg Fe；

分析纯 ………………………………………………………… 0.010 mg Fe；

化学纯 ………………………………………………………… 0.050 mg Fe。

稀释至 15 mL，用盐酸溶液(15%)调节溶液的 pH 值至 2 后，与同体积试液同时同样处理。

5.9 重金属

取 10 mL(化学纯取 5 mL)试验溶液(5.5.1)，用氨水溶液(10%)调节溶液的 pH 值至 4 后，按 GB/T 9735 的规定测定。溶液所呈暗色不得深于标准比色溶液。

标准比色溶液的制备是取含下列数量的铅标准溶液：

优级纯 ………………………………………………………… 0.01 mg Pb；

分析纯、化学纯 ………………………………………………… 0.05 mg Pb。

稀释至 10 mL，与调节 pH 值至 4 后的试液同时同样处理。

6 检验规则

按 HG/T 3921 的规定进行采样及验收。

7 包装及标志

按 GB 15346 的规定进行包装、贮存及运输，并给出标志，其中：

包装单位：第 4 类；

内包装形式：NB-33、NB-34；

外包装形式：WB-1；

标签：符合 GB 15258 规定，注明“腐蚀品”和“毒害品”。

ICS 71.040.30
G 62

中华人民共和国国家标准

GB/T 623—2011
代替 GB/T 623—1992

化学试剂　高氯酸

Chemical reagent—Perchloric acid

(ISO 6353-2:1983,Reagents for chemical analysis—
Part 2:Specifications—First series,NEQ)

2011-05-12 发布　　2011-12-01 实施

中华人民共和国国家质量监督检验检疫总局
中国国家标准化管理委员会　发布

前　言

本标准与ISO 6353-2:1983《化学分析试剂　第2部分:规格　第1系列》中R21“高氯酸”的一致性程度为非等效。

本标准代替GB/T 623—1992《化学试剂　高氯酸》,与GB/T 623—1992相比主要变化如下:

——调整了乙醇不溶物和灼烧残渣测定的取样量(1992年版的4.3.1、4.3.2,本版的5.4、5.5);

——完善了锰的测定方法(1992年版的4.3.10,本版的5.14)。

本标准由中国石油和化学工业联合会提出。

本标准由全国化学标准化技术委员会化学试剂分会(SAC/TC 63/SC 3)归口。

本标准起草单位:上海化学试剂研究所。

本标准主要起草人:隋琦颖、盛晓华。

本标准所代替标准的历次版本发布情况为:

——GB/T 623—1965、GB/T 623—1977、GB/T 623—1992。

化学试剂　高氯酸

警告：本标准规定的一些试验过程可能导致危险情况，使用者有责任采取适当的安全和健康措施。

分子式：$HClO_4$

相对分子质量：100.46（根据2007年国际相对原子质量）

1　范围

本标准规定了化学试剂中高氯酸的性状、规格、试验、检验规则和包装及标志。

本标准适用于化学试剂中高氯酸的检验。

2　规范性引用文件

下列文件中的条款通过本标准的引用而成为本标准的条款。凡是注日期的引用文件，其随后所有的修改单（不包括勘误的内容）或修订版均不适用于本标准，然而，鼓励根据本标准达成协议的各方研究是否可使用这些文件的最新版本。凡是不注日期的引用文件，其最新版本适用于本标准。

GB/T 601　化学试剂　标准滴定溶液的制备

GB/T 602　化学试剂　杂质测定用标准溶液的制备（GB/T 602—2002，ISO 6353-1：1982，NEQ）

GB/T 603　化学试剂　试验方法中所用制剂及制品的制备（GB/T 603—2002，ISO 6353-1：1982，NEQ）

GB/T 605　化学试剂　色度测定通用方法（GB/T 605—2006，ISO 6353-1：1982，NEQ）

GB/T 610—2008　化学试剂　砷测定通用方法（ISO 6353-1：1982，NEQ）

GB/T 3914—2008　化学试剂　阳极溶出伏安法通则（ISO 6353-1：1982，NEQ）

GB/T 6682　分析实验室用水规格和试验方法（GB/T 6682—2008，ISO 3696：1987，MOD）

GB/T 9727　化学试剂　磷酸盐测定通用方法（GB/T 9727—2007，ISO 6353-1：1982，NEQ）

GB/T 9728　化学试剂　硫酸盐测定通用方法（GB/T 9728—2007，ISO 6353-1：1982，NEQ）

GB/T 9729　化学试剂　氯化物测定通用方法（GB/T 9729—2007，ISO 6353-1：1982，NEQ）

GB/T 9739　化学试剂　铁测定通用方法（GB/T 9739—2006，ISO 6353-1：1982，NEQ）

GB/T 9741—2008　化学试剂　灼烧残渣测定通用方法（ISO 6353-1：1982，NEQ）

GB/T 9742　化学试剂　硅酸盐测定通用方法（GB/T 9742—2008，ISO 6353-1：1982，NEQ）

GB 15258　化学品安全标签编写规定

GB 15346　化学试剂　包装及标志

HG/T 3921　化学试剂　采样及验收规则

3　性状

本试剂为无色透明液体，具有强腐蚀性。与有机物、金属粉末接触，遇热极易引起爆炸。其密度（20 ℃）约为1.75 g/mL。

4　规格

高氯酸的规格见表1。

表 1

名　　称	优级纯	分析纯
含量($HClO_4$),w/%	70.0~72.0	70.0~72.0
色度,黑曾单位	≤10	≤15
乙醇不溶物,w/%	≤0.001	≤0.002
灼烧残渣(以硫酸盐计),w/%	≤0.003	≤0.006
氯酸盐(ClO_3),w/%	≤0.001	≤0.002
氯化物(Cl),w/%	≤0.000 1	≤0.000 3
游离氯(Cl),w/%	≤0.000 5	≤0.001
硫酸盐(SO_4),w/%	≤0.000 5	≤0.001
总氮量(N),w/%	≤0.000 5	≤0.001
磷酸盐(PO_4),w/%	≤0.000 2	≤0.000 5
硅酸盐(以 SiO_3 计),w/%	≤0.005	≤0.005
砷(As),w/%	≤0.000 005	—
锰(Mn),w/%	≤0.000 05	—
铁(Fe),w/%	≤0.000 05	≤0.000 1
铜(Cu),w/%	≤0.000 01	≤0.000 05
银(Ag),w/%	≤0.000 5	—
铅(Pb),w/%	≤0.000 01	≤0.000 05

5 试验

5.1 一般规定

本章中除另有规定外,所用标准滴定溶液、标准溶液、制剂及制品,均按 GB/T 601、GB/T 602、GB/T 603的规定制备,实验用水应符合 GB/T 6682 中三级水规格,样品均按精确至 0.1 mL 量取,所用溶液以"%"表示的均为质量分数。

5.2 含量

量取 2.8 mL(约 5 g)样品,注入已知质量的具塞称量瓶中,称量,精确至 0.000 1 g。加 50 mL 无二氧化碳的水及 2 滴甲基红指示液(1 g/L),用氢氧化钠标准滴定溶液[c(NaOH)=1 mol/L]滴定至溶液呈黄色。

高氯酸的质量分数 w,数值以"%"表示,按式(1)计算:

$$w=\frac{V\times c\times M}{m\times 1\ 000}\times 100 \qquad \cdots\cdots(1)$$

式中:

V——氢氧化钠标准滴定溶液体积的数值,单位为毫升(mL);

c——氢氧化钠标准滴定溶液浓度的准确数值,单位为摩尔每升(mol/L);

M——高氯酸摩尔质量的数值,单位为克每摩尔(g/mol)[$M(HClO_4)=100.5$];

m——样品质量的数值,单位为克(g)。

5.3 色度

量取 50 mL 样品,注入 50 mL 比色管中,按 GB/T 605 的规定测定。

5.4 乙醇不溶物

量取 60 mL(100 g)样品,加 60 mL"乙醇(95%)",摇匀,溶液不得有分层现象。用已在 105 ℃~

110 ℃恒量的 4 号玻璃滤埚过滤，以 200 mL“乙醇(95%)”洗涤，于 105 ℃～110 ℃电烘箱中干燥至恒量。滤渣质量不得大于：

优级纯……………………………………………1.0 mg；

分析纯……………………………………………2.0 mg。

5.5 **灼烧残渣**

量取 24 mL(40 g)样品，置于已在 650 ℃±50 ℃恒量的石英皿中，按 GB/T 9741—2008 中 4.3 的规定测定，结果按第 5 章的规定计算。

5.6 **氯酸盐**

量取 6 mL(10 g)样品，稀释至 40 mL。加 2 mL 硝酸、0.1 g 亚硝酸钠及 2.5 mL 硝酸银溶液(17 g/L)，摇匀，放置 5 min。溶液所呈浊度不得大于标准比浊溶液。

标准比浊溶液的制备是取含下列数量的氯酸盐标准溶液：

优级纯……………………………………………0.1 mg ClO_3；

分析纯……………………………………………0.2 mg ClO_3。

与样品同时同样处理。

5.7 **氯化物**

量取 6 mL(10 g)样品，稀释至 20 mL 后，按 GB/T 9729 的规定测定。溶液所呈浊度不得大于标准比浊溶液。

标准比浊溶液的制备是取含下列数量的氯化物标准溶液：

优级纯……………………………………………0.01 mg Cl；

分析纯……………………………………………0.03 mg Cl。

与样品同时同样处理。

5.8 **游离氯**

在 20 mL 新制备的无二氧化碳的水中逐滴加入 1.1 mL(1.8 g)[分析纯取 0.55 mL(0.9 g)]样品，同时不断振摇，再加入 1 mL 碘化镉溶液(100 g/L)和 1 mL 淀粉指示液(10 g/L)，于暗处放置 10 min。溶液呈蓝色时，加 0.05 mL 硫代硫酸钠标准滴定溶液[$c(Na_2S_2O_3)=0.005$ mol/L]，蓝色应消失。

5.9 **硫酸盐**

量取 2.4 mL(4 g)样品，加适量水，用氨水溶液(10%)中和，稀释至 20 mL，加 0.5 mL 盐酸溶液(20%) 酸化后，按 GB/T 9728 的规定测定。溶液所呈浊度不得大于标准比浊溶液。

标准比浊溶液的制备是取含下列数量的硫酸盐标准溶液：

优级纯……………………………………………0.02 mg SO_4；

分析纯……………………………………………0.04 mg SO_4。

稀释至 20 mL，与同体积试液同时同样处理。

5.10 **总氮量**

量取 1.2 mL(2 g)样品，加适量水，用氢氧化钠溶液(100 g/L)中和，稀释至 140 mL 后，置于凯氏仪中。加 5 mL 氢氧化钠溶液(320 g/L)，2.0 g 定氮合金，静置 1 h。加热蒸馏出 75 mL，用盛有 5 mL 硫酸溶液(0.5%)的 100 mL 比色管接收。加 3mL 氢氧化钠溶液(320g/L)、2mL 纳氏试剂，稀释至 100 mL，摇匀。溶液所呈黄色不得深于标准比色溶液。

标准比色溶液的制备是取含下列数量的氮标准溶液：

优级纯……………………………………………0.01 mg N；

分析纯……………………………………………0.02 mg N。

稀释至 140 mL，与同体积试液同时同样处理。

5.11 **磷酸盐**

量取 2.4 mL(4 g)样品，加少量水及 2 滴饱和 2,4-二硝基酚指示液，用氨水调至黄色刚刚出现，滴加硝酸溶液(13%)至黄色刚刚消失,稀释至 20 mL,取 10 mL,按 GB/T 9727 的规定测定。有机相所呈蓝色不得深于标准比色溶液。

标准比色溶液的制备是取含下列数量的磷酸盐标准溶液:

优级纯……………………………………………0.004 mg PO_4;

分析纯……………………………………………0.010 mg PO_4。

加少量水及 2 滴饱和 2,4-二硝基酚指示液,滴加硝酸溶液(13%)至黄色刚刚消失,稀释至 10 mL,与同体积试液同时同样处理。

5.12 硅酸盐

量取 0.6 mL(1 g)样品,加少量水及 2 滴饱和 2,4-二硝基酚指示液,用氨水溶液(10%)调至黄色刚刚出现,滴加硫酸溶液(5%)至黄色刚刚消失,稀释至 50 mL,取 10 mL,按 GB/T 9742 的规定测定。溶液所呈蓝色不得深于标准比色溶液。

标准比色溶液的制备是取含 0.01 mg 的硅酸盐(SiO_3)标准溶液,加少量水及 2 滴饱和 2,4-二硝基酚指示液,滴加硫酸溶液(5%)至黄色刚刚消失,稀释至 10 mL,与同体积试液同时同样处理。

5.13 砷

量取 12 mL(20 g)样品,注入石英皿中,加 0.2 mL 硫酸,蒸至近干,冷却,残渣溶于水,稀释至 30 mL,注入定砷瓶中,按 GB/T 610—2008 中 4.2 的规定测定。吸收液所呈紫红色不得深于标准比色溶液。

标准比色溶液的制备是取含 0.001 mg 的砷(As)标准溶液,稀释至 30 mL,与同体积试液同时同样处理。

5.14 锰

量取 12 mL(20 g)样品,注入石英皿中,加 1 滴硫酸蒸至近干,冷却,残渣溶于水,稀释至 40 mL。加 10 mL 硝酸、5 mL 硫酸、3 mL 磷酸,煮沸 5 min,冷却,加 0.25 g 高碘酸钾,再煮沸 5 min,冷却后转移至比色管中,稀释至 40 mL。溶液所呈粉红色不得深于标准比色溶液。

标准比色溶液的制备是取含 0.01 mg 的锰(Mn)标准溶液,稀释至 40 mL,与同体积试液同时同样处理。

5.15 铁

量取 6 mL(10 g)样品,注入石英皿中,加 1 mL 硝酸及 0.4 mL 无水碳酸钠溶液(50 g/L),蒸干。残渣溶于 1 mL 盐酸溶液(10%),稀释至 15 mL,用氨水溶液(10%)将溶液的 pH 值调至 2 后,按 GB/T 9739 的规定测定。溶液所呈红色不得深于标准比色溶液。

标准比色溶液的制备是取含下列数量的铁标准溶液:

优级纯……………………………………………0.005 mg Fe;

分析纯……………………………………………0.010 mg Fe。

稀释至 15 mL,用盐酸溶液(15%)将溶液的 pH 值调至 2,与同体积试液同时同样处理。

5.16 铜

按 GB/T 3914—2008 的规定测定。

5.16.1 仪器条件

预电解电位:−1.0 V;

扫描电位范围:−1.0 V～−0.05 V;

溶出峰电位:−0.35 V。

5.16.2 测定方法

按 GB/T 3914—2008 中 7.2 的规定测定。其中:电解质溶液为 40 mL 盐酸溶液[c(HCl=0.1 mol/L)]。样品溶液的制备是量取 3 mL(5 g)[分析纯量取 0.6 mL(1 g)]样品,注入石英皿中,蒸干。残渣用盐酸溶液[c(HCl=0.1 mol/L)]溶解。结果按 7.3 的规定计算。

5.17 银

量取 0.6 mL(1 g)样品，注入石英皿中，加 1 滴硫酸，蒸至近干，残渣溶于 20 mL 硫酸溶液[$c(\frac{1}{2}H_2SO_4)$=0.5 mol/L]中，混匀，加 5.0 mL 双硫腙-四氯化碳溶液(0.01 g/L)，振摇 30 s。有机层所呈黄色不得深于标准比色溶液。

标准比色溶液的制备是取含 0.005 mg 的银(Ag)标准溶液，加 20mL 硫酸溶液[$c(\frac{1}{2}H_2SO_4)$=0.5 mol/L]，与同体积试液同时同样处理。

5.18 铅

按 GB/T 3914—2008 的规定测定。

5.18.1 仪器条件

预电解电位：−1.0 V；

扫描电位范围：−1.0 V～−0.05 V；

溶出峰电位：−0.53 V。

5.18.2 测定方法

同 5.16.2。

6 检验规则

按 HG/T 3921 的规定进行采样及验收。

7 包装及标志

按 GB 15346 的规定进行包装、贮存及运输，并给出标志，其中：

包装单位：第 4、5 类；

内包装形式：NB-21、NB-23、NB-24、NB-27、NB-28；

隔离材料：GC-3、GC-4、GC-5；

外包装形式：WB-1；

标签：符合 GB 15258 规定，注明“氧化剂”。

ICS 71.040.30
G 62

中华人民共和国国家标准

GB/T 628—2011
代替 GB/T 628—1993

化学试剂　硼酸

Chemical reagent—Boric acid

(ISO 6353-3:1987, Reagents for chemical analysis—Part 3: Specifications—Second series, NEQ)

2011-05-12 发布　　2011-12-01 实施

中华人民共和国国家质量监督检验检疫总局
中国国家标准化管理委员会　发布

前　言

本标准与ISO 6353-3:1987《化学分析试剂　第3部分:规格　第2系列》中R50“硼酸”的一致性程度为非等效。

本标准代替GB/T 628—1993《化学试剂　硼酸》,与GB/T 628—1993相比主要变化如下:

——澄清度试验的规格由“合格”调整为“2号”、“4号”(1993年版的3.2,本版的第4章);

——修改了包装及标志(1992年版的第6章,本版的第7章)。

本标准由中国石油和化学工业联合会提出。

本标准由全国化学标准化技术委员会化学试剂分会(SAC/TC 63/SC 3)归口。

本标准起草单位:北京益利精细化学品有限公司。

本标准主要起草人:赵玉峰、杨满红。

本标准所代替标准的历次版本发布情况为:

——GB/T 628—1965、GB/T 628—1978、GB/T 628—1993。

化学试剂 硼酸

分子式：H_3BO_3

相对分子质量：61.83（根据2007年国际相对原子质量）

1 范围

本标准规定了化学试剂中硼酸的性状、规格、试验、检验规则和包装及标志。

本标准适用于化学试剂中硼酸的检验。

2 规范性引用文件

下列文件中的条款通过本标准的引用而成为本标准的条款，凡是注日期的引用文件，其随后所有的修改单（不包括勘误的内容）或修订版均不适用于本标准，然而，鼓励根据本标准达成协议的各方研究是否可使用这些文件的最新版本。凡是不注日期的引用文件，其最新版本适用于本标准。

GB/T 601 化学试剂 标准滴定溶液的制备

GB/T 602 化学试剂 杂质测定用标准溶液的制备（GB/T 602—2002，ISO 6353-1：1982，NEQ）

GB/T 603 化学试剂 试验方法中所用制剂及制品的制备（GB/T 603—2002，ISO 6353-1：1982，NEQ）

GB/T 610—2008 化学试剂 砷测定通用方法（ISO 6353-1：1982，NEQ）

GB/T 6682 分析实验室用水规格和试验方法（GB/T 6682—2008，ISO 3696：1987，MOD）

GB/T 9723—2007 化学试剂 火焰原子吸收光谱法通则

GB/T 9727 化学试剂 磷酸盐测定通用方法（GB/T 9727—2007，ISO 6353-1：1982，NEQ）

GB/T 9728 化学试剂 硫酸盐测定通用方法（GB/T 9728—2007，ISO 6353-1：1982，NEQ）

GB/T 9729 化学试剂 氯化物测定通用方法（GB/T 9729—2007，ISO 6353-1：1982，NEQ）

GB/T 9738—2008 化学试剂 水不溶物测定通用方法（ISO 6353-1：1982，NEQ）

GB/T 9739 化学试剂 铁测定通用方法（GB/T 9739—2006，ISO 6353-1：1982，NEQ）

GB 15346 化学试剂 包装及标志

HG/T 3484 化学试剂 标准玻璃乳浊液和澄清度标准

HG/T 3921 化学试剂 采样及验收规则

3 性状

本试剂为无色透明结晶或白色粉末，易溶于热水、乙醇及丙三醇中。

4 规格

硼酸的规格见表1。

表 1

名　称	分　析　纯	化　学　纯
含量（H_3BO_3），w/%	≥99.5	≥99.0
澄清度试验/号	≤2	≤4
乙醇溶解试验	合格	合格

表 1（续）

名　　称	分　析　纯	化　学　纯
水不溶物，w/%	≤0.005	≤0.02
甲醇不挥发物（以硫酸盐计），w/%	≤0.05	≤0.3
氯化物（Cl），w/%	≤0.000 5	≤0.002
硫酸盐（SO_4），w/%	≤0.002	≤0.01
磷酸盐（PO_4），w/%	≤0.000 5	≤0.003
砷（As），w/%	≤0.000 1	≤0.000 5
钙（Ca），w/%	≤0.002	≤0.01
铁（Fe），w/%	≤0.000 5	≤0.002
铅（Pb），w/%	≤0.001	≤0.003

5　试验方法

5.1　警告

本试验方法中使用的部分试剂具有毒性或腐蚀性，一些试验过程可能导致危险情况，操作者应采取适当的安全和健康措施。

5.2　一般规定

本章中除另有规定外，所用标准滴定溶液、标准溶液、制剂及制品，均按 GB/T 601、GB/T 602、GB/T 603 的规定制备，实验用水应符合 GB/T 6682 中三级水规格，样品均按精确至 0.01 g 称量，所用溶液以"%"表示的均为质量分数。

5.3　含量

称取 2.5 g 样品，精确至 0.000 1 g，置于烧杯中。量取 100 mL 丙三醇，加 100 mL 水，用校正过的酸度计（精度为 0.02 pH 单位），以玻璃电极为指示电极，饱和甘汞电极为参比电极，用氢氧化钠标准滴定溶液[c(NaOH)=0.01 mol/L]滴定至 pH 值 9.0，将此混合液注入含有样品的烧杯中，微热溶解，冷却，使用上述酸度计及电极，用氢氧化钠标准滴定溶液[c(NaOH)=1 mol/L]滴定至 pH 值 9.0 为终点。

硼酸的质量分数 w，数值以"%"表示，按式（1）计算：

$$w=\frac{V\times c\times M}{m\times 1\ 000}\times 100 \qquad\cdots\cdots(1)$$

式中：

V——氢氧化钠标准滴定溶液体积的数值，单位为毫升（mL）；

c——氢氧化钠标准滴定溶液浓度的准确数值，单位为摩尔每升（mol/L）；

M——硼酸摩尔质量的数值，单位为克每摩尔（g/mol）[$M(H_3BO_4)=61.83$]；

m——样品质量的数值，单位为克（g）。

5.4　澄清度试验

称取 5 g 样品，溶于 100 mL 热水中，其浊度不得大于 HG/T 3484 规定的下列澄清度标准：

分析纯……………………………………………………2 号；

化学纯……………………………………………………4 号。

5.5　乙醇溶解试验

称取 2 g 样品，加 20 mL"乙醇（95%）"，在沸水浴上回流 15 min，趁热观察，样品应全部溶解，溶液应澄清。

5.6 水不溶物

称取 20 g 样品，溶于 400 mL 热水中，用已在 105 ℃±2 ℃恒量的 4 号玻璃滤埚过滤，用热水洗涤滤渣至洗液无酸性反应，于 105 ℃±2 ℃的电烘箱中干燥至恒量。结果按 GB/T 9738—2008 中第 7 章的规定计算。

5.7 甲醇不挥发物

称取 2 g 样品，置于恒量的铂皿中，加 25 mL 甲醇及 0.5 mL 盐酸，在通风橱内水浴上蒸干。加 15 mL 甲醇及 0.3 mL 盐酸，再蒸干。重复操作，直至铂皿中无白色附着物，加 0.15 mL 硫酸，加热至硫酸蒸气逸尽，于 800 ℃灼烧至恒量。残渣质量不得大于：

分析纯…………………………………………1.0 mg；

化学纯…………………………………………6.0 mg。

5.8 氯化物

称取 1 g 样品，溶于 20 mL 热水中，冷却后，按 GB/T 9729 的规定测定。溶液所呈浊度不得大于标准比浊溶液。

标准比浊溶液的制备是取含下列数量的氯化物标准溶液：

分析纯……………………………………0.005 mg Cl；

化学纯 ……………………………………0.020 mg Cl。

与样品同时同样处理。

5.9 硫酸盐

5.9.1 试验溶液的制备

称取 10 g 样品，置于蒸发皿中，加 1 mL 无水碳酸钠溶液(10 g/L)，加 100 mL 甲醇及 5 mL 盐酸，盖上表面皿，在通风橱内水浴上保温至样品溶解，移去表面皿，于水浴上蒸发至干，加 30 mL 甲醇及 2 mL 盐酸，重复操作直至蒸发皿中无白色附着物。于残渣中加 5 mL 乙酸溶液(6%)，盖上表面皿，于水浴上保温 5 min，溶解(必要时过滤)，稀释至 50 mL。同时做空白试验。

5.9.2 测定方法

量取 2.5 mL 试验溶液，稀释至 20 mL，加 0.5 mL 盐酸溶液(20%)酸化后，按 GB/T 9728 的规定测定。溶液所呈浊度不得大于标准比浊溶液。

标准比浊溶液的制备是取含下列数量的硫酸盐标准溶液：

分析纯…………………………0.01 mg SO_4；

化学纯…………………………0.05 mg SO_4。

加 2.5 mL 空白试验溶液，稀释至 20 mL，与同体积试液同时同样处理。

5.10 磷酸盐

称取 0.5 g 样品，溶于适量热水中，冷却，加 2 滴饱和 2,4-二硝基酚指示液，滴加硝酸溶液(13%)至黄色刚刚消失，稀释至 10 mL 后，按 GB/T 9727 的规定测定。有机相所呈蓝色不得深于标准比色溶液。

标准比色溶液的制备是取含下列数量的磷酸盐标准溶液：

分析纯…………………………0.002 5 mg PO_4；

化学纯…………………………0.015 mg PO_4。

与样品同时同样处理。

5.11 砷

称取 1 g 样品，溶于 35 mL 热水中，冷却后，按 GB /T 610—2008 中 4.2 的规定测定。吸收液所呈紫红色不得深于标准比色溶液。

标准比色溶液的制备是取含下列数量的砷标准溶液：

分析纯……………………………0.001 mg As；

化学纯……………………………0.005 mg As。

与样品同时同样处理。

5.12 钙

按 GB/T 9723—2007 的规定测定。

5.12.1 仪器条件

光源：钙空心阴极灯；

波长：422.7 nm；

火焰：乙炔-空气。

5.12.2 测定方法

称取 5 g(化学纯取 3 g)样品，共 4 份，溶于适量热水中，冷却。1 份不加标准溶液，其余 3 份分别加入成比例的标准溶液，各加入 1 mL 盐酸溶液(20%)，稀释至 100 mL。按 GB/T 9723—2007 中 7.2.2 的规定测定，结果按 7.2.3 的规定计算。

5.13 铁

称取 0.5 g 样品，溶于适量热水中，冷却，稀释至 15 mL，用盐酸溶液(15%)调节溶液 pH 值至 2 后，按 GB/T 9739 的规定测定。溶液所呈红色不得深于标准比色溶液。

标准比色溶液的制备是取含下列数量的铁标准溶液：

分析纯…………………………0.002 5 mg Fe；

化学纯 ……………………………0.010 mg Fe。

与样品同时同样处理。

5.14 铅

按 GB/T 9723—2007 的规定测定。

5.14.1 仪器条件

光源：铅空心阴极灯；

波长：283.3 nm；

火焰：乙炔-空气。

5.14.2 测定方法

量取 7.5 mL 试验溶液(5.9.1)，共 4 份，1 份不加标准溶液，其余 3 份分别加入成比例的标准溶液，稀释至 10 mL。按 GB/T 9723—2007 中 7.2.2 的规定测定，结果按 7.2.3 的规定计算。

6 检验规则

按 HG/T 3921 的规定进行采样及验收。

7 包装及标志

按 GB 15346 的规定进行包装、贮存及运输，并给出标志，其中：

包装单位：第 4 类；

内包装形式：NB-4、NBY-4、NB-5、NBY-5、NB-7、NB-8、NB-10、NB-11、NB-13、NB-15；

隔离材料：GC-2、GC-3、GC-4；

外包装形式：WB-1、WB-2、WB-3。

ICS 71.040.30
G 62

中华人民共和国国家标准

GB/T 636—2011
代替 GB/T 636—1992

化学试剂　硝酸钠

Chemical reagent—Sodium nitrate

(ISO 6353-3:1987,Reagents for chemical analysis—
Part 3:Specifications—Second series,NEQ)

2011-05-12 发布　　2011-12-01 实施

中华人民共和国国家质量监督检验检疫总局
中国国家标准化管理委员会　发布

前　言

本标准与 ISO 6353-3:1987《化学分析试剂　第 3 部分:规格　第 2 系列》中 R90“硝酸钠”的一致性程度为非等效。

本标准代替 GB/T 636—1992《化学试剂　硝酸钠》,与 GB/T 636—1992 相比主要变化如下:

——澄清度试验的规格由“合格”调整为“3 号”、“5 号”(1992 年版的 3.3,本版的第 4 章);

——改进了总氯量的测定方法(1992 年版的 4.3.3,本版的 5.6);

——调整了铵测定中分析纯的取样量(1992 年版的 4.3.8,本版的 5.11);

——重金属的测定增加了硫化钠-丙三醇比色法(1992 年版的 4.3.12,本版的 5.15);

——修改了包装及标志(1993 年版第 6 章,本版的第 7 章)。

本标准的附录 A 为规范性附录。

本标准由中国石油和化学工业联合会提出。

本标准由全国化学标准化技术委员会化学试剂分会(SAC/TC 63/SC 3)归口。

本标准负责起草单位:广东光华化学厂有限公司。

本标准参加起草单位:广东省汕头市质量计量监督检测所。

本标准主要起草人:张志斌、张明春、郑少筠、陈敏。

本标准所代替标准的历次版本发布情况为:

——GB/T 636—1965、GB/T 636—1977、GB/T 636—1992。

化学试剂 硝酸钠

警告:本标准规定的一些试验过程可能导致危险情况,使用者有责任采取适当的安全和健康措施。

分子式:$NaNO_3$

相对分子质量:84.99(根据2007年国际相对原子质量)

1 范围

本标准规定了化学试剂中硝酸钠的性状、规格、试验、检验规则和包装及标志。

本标准适用于化学试剂中硝酸钠的检验。

2 规范性引用文件

下列文件中的条款通过本标准的引用而成为本标准的条款。凡是注日期的引用文件,其随后所有的修改单(不包括勘误的内容)或修订版均不适用于本标准,然而,鼓励根据本标准达成协议的各方研究是否可使用这些文件的最新版本。凡是不注日期的引用文件,其最新版本适用于本标准。

GB/T 601 化学试剂 标准滴定溶液的制备

GB/T 602 化学试剂 杂质测定用标准溶液的制备(GB/T 602—2002,ISO 6353-1:1982,NEQ)

GB/T 603 化学试剂 试验方法中所用制剂及制品的制备(GB/T 603—2002,ISO 6353-1:1982,NEQ)

GB/T 6682 分析实验室用水规格和试验方法(GB/T 6682—2008,ISO 3696:1987,MOD)

GB/T 9723—2007 化学试剂 火焰原子吸收光谱法通则

GB/T 9724 化学试剂 pH值测定通则(GB/T 9724—2007,ISO 6353-1:1982,NEQ)

GB/T 9727 化学试剂 磷酸盐测定通用方法(GB/T 9727—2007,ISO 6353-1:1982,NEQ)

GB/T 9728 化学试剂 硫酸盐测定通用方法(GB/T 9728—2007,ISO 6353-1:1982,NEQ)

GB/T 9729 化学试剂 氯化物测定通用方法(GB/T 9729—2007,ISO 6353-1:1982,NEQ)

GB/T 9732 化学试剂 铵测定通用方法(GB/T 9732—2007,ISO 6353-1:1982,NEQ)

GB/T 9735 化学试剂 重金属测定通用方法(GB/T 9735—2008,ISO 6353-1:1982,NEQ)

GB/T 9738 化学试剂 水不溶物测定通用方法(GB/T 9738—2008,ISO 6353-1:1982,NEQ)

GB/T 9739 化学试剂 铁测定通用方法(GB/T 9739—2006,ISO 6353-1:1982,NEQ)

GB 15258 化学品安全标签编写规定

GB 15346 化学试剂 包装及标志

HG/T 3484 化学试剂 标准玻璃乳浊液和澄清度标准

HG/T 3921 化学试剂 采样及验收规则

3 性状

本试剂为白色结晶,在潮湿空气中略潮解,溶于水,微溶于乙醇,与有机物质等接触即燃烧或爆炸。

4 规格

硝酸钠的规格见表1。

表 1

名　　称	分析纯	化学纯
含量($NaNO_3$),w/%	≥99.0	≥98.5
pH 值(50 g/L,25 ℃)	5.5～7.5	5.5～7.5
澄清度试验/号	≤3	≤5
水不溶物,w/%	≤0.004	≤0.01
总氯量(以 Cl 计),w/%	≤0.001 5	≤0.005
碘酸盐(IO_3),w/%	≤0.000 5	≤0.002
硫酸盐(SO_4),w/%	≤0.003	≤0.01
亚硝酸盐(NO_2),w/%	≤0.000 5	≤0.001
铵(NH_4),w/%	≤0.002	≤0.005
磷酸盐(PO_4),w/%	≤0.000 5	≤0.001
钾(K),w/%	≤0.005	≤0.01
钙(Ca),w/%	≤0.005	≤0.01
铁(Fe),w/%	≤0.000 1	≤0.000 5
重金属(以 Pb 计),w/%	≤0.000 5	≤0.001

5　试验

5.1　一般规定

本章中除另有规定外,所用标准滴定溶液、标准溶液、制剂及制品,均按 GB/T 601、GB/T 602、GB/T 603 的规定制备,实验用水应符合 GB/T 6682 中三级水规格,样品均按精确至 0.01 g 称量,所用溶液以"%"表示的均为质量分数。

5.2　含量

称取 0.25 g 样品,精确至 0.000 1 g,溶于 20 mL 水中,注入强酸性阳离子交换树脂柱(处理及再生方法见附录 A),以 5 mL/min 的流量进行交换,交换液收集于锥形瓶中,用水洗涤交换树脂柱,洗至滴下溶液呈中性,收集交换液及洗涤液,加 2 滴甲基红指示液(1 g/L),用氢氧化钠标准滴定溶液[c(NaOH)=0.1 mol/L]滴定至溶液呈黄色。同时做空白试验。

硝酸钠的质量分数 w,数值以"%"表示,按式(1)计算:

$$w=\frac{(V_1-V_2)\times c\times M}{m\times 1\ 000}\times 100 \qquad \cdots\cdots(1)$$

式中:

V_1——氢氧化钠标准滴定溶液体积的数值,单位为毫升(mL);

V_2——空白试验消耗氢氧化钠标准滴定溶液体积的数值,单位为毫升(mL);

c——氢氧化钠标准滴定溶液浓度的准确数值,单位为摩尔每升(mol/L);

M——硝酸钠摩尔质量的数值,单位为克每摩尔(g/mol)[$M(NaNO_3)=84.99$];

m——样品质量的数值,单位为克(g)。

5.3　pH 值

按 GB/T 9724 的规定测定。

5.4　澄清度试验

称取 25 g 样品,溶于 100 mL 水中,其浊度不得大于 HG/T 3484 规定的下列澄清度标准:

分析纯……………………………… 3 号;

化学纯……………………………… 5 号。

5.5 水不溶物

称取 50 g 样品，溶于 200 mL 沸水中，冷却至室温，按 GB/T 9738 的规定测定。

5.6 总氯量

称取 1 g 样品，置于镍坩埚中，缓缓加热至 400 ℃，使其完全分解，于 700 ℃灼烧 15 min，冷却，残渣溶于 15 mL 水中(必要时过滤)，稀释至 20 mL，按 GB/T 9729 的规定测定。溶液所呈浊度不得大于标准比浊溶液。

标准比浊溶液的制备是取含下列数量的氯化物标准溶液：

分析纯………………………………0.015 mg Cl；

化学纯………………………………0.050 mg Cl。

稀释至 20 mL，与同体积试液同时同样处理。

5.7 碘酸盐

称取 1 g 样品，溶于 25 mL 水中，加 0.1 mL 淀粉指示液(10 g/L)、1 mL 新制备的碘化钾溶液(20 g/L)及 0.5 mL 硫酸溶液(20%)，摇匀，2 min 内溶液所呈蓝色不得深于标准比色溶液。

标准比色溶液的制备是取 1 g 不含碘酸盐的硝酸钠(采用同样的方法测定，不应呈现蓝色)及含下列数量的碘酸盐标准溶液：

分析纯………………………………0.005 mg IO_3；

化学纯………………………………0.020 mg IO_3。

与样品同时同样处理。

5.8 硫酸盐

称取 0.5 g 样品，溶于 5 mL 水中，加 5 mL 盐酸，在水浴上蒸干，加 5 mL 水及 2.5 mL 盐酸，再蒸干。残渣溶于 15 mL 水中(必要时过滤)，稀释至 20 mL，加 0.5 mL 盐酸溶液(20%)，按 GB/T 9728 的规定测定。溶液所呈浊度不得大于标准比浊溶液。

标准比浊溶液的制备是取 7.5 mL 盐酸及含下列数量的硫酸盐标准溶液：

分析纯………………………………0.015 mg SO_4；

化学纯………………………………0.050 mg SO_4。

在水浴上蒸干，溶于 20 mL 水，与同体积试液同时同样处理。

5.9 亚硝酸盐

称取 1 g 样品，溶于 40 mL 水中，加 1 mL 葛利斯试剂，放置 10 min。溶液所呈粉红色不得深于标准比色溶液。

标准比色溶液的制备是取含下列数量的亚硝酸盐标准溶液：

分析纯………………………………0.005 mg NO_2；

化学纯………………………………0.010 mg NO_2。

与样品同时同样处理。

5.10 铵

称取 0.5 g 样品，溶于水，稀释至 75 mL 后，按 GB/T 9732 的规定测定。溶液所呈黄色不得深于标准比色溶液。

标准比色溶液的制备是取含下列数量的铵标准溶液：

分析纯………………………………0.010 mg NH_4；

化学纯………………………………0.025 mg NH_4。

与样品同时同样处理。

5.11 磷酸盐

称取 2 g 样品，溶于 5 mL 水中，加 2 滴饱和 2,4-二硝基酚指示液，滴加硝酸溶液(13%)至黄色刚刚消失，稀释至 10 mL，按 GB/T 9727 的规定测定。有机相所呈蓝色不得深于标准比色溶液。

标准比色溶液的制备是取含下列数量的磷酸盐标准溶液：

分析纯……………………………… 0.01 mg PO_4；

化学纯……………………………… 0.02 mg PO_4。

与样品同时同样处理。

5.12 钾

按 GB/T 9723—2007 的规定测定。

5.12.1 仪器条件

光源：钾空心阴极灯；

波长：766.5 nm；

火焰：乙炔-空气。

5.12.2 测定方法

称取 2.5 g 样品，溶于 15 mL 水，加 15 mL 盐酸，在水浴上蒸干，加 15 mL 盐酸溶液(20%)，再蒸干，残渣溶于水，稀释至 100 mL。取 20 mL，共 4 份。按 GB/T 9723—2007 中 7.2.2 的规定测定，结果按 7.2.3 的规定计算。

5.13 钙

按 GB/T 9723—2007 的规定测定。

5.13.1 仪器条件

光源：钙空心阴极灯；

波长：422.7 nm；

火焰：乙炔-空气。

5.13.2 测定方法

称取 5 g 样品，溶于 30 mL 水，加 30 mL 盐酸，在水浴上蒸干，加 30 mL 盐酸溶液(20%)，再蒸干，残渣溶于水，稀释至 100 mL。取 20 mL，共 4 份。按 GB/T 9723—2007 中 7.2.2 的规定测定，结果按 7.2.3 的规定计算。

5.14 铁

称取 2 g 样品，溶于 15 mL 水中，用盐酸溶液(15%)调节溶液的 pH 值至 2 后，按 GB/T 9739 的规定测定。溶液所呈红色不得深于标准比色溶液。

标准比色溶液的制备是取含下列数量的铁标准溶液：

分析纯……………………………… 0.002 mg Fe；

化学纯……………………………… 0.010 mg Fe。

与样品同时同样处理。

5.15 重金属

称取 2 g 样品，溶于 20 mL 水后，按 GB/T 9735 的规定测定。溶液所呈暗色不得深于标准比色溶液。

标准比色溶液的制备是取含下列数量的铅标准溶液：

分析纯……………………………… 0.01 mg Pb；

化学纯……………………………… 0.02 mg Pb。

与样品同时同样处理。

6 检验规则

按 HG/T 3921 的规定进行采样及验收。

7 包装及标志

按 GB 15346 的规定进行包装、贮存与运输，并给出标志，其中：

包装单位：第 4 类；

内包装形式：NB-4、NBY-4、NB-5、NBY-5、NB-7、NB-8、NB-10、NB-11、NB-13、NB-15；

隔离材料：GC-2、GC-3、GC-4；

外包装形式：WB-1、WB-2、WB-3；

标签：符合 GB 15258 的规定，注明“氧化剂”。

附　录　A
（规范性附录）
强酸性阳离子交换树脂的处理及再生方法

A.1　仪器

A.1.1　交换柱材料：玻璃管或聚乙烯管。

A.1.2　交换柱内径：10 mm～20 mm。

A.1.3　树脂床高度：约 400 mm（膨胀后树脂体积占交换柱高度的 2/3）。

A.1.4　树脂颗粒度：0.2 mm～0.8 mm。

A.2　处理方法

取适量的强酸性阳离子交换树脂于烧杯中（干树脂，应先用饱和氯化钠溶液浸泡，再逐步稀释氯化钠溶液，以免树脂膨胀而破碎），用水漂洗至澄清后，加水浸泡 12 h～24 h，使其充分膨胀。排去水后，加入“乙醇（95%）”浸泡 24 h。用水洗至无醇味后，加入盐酸溶液（1+3）浸泡 2 h～3 h，用水洗至中性，加入氢氧化钠溶液（100 g/L），浸泡 2 h～3 h，用水洗至中性，再用盐酸溶液（1+3）漂洗，并浸泡 24 h，经常搅拌。用盐酸溶液（1+3）漂洗 3 次。

将经上述处理的树脂装入交换柱中，用 400 mL 盐酸溶液（1+3）以 10 mL/min 的流量洗涤树脂，再用水洗至洗液呈中性。用水浸泡，备用。

A.3　再生方法

将失效的强酸性阳离子交换树脂移入烧杯中，用盐酸溶液（1+3）漂洗 3 次，并浸泡 24 h，经常搅拌。将盐酸溶液排尽，再用盐酸溶液（1+3）漂洗 3 次。

将经上述处理的树脂装入交换柱，用 400 mL 盐酸溶液（1+3）以 10 mL/min 的流量洗涤树脂，再用水洗至滴下溶液呈中性。用水浸泡，备用。

ICS 71.040.30
G 62

中华人民共和国国家标准

GB/T 641—2011
代替 GB/T 641—1994

化学试剂
过二硫酸钾(过硫酸钾)

Chemical reagent—Potassium peroxydisulfate

2011-05-12 发布　　　　2011-12-01 实施

中华人民共和国国家质量监督检验检疫总局
中国国家标准化管理委员会　发布

前 言

本标准代替 GB/T 641—1994《化学试剂 过二硫酸钾》，与 GB/T 641—1994 相比主要变化如下：

——澄清度试验的规格由“合格”调整为“3 号”、“5 号”(1994 年版的 3.2，本版的第 4 章)；

——水不溶物改用化学试剂通用方法(1994 年版的 4.2.2，本版的 5.4)；

——重金属的测定增加了硫化钠-丙三醇比色法(1994 年版的 4.2.7，本版的 5.9)；

——修改了包装及标志(1994 版的第 6 章，本版的第 7 章)。

本标准由中国石油和化学工业联合会提出。

本标准由全国化学标准化技术委员会化学试剂分会(SAC/TC 63/SC 3)归口。

本标准起草单位：上海化学试剂研究所。

本标准主要起草人：隋琦颖、盛晓华。

本标准所代替标准的历次版本发布情况为：

——GB/T 641—1965、GB/T 641—1978、GB/T 641—1994。

化学试剂
过二硫酸钾(过硫酸钾)

警告:本标准规定的一些试验过程可能导致危险情况,使用者有责任采取适当的安全和健康措施。

分子式:$K_2S_2O_8$

相对分子质量:270.32(根据2007年国际相对原子质量)

1 范围

本标准规定了化学试剂中过二硫酸钾的性状、规格、试验、检验规则和包装及标志。

本标准适用于化学试剂中过二硫酸钾的检验。

2 规范性引用文件

下列文件中的条款通过本标准的引用而成为本标准的条款。凡是注日期的引用文件,其随后所有的修改单(不包括勘误的内容)或修订版均不适用于本标准,然而,鼓励根据本标准达成协议的各方研究是否可使用这些文件的最新版本。凡是不注日期的引用文件,其最新版本适用于本标准。

GB/T 601 化学试剂 标准滴定溶液的制备

GB/T 602 化学试剂 杂质测定用标准溶液的制备(GB/T 602—2002,ISO 6353-1:1982,NEQ)

GB/T 603 化学试剂 试验方法中所用制剂及制品的制备(GB/T 603—2002,ISO 6353-1:1982,NEQ)

GB/T 609 化学试剂 总氮量测定通用方法(GB/T 609—2006,ISO 6353-1:1982,NEQ)

GB/T 6682 分析实验室用水规格和试验方法(GB/T 6682—2008,ISO 3696:1987,MOD)

GB/T 9729 化学试剂 氯化物测定通用方法(GB/T 9729—2007,ISO 6353-1:1982,NEQ)

GB/T 9735 化学试剂 重金属测定通用方法(GB/T 9735—2008,ISO 6353-1:1982,NEQ)

GB/T 9738 化学试剂 水不溶物测定通用方法(GB/T 9738—2008,ISO 6353-1:1982,NEQ)

GB/T 9739 化学试剂 铁测定通用方法(GB/T 9739—2006,ISO 6353-1:1982,NEQ)

GB 15258 化学品安全标签编写规定

GB 15346 化学试剂 包装及标志

HG/T 3484 化学试剂 标准玻璃乳浊液和澄清度标准

HG/T 3921 化学试剂 采样及验收规则

3 性状

本试剂为无色结晶或白色结晶粉末,能溶于水。遇潮湿逐渐分解,并放出氧。

4 规格

过二硫酸钾的规格见表1。

表 1

名　　称	分析纯	化学纯
含量($K_2S_2O_8$),w/%	≥99.5	≥99.0
澄清度试验/号	≤3	≤5
水不溶物,w/%	≤0.005	≤0.01
氯化物及氯酸盐(以Cl计),w/%	≤0.002	≤0.005

表 1（续）

名　　称	分析纯	化学纯
总氮量(N)，w/%	≤0.005	≤0.01
锰(Mn)，w/%	≤0.000 1	≤0.000 3
铁(Fe)，w/%	≤0.000 2	≤0.000 5
重金属(以 Pb 计)，w/%	≤0.001	≤0.002

5 试验

5.1 一般规定

本章中除另有规定外，所用标准滴定溶液、标准溶液、制剂及制品，均按 GB/T 601、GB/T 602、GB/T 603 的规定制备，实验用水应符合 GB/T 6682 中三级水规格，样品均按精确至 0.01 g 称量，所用溶液以“%”表示的均为质量分数。

5.2 含量

称取 0.3 g 样品(必要时预先研细)，精确至 0.000 1 g，置于干燥的碘量瓶中，加 30 mL 水，迅速溶解。加 4 g 碘化钾，摇匀，在暗处放置 30 min。加 2 mL“36% 乙酸”，用硫代硫酸钠标准滴定溶液[$c(Na_2S_2O_3)=0.1$ mol/L]滴定，近终点时，加 3 mL 淀粉指示液(10 g/L)，继续滴定至溶液蓝色消失。同时做空白试验。

过二硫酸钾的质量分数 w，数值以“%”表示，按式(1)计算：

$$w=\frac{(V_1-V_2)\times c\times M}{m\times 1\,000}\times 100 \qquad \cdots\cdots(1)$$

式中：

V_1——硫代硫酸钠标准滴定溶液体积的数值，单位为毫升(mL)；

V_2——空白试验消耗硫代硫酸钠标准滴定溶液体积的数值，单位为毫升(mL)；

c——硫代硫酸钠标准滴定溶液浓度的准确数值，单位为摩尔每升(mol/L)；

M——过二硫酸钾摩尔质量的数值，单位为克每摩尔(g/mol)$\left[M\left(\frac{1}{2}K_2S_2O_8\right)=135.2\right]$；

m——样品质量的数值，单位为克(g)。

5.3 澄清度试验

称取 10 g 样品，加热溶于 100 mL 水中，其浊度不得大于 HG/T 3484 规定的下列澄清度标准：

分析纯……………………………………3 号；

化学纯……………………………………5 号。

5.4 水不溶物

称取 20 g 样品，加热溶于 200 mL 水中，在水浴上保温 1 h 后，按 GB/T 9738 的规定测定。

5.5 氯化物及氯酸盐

称取 1 g 样品，置于铂坩埚中，加 1 g 无水碳酸钠及 5 mL 水，混匀，在水浴上蒸干，缓缓加热分解，于 700 ℃灼烧 10 min，冷却，残渣微热溶于 10 mL 水中，用硝酸溶液(25%)中和，稀释至 20 mL(必要时过滤)，按 GB/T 9729 的规定测定。溶液所呈浊度不得大于标准比浊溶液。

标准比浊溶液的制备是取 1 g 无水碳酸钠及含下列数量的氯化物标准溶液：

分析纯……………………………………0.02 mg Cl；

化学纯……………………………………0.05 mg Cl。

与灼烧后的残渣同时同样处理。

5.6 总氮量

称取 0.5 g 样品，溶于 140 mL 水中后，按 GB/T 609 的规定测定。溶液所呈黄色不得深于标准比色溶液。

标准比色溶液的制备是取含下列数量的氮标准溶液：

分析纯……………………………………………0.025 mg N；

化学纯……………………………………………0.050 mg N。

与样品同时同样处理。

5.7 锰

称取 10 g 样品，加 50 mL 水及 1 mL 硫酸，缓缓煮沸至样品分解完全（氧气气泡冒尽），冷却。加 2 mL 硫酸，稀释至 50 mL，加 5 mL 磷酸，煮沸 5 min，冷却，加 0.25 g 高碘酸钾，再煮沸 5 min，趁热比色。溶液所呈粉红色不得深于标准比色溶液。

标准比色溶液的制备是取含下列数量的锰标准溶液：

分析纯……………………………………………0.01 mg Mn；

化学纯……………………………………………0.03 mg Mn。

加少量水，加 3 mL 硫酸，稀释至 50 mL，与同体积试液同时同样处理。

5.8 铁

5.8.1 试验溶液的制备

称取 5 g 样品，加 25 mL 水及 0.5 mL 硫酸，缓缓煮沸至样品分解完全（随时加水以保持原体积），冷却，稀释至 25 mL。

5.8.2 测定方法

取 5 mL 试验溶液，稀释至 15 mL，用氨水溶液（10%）调节溶液 pH 值至 2 后，按 GB/T 9739 的规定测定。溶液所呈红色不得深于标准比色溶液。

标准比色溶液的制备是取含下列数量的铁标准溶液：

分析纯……………………………………………0.002 mg Fe；

化学纯……………………………………………0.005 mg Fe。

加少量水，加 0.1 mL 硫酸，稀释至 15 mL，与同体积试液同时同样处理。

5.9 重金属

取 10 mL 试验溶液（5.8.1），加 1 滴酚酞指示液（10 g/L），用氨水溶液（10%）中和，稀释至 20 mL。取 15 mL，按 GB/T 9735 的规定测定。溶液所呈暗色不得深于标准比色溶液。

标准比色溶液的制备是取剩余的 5 mL 试液及含下列数量的铅标准溶液：

分析纯……………………………………………0.01 mg Pb；

化学纯……………………………………………0.02 mg Pb。

稀释至 15 mL，与同体积试液同时同样处理。

6 检验规则

按 HG/T 3921 的规定进行采样及验收。

7 包装及标志

按 GB 15346 的规定进行包装、贮存及运输，并给出标志，其中：

包装单位：第 4 类；

内包装形式：NBY-4、NBY-5、NB-7、NB-8、NB-10、NB-11、NB-13、NB-15；

隔离材料：GC-2、GC-3、GC-4；

外包装形式：WB-1、WB-2、WB-3；

标签：符合 GB 15258 的规定，注明“氧化剂”。

ICS 71.040.30
G 62

中华人民共和国国家标准

GB/T 644—2011
代替 GB/T 644—1993

化学试剂 六氰合铁(Ⅲ)酸钾(铁氰化钾)

Chemical reagent—Potassium hexacyanoferrate(Ⅲ)

(ISO 6353-3:1987, Reagents for chemical analysis—Part 3:Specifications—Second series, NEQ)

2011-05-12 发布 2011-12-01 实施

中华人民共和国国家质量监督检验检疫总局
中国国家标准化管理委员会 发布

前　言

本标准与 ISO 6353-3:1987《化学分析试剂　第3部分:规格　第2系列》中 R81“六氰合铁(Ⅲ)酸钾”的一致性程度为非等效。

本标准代替 GB/T 644—1993《化学试剂　六氰合铁(Ⅲ)酸钾(铁氰化钾)》,与 GB/T 644—1993 相比主要变化如下:

——水不溶物改用化学试剂通用方法测定(1993 年版的 4.2.1,本版的 5.4);

——改进了氯化物、硫酸盐两项的测定方法(1993 年版的 4.2.2、4.2.3,本版的 5.5、5.6)。

本标准由中国石油和化学工业联合会提出。

本标准由全国化学标准化技术委员会化学试剂分会(SAC/TC 63/SC 3)归口。

本标准起草单位:广州化学试剂厂。

本标准主要起草人:傅琼莲、喻小琦、刘昭元。

本标准所代替标准的历次版本发布情况为:

——GB/T 644—1965、GB/T 644—1977、GB/T 644—1993。

化学试剂
六氰合铁(Ⅲ)酸钾(铁氰化钾)

分子式：$K_3[Fe(CN)_6]$

相对分子质量：329.25(根据2007年国际相对原子质量)

1 范围

本标准规定了化学试剂中六氰合铁(Ⅲ)酸钾的性状、规格、试验、检验规则和包装及标志。

本标准适用于化学试剂中六氰合铁(Ⅲ)酸钾的检验。

2 规范性引用文件

下列文件中的条款通过本标准的引用而成为本标准的条款。凡是注日期的引用文件，其随后所有的修改单(不包括勘误的内容)或修订版均不适用于本标准，然而，鼓励根据本标准达成协议的各方研究是否可使用这些文件的最新版本。凡是不注日期的引用文件，其最新版本适用于本标准。

GB/T 601 化学试剂 标准滴定溶液的制备

GB/T 602 化学试剂 杂质测定用标准溶液的制备(GB/T 602—2002，ISO 6353-1:1982，NEQ)

GB/T 603 化学试剂 试验方法中所用制剂及制品的制备(GB/T 603—2002，ISO 6353-1:1982，NEQ)

GB/T 6682 分析实验室用水规格和试验方法(GB/T 6682—2008，ISO 3696:1987，MOD)

GB/T 9723—2007 化学试剂 火焰原子吸收光谱法通则

GB/T 9728 化学试剂 硫酸盐测定通用方法(GB/T 9728—2007，ISO 6353-1:1982，NEQ)

GB/T 9729 化学试剂 氯化物测定通用方法(GB/T 9729—2007，ISO 6353-1:1982，NEQ)

GB/T 9738 化学试剂 水不溶物测定通用方法(GB/T 9738—2008，ISO 6353-1:1982，NEQ)

GB 15346 化学试剂 包装及标志

HG/T 3921 化学试剂 采样及验收规则

3 性状

本试剂为红色透明结晶，溶于水，不溶于乙醇。

4 规格

六氰合铁(Ⅲ)酸钾的规格见表1。

表 1

名称	分析纯	化学纯
含量{$K_3[Fe(CN)_6]$}，w/%	≥99.5	≥99.0
水不溶物，w/%	≤0.005	≤0.01
氯化物(Cl)，w/%	≤0.005	≤0.02
硫酸盐(SO_4)，w/%	≤0.005	≤0.01
钠(Na)，w/%	≤0.02	—
六氰合铁(Ⅱ)酸盐$[Fe(CN)_6]$，w/%	≤0.02	≤0.1

5 试验

5.1 警告

本试验方法中使用的部分试剂具有毒性或腐蚀性，一些试验过程可能导致危险情况，操作者应采取适当的安全和健康措施。

5.2 一般规定

本章中除另有规定外，所用标准滴定溶液、标准溶液、制剂及制品，均按 GB/T 601、GB/T 602、GB/T 603 的规定制备，实验用水应符合 GB/T 6682 中三级水规格，样品均按精确至 0.01 g 称量，所用溶液以“%”表示的均为质量分数。

5.3 含量

称取 1 g 样品，精确至 0.000 1 g，溶于 50 mL 水中，加 2 g 碘化钾、3 g 七水合硫酸锌及 2 mL 盐酸溶液(20%)，摇匀，用硫代硫酸钠标准滴定溶液[$c(Na_2S_2O_3)=0.1$ mol/L]滴定，近终点时，加 2 mL 淀粉指示液(10 g/L)，继续滴定至溶液蓝色消失。同时做空白试验。

六氰合铁(Ⅲ)酸钾的质量分数 w，数值以“%”表示，按式(1)计算：

$$w=\frac{(V_1-V_2)\times c\times M}{m\times 1\,000}\times 100 \qquad (1)$$

式中：

V_1——硫代硫酸钠标准滴定溶液体积的数值，单位为毫升(mL)；

V_2——空白试验消耗硫代硫酸钠标准滴定溶液体积的数值，单位为毫升(mL)；

c——硫代硫酸钠标准滴定溶液浓度的准确数值，单位为摩尔每升(mol/L)；

M——六氰合铁(Ⅲ)酸钾摩尔质量的数值，单位为克每摩尔(g/mol)【$M\{K_3[Fe(CN)_6]\}=329.2$】；

m——样品质量的数值，单位为克(g)。

5.4 水不溶物

称取 20 g 样品，溶于 200 mL 沸水中，冷却至室温后，按 GB/T 9738 的规定测定。

5.5 氯化物

5.5.1 不含氯化物的硫酸铜的制备

用分析纯硫酸铜重结晶制得。

5.5.2 测定方法

称取 1 g 样品，溶于 75 mL 水中，加热至沸，在不断搅拌下，逐滴加入 25 mL 不含氯化物的硫酸铜溶液(50 g/L)，冷却，过滤。取 20 mL，按 GB/T 9729 的规定测定。溶液所呈浊度不得大于标准比浊溶液。

标准比浊溶液的制备是取含下列数量的氯化物标准溶液：

分析纯……………………………0.01 mg Cl；

化学纯……………………………0.04 mg Cl。

稀释至 20 mL，滴加不含氯化物的硫酸铜溶液(50 g/L)，使其颜色与 20 mL 滤液的颜色相同后，与 20 mL 滤液同时同样处理。

5.6 硫酸盐

5.6.1 不含硫酸盐的氯化铜的制备

用分析纯氯化铜重结晶制得。

5.6.2 测定方法

称取 1 g 样品，溶于 40 mL 水中，加热至沸，在不断搅拌下，逐滴加入 10 mL 不含硫酸盐的氯化铜溶液(100 g/L)，冷却，过滤。取 10 mL，加 0.5 mL 盐酸溶液(20%)酸化后，按 GB/T 9728 的规定测定。

溶液所呈浊度不得大于标准比浊溶液。

标准比浊溶液的制备是取含下列数量的硫酸盐标准溶液：

分析纯…………………………0.01 mg SO_4；

化学纯…………………………0.02 mg SO_4。

稀释至 10 mL，滴加不含硫酸盐的氯化铜溶液(100 g/L)，使其颜色与 10 mL 滤液的颜色相同后，与 10 mL 滤液同时同样处理。

5.7 钠

按 GB/T 9723—2007 的规定测定。

5.7.1 仪器条件

光源：钠空心阴极灯；

波长：589.0 nm；

火焰：乙炔-空气。

5.7.2 测定方法

称取 0.5 g 样品，溶于水，稀释至 100 mL。取 10 mL，共 4 份。按 GB/T 9723—2007 中 7.2.2 的规定测定，结果按 7.2.3 的规定计算。

5.8 六氰合铁(Ⅱ)酸盐

称取 1 g 样品，溶于 25 mL 水中，加 2.5 mL 铁(Fe)标准溶液，摇匀，放置 10 min。溶液所呈蓝绿色不得深于标准比色溶液。

标准比色溶液的制备是取 0.5 g 样品及含下列数量的六氰合铁(Ⅱ)酸盐标准溶液：

分析纯…………………………0.1 mg [$Fe(CN)_6$]；

化学纯…………………………0.5 mg [$Fe(CN)_6$]。

与样品同时同样处理。

6 检验规则

按 HG/T 3921 的规定进行采样及验收。

7 包装及标志

按 GB 15346 的规定进行包装、贮存与运输，并给出标志，其中：

包装单位：第 3、4 类；

内包装形式：NBY-4、NBY-5、NB-7、NB-8、NB-10、NB-11、NB-13、NB-15；

隔离材料：GC-2、GC-3、GC-4；

外包装形式：WB-1、WB-2、WB-3。

ICS 71.040.30
G 62

中华人民共和国国家标准

GB/T 645—2011
代替 GB/T 645—1994

化学试剂　氯酸钾

Chemical reagent—Potassium chlorate

2011-05-12 发布　　2011-12-01 实施

中华人民共和国国家质量监督检验检疫总局
中国国家标准化管理委员会　发布

前　言

本标准代替 GB/T 645—1994《化学试剂　氯酸钾》，与 GB/T 645—1994 相比主要变化如下：

——澄清度试验的规格由“合格”调整为“2 号”、“3 号”(1994 年版的 3.2，本版的第 4 章)；

——重金属的测定增加了硫化钠-丙三醇比色法(1994 年版的 4.2.12，本版的 5.14)；

——修改了包装及标志(1994 年版的第 6 章，本版的第 7 章)。

本标准由中国石油和化学工业联合会提出。

本标准由全国化学标准化技术委员会化学试剂分会(SAC/TC 63/SC 3)归口。

本标准起草单位：上海试四赫维化工有限公司。

本标准主要起草人：贾玲。

本标准所代替标准的历次版本发布情况为：

——GB/T 645—1965、GB/T 645—1977、GB/T 645—1994。

化学试剂 氯酸钾

警告:本标准规定的一些试验过程可能导致危险情况,使用者有责任采取适当的安全和健康措施。

分子式:$KClO_3$

相对分子质量:122.55(根据2007年国际相对原子质量)

1 范围

本标准规定了化学试剂中氯酸钾的性状、规格、试验、检验规则和包装及标志。

本标准适用于化学试剂中氯酸钾的检验。

2 规范性引用文件

下列文件中的条款通过本标准的引用而成为本标准的条款。凡是注日期的引用文件,其随后所有的修改单(不包括勘误的内容)或修订版均不适用于本标准,然而,鼓励根据本标准达成协议的各方研究是否可使用这些文件的最新版本。凡是不注日期的引用文件,其最新版本适用于本标准。

GB/T 601 化学试剂 标准滴定溶液的制备

GB/T 602 化学试剂 杂质测定用标准溶液的制备(GB/T 602—2002,ISO 6353-1:1982,NEQ)

GB/T 603 化学试剂 试验方法中所用制剂及制品的制备(GB/T 603—2002,ISO 6353-1:1982,NEQ)

GB/T 609 化学试剂 总氮量测定通用方法(GB/T 609—2006,ISO 6353-1:1982,NEQ)

GB/T 610—2008 化学试剂 砷测定通用方法(ISO 6353-1:1982,NEQ)

GB/T 6682 化学试剂 分析实验室用水规格和试验方法(GB/T 6682—2008,ISO 3696:1987,MOD)

GB/T 9723—2007 化学试剂 火焰原子吸收光谱法通则

GB/T 9728 化学试剂 硫酸盐测定通用方法(GB/T 9728—2007,ISO 6353-1:1982,NEQ)

GB/T 9729 化学试剂 氯化物测定通用方法(GB/T 9729—2007,ISO 6353-1:1982,NEQ)

GB/T 9735 化学试剂 重金属测定通用方法(GB/T 9735—2008,ISO 6353-1:1982,NEQ)

GB/T 9738 化学试剂 水不溶物测定通用方法(GB/T 9738—2008,ISO 6353-1:1982,NEQ)

GB/T 9739 化学试剂 铁测定通用方法(GB/T 9739—2006,ISO 6353-1:1982,NEQ)

GB 15258 化学品安全标签编写规定

GB 15346 化学试剂 包装及标志

HG/T 3484 化学试剂 标准玻璃乳浊液和澄清度标准

HG/T 3921 化学试剂 采样及验收规则

3 性状

本试剂为无色有光泽的结晶,能溶于水,氧化力极强,与可燃物质摩擦时发生爆炸。

4 规格

氯酸钾的规格见表1。

表 1

名　　称	分　析　纯	化　学　纯
含量($KClO_3$),w/%	≥99.5	≥99.0
澄清度试验/号	≤2	≤3
水不溶物,w/%	≤0.005	≤0.01
氯化物(Cl),w/%	≤0.001	≤0.002
溴酸盐(BrO_3),w/%	≤0.01	≤0.02
硫酸盐(SO_4),w/%	≤0.002	≤0.01
总氮量(N),w/%	≤0.001	≤0.002
砷(As),w/%	≤0.000 05	≤0.000 1
钠(Na),w/%	≤0.01	≤0.05
镁(Mg),w/%	≤0.001	≤0.003
钙(Ca),w/%	≤0.002	≤0.007
铁(Fe),w/%	≤0.000 3	≤0.001
重金属(以 Pb 计),w/%	≤0.000 5	≤0.002

5 试验

5.1 一般规定

本章中除另有规定外,所用标准滴定溶液、标准溶液、制剂及制品,均按 GB/T 601、GB/T 602、GB/T 603的规定制备,实验用水应符合 GB/T 6682 中三级水规格,样品均按精确至 0.01 g 称量,所用溶液以"%"表示的均为质量分数。

5.2 含量

称取 0.6 g 样品,精确至 0.000 1 g,溶于水,移入 250 mL 容量瓶中,稀释至刻度。量取 25.00 mL,注入磨口锥形瓶中,加 50.00 mL 硫酸亚铁铵标准滴定溶液{$c[(NH_4)_2Fe(SO_4)_2]=0.1$ mol/L},缓缓加入 20 mL 硫酸和 5 mL 磷酸,冷却。在室温下放置 10 min,稀释至 300 mL,加 5 滴二苯胺磺酸钠指示液(5 g/L),用重铬酸钾标准滴定溶液[$c(\frac{1}{6}K_2Cr_2O_7)=0.1$ mol/L]滴定至溶液呈紫色。同时作空白试验。

氯酸钾的质量分数 w,数值以"%"表示,按式(1)计算:

$$w=\frac{(V_1-V_2)\times c\times M}{m\times\frac{25}{250}\times 1\,000}\times 100 \qquad \cdots\cdots(1)$$

式中:

V_1——空白试验消耗重铬酸钾标准滴定溶液体积的数值,单位为毫升(mL);

V_2——重铬酸钾标准滴定溶液体积的数值,单位为毫升(mL);

c——重铬酸钾标准滴定溶液浓度的准确数值,单位为摩尔每升(mol/L);

M——氯酸钾摩尔质量的数值,单位为克每摩尔(g/mol)[$M(\frac{1}{6}KClO_3)=20.42$];

m——样品质量的数值,单位为克(g)。

5.3 澄清度试验

称取 5 g 样品,溶于 100 mL 热水中,其浊度不得大于 HG/T 3484 规定的下列澄清度标准:

分析纯…………………………2 号；

化学纯…………………………3 号。

5.4 水不溶物

称取 20 g 样品，溶于 250 mL 热水中，在水浴上保温 1 h 后，按 GB/T 9738 的规定测定。

5.5 氯化物

称取 1 g 样品，溶于 20 mL 水中，按 GB/T 9729 的规定测定。溶液所呈浊度不得大于标准比浊溶液。

标准比浊溶液的制备是取含下列数量的氯化物标准溶液：

分析纯…………………………0.01 mg Cl；

化学纯…………………………0.02 mg Cl。

与样品同时同样处理。

5.6 溴酸盐

称取 4 g 样品，溶于 200 mL 水中，加 10 mL 新制备的碘化钾溶液（100 g/L），加 10 mL 盐酸溶液[c(HCl)=1 mol/L]，摇匀，于暗处放置 1 h，加 3 mL 淀粉指示液（5 g/L），用硫代硫酸钠标准滴定溶液[$c(Na_2S_2O_3)$=0.1 mol/L] 滴定至溶液蓝色消失。同时作空白试验。样品与空白试验消耗硫代硫酸钠标准滴定溶液[$c(Na_2S_2O_3)$=0.1 mol/L]的体积之差不得大于：

分析纯…………………………0.20 mL；

化学纯…………………………0.40 mL。

5.7 硫酸盐

称取 0.5 g 样品，溶于 5 mL 水及 2.5 mL 盐酸，在水浴上蒸干，残渣溶于水（必要时过滤），稀释至 20 mL，加 0.5 mL 盐酸溶液（20%）酸化后，按 GB/T 9728 的规定测定。溶液所呈浊度不得大于标准比浊溶液。

标准比浊溶液的制备是取 2.5 mL 盐酸蒸干后，加含下列数量的硫酸盐标准溶液：

分析纯…………………………0.01 mg SO_4；

化学纯…………………………0.05 mg SO_4。

稀释至 20 mL，与同体积试液同时同样处理。

5.8 总氮量

称取 1 g 样品，溶于水，稀释至 140 mL 后，按 GB/T 609 的规定测定。溶液所呈黄色不得深于标准比色溶液。

标准比色溶液的制备是取含下列数量的氮标准溶液：

分析纯…………………………0.01 mg N；

化学纯…………………………0.02 mg N。

与样品同时同样处理。

5.9 砷

称取 4 g 样品，溶于 20 mL 水及 20 mL 盐酸，在水浴上蒸干，残渣溶于 30 mL 水后，按 GB/T 610—2008 中 4.2 的规定测定。吸收液所呈紫红色不得深于标准比色溶液。

标准比色溶液的制备是取 20 mL 盐酸蒸干后，加含下列数量的砷标准溶液：

分析纯…………………………0.002 mg As；

化学纯…………………………0.004 mg As。

稀释至 30 mL，与同体积试液同时同样处理。

5.10 钠

按 GB/T 9723—2007 的规定测定。

5.10.1 **仪器条件**

光源:钠空心阴极灯;

波长:589.0 nm;

火焰:乙炔-空气。

5.10.2 **测定方法**

称取1 g样品,溶于10 mL水及5 mL盐酸,在水浴上蒸干,残渣溶于水,稀释至100 mL。取10 mL,共4份。按GB/T 9723—2007中7.2.2的规定测定,结果按7.2.3的规定计算。

5.11 **镁**

按GB/T 9723—2007的规定测定。

5.11.1 **仪器条件**

光源:镁空心阴极灯;

波长:285.2 nm;

火焰:乙炔-空气。

5.11.2 **测定方法**

称取2.5 g样品,溶于20 mL水及12.5 mL盐酸,在水浴上蒸干,残渣溶于水,稀释至100 mL。取20 mL,共4份。按GB/T 9723—2007中7.2.2的规定测定,结果按7.2.3的规定计算。

5.12 **钙**

称取1 g样品,溶于水,稀释至100 mL。取10 mL,加10 mL"乙醇(95%)"、0.5 mL混合碱及1 mL乙二醛缩双邻氨基酚乙醇溶液(2 g/L),摇匀,放置5 min,用5 mL三氯甲烷萃取(温度不超过30 ℃),立即比色。有机相所呈红色不得深于标准比色溶液。

标准比色溶液的制备是取含下列数量的钙标准溶液:

分析纯……………………………0.002 mg Ca;

化学纯……………………………0.007 mg Ca。

稀释至10 mL,与同体积样品溶液同时同样处理。

5.13 **铁**

称取1 g样品,溶于10 mL水及5 mL盐酸,在水浴上蒸干,残渣溶于15 mL水,用盐酸溶液(15%)调节溶液pH值至2后,按GB/T 9739的规定测定。溶液所呈红色不得深于标准比色溶液。

标准比色溶液的制备是取5 mL盐酸蒸干后,加含下列数量的铁标准溶液:

分析纯……………………………0.003 mg Fe;

化学纯……………………………0.010 mg Fe。

稀释至15 mL,与同体积试液同时同样处理。

5.14 **重金属**

称取4 g样品,溶于20 mL水及20 mL盐酸,在水浴上蒸干,残渣溶于适量水,用氨水溶液(10%)中和,稀释至20 mL,取15 mL,按GB/T 9735的规定测定。溶液所呈暗色不得深于标准比色溶液。

标准比色溶液的制备是取剩余的5 mL试液及含下列数量的铅标准溶液:

分析纯……………………………0.01 mg Pb;

化学纯……………………………0.04 mg Pb。

稀释至15 mL,与同体积试液同时同样处理。

6 检验规则

按HG/T 3921的规定进行采样及验收。

7 包装及标志

按 GB 15346 的规定进行包装、贮存及运输，并给出标志，其中：

包装单位：第 4 类；

内包装形式：NB-4、NBY-4、NB-5、NBY-5、NB-7、NBY-7、NB-8、NBY-8、NB-10、NBY-10、NB-11、NBY-11、NB-13、NBY-13、NB-15、NBY-15；

隔离材料：GC-2、GC-3、GC-4；

外包装形式：WB-1、WB-2、WB-3；

标签：符合 GB 15258 的规定，注明“氧化剂”。

ICS 71.040.30
G 62

中华人民共和国国家标准

GB/T 646—2011
代替 GB/T 646—1993

化学试剂 氯化钾

Chemical reagent—Potassium chloride

(ISO 6353-3:1987,Reagents for chemical analysis—
Part 3:Specifications—Second series,NEQ)

2011-05-12 发布 2011-12-01 实施

中华人民共和国国家质量监督检验检疫总局
中国国家标准化管理委员会 发布

前　言

本标准与 ISO 6353-3:1987《化学分析试剂　第 3 部分:规格　第 2 系列》中 R77“氯化钾”的一致性程度为非等效。

本标准代替 GB/T 646—1993《化学试剂　氯化钾》,与 GB/T 646—1993 相比主要变化如下:

——澄清度试验的规格由“合格”调整为“2 号”、“3 号”、“5 号”(1993 年版的 3.3,本版的第 4 章);

——重金属的测定增加了硫化钠-丙三醇比色法(1993 年版的 4.3.13,本版的 5.17)。

本标准由中国石油和化学工业联合会提出。

本标准由全国化学标准化技术委员会化学试剂分会(SAC/TC 63/SC 3)归口。

本标准负责起草单位:广东光华化学厂有限公司。

本标准参加起草单位:广东省汕头市质量计量监督检测所。

本标准主要起草人:张志斌、张明春、郑凡、陈敏。

本标准所代替标准的历次版本发布情况为:

——GB/T 646—1965、GB/T 646—1977、GB/T 646—1993。

化学试剂　氯化钾

分子式:KCl

相对分子质量:74.55(根据2007年国际相对原子质量)

1　范围

本标准规定了化学试剂中氯化钾的性状、规格、试验、检验规则和包装及标志。

本标准适用于化学试剂中氯化钾的检验。

2　规范性引用文件

下列文件中的条款通过本标准的引用而成为本标准的条款。凡是注日期的引用文件,其随后所有的修改单(不包括勘误的内容)或修订版均不适用于本标准,然而,鼓励根据本标准达成协议的各方研究是否可使用这些文件的最新版本。凡是不注日期的引用文件,其最新版本适用于本标准。

GB/T 601　化学试剂　标准滴定溶液的制备

GB/T 602　化学试剂　杂质测定用标准溶液的制备(GB/T 602—2002,ISO 6353-1:1982,NEQ)

GB/T 603　化学试剂　试验方法中所用制剂及制品的制备(GB/T 603—2002,ISO 6353-1:1982,NEQ)

GB/T 609　化学试剂　总氮量测定通用方法(GB/T 609—2006,ISO 6353-1:1982,NEQ)

GB/T 6682　分析实验室用水规格和试验方法(GB/T 6682—2008,ISO 3696:1987,MOD)

GB/T 9723—2007　化学试剂　火焰原子吸收光谱法通则

GB/T 9724　化学试剂　pH值测定通则(GB/T 9724—2007,ISO 6353-1:1982,NEQ)

GB/T 9727　化学试剂　磷酸盐测定通用方法(GB/T 9727—2007,ISO 6353-1:1982,NEQ)

GB/T 9728　化学试剂　硫酸盐测定通用方法(GB/T 9728—2007,ISO 6353-1:1982,NEQ)

GB/T 9735　化学试剂　重金属测定通用方法(GB/T 9735—2008,ISO 6353-1:1982,NEQ)

GB/T 9738　化学试剂　水不溶物测定通用方法(GB/T 9738—2008,ISO 6353-1:1982,NEQ)

GB/T 9739　化学试剂　铁测定通用方法(GB/T 9739—2006,ISO 6353-1:1982,NEQ)

GB 15346　化学试剂　包装及标志

HG/T 3484　化学试剂　标准玻璃乳浊液和澄清度标准

HG/T 3921　化学试剂　采样及验收规则

3　性状

本试剂为白色结晶粉末,溶于水,几乎不溶于乙醇。

4　规格

氯化钾的规格见表1。

表 1

名　称	优　级　纯	分　析　纯	化　学　纯
含量(KCl),w/%	≥99.8	≥99.5	≥99.5
pH 值(50 g/L,25 ℃)	5.0～8.0	5.0～8.0	5.0～8.0
澄清度试验/号	≤2	≤3	≤5
水不溶物,w/%	≤0.003	≤0.005	≤0.02
碘化钾(I), w/%	≤0.001	≤0.002	≤0.01
溴化物(Br), w/%	≤0.01	≤0.02	≤0.05
硫酸盐(SO_4),w/%	≤0.001	≤0.002	≤0.005
总氮量(N),w/%	≤0.000 5	≤0.001	≤0.001
磷酸盐(PO_4),w/%	≤0.000 5	≤0.000 5	≤0.002
钠(Na),w/%	≤0.02	≤0.02	≤0.1
镁(Mg),w/%	≤0.000 5	≤0.001	≤0.002
钙(Ca),w/%	≤0.001	≤0.003	≤0.01
铁(Fe),w/%	≤0.000 1	≤0.000 3	≤0.000 5
钡(Ba),w/%	≤0.001	≤0.001	≤0.001
重金属(以 Pb 计),w/%	≤0.000 5	≤0.000 5	≤0.001

5 试验

5.1 警告

本试验方法中使用的部分试剂具有毒性或腐蚀性,一些试验过程可能导致危险情况,操作者应采取适当的安全和健康措施。

5.2 一般规定

本章中除另有规定外,所用标准滴定溶液、标准溶液、制剂及制品,均按 GB/T 601、GB/T 602、GB/T 603 的规定制备,实验用水应符合 GB/T 6682 中三级水规格,样品均按精确至 0.01 g 称量,所用溶液以"%"表示的均为质量分数。

5.3 含量

称取 0.25 g 样品,精确至 0.000 1 g,溶于 70 mL 水中,加 10 mL 淀粉溶液(10 g/L),在摇动下用硝酸银标准滴定溶液[$c(AgNO_3)$=0.1 mol/L]避光滴定,近终点时,加 3 滴荧光素指示液(5 g/L),继续滴定至乳液呈粉红色。

氯化钾的质量分数 w,数值以"%"表示,按式(1)计算:

$$w=\frac{V\times c\times M}{m\times 1\ 000}\times 100 \qquad \cdots\cdots(1)$$

式中:

V——硝酸银标准滴定溶液体积的数值,单位为毫升(mL);

c——硝酸银标准滴定溶液浓度的准确数值,单位为摩尔每升(mol/L);

M——氯化钾摩尔质量的数值,单位为克每摩尔(g/mol)[M(KCl)=74.55];

m——样品质量的数值,单位为克(g)。

5.4 pH 值

按 GB/T 9724 的规定测定。

5.5 **澄清度试验**

称取 25 g 样品，溶于 100 mL 水中，其浊度不得大于 HG/T 3484 规定的下列澄清度标准：

优级纯…………………………2 号；
分析纯…………………………3 号；
化学纯…………………………5 号。

5.6 **水不溶物**

称取 50 g 样品，溶于 200 mL 沸水中，冷却至室温，按 GB/T 9738 的规定测定。

5.7 **碘化物**

称取 6 g 样品，溶于 50 mL 水中，移入分液漏斗中，加 2 mL 盐酸及 5 mL 三氯化铁溶液(100 g/L)，摇匀，放置 5 min。加 10 mL 四氯化碳，振摇 1 min，静置分层。收集有机相于比色管中，水相再用四氯化碳萃取 2 次，每次 5 mL，并入比色管中(保留样品水溶液)。有机相所呈紫红色不得深于标准比色溶液。

标准比色溶液的制备是取 1 g 样品及含下列数量的碘和溴标准溶液：

优级纯…………………………0.05 mg I 及 0.5 mg Br；
分析纯…………………………0.10 mg I 及 1.0 mg Br；
化学纯…………………………0.50 mg I 及 2.5 mg Br。

与样品同时同样处理(保留标准水溶液)。

5.8 **溴化物**

将分液漏斗中保留的样品水溶液(5.7)，用四氯化碳萃取 2 次，每次 5 mL，弃去有机相，于水相中加 35 mL 硫酸溶液(1+1)及 10 mL 铬酸溶液(100 g/L)，摇匀，放置 5 min，加 10 mL 四氯化碳，振摇1 min，静置分层，收集有机相于比色管中，水相再用四氯化碳萃取 2 次，每次 5 mL，并入比色管中，有机相所呈黄色不得深于标准比色溶液。

标准比色溶液的制备是取 5.7 中保留的标准水溶液与样品水溶液同时同样处理。

5.9 **硫酸盐**

称取 1 g 样品，溶于 20 mL 水中，加 0.5 mL 盐酸溶液(20%)酸化后，按 GB/T 9728 的规定测定。溶液所呈浊度不得大于标准比浊溶液。

标准比浊溶液的制备是取含下列数量的硫酸盐标准溶液：

优级纯…………………………0.01 mg SO_4；
分析纯…………………………0.02 mg SO_4；
化学纯…………………………0.05 mg SO_4。

与样品同时同样处理。

5.10 **总氮量**

称取 3 g 样品，按 GB/T 609 的规定测定。溶液所呈黄色不得深于标准比色溶液。

标准比色溶液的制备是取含下列数量的氮标准溶液：

优级纯…………………………0.015 mg N；
分析纯、化学纯……………… 0.030 mg N。

与样品同时同样处理。

5.11 **磷酸盐**

称取 1 g 样品，溶于适量水中，加 2 滴饱和 2,4-二硝基酚指示液，滴加硝酸溶液(13%)至黄色刚刚消失，稀释至 10 mL，按 GB/T 9727 的规定测定。有机相所呈蓝色不得深于标准比色溶液。

标准比色溶液的制备是取含下列数量的磷酸盐标准溶液：

优级纯、分析纯………………0.005 mg PO_4；
化学纯………………………… 0.020 mg PO_4。

与样品同时同样处理。

5.12 钠

按 GB/T 9723—2007 的规定测定。

5.12.1 仪器条件

光源：钠空心阴极灯；

波长：589.0 nm；

火焰：乙炔-空气。

5.12.2 测定方法

称取 1 g(化学纯取 0.4 g)样品，溶于水，稀释至 100 mL。取 5 mL，共 4 份。按 GB/T 9723—2007 中 7.2.2 的规定测定，结果按 7.2.3 的规定计算。

5.13 镁

按 GB/T 9723—2007 的规定测定。

5.13.1 仪器条件

光源：镁空心阴极灯；

波长：285.2 nm；

火焰：乙炔-空气。

5.13.2 测定方法

称取 10 g(化学纯取 5 g)样品，溶于水，稀释至 100 mL。取 10 mL，共 4 份。按 GB/T 9723—2007 中 7.2.2 的规定测定，结果按 7.2.3 的规定计算。

5.14 钙

称取 2 g 样品，溶于水，稀释至 20 mL，取 3 mL(化学纯取 1 mL)，稀释至 10 mL，加 10 mL“乙醇(95%)”、0.5 mL 混合碱及 1 mL 乙二醛缩双(邻氨基酚)乙醇溶液(2 g/L)，摇匀，放置 5 min。用 5 mL 三氯甲烷萃取(温度不超过 30 ℃)，立即比色。有机相所呈红色不得深于标准比色溶液。

标准比色溶液的制备是取含下列数量的钙标准溶液：

优级纯……………………………0.003 mg Ca；
分析纯……………………………0.009 mg Ca；
化学纯……………………………0.010 mg Ca。

稀释至 10 mL，与同体积样品溶液同时同样处理。

5.15 铁

称取 3 g 样品，溶于 15 mL 水中，用盐酸溶液(15%)调节溶液的 pH 值至 2 后，按 GB/T 9739 的规定测定。溶液所呈红色不得深于标准比色溶液。

标准比色溶液的制备是取含下列数量的铁标准溶液：

优级纯……………………………0.003 mg Fe；
分析纯……………………………0.009 mg Fe；
化学纯……………………………0.015 mg Fe。

与样品同时同样处理。

5.16 钡

5.16.1 氯化钡乙醇溶液的制备

称取 0.02 g 氯化钡，溶于 100 mL 乙醇溶液(3+7)中。

5.16.2 测定方法

称取 1 g 样品，溶于水中，稀释至 20 mL，加 0.5 mL 盐酸溶液(20%)酸化。将 0.25 mL 氯化钡乙醇溶液与 1 mL 十水合硫酸钠溶液(400 g/L)混合(晶种液)，准确放置 1 min，加入上述已酸化的样品溶液中，稀释至 25 mL，摇匀，放置 15 min，溶液所呈浊度不得大于标准比浊溶液。

标准比浊溶液的制备是取含 0.01 mg 的钡(Ba)标准溶液,与样品同时同样处理。

5.17 重金属

称取 4 g 样品,溶于水,稀释至 20 mL,取 15 mL,按 GB/T 9735 的规定测定。溶液所呈暗色不得深于标准比色溶液。

标准比色溶液的制备是取剩余的 5 mL 样品溶液及含下列数量的铅标准溶液:

优级纯、分析纯……………… 0.01 mg Pb;

化学纯……………………… 0.02 mg Pb。

稀释至 15 mL,与同体积样品溶液同时同样处理。

6 检验规则

按 HG/T 3921 的规定进行采样及验收。

7 包装及标志

按 GB 15346 的规定进行包装、贮存与运输,并给出标志,其中:

包装单位:第 4、5 类;

内包装形式:NB-4、NBY-4、NB-5、NBY-5、NB-7、NB-8、NB-10、NB-11、NB-13、NB-15;

隔离材料:GC-2、GC-3、GC-4;

外包装形式:WB-1、WB-2、WB-3。

ICS 71.040.30
G 62

中华人民共和国国家标准

GB/T 647—2011
代替 GB/T 647—1993

化学试剂　硝酸钾

Chemical reagent—Potassium nitrate

(ISO 6353-3:1987, Reagents for chemical analysis—Part 3: Specifications—Second series, NEQ)

2011-05-12 发布　　2011-12-01 实施

中华人民共和国国家质量监督检验检疫总局
中国国家标准化管理委员会　发布

前　言

本标准与 ISO 6353-3:1987《化学分析试剂　第 3 部分:规格　第 2 系列》中 R84“硝酸钾”的一致性程度为非等效。

本标准代替 GB/T 647—1993《化学试剂　硝酸钾》,与 GB/T 647—1993 相比主要变化如下:

——澄清度试验的规格由“合格”调整为“2 号”、“3 号”、“5 号”(1993 年版的 3.3,本版的第 4 章);

——重金属的测定增加了硫化钠-丙三醇比色法(1993 年版的 4.3.13,本版的 5.16);

——修改了包装及标志(1993 年版第 6 章,本版的第 7 章)。

本标准的附录 A 为规范性附录。

本标准由中国石油和化学工业联合会提出。

本标准由全国化学标准化技术委员会化学试剂分会(SAC/TC 63/SC 3)归口。

本标准起草单位:广东光华化学厂有限公司。

本标准参加起草单位:广东省汕头市质量计量监督检测所。

本标准主要起草人:张志斌、张明春、郑少筠、陈敏。

本标准所代替标准的历次版本发布情况为:

——GB/T 647—1965、GB/T 647—1977、GB/T 647—1993。

化学试剂　硝酸钾

警告：本标准规定的一些试验过程可能导致危险情况，使用者有责任采取适当的安全和健康措施。

分子式：KNO_3

相对分子质量：101.10（根据2007年国际相对原子质量）

1　范围

本标准规定了化学试剂中硝酸钾的性状、规格、试验、检验规则和包装及标志。

本标准适用于化学试剂中硝酸钾的检验。

2　规范性引用文件

下列文件中的条款通过本标准的引用而成为本标准的条款。凡是注日期的引用文件，其随后所有的修改单（不包括勘误的内容）或修订版均不适用于本标准，然而，鼓励根据本标准达成协议的各方研究是否可使用这些文件的最新版本。凡是不注日期的引用文件，其最新版本适用于本标准。

GB/T 601　化学试剂　标准滴定溶液的制备

GB/T 602　化学试剂　杂质测定用标准溶液的制备（GB/T 602—2002，ISO 6353-1：1982，NEQ）

GB/T 603　化学试剂　试验方法中所用制剂及制品的制备（GB/T 603—2002，ISO 6353-1：1982，NEQ）

GB/T 6682　分析实验室用水规格和试验方法（GB/T 6682—2008，ISO 3696：1987，MOD）

GB/T 9723—2007　化学试剂　火焰原子吸收光谱法通则

GB/T 9724　化学试剂　pH值测定通则（GB/T 9724—2007，ISO 6353-1：1982，NEQ）

GB/T 9727　化学试剂　磷酸盐测定通用方法（GB/T 9727—2007，ISO 6353-1：1982，NEQ）

GB/T 9728　化学试剂　硫酸盐测定通用方法（GB/T 9728—2007，ISO 6353-1：1982，NEQ）

GB/T 9729　化学试剂　氯化物测定通用方法（GB/T 9729—2007，ISO 6353-1：1982，NEQ）

GB/T 9732　化学试剂　铵测定通用方法（GB/T 9732—2007，ISO 6353-1：1982，NEQ）

GB/T 9735　化学试剂　重金属测定通用方法（GB/T 9735—2008，ISO 6353-1：1982，NEQ）

GB/T 9738　化学试剂　水不溶物测定通用方法（GB/T 9738—2008，ISO 6353-1：1982，NEQ）

GB/T 9739　化学试剂　铁测定通用方法（GB/T 9739—2006，ISO 6353-1：1982，NEQ）

GB 15258　化学品安全标签编写规定

GB 15346　化学试剂　包装及标志

HG/T 3484　化学试剂　标准玻璃乳浊液和澄清度标准

HG/T 3921　化学试剂　采样及验收规则

3　性状

本试剂为无色透明结晶，在潮湿空气中微潮解，溶于水，不溶于乙醇，与有机物质等接触即燃烧或爆炸。

4　规格

硝酸钾的规格见表1。

表 1

名　称	优　级　纯	分　析　纯	化　学　纯
含量(KNO_3),w/%	≥99.0	≥99.0	≥98.5
pH 值(50 g/L,25 ℃)	5.0～8.0	5.0～8.0	5.0～8.0
澄清度试验/号	≤2	≤3	≤5
水不溶物,w/%	≤0.002	≤0.004	≤0.006
总氯量(以 Cl 计),w/%	≤0.001 5	≤0.003	≤0.005
碘酸盐(IO_3),w/%	≤0.000 5	≤0.000 5	≤0.002
硫酸盐(SO_4),w/%	≤0.002	≤0.003	≤0.01
亚硝酸盐(NO_2),w/%	≤0.001	≤0.001	≤0.002
铵(NH_4),w/%	≤0.001	≤0.001	≤0.005
磷酸盐(PO_4),w/%	≤0.000 5	≤0.000 5	≤0.001
钠(Na),w/%	≤0.02	≤0.02	≤0.05
镁(Mg),w/%	≤0.001	≤0.002	≤0.004
钙(Ca),w/%	≤0.001	≤0.004	≤0.006
铁(Fe),w/%	≤0.000 1	≤0.000 2	≤0.000 5
重金属(以 Pb 计),w/%	≤0.000 3	≤0.000 5	≤0.001

5 试验

5.1 一般规定

本章中除另有规定外,所用标准滴定溶液、标准溶液、制剂及制品,均按 GB/T 601、GB/T 602、GB/T 603 的规定制备,实验用水应符合 GB/T 6682 中三级水规格,样品均按精确至 0.01 g 称量,所用溶液以“%”表示的均为质量分数。

5.2 含量

称取 0.3 g 样品,精确至 0.000 1 g,溶于 20 mL 水中,注入强酸性阳离子交换树脂柱(处理及再生方法见附录 A),以 5 mL/min 的流量进行交换,交换液收集于锥形瓶中,用水洗涤交换树脂柱,洗至滴下溶液呈中性,收集交换液及洗涤液,加 2 滴甲基红指示液(1 g/L),用氢氧化钠标准滴定溶液[c(NaOH)=0.1 mol/L]滴定至溶液呈黄色。同时做空白试验。

硝酸钾的质量分数 w,数值以“%”表示,按式(1)计算:

$$w=\frac{(V_1-V_2)\times c\times M}{m\times 1\,000}\times 100 \qquad (1)$$

式中:

V_1——氢氧化钠标准滴定溶液体积的数值,单位为毫升(mL);

V_2——空白试验消耗氢氧化钠标准滴定溶液体积的数值,单位为毫升(mL);

c——氢氧化钠标准滴定溶液浓度的准确数值,单位为摩尔每升(mol/L);

M——硝酸钾摩尔质量的数值,单位为克每摩尔(g/mol)[$M(KNO_3)=101.1$];

m——样品质量的数值,单位为克(g)。

5.3 pH 值

按 GB/T 9724 的规定测定。

5.4 澄清度试验

称取 20 g 样品,溶于 100 mL 水中,其浊度不得大于 HG/T 3484 规定的下列澄清度标准:

优级纯…………………………2 号；

分析纯…………………………3 号；

化学纯…………………………5 号。

5.5 水不溶物

称取 50 g 样品，溶于 200 mL 沸水中，冷却至室温，按 GB/T 9738 的规定测定。

5.6 总氯量

称取 1 g 样品，置于镍坩埚中，缓缓加热至 400 ℃，使其完全分解，于 700 ℃灼烧 15 min，冷却，残渣溶于 15 mL 水中(必要时过滤)，稀释至 20 mL，按 GB/T 9729 的规定测定。溶液所呈浊度不得大于标准比浊溶液。

标准比浊溶液的制备是取含下列数量的氯化物标准溶液：

优级纯…………………………0.015 mg Cl；

分析纯…………………………0.030 mg Cl；

化学纯…………………………0.050 mg Cl。

稀释至 20 mL，与同体积试液同时同样处理。

5.7 碘酸盐

称取 1 g 样品，溶于 25 mL 水中，加 0.5 g 氯化铵，煮沸 5 min，冷却，稀释至 25 mL，加 0.1 mL 淀粉指示液(10 g/L)、1 mL 新制备的碘化钾溶液(20 g/L)及 0.5 mL 硫酸溶液(20%)，摇匀。2 min 内溶液所呈蓝色不得深于标准比色溶液。

标准比色溶液的制备是取 1 g 不含碘酸盐的硝酸钾(采用同样的方法测定，不应呈现蓝色)及含下列数量的碘酸盐标准溶液：

优级纯、分析纯………………………… 0.005 mg IO_3；

化学纯………………………………… 0.020 mg IO_3。

与样品同时同样处理。

5.8 硫酸盐

称取 0.5 g 样品，溶于 5 mL 水中，加 5 mL 盐酸，在水浴上蒸干，加 5 mL 水及 2.5 mL 盐酸，再蒸干。残渣溶于 15 mL 水中(必要时过滤)，稀释至 20 mL，加 0.5 mL 盐酸溶液(20%)酸化后，按 GB/T 9728 的规定测定。溶液所呈浊度不得大于标准比浊溶液。

标准比浊溶液的制备是取 7.5 mL 盐酸及含下列数量的硫酸盐标准溶液：

优级纯…………………………0.010 mg SO_4；

分析纯…………………………0.015 mg SO_4；

化学纯…………………………0.050 mg SO_4。

在水浴上蒸干，残渣溶于 15 mL 水，与同体积试液同时同样处理。

5.9 亚硝酸盐

称取 1 g 样品，溶于 40 mL 水中，加 1 mL 葛利斯试剂，放置 10 min。溶液所呈粉红色不得深于标准比色溶液。

标准比色溶液的制备是取含下列数量的亚硝酸盐标准溶液：

优级纯、分析纯…………………………0.01 mg NO_2；

化学纯………………………………… 0.02 mg NO_2。

与样品同时同样处理。

5.10 铵

称取 1 g 样品，溶于水，稀释至 75 mL 后，按 GB/T 9732 的规定测定。溶液所呈黄色不得深于标准比色溶液。

标准比色溶液的制备是取含下列数量的铵标准溶液：

优级纯、分析纯……………………………0.01 mg NH_4；

化学纯……………………………………0.05 mg NH_4。

与样品同时同样处理。

5.11 磷酸盐

称取 2 g 样品，溶于 5 mL 水中，加 2 滴饱和 2,4-二硝基酚指示液，滴加硝酸溶液(13%)至黄色刚刚消失，稀释至 10 mL，按 GB/T 9727 的规定测定。有机相所呈蓝色不得深于标准比色溶液。

标准比色溶液的制备是取含下列数量的磷酸盐标准溶液：

优级纯、分析纯……………………………0.01 mg PO_4；

化学纯……………………………………0.02 mg PO_4。

与样品同时同样处理。

5.12 钠

按 GB/T 9723—2007 的规定测定。

5.12.1 仪器条件

光源：钠空心阴极灯；

波长：589.0 nm；

火焰：乙炔-空气。

5.12.2 测定方法

称取 1 g 样品，溶于水，稀释至 100 mL。取 10 mL(化学纯取 5 mL)，共 4 份。按 GB/T 9723—2007 中 7.2.2 的规定测定，结果按 7.2.3 的规定计算。

5.13 镁

按 GB/T 9723—2007 的规定测定。

5.13.1 仪器条件

光源：镁空心阴极灯；

波长：285.2 nm；

火焰：乙炔-空气。

5.13.2 测定方法

称取 3 g 样品，溶于水，稀释至 100 mL。取 10 mL(化学纯取 5 mL)，共 4 份。按 GB/T 9723—2007 中 7.2.2 的规定测定，结果按 7.2.3 的规定计算。

5.14 钙

称取 0.5 g(优级纯取 1 g)样品，溶于水，稀释至 50 mL。取 10 mL，加 10 mL"乙醇(95%)"、0.5 mL 混合碱及 1 mL 乙二醛缩双邻氨基酚乙醇溶液(2 g/L)，摇匀，放置 5 min，用 5 mL 三氯甲烷萃取(温度不超过 30 ℃)，立即比色。有机相所呈红色不得深于标准比色溶液。

标准比色溶液的制备是取含下列数量的钙标准溶液：

优级纯…………………………0.002 mg Ca；

分析纯…………………………0.004 mg Ca；

化学纯…………………………0.006 mg Ca。

稀释至 10 mL，与同体积样品溶液同时同样处理。

5.15 铁

称取 2 g 样品，溶于 15 mL 水中，用盐酸溶液(15%)调节溶液的 pH 值至 2 后，按 GB/T 9739 的规定测定。溶液所呈红色不得深于标准比色溶液。

标准比色溶液的制备是取含下列数量的铁标准溶液：

优级纯…………………………0.002 mg Fe；

分析纯…………………………0.004 mg Fe；

化学纯…………………………0.010 mg Fe。

与样品同时同样处理。

5.16 重金属

称取 4 g 样品，溶于 20 mL 水后，按 GB/T 9735 的规定测定。溶液所呈暗色不得深于标准比色溶液。

标准比色溶液的制备是取含下列数量的铅标准溶液：

优级纯…………………………0.012 mg Pb；
分析纯…………………………0.020 mg Pb；
化学纯…………………………0.040 mg Pb。

与样品同时同样处理。

6 检验规则

按 HG/T 3921 的规定进行采样及验收。

7 包装及标志

按 GB 15346 的规定进行包装、贮存与运输，并给出标志，其中：

包装单位：第 4、5 类；

内包装形式：NB-4、NBY-4、NB-5、NBY-5、NB-7、NB-8、NB-10、NB-11、NB-13、NB-15；

隔离材料：GC-2、GC-3、GC-4；

外包装形式：WB-1、WB-2、WB-3；

标签：符合 GB 15258 的规定，注明“氧化剂”。

附 录 A
（规范性附录）
强酸性阳离子交换树脂的处理及再生方法

A.1 仪器

A.1.1 交换柱材料：玻璃管或聚乙烯管。

A.1.2 交换柱内径：10 mm～20 mm。

A.1.3 树脂床高度：约 400 mm（膨胀后树脂体积占交换柱高度的 2/3）。

A.1.4 树脂颗粒度：0.2 mm～0.8 mm。

A.2 处理方法

取适量的强酸性阳离子交换树脂于烧杯中（干树脂，应先用饱和氯化钠溶液浸泡，再逐步稀释氯化钠溶液，以免树脂膨胀而破碎），用水漂洗至澄清后，加水浸泡 12 h～24 h，使其充分膨胀。排去水后，加入“乙醇（95%）”浸泡 24 h。用水洗至无醇味后，加入盐酸溶液（1+3）浸泡 2 h～3 h，用水洗至中性，加入氢氧化钠溶液（100 g/L），浸泡 2 h～3 h，用水洗至中性，再用盐酸溶液（1+3）漂洗，并浸泡 24 h，经常搅拌。用盐酸溶液（1+3）漂洗 3 次。

将经上述处理的树脂装入交换柱中，用 400 mL 盐酸溶液（1+3）以 10 mL/min 的流量洗涤树脂，再用水洗至洗液呈中性。用水浸泡，备用。

A.3 再生方法

将失效的强酸性阳离子交换树脂移入烧杯中，用盐酸溶液（1+3）漂洗 3 次，并浸泡 24 h，经常搅拌。将盐酸溶液排尽，再用盐酸溶液（1+3）漂洗 3 次。

将经上述处理的树脂装入交换柱，用 400 mL 盐酸溶液（1+3）以 10 mL/min 的流量洗涤树脂，再用水洗至滴下溶液呈中性。用水浸泡，备用。

ICS 71.040.30
G 62

中华人民共和国国家标准

GB/T 648—2011
代替 GB/T 648—1993

化学试剂　硫氰酸钾

Chemical reagent—Potassium thiocyanate

(ISO 6353-3:1987,Reagents for chemical analysis—
Part 3:Specifications—Second series,NEQ)

2011-05-12 发布　　2011-12-01 实施

中华人民共和国国家质量监督检验检疫总局
中国国家标准化管理委员会　发布

前　言

本标准与 ISO 6353-3:1987《化学分析试剂　第 3 部分:规格　第 2 系列》中 R86“硫氰酸钾”的一致性程度为非等效。

本标准代替 GB/T 648—1993《化学试剂　硫氰酸钾》,与 GB/T 648—1993 相比主要变化如下:

——澄清度试验的规格由“合格”调整为“2 号”、“3 号”、“5 号”(1993 年版的 3.3,本版的第 4 章);

——水不溶物改用化学试剂通用方法测定(1993 年版的 4.3.2,本版的 5.5);

——调整了硫酸盐测定中分析纯、化学纯的取样量(1993 年版的 4.3.5,本版的 5.8);

——修改了包装及标志(1993 年版的第 6 章,本版的第 7 章)。

本标准由中国石油和化学工业联合会提出。

本标准由全国化学标准化技术委员会化学试剂分会(SAC/TC 63/SC 3)归口。

本标准起草单位:广州化学试剂厂。

本标准主要起草人:喻小琦、傅琼莲、刘昭元。

本标准所代替标准的历次版本发布情况为:

——GB/T 648—1965、GB/T 648—1978、GB/T 648—1993。

化学试剂　硫氰酸钾

警告：本标准规定的一些试验过程可能导致危险情况，使用者有责任采取适当的安全和健康措施。

分子式：KSCN

相对分子质量：97.18（根据2007年国际相对原子质量）

1　范围

本标准规定了化学试剂中硫氰酸钾的性状、规格、试验、检验规则和包装及标志。

本标准适用于化学试剂中硫氰酸钾的检验。

2　规范性引用文件

下列文件中的条款通过本标准的引用而成为本标准的条款。凡是注日期的引用文件，其随后所有的修改单（不包括勘误的内容）或修订版均不适用于本标准，然而，鼓励根据本标准达成协议的各方研究是否可使用这些文件的最新版本。凡是不注日期的引用文件，其最新版本适用于本标准。

GB/T 601　化学试剂　标准滴定溶液的制备

GB/T 602　化学试剂　杂质测定用标准溶液的制备（GB/T 602—2002，ISO 6353-1：1982，NEQ）

GB/T 603　化学试剂　试验方法中所用制剂及制品的制备（GB/T 603—2002，ISO 6353-1：1982，NEQ）

GB/T 6682　分析实验室用水规格和试验方法（GB/T 6682—2008，ISO 3696：1987，MOD）

GB/T 9723—2007　化学试剂　火焰原子吸收光谱法通则

GB/T 9724　化学试剂　pH值测定通则（GB/T 9724—2007，ISO 6353-1：1982，NEQ）

GB/T 9728　化学试剂　硫酸盐测定通用方法（GB/T 9728—2007，ISO 6353-1：1982，NEQ）

GB/T 9729　化学试剂　氯化物测定通用方法（GB/T 9729—2007，ISO 6353-1：1982，NEQ）

GB/T 9738　化学试剂　水不溶物测定通用方法（GB/T 9738—2008，ISO 6353-1：1982，NEQ）

GB/T 9739　化学试剂　铁测定通用方法（GB/T 9739—2006，ISO 6353-1：1982，NEQ）

GB 15258　化学品安全标签编写规定

GB 15346　化学试剂　包装及标志

HG/T 3484　化学试剂　标准玻璃乳浊液和澄清度标准

HG/T 3921　化学试剂　采样及验收规则

3　性状

本试剂为无色结晶，易潮解，溶于水及乙醇。

4　规格

硫氰酸钾的规格见表1。

表1

名　称	优级纯	分析纯	化学纯
含量（KSCN），w/%	≥99.0	≥98.5	≥98.0
pH值（50 g/L，25 ℃）	5.3～8.5	5.3～8.5	5.3～8.5

表 1（续）

名　称	优级纯	分析纯	化学纯
澄清度试验/号	≤2	≤3	≤5
水不溶物，w/%	≤0.003	≤0.005	≤0.01
氯化物(Cl)，w/%	≤0.003	≤0.005	≤0.01
硫化物(S)，w/%	≤0.001	≤0.001	≤0.005
硫酸盐(SO_4)，w/%	≤0.002	≤0.005	≤0.02
铵盐(NH_4)，w/%	≤0.001	≤0.002	≤0.005
钠(Na)，w/%	≤0.01	≤0.02	—
铁(Fe)，w/%	≤0.000 05	≤0.000 1	≤0.000 2
铜(Cu)，w/%	≤0.000 2	≤0.000 5	—
铅(Pb)，w/%	≤0.000 2	≤0.000 5	≤0.001
还原碘的物质(以I计)，w/%	≤0.02	≤0.025	≤0.06

5 试验

5.1 一般规定

本章中除另有规定外，所用标准滴定溶液、标准溶液、制剂及制品，均按 GB/T 601、GB/T 602、GB/T 603 的规定制备，实验用水应符合 GB/T 6682 中三级水规格，样品均按精确至 0.01 g 称量，所用溶液以“%”表示的均为质量分数。

5.2 含量

称取 0.3 g 样品，精确至 0.000 1 g，溶于 50 mL 水中，加 5 mL 硝酸溶液(25%)，在摇动下滴加 50.00 mL 硝酸银标准滴定溶液[$c(AgNO_3)=0.1$ mol/L]，加 1 mL 硫酸铁铵指示液(80 g/L)，用硫氰酸铵标准滴定溶液[$c(NH_4SCN)=0.1$ mol/L]滴定，终点前摇动溶液至完全清亮后，继续滴定至溶液呈浅棕红色，保持 30 s。同时做空白试验。

硫氰酸钾的质量分数 w，数值以“%”表示，按式(1)计算：

$$w=\frac{(V_1-V_2)\times c\times M}{m\times 1\,000}\times 100 \qquad \cdots\cdots(1)$$

式中：

V_1——空白试验消耗硫氰酸铵标准滴定溶液体积的数值，单位为毫升(mL)；

V_2——硫氰酸铵标准滴定溶液体积的数值，单位为毫升(mL)；

c——硫氰酸铵标准滴定溶液浓度的准确数值，单位为摩尔每升(mol/L)；

M——硫氰酸钾摩尔质量的数值，单位为克每摩尔(g/mol)[M(KSCN)=97.18]；

m——样品质量的数值，单位为克(g)。

5.3 pH 值

按 GB/T 9724 的规定测定。

5.4 澄清度试验

称取 25 g 样品，溶于 100 mL 水中，其浊度不得大于 HG/T 3484 规定的下列澄清度标准：

优级纯 ………………………………………………… 2 号；

分析纯 ………………………………………………… 3 号；

化学纯 ………………………………………………… 5 号。

5.5 水不溶物

称取 50 g 样品，溶于 100 mL 沸水中，冷却至室温后，按 GB/T 9738 的规定测定。

5.6 氯化物

称取 0.5 g 样品，溶于 10 mL 水中，加 0.2 g 无水碳酸钠，滴加 4 mL“30%过氧化氢”，反应完全后，再加 4 mL“30%过氧化氢”，在水浴上蒸干，残渣溶于水，用硝酸溶液(25%)中和，稀释至 20 mL 后，按 GB/T 9729 的规定测定。溶液所呈浊度不得大于标准比浊溶液。

标准比浊溶液的制备是取含下列数量的氯化物标准溶液：

优级纯 …………………………………………… 0.015 mg Cl；

分析纯 …………………………………………… 0.025 mg Cl；

化学纯 …………………………………………… 0.050 mg Cl。

与样品同时同样处理。

5.7 硫化物

5.7.1 警告

银氨溶液能够爆炸，溶液用毕应立即弃之。

5.7.2 测定方法

称取 2 g 样品，溶于 20 mL 水中，加 20 mL 氨水、3 mL 硝酸银溶液(17 g/L)，摇匀。溶液所呈暗色不得深于标准比色溶液。

标准比色溶液的制备是取含下列数量的硫化物标准溶液：

优级纯、分析纯 …………………………………… 0.02 mg S；

化学纯 ……………………………………………… 0.10 mg S。

与样品同时同样处理。

5.8 硫酸盐

称取 1 g(化学纯取 0.25 g)样品，溶于水，稀释至 20 mL，加 0.5 mL 盐酸溶液(20%)酸化后，按 GB/T 9728 的规定测定。溶液所呈浊度不得大于标准比浊溶液。

标准比浊溶液的制备是取含下列数量的硫酸盐标准溶液：

优级纯 …………………………………………… 0.02 mg SO_4；

分析纯、化学纯 …………………………………… 0.05 mg SO_4。

与样品同时同样处理。

5.9 铵盐

称取 1 g 样品，置于支管蒸馏瓶中，溶于 140 mL 无氨的水中，加 5 mL 无氨的氢氧化钠溶液(320 g/L)，加热蒸出 75 mL，用盛有 5 mL 硫酸溶液(0.5%)的 100 mL 比色管接收，加 3 mL 氢氧化钠溶液(320 g/L)及 2 mL 纳氏试剂，稀释至 100 mL，摇匀。溶液所呈黄色不得深于标准比色溶液。

标准比色溶液的制备是取含下列数量的铵标准溶液：

优级纯 …………………………………………… 0.01 mg NH_4；

分析纯 …………………………………………… 0.02 mg NH_4；

化学纯 …………………………………………… 0.05 mg NH_4。

与样品同时同样处理。

5.10 钠

按 GB/T 9723—2007 的规定测定。

5.10.1 仪器条件

光源：钠空心阴极灯；

波长：589.0 nm；

火焰：乙炔-空气。

5.10.2 测定方法

称取 1 g 样品，溶于水，稀释至 100 mL。取 10mL，共 4 份。按 GB/T 9723—2007 中 7.2.2 的规定测定，结果按 7.2.3 的规定计算。

5.11 铁

称取 5 g 样品，溶于 15 mL 水中，用盐酸溶液(15%)调节溶液的 pH 值至 2 后，按 GB/T 9739 的规定测定。溶液所呈红色不得深于标准比色溶液。

标准比色溶液的制备是取含下列数量的铁标准溶液：

优级纯 ………………………………………………… 0.002 5 mg Fe；
分析纯 ………………………………………………… 0.005 0 mg Fe；
化学纯 ………………………………………………… 0.010 mg Fe。

与样品同时同样处理。

5.12 铜

按 GB/T 9723—2007 的规定测定。

5.12.1 仪器条件

光源：铜空心阴极灯；
波长：324.7 nm；
火焰：乙炔-空气。

5.12.2 测定方法

称取 20 g 样品，溶于水，加 1 mL 乙酸溶液(5%)，稀释至 100 mL。取 25 mL，共 4 份，置于分液漏斗中。一份不加标准溶液，其余三份分别加入质量浓度成比例的铜(Cu)标准溶液，同时配制空白试验溶液，分别加入 1 mL 吡咯烷二硫代氨基甲酸铵(APDC)溶液(10 g/L)，摇匀，放置 5 min，加 10 mL 4-甲基-2-戊酮，振摇 1 min，静置分层，弃去水相。于有机相中加入 10 mL 硝酸溶液(5%)，振摇 3 min，静置分层，转移水相于 10 mL 容量瓶中，稀释至刻度，摇匀。按 GB/T 9723—2007 中 7.2.2 的规定测定，结果按 7.2.3 的规定计算。

5.13 铅

按 GB/T 9723—2007 的规定测定。

5.13.1 仪器条件

光源：铅空心阴极灯；
波长：283.3 nm；
火焰：乙炔-空气。

5.13.2 测定方法

称取 20 g 样品，溶于水，加 1 mL 乙酸溶液(5%)，稀释至 100 mL。取 25 mL，共 4 份，置于分液漏斗中。一份不加标准溶液，其余三份分别加入质量浓度成比例的铅(Pb)标准溶液，同时配制空白试验溶液，分别加入 1 mL 吡咯烷二硫代氨基甲酸铵(APDC)溶液(10 g/L)，摇匀，放置 5 min，加 10 mL 4-甲基-2-戊酮，振摇 1 min，静置分层，弃去水相。于有机相中加入 10 mL 硝酸溶液(5%)，振摇 3 min，静置分层，转移水相于 10 mL 容量瓶中，稀释至刻度，摇匀。按 GB/T 9723—2007 中 7.2.2 的规定测定，结果按 7.2.3 的规定计算。

5.14 还原碘的物质

称取 5 g 样品，溶于 45 mL 水中，加 1 mL 硫酸溶液(10%)，加 1 g 碘化钾及 1 mL 淀粉指示液(5 g/L)，用碘标准滴定溶液[$c(\frac{1}{2}I_2)=0.01\ mol/L$]滴定至溶液呈蓝色，同时做空白试验。碘标准滴定溶液[$c(\frac{1}{2}I_2)=0.01\ mol/L$]的用量不得多于：

优级纯…………………………………………………………… 0.8 mL；
分析纯…………………………………………………………… 1.0 mL；
化学纯…………………………………………………………… 2.4 mL。

6 检验规则

按 HG/T 3921 的规定进行采样及验收。

7 包装及标志

按 GB 15346 的规定进行包装、贮存与运输，并给出标志，其中：
包装单位：第 4 类；
内包装形式：NB-4、NBY-4、NB-5、NBY-5、NB-7、NB-8、NB-10、NB-11、NB-13、NB-15；
隔离材料：GC-2、GC-3、GC-4；
外包装形式：WB-1、WB-2、WB-3；
标签：符合 GB 15258 的规定，注明“毒害品”。

ICS 71.040.30
G 62

中华人民共和国国家标准

GB/T 651—2011
代替 GB/T 651—1993

化学试剂　碘酸钾

Chemical reagent—Potassium iodate

(ISO 6353-3:1987,Reagents for chemical analysis—Part 3:Specifications—Second series,NEQ)

2011-05-12 发布　　　　2011-12-01 实施

中华人民共和国国家质量监督检验检疫总局
中国国家标准化管理委员会　发布

前　言

本标准与 ISO 6353-3:1987《化学分析试剂　第3部分:规格　第2系列》中 R83“碘酸钾”的一致性程度为非等效。

本标准代替 GB/T 651—1993《化学试剂　碘酸钾》,与 GB/T 651—1993 相比主要变化如下:

——澄清度试验的规格由“合格”调整为“2号”、“3号”(1993年版的3.3,本版的第4章);

——项目名称“干燥失重”改为“干燥失量”(1993年版的3.3、4.3.3,本版的第4章、5.6);

——水不溶物改用化学试剂通用方法测定(1993年版的4.3.2,本版的5.5);

——改进了氯化物及氯酸盐的测定方法(1993年版的4.3.4,本版的5.7);

——重金属的测定增加了硫化钠-丙三醇比色法(1993年版的4.3.10,本版的5.13);

——修改了包装及标志(1993年版的第6章,本版的第7章)。

本标准由中国石油和化学工业联合会提出。

本标准由全国化学标准化技术委员会化学试剂分会(SAC/TC 63/SC 3)归口。

本标准负责起草单位:浙江海川化学品有限公司。

本标准主要起草人:郑建华、张怀义。

本标准所代替标准的历次版本发布情况为:

——GB/T 651—1965、GB/T 651—1977、GB/T 651—1993。

化学试剂 碘酸钾

警告:本标准规定的一些试验过程可能导致危险情况,使用者有责任采取适当的安全和健康措施。

分子式:KIO_3

相对分子质量:214.00(根据2007年国际相对原子质量)

1 范围

本标准规定了化学试剂中碘酸钾的性状、规格、试验、检验规则和包装及标志。

本标准适用于化学试剂中碘酸钾的检验。

2 规范性引用文件

下列文件中的条款通过本标准的引用而成为本标准的条款。凡是注日期的引用文件,其随后所有的修改单(不包括勘误的内容)或修订版均不适用于本标准,然而,鼓励根据本标准达成协议的各方研究是否可使用这些文件的最新版本。凡是不注日期的引用文件,其最新版本适用于本标准。

GB/T 601 化学试剂 标准滴定溶液的制备

GB/T 602 化学试剂 杂质测定用标准溶液的制备(GB/T 602—2002,ISO 6353-1:1982,NEQ)

GB/T 603 化学试剂 试验方法中所用制剂及制品的制备(GB/T 603—2002,ISO 6353-1:1982,NEQ)

GB/T 6682 分析实验室用水规格和试验方法(GB/T 6682—2008,ISO 3696:1987,MOD)

GB/T 9723—2007 化学试剂 火焰原子吸收光谱法通则

GB/T 9724 化学试剂 pH值测定通则(GB/T 9724—2007,ISO 6353-1:1982,NEQ)

GB/T 9728 化学试剂 硫酸盐测定通用方法(GB/T 9728—2007,ISO 6353-1:1982,NEQ)

GB/T 9735 化学试剂 重金属测定通用方法(GB/T 9735—2008,ISO 6353-1:1982,NEQ)

GB/T 9738 化学试剂 水不溶物测定通用方法(GB/T 9738—2008,ISO 6353-1:1982,NEQ)

GB/T 9739 化学试剂 铁测定通用方法(GB/T 9739—2006,ISO 6353-1:1982,NEQ)

GB 15258 化学品安全标签编写规定

GB 15346 化学试剂 包装及标志

HG/T 3484 化学试剂 标准玻璃乳浊液和澄清度标准

HG/T 3921 化学试剂 采样及验收规则

3 性状

本试剂为白色结晶粉末,溶于水,不溶于乙醇。

4 规格

碘酸钾的规格见表1。

表1

名 称	优级纯	分析纯
含量(KIO_3),w/%	≥99.8	≥99.8
pH值(50 g/L,25 ℃)	5.0~7.0	5.0~7.0
澄清度试验/号	≤2	≤3

表 1（续）

名　　称	优级纯	分析纯
水不溶物，w/%	≤0.002	≤0.005
干燥失量，w/%	≤0.05	≤0.1
氯化物及氯酸盐（以 Cl 计），w/%	≤0.005	≤0.02
碘化物（I），w/%	≤0.001	≤0.002
硫酸盐（SO_4），w/%	≤0.003	≤0.01
总氮量（N），w/%	≤0.002	≤0.003
钠（Na），w/%	≤0.01	≤0.02
铁（Fe），w/%	≤0.000 2	≤0.000 5
重金属（以 Pb 计），w/%	≤0.000 5	≤0.001

5　试验

5.1　一般规定

本章中除另有规定外，所用标准滴定溶液、标准溶液、制剂及制品，均按 GB/T 601、GB/T 602、GB/T 603 的规定制备，实验用水应符合 GB/T 6682 中三级水规格，样品均按精确至 0.01 g 称量，所用溶液以“%”表示的均为质量分数。

5.2　含量

称取 1.2 g 样品，精确至 0.000 1 g，溶于水，移入 250 mL 容量瓶中，稀释至刻度。量取 25.00 mL，注入 500 mL 碘量瓶中，加 3 g 碘化钾及 5 mL 盐酸溶液（20%），摇匀，于暗处放置 5 min，加 150 mL 水（不超过 10 ℃），用硫代硫酸钠标准滴定溶液[$c(Na_2S_2O_3)=0.1$ mol/L]滴定，近终点时，加 3 mL 淀粉指示液（5 g/L），继续滴定至溶液蓝色消失。同时做空白试验。

碘酸钾的质量分数 w，数值以“%”表示，按式(1)计算：

$$w=\frac{(V_1-V_2)\times c\times M}{m\times 25/250\times 1\ 000}\times 100 \qquad (1)$$

式中：

V_1——硫代硫酸钠标准滴定溶液体积的数值，单位为毫升（mL）；

V_2——空白试验消耗硫代硫酸钠标准滴定溶液体积的数值，单位为毫升（mL）；

c——硫代硫酸钠标准滴定溶液浓度的准确数值，单位为摩尔每升（mol/L）；

M——碘酸钾摩尔质量的数值，单位为克每摩尔（g/mol）[$M(\frac{1}{6}KIO_3)=35.67$]；

m——样品质量的数值，单位为克（g）。

5.3　pH 值

按 GB/T 9724 的规定测定。

5.4　澄清度试验

称取 6 g 样品，溶于 100 mL 水中，其浊度不得大于 HG/T 3484 规定的下列澄清度标准：

优级纯 ………………………………… 2 号；

分析纯 ………………………………… 3 号。

5.5　水不溶物

称取 30 g 样品，溶于 500 mL 沸水中，冷却至室温后，按 GB/T 9738 的规定测定。

5.6　干燥失量

称取 2 g 样品，精确至 0.000 1 g，置于已在 130 ℃±2 ℃恒量的称量瓶中，于 130 ℃±2 ℃的电烘箱中干燥至恒量。

干燥失量的质量分数 w_1，数值以“%”表示，按式(2)计算：

$$w_1=\frac{m_1-m_2}{m_1}\times 100 \qquad \cdots\cdots(2)$$

式中：

m_1——干燥前样品质量的数值，单位为(g)；

m_2——干燥恒量后样品质量的数值，单位为(g)。

5.7 氯化物及氯酸盐

称取 0.5 g 样品，溶于 15 mL 温水中，在不断摇动下滴加亚硫酸(约 10 mL)至溶液澄清，缓缓加热煮沸，使过量二氧化硫逸出，冷却。加 5 mL 氨水及 10 mL 水，在搅拌下滴加 8 mL 硝酸银溶液(50 g/L)。过滤，洗涤，合并滤液及洗液，稀释至 100 mL。取 20 mL，加 5 mL 硝酸溶液(25%)，摇匀，放置 10 min。溶液所呈浊度不得大于标准比浊溶液。

标准比浊溶液的制备是取含下列数量的氯化物标准溶液：

优级纯 ………………………………… 0.005 mg Cl；

分析纯 ………………………………… 0.020 mg Cl。

加 15 mL 水、1 mL 氨水、5 mL 硝酸溶液(25%)及 1 mL 硝酸银溶液(50 g/L)，稀释至 25 mL，摇匀，与同体积试液同时放置 10 min 后比浊。

5.8 碘化物

称取 5 g 样品，加热溶于 75 mL 水中，冷却，加 0.5 mL 硫酸溶液(20%)，用 10 mL 三氯甲烷萃取，静置分层。有机相所呈红色不得深于标准比色溶液。

标准比色溶液的制备是取含下列数量的碘化物标准溶液：

优级纯 ………………………………… 0.05 mg I；

分析纯 ………………………………… 0.10 mg I。

加 0.1 g 样品，稀释至 75 mL，与同体积样品溶液同时同样处理。

5.9 硫酸盐

称取 0.5 g 样品，加 5 mL 盐酸，在水浴上蒸干，加 2 mL 盐酸再蒸干，重复处理至残渣变白。残渣溶于 20 mL 水中(必要时过滤)，加 0.5 mL 盐酸溶液(20%)酸化后，按 GB/T 9728 的规定测定。溶液所呈浊度不得大于标准比浊溶液。必要时做空白试验。

标准比浊溶液的制备是取含下列数量的硫酸盐标准溶液：

优级纯 ………………………………… 0.015 mg SO_4；

分析纯 ………………………………… 0.050 mg SO_4。

稀释至 20 mL，与同体积试液同时同样处理。

5.10 总氮量

称取 1 g 样品，置于凯氏仪中，加 140 mL 水溶解，加 5 mL 氢氧化钠溶液(320 g/L)、2.0 g 定氮合金，静置 1 h。加热蒸馏出 75 mL，用盛有 5 mL 硫酸溶液(0.5%)的 100 mL 比色管接收。加 3 mL 氢氧化钠溶液(320 g/L)、2 mL 纳氏试剂，稀释至 100 mL，摇匀，溶液所呈黄色不得深于标准比色溶液。

标准比色溶液的制备是取含下列数量的氮标准溶液：

优级纯 ………………………………… 0.02 mg N；

分析纯 ………………………………… 0.03 mg N。

与样品同时同样处理。

5.11 钠

按 GB/T 9723—2007 的规定测定。

5.11.1 仪器条件

光源：钠空心阴极灯；

波长：589.0 nm；

火焰：乙炔-空气。

5.11.2 测定方法

称取 1 g 样品，溶于水，稀释至 100 mL。取 10 mL，共 4 份。按 GB/T 9723—2007 中 7.2.2 的规定测定，结果按 7.2.3 的规定计算。

5.12 铁

称取 1 g 样品，加 10 mL 盐酸及 2 滴硫酸，在水浴上蒸发至干，用 10 mL 盐酸分两次处理至残渣变白。残渣溶于水（必要时过滤），稀释至 15 mL，用氨水溶液（10%）调节溶液的 pH 值至 2 后，按 GB/T 9739 的规定测定。溶液所呈红色不得深于标准比色溶液。

标准比色溶液的制备是取含下列数量的铁标准溶液：

优级纯 ………………………………… 0.002 mg Fe；

分析纯 ………………………………… 0.005 mg Fe。

加 20 mL 盐酸及 2 滴硫酸，在水浴上蒸至近干，稀释至 15 mL，与同体积试液同时同样处理。

5.13 重金属

称取 4 g 样品，加 20 mL 盐酸，在水浴上蒸干。用 10 mL 盐酸分几次处理至残渣变白。残渣溶于水，用氨水溶液（10%）调节溶液的 pH 值至 4，稀释至 20 mL。取 15 mL，加 0.2 mL 乙酸溶液（30%），稀释至 25 mL 后，按 GB/T 9735 的规定测定。溶液所呈暗色不得深于标准比色溶液。

标准比色溶液的制备是取剩余的 5 mL 样品溶液及含下列数量的铅标准溶液：

优级纯 ………………………………… 0.01 mg Pb；

分析纯 ………………………………… 0.02 mg Pb。

稀释至 15 mL，与同体积试液同时同样处理。

6 检验规则

按 HG/T 3921 的规定进行采样及验收。

7 包装及标志

按 GB 15346 的规定进行包装、贮存与运输，并给出标志，其中：

包装单位：第 3、4 类；

内包装形式：NBY-4、NBY-5；

隔离材料：GC-1、GC-2、GC-3、GC-4；

外包装形式：WB-1、WB-2、WB-3；

标签：按 GB 15258 的规定，注明“氧化剂”。

ICS 71.040.30
G 62

中华人民共和国国家标准

GB/T 653—2011
代替 GB/T 653—1994

化学试剂 硝酸钡

Chemical reagent—Barium nitrate

2011-05-12 发布 2011-12-01 实施

中华人民共和国国家质量监督检验检疫总局
中国国家标准化管理委员会 发布

前　言

本标准代替 GB/T 653—1994《化学试剂　硝酸钡》，与 GB/T 653—1994 相比主要变化如下：

——澄清度试验的规格由“合格”调整为“3 号”、“5 号”(1994 年版的 3.3，本版的第 4 章)；

——改进了含量的测定方法(1994 年版的 4.1，本版的 5.2)；

——水不溶物改用化学试剂通用方法测定(1994 年版的 4.3.2，本版的 5.5)；

——修改了包装及标志(1994 年版的第 6 章，本版的第 7 章)。

本标准由中国石油和化学工业联合会提出。

本标准由全国化学标准化技术委员会化学试剂分会(SAC/TC 63/SC 3)归口。

本标准负责起草单位：北京益利精细化学品有限公司。

本标准主要起草人：赵玉峰、毕永苹。

本标准所代替标准的历次版本发布情况为：

——GB/T 653—1965、GB/T 653—1978、GB/T 653—1994。

化学试剂　硝酸钡

警告：本标准规定的一些试验过程可能导致危险情况，使用者有责任采取适当的安全和健康措施。

分子式：$Ba(NO_3)_2$

相对分子质量：261.34（根据2007年国际相对原子质量）

1　范围

本标准规定了化学试剂中硝酸钡的性状、规格、试验、检验规则和包装及标志。

本标准适用于化学试剂中硝酸钡的检验。

2　规范性引用文件

下列文件中的条款通过本标准的引用而成为本标准的条款，凡是注日期的引用文件，其随后所有的修改单（不包括勘误的内容）或修订版均不适用于本标准，然而，鼓励根据本标准达成协议的各方研究是否可使用这些文件的最新版本。凡是不注日期的引用文件，其最新版本适用本标准。

GB/T 601　化学试剂　标准滴定溶液的制备

GB/T 602　化学试剂　杂质测定用标准溶液的制备（GB/T 602—2002，ISO 6353-1：1982，NEQ）

GB/T 603　化学试剂　试验方法中所用制剂及制品的制备（GB/T 603—2002，ISO 6353-1：1982，NEQ）

GB/T 6682　分析实验室用水规格和试验方法（GB/T 6682—2008，ISO 3696：1987，MOD）

GB/T 9723—2007　化学试剂　火焰原子吸收光谱法通则

GB/T 9724　化学试剂　pH值测定通则（GB/T 9724—2007，ISO 6353-1：1982，NEQ）

GB/T 9729　化学试剂　氯化物测定通用方法（GB/T 9729—2007，ISO 6353-1：1982，NEQ）

GB/T 9738　化学试剂　水不溶物测定通用方法（GB/T 9738—2008，ISO 6353-1：1982，NEQ）

GB/T 9739　化学试剂　铁测定通用方法（GB/T 9739—2006，ISO 6353-1：1982，NEQ）

GB 15258　化学品安全标签编写规定

GB 15346　化学试剂　包装及标志

HG/T 3484　化学试剂　标准玻璃乳浊液和澄清度标准

HG/T 3921　化学试剂　采样及验收规则

3　性状

本试剂为无色或白色结晶，溶于水，不溶于乙醇。

4　规格

硝酸钡的规格见表1。

表 1

名　称	分析纯	化学纯
含量[$Ba(NO_3)_2$]，w/%	≥99.5	≥99.0
pH值（50 g/L，25 ℃）	5.0～7.0	5.0～7.0
澄清度试验/号	≤3	≤5

表 1（续）

名　称	分析纯	化学纯
水不溶物，w/%	≤0.005	≤0.02
氯化物(Cl)，w/%	≤0.000 5	≤0.001
钠(Na)，w/%	≤0.005	≤0.01
钾(K)，w/%	≤0.005	≤0.01
钙(Ca)，w/%	≤0.02	≤0.04
锶(Sr)，w/%	≤0.03	≤0.06
铁(Fe)，w/%	≤0.000 2	≤0.001
重金属(以 Pb 计)，w/%	≤0.000 5	≤0.001

5 试验

5.1 一般规定

本章中除另有规定外，所用标准滴定溶液、标准溶液、制剂及制品，均按 GB/T 601、GB/T 602、GB/T 603 的规定制备，实验用水应符合 GB/T 6682 中三级水规格，样品均按精确至 0.01 g 称量，所用溶液以"%"表示的均为质量分数。

5.2 含量

称取 0.3 g 样品，精确至 0.000 1 g，溶于 50 mL 无二氧化碳的水中，加 5 mL 乙二胺、50 mg 甲基百里香酚蓝指示剂，立即用乙二胺四乙酸二钠标准滴定溶液[c(EDTA)＝0.05 mol/L]滴定至溶液由蓝色变为灰白色。

硝酸钡的质量分数 w，数值以"%"表示，按式(1)计算：

$$w=\frac{V\times c\times M}{m\times 1\ 000}\times 100 \qquad \cdots\cdots(1)$$

式中：

V——乙二胺四乙酸二钠标准滴定溶液体积的数值，单位为毫升(mL)；

c——乙二胺四乙酸二钠标准滴定溶液浓度的准确数值，单位为摩尔每升(mol/L)；

M——硝酸钡摩尔质量的数值，单位为克每摩尔(g/mol){$M[Ba(NO_3)_2]=261.3$}；

m——样品质量的数值，单位为克(g)。

5.3 pH 值

按 GB/T 9724 的规定测定。

5.4 澄清度试验

称取 5 g 样品，溶于 100 mL 无二氧化碳的水中，其浊度不得大于 HG/T 3484 规定的下列澄清度标准。

分析纯…………………………………… 3 号；

化学纯…………………………………… 5 号。

5.5 水不溶物

称取 12.5 g 样品，溶于 200 mL 沸水中，冷却至室温后，按 GB/T 9738 的规定测定。

5.6 氯化物

称取 1 g 样品，溶于 20 mL 水中后，按 GB/T 9729 的规定测定。溶液所呈浊度不得大于标准比浊溶液。

标准比浊溶液的制备是取含下列数量的氯化物标准溶液：

分析纯…………………………0.005 mg Cl；

化学纯…………………………0.010 mg Cl。

与样品同时同样处理。

5.7 钠

按 GB/T 9723—2007 的规定测定。

5.7.1 仪器条件

光源：钠空心阴极灯；

波长：589.0 nm；

火焰：乙炔-空气。

5.7.2 测定方法

称取 4 g 样品，溶于水，加 1 mL 盐酸，稀释至 100 mL。取 10 mL，共 4 份。按 GB/T 9723—2007 中 7.2.2 的规定测定，结果按 7.2.3 的规定计算。

5.8 钾

按 GB/T 9723—2007 的规定测定。

5.8.1 仪器条件

光源：钾空心阴极灯；

波长：766.5 nm；

火焰：乙炔-空气。

5.8.2 测定方法

同 5.7.2。

5.9 钙

按 GB/T 9723—2007 的规定测定。

5.9.1 仪器条件

光源：钙空心阴极灯；

波长：422.7 nm；

火焰：乙炔-空气。

5.9.2 测定方法

称取 2 g 样品，溶于水，加 1 mL 盐酸，稀释至 100 mL。取 10 mL，加 4 mL 氯化钾溶液(50 g/L)，共 4 份。按 GB/T 9723—2007 中 7.2.2 的规定测定，结果按 7.2.3 的规定计算。

5.10 锶

按 GB/T 9723—2007 的规定测定。

5.10.1 仪器条件

光源：锶空心阴极灯；

波长：460.7 nm；

火焰：乙炔-空气。

5.10.2 测定方法

称取 4 g 样品，溶于水，加 1 mL 盐酸，稀释至 100 mL。取 10 mL，加 4 mL 氯化钾溶液(50 g/L)，共 4 份。按 GB/T 9723—2007 中 7.2.2 的规定测定，结果按 7.2.3 的规定计算。

5.11 铁

称取 1 g 样品，溶于 15 mL 水中，用盐酸溶液(15%)调节溶液 pH 值至 2 后，按 GB/T 9739 的规定测定。溶液所呈红色不得深于标准比色溶液。

标准比色溶液的制备是取含下列数量的铁标准溶液：

分析纯……………………………0.002 mg Fe；

化学纯……………………………0.010 mg Fe。

与样品同时同样处理。

5.12 重金属

称取 3 g 样品，溶于水，稀释至 40 mL。加 1 mL 乙酸溶液(5%)及 10 mL 新制备的饱和硫化氢水，摇匀，放置 10 min。溶液所呈暗色不得深于标准比色溶液。

标准比色溶液的制备是取 1 g 样品及含下列数量的铅标准溶液：

分析纯 ……………………………………0.01 mg Pb；

化学纯 ……………………………………0.02 mg Pb。

稀释至 40 mL，与同体积样品溶液同时同样处理。

6 检验规则

按 HG/T 3921 的规定进行采样及验收。

7 包装及标志

按 GB 15346 的规定进行包装，贮存及运输，并给出标志，其中：

包装单位：第 4、5 类；

内包装形式：NB-4、NBY-4、NB-5、NBY-5、NB-7、NB-8、NB-10、NB-11、NB-13、NB-15；

隔离材料：GC-2、GC-3、GC-4；

外包装形式：WB-1、WB-2、WB-3；

标签：符合 GB 15258 的规定，注明“氧化剂”和“有毒品”。

ICS 71.040.30
G 62

中华人民共和国国家标准

GB/T 654—2011
代替 GB/T 654—1999

化学试剂　碳酸钡

Chemical reagent—Barium carbonate

2011-12-30 发布　　2012-06-01 实施

中华人民共和国国家质量监督检验检疫总局
中国国家标准化管理委员会　发布

前　　言

本标准按照 GB/T 1.1—2009 给出的规则起草。

本标准代替 GB/T 654—1999《化学试剂　碳酸钡》，与 GB/T 654—1999 相比主要变化如下：

——澄清度试验的规格由“合格”调整为“4 号”、“6 号”(见第 4 章，1999 年版的第 4 章)；

——增加了钠、钾二项规格及测定方法(见第 4 章、5.9、5.10)；

——碱度的单位由“mmol/100 g”调整为“mmol/g”(见第 4 章，1999 年版的第 4 章)；

——取消了硫酸不沉淀物(1999 年版的第 4 章、5.12)。

本标准由中国石油和化学工业联合会提出。

本标准由全国化学标准化技术委员会化学试剂分会(SAC/TC 63/SC 3)归口。

本标准负责起草单位：北京益利精细化学品有限公司。

本标准主要起草人：赵玉峰、司玉荣。

本标准所代替标准的历次版本发布情况为：

——GB/T 654—1965、GB/T 654—1977、GB/T 654—1999。

化学试剂 碳酸钡

警告：本标准规定的一些试验过程可能导致危险情况，使用者有责任采取适当的安全和健康措施。

分子式：$BaCO_3$

相对分子质量：197.34（根据2007年国际相对原子质量）

1 范围

本标准规定了化学试剂中碳酸钡的性状、规格、试验、检验规则和包装及标志。

本标准适用于化学试剂中碳酸钡的检验。

2 规范性引用文件

下列文件对于本文件的应用是必不可少的。凡是注日期的引用文件，仅注日期的版本适用于本文件。凡是不注日期的引用文件，其最新版本（包括所有的修改单）适用于本文件。

GB/T 601 化学试剂 标准滴定溶液的制备

GB/T 602 化学试剂 杂质测定用标准溶液的制备

GB/T 603 化学试剂 试验方法中所用制剂及制品的制备

GB/T 609 化学试剂 总氮量测定通用方法

GB/T 6682 分析实验室用水规格和试验方法

GB/T 9723—2007 化学试剂 火焰原子吸收光谱法通则

GB/T 9729 化学试剂 氯化物测定通用方法

GB/T 9735—2008 化学试剂 重金属测定通用方法

GB/T 9736—2008 化学试剂 酸度和碱度测定通用方法

GB/T 9739 化学试剂 铁测定通用方法

GB 15258 化学品安全标签编写规定

GB 15346 化学试剂 包装及标志

HG/T 3484 化学试剂 标准玻璃乳浊液和澄清度标准

HG/T 3921 化学试剂 采样及验收规则

3 性状

本试剂为白色粉末，不溶于水。

4 规格

碳酸钡的规格见表1。

表 1 碳酸钡的规格

名　　称	分析纯	化学纯
含量($BaCO_3$),w/%	≥99.0	≥98.5
澄清度试验,号	≤4	≤6
盐酸不溶物,w/%	≤0.01	≤0.05
碱度(以 OH^- 计)/(mmol/g)	≤0.002	≤0.005
氯化物(Cl),w/%	≤0.002	≤0.01
硫化物(S),w/%	≤0.000 1	≤0.000 5
总氮量(N),w/%	≤0.002	≤0.005
钠(Na),w/%	≤0.02	≤0.05
钾(K),w/%	≤0.005	≤0.01
钙(Ca),w/%	≤0.01	≤0.03
铁(Fe),w/%	≤0.000 5	≤0.001 5
锶(Sr),w/%	≤0.1	≤0.3
重金属(以 Pb 计),w/%	≤0.000 5	≤0.001

5 试验

5.1 一般规定

本章中除另有规定外,所用标准滴定溶液、标准溶液、制剂及制品,均按 GB/T 601、GB/T 602、GB/T 603 的规定制备,实验用水应符合 GB/T 6682 中三级水规格,样品均按精确至 0.01 g 称量,所用溶液以"%"表示的均为质量分数。

5.2 含量

称取 2.5 g 样品,精确至 0.000 1 g,加入 100 mL 水、50.00 mL 盐酸标准滴定溶液[c(HCl)=1 mol/L]及 2 滴甲基橙指示液(1 g/L),用氢氧化钠标准滴定溶液[c(NaOH)=1 mol/L]滴定至溶液呈黄色。

碳酸钡的质量分数 w,按式(1)计算:

$$w=\frac{(50.00\times c_1-V_2\times c_2)\times M}{m\times 1\,000}\times 100\% \quad\cdots\cdots(1)$$

式中:

50.00——盐酸标准滴定溶液体积的数值,单位为毫升(mL);

c_1 ——盐酸标准滴定溶液浓度的准确数值,单位为摩尔每升(mol/L);

V_2 ——氢氧化钠标准滴定溶液体积的数值,单位为毫升(mL);

c_2 ——氢氧化钠标准滴定溶液浓度的准确数值,单位为摩尔每升(mol/L);

M ——碳酸钡摩尔质量的数值,单位为克每摩尔(g/mol)[$M(\frac{1}{2}BaCO_3)=98.67$];

m ——样品质量的数值,单位为克(g)。

5.3 澄清度试验

称取25 g样品,加热溶于50 mL盐酸溶液(20%)及40 mL水中,稀释至100 mL,其浊度不得大于HG/T 3484中规定的下列澄清度标准(保留此试验溶液A用于盐酸不溶物的测定)。

分析纯:4号;化学纯:6号。

5.4 盐酸不溶物

将试验溶液A(5.3),用已于105 ℃±2 ℃恒量的4号玻璃滤埚过滤(保留滤液为试验溶液B),以热水洗涤滤渣至滤液无氯离子反应,于105 ℃±2 ℃的电烘箱中干燥至恒量。

盐酸不溶物的质量分数w,按式(2)计算:

$$w=\frac{m_2-m_1}{m}\times 100\% \qquad \cdots\cdots(2)$$

式中:

m_2——滤渣和玻璃滤埚质量的数值,单位为克(g);

m_1——玻璃滤埚质量的数值,单位为克(g);

m ——样品质量的数值,单位为克(g)。

5.5 碱度

量取50 mL无二氧化碳的水,加2滴酚酞指示液(10 g/L),用氢氧化钠标准滴定溶液[$c(NaOH)=0.01$ mol/L]滴定至溶液呈粉色,并保持30 s。加入5 g样品,振摇5 min,过滤,稀释至50 mL。取25 mL,加2滴酚酞指示液(10 g/L),用盐酸标准滴定溶液[$c(HCl)=0.01$ mol/L]滴定至溶液呈无色。结果按GB/T 9736—2008中5.2.2的规定计算。

5.6 氯化物

称取0.5 g样品,溶于10 mL水及2 mL硝酸溶液(25%)中,稀释至20 mL后,按GB/T 9729的规定测定。溶液所呈浊度不得大于标准比浊溶液。

标准比浊溶液的制备是取含下列数量的氯化物(Cl)标准溶液,稀释至20 mL,与同体积试液同时同样处理。

分析纯:0.01 mg;化学纯:0.05 mg。

5.7 硫化物

称取2 g样品,置于广口瓶中(见图1),加30 mL水,将瓶盖紧,从分液漏斗中滴加5 mL乙酸(冰醋酸),滴加时间应大于10 min,待瓶中溶液不再产生气体时,取下乙酸铅试纸。试纸所呈棕色不得深于标准比色试纸。

标准比色试纸的制备是取1 g样品及含下列数量的硫化物(S)标准溶液,与样品同时同样处理。

分析纯:0.001 mg;化学纯:0.005 mg。

单位为毫米

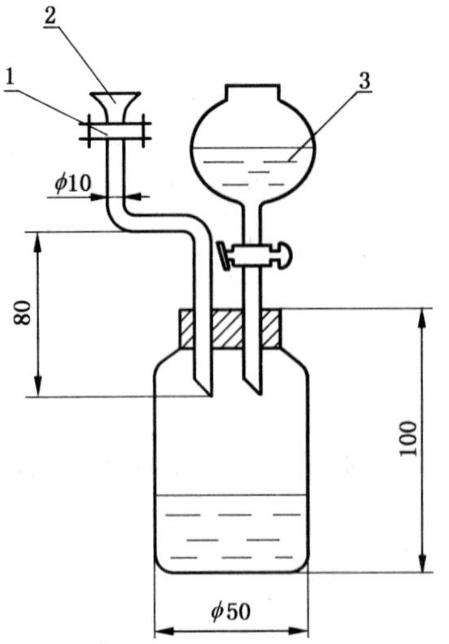

说明：

1——乙酸铅试纸；

2——玻璃帽；

3——分液漏斗。

图1 测定硫化物装置图

5.8 总氮量

取 4 mL 试验溶液 B(5.4)，稀释至 140 mL 后，按 GB/T 609 的规定测定。溶液所呈黄色不得深于标准比色溶液。

标准比色溶液的制备是取 2 mL 盐酸溶液(20%)及含下列数量的氮(N)标准溶液，稀释至 140 mL，与同体积试液同时同样处理。

分析纯：0.02 mg；化学纯：0.05 mg。

5.9 钠

按 GB/T 9723—2007 的规定测定。

5.9.1 仪器条件

光源：钠空心阴极灯。

波长：589.0 nm。

火焰：乙炔-空气。

5.9.2 测定方法

取 4 mL 试验溶液 B(5.4)，稀释至 100 mL。取 5 mL，共 4 份。按 GB/T 9723—2007 中 7.2.2 的规定测定，结果按 7.2.3 的规定计算。

5.10 钾

按 GB/T 9723—2007 的规定测定。

5.10.1 仪器条件

光源：钾空心阴极灯。

波长：766.5 nm。

火焰：乙炔-空气。

5.10.2 测定方法

取 16 mL 试验溶液 B(5.4)，稀释至 100 mL。取 5 mL，共 4 份。按 GB/T 9723—2007 中 7.2.2 的规定测定，结果按 7.2.3 的规定计算。

5.11 钙

按 GB/T 9723—2007 的规定测定。

5.11.1 仪器条件

光源：钙空心阴极灯。

波长：422.7 nm。

火焰：乙炔-空气。

5.11.2 测定方法

取 10 mL 试验溶液 B(5.4)，稀释至 100 mL。取 20 mL，共 4 份。按 GB/T 9723—2007 中 7.2.2 的规定测定，结果按 7.2.3 的规定计算。

5.12 铁

取 4 mL 试验溶液 B(5.4)，稀释至 15 mL，用氨水溶液(10%)调节溶液 pH 值至 2 后，按GB/T 9739 的规定测定。溶液所呈红色不得深于标准比色溶液。

标准比色溶液的制备是取含下列数量的铁(Fe)标准溶液，稀释至 15 mL，用盐酸溶液(15%)调节溶液 pH 值至 2 后，与调节后的试液同时同样处理。

分析纯：0.005 mg；化学纯：0.015 mg。

5.13 锶

按 GB/T 9723—2007 的规定测定。

5.13.1 仪器条件

光源：锶空心阴极灯。

波长：460.7 nm。

火焰：乙炔-空气。

5.13.2 测定方法

取 4 mL 试验溶液 B(5.4)，稀释至 100 mL。取 10 mL，共 4 份。按 GB/T 9723—2007 中 7.2.2 的规定测定，结果按 7.2.3 的规定计算。

5.14 重金属

取 16 mL 试验溶液 B(5.4)，在水浴上蒸干，残渣溶于水，用氨水溶液(10%)调节溶液 pH 值至 4，稀释至 20 mL。取 15 mL,按 GB/T 9735—2008 中 5.1 的规定测定。溶液所呈暗色不得深于标准比色溶液。

标准比色溶液的制备是取剩余的 5 mL 试液及含下列数量的铅(Pb)标准溶液,稀释至 15 mL,与同体积试液同时同样处理。

分析纯:0.01 mg;化学纯:0.02 mg。

6 检验规则

按 HG/T 3921 的规定进行采样及验收。

7 包装及标志

按 GB 15346 的规定进行包装、贮存及运输,并给出标志,其中:

包装单位:第 4 类。

内包装形式:NB-4、NBY-4、NB-5、NBY-5、NB-7、NB-8、NB-10、NB-11、NB-13、NB-15。

隔离材料:GC-2、GC-3、GC-4。

外包装形式:WB-1、WB-2、WB-3。

标签:符合 GB 15258 的规定,注明“有毒品”。

ICS 71.040.30
G 62

中华人民共和国国家标准

GB/T 655—2011
代替 GB/T 655—1994

化学试剂　过硫酸铵

Chemical reagent—Ammonium persulfate

2011-05-12 发布　　2011-12-01 实施

中华人民共和国国家质量监督检验检疫总局
中国国家标准化管理委员会　发布

前　言

本标准代替GB/T 655—1994《化学试剂　过硫酸铵》，与GB/T 655—1994相比主要变化如下：

——澄清度试验的规格由"合格"调整为"3号"、"5号"（1994年版的3.2，本版的第4章）；

——水不溶物、氯化物及氯酸盐两项改用化学试剂通用方法测定（1994年版的4.2.2、4.2.4，本版的5.4、5.6）；

——重金属的测定增加了硫化钠-丙三醇比色法（1994年版的4.2.7，本版的5.9）；

——修改了包装及标志（1994版的第6章，本版的第7章）。

本标准由中国石油和化学工业联合会提出。

本标准由全国化学标准化技术委员会化学试剂分会（SAC/TC 63/SC 3）归口。

本标准起草单位：上海化学试剂研究所。

本标准主要起草人：隋琦颖、盛晓华。

本标准所代替标准的历次版本发布情况为：

——GB/T 655—1965、GB/T 655—1977、GB/T 655—1994。

化学试剂　过硫酸铵

警告:本标准规定的一些试验过程可能导致危险情况,使用者有责任采取适当的安全和健康措施。

分子式:$(NH_4)_2S_2O_8$

相对分子质量:228.20(根据 2007 年国际相对原子质量)

1　范围

本标准规定了化学试剂中过硫酸铵的性状、规格、试验、检验规则和包装及标志。

本标准适用于化学试剂中过硫酸铵的检验。

2　规范性引用文件

下列文件中的条款通过本标准的引用而成为本标准的条款。凡是注日期的引用文件,其随后所有的修改单(不包括勘误的内容)或修订版均不适用于本标准,然而,鼓励根据本标准达成协议的各方研究是否可使用这些文件的最新版本。凡是不注日期的引用文件,其最新版本适用于本标准。

GB/T 601　化学试剂　标准滴定溶液的制备

GB/T 602　化学试剂　杂质测定用标准溶液的制备(GB/T 602—2002,ISO 6353-1:1982,NEQ)

GB/T 603　化学试剂　试验方法中所用制剂及制品的制备(GB/T 603—2002,ISO 6353-1:1982,NEQ)

GB/T 6682　分析实验室用水规格和试验方法(GB/T 6682—2008,ISO 3696:1987,MOD)

GB/T 9729　化学试剂　氯化物测定通用方法(GB/T 9729—2007,ISO 6353-1:1982,NEQ)

GB/T 9735　化学试剂　重金属测定通用方法(GB/T 9735—2008,ISO 6353-1:1982,NEQ)

GB/T 9738　化学试剂　水不溶物测定通用方法(GB/T 9738—2008,ISO 6353-1:1982,NEQ)

GB/T 9739　化学试剂　铁测定通用方法(GB/T 9739—2006,ISO 6353-1:1982,NEQ)

GB/T 9741—2008　化学试剂　灼烧残渣测定通用方法(ISO 6353-1:1982,NEQ)

GB 15258　化学品安全标签编写规定

GB 15346　化学试剂　包装及标志

HG/T 3484　化学试剂　标准玻璃乳浊液和澄清度标准

HG/T 3921　化学试剂　采样及验收规则

3　性状

本试剂为白色结晶或结晶粉末,能溶于水,遇潮湿逐渐分解,并放出氧。

4　规格

过硫酸铵的规格见表 1。

表 1

名　称	分 析 纯	化 学 纯
含量[$(NH_4)_2S_2O_8$],w/%	≥98.0	≥98.0
澄清度试验/号	≤3	≤5
水不溶物,w/%	≤0.005	≤0.02

表 1（续）

名　称	分析纯	化学纯
灼烧残渣(以硫酸盐计)，w/%	≤0.02	≤0.05
氯化物及氯酸盐(以 Cl 计)，w/%	≤0.001	≤0.002
锰(Mn)，w/%	≤0.000 05	≤0.0001
铁(Fe)，w/%	≤0.000 5	≤0.001
重金属(以 Pb 计)，w/%	≤0.000 5	≤0.001

5　试验

5.1　一般规定

本章中除另有规定外，所用标准滴定溶液、标准溶液、制剂及制品，均按 GB/T 601、GB/T 602、GB/T 603 的规定制备，实验用水应符合 GB/T 6682 中三级水规格，样品均按精确至 0.01 g 称量，所用溶液以“%”表示的均为质量分数。

5.2　含量

称取 0.3 g 样品，精确至 0.000 1 g，置于干燥的碘量瓶中，加 30 mL 水、4 g 碘化钾，摇匀，在暗处放置 30 min，加 2 mL“36%乙酸”，用硫代硫酸钠标准滴定溶液[$c(Na_2S_2O_3)=0.1$ mol/L] 滴定，近终点时，加 3 mL 淀粉指示液(10 g/L)，继续滴定至溶液蓝色消失。同时做空白试验。

过硫酸铵的质量分数 w，数值以“%”表示，按式(1)计算：

$$w=\frac{(V_1-V_2)\times c\times M}{m\times 1\ 000}\times 100 \qquad \cdots\cdots(1)$$

式中：

V_1——硫代硫酸钠标准滴定溶液体积的数值，单位为毫升(mL)；

V_2——空白试验消耗硫代硫酸钠标准滴定溶液体积的数值，单位为毫升(mL)；

c——硫代硫酸钠标准滴定溶液浓度的准确数值，单位为摩尔每升(mol/L)；

M——过硫酸铵摩尔质量的数值，单位为克每摩尔(g/mol)$\{M\,\frac{1}{2}[(NH_4)_2S_2O_8]=114.1\}$；

m——样品质量的数值，单位为克(g)。

5.3　澄清度试验

称取 20 g 样品，溶于 100 mL 水中，其浊度不得大于 HG/T 3484 规定的下列澄清度标准：

分析纯…………………………………………… 3 号；

化学纯…………………………………………… 5 号。

5.4　水不溶物

称取 20 g 样品，溶于 100 mL 沸水中，冷却至室温后，按 GB/T 9738 的规定测定。

5.5　灼烧残渣

称取 5 g 样品，置于已在 650 ℃±50 ℃恒量的坩埚中，加 2 mL 水，在水浴上蒸干，缓缓加热分解，于 650 ℃±50 ℃的高温炉中灼烧至恒量，结果按 GB/T 9741—2008 中第 5 章的规定计算。

5.6　氯化物及氯酸盐

称取 1 g 样品，置于铂坩埚中，加 1 g 无水碳酸钠及 5 mL 水，混匀，盖上表面皿，在水浴上蒸干，缓缓加热分解，于 700 ℃灼烧 10 min，冷却，残渣溶于 10 mL 水，用硝酸溶液(25%)中和，稀释至 20 mL(必要时过滤)，按 GB/T 9729 的规定测定。溶液所呈浊度不得大于标准比浊溶液。

标准比浊溶液的制备是取 1 g 无水碳酸钠及含下列数量的氯化物标准溶液：

分析纯……………………………0.01 mg Cl；

化学纯……………………………0.02 mg Cl。

与灼烧后的残渣同时同样处理。

5.7 锰

称取 15 g 样品，溶于适量水中，加 0.5 mL 磷酸及 1 mL 硝酸银溶液(17 g/L)，稀释至 50 mL，摇匀，放置 5 min。溶液所呈粉红色不得深于标准比色溶液。

标准比色溶液的制备是取 5 g 样品及含下列数量的锰标准溶液：

分析纯……………………………………………0.005 mg Mn；

化学纯……………………………………………0.010 mg Mn。

与样品同时同样处理。

5.8 铁

5.8.1 试验溶液的制备

称取 10 g 样品，置于瓷皿中，加少量水润湿，盖上表面皿，在水浴上加热分解并蒸干。于电炉上缓缓加热至大量白烟开始逸出，冷却，用水溶解残渣并稀释至 50 mL。

5.8.2 测定方法

取 10 mL 试验溶液，稀释至 15 mL，用氨水溶液(10%)调节溶液 pH 值至 2 后，按 GB/T 9739 的规定测定。溶液所呈红色不得深于标准比色溶液。

标准比色溶液的制备是取含下列数量的铁标准溶液：

分析纯……………………………………………0.01 mg Fe；

化学纯……………………………………………0.02 mg Fe。

稀释至 15 mL，用盐酸溶液(15%)调节溶液 pH 值至 2 后，与同体积试液同时同样处理。

5.9 重金属

取 15 mL 试验溶液(5.8.1)，用氨水溶液(10%)调节溶液 pH 值至 4 后，按 GB/T 9735 的规定测定。溶液所呈暗色不得深于标准比色溶液。

标准比色溶液的制备是取 5 mL 试验溶液(5.8.1)及含下列数量的铅标准溶液：

分析纯……………………………………………0.01 mg Pb；

化学纯……………………………………………0.02 mg Pb。

稀释至 15 mL，与同体积试验溶液同时同样处理。

6 检验规则

按 HG/T 3921 的规定进行采样及验收。

7 包装及标志

按 GB 15346 的规定进行包装、贮存及运输，并给出标志，其中：

包装单位：第 4 类；

内包装形式：NBY-4、NBY-5、NB-7、NB-8、NB-10、NB-11、NB-13、NB-15；

外包装形式：WB-1、WB-2、WB-3；

标签：符合 GB 15258 规定，注明“氧化剂”。

ICS 71.040.30
G 62

中华人民共和国国家标准

GB/T 657—2011
代替 GB/T 657—1993

化学试剂
四水合钼酸铵(钼酸铵)

**Chemical reagent—
Hexaammonium heptamolybdate tetrahydrate**

(ISO 6353-3:1987,Reagents for chemical analysis—
Part 3:Specifications—Second series,NEQ)

2011-05-12 发布 2011-12-01 实施

中华人民共和国国家质量监督检验检疫总局
中国国家标准化管理委员会 发布

前　言

本标准与ISO 6353-3:1987《化学分析试剂　第三部分:规格　第2系列》中R65“四水合钼酸铵”的一致性程度为非等效。

本标准代替GB/T 657—1993《化学试剂　四水合钼酸铵(钼酸铵)》,与GB/T 657—1993相比主要变化如下:

——澄清度试验的规格由“合格”调整为“4号”、“6号”(1993年版的3.3,本版的第4章);

——水不溶物改用化学试剂通用方法测定(1993年版的4.3.2,本版的5.6);

——重金属的测定增加了硫化钠-丙三醇比色法(1993年版的4.3.6;本版的5.10);

——修改了包装及标志(1993年版的第6章,本版的第7章)。

本标准由中国石油和化学工业联合会提出。

本标准由全国化学标准化技术委员会化学试剂分会(SAC/TC 63/SC 3)归口。

本标准起草单位:国药集团化学试剂有限公司。

本标准主要起草人:陈浩云。

本标准所代替标准的历次版本发布情况为:

——GB/T 657—1965、GB/T 657—1979、GB/T 657—1993。

化学试剂
四水合钼酸铵(钼酸铵)

分子式:$(NH_4)_6Mo_7O_{24} \cdot 4H_2O$

相对分子质量:1 235.87(根据2007年国际相对原子质量)

1 范围

本标准规定了化学试剂中四水合钼酸铵的性状、规格、试验、检验规则和包装及标志。

本标准适用于化学试剂中四水合钼酸铵的检验。

2 规范性引用文件

下列文件中的条款通过本标准的引用而成为本标准的条款。凡是注日期的引用文件,其随后所有的修改单(不包括勘误的内容)或修订版均不适用于本标准,然而,鼓励根据本标准达成协议的各方研究是否可使用这些文件的最新版本。凡是不注日期的引用文件,其最新版本适用于本标准。

GB/T 601 化学试剂 标准滴定溶液的制备

GB/T 602 化学试剂 杂质测定用标准溶液的制备(GB/T 602—2002,ISO 6353-1:1982,NEQ)

GB/T 603 化学试剂 试验方法中所用制剂及制品的制备(GB/T 603—2002,ISO 6353-1:1982,NEQ)

GB/T 6682 分析实验室用水规格和试验方法(GB/T 6682—2008,ISO 3696:1987,MOD)

GB/T 9728 化学试剂 硫酸盐测定通用方法(GB/T 9728—2007,ISO 6353-1:1982,NEQ)

GB/T 9738 化学试剂 水不溶物测定通用方法(GB/T 9738—2008,ISO 6353-1:1982,NEQ)

GB 15346 化学试剂 包装及标志

HG/T 3484 化学试剂 标准玻璃乳浊液和澄清度标准

HG/T 3921 化学试剂 采样及验收规则

3 性状

本试剂为无色或微带蓝绿色结晶,溶于水,不溶于乙醇。

4 规格

四水合钼酸铵的规格见表1。

表 1

名称	分析纯	化学纯
含量[$(NH_4)_6Mo_7O_{24} \cdot 4H_2O$],$w$/%	≥99.0	≥99.0
配制溶液试验	合格	合格
澄清度试验/号	≤4	≤6
水不溶物,w/%	≤0.01	≤0.03
氯化物(Cl),w/%	≤0.001	≤0.003
硫酸盐(SO_4),w/%	≤0.02	≤0.05
磷酸盐、砷酸盐、硅酸盐(以SiO_3计),w/%	≤0.001	≤0.003
重金属(以Pb计),w/%	≤0.001	≤0.003

5 试验

5.1 警告

本试验方法中使用的部分试剂具有毒性或腐蚀性，一些试验过程可能导致危险情况，操作者应采取适当的安全和健康措施。

5.2 一般规定

本章中除另有规定外，所用标准滴定溶液、标准溶液、制剂及制品，均按 GB/T 601、GB/T 602、GB/T 603 的规定制备，实验用水应符合 GB/T 6682 中三级水规格，样品均按精确至 0.01 g 称量，所用溶液以“%”表示的均为质量分数。

5.3 含量

称取 0.3 g 样品，精确至 0.000 1 g，溶于 50 mL 水中，加 4 g 六次甲基四胺，加热至 60 ℃，加 2 滴 4-(2-吡啶偶氮)-间苯二酚-钠盐指示液(1 g/L)，用硝酸铅标准滴定溶液$\{c[Pb(NO_3)_2]=0.05\ mol/L\}$滴定至溶液由橙色明显变为粉红色。

四水合钼酸铵的质量分数 w，数值以“%”表示，按式(1)计算：

$$w=\frac{V\times c\times M}{m\times 1\,000}\times 100 \qquad \cdots\cdots(1)$$

式中：

V——硝酸铅标准滴定溶液体积的数值，单位为毫升(mL)；

c——硝酸铅标准滴定溶液浓度的准确数值，单位为摩尔每升(mol/L)；

M——四水合钼酸铵摩尔质量的数值，单位为克每摩尔(g/mol)【$M\{\frac{1}{7}[(NH_4)_6Mo_7O_{24}\cdot 4H_2O]\}=176.6$】；

m——样品质量的数值，单位为克(g)。

5.4 配制溶液试验

5.4.1 硫酸铵硝酸溶液的制备

称取 1 g 硫酸铵，溶于 9 mL 硝酸中。

5.4.2 测定方法

称取 3 g 样品，溶于 8 mL 水中，在搅拌下将溶液滴加到硫酸铵硝酸溶液中，冷却，稀释至 20 mL，摇匀，放置 48 h，不得有钼酸析出(允许有少量的黄色磷钼酸铵沉淀)。

5.5 澄清度试验

称取 10 g 样品，溶于 100 mL 水中，其浊度不得大于 HG/T 3484 规定的下列澄清度标准：

分析纯……………………………………4 号；

化学纯……………………………………6 号。

5.6 水不溶物

称取 10 g 样品，溶于 100 mL 沸水中，冷却至室温后，按 GB/T 9738 的规定测定。

5.7 氯化物

称取 1 g 样品，溶于 25 mL 水中，加 5 mL 硝酸及 1 mL 硝酸银溶液(17 g/L)，摇匀，放置 10 min。溶液所呈浊度不得大于标准比浊溶液。

标准比浊溶液的制备是取含下列数量的氯化物标准溶液：

分析纯 ……………………………… 0.01 mg Cl；

化学纯 ……………………………… 0.03 mg Cl。

与样品同时同样处理。

5.8 硫酸盐

称取 1 g 样品，溶于 5 mL 热水中，加 5 mL 硝酸，在水浴上蒸发至干。残渣用 1 mL 盐酸溶液

(10%)及 10 mL 水浸取，稀释至 40 mL，过滤。取 4 mL，稀释至 20 mL，加 0.5 mL 盐酸溶液(20%)酸化后，按 GB/T 9728 的规定测定。溶液所呈浊度不得大于标准比浊溶液。

标准比浊溶液的制备是取含下列数量的硫酸盐标准溶液：

分析纯…………………………………0.02 mg SO_4；

化学纯…………………………………0.05 mg SO_4。

稀释至 20 mL，与同体积试液同时同样处理。

5.9 磷酸盐、砷酸盐、硅酸盐

5.9.1 还原溶液的制备

称取 45 g 偏重亚硫酸钠及 0.3 g 对甲氨基酚硫酸盐，溶于水，稀释至 1 000 mL。

5.9.2 测定方法

称取 2.5 g 样品，溶于水，稀释至 25 mL。取 11 mL，稀释至 70 mL，加 0.5 mL 溴水，用盐酸溶液[c(HCl)=1 mol/L]调节溶液的 pH 值至 1.8(用酸度计测定)，放置 20 min。加 7.5 mL 盐酸溶液(20%)，移入分液漏斗中，立即用 40 mL 异丁醇-乙醚(1+1)萃取，有机相用 30 mL 盐酸溶液[c(HCl)=0.1 mol/L]洗涤，再重复洗 1 次，弃去水相，加 20 mL 新制备的还原溶液，立即振摇。水相所呈蓝色不得深于标准比色溶液。

标准比色溶液的制备是取 1 mL 样品溶液及含下列数量的硅酸盐标准溶液：

分析纯…………………………………0.01 mg SiO_3；

化学纯…………………………………0.03 mg SiO_3。

加 10 mL 水，与同体积样品溶液同时同样处理。

5.10 重金属

5.10.1 饱和硫化氢水溶液比色法

称取 2 g 样品，溶于 20 mL 水中，加 20 mL 氢氧化钠溶液(100 g/L)，取 30 mL，加 10 mL 酒石酸钾钠溶液(200 g/L)及 10 mL 新制备的饱和硫化氢水溶液，摇匀，放置 10min。溶液所呈暗色不得深于标准比色溶液。

标准比色溶液的制备是取剩余的 10 mL 样品溶液，加 10 mL 氢氧化钠溶液(100 g/L)及含下列数量的铅标准溶液：

分析纯…………………………………0.01 mg Pb；

化学纯…………………………………0.03 mg Pb。

稀释至 30 mL，与同体积样品溶液同时同样处理。

5.10.2 硫化钠-丙三醇比色法

5.10.2.1 硫化钠-丙三醇溶液的配制

称取 5 g 硫化钠，溶于 10 mL 水和 30 mL 丙三醇的混合液中，避光密封保存，有效期 1 个月。

5.10.2.2 测定方法

称取 2 g 样品，溶于 20 mL 水中，加 20 mL 氢氧化钠溶液(100 g/L)，取 30 mL，加 10 mL 酒石酸钾钠溶液(200 g/L)及 0.1 mL 硫化钠-丙三醇溶液，摇匀，放置 10 min。溶液所呈暗色不得深于标准比色溶液。

标准比色溶液的制备是取剩余的 10 mL 样品溶液，加 10 mL 氢氧化钠溶液(100 g/L)及含下列数量的铅标准溶液：

分析纯…………………………………0.01 mg Pb；

化学纯…………………………………0.03 mg Pb。

稀释至 30 mL，与同体积样品溶液同时同样处理。

6 检验规则

按 HG/T 3921 的规定进行采样及验收。

7 包装及标志

按 GB 15346 的规定进行包装、贮存与运输，并给出标志，其中：

包装单位：第 4 类；

内包装形式：NB-4、NBY-4、NB-5、NBY-5、NB-7、NB-8、NB-10、NB-11、NB-13、NB-15；

隔离材料：GC-2、GC-3；

外包装形式：WB-1、WB-2、WB-3。

ICS 71.040.30
G 62

中华人民共和国国家标准

GB/T 659—2011
代替 GB/T 659—1993

化学试剂 硝酸铵

Chemical reagent—Ammonium nitrate

(ISO 6353-3:1987,Reagents for chemical analysis—
Part 3:Specifications—Second series,NEQ)

2011-05-12 发布 2011-12-01 实施

中华人民共和国国家质量监督检验检疫总局
中国国家标准化管理委员会 发布

前　言

本标准与 ISO 6353-3:1987《化学分析试剂　第 3 部分:规格　第 2 系列》中 R44“硝酸铵”的一致性程度为非等效。

本标准代替 GB/T 659—1993《化学试剂　硝酸铵》,与 GB/T 659—1993 相比主要变化如下:

——澄清度试验的规格由“合格”调整为“2 号”、“3 号”、“5 号”(1993 年版的 3.3,本版的第 4 章);

——水不溶物改用化学试剂通用方法测定(1993 年版的 4.3.2,本版的 5.6);

——重金属测定方法由饱和硫化氢水溶液比色法改为硫化钠-丙三醇比色法(1993 年版的 4.3.10,本版的 5.13);

——修改了包装及标志(1994 年版的第 6 章,本版的第 7 章)。

本标准由中国石油和化学工业联合会提出。

本标准由全国化学标准化技术委员会化学试剂分会(SAC/TC 63/SC 3)归口。

本标准起草单位:广州化学试剂厂。

本标准主要起草人:喻小琦、傅琼莲、刘嘉权、刘昭元。

本标准所代替标准的历次版本发布情况为:

——GB/T 659—1965、GB/T 659—1977、GB/T 659—1993。

化学试剂 硝酸铵

警告:本标准规定的一些试验过程可能导致危险情况,使用者有责任采取适当的安全和健康措施。

分子式:NH_4NO_3

相对分子质量:80.04(根据2007年国际相对原子质量)

1 范围

本标准规定了化学试剂中硝酸铵的性状、规格、试验、检验规则和包装及标志。

本标准适用于化学试剂中硝酸铵的检验。

2 规范性引用文件

下列文件中的条款通过本标准的引用而成为本标准的条款。凡是注日期的引用文件,其随后所有的修改单(不包括勘误的内容)或修订版均不适用于本标准,然而,鼓励根据本标准达成协议的各方研究是否可使用这些文件的最新版本。凡是不注日期的引用文件,其最新版本适用于本标准。

GB/T 601 化学试剂 标准滴定溶液的制备

GB/T 602 化学试剂 杂质测定用标准溶液的制备(GB/T 602—2002,ISO 6353-1:1982,NEQ)

GB/T 603 化学试剂 试验方法中所用制剂及制品的制备(GB/T 603—2002,ISO 6353-1:1982,NEQ)

GB/T 6682 分析实验室用水规格和试验方法(GB/T 6682—2008,ISO 3696:1987,MOD)

GB/T 9724 化学试剂 pH值测定通则(GB/T 9724—2007,ISO 6353-1:1982,NEQ)

GB/T 9727 化学试剂 磷酸盐测定通用方法(GB/T 9727—2007,ISO 6353-1:1982,NEQ)

GB/T 9728 化学试剂 硫酸盐测定通用方法(GB/T 9728—2007,ISO 6353-1:1982,NEQ)

GB/T 9729 化学试剂 氯化物测定通用方法(GB/T 9729—2007,ISO 6353-1:1982,NEQ)

GB/T 9735—2008 化学试剂 重金属测定通用方法(ISO 6353-1:1982,NEQ)

GB/T 9738 化学试剂 水不溶物测定通用方法(GB/T 9738—2008,ISO 6353-1:1982,NEQ)

GB/T 9739 化学试剂 铁测定通用方法(GB/T 9739—2006,ISO 6353-1:1982,NEQ)

GB/T 9741—2008 化学试剂 灼烧残渣测定通用方法(ISO 6353-1:1982,NEQ)

GB 15258 化学品安全标签编写规定

GB 15346 化学试剂 包装及标志

HG/T 3484 化学试剂 标准玻璃乳浊液和澄清度标准

HG/T 3921 化学试剂 采样及验收规则

3 性状

本试剂为白色结晶粉末,溶于水,微溶于乙醇。

4 规格

硝酸铵的规格见表1。

表 1

名　　称	优 级 纯	分 析 纯	化 学 纯
含量(NH_4NO_3),w/%	≥99.0	≥99.0	≥98.0
pH 值(50 g/L,25 ℃)	4.5～6.0	4.5～6.0	4.5～6.0
澄清度试验/号	≤2	≤3	≤5
水不溶物,w/%	≤0.002	≤0.005	≤0.01
灼烧残渣(以硫酸盐计),w/%	≤0.005	≤0.01	≤0.03
氯化物(Cl),w/%	≤0.000 3	≤0.000 5	≤0.001
硫酸盐(SO_4),w/%	≤0.002	≤0.005	≤0.01
亚硝酸盐(NO_2),w/%	≤0.000 2	≤0.000 5	≤0.001
磷酸盐(PO_4),w/%	≤0.000 5	≤0.001	≤0.002
钙(Ca),w/%	≤0.000 5	≤0.001	≤0.003
铁(Fe),w/%	≤0.000 1	≤0.000 2	≤0.001
重金属(以 Pb 计),w/%	≤0.000 2	≤0.000 5	≤0.001

5 试验

5.1 一般规定

本章中除另有规定外,所用标准滴定溶液、标准溶液、制剂及制品,均按 GB/T 601、GB/T 602、GB/T 603的规定制备,实验用水应符合 GB/T 6682 中三级水规格,样品均按精确至 0.01 g 称量,所用溶液以"%"表示的均为质量分数。

5.2 含量

5.2.1 中性甲醛溶液的制备

量取 50 mL 甲醛溶液,加 50 mL 水,加 2 滴酚酞指示液(10 g/L),用氢氧化钠标准滴定溶液[c(NaOH)=0.1 mol/L] 滴定至溶液呈粉红色。使用前制备。

5.2.2 测定方法

称取 3 g 样品,精确至 0.000 1 g,溶于 50 mL 水中,加 40 mL 中性甲醛溶液,摇匀,放置 30 min。用氢氧化钠标准滴定溶液[c(NaOH)=1 mol/L]滴定至溶液呈粉红色,微微加热至 50 ℃,继续滴定至溶液呈粉红色,保持 5 min。

硝酸铵的质量分数 w,数值以"%"表示。按式(1)计算:

$$w=\frac{V\times c\times M}{m\times 1\,000}\times 100 \qquad \cdots\cdots(1)$$

式中:

V——氢氧化钠标准滴定溶液体积的数值,单位为毫升(mL);

c——氢氧化钠标准滴定溶液浓度的准确数值,单位为摩尔每升(mol/L);

M——硝酸铵摩尔质量的数值,单位为克每摩尔(g/mol)[$M(NH_4NO_3)=80.04$];

m——样品质量的数值,单位为克(g)。

5.3 pH 值

按 GB/T 9724 的规定测定。

5.4 澄清度试验

称取 25 g 样品,溶于 100 mL 水中,其浊度不得大于 HG/T 3484 规定的下列澄清度标准:

优级纯……………………………………………………2 号;

分析纯……………………………………………………3号；

化学纯……………………………………………………5号。

5.5 水不溶物

称取50 g样品，溶于100 mL沸水中，冷却至室温后，按GB/T 9738的规定测定。

5.6 灼烧残渣

称取20 g样品，按GB/T 9741—2008中4.2的规定测定，结果按GB/T 9741—2008中第5章的规定计算。

5.7 氯化物

称取2 g样品，溶于20 mL水中，按GB/T 9729的规定测定。溶液所呈浊度不得大于标准比浊溶液。

标准比浊溶液的制备是取含下列数量的氯化物标准溶液：

优级纯……………………………………………………0.006 mg Cl；

分析纯……………………………………………………0.010 mg Cl；

化学纯……………………………………………………0.020 mg Cl。

与样品同时同样处理。

5.8 硫酸盐

称取0.5 g样品，加少量水溶解，加0.2 mL无水碳酸钠溶液(50 g/L)，在水浴上蒸干，加热除去铵盐，冷却。残渣溶于10 mL水中(必要时过滤)，加0.5 mL盐酸溶液(20%)酸化后，按GB/T 9728的规定测定。溶液所呈浊度不得大于标准比浊溶液。

标准比浊溶液的制备是取含下列数量的硫酸盐标准溶液：

优级纯……………………………………………………0.010 mg SO_4；

分析纯……………………………………………………0.025 mg SO_4；

化学纯……………………………………………………0.050 mg SO_4。

稀释至10 mL，与同体积试液同时同样处理。

5.9 亚硝酸盐

称取2 g样品，溶于40 mL水中，加1mL葛利斯试剂，摇匀，放置10 min。溶液所呈粉红色不得深于标准比色溶液。

标准比色溶液的制备是取含下列数量的亚硝酸盐标准溶液：

优级纯……………………………………………………0.004 mg NO_2；

分析纯……………………………………………………0.010 mg NO_2；

化学纯……………………………………………………0.020 mg NO_2。

与样品同时同样处理。

5.10 磷酸盐

称取1 g样品，溶于适量水中，加2滴饱和2,4-二硝基酚指示液，滴加硝酸溶液(13%)至黄色刚刚消失，稀释至10 mL后，按GB/T 9727的规定测定。有机相所呈蓝色不得深于标准比色溶液。

标准比色溶液的制备是取含下列数量的磷酸盐标准溶液：

优级纯……………………………………………………0.005 mg PO_4；

分析纯……………………………………………………0.010 mg PO_4；

化学纯……………………………………………………0.020 mg PO_4。

与样品同时同样处理。

5.11 钙

称取0.5 g(化学纯取0.3 g)样品，加热除去铵盐，冷却。残渣溶于1 mL盐酸溶液(5%)及少量水中，用氢氧化钠溶液(40g/L)中和，稀释至10mL，加10mL“乙醇(95%)”、0.5mL混合碱及1mL

乙二醛缩双邻氨基酚乙醇溶液(2 g/L)，摇匀，放置 5 min。用 5 mL 三氯甲烷萃取(温度不超过 30 ℃)，立即比色。有机相所呈红色不得深于标准比色溶液。

标准比色溶液的制备是取含下列数量的钙标准溶液：

优级纯……………………………………………………0.002 5 mg Ca；

分析纯……………………………………………………0.005 0 mg Ca；

化学纯……………………………………………………0.009 0 mg Ca。

稀释至 10 mL，与同体积试液同时同样处理。

5.12 铁

称取 3 g 样品，溶于 15 mL 水中，用盐酸溶液(15%)调节溶液的 pH 值至 2 后，按 GB/T 9739 的规定测定。溶液所呈红色不得深于标准比色溶液。

标准比色溶液的制备是取含下列数量的铁标准溶液：

优级纯……………………………………………………0.003 mg Fe；

分析纯……………………………………………………0.006 mg Fe；

化学纯……………………………………………………0.030 mg Fe。

与样品同时同样处理。

5.13 重金属

称取 10 g 样品，溶于水，稀释至 20 mL。取 15 mL，按 GB/T 9735—2008 中 5.2 的规定测定。溶液所呈暗色不得深于标准比色溶液。

标准比色溶液的制备是取剩余的 5 mL 样品溶液及含下列数量的铅标准溶液：

优级纯……………………………………………………0.010 mg Pb；

分析纯……………………………………………………0.025 mg Pb；

化学纯……………………………………………………0.050 mg Pb。

稀释至 15 mL，与同体积样品溶液同时同样处理。

6 检验规则

按 HG/T 3921 的规定进行采样及验收。

7 包装及标志

按 GB 15346 的规定进行包装、贮存与运输，并给出标志，其中：

包装单位：第 4 类；

内包装形式：NB-4、NBY-4、NB-5、NBY-5、NB-7、NB-8、NB-10、NB-11、NB-13、NB-15；

隔离材料：GC-2、GC-3、GC-4；

外包装形式：WB-1、WB-2、WB-3；

标签：符合 GB 15258 的规定，注明“氧化剂”。

ICS 71.040.30
G 62

中华人民共和国国家标准

GB/T 661—2011
代替 GB/T 661—1992

化学试剂 六水合硫酸铁(Ⅱ)铵(硫酸亚铁铵)

Chemical reagent—Ammonium iron (Ⅱ) sulfate hexahydrate

(ISO 6353-3:1987, Reagents for chemical analysis—Part 3: Specifications—Second series, NEQ)

2011-05-12 发布 2011-12-01 实施

中华人民共和国国家质量监督检验检疫总局
中国国家标准化管理委员会 发布

前　言

本标准与 ISO 6353-3:1987《化学分析试剂　第 3 部分:规格　第 2 系列》中 R42“六水合硫酸铁(Ⅱ)铵”的一致性程度为非等效。

本标准代替 GB/T 661—1992《化学试剂　六水合硫酸铁(Ⅱ)铵(硫酸亚铁铵)》,与 GB/T 661—1992 相比主要变化如下:

——pH 值 3～5 调整为 pH 值 3.0～5.0(1992 年版的 3.2,本版的第 4 章);

——锌分析纯的规格由“0.005%”提高到“0.003%”(1992 年版的 3.3,本版的第 4 章);

——改进氯化物的测定方法(1992 年版的 4.3.2,本版的 5.6);

——调整了锌测定的取样量(1992 年版的 4.3.7,本版的 5.11);

——调整了铅测定方法中的萃取次数(1992 年版的 4.3.8,本版的 5.12)。

本标准由中国石油和化学工业联合会提出。

本标准由全国化学标准化技术委员会化学试剂分会(SAC/TC 63/SC 3)归口。

本标准起草单位:上海试四赫维化工有限公司。

本标准主要起草人:贾玲。

本标准所代替标准的历次版本发布情况为:

——GB/T 661—1965、GB/T 661—1977、GB/T 661—1992。

化学试剂
六水合硫酸铁(Ⅱ)铵(硫酸亚铁铵)

分子式:$(NH_4)_2Fe(SO_4)_2 \cdot 6H_2O$

相对分子质量:392.14(根据2007年国际相对原子质量)

1 范围

本标准规定了化学试剂中六水合硫酸铁(Ⅱ)铵的性状、规格、试验、检验规则和包装及标志。

本标准适用于化学试剂中六水合硫酸铁(Ⅱ)铵的检验。

2 规范性引用文件

下列文件中的条款通过本标准的引用而成为本标准的条款。凡是注日期的引用文件,其随后所有的修改单(不包括勘误的内容)或修订版均不适用于本标准,然而,鼓励根据本标准达成协议的各方研究是否可使用这些文件的最新版本。凡是不注日期的引用文件,其最新版本适用于本标准。

GB/T 601　化学试剂　标准滴定溶液的制备

GB/T 602　化学试剂　杂质测定用标准溶液的制备(GB/T 602—2002,ISO 6353-1:1982,NEQ)

GB/T 603　化学试剂　试验方法中所用制剂及制品的制备(GB/T 603—2002,ISO 6353-1:1982,NEQ)

GB/T 6682　化学试剂　分析实验室用水规格和试验方法(GB/T 6682—2008,ISO 3696:1987,MOD)

GB/T 9723—2007　化学试剂　火焰原子吸收光谱法通则

GB/T 9724　化学试剂　pH值测定通则(GB/T 9724—2007,ISO 6353-1:1982,NEQ)

GB/T 9727　化学试剂　磷酸盐测定通用方法(GB/T 9727—2007,ISO 6353-1:1982,NEQ)

GB/T 9738　化学试剂　水不溶物测定通用方法(GB/T 9738—2008,ISO 6353-1:1982,NEQ)

GB 15346　化学试剂　包装及标志

HG/T 3921　化学试剂　采样及验收规则

3 性状

本试剂为浅蓝绿色结晶,在空气中逐渐被氧化。溶于水,不溶于醇。

4 规格

六水合硫酸铁(Ⅱ)铵的规格见表1。

表 1

名　称	分析纯	化学纯
含量$[(NH_4)_2Fe(SO_4)_2 \cdot 6H_2O]$,$w$/%	≥99.5	≥99.0
pH值(50 g/L,25 ℃)	3.0~5.0	3.0~5.0
水不溶物,w/%	≤0.005	≤0.02
氯化物(Cl),w/%	≤0.001	≤0.005

表 1（续）

名　　称	分析纯	化学纯
磷酸盐(PO_4)，w/%	≤0.000 5	≤0.002
锰(Mn)，w/%	≤0.05	—
高铁(Fe)，w/%	≤0.01	≤0.02
铜(Cu)，w/%	≤0.002	≤0.01
锌(Zn)，w/%	≤0.003	≤0.02
铅(Pb)，w/%	≤0.002	≤0.004
氨水不沉淀物(以硫酸盐计)，w/%	≤0.1	≤0.2

5 试验

5.1 警告

本试验方法中使用的部分试剂具有毒性或腐蚀性，一些试验过程可能导致危险情况，操作者应采取适当的安全和健康措施。

5.2 一般规定

本章中除另有规定外，所用标准滴定溶液、标准溶液、制剂及制品，均按 GB/T 601、GB/T 602、GB/T 603 的规定制备，实验用水应符合 GB/T 6682 中三级水规格，样品均按精确至 0.01 g 称量，所用溶液以"%"表示的均为质量分数。

5.3 含量

称取 1.5 g 样品，精确至 0.000 1 g，溶于 100 mL 无氧的水中，加 5 mL 硫酸、2 mL 磷酸及 200 mL 无氧的水，用高锰酸钾标准滴定溶液[$c(\frac{1}{5}KMnO_4)=0.1$ mol/L] 滴定至溶液呈粉红色，保持 30 s。

六水合硫酸铁(Ⅱ)铵的质量分数 w，数值以"%"表示，按式(1)计算：

$$w=\frac{V\times c\times M}{m\times 1\ 000}\times 100 \qquad \cdots\cdots(1)$$

式中：

V——高锰酸钾标准滴定溶液体积的数值，单位为毫升(mL)；

c——高锰酸钾标准滴定溶液浓度的准确数值，单位为摩尔每升(mol/L)；

M——六水合硫酸铁(Ⅱ)铵摩尔质量的数值，单位为克每摩尔(g/mol){$M[(NH_4)_2Fe(SO_4)_2\cdot 6H_2O]=392.1$}；

m——样品质量的数值，单位为克(g)。

5.4 pH 值

按 GB/T 9724 的规定测定。

5.5 水不溶物

称取 50 g 样品，加热溶于 350 mL 水及 1 mL 硫酸中，冷却至室温，按 GB/T 9738 的规定测定。

5.6 氯化物

5.6.1 不含氯化物的十二水合硫酸铁(Ⅲ)铵溶液的制备

称取 9.8 g 十二水合硫酸铁(Ⅲ)铵，溶于 144 mL 水及 32 mL 硝酸溶液(25%)中，加 4 mL 硝酸银溶液(17 g/L)，放置 12 h～18 h，过滤。

5.6.2 测定方法

称取 2 g 样品，溶于 20 mL 水中，加 8.5 mL 硝酸溶液(25%)，在水浴上加热至二氧化氮逸尽，煮沸 2 min，冷却(必要时过滤)，稀释至 50 mL，加 1 mL 硝酸银溶液(17 g/L)，摇匀，在振摇下滴加 3 mL 氨水，加 9 mL 硝酸溶液(25%)，放置 10 min。溶液所得浊度不得大于标准比浊溶液。

标准比浊溶液的制备是取 45 mL 不含氯化物的十二水合硫酸铁(Ⅲ)铵溶液及含下列数量的氯化物标准溶液：

分析纯……………………………………………………0.02 mg Cl；

化学纯……………………………………………………0.10 mg Cl。

稀释至 50 mL，在振摇下滴加 3 mL 氨水，加 9 mL 硝酸溶液(25%)及 1 mL 水，摇匀，与同体积试液同时放置 10 min 后比浊。

5.7 磷酸盐

称取 1 g 样品，溶于少量水及 2 mL 硝酸中，加热至二氧化氮逸尽，煮沸 1 min，冷却，滴加氨水至溶液刚好出现沉淀(此时溶液的 pH 值为 2～3)，稀释至 10 mL 后，按 GB/T 9727 的规定测定。有机相所呈蓝色不得深于标准比色溶液。

标准比色溶液的制备是取含下列数量的磷酸盐标准溶液：

分析纯……………………………………………………0.005 mg PO_4；

化学纯……………………………………………………0.020 mg PO_4。

加少量水，加 2 滴饱和 2,4-二硝基酚指示液，滴加硝酸溶液(13%)至溶液黄色刚刚消失，稀释至 10 mL，与同体积试液同时同样处理。

5.8 锰

按 GB/T 9723—2007 的规定测定。

5.8.1 仪器条件

光源：锰空心阴极灯；

波长：279.5 nm；

火焰：乙炔-空气。

5.8.2 测定方法

称取 1 g 样品，溶于水，加 4 mL 盐酸，稀释至 100 mL。取 10 mL，共 4 份。按 GB/T 9723—2007 中 7.2.2 的规定测定，结果按 7.2.3 的规定计算。

5.9 高铁

5.9.1 盐酸溶液(25%)的制备

量取 640 mL 盐酸，稀释至 1 000 mL。

5.9.2 测定方法

称取 0.5 g 样品，置于具塞比色管中，加 10 mL 无二氧化碳的水及 0.5 mL 盐酸溶液(25%)，振摇溶解，加 2 mL 二水合 5-磺基水杨酸(100 g/L)，盖上盖子，摇匀，放置 15 min。溶液所呈红色不得大于标准比色溶液。

标准比色溶液的制备是取含下列数量的铁标准溶液。

分析纯……………………………………………………0.05 mg Fe；

化学纯……………………………………………………0.10 mg Fe。

与样品同时同样处理。

5.10 铜

按 GB/T 9723—2007 的规定测定。

5.10.1 仪器条件

光源：铜空心阴极灯；

波长：324.7 nm；

火焰：乙炔-空气。

5.10.2 测定方法

称取 10 g(化学纯取 5 g)样品，溶于水，加 4 mL 盐酸，稀释至 100 mL。取 20 mL，共 4 份。按 GB/T 9723—2007 中 7.2.2 的规定测定，结果按 7.2.3 的规定计算。

5.11 锌

按 GB/T 9723—2007 的规定测定。

5.11.1 仪器条件

光源：锌空心阴极灯；

波长：213.9 nm；

火焰：乙炔-空气。

5.11.2 测定方法

称取 5 g(化学纯取 1 g)样品，溶于水，加 4 mL 盐酸，稀释至 100 mL。取 10 mL，共 4 份。按 GB/T 9723—2007 中 7.2.2 的规定测定，结果按 7.2.3 的规定计算。

5.12 铅

按 GB/T 9723—2007 的规定测定。

5.12.1 仪器条件

光源：铅空心阴极灯；

波长：283.3 nm；

火焰：乙炔-空气。

5.12.2 测定方法

称取 5 g 样品，溶于 25 mL 水及 25 mL 硝酸中，加热至二氧化氮逸尽，煮沸 2 min，冷却，稀释至 50 mL。取 10 mL，共 4 份，置于分液漏斗中，1 份不加标准，其余 3 份分别加入成比例的铅标准溶液。加 7 mL 盐酸，20 mL 4-甲基-2-戊酮，振摇 1 min，静置分层，弃去有机相，取水相置于 50 mL 烧杯中，于低温电炉上蒸发至溶液约剩 2 mL，转移溶液至 10 mL 容量瓶中，稀释至刻度。按 GB/T 9723—2007 中 7.2.2 的规定测定，结果按 7.2.3 的规定计算。

5.13 氨水不沉淀物

称取 5 g 样品，溶于 70 mL 水中，加 3 mL 硝酸，煮沸，在搅拌下加入 50 mL 无二氧化碳的水和 20 mL 无碳酸盐的氨水的混合溶液中，过滤，用热水洗涤至滤液体积达 150 mL。取 60 mL，在水浴上蒸至近干，加热除去铵盐，于 800 ℃灼烧至恒量。残渣质量不得大于：

分析纯……………………………………………2.0 mg；

化学纯……………………………………………4.0 mg。

6 检验规则

按 HG/T 3921 的规定进行采样及验收。

7 包装及标志

按 GB 15346 的规定进行包装、贮存及运输，并给出标志，其中：

包装单位：第 4 类；

内包装形式：NB-4、NBY-4、NB-5、NBY-5、NB-7、NBY-7、NB-8、NBY-8、NB-10、NBY-10、NB-11、NBY-11、NB-13、NBY-13、NB-15、NBY-15；

隔离材料：GC-2、GC-3、GC-4；

外包装形式：WB-1、WB-2、WB-3。

ICS 71.040.30
G 62

中华人民共和国国家标准

GB/T 664—2011
代替 GB/T 664—1993

化学试剂
七水合硫酸亚铁(硫酸亚铁)

Chemical reagent—Iron(Ⅱ)sulfate heptahydrate

(ISO 6353-3:1987,Reagents for chemical analysis—
Part 3:Specifications—Second series,NEQ)

2011-05-12 发布　　2011-12-01 实施

中华人民共和国国家质量监督检验检疫总局
中国国家标准化管理委员会　发布

前　言

本标准与 ISO 6353-3:1987《化学分析试剂　第 3 部分:规格　第 2 系列》中 R69“七水合硫酸亚铁”的一致性程度为非等效。

本标准代替 GB/T 664—1993《化学试剂　七水合硫酸亚铁(硫酸亚铁)》,与 GB/T 664—1993 相比主要变化如下:

——水不溶物改用化学试剂通用方法测定(1993 年版的 4.2.1,本版的 5.4);

——调整了氯化物测定中化学纯的取样量(1993 年版的 4.2.2,本版的 5.5);

——修改了包装及标志(1993 年版第 6 章,本版的第 7 章)。

本标准由中国石油和化学工业联合会提出。

本标准由全国化学标准化技术委员会化学试剂分会(SAC/TC 63/SC 3)归口。

本标准负责起草单位:汕头市西陇化工厂有限公司。

本标准参加起草单位:广东省汕头市质量计量监督检测所。

本标准主要起草人:佘辣娇、王军波、佘少丹、陈敏、陈晓红、刘莉。

本标准所代替标准的历次版本发布情况为:

——GB/T 664—1965、GB/T 664—1977、GB/T 664—1993。

化学试剂
七水合硫酸亚铁(硫酸亚铁)

分子式:$FeSO_4 \cdot 7H_2O$

相对分子质量:278.02(根据2007年国际相对原子质量)

1 范围

本标准规定了化学试剂中七水合硫酸亚铁的性状、规格、试验、检验规则和包装及标志。

本标准适用于化学试剂中七水合硫酸亚铁的检验。

2 规范性引用文件

下列文件中的条款通过本标准的引用而成为本标准的条款。凡是注日期的引用文件,其随后所有的修改单(不包括勘误的内容)或修订版均不适用于本标准,然而,鼓励根据本标准达成协议的各方研究是否可使用这些文件的最新版本。凡是不注日期的引用文件,其最新版本适用于本标准。

GB/T 601 化学试剂 标准滴定溶液的制备

GB/T 602 化学试剂 杂质测定用标准溶液的制备(GB/T 602—2002,ISO 6353-1:1982,NEQ)

GB/T 603 化学试剂 试验方法中所用制剂及制品的制备(GB/T 603—2002,ISO 6353-1:1982,NEQ)

GB/T 609 化学试剂 总氮量测定通用方法(GB/T 609—2006,ISO 6353-1:1982,NEQ)

GB/T 610—2008 化学试剂 砷测定通用方法(ISO 6353-1:1982,NEQ)

GB/T 6682 分析实验室用水规格和试验方法(GB/T 6682—2008,ISO 3696:1987,MOD)

GB/T 9723—2007 化学试剂 火焰原子吸收光谱法通则

GB/T 9727 化学试剂 磷酸盐测定通用方法(GB/T 9727—2007,ISO 6353-1:1982,NEQ)

GB/T 9738 化学试剂 水不溶物测定通用方法(GB/T 9738—2008,ISO 6353-1:1982,NEQ)

GB 15346 化学试剂 包装及标志

HG/T 3921 化学试剂 采样及验收规则

3 性状

本试剂为淡蓝绿色结晶。在空气中风化和被氧化,溶于水,不溶于乙醇。

4 规格

七水合硫酸亚铁的规格见表1。

表1

名　称	分析纯	化学纯
含量($FeSO_4 \cdot 7H_2O$),w/%	99.0～101.0	98.0～101.0
水不溶物,w/%	≤0.005	≤0.02
氯化物(Cl),w/%	≤0.001	≤0.005
总氮量(N),w/%	≤0.001	—
磷酸盐(PO_4),w/%	≤0.000 5	≤0.002

表 1（续）

名　称	分析纯	化学纯
砷(As)，w/%	≤0.000 2	≤0.000 2
锰(Mn)，w/%	≤0.05	—
高铁(Fe)，w/%	≤0.02	≤0.10
铜(Cu)，w/%	≤0.002	≤0.01
锌(Zn)，w/%	≤0.005	≤0.02
铅(Pb)，w/%	≤0.002	≤0.005
氨水不沉淀物(以硫酸盐计)，w/%	≤0.05	≤0.2

5　试验

5.1　警示

本试验方法中使用的部分试剂具有毒性和腐蚀性，一些试验过程可能导致危险情况，操作者应采取适当的安全和健康措施。

5.2　一般规定

本章中除另有规定外，所用标准滴定溶液、标准溶液、制剂及制品，均按 GB/T 601、GB/T 602、GB/T 603 的规定制备，实验用水应符合 GB/T 6682 中三级水规格，样品均按精确至 0.01 g 称量，所用溶液以“%”表示的均为质量分数。

5.3　含量

称取 1 g 样品，精确至 0.000 1 g，溶于 100 mL 无氧的水中，加 10 mL 硫酸、5 mL 磷酸，立即用高锰酸钾标准滴定溶液[$c(\frac{1}{5}KMnO_4)=0.1$ mol/L]滴定至溶液呈粉红色，保持 30 s。

七水合硫酸亚铁的质量分数 w，数值以“%”表示，按式(1)计算：

$$w=\frac{V\times c\times M}{m\times 1\,000}\times 100 \qquad \cdots\cdots(1)$$

式中：

V——高锰酸钾标准滴定溶液体积的数值，单位为毫升(mL)；

c——高锰酸钾标准滴定溶液浓度的准确数值，单位为摩尔每升(mol/L)；

M——七水合硫酸亚铁摩尔质量的数值，单位为克每摩尔(g/mol)[$M(FeSO_4\cdot 7H_2O)=278.0$]；

m——样品质量的数值，单位为克(g)。

5.4　水不溶物

称取 50 g 样品，溶于 200 mL 水及 2 mL 硫酸中，在水浴上保温 1 h 后，按 GB/T 9738 的规定测定。

5.5　氯化物

5.5.1　不含氯化物的七水合硫酸亚铁溶液的制备

称取 10 g 七水合硫酸亚铁，溶于 150 mL 水中，加 42.5 mL 硝酸溶液(25%)，在水浴上加热至二氧化氮逸尽，煮沸 2 min，冷却，加 5 mL 硝酸银溶液(17 g/L)，稀释至 250 mL，摇匀，放置 12 h～18 h，过滤。

5.5.2　测定方法

称取 2 g(化学纯取 1 g)样品，溶于 20 mL 水中，加 8.5 mL 硝酸溶液(25%)，在水浴上加热至二氧化氮逸尽，煮沸 2 min，冷却(必要时过滤)，稀释至 50 mL，加 1 mL 硝酸银溶液(17 g/L)，摇匀。在振摇下滴加 3 mL 氨水，加 9 mL 硝酸溶液(25%)，放置 10 min。溶液所呈浊度不得大于标准比浊溶液。

标准比浊溶液的制备是取 50 mL 不含氯化物的七水合硫酸亚铁溶液及含下列数量的氯化物标准溶液：

分析纯……………………………………………………0.02 mg Cl；

化学纯……………………………………………………0.05 mg Cl。

在振摇下滴加 3 mL 氨水，加 9 mL 硝酸溶液(25%)，与试液同时放置 10 min 后比浊。

5.6 总氮量

称取 2 g 样品，溶于 20 mL 水及 0.2 mL 硫酸溶液(20%)中，稀释至 140 mL 后，按 GB/T 609 的规定测定。溶液所呈黄色不得深于标准比色溶液。

标准比色溶液的制备是取含 0.02 mg 的氮(N)标准溶液，与样品同时同样处理。

5.7 磷酸盐

称取 1 g 样品，溶于 5 mL 水及 2 mL 硝酸中，加热至二氧化氮逸尽，煮沸 2 min，冷却，稀释至 10 mL，滴加氨水至溶液刚出现沉淀(此时溶液的 pH 值为 2～3)，加 10 mL 硝酸溶液(13%)后，按 GB/T 9727 的规定测定。有机相所呈蓝色不得深于标准比色溶液。

标准比色溶液的制备是取含下列数量的磷酸盐标准溶液：

分析纯……………………………………………………0.005 mg PO_4；

化学纯……………………………………………………0.020 mg PO_4。

稀释至 10 mL，加 2 滴饱和 2,4-二硝基酚指示液，滴加硝酸溶液(13%)至溶液黄色刚刚消失，与刚出现沉淀的试液同时同样处理。

5.8 砷

称取 1 g 样品，溶于 30 mL 水及 0.1 mL 硫酸溶液(20%)后，按 GB/T 610—2008 中 4.2 的规定测定。吸收液所呈紫红色不得深于标准比色溶液。

标准比色溶液的制备是取含 0.002 mg 的砷(As)标准溶液，与样品同时同样处理。

5.9 锰

称取 0.5 g 样品，溶于 10 mL 水及 1 mL 硫酸中，稀释至 50 mL。取 10 mL，稀释至 40 mL，加 5 mL 硝酸、5 mL 磷酸及 1 g 高碘酸钾，加热至碘蒸气逸尽，煮沸 2 min，置于水浴上保温 30 min，冷却，稀释至 100 mL。溶液所呈粉红色不得深于标准比色溶液。

标准比色溶液的制备是取含 0.05 mg 的锰(Mn)标准溶液，稀释至 40 mL，与同体积试液同时同样处理。

5.10 高铁

称取 1 g 样品，溶于 100 mL 无氧的水中。取 20 mL，立即加入 1 mL 硫酸溶液[$c(\frac{1}{2}H_2SO_4)=0.1$ mol/L]、30 mL 无氧的水及 2 mL 饱和水杨酸溶液，摇匀。溶液所呈紫红色不得深于标准比色溶液。

标准比色溶液的制备是取含下列数量的铁标准溶液：

分析纯……………………………………………0.04 mg Fe；

化学纯……………………………………………0.20 mg Fe。

稀释至 20 mL，与同体积样品溶液同时同样处理。

5.11 铜

按 GB/T 9723—2007 的规定测定。

5.11.1 仪器条件

光源：铜空心阴极灯；

波长：324.8 nm；

火焰：乙炔-空气。

5.11.2 测定方法

称取 10 g(化学纯取 5 g)样品，溶于水，加 4 mL 盐酸，稀释至 100 mL。取 20 mL，共 4 份。按 GB/T 9723—2007 中 7.2.2 的规定测定，结果按 7.2.3 的规定计算。

5.12 锌

按 GB/T 9723—2007 的规定测定。

5.12.1 仪器条件

光源：锌空心阴极灯；

波长：213.9 nm；

火焰：乙炔-空气。

5.12.2 测定方法

称取 2 g（化学纯取 1 g）样品，溶于水，加 4 mL 盐酸，稀释至 100 mL。取 10 mL，共 4 份。按 GB/T 9723—2007 中 7.2.2 的规定测定，结果按 7.2.3 的规定计算。

5.13 铅

按 GB/T 9723—2007 的规定测定。

5.13.1 仪器条件

光源：铅空心阴极灯；

波长：283.3 nm；

火焰：乙炔-空气。

5.13.2 测定方法

称取 2 g 样品，溶于 10 mL 水中，加 3 mL 硝酸，加热至二氧化氮逸尽，煮沸 2 min，冷却，加 15 mL 盐酸，摇匀，稀释至 30 mL。取 15 mL，置于 50 mL 分液漏斗中，加 20 mL 4-甲基-2-戊酮，振摇 1 min，静置分层，取水相置于 50 mL 烧杯中，于低温电炉上蒸发至约剩 2 mL，移入 10 mL 容量瓶中，稀释至刻度。按 GB/T 9723 中 7.2.1 的规定测定，结果按 7.2.3 的规定计算。

5.14 氨水不沉淀物

称取 5 g 样品，溶于 70 mL 水中，加 7 mL 硝酸，煮沸，在搅拌下注入混合液（50 mL 无二氧化碳水和 20 mL 无碳酸盐的氨水）中，过滤，以热水洗涤至滤液体积达 150 mL。取 60 mL 滤液，于水浴上蒸至近干，加热除去铵盐，于 800 ℃灼烧至恒量。残渣质量不得大于：

分析纯……………………………………1.0 mg；

化学纯……………………………………4.0 mg。

6 检验规则

按 HG/T 3921 的规定进行取样及验收。

7 包装及标志

按 GB 15346 的规定进行包装、贮存与运输，并给出标志，其中：

包装单位：第 4、5 类；

内包装形式：NBY-4、NBY-5、NBY-7、NBY-8、NBY-11、NBY-13、NBY-15；

隔离材料：GC-2、GC-3、GC-4；

外包装形式：WB-1、WB-2、WB-3。

ICS 71.040.30
G 62

中华人民共和国国家标准

GB/T 666—2011
代替 GB/T 666—1993

化学试剂
七水合硫酸锌(硫酸锌)

Chemical reagent—Zinc sulfate heptahydrate

(ISO 6353-3:1987,Reagents for chemical analysis—
Part 3:Specifications—Second series,NEQ)

2011-05-12 发布 2011-12-01 实施

中华人民共和国国家质量监督检验检疫总局
中国国家标准化管理委员会 发布

前 言

本标准与ISO 6353-3:1987《化学分析试剂　第3部分:规格　第2系列》中R97"七水合硫酸锌"的一致性程度为非等效。

本标准代替GB/T 666—1993《化学试剂　七水合硫酸锌(硫酸锌)》,与GB/T 666—1993相比主要变化如下:

——澄清度试验的规格由"合格"调整为"3号"、"5号"(1993年版的3.3,本版的第4章);

——取消了硫化铵不沉淀物(1993年版的3.3、4.3.11);

——增加了钠、镁、钾、钙四项规格及测定方法(本版的第4章、5.10、5.11、5.12、5.13);

——铜、镉、铅三项增加了火焰原子吸收光谱测定方法(1993年版的4.3.8、4.3.9、4.3.10,本版的5.16.2、5.17.2、15.18.2);

——修改了包装及标志(1993年版的第6章,本版的第7章)。

本标准由中国石油和化学工业联合会提出。

本标准由全国化学标准化技术委员会化学试剂分会(SAC/TC 63/SC 3)归口。

本标准负责起草单位:西陇化工股份有限公司。

本标准参加起草单位:广东省汕头市质量计量监督检测所。

本标准主要起草人:佘辣娇、王军波、余少丹、陈敏、陈勇。

本标准所代替标准的历次版本发布情况为:

—— GB/T 666—1965、GB/T 666—1978、GB/T 666—1993。

化学试剂
七水合硫酸锌(硫酸锌)

分子式:$ZnSO_4 \cdot 7H_2O$

相对分子质量:287.58(根据2007年国际相对原子质量)

1 范围

本标准规定了化学试剂中七水合硫酸锌的性状、规格、试验、检验规则和包装及标志。

本标准适用于化学试剂中七水合硫酸锌的检验。

2 规范性引用文件

下列文件中的条款通过本标准的引用而成为本标准的条款。凡是注日期的引用文件,其随后所有的修改单(不包括勘误的内容)或修订版均不适用于本标准,然而,鼓励根据本标准达成协议的各方研究是否可使用这些文件的最新版本。凡是不注日期的引用文件,其最新版本适用于本标准。

GB/T 601 化学试剂 标准滴定溶液的制备

GB/T 602 化学试剂 杂质测定用标准溶液的制备(GB/T 602—2002,ISO 6353-1:1982,NEQ)

GB/T 603 化学试剂 试验方法中所用制剂及制品的制备(GB/T 603—2002,ISO 6353-1:1982,NEQ)

GB/T 609 化学试剂 总氮量测定通用方法(GB/T 609—2006,ISO 6353-1:1982,NEQ)

GB/T 610—2008 化学试剂 砷测定通用方法(ISO 6353-1:1982,NEQ)

GB/T 6682 分析实验室用水规格和试验方法(GB/T 6682—1992,ISO 3696:1987,MOD)

GB/T 3914—2008 化学试剂 阳极溶出伏安法通则

GB/T 9723—2007 化学试剂 火焰原子吸收光谱法通则

GB/T 9724 化学试剂 pH值测定通则(GB/T 9724—2007,ISO 6353-1:1982,NEQ)

GB/T 9729 化学试剂 氯化物测定通用方法(GB/T 9729—2007, ISO 6353-1:1982,NEQ)

GB/T 9738 化学试剂 水不溶物测定通用方法(GB/T 9738—2008,ISO 6353-1:1982,NEQ)

GB 15346 化学试剂 包装及标志

HG/T 3484 化学试剂 标准玻璃乳浊液和澄清度标准

HG/T 3921 化学试剂 采样及验收规则

3 性状

本试剂为白色结晶,在干燥空气中风化,易溶于水。

4 规格

七水合硫酸锌的规格见表1。

表 1

名称	分析纯	化学纯
含量($ZnSO_4 \cdot 7H_2O$),w/%	≥99.5	≥99.0
pH值(50 g/L,25 ℃)	4.4~6.0	4.4~6.0

表 1（续）

名　　称	分　析　纯	化　学　纯
澄清度试验/号	≤3	≤5
水不溶物，w/%	≤0.01	≤0.02
氯化物(Cl)，w/%	≤0.000 5	≤0.002
总氮量(N)，w/%	≤0.001	≤0.002
砷(As)，w/%	≤0.000 05	≤0.000 2
钠(Na)，w/%	≤0.05	≤0.1
镁(Mg)，w/%	≤0.005	≤0.01
钾(K)，w/%	≤0.01	≤0.02
钙(Ca)，w/%	≤0.005	≤0.01
锰(Mn)，w/%	≤0.000 3	≤0.001
铁(Fe)，w/%	≤0.000 5	≤0.002
铜(Cu)，w/%	≤0.001	≤0.005
镉(Cd)，w/%	≤0.000 5	≤0.002
铅(Pb)，w/%	≤0.001	≤0.01

5　试验

5.1　警示

本试验方法中使用的部分试剂具有毒性或腐蚀性，一些试验过程可能导致危险情况，操作者应采取适当的安全和健康措施。

5.2　一般规定

本章中除另有规定外，所用标准滴定溶液、标准溶液、制剂及制品，均按 GB/T 601、GB/T 602、GB/T 603的规定制备，实验用水应符合 GB/T 6682 中三级水规格，样品均按精确至 0.01g 称量，所用溶液以“%”表示的均为质量分数。

5.3　含量

称取 0.7 g 样品，精确至 0.000 1 g，溶于 50 mL 水中，加 3 g 酒石酸钾钠、2 mL 氨水及 50 mg 铬黑 T 指示剂，用乙二胺四乙酸二钠标准滴定溶液[c(EDTA)＝0.1 mol/L]滴定至溶液由紫红色变为纯蓝色。

七水合硫酸锌的质量分数 w，数值以“%”表示，按式(1)计算：

$$w=\frac{V\times c\times M}{m\times 1\ 000}\times 100 \qquad (1)$$

式中：

V——乙二胺四乙酸二钠标准滴定溶液体积的数值，单位为毫升(mL)；

c——乙二胺四乙酸二钠标准滴定溶液浓度的准确数值，单位为摩尔每升(mol/L)；

M——七水合硫酸锌摩尔质量的数值，单位为克每摩尔(g/mol)[$M(ZnSO_4\cdot 7H_2O)=287.6$]；

m——样品质量的数值，单位为克(g)。

5.4　pH 值

按 GB/T 9724 的规定测定。

5.5　澄清度试验

称取 25 g 样品，溶于 100 mL 水中，其浊度不得大于 HG/T 3484 规定的下列澄清度标准：

分析纯……………………………………………………3 号；

化学纯……………………………………………………5 号。

5.6 水不溶物

称取 25 g 样品，溶于 100 mL 沸水中，冷却至室温后，按 GB/T 9738 的规定测定。

5.7 氯化物

称取 2 g 样品，溶于 20 mL 水中后，按 GB/T 9729 的规定测定。溶液所呈浊度不得大于标准比浊溶液。

标准比浊溶液的制备是取含下列数量的氯化物标准溶液：

分析纯……………………………………………………0.01 mg Cl；

化学纯……………………………………………………0.04 mg Cl。

与样品同时同样处理。

5.8 总氮量

称取 2 g 样品，置于凯氏仪中，加 140 mL 水溶解，加 7 mL 氢氧化钠溶液(320 g/L)、1 g 定氮合金，静置 1 h 后，按 GB/T 609 的规定测定。溶液所呈黄色不得深于标准比色溶液。

标准比色溶液的制备是取含下列数量的氮标准溶液：

分析纯……………………………………………………0.02 mg N；

化学纯……………………………………………………0.04 mg N。

与样品同时同样处理。

5.9 砷

称取 2 g 样品，置于定砷瓶中，加 30 mL 水溶解后，按 GB/T 610—2008 中 4.2 的规定测定。吸收液所呈紫红色不得深于标准比色溶液。

标准比色溶液的制备是取含下列数量的砷标准溶液：

分析纯……………………………………………………0.001 mg As；

化学纯……………………………………………………0.004 mg As。

与样品同时同样处理。

5.10 钠

按 GB/T 9723—2007 的规定测定。

5.10.1 仪器条件

光源：钠空心阴极灯；

波长：589.0 nm；

火焰：乙炔-空气。

5.10.2 测定方法

称取 2 g 样品，溶于水，加 1 mL 盐酸溶液(20%)，稀释至 100 mL。取 2 mL，共 4 份。按 GB/T 9723—2007 中 7.2.2 的规定测定，结果按 7.2.3 的规定计算。

5.11 镁

按 GB/T 9723—2007 的规定测定。

5.11.1 仪器条件

光源：镁空心阴极灯；

波长：285.2 nm；

火焰：乙炔-空气。

5.11.2 测定方法

称取 2 g 样品，溶于水，加 1 mL 盐酸溶液(20%)，稀释至 100 mL。取 10 mL，共 4 份。按 GB/T 9723—2007 中 7.2.2 的规定测定，结果按 7.2.3 的规定计算。

5.12 钾

按 GB/T 9723—2007 的规定测定。

5.12.1 仪器条件

光源:钾空心阴极灯;

波长:766.5 nm;

火焰:乙炔-空气。

5.12.2 测定方法

同 5.11.2。

5.13 钙

按 GB/T 9723—2007 的规定测定。

5.13.1 仪器条件

光源:钙空心阴极灯;

波长:422.7 nm;

火焰:乙炔-空气。

5.13.2 测定方法

称取 10 g 样品,溶于水,稀释至 100 mL。取 20 mL,共 4 份,每份溶液中加入 4 mL 氯化镧溶液(50 g/L)。按 GB/T 9723—2007 中 7.2.2 的规定测定,结果按 7.2.3 的规定计算。

5.14 锰

称取 3 g 样品,溶于 40 mL 水中,加 5 mL 硫酸及 5 mL 磷酸,煮沸 5 min,冷却,加 0.25 g 高碘酸钾,再煮沸 5 min,冷却后稀释至 50 mL,摇匀。溶液所呈粉红色不得深于标准比色溶液。

标准比色溶液的制备是取含下列数量的锰标准溶液:

分析纯……………………………………………0.009 mg Mn;

化学纯……………………………………………0.030 mg Mn。

与样品同时同样处理。

5.15 铁

称取 1 g 样品,溶于 20 mL 水中,加 2 mL 二水合 5-磺基水杨酸溶液(100 g/L),摇匀后,加 10 mL 氨水溶液(10%),摇匀。溶液所呈黄色不得深于标准比色溶液。

标准比色溶液的制备是取含下列数量的铁标准溶液:

分析纯……………………………………………0.005 mg Fe;

化学纯……………………………………………0.020 mg Fe。

与样品同时同样处理。

5.16 铜

5.16.1 阳极溶出伏安法(仲裁法)

按 GB/T 3914—2008 的规定测定。

5.16.1.1 仪器条件

预电解电位:−0.9 V;

扫描电位范围:−0.9 V~0.05 V;

溶出峰电位:−0.2 V。

5.16.1.2 测定方法

按 GB/T 3914—2008 中 7.2 的规定测定。其中:电解质溶液为 40 mL 盐酸溶液[c(HCl)=0.1 mol/L]。样品溶液的制备是称取 1 g 样品,溶于 50 mL 盐酸溶液[c(HCl)=0.1 mol/L]中,取 5 mL。结果按 7.3 的规定计算。

5.16.2 **火焰原子吸收光谱法**

按 GB/T 9723—2007 的规定测定。

5.16.2.1 **仪器条件**

光源：铜空心阴极灯；

波长：324.7 nm；

火焰：乙炔-空气。

5.16.2.2 **测定方法**

称取 25 g(化学纯取 5 g)样品，溶于水，稀释至 100 mL。取 20 mL，共 4 份。按 GB/T 9723—2007 中 7.2.2 的规定测定，结果按 7.2.3 的规定计算。

5.17 **镉**

5.17.1 **阳极溶出伏安法(仲裁法)**

按 GB/T 3914—2008 的规定测定。

5.17.1.1 **仪器条件**

预电解电位：−0.9 V；

扫描电位范围：−0.9 V～0.05 V；

溶出峰电位：−0.7 V。

5.17.1.2 **测定方法**

同 5.16.1.2。

5.17.2 **火焰原子吸收光谱法**

按 GB/T 9723—2007 的规定测定。

5.17.2.1 **仪器条件**

光源：镉空心阴极灯；

波长：228.8 nm；

火焰：乙炔-空气。

5.17.2.2 **测定方法**

同 5.16.2.2。

5.18 **铅**

5.18.1 **阳极溶出伏安法(仲裁法)**

按 GB/T 3914—2008 的规定测定。

5.18.1.1 **仪器条件**

预电解电位：−0.9 V；

扫描电位范围：−0.9 V～0.05 V；

溶出峰电位：−0.5 V。

5.18.1.2 **测定方法**

按 GB/T 3914—2008 中 7.2 的规定测定。其中：电解质溶液为 40 mL 盐酸溶液[c(HCl)=0.1 mol/L]；样品溶液的制备是称取 0.5 g 样品，溶于 50 mL 盐酸溶液[c(HCl)=0.1 mol/L]中，取 5 mL(化学纯取 0.5 mL)。结果按 7.3 的规定计算。

5.18.2 **火焰原子吸收光谱法**

按 GB/T 9723—2007 的规定测定。

5.18.2.1 **仪器条件**

光源：铅空心阴极灯；

波长：283.3 nm；

火焰：乙炔-空气。

5.18.2.2 测定方法

同5.16.2.2。

6 检验规则

按HG/T 3921的规定进行取样及验收。

7 包装及标志

按GB 15346的规定进行包装、贮存与运输，并给出标志，其中：

包装单位：第4类；

内包装形式：NB-4、NBY-4、NB-5、NBY-5、NB-7、NBY-7、NB-8、NBY-8、NB-10、NBY-10、NB-11、NBY-11、NB-13、NBY-13、NB-15、NBY-15；

隔离材料：GC-2、GC-3、GC-4；

外包装形式：WB-1、WB-2、WB-3。

ICS 71.040.30
G 62

中华人民共和国国家标准

GB/T 675—2011
代替 GB/T 675—1993

化学试剂 碘

Chemical reagent—Iodine

(ISO 6353-3:1987,Reagents for chemical analysis—
Part 3:Specifications—Second series,NEQ)

2011-05-12 发布　　　　2011-12-01 实施

中华人民共和国国家质量监督检验检疫总局
中国国家标准化管理委员会　发布

前　言

本标准与 ISO 6353-3:1987《化学分析试剂　第 3 部分:规格　第 2 系列》中 R68“碘”的一致性程度为非等效。

本标准代替 GB/T 675—1993《化学试剂　碘》,与 GB/T 675—1993 相比主要变化如下:

——修改了包装及标志(1993 年版的第 6 章,本版的第 7 章)。

本标准由中国石油和化学工业联合会提出。

本标准由全国化学标准化技术委员会化学试剂分会(SAC/TC 63/SC 3)归口。

本标准起草单位:浙江海川化学品有限公司。

本标准主要起草人:郑建华、张怀义。

本标准所代替标准的历次版本发布情况为:

——GB/T 675—1965、GB/T 675—1977、GB/T 675—1993。

化学试剂　碘

警告：本标准规定的一些试验过程可能导致危险情况，使用者有责任采取适当的安全和健康措施。

分子式：I_2

相对分子质量：253.81（根据2007年国际相对原子质量）

1　范围

本标准规定了化学试剂中碘的性状、规格、试验、检验规则、包装及标志。

本标准适用于化学试剂中碘的检验。

2　规范性引用文件

下列文件中的条款通过本标准的引用而成为本标准的条款。凡是注日期的引用文件，其随后所有的修改单（不包括勘误的内容）或修订版均不适用于本标准，然而，鼓励根据本标准达成协议的各方研究是否可使用这些文件的最新版本。凡是不注日期的引用文件，其最新版本适用于本标准。

GB/T 601　化学试剂　标准滴定溶液的制备

GB/T 602　化学试剂　杂质测定用标准溶液的制备（GB/T 602—2002，ISO 6353-1：1982，NEQ）

GB/T 603　化学试剂　试验方法中所用制剂及制品的制备（GB/T 603—2002，ISO 6353-1：1982，NEQ）

GB/T 6682　分析实验室用水规格和试验方法（GB/T 6682—2008，ISO 3696：1987，MOD）

GB/T 9729　化学试剂　氯化物测定通用方法（GB/T 9729—2007，ISO 6353-1：1982，NEQ）

GB/T 9740　化学试剂　蒸发残渣测定通用方法（GB/T 9740—2008，ISO 6353-1：1982，NEQ）

GB 15258　化学品安全标签编写规定

GB 15346　化学试剂　包装及标志

HG/T 3921　化学试剂　采样及验收规则

3　性状

本试剂为灰黑色具有金属光泽的结晶，易溶于乙醇、醚、三氯甲烷、二硫化碳及碱金属的碘化物溶液中，难溶于水。

4　规格

碘的规格见表1。

表1

名　　称	分　析　纯	化　学　纯
含量（I_2），w/%	≥99.8	≥99.5
蒸发残渣，w/%	≤0.005	≤0.02
氯及溴（以Cl计），w/%	≤0.005	≤0.01

5　试验

5.1　一般规定

本章中除另有规定外，所有标准滴定溶液、标准溶液、制剂及制品，均按GB/T 601、GB/T 602、

GB/T 603的规定制备，实验用水应符合 GB/T 6682 中三级水规格，样品均按精确至 0.01 g 称量，所用溶液以“%”表示的均为质量分数。

5.2 含量

于具塞锥形瓶中注入 5 mL 水及 2 g 碘化钾，称量，加 0.4 g 样品，盖紧瓶塞再称量，两次称量均须精确至 0.000 1 g。摇动至样品溶解后，稀释至 50 mL，加 4 mL 硫酸溶液(20%)，用硫代硫酸钠标准滴定溶液[$c(Na_2S_2O_3)=0.1$ mol/L]滴定，近终点时，加 3 mL 淀粉指示液(10 g/L)，继续滴定至溶液蓝色消失。同时做空白试验。

碘的质量分数 w，数值以“%”表示，按式(1)计算：

$$w=\frac{(V_1-V_2)\times c\times M}{m\times 1\ 000}\times 100 \qquad (1)$$

式中：

V_1——硫代硫酸钠标准滴定溶液体积的数值，单位为毫升(mL)；

V_2——空白试验消耗硫代硫酸钠标准滴定溶液体积的数值，单位为毫升(mL)；

c——硫代硫酸钠标准滴定溶液浓度的准确数值，单位为摩尔每升(mol/L)；

M——碘摩尔质量的数值，单位为克每摩尔(g/mol)[$M(\frac{1}{2}I_2)=126.9$]；

m——样品质量的数值，单位为克(g)。

5.3 蒸发残渣

称取 20 g 样品，均匀地分布在已于 105 ℃±2 ℃恒量的蒸发皿中，按 GB/T 9740 的规定测定。

5.4 氯及溴

称取 0.2 g 样品，置于 20 mL 硫酸联氨溶液(6 g/L)中，在水浴上加热至样品完全溶解。用氢氧化钠溶液(40 g/L)中和，加 0.5 mL“30%过氧化氢”及 0.2 mL 磷酸，加热赶尽碘蒸气至溶液无色，冷却，稀释至 20 mL 后，按 GB/T 9729 的规定测定。溶液所呈浊度不得大于标准比浊溶液。

标准比浊溶液的制备是取含下列数量的氯化物标准溶液：

分析纯 …………………………………………… 0.01 mg Cl；

化学纯 …………………………………………… 0.02 mg Cl。

加 20 mL 硫酸联氨溶液(6 g/L)，与溶解后的样品同时同样处理。

6 检验规则

按 HG/T 3921 的规定进行采样及验收。

7 包装及标志

按 GB 15346 的规定进行包装、贮存与运输，并给出标志，其中：

包装单位：第 3、4 类；

内包装形式：NBY-2、NBY-3；

隔离材料：GC-2、GC-3、GC-4；

外包装形式：WB-1、WB-2、WB-3；

标签：符合 GB 15258 的规定，注明“避光”、“腐蚀性物品”。

ICS 71.040.30
G 63

中华人民共和国国家标准

GB/T 677—2011
代替 GB/T 677—1992

化学试剂　乙酸酐

Chemical reagent—Acetic anhydride

(ISO 6353-3:1987,Reagents for chemical analysis—
Part 3:Specifications—Second series,NEQ)

2011-05-12 发布　　　　2011-12-01 实施

中华人民共和国国家质量监督检验检疫总局
中国国家标准化管理委员会　发布

前　言

本标准与 ISO 6353-3:1987《化学分析试剂　第 3 部分:规格　第 2 系列》中 R41“乙酸酐”的一致性程度为非等效。

本标准代替 GB/T 677—1992《化学试剂　乙酸酐》,与 GB/T 677—1992 相比主要变化如下:

——调整了硫酸盐测定中化学纯的取样量(1992 年版的 4.2.3,本版的 5.5);

——修改了包装及标志(1992 年版的第 6 章,本版的第 7 章)。

本标准由中国石油和化学工业联合会提出。

本标准由全国化学标准化技术委员会化学试剂分会(SAC/TC 63/SC 3)归口。

本标准起草单位:国药集团化学试剂有限公司。

本标准主要起草人:陈浩云、陈红。

本标准所代替标准的历次版本发布情况为:

——GB/T 677—1965、GB/T 677—1978、GB/T 677—1992。

化学试剂　乙酸酐

警告：本标准规定的一些试验过程可能导致危险情况，使用者有责任采取适当的安全和健康措施。

示性式：$(CH_3CO)_2O$

相对分子质量：102.09(根据2007年国际相对原子质量)

1　范围

本标准规定了化学试剂中乙酸酐的性状、规格、试验、检验规则和包装及标志。

本标准适用于化学试剂中乙酸酐的检验。

2　规范性引用文件

下列文件中的条款通过本标准的引用而成为本标准的条款。凡是注日期的引用文件，其随后所有的修改单(不包括勘误的内容)或修订版均不适用于本标准，然而，鼓励根据本标准达成协议的各方研究是否可使用这些文件的最新版本。凡是不注日期的引用文件，其最新版本适用于本标准。

GB/T 601　化学试剂　标准滴定溶液的制备

GB/T 602　化学试剂　杂质测定用标准溶液的制备(GB/T 602—2002，ISO 6353-1：1982，NEQ)

GB/T 603　化学试剂　试验方法中所用制剂及制品的制备(GB/T 603—2002，ISO 6353-1：1982，NEQ)

GB/T 6682　分析实验室用水规格和试验方法(GB/T 6682—2008，ISO 3696：1987，MOD)

GB/T 9723—2007　化学试剂　火焰原子吸收光谱法通则

GB/T 9727　化学试剂　磷酸盐测定通用方法(GB/T 9727—2007，ISO 6353-1：1982，NEQ)

GB/T 9728　化学试剂　硫酸盐测定通用方法(GB/T 9728—2007，ISO 6353-1：1982，NEQ)

GB/T 9729　化学试剂　氯化物测定通用方法(GB/T 9729—2007，ISO 6353-1：1982，NEQ)

GB/T 9740　化学试剂　蒸发残渣测定通用方法(GB/T 9740—2008，ISO 6353-1：1982，NEQ)

GB 15258　化学品安全标签编写规定

GB 15346　化学试剂　包装及标志

HG/T 3921　化学试剂　采样及验收规则

3　性状

本试剂为无色透明液体，具有刺激味，与水混合变为乙酸。密度约1.08 g/mL。

4　规格

乙酸酐的规格见表1。

表1

名　　称	分　析　纯	化　学　纯
含量$[(CH_3CO)_2O]$，w/%	≥98.5	≥96.0
蒸发残渣，w/%	≤0.002	≤0.005
氯化物(Cl)，w/%	≤0.000 2	≤0.000 5
硫酸盐(SO_4)，w/%	≤0.000 5	≤0.001

表 1（续）

名　　称	分 析 纯	化 学 纯
磷酸盐（PO_4），w/%	≤0.000 5	≤0.001
铁（Fe），w/%	≤0.000 1	≤0.000 5
铜（Cu），w/%	≤0.000 1	≤0.000 5
铅（Pb），w/%	≤0.000 1	≤0.000 5
还原高锰酸钾物质（以 O 计），w/%	≤0.015	≤0.015

5 试验

5.1 一般规定

本章中除另有规定外，所用标准滴定溶液、标准溶液、制剂及制品，均按 GB/T 601、GB/T 602、GB/T 603 的规定制备，实验用水应符合 GB/T 6682 中三级水规格，样品均按精确至 0.1 mL 量取，所用溶液以"%"表示的均为质量分数。

5.2 含量

5.2.1 盐酸甲醇标准滴定溶液[c(HCl)＝0.5 mol/L]的制备

5.2.1.1 配制

量取 84 mL 盐酸溶液（20%），置于 1 000 mL 容量瓶中，用甲醇稀释至刻度，摇匀。

5.2.1.2 标定

取 30.00 mL～35.00 mL 配制好的盐酸甲醇溶液，加 2 滴酚酞指示液（10 g/L），用氢氧化钠标准滴定溶液[c(NaOH)＝0.5 mol/L]滴定至溶液呈粉红色。标定应在使用前于密闭装置中进行。

5.2.1.3 计算

盐酸甲醇标准滴定溶液浓度 c，数值以"mol/L"表示，按式(1)计算：

$$c=\frac{V_1\times c_1}{V} \qquad \cdots\cdots(1)$$

式中：

V_1——氢氧化钠标准滴定溶液体积的数值，单位为毫升（mL）；

c_1——氢氧化钠标准滴定溶液浓度的准确数值，单位为摩尔每升（mol/L）；

V——盐酸甲醇溶液体积的准确数值，单位为毫升（mL）。

5.2.2 吗啡啉甲醇溶液（0.5 mol/L）的制备

量取 44 mL 吗啡啉（水分质量分数超过 1.5%时，需要重新蒸馏后使用），用甲醇稀释至 1 000 mL，置于全自动滴定管（50 mL）的贮液瓶中。

5.2.3 测定方法

称取 1.8 g～2.0 g 样品，精确至 0.000 1，置于盛有 50.0 mL 吗啡啉甲醇溶液（0.5 mol/L）的具塞锥形瓶中，振摇溶解，于室温放置 5 min，加 0.25 mL 二甲基黄-亚甲基蓝混合指示液，用盐酸甲醇标准滴定溶液[c(HCl)＝0.5 mol/L]滴定至溶液绿色消失呈琥珀色。同时做空白试验。

乙酸酐的质量分数 w，数值以"%"表示，按式(2)计算：

$$w=\frac{(V_1-V_2)\times c\times M}{m\times 1\,000}\times 100 \qquad \cdots\cdots(2)$$

式中：

V_1——空白试验消耗盐酸甲醇标准滴定溶液体积的数值，单位为毫升（mL）；

V_2——盐酸甲醇标准滴定溶液体积的数值，单位为毫升（mL）；

c——盐酸甲醇标准滴定溶液浓度的准确数值，单位为摩尔每升（mol/L）；

M——乙酸酐摩尔质量的数值，单位为克每摩尔(g/mol){$M[(CH_3CO)_2O]=102.1$}；

m——样品质量的数值，单位为克(g)。

5.3 蒸发残渣

量取 23 mL(25 g)样品，按 GB/T 9740 的规定测定。

5.4 氯化物

量取 4.6 mL(5 g)样品，稀释至 20 mL 后，按 GB/T 9729 的规定测定。溶液所呈浊度不得大于标准比浊溶液。

标准比浊溶液的制备是取含下列数量的氯化物标准溶液：

分析纯……………………………0.010 mg Cl；

化学纯……………………………0.025 mg Cl。

与样品同时同样处理。

5.5 硫酸盐

量取 9.2 mL(10 g)[化学纯取 4.6 mL(5 g)]样品，注入蒸发皿中，加 0.2 mL 无水碳酸钠溶液(50 g/L)，在水浴上蒸干。残渣溶于 20 mL 水(必要时过滤)，加 0.5 mL 盐酸溶液(20%)酸化后，按 GB/T 9728 的规定测定。溶液所呈浊度不得大于标准比浊溶液。

标准比浊溶液的制备是取含 0.05 mg 的硫酸盐(SO_4)标准溶液，稀释至 20 mL，与同体积试液同时同样处理。

5.6 磷酸盐

量取 1.8 mL(2 g)样品，注入蒸发皿中，加 10 mL 水及 1 mL 硝酸，在水浴上蒸干，残渣溶于 5 mL 水中，加 2 滴饱和 2,4-二硝基酚指示液，滴加氨水溶液(10%)至溶液黄色刚刚出现，滴加硝酸溶液(13%)至溶液黄色刚刚消失，稀释至 10 mL 后，按 GB/T 9727 的规定测定。有机相所呈蓝色不得深于标准比色溶液。

标准比色溶液的制备是取含下列数量的磷酸盐标准溶液：

分析纯……………………………0.01 mg PO_4；

化学纯……………………………0.02 mg PO_4。

加 5 mL 水及 2 滴饱和 2,4-二硝基酚指示液，滴加硝酸溶液(13%)至溶液黄色刚刚消失，稀释至10 mL，与同体积试液同时同样处理。

5.7 铁

按 GB/T 9723—2007 的规定测定。

5.7.1 仪器条件

光源：铁空心阴极灯；

波长：248.3 nm；

火焰：乙炔-空气。

5.7.2 测定方法

量取 18 mL(20 g)样品，注入蒸发皿中，于水浴上蒸干。加 1.5 mL 盐酸，温热溶解残渣，稀释至 10 mL后，按 GB/T 9723—2007 中 7.2.1 的规定测定，结果按 7.2.3 的规定计算。

5.8 铜

按 GB/T 9723—2007 的规定测定。

5.8.1 仪器条件

光源：铜空心阴极灯；

波长：324.7 nm；

火焰：乙炔-空气。

5.8.2 测定方法

同5.7.2。

5.9 铅

按GB/T 9723—2007的规定测定。

5.9.1 仪器条件

光源：铅空心阴极灯；

波长：283.3 nm；

火焰：乙炔-空气。

5.9.2 测定方法

同5.7.2。

5.10 还原高锰酸钾物质

量取1.8 mL(2 g)样品，注入磨口比色管中，加10 mL水，摇匀，加入0.4 mL高锰酸钾标准滴定溶液[$c(\frac{1}{5}KMnO_4)=0.1\ mol/L$]，盖好塞子，摇匀，在室温下避光放置5 min。溶液所呈粉红色不得消失。

6 检验规则

按HG/T 3921的规定进行采样及验收。

7 包装及标志

按GB 15346的规定进行包装、贮存与运输，并给出标志，其中：

包装单位：第4类；

内包装形式：NB-20、NB-21、NB-23、NB-24、NB-26、NB-27、NB-28、NB-29；

隔离材料：GC-2、GC-3、GC-4；

外包装形式：WB-1；

标签：符合GB 15258的规定，注明“腐蚀品”及“易燃液体”。

ICS 71.040.30
G 63

中华人民共和国国家标准

GB/T 687—2011
代替 GB/T 687—1994

化学试剂 丙三醇

Chemical reagent—Glycerol

(ISO 6353-3:1987, Reagents for chemical analysis—Part 3: Specifications—Second series, NEQ)

2011-05-12 发布 2011-12-01 实施

中华人民共和国国家质量监督检验检疫总局
中国国家标准化管理委员会 发布

前　言

本标准与 ISO 6353-3:1987《化学分析试剂　第3部分:规格　第2系列》中 R64“丙三醇”的一致性程度为非等效。

本标准代替 GB/T 687—1994《化学试剂　丙三醇》,与 GB/T 687—1994 相比主要变化如下:

——酸度、碱度的单位由“mmol/100 g”调整为“mmol/g”,并改进了测定方法(1994 年版的 3.3、4.3.2、4.3.3,本版的第 4 章、5.6、5.7);

——重金属的测定增加了硫化钠-丙三醇比色法(1994 年版的 4.3.9,本版的 5.13);

——增加了脂肪酸酯的计算公式(1994 年版的 4.3.10,本版的 5.14);

——修改了包装及标志(1994 年版的第 6 章,本版的第 7 章)。

本标准由中国石油和化学工业联合会提出。

本标准由全国化学标准化技术委员会化学试剂分会(SAC/TC 63/SC 3)归口。

本标准负责起草单位:江苏强盛化工有限公司。

本标准主要起草人:归向红。

本标准所代替标准的历次版本发布情况为:

——GB/T 687—1965、GB/T 687—1977、GB/T 687—1994。

化学试剂　丙三醇

示性式：$HOCH_2CHOHCH_2OH$

相对分子质量：92.09（根据2007年国际相对原子质量）

1　范围

本标准规定了化学试剂中丙三醇的性状、规格、试验、检验规则和包装及标志。

本标准适用于化学试剂中丙三醇的检验。

2　规范性引用文件

下列文件中的条款通过本标准的引用而成为本标准的条款。凡是注日期的引用文件，其随后所有的修改单（不包括勘误的内容）或修订版均不适用于本标准，然而，鼓励根据本标准达成协议的各方研究是否可使用这些文件的最新版本。凡是不注日期的引用文件，其最新版本适用于本标准 。

GB/T 601　化学试剂　标准滴定溶液的制备

GB/T 602　化学试剂　杂质测定用标准溶液的制备（GB/T 602—2002，ISO 6353-1：1982，NEQ）

GB/T 603　化学试剂　试验方法中所用制剂及制品的制备（GB/T 603—2002，ISO 6353-1：1982，NEQ）

GB/T 605　化学试剂　色度测定通用方法（GB/T 605—2006，ISO 6353-1：1982，NEQ）

GB/T 610—2008　化学试剂　砷测定通用方法（ISO 6353-1：1982，NEQ）

GB/T 6682　分析实验室用水规格和试验方法（GB/T 6682—2008，ISO 3696：1987，MOD）

GB/T 9728　化学试剂　硫酸盐测定通用方法（GB/T 9728—2007，ISO 6353-1：1982，NEQ）

GB/T 9729　化学试剂　氯化物测定通用方法（GB/T 9729—2007，ISO 6353-1：1982，NEQ）

GB/T 9735　化学试剂　重金属测定通用方法（GB/T 9735—2008，ISO 6353-1：1982，NEQ）

GB/T 9736—2008　化学试剂　酸度和碱度测定通用方法（ISO 6353-1：1982，NEQ）

GB/T 9737　化学试剂　易炭化物质测定通则（GB/T 9737—2008，ISO 6353-1：1982，NEQ）

GB/T 9739　化学试剂　铁测定通用方法（GB/T 9739—2006，ISO 6353-1：1982，NEQ）

GB/T 9741—2008　化学试剂　灼烧残渣测定通用方法（ISO 6353-1：1982，NEQ）

GB 15346　化学试剂　包装及标志

HG/T 3921　化学试剂　采样及验收规则

3　性状

本试剂为澄清、黏稠液体，无臭。溶于水、醇，不溶于醚、苯、三氯甲烷及二硫化碳。于空气中易吸收水分。

4　规格

丙三醇的规格见表1。

表1

名　称	分析纯	化学纯
含量（$C_3H_8O_3$），w/%	≥99.0	≥97.0
色度/黑曾单位	≤10	≤30

表 1（续）

名　称	分析纯	化学纯
灼烧残渣（以硫酸盐计），w/%	≤0.001	≤0.005
酸度（以 H^+ 计）/(mmol/g)	≤0.000 5	≤0.001
碱度（以 OH^- 计）/(mmol/g)	≤0.000 3	≤0.000 6
氯化物（Cl），w/%	≤0.000 1	≤0.001
硫酸盐（SO_4），w/%	≤0.000 5	≤0.001
铵（NH_4），w/%	≤0.000 5	≤0.001
砷（As），w/%	≤0.000 05	≤0.000 2
铁（Fe），w/%	≤0.000 1	—
重金属（以 Pb 计），w/%	≤ 0.000 1	≤0.000 5
脂肪酸酯（以甘油三丁酯计），w/%	≤ 0.05	≤0.1
蔗糖和葡萄糖	合格	合格
还原银的物质	合格	合格
易炭化物质	合格	合格

5 试验

5.1 警告

本试验方法中使用的部分试剂具有毒性或腐蚀性，一些试验过程可能导致危险情况，操作者应采取适当的安全和健康措施。

5.2 一般规定

本章中除另有规定外，所用标准滴定溶液、标准溶液、制剂及制品，均按 GB/T 601、GB/T 602、GB/T 603 的规定制备，实验用水应符合 GB/T 6682 中三级水规格，样品均按精确至 0.01 g 称量，所用溶液以“%”表示的均为质量分数。

5.3 含量

5.3.1 制剂的制备

5.3.1.1 高碘酸钠溶液的制备

称取 60 g 高碘酸钠，置于烧杯中，加 120 mL 硫酸标准滴定溶液[$c(\frac{1}{2}H_2SO_4)=0.1$ mol/L]及少量水溶解，溶解时不允许加热，如溶液不澄清，用砂芯漏斗过滤（勿用滤纸过滤），将溶液转移至1 000 mL 容量瓶中，稀释至刻度。

5.3.1.2 中性乙二醇溶液的制备

取 50 mL 乙二醇与 50 mL 水混合，加 5 滴溴百里香酚蓝指示液（1 g/L），用氢氧化钠标准滴定溶液[$c(NaOH)=0.05$ mol/L]滴定至溶液呈纯蓝色。使用前配制。

5.3.2 测定

称取 0.35 g 样品，精确至 0.000 1 g，置于具塞锥形瓶中，稀释至 50 mL。加 5 滴溴百里香酚蓝指示液（1 g/L），溶液应呈绿色或黄绿色，如果溶液呈蓝绿色，用硫酸标准滴定溶液[$c(\frac{1}{2}H_2SO_4)=0.1$ mol/L]滴定至溶液呈绿色或黄绿色，再用氢氧化钠标准滴定溶液[$c(NaOH)=0.05$ mol/L]滴定至溶液呈纯蓝色。准确加入 50.00 mL 高碘酸钠溶液，缓缓摇匀，盖上瓶塞，于暗处放置 30 min（温度不得超过 35 ℃），加入 10 mL 中性乙二醇溶液，放置 20 min，稀释至 300 mL，用氢氧化钠标准滴定溶液[$c(NaOH)=0.1$ mol/L]滴定至溶液呈纯蓝色。同时做空白试验。

丙三醇的质量分数 w，数值以"%"表示，按式(1)计算：

$$w=\frac{(V_1-V_2)\times c\times M}{m\times 1\ 000}\times 100 \qquad \cdots\cdots(1)$$

式中：

V_1——氢氧化钠标准滴定溶液体积的数值，单位为毫升(mL)；

V_2——空白试验消耗氢氧化钠标准滴定溶液体积的数值，单位为毫升(mL)；

c——氢氧化钠标准滴定溶液浓度的准确数值，单位为摩尔每升(mol/L)；

M——丙三醇摩尔质量的数值，单位为克每摩尔(g/mol)[$M(C_3H_8O_3)=92.09$]；

m——样品质量的数值，单位为克(g)。

5.4 色度

量取 50 mL 样品，注入 50 mL 比色管中，按 GB/T 605 的规定测定。

5.5 灼烧残渣

称取 100 g(80 mL)样品，按 GB/T 9741—2008 中 4.3 的规定测定，结果按第 5 章的规定计算。保留残渣用于铁的测定。

5.6 酸度

取 100 mL 无二氧化碳的水，加 3 滴溴百里香酚蓝指示液(1 g/L)，用氢氧化钠标准滴定溶液[c(NaOH)=0.02 mol/L]滴定至溶液呈纯蓝色，并保持 30 s。加 30 g(24 mL)样品，摇匀，若溶液呈黄色，用氢氧化钠标准滴定溶液[c(NaOH)=0.02 mol/L]滴定至溶液呈纯蓝色，并保持 30 s。结果按 GB/T 9736—2008 中 5.1.2 的规定计算。

5.7 碱度

取 100 mL 无二氧化碳的水，加 3 滴溴百里香酚蓝指示液(1 g/L)，用氢氧化钠标准滴定溶液[c(NaOH)=0.02 mol/L]滴定至溶液呈纯蓝色，并保持 30 s。加 30 g(24 mL)样品，摇匀，若溶液呈纯蓝色，用盐酸标准滴定溶液[c(HCl)=0.02 mol/L]滴定至溶液呈黄色，并保持 30 s。结果按 GB/T 9736—2008 中 5.1.2 的规定计算。

5.8 氯化物

5.8.1 试验溶液的制备

称取 62.5 g (50 mL)样品，溶于水，稀释至 100 mL。

5.8.2 测定

取 8 mL 试验溶液，按 GB/T 9729 的规定测定，充分振摇。溶液所呈浊度不得大于标准比浊溶液。

标准比浊溶液的制备是取含下列数量的氯化物标准溶液：

分析纯……………………………… 0.005 mg Cl；

化学纯……………………………… 0.050 mg Cl。

稀释至 8 mL，与同体积试验溶液同时同样处理。

5.9 硫酸盐

取 8 mL 试验溶液(5.8.1)，加 5 mL 甲醇，稀释至 20 mL，加 0.5 mL 盐酸溶液(20%)酸化后，按 GB/T 9728 的规定测定。溶液所呈浊度不得大于标准比浊溶液。

标准比浊溶液的制备是取含下列数量的硫酸盐标准溶液：

分析纯……………………………… 0.025 mg SO_4；

化学纯……………………………… 0.050 mg SO_4。

稀释至 8 mL，与同体积试验溶液同时同样处理。

5.10 铵

取 8 mL 试验溶液(5.8.1)，注入支管蒸馏瓶中，加无氨的水溶解并稀释至 140 mL，沿壁加 5 mL 氢氧化钠溶液(320 g/L)，加热蒸馏出 75 mL，用盛有 5 mL 硫酸溶液(0.5%)的 100 mL 比色管接收。加

3 mL 氢氧化钠溶液(320 g/L)、2 mL 纳氏试剂,稀释至 100 mL,摇匀。溶液所呈黄色不得深于标准比色溶液。

标准比色溶液的制备是取含下列数量的铵标准溶液:

分析纯…………………………………… 0.025 mg NH_4;

化学纯…………………………………… 0.050 mg NH_4。

稀释至 8 mL,与同体积试验溶液同时同样处理。

5.11 砷

取 6.5 mL 试验溶液(5.8.1),置于定砷瓶中,稀释至 30 mL 后,按 GB/T 610—2008 中 4.2 的规定测定。吸收液所呈紫红色不得深于标准比色溶液。

标准比色溶液的制备是取含下列数量的砷标准溶液:

分析纯…………………………………… 0.002 mg As;

化学纯…………………………………… 0.008 mg As。

稀释至 30 mL,与同体积试验溶液同时同样处理。

5.12 铁

于灼烧残渣(5.5)中加 1 mL 盐酸,在水浴上蒸干,加 0.2 mL 盐酸溶液(25%)溶解,稀释至 100 mL。取 10 mL,稀释至 15 mL,用氨水溶液(10%)调节溶液的 pH 值至 2 后,按 GB/T 9739 的规定测定。溶液所呈红色不得深于标准比色溶液。

标准比色溶液的制备是取含 0.01 mg 铁(Fe)的标准溶液,稀释至 15 mL,与 pH 值调至 2 后的试液同时同样处理。

5.13 重金属

取 24 mL 试验溶液(5.8.1),用乙酸溶液(30%)调节溶液的 pH 值至 4 后,按 GB/T 9735 的规定测定。溶液所呈暗色不得深于标准比色溶液。

标准比色溶液的制备是取 8 mL 试验溶液(5.8.1)及含下列数量的铅标准溶液:

分析纯…………………………………… 0.01 mg Pb;

化学纯…………………………………… 0.05 mg Pb。

稀释至 24 mL,与同体积试验溶液同时同样处理。

5.14 脂肪酸酯

称取 40 g(32 mL)样品,加 50 mL 无二氧化碳的水,摇匀,加 10.00 mL 氢氧化钠标准滴定溶液[$c(NaOH)=0.1$ mol/L]及 2 滴酚酞指示液(10 g/L),回流 30 min,冷却(冷却时冷凝器管口与盛有钠石灰的管子相连),用盐酸标准滴定溶液[$c(HCl)=0.1$ mol/L]滴定至溶液无色。同时做空白试验。

脂肪酸酯的质量分数 w_1,数值以"%"表示,按式(2)计算:

$$w_1=\frac{(V_1-V_2)\times c\times M}{m\times 1\ 000}\times 100 \qquad \cdots\cdots(2)$$

式中:

V_1——空白试验消耗盐酸标准滴定溶液体积的数值,单位为毫升(mL);

V_2——盐酸标准滴定溶液体积的数值,单位为毫升(mL);

c——盐酸标准滴定溶液浓度的准确数值,单位为摩尔每升(mol/L);

M——甘油三丁酯摩尔质量的数值,单位为克每摩尔(g/mol)[$M(\frac{1}{3}C_{15}H_{26}O_6)=100.8$];

m——样品质量的数值,单位为克(g)。

5.15 蔗糖和葡萄糖

取 10 mL 试验溶液(5.8.1),加 1 mL 硫酸溶液(20%),在水浴上加热 5 min,加 2 mL 氢氧化钠溶液(100 g/L)及 5 mL 费林溶液,再加热 10 min。溶液不得呈现混浊或产生沉淀。

5.16 还原银的物质

5.16.1 警示

银氨混合溶液易爆炸,用后应弃之。

5.16.2 测定

称取5 g(4 mL)样品,加5 mL氨水溶液(5%),摇匀,于水浴中加热至60 ℃,加0.5 mL硝酸银溶液(17 g/L),摇匀,于暗处放置5 min。溶液所呈暗色不得深于同量样品经同样处理而不加硝酸银溶液的颜色。

5.17 易炭化物质

称取6.25 g(5 mL)样品,在搅拌下逐滴加入5 mL硫酸(优级纯,95%±0.5%),此时温度不得超过50 ℃,放置30 min。溶液所呈颜色不得深于GB/T 9737中规定的标准色F或P。

6 检验规则

按HG/T 3921的规定进行采样及验收。

7 包装及标志

按GB 15346的规定进行包装、贮存与运输,并给出标志,其中:

包装单位:第4类;

内包装形式:NBY-20、NBY-21、NBY-23、NBY-24、NBY-27、NBY-28、NBY-29;

隔离材料:GC-2、GC-3、GC-4;

外包装形式:WB-1、WB-2、WB-3。

ICS 71.040.30
G 63

中华人民共和国国家标准

GB/T 688—2011
代替 GB/T 688—1992

化学试剂 四氯化碳

Chemical reagent—Carbon tetrachloride

(ISO 6353-3:1987,Reagents for chemical analysis—
Part 3:Specifications—Second series,NEQ)

2011-05-12 发布 2011-12-01 实施

中华人民共和国国家质量监督检验检疫总局
中国国家标准化管理委员会 发布

前　言

本标准与 ISO 6353-3:1987《化学分析试剂　第 3 部分:规格　第 2 系列》中 R54“四氯化碳”的一致性程度为非等效。

本标准代替 GB/T 688—1992《化学试剂　四氯化碳》,与 GB/T 688—1992 相比主要变化如下:

——酸度的单位由“mmol/100 g”调整为“mmol/g”(1992 年版的 3.4,本版的第 4 章);

——项目名称“游离氯”改为“游离氯(Cl)”(1992 年版的 3.4,本版的第 4 章);

——修改了包装及标志(1992 年版的第 6 章,本版的第 7 章)。

本标准由中国石油和化学工业联合会提出。

本标准由全国化学标准化技术委员会化学试剂分会(SAC/TC 63/SC 3)归口。

本标准起草单位:北京化工厂。

本标准主要起草人:李文丽。

本标准所代替标准的历次版本发布情况为:

——GB/T 688—1965、GB/T 688—1979、GB/T 688—1992。

化学试剂　四氯化碳

警告：本标准规定的一些试验过程可能导致危险情况，使用者有责任采取适当的安全和健康措施。

示性式：CCl_4

相对分子质量：153.82（根据2007年国际相对原子质量）

1　范围

本标准规定了化学试剂中四氯化碳的性状、规格、试验、检验规则和包装及标志。

本标准适用于化学试剂中四氯化碳的检验。

2　规范性引用文件

下列文件中的条款通过本标准的引用而成为本标准的条款。凡是注日期的引用文件，其随后所有的修改单(不包括勘误的内容)或修订版均不适用于本标准，然而，鼓励根据本标准达成协议的各方研究是否可使用这些文件的最新版本。凡是不注日期的引用文件，其最新版本适用于本标准。

GB/T 601　化学试剂　标准滴定溶液的制备

GB/T 602　化学试剂　杂质测定用标准溶液的制备(GB/T 602—2002，ISO 6353-1：1982，NEQ)

GB/T 603　化学试剂　试验方法中所用制剂及制品的制备(GB/T 603—2002，ISO 6353-1：1982，NEQ)

GB/T 605　化学试剂　色度测定通用方法(GB/T 605—2006，ISO 6353-1：1982，NEQ)

GB/T 606　化学试剂　水分测定通用方法　卡尔·费休法(GB/T 606—2003，ISO 6353-1：1982，NEQ)

GB/T 611—2006　化学试剂　密度测定通用方法(ISO 6353-1：1982，NEQ)

GB/T 6682　分析实验室用水规格和试验方法(GB/T 6682—2008，ISO 3696：1987，MOD)

GB/T 9721　化学试剂　分子吸收分光光度法通则(紫外和可见光部分)

GB/T 9722—2006　化学试剂　气相色谱法通则

GB/T 9736—2008　化学试剂　酸度和碱度测定通用方法(ISO 6353-1：1982，NEQ)

GB/T 9737　化学试剂　易炭化物质测定通则(GB/T 9737—2008，ISO 6353-1：1982，NEQ)

GB/T 9740　化学试剂　蒸发残渣测定通用方法(GB/T 9740—2008，ISO 6353-1：1982，NEQ)

GB 15258　化学品安全标签编写规定

GB 15346　化学试剂　包装及标志

HG/T 3921　化学试剂　采样及验收规则

3　性状

本试剂为无色透明液体，不溶于水，溶于醇、醚及苯。

4　规格

四氯化碳的规格见表1。

表 1

名　　称	分 析 纯	化 学 纯
含量(CCl_4),w/%	≥99.5	≥99.0
密度(20 ℃),ρ/(g/mL)	1.592～1.598	1.592～1.598
色度/黑曾单位	≤10	≤10
蒸发残渣,w/%	≤0.001	≤0.001
水分(H_2O),w/%	≤0.02	≤0.05
酸度(以 H^+ 计)/(mmol/g)	≤0.000 05	≤0.000 1
游离氯(Cl),w/%	≤0.000 1	≤0.000 1
二硫化碳(CS_2),w/%	≤0.000 5	≤0.001
还原碘的物质	合格	合格
易炭化物质	合格	合格
三氯甲烷($CHCl_3$),w/%	≤0.05	≤0.2
适用于双硫腙试验	合格	—

5 试验

5.1 一般规定

本章除另有规定外,所用标准滴定溶液、标准溶液、制剂及制品,均按 GB/T 601、GB/T 602、GB/T 603 的规定制备,实验用水应符合 GB/T 6682 中三级水规格,样品均按精确至 0.1 mL 量取,所用溶液以“%”表示的均为质量分数。

5.2 含量

按 GB/T 9722—2006 的规定测定。

5.2.1 测定条件

检测器:热导检测器;

载气及流速:氢气,60 mL/min;

柱长(不锈钢柱):3 m;

固定相:20%角鲨烷涂于 6201 红色硅藻土载体[0.15 mm～0.25 mm(60 目～80 目)],于 90 ℃老化 4 h 以上;

柱温度:80 ℃;

汽化室温度:150 ℃;

检测室温度:150 ℃;

进样量:8 uL;

难分离物质对的分离度:R≥1.5(四氯化碳和三氯乙烯);

不对称因子:f=1.0±0.1;

色谱柱有效板高:H_{eff}≤2.9 mm;

组分相对主体的相对保留值:$r_{二氯甲烷,四氯化碳}=0.25$;$r_{三氯甲烷,四氯化碳}=0.50$,$r_{三氯乙烯,四氯化碳}=1.31$ 。

5.2.2 定量方法

按 GB/T 9722—2006 中 9.2 的规定测定。

5.3 密度

按 GB/T 611—2006 中 4.2 的规定测定。

5.4 色度

量取 50 mL 样品，注入 100 mL 比色管中后，按 GB/T 605 的规定测定。

5.5 蒸发残渣

量取 63 mL(100 g)样品，按 GB/T 9740 的规定测定。

5.6 水分

量取 6.3 mL(10 g)样品，以 10 mL 甲醇为溶剂，按 GB/T 606 的规定测定。

5.7 酸度

量取 100 mL 无二氧化碳的水，加 2 滴酚酞指示剂(10 g/L)，用氢氧化钠标准滴定溶液[$c(NaOH)=0.02$ mol/L]滴定至溶液呈粉红色，并保持 30 s。将此溶液加到已加入 50 mL(80 g)样品的分液漏斗中，振摇 3 min，静置分层。分出 50 mL 水相，用氢氧化钠标准滴定溶液[$c(NaOH)=0.02$ mol/L]滴定至溶液呈粉红色，并保持 30 s。结果按 GB/T 9736—2008 中 5.2.2 的规定计算。

5.8 游离氯

量取 22 mL(35 g)样品，置于 50 mL 磨口比色管中，加 10 mL 水、1 mL 新制备的碘化钾溶液(100 g/L)及 2 滴淀粉指示液(5 g/L)，盖上塞子，振摇 2 min，水层如呈蓝色或紫色，在不断振摇下滴加硫代硫酸钠标准滴定溶液[$c(Na_2S_2O_3)=0.01$ mol/L]至蓝色消失。硫代硫酸钠标准滴定溶液[$c(Na_2S_2O_3)=0.01$ mol/L]的用量不得多于 0.1 mL。

5.9 二硫化碳

5.9.1 氢氧化钾-乙醇溶液的制备

称取 100 g 氢氧化钾，加少量水(约 30 mL)溶解，用"乙醇(95%)"稀释至 1 000 mL。

5.9.2 测定方法

量取 12.5 mL(20 g)样品，注入分液漏斗中，加 5 mL 氢氧化钾-乙醇溶液，放置 1 h。加 10 mL 水，振摇，静置分层，弃去有机相，于水相中加 1 滴酚酞指示液(10 g/L)，用乙酸溶液(30%)中和至溶液无色，并过量 1 滴～2 滴，加 0.1 mL 五水合硫酸铜溶液(10 g/L)，摇匀。溶液所呈颜色不得深于标准比色溶液。

标准比色溶液的制备是取含下列数量的二硫化碳标准溶液：

分析纯……………………………0.1 mg CS_2；

化学纯……………………………0.2 mg CS_2。

与样品同时同样处理。

5.10 还原碘的物质

量取 25 mL(40 g)样品，加入 0.05 mL 碘标准滴定溶液[$c(\frac{1}{2}I_2)=0.1$ mol/L]，摇匀，放置 30 min。溶液所呈的粉红色不得完全消失。

5.11 易炭化物质

按 GB/T 9737 的规定测定。量取 40 mL(64 g)样品，置于 100 mL 干燥的比色管中，在 20 ℃时，加 10 mL 硫酸(优级纯，95.0%±0.5%)，充分振摇 1 min，放置 30 min。酸层所呈的颜色不得深于 T/10 标准色。

5.12 三氯甲烷

同 5.2。

5.13 适用于双硫腙试验

按 GB/T 9721 的规定测定。

5.13.1 测定条件

波长：620 nm；

吸收池厚度：1 cm。

5.13.2 双硫腙-三氯甲烷溶液的制备

称取 0.004 63 g 双硫腙，精确至 0.000 02 g，用三氯甲烷溶解并稀释至 100 mL。以溶剂为参比，测定溶液的吸光度 A_0，A_0 值应大于 0.1。

5.13.3 测定方法

量取 1 mL 新制备的双硫腙-三氯甲烷溶液，用样品稀释至 50 mL。以样品为参比，测定溶液的吸光度 A_1。将上述溶液避光放置 25 h 后，测定溶液的吸光度 A_2。分解值不得大于 0.15。

分解值按式(1)计算：

$$\text{分解值} = \frac{A_1 - A_2}{A_1} \qquad (1)$$

式中：

A_1——溶液的吸光度；

A_2——溶液放置 25 h 后的吸光度。

6 检验规则

按 HG/T 3921 的规定进行采样及验收。

7 包装及标志

按 GB 15346 的规定进行包装、贮存与运输，并给出标志，其中：

包装单位：第 4、5 类；

内包装形式：NBY-20、NBY-21、NBY-23、NBY-24、NBY-26、NBY-27、NBY-28、NBY-29；

隔离材料：GC-2、GC-3、GC-4；

外包装形式：WB-1；

标签：符合 GB 15258 的规定，注明"有毒品"。

ICS 77.140.50
H 46

中华人民共和国国家标准

GB 712—2011
代替 GB 712—2000

船舶及海洋工程用结构钢

Ship and ocean engineering structural steel

2011-06-16 发布 2012-02-01 实施

中华人民共和国国家质量监督检验检疫总局
中国国家标准化管理委员会 发布

前　言

本标准中第 2、3、4 章，第 6.6.2 以及附录 B 为推荐性的，其余为强制性的。

本标准按照 GB/T 1.1—2009 给出的规则起草。

本标准参照中国船级社(CCS)《材料与焊接规范》对 GB 712—2000《船体用结构钢》进行修订。

本标准自实施之日起，GB 712—2000《船体用结构钢》废止。

本标准与 GB 712—2000 相比，主要变化如下：

——修改了标准名称；

——增加了订货内容；

——增加了高强度、超高强度 6 个钢级的 24 个牌号和 Z 向钢 Z25、Z35 两个级别；

——对钢中 P、S 等有害元素加严控制；

——增加了高强度、超高强度钢级 24 个牌号的化学成分、力学性能等；

——增加了表面质量修磨面积的规定；

——钢带的表面质量允许不正常部分减少为 6%；

——增加"数值修约"一章；

——增加附录 A(钢材的牌号、交货状态和冲击检验批量)、附录 B(各船级社规范中规定船体用钢各钢级、牌号的对应关系表)。

本标准的附录 A 为规范性附录，附录 B 为资料性附录。

本标准由中国钢铁工业协会提出。

本标准由全国钢标准化技术委员会归口。

本标准主要起草单位：鞍钢股份有限公司、冶金信息标准研究院、重庆钢铁股份有限公司、新余钢铁集团有限公司、天津钢铁集团有限公司、南京钢铁股份有限公司、湖南华菱湘潭钢铁有限公司、江苏沙钢集团有限公司、首钢总公司、湖南华菱涟源钢铁有限公司、中国船级社。

本标准主要起草人：刘徐源、朴志民、王晓虎、赵捷、曹志强、李红、赖朝彬、吴波、徐海泉、黄正玉、师莉、成小军、曹忠孝、马玉璞、原建华、陈英俊、董天真、朱爱玲、李小莉、高燕、李晓波。

本标准所代替标准的历次版本发布情况为：GB 712—1965、GB 712—1979、GB 712—1988、GB 712—2000。

船舶及海洋工程用结构钢

1 范围

本标准规定了船舶及海洋工程用结构钢的分类和牌号、订货内容、尺寸、外形、重量及允许偏差、要求、检验和试验、包装、标志和质量证明书。

本标准适用于制造远洋、沿海和内河航区航行船舶、渔船及海洋工程结构用厚度不大于150 mm的钢板、厚度不大于25.4 mm的钢带及剪切板和厚度或直径不大于50 mm的型钢(以下简称钢材)。

2 规范性引用文件

下列文件对于本文件的应用是必不可少的。凡是注日期的引用文件,仅注日期的版本适用于本文件。凡是不注日期的引用文件,其最新版本(包括所有的修改单)适用于本文件。

GB/T 222 钢的成品化学成分允许偏差
GB/T 223.5 钢铁 酸溶硅和全硅含量的测定 还原型硅钼酸盐分光光度法
GB/T 223.9 钢铁及合金 铝含量的测定 铬天青S分光光度法
GB/T 223.12 钢铁及合金化学分析方法 碳酸钠分离-二苯碳酰二肼光度法测定铬量
GB/T 223.14 钢铁及合金化学分析方法 钽试剂萃取光度法测定钒含量
GB/T 223.16 钢铁及合金化学分析方法 变色酸光度法测定钛量
GB/T 223.19 钢铁及合金化学分析方法 新亚铜灵-三氯甲烷萃取光度法测定铜量
GB/T 223.23 钢铁及合金 镍含量的测定 丁二铜肟分光光度法
GB/T 223.25 钢铁及合金化学分析方法 丁二铜肟重量法测定镍量
GB/T 223.26 钢铁及合金 钼含量的测定 硫氰酸盐分光光度法
GB/T 223.37 钢铁及合金化学分析方法 蒸馏分离-靛酚蓝光度法测定氮量
GB/T 223.40 钢铁及合金 铌含量的测定 氯磺酚S分光光度法
GB/T 223.62 钢铁及合金化学分析方法 乙酸丁酯萃取光度法测定磷量
GB/T 223.63 钢铁及合金化学分析方法 高碘酸钠(钾)光度法测定锰量
GB/T 223.67 钢铁及合金 硫含量的测定 次甲基蓝分光光度法
GB/T 223.69 钢铁及合金 碳含量的测定 管式炉内燃烧后气体容量法
GB/T 228.1 金属材料拉伸 第1部分:室温试验方法(GB/T 228.1—2011,ISO 6892-1:2009,MOD)
GB/T 229 金属材料 夏比摆锤冲击试验方法
GB/T 247 钢板和钢带包装、标志及质量证明书的一般规定
GB/T 709 热轧钢板和钢带的尺寸、外形、重量及允许偏差
GB/T 2101 型钢验收、包装、标志及质量证明书的一般规定
GB/T 2970 厚钢板超声波检验方法
GB/T 2975 钢及钢产品 力学性能试验取样位置及试样的制备
GB/T 4336 碳素钢和中低合金钢 火花源原子发射光谱分析方法(常规法)
GB/T 5313 厚度方向性能钢板
GB/T 17505 钢及钢产品交货一般技术要求
GB/T 20066 钢和铁 化学成分测定用试样的取样和制样方法
GB/T 20123 钢铁 总碳硫含量的测定 高频感应炉燃烧后红外吸收法(常规方法)
GB/T 20124 钢铁 氮含量的测定 惰性气体熔融热导法(常规方法)
GB/T 20125 低合金钢 多元素含量的测定 电感耦合等离子体原子发射光谱法
YB/T 081 冶金技术标准的数值修约与检测数据的判定原则

3 分类及牌号

钢材按强度级别分为：一般强度、高强度和超高强度船舶及海洋工程结构用钢三类。

钢材的牌号、Z向钢级别及用途应符合表1的规定。

表 1

牌　号	Z向钢	用　途
A、B、D、E	Z25、Z35	一般强度船舶及海洋工程用结构钢
AH32、DH32、EH32、FH32 AH36、DH36、EH36、FH36 AH40、DH40、EH40、FH40	Z25、Z35	高强度船舶及海洋工程用结构钢
AH420、DH420、EH420、FH420 AH460、DH460、EH460、FH460 AH500、DH500、EH500、FH500 AH550、DH550、EH550、FH550 AH620、DH620、EH620、FH620 AH690、DH690、EH690、FH690	Z25、Z35	超高强度船舶及海洋工程用结构钢

4 订货内容

4.1 按本标准订货的合同或订单应包括下列内容：

a) 本标准编号；
b) 牌号；
c) 规格；
d) 重量；
e) 尺寸及尺寸、外形精度；
f) 交货状态；
g) 标志；
h) 特殊要求。

4.2 订货合同对e)～g)项内容未明确时，可由供方自行确定。

5 尺寸、外形、重量及允许偏差

钢板和钢带的尺寸、外形、重量及允许偏差应符合GB/T 709的规定，厚度下偏差为－0.30 mm。

型钢的尺寸、外形、重量及允许偏差应符合相应标准的规定。

6 要求

6.1 牌号和化学成分

6.1.1 一般强度级、高强度级钢材的牌号和化学成分(熔炼分析)应符合表2的规定。以TMCP状态交货的高强度级钢材，其碳当量最大值应符合表3的规定。

6.1.2 超高强度级钢材的牌号和化学成分(熔炼分析)应符合表4的规定。

6.1.3 钢材的化学成分允许偏差应符合GB/T 222的规定。

表 2

<table>
<tr><th rowspan="2">牌号</th><th colspan="14">化学成分[e,f,g,h](质量分数)/%</th></tr>
<tr><th>C</th><th>Si</th><th>Mn</th><th>P</th><th>S</th><th>Cu</th><th>Cr</th><th>Ni</th><th>Nb</th><th>V</th><th>Ti</th><th>Mo</th><th>N</th><th>Als[d]</th></tr>
<tr><td>A</td><td rowspan="3">≤0.21[a]</td><td>≤0.50</td><td>≥0.50</td><td rowspan="2">≤0.035</td><td rowspan="2">≤0.035</td><td rowspan="4">≤0.35</td><td rowspan="4">≤0.30</td><td rowspan="4">≤0.30</td><td rowspan="4">—</td><td rowspan="4">—</td><td rowspan="4">—</td><td rowspan="4">—</td><td rowspan="4">—</td><td rowspan="2">—</td></tr>
<tr><td>B</td><td rowspan="3">≤0.35</td><td>≥0.80[b]</td></tr>
<tr><td>D</td><td>≥0.60</td><td>≤0.030</td><td>≤0.030</td><td rowspan="2">≥0.015</td></tr>
<tr><td>E</td><td>≤0.18</td><td>≥0.70</td><td>≤0.025</td><td>≤0.025</td></tr>
<tr><td>AH32</td><td rowspan="9">≤0.18</td><td rowspan="12">≤0.50</td><td rowspan="12">0.90～1.60[c]</td><td rowspan="3">≤0.030</td><td rowspan="3">≤0.030</td><td rowspan="12">≤0.35</td><td rowspan="12">≤0.20</td><td rowspan="9">≤0.40</td><td rowspan="12">0.02～0.05</td><td rowspan="12">0.05～0.10</td><td rowspan="12">≤0.02</td><td rowspan="12">≤0.08</td><td rowspan="9">—</td><td rowspan="12">≥0.015</td></tr>
<tr><td>AH36</td></tr>
<tr><td>AH40</td></tr>
<tr><td>DH32</td><td rowspan="6">≤0.025</td><td rowspan="6">≤0.025</td></tr>
<tr><td>DH36</td></tr>
<tr><td>DH40</td></tr>
<tr><td>EH32</td></tr>
<tr><td>EH36</td></tr>
<tr><td>EH40</td></tr>
<tr><td>FH32</td><td rowspan="3">≤0.16</td><td rowspan="3">≤0.020</td><td rowspan="3">≤0.020</td><td rowspan="3">≤0.80</td><td rowspan="3">≤0.009</td></tr>
<tr><td>FH36</td></tr>
<tr><td>FH40</td></tr>
</table>

[a] A 级型钢的 C 含量最大可到 0.23%。

[b] B 级钢材做冲击试验时，Mn 含量下限可到 0.60%。

[c] 当 AH32～EH40 级钢材的厚度≤12.5 mm 时，Mn 含量的最小值可为 0.70%。

[d] 对于厚度大于 25 mm 的 D 级、E 级钢材的铝含量应符合表中规定；可测定总铝含量代替酸溶铝含量，此时总铝含量应不小于 0.020%。经船级社同意，也可使用其他细化晶粒元素。

[e] 细化晶粒元素 Al、Nb、V、Ti 可单独或以任一组合形式加入钢中。当单独加入时，其含量应符合本表的规定；若混合加入两种或两种以上细化晶粒元素时，表中细晶元素含量下限的规定不适用，同时要求 Nb+V+Ti≤0.12%。

[f] 当 F 级钢中含铝时，N≤0.012%。

[g] A、B、D、E 的碳当量 Ceq≤0.40%。碳当量计算公式：Ceq=C+Mn/6。

[h] 添加的任何其他元素，应在质量证明中注明。

表 3

牌号	碳当量[a,b]/%		
	钢材厚度≤50 mm	50 mm<钢材厚度≤100 mm	100 mm<钢材厚度≤150 mm
AH32、DH32、EH32、FH32	≤0.36	≤0.38	≤0.40
AH36、DH36、EH36、FH36	≤0.38	≤0.40	≤0.42
AH40、DH40、EH40、FH40	≤0.40	≤0.42	≤0.45

a 碳当量计算公式：Ceq=C+Mn/6+(Cr+Mo+V)/5+(Ni+Cu)/15。

b 根据需要，可用裂纹敏感系数 Pcm 代替碳当量，其值应符合船级社接受的有关标准。裂纹敏感系数计算公式：Pcm=C+Si/30+Mn/20+Cu/20+Ni/60+Cr/20+Mo/15+V/10+5B。

表 4

牌号	化学成分[a,b](质量分数)/%					
	C	Si	Mn	P	S	N
AH420	≤0.21	≤0.55	≤1.70	≤0.030	≤0.030	≤0.020
AH460						
AH500						
AH550						
AH620						
AH690						
DH420	≤0.20	≤0.55	≤1.70	≤0.025	≤0.025	
DH460						
DH500						
DH550						
DH620						
DH690						
EH420	≤0.20	≤0.55	≤1.70	≤0.025	≤0.025	
EH460						
EH500						
EH550						
EH620						
EH690						
FH420	≤0.18	≤0.55	≤1.60	≤0.020	≤0.020	
FH460						
FH500						
FH550						
FH620						
FH690						

a 添加的合金化元素及细化晶粒元素 Al、Nb、V、Ti 应符合船级社认可或公认的有关标准规定。

b 应采用表 3 中公式计算裂纹敏感系数 Pcm 代替碳当量，其值应符合船级社认可的标准。

6.2 冶炼方法

钢由转炉或电炉冶炼，需要时，应进行炉外精炼。

6.3 交货状态

钢材的交货状态应符合附录 A 的规定。

6.4 力学性能

6.4.1 钢材的力学性能应符合表 5 和表 6 的规定。

6.4.2 对厚度为 6 mm～<12 mm 的钢材取冲击试验试样时，可分别取 5 mm×10 mm×55 mm 和 7.5 mm×10 mm×55 mm 的小尺寸试样，此时冲击功值分别为不小于规定值的 2/3 和 5/6。优先采用较大尺寸的试样。

6.4.3 钢材的冲击试验结果按一组 3 个试样的算术平均值进行计算，允许其中有 1 个试验值低于规定值，但不应低于规定值的 70%。

6.4.4 Z 向钢厚度方向断面收缩率应符合表 7 的规定。3 个试样的算术平均值应不低于表 7 规定的平均值，仅允许其中一个试样的单值低于表 7 规定的平均值，但不得低于表 7 中相应钢级的最小单值。

表 5

牌号	拉伸试验[a,b]			V 型冲击试验						
	上屈服强度 R_{eH}/MPa	抗拉强度 R_m/MPa	断后伸长率 A/%	试验温度/℃	以下厚度(mm)冲击吸收能量 KV_2/J					
					≤50		>50～70		>70～150	
					纵向	横向	纵向	横向	纵向	横向
					不小于					
A[c]	≥235	400～520	≥22	20	—	—	34	24	41	27
B[d]				0	27	20	34	24	41	27
D				−20						
E				−40						
AH32	≥315	450～570		0	31	22	38	26	46	31
DH32				−20						
EH32				−40						
FH32				−60						
AH36	≥355	490～630	≥21	0	34	24	41	27	50	34
DH36				−20						
EH36				−40						
FH36				−60						
AH40	≥390	510～660	≥20	0	41	27	46	31	55	37
DH40				−20						
EH40				−40						
FH40				−60						

[a] 拉伸试验取横向试样。经船级社同意，A 级型钢的抗拉强度可超上限。

[b] 当屈服不明显时，可测量 $R_{P0.2}$ 代替上屈服强度。

[c] 冲击试验取纵向试样，但供方应保证横向冲击性能。型钢不进行横向冲击试验。厚度大于 50 mm 的 A 级钢，经细化晶粒处理并以正火状态交货时，可不做冲击试验。

[d] 厚度不大于 25 mm 的 B 级钢、以 TMCP 状态交货的 A 级钢，经船级社同意可不做冲击试验。

表 6

钢级	拉伸试验[a,b]			V型冲击试验		
	上屈服强度 R_{eH}/MPa	抗拉强度 R_m/MPa	断后伸长率 A/%	试验温度/℃	冲击吸收能量 KV_2/J	
					纵向	横向
					不小于	
AH420	≥420	530～680	≥18	0	42	28
DH420				−20		
EH420				−40		
FH420				−60		
AH460	≥460	570～720	≥17	0	46	31
DH460				−20		
EH460				−40		
FH460				−60		
AH500	≥500	610～770	≥16	0	50	33
DH500				−20		
EH500				−40		
FH500				−60		
AH550	≥550	670～830	≥16	0	55	37
DH550				−20		
EH550				−40		
FH550				−60		
AH620	≥620	720～890	≥15	0	62	41
DH620				−20		
EH620				−40		
FH620				−60		
AH690	≥690	770～940	≥14	0	69	46
DH690				−20		
EH690				−40		
FH690				−60		

[a] 拉伸试验取横向试样。冲击试验取纵向试样，但供方应保证横向冲击性能。

[b] 当屈服不明显时，可测量 $R_{P0.2}$ 代替上屈服强度。

表 7

厚度方向断面收缩率/%	Z向性能级别	
	Z25	Z35
3个试样平均值	≥25	≥35
单个试样值	≥15	≥25

6.5 表面质量

6.5.1 钢材表面不应有气泡、结疤、裂纹、折叠、夹杂和压入氧化铁皮等有害缺陷。钢材不应有肉眼可见的分层。

6.5.2 钢材的表面允许有不妨碍检查表面缺陷的薄层氧化铁皮、铁锈及由于压入氧化铁皮和轧辊所造成的不明显的粗糙、网纹、划痕及其他局部缺陷，但其深度不应大于钢材厚度的负偏差，并应保证钢材允许的最小厚度。

6.5.3 钢材的表面缺陷允许用修磨方法清除，清理处应平滑无棱角，清理后钢材任何部位的厚度不应小于公称厚度的93%，且减薄量应不大于3 mm；单个修磨面积应不大于0.25 m^2，局部修磨面积之和不应大于总面积的2%，两个修磨面之间的距离应大于它们的平均宽度，否则认为是一个修磨面。焊补应符合中国船级社规范的规定。

6.5.4 对于钢带，由于没有机会去除表面带缺陷部分，故允许表面带有一定的缺陷，但每卷钢带缺陷部分的长度不应大于钢带总长度的6%。

6.6 无损检验

6.6.1 Z向钢板应进行超声波探伤，探伤级别应在合同中注明。

6.6.2 根据需方要求，经供需双方协议，其他钢板也可进行无损检验。

7 检验和试验

7.1 外观、尺寸和外形检查

7.1.1 钢材的外观应目视检查。

7.1.2 钢材的尺寸和外形用合适的测量工具检查。钢板厚度的测量部位应在距钢板的侧边不小于10 mm任意处，钢带厚度的测量部位应在距钢带的侧边不小于40 mm任意处。

7.2 其他各项检验

每批钢材的检验项目、取样数量、取样方法和试验方法应符合表8的规定。

表 8

序号	检验项目	取样数量/个	取样方法	试验方法
1	化学成分	1/炉	GB/T 20066	GB/T 223、GB/T4336 GB/T 20123、GB/T 20124、GB/T 20125
2	拉伸试验	1/批	GB/T 2975	GB/T 228.1
3	冲击试验	3/批	GB/T 2975	GB/T 229
4	Z向钢厚度方向断面收缩	3/批	GB/T 5313	GB/T 5313
5	超声波探伤检验	逐张	—	GB/T 2970
6	表面质量	逐张/逐件	—	目视及测量
7	尺寸、外形	逐张/逐件	—	合适的量具

7.3 组批

7.3.1 钢材应成批验收。每批应由同一牌号、同一炉号、同一交货状态、厚度差小于10 mm的钢材组成。

7.3.2 对于拉伸试验，每批钢材的重量不大于50 t；对于冲击试验，其批量应符合附录A的规定。

7.3.3 Z向钢按轧制坯验收。当Z25钢硫含量不大于0.005%时，可按批检验，每批重量不大于50 t。

7.4 取样位置

7.4.1 拉伸试验试样应在每一批中最厚的钢材上制取。当钢材的厚度不大于40 mm时，取全截面矩形试样，试样宽度为25 mm。当试验机能力不足时，可在试样的一个轧制面加工，使厚度减薄至25 mm。当钢材的厚度大于40 mm时，取圆截面试样，其轴线距钢材表面应为钢材1/4厚度处或尽量接近此位置，试样的直径为14 mm；可根据试验机能力，采用全截面试样。

7.4.2 冲击试验试样也应在每一批中最厚的钢材上制取，其方向为纵向。

当钢材的厚度不大于40 mm时，冲击试样应为近表面试样，试样边缘距一个轧制面小于2 mm；当钢材的厚度大于40 mm时，试样轴线应位于钢材1/4厚度处或尽量接近此位置。缺口应垂直于原轧制面。

7.5 复验与判定

7.5.1 拉伸试验的复验与判定

钢材拉伸试验的复验与判定按符合GB/T 17505的规定。

7.5.2 Z向钢厚度方向断面收缩率的复验与判定

图1规定了允许复验的三种情况。在这些情况下，需要对剩余的3个备用试样进行试验。6个试样的平均值应大于规定的最小平均值，低于平均值的结果不大于2个，但不得低于表7规定的最小单值。否则该批钢材不能验收。

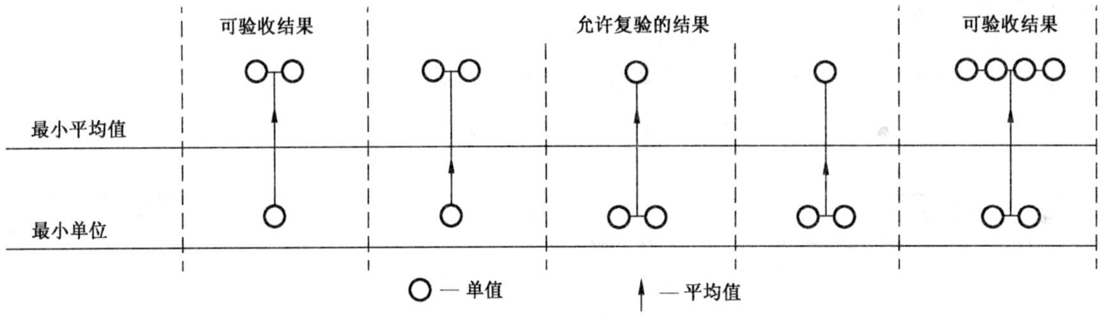

图1

7.5.3 冲击试验的复验与判定

7.5.3.1 单件钢材的复验

当一组3个试样的冲击试验结果不合格时，若低于规定平均值的试样不多于2个，且低于规定平均值70%的试样不多于1个，可在原取样钢材附近再取一组3个试样进行复验。前后两组6个试样的算术平均值不应低于规定的平均值，且低于规定平均值的试样不应超过2个，其中低于规定平均值70%的试样不应超过1个，否则该件钢材不能验收。

7.5.3.2 批量钢材的复验

如果单件钢材的复验不符合要求，将该件钢材挑出。可在该批钢材中另取两件钢材，每件钢材各取一组试样进行再验。再验的每组试验结果都应符合要求，否则，该批不能验收。

7.5.4 重新热处理

对复验不合格的钢材，允许进行重新热处理并按新的一批提交验收。

8 包装、标志和质量证明书

钢材的包装、标志和质量证明书应符合 GB/T 247、GB/T 2101 的规定。

9 数值修约

数值修约应符合 YB/T 081 的规定。

附 录 A
（规范性附录）
钢材的牌号、交货状态和冲击检验批量

钢材的牌号、交货状态和冲击检验批量应符合表 A.1～A.3 的规定。

表 A.1

牌号	脱氧方法	产品形式	交货状态				
			钢材厚度 t/mm				
			$t≤12.5$	$12.5<t≤25$	$25<t≤35$	$35<t≤50$	$50<t≤150$
A	沸腾	型材	A(—)	—			—
	厚度不大于 50 mm 除沸腾钢外任何方法；厚度大于 50 mm 镇静处理	板材	A(—)				N(—)、TM(—)、CR(50)、AR＊(50)
		型材	A(—)				—
B	厚度不大于 50 mm 除沸腾钢外任何方法；厚度大于 50 mm 镇静处理	板材	A(—)		A(50)		N(50)、CR(25)、TM(50)、AR＊(25)
		型材					—
D	镇静处理	板材 型材	A(50)		—		
	镇静和细化晶粒处理	板材	A(50)			CR(50)、N(50)、TM(50)、AR＊(25)	CR(25)、N(50)、TM(50)
		型材					—
E	镇静和细化晶粒处理	板材	N(每件)、TM(每件)				
		型材	N(25)、TM(25)、AR＊(15)、CR＊(15)				—

注 1：A-任意状态；AR-热轧；CR-控轧；N-正火；TM(TMCP)-温度-形变控制轧制。AR＊：经船级社特别认可后，可采用热轧状态交货；CR＊经船级社特别认可后，可采用控制轧制状态交货。

注 2：括号内的数值表示冲击试样的取样批量(单位为吨)，(—)表示不作冲击试验。由同一块板坯轧制的所有钢板应视为一件。

注 3：所有钢级的 Z25/Z35，细化晶粒元素、厚度范围、交货状态与相应的钢级一致。

表 A.2

钢材等级	细化晶粒元素	产品型式	交货状态(冲击试验取样批量)					
			厚度 t/mm					
			$t≤12.5$	$12.5<t≤20$	$20<t≤25$	$25<t≤35$	$35<t≤50$	$50<t≤150$
A32 A36	Nb 和/或 V	板材	A(50)	N(50),CR(50),TM(50)				N(50),CR(50),TM(50)
		型材	A(50)	N(50),CR(50),TM(50),AR＊(25)				—
	Al 或 Al 和 Ti	板材	A(50)		AR＊(25)		—	
					N(50),CR(50),TM(50)			N(50),CR(25),TM(50)
		型材	A(50)	N(50),CR(50),TM(50),AR＊(25)				—

表 A.2(续)

钢材等级	细化晶粒元素	产品型式	交货状态(冲击试验取样批量)					
			厚度 t/mm					
			$t \leqslant 12.5$	$12.5 < t \leqslant 20$	$20 < t \leqslant 25$	$25 < t \leqslant 35$	$35 < t \leqslant 50$	$50 < t \leqslant 150$
A40	任意	板材	A(50)	N(50),CR(50),TM(50)				N(50),TM(50),QT(每热处理长度)
		型材	A(50)	N(50),CR(50),TM(50)				—
D32 D36	Nb 和/或 V	板材	A(50)	N(50),CR(25),TM(50)				N(50),CR(25),TM(50)
		型材	A(50)	N(50),CR(50),TM(50),AR*(25)				—
	Al 或 Al 和 Ti	板材	A(50)		AR*(25)	—		
					N(50),CR(25),TM(50)			N(50),CR(25),TM(50)
		型材	A(50)		N(50),CR(50),TM(50),AR*(25)			—
D40	任意	板材	N(50),CR(50),TM(50)					N(50),TM(50),QT(每热处理长度)
		型材	N(50),CR(50),TM(50)					—
E32 E36	任意	板材	N(每件),TM(每件)					
		型材	N(25),TM(25),AR*(15),CR*(15)					—
E40	任意	板材	N(每件),TM(每件),QT(每热处理长度)					
		型材	N(25),TM(25),QT(25)					—
F32 F36	任意	板材	N(每件),TM(每件),QT(每热处理长度)					
		型材	N(25),TM(25),QT(25),CR*(15)					—
F40	任意	板材	N(每件),TM(每件),QT(每一热处理长度)					
		型材	N(25),TM(25),QT(25)					—

注 1:A-任意状态;CR-控轧;N-正火;TM(TMCP)-温度-形变控制轧制;AR*:经船级社特别认可后,可采用热轧状态交货;CR*经船级社特别认可后,可采用控制轧制状态交货;QT:淬火加回火。

注 2:括号中的数值表示冲击试样的取样批量(单位为吨),(—)表示不作冲击试验。

表 A.3

钢材等级	细化晶粒元素	产品型式	交货状态(冲击试验取样批量)	
			厚度 t/mm	供货状态
AH420、AH460、AH500、AH550、AH620、AH690	任意	板材	$t \leqslant 150$	TM(50)、QT(50)、TM+T(50)
		型材	$t \leqslant 50$	
DH420、DH460、DH500、DH550、DH620、DH690	任意	板材	$t \leqslant 150$	TM(50)、QT(50)、TM+T(50)
		型材	$t \leqslant 50$	
EH420、EH460、EH500、EH550、EH620、EH690	任意	板材	$t \leqslant 150$	TM(每件)、QT(每件)、TM+T(每件)
		型材	$t \leqslant 50$	
FH420、FH460、FH500、FH550、FH620、FH690	任意	板材	$t \leqslant 150$	TM(每件)、QT(每件)、TM+T(每件)
		型材	$t \leqslant 50$	

注 1:TM(TMCP)-温度-形变控制轧制;QT-淬火加回火;TM(TMCP)+T-温度-形变控制轧制+回火。

注 2:括号中的数值表示冲击试样的取样批量(单位为吨)。

附 录 B
（资料性附录）
各船级社规范中规定船体用钢各钢级、牌号的对应关系表

各船级社规范中规定钢材各钢级、牌号的对应关系见表 B.1。

表 B.1

本标准	牌号													
	船级社规范													GB 712—2000
	ABS			BV	CCS	DNV	GL		KR	LR	NK	RINA	ZY	
	AR、CR	TMCP	N				AR、CR、N	TMCP						
A	AB/A	AB/A	AB/AN	BVA	CCSA	NV A	GL-A	GL-ATM	KRA	LRA	KA	RINA-A	ZYA	A
B	AB/B	AB/B	AB/BN	BVB	CCSB	NV B	GL-B	GL-BTM	KRB	LRB	KB	RINA-B	ZYB	B
D	AB/D	AB/DN	AB/DN	BVD	CCSD	NV D	GL-D	GL-DTM	KRD	LRD	KD	RINA-D	ZYD	D
E	AB/E	AB/E	AB/EN	BVE	CCSE	NV E	GL-E	GL-ETM	KRE	LRE	KE	RINA-E	—	E
AH32	AB/AH32	AB/AH32	AB/AH32N	BVAH32	CCSAH32	NV A32	GL-A32	GL-A32TM	KRAH32	LRAH32	KA32	RINA-AH32	A32	A32
DH32	AB/DH32	AB/DH32N	AB/DH32N	BVDH32	CCSDH32	NV D32	GL-D32	GL-D32TM	KRDH32	LRDH32	KD32	RINA-DH32	D32	D32
EH32	AB/EH32	AB/EH32	AB/EH32N	BVEH32	CCSEH32	NV E32	GL-E32	GL-E32TM	KREH32	LREH32	KE32	RINA-EH32	E32	E32
FH32	AB/FH32	AB/FH32	AB/FH32N	BVFH32	CCSFH32	NV F32	GL-F32	GL-F32TM	KRFH32	LRFH32	KF32	RINA-FH32	—	—
AH36	AB/AH36	AB/AH36	AB/AH36N	BVAH36	CCSAH36	NV A36	GL-A36	GL-A36TM	KRAH36	LRAH36	KA36	RINA-AH36	A36	A36
DH36	AB/DH36	AB/DH36N	AB/DH36N	BVDH36	CCSDH36	NV D36	GL-D36	GL-D36TM	KRDH36	LRDH36	KD36	RINA-DH36	D36	D36
EH36	AB/EH36	AB/EH36	AB/EH36N	BVEH36	CCSEH36	NV E36	GL-E36	GL-E36TM	KREH36	LREH36	KE36	RINA-EH36	E36	E36
FH36	AB/FH36	AB/FH36	AB/FH36N	BVFH36	CCSFH36	NV F36	GL-F36	GL-F36TM	KRFH36	LRFH36	KF36	RINA-FH36	—	—
AH40	AB/AH40	AB/AH40	AB/AH40N	BVAH40	CCSAH40	NV A40	GL-A40	GL-A40TM	KRAH40	LRAH40	KA40	RINA-AH40	—	—
DH40	AB/DH40	AB/DH40N	AB/DH40N	BVDH40	CCSDH40	NV D40	GL-D40	GL-D40TM	KRDH40	LRDH40	KD40	RINA-DH40	—	—
EH40	AB/EH40	AB/EH40	AB/EH40N	BVEH40	CCSEH40	NV E40	GL-E40	GL-E40TM	KREH40	LREH40	KE40	RINA-EH40	—	—
FH40	AB/FH40	AB/FH40	AB/FH40N	BVFH40	CCSFH40	NV F40	GL-F40	GL-F40TM	KRFH40	LRFH40	KF40	RINA-FH40	—	—
AH420	AB/AQ43	AB/AQ43	AB/AQ43N	BVAH420	CCSAH420	NV A420	GL-A420	GL-A420TM	KRAH43	LRAH42	KA43	RINA-A420	—	—
DH420	AB/DQ43	AB/DQ43	AB/DQ43N	BVDH420	CCSDH420	NV D420	GL-D420	GL-D420TM	KRDH43	LRDH42	KD43	RINA-D420	—	—
EH420	AB/EQ43	AB/EQ43	AB/EQ43N	BVEH420	CCSEH420	NV E420	GL-E420	GL-E420TM	KREH43	LREH42	KE43	RINA-E420	—	—
FH420	AB/FQ43	AB/FQ43	AB/FQ43N	BVFH420	CCSFH420	NV F420	GL-F420	GL-F420TM	KRFH43	LRFH42	KF43	RINA-F420	—	—
AH460	AB/AQ47	AB/AQ47	AB/AQ47N	BVAH460	CCSAH460	NV A460	GL-A460	GL-A460TM	KRAH47	LRAH46	KA47	RINA-A460	—	—
DH460	AB/DQ47	AB/DQ47	AB/DQ47N	BVDH460	CCSDH460	NV D460	GL-D460	GL-D460TM	KRDH47	LRDH46	KD47	RINA-D460	—	—
EH460	AB/EQ47	AB/EQ47	AB/EQ47N	BVEH460	CCSEH460	NV E460	GL-E460	GL-E460TM	KREH47	LREH46	KE47	RINA-E460	—	—
FH460	AB/FQ47	AB/FQ47	AB/FQ47N	BVFH460	CCSFH460	NV F460	GL-F460	GL-F460TM	KRFH47	LRFH46	KF47	RINA-F460	—	—

表 B.1（续）

本标准	牌号										
	船级社规范										GB 712—2000
	ABS	BV	CCS	DNV	GL	KR	LR	NK	RINA	ZY	
AH500	AB/AQ51	BVAH500	CCSAH500	NV A500	GL-A500	KRAH51	LRAH50	KA51	RINA-A500	—	—
DH500	AB/DQ51	BVDH500	CCSDH500	NV D500	GL-D500	KRDH51	LRDH50	KD51	RINA-D500	—	—
EH500	AB/EQ51	BVEH500	CCSEH500	NV E500	GL-E500	KREH51	LREH50	KE51	RINA-E500	—	—
FH500	AB/FQ51	BVFH500	CCSFH500	NV F500	GL-F500	KRFH51	LRFH50	KF51	RINA-F500	—	—
AH550	AB/AQ56	BVAH550	CCSAH550	NV A550	GL-A550	KRAH56	LRAH55	KA56	RINA-A550	—	—
DH550	AB/DQ56	BVDH550	CCSDH550	NV D550	GL-D550	KRDH56	LRDH55	KD56	RINA-D550	—	—
EH550	AB/EQ56	BVEH550	CCSEH550	NV E550	GL-E550	KREH56	LREH55	KE56	RINA-E550	—	—
FH550	AB/FQ56	BVFH550	CCSFH550	NV F550	GL-F550	KRFH56	LRFH55	KF56	RINA-F550	—	—
AH620	AB/AQ63	BVAH620	CCSAH620	NV A620	GL-A620	KRAH63	LRAH63	KA63	RINA-A620	—	—
DH620	AB/DQ63	BVDH620	CCSDH620	NV D620	GL-D620	KRDH63	LRDH63	KD63	RINA-D620	—	—
EH620	AB/EQ63	BVEH620	CCSEH620	NV E620	GL-E620	KREH63	LREH63	KE63	RINA-E620	—	—
FH620	AB/FQ63	BVFH620	CCSFH620	NV F620	GL-F620	KRFH63	LRFH63	KF63	RINA-F620	—	—
AH690	AB/AQ70	BVAH690	CCSAH690	NV A690	GL-A690	KRAH70	LRAH70	KA70	RINA-A690	—	—
DH690	AB/DQ70	BVDH690	CCSDH690	NV D690	GL-D690	KRDH70	LRDH70	KD70	RINA-D690	—	—
EH690	AB/EQ70	BVEH690	CCSEH690	NV E690	GL-E690	KREH70	LREH70	KE70	RINA-E690	—	—
FH690	AB/FQ70	BVFH690	CCSFH690	NV F690	GL-F690	KRFH70	LRFH70	KF70	RINA-F690	—	—